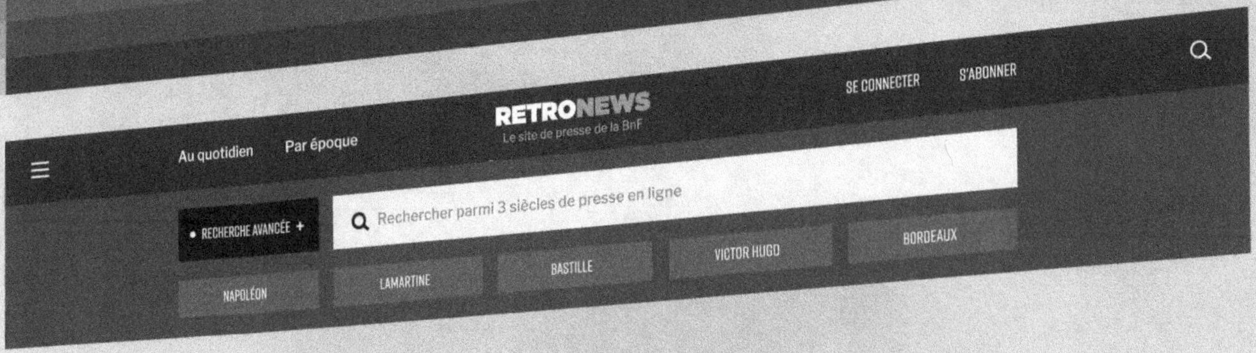

PREMIÈRE ANNÉE — N° 1 OCTOBRE 1910

REVUE DE l'Enseignement Technique

Paraissant tous les mois

PUBLIÉE SOUS LE PATRONAGE DE

l'Association Française pour le Développement de l'Enseignement technique

ABONNEMENT ANNUEL : France et Colonies, **12** francs ; Étranger, **15** francs.
Prix du Numéro : 1 fr. 50

Sommaire du Numéro d'Octobre 1910

Toutes les communications concernant la Rédaction doivent être adressées à M. BARBUT, Secrétaire général de la *Revue*, 24, RUE DE LA CHAUSSÉE-D'ANTIN, PARIS-9e. Téléphone 205-64.

H. DUNOD & E. PINAT, ÉDITEURS

47 ET 49, QUAI DES GRANDS-AUGUSTINS, PARIS. — TÉLÉPHONE : 819-38.

Revue de l'Enseignement technique

TOME I. — ANNÉE 1910-1911

TABLE DES MATIERES

Partie Générale.

Enseignement Technique à l'Etranger.

Cours Professionnels.

Questions Scolaires.

Documents et Informations.

Opinions.

Divers.

Première Année — N° 1 Octobre 1910

REVUE
DE
l'Enseignement Technique

PUBLIÉE SOUS LE PATRONAGE DE
l'Association Française pour le Développement de l'Enseignement technique

NOTRE PROGRAMME

A mesure que les découvertes scientifiques, le développement du machinisme et des moyens de transport transformaient les conditions de la production et des échanges, le besoin d'un enseignement technique, approprié aux nécessités économiques nouvelles, se faisait sentir plus impérieusement. Aussi un grand effort d'éducation professionnelle a-t-il été fait dans les pays voisins, notamment en Allemagne, en Autriche et en Belgique.

En France, si l'expansion de l'enseignement industriel, commercial ou agricole a été moins rapide, des créations intéressantes ont néanmoins été réalisées et des résultats encourageants ont été obtenus.

L'École Centrale des Arts et Manufactures, l'École Supérieure des Mines, les Instituts techniques annexés aux Universités, l'Institut national agronomique, les Écoles supérieures de commerce, l'École Supérieure d'Électricité, l'École de Physique et de Chimie, les Écoles d'arts et métiers, l'Institut industriel du Nord, les Écoles nationales professionnelles, les Écoles pratiques de commerce et d'industrie, les Écoles professionnelles de la Ville de Paris, les Écoles pratiques d'agriculture, etc., peuvent soutenir la comparaison avec les institutions similaires existant à l'étranger. En outre, de nombreux cours professionnels ou de perfectionnement, des écoles techniques spéciales ont été fondés par les municipalités, les chambres de commerce, les syndicats professionnels de patrons et d'ouvriers, les bourses de travail, les sociétés industrielles, les associations d'enseignement.

Mais il faut reconnaître qu'il reste beaucoup à faire, surtout en ce qui concerne les cours professionnels destinés à compléter l'apprentissage à l'atelier. Sur les 600.000 jeunes gens et jeunes filles de moins de dix-huit ans employés dans le commerce ou dans l'industrie, 15 à 18 °/₀ au maximum reçoivent actuellement un complément d'enseignement professionnel.

Cette situation préoccupe à juste titre les pouvoirs publics et les milieux industriels et commerciaux de notre pays ; la Chambre de Commerce de Paris dont l'œuvre en matière d'enseignement technique est déjà si considérable, a chargé récemment plusieurs de ses membres d'aller étudier en Allemagne l'organisation des cours professionnels. Le Conseil municipal de Paris a envoyé à plusieurs reprises, ces dernières années, des missions analogues dans divers pays voisins. De son côté, le gouvernement a manifesté très nettement son intention de demander prochainement la discussion du projet de loi rapporté depuis la dernière législature. Tout permet donc de prévoir que des efforts combinés des pouvoirs publics et de l'initiative privée, l'enseignement professionnel va recevoir à bref délai une nouvelle et vigoureuse impulsion.

D'accord avec l'Association française pour le développement de l'enseignement technique, nous avons pensé que le moment était venu de fonder un organe où seront étudiés les nombreux problèmes que soulève l'instruction professionnelle. Par cela même que les écoles et les cours techniques existant actuellement en France ont été fondés par des administrations et des groupements divers, on y rencontre nécessairement des tendances et des méthodes différentes. La *Revue* sera largement ouverte à l'exposé et à la discussion de ces tendances et de ces méthodes. On y étudiera les divers modes d'organisation adoptés partout où l'on prépare en vue d'une profession ou d'un groupe de professions similaires, ainsi que les moyens employés dans les établissements scolaires et dans les cours pour conduire les élèves au but proposé. Une place importante sera réservée aux maîtres qui voudront bien nous apporter le fruit de leur expérience de façon à propager les méthodes qu'ils auront éprouvées avec succès.

L'examen critique de ces méthodes aux tendances parfois opposées ne peut qu'être profitable à tous ceux qui ont la charge de distribuer l'enseignement professionnel. Nous ne croyons certes pas qu'il en sortira une formule unique applicable partout et dans tous les cas. Par la diversité des besoins qu'il doit satisfaire, par les conditions si différentes dans lesquelles se trouvent ceux à qui il s'adresse, l'enseignement technique demande beaucoup de souplesse et de variété. Mais nous espérons qu'il s'en dégagera des lignes directrices générales permettant d'apprécier ce qu'il est préférable de faire suivant les circonstances, le milieu et le but à atteindre.

Pour compléter et illustrer en quelque sorte ces études théoriques et de doctrine, la *Revue* publiera, dans chacun de ses numéros, des exercices pratiques destinés aux maîtres et aux élèves des établissements d'instruction technique. D'autre part, pour faciliter la tâche des fondateurs de cours professionnels, elle établira des types d'organisation de ces cours pour les diverses professions, avec la répartition des matières et le temps à consacrer à chacune d'elles suivant la durée totale du cours, le degré d'instruction générale des apprentis auxquels il s'adresse.

A côté de cette partie plus particulièrement pédagogique, la *Revue* contiendra des études documentées sur l'organisation de l'enseignement technique dans les pays étrangers et sur les institutions intéressantes existant actuellement en France ou qui y seraient créées dans l'avenir.

Notre programme, on le voit, est vaste. Nous aurions hésité à l'entreprendre si nous n'avions su pouvoir compter sur l'appui de l'Association française pour le développement de l'enseignement technique et sur le concours des personnalités éminentes qui ont bien voulu accepter de faire partie de notre Comité de rédaction et que nous tenons à remercier ici.

Nous n'oublions pas d'autre part que pour remplir complètement ce programme, le concours des industriels et des commerçants nous est non moins nécessaire. Nous leur adressons un pressant appel

Nous sommes assurés de faire œuvre utile si nous parvenons à grouper dans une collaboration cordiale tous ceux qui considèrent le développement de l'enseignement technique comme l'un des facteurs importants de la grandeur économique du pays.

L. Bouquet,
Président du Comité de Direction.

A nos Amis

L'Association française pour le développement de l'enseignement technique a d'autant moins hésité à patronner cette Revue, — et j'accepte d'autant plus volontiers d'en être le parrain, — que ses fondateurs ont, avec notre Société, les liens les plus étroits de parenté. Ce sont, en effet, nos collaborateurs de la première heure, nos collègues, nos amis, qui se trouvent aujourd'hui à la tête de l'une et de l'autre. Aussi est-ce une satisfaction pour notre Association de réclamer, sinon la paternité, — dont la recherche était permise au lecteur, — du moins la tutelle de cette nouvelle publication en laquelle nous plaçons toutes nos espérances.

L'apparition de cette Revue marquera, en effet, une étape des plus importantes dans l'histoire de l'enseignement technique. A la veille du jour où le vote du Parlement doit donner à nos établissements d'instruction commerciale, industrielle et agricole l'importance qui leur est due, à la veille de la victoire décisive de l'instruction pratique sur cette erreur manifeste d'une culture générale appliquée « à tous et par tous », la Revue vient à point pour donner une garantie aux efforts du Gouvernement, pour préparer, si j'ose dire, « l'organisation de la victoire ».

Alors que le Bulletin de notre Association est depuis bientôt neuf ans et reste plus que jamais un organe d'action et de propagande, la Revue s'annonce comme un organe de doctrine. Bien loin de faire double emploi, les deux publications issues l'une de l'autre continueront parallèlement leurs sillons promis au bon grain.

Tandis que notre Association peut revendiquer à bon droit l'honneur d'avoir répandu l'idée d'un enseignement plus conforme aux besoins matériels et intellectuels de la démocratie dans la vie moderne, la Revue se propose de préciser les méthodes de cet enseignement et d'en perfectionner les programmes.

Si l'Association a pu contribuer et veut contribuer plus que jamais à augmenter le nombre des écoles d'enseignement technique, c'est à la Revue que revient le soin de faciliter leurs travaux et de maintenir, parmi le personnel enseignant, la cohésion dans l'effort et l'unité dans les aspirations, qui seules peuvent assurer le succès.

Il semble, d'ailleurs, que cette création s'imposait.

Après s'être propagés par l'influence de la Presse, des publications spéciales et des Associations professionnelles ou par un vote du Parlement, tous les genres d'enseignement ont dû leurs perfectionnements à des revues pédagogiques : toute innovation en matière d'instruction est, en effet, essentiellement perfectible au fur et à mesure de l'évolution de notre jeunesse scolaire sous l'influence des besoins sociaux. L'œuvre grandiose de Jules Ferry dont on ne méconnaît plus les lacunes en est un frappant exemple.

La Revue sera donc à l'enseignement technique ce que le « Manuel général », par exemple, est à l'enseignement primaire. Et, de même que mon sympathique collègue et ami M. Buisson, qui a contribué à faire l'enseignement primaire tel qu'il est, dirige le « Manuel général », de même, M. Bouquet, dont le nom est inséparable de la création et du développement de l'enseignement technique, prend la direction générale de la Revue.

Nul doute que, avec le concours de collaborateurs dont la compétence se joint à une activité énergique et désintéressée, M. Bouquet ne réalise une œuvre féconde qui, si elle ne doit rien ajouter aux mérites de sa longue carrière, sera du moins d'une influence bienfaisante sur le développement de nos écoles.

C'est donc de tout cœur que je souhaite à cette Revue tout le succès qu'elle mérite, dans sa publication à laquelle les fondateurs apporteront les soins les plus diligents, et dans son œuvre qui est liée intimement aux intérêts de notre jeunesse commerciale, industrielle et agricole, c'est-à-dire à l'avenir même de notre pays.

L. Modeste Leroy,

Député de l'Eure,
Vice-président du Conseil supérieur de l'Enseignement technique,
Président de l'Association française
pour le développement de l'Enseignement technique.

L'Enseignement technique par les seuls Techniciens

Le Président du Comité de direction de la *Revue de l'Enseignement technique* a bien voulu me demander de résumer, pour les lecteurs de la jeune Revue, les principaux gestes, dans le domaine de l'Enseignement technique, d'une Université de province, celle de Grenoble, dont l'histoire, au moins à ce point de vue, est des plus anciennes.

L'Université dont nous allons nous occuper, de par sa situation excentrique et la faiblesse de son effectif scolaire, et surtout par la dangereuse proximité de sa puissante voisine, l'Université de Lyon, semblait vouée à une irrémédiable déchéance et constituer l'un des meilleurs exemples à l'appui de la thèse, très en faveur, il y a quelque vingt ans, d'une diminution sensible du nombre des Universités. Sans aucun doute, le législateur de 1896, en accordant aux Universités françaises leur Statut organique, et en en proclamant l'autonomie, n'a pas dû, sans quelque ironie, donner le vol à l'Université de Grenoble qui, bien que forte de l'autorité et du savoir de ses anciens maîtres, ne semblait rien moins que capable de gagner, de haute lutte, sa place au soleil.

D'autres plumes, plus autorisées que la nôtre, ont su célébrer, par ailleurs, les bienfaits apportés au Dauphiné par l'adduction, à Grenoble, de nos milliers d'étudiants étrangers, soucieux d'apprendre les finesses de notre langue, et aussi amateurs de tourisme.

Le Comité de Patronage de nos étudiants étrangers groupe les sommités littéraires, artistiques, scientifiques, industrielles et administratives du pays, et il constitue, à Grenoble, une indéniable puissance.

Beaucoup plus ignorés, dans le Dauphiné même, sont, en apparence, la genèse et le développement de notre Institut électrotechnique grenoblois... Né d'un modeste cours d'électricité industrielle, l'Institut constitue aujourd'hui une véritable École Polytechnique, consacrée à la formation de spécialistes dans diverses branches industrielles. Sous son titre actuel, inexact et incomplet, l'Institut groupe actuellement :

1° Une École supérieure électrotechnique, destinée à la formation des ingénieurs électriciens;

2° Une deuxième École électrotechnique qu'on pourrait appeler *professionnelle spécialiste,* destinée à la formation de conducteurs électriciens (futurs contremaîtres);

3° Une École de Papeterie, destinée à la formation d'ingénieurs et de conducteurs papetiers;

4° Des sections spécialistes d'élèves, ayant plus particulièrement, pour objet de leurs études, la physique industrielle et les sciences chimiques appliquées à l'industrie, et, spécialement, l'électrochimie et l'électrométallurgie.

Un certain nombre de laboratoires techniques et de bureaux d'essais (appareils et machines électriques, notamment compteurs, chimie et électrochimie, laboratoire d'analyse et d'essai des papiers, etc.), sont adjoints à ces Écoles et constituent un champ d'expériences des plus utiles pour les élèves sortants, qui sont appelés par ordre de mérite, et dans la limite des places disponibles, à y effectuer des stages de perfectionnement.

Ai-je besoin de signaler qu'avec une telle activité et comme fruit d'un pareil développement, la difficulté la plus intolérable résultait, pour nous, du manque de la place nécessaire pour assurer et coordonner des services si multiples et si divers? Pour la solutionner, un généreux bienfaiteur, M. Brenier, président de la Chambre de Commerce de Grenoble, faisait récemment don à notre Institut de plus de 7.000 mètres carrés de terrain situés au cœur de la ville et dont les compétences locales estiment la valeur à plus de 800.000 francs. Il est permis d'espérer que cette nouvelle adjonction de terrains à ceux dont nous disposons déjà, à peine égaux à la moitié de l'emplacement constituant cette magnifique libéralité, nous permettra de réaliser enfin des installations compatibles avec le chiffre de notre population scolaire et l'importance de nos divers organes.

Rattaché administrativement à l'Université de Grenoble, et du reste pourvu d'un budget propre, constituant un chapitre spécial de celui établi chaque année pour cette Université, notre Institut jouit d'une indépendance relativement très appréciable et qui nous a permis, bien que des améliorations sensibles soient encore à souhaiter dans ce domaine, de constituer un enseignement technique avec un personnel propre, absolument distinct de celui de la Faculté des Sciences. Nous nous permettrons d'insister quelque peu sur ce point, ne serait-ce que pour dissiper des craintes, que nous sentons toujours vivaces chez certains, sur l'adaptation possible des Universités à l'Enseignement technique supérieur. Cet enseignement, elles peuvent le donner, non seulement avec des chances de succès, ce qui serait déjà de quelque importance pour la vie économique de notre pays, mais encore avec la conviction de rendre de réels services à l'industrie nationale. Cependant, l'une des conditions indispensables à la réalisation de ce but élevé doit être une franchise et une sincérité absolues dans l'organisation de ces Instituts techniques. Sous peine de déchéance, voire même de faillite intellectuelle et morale, ils doivent s'efforcer, non seulement de conserver un niveau particulièrement élevé à leurs diplômes, mais aussi de conférer à ceux-ci une valeur pratique de plus en plus affirmée, deux fois plus pratique, devrions-nous dire, que pour ceux des établissements analogues, ne serait-ce que pour détruire, par l'exemple, la vieille conception tendant à opposer les théoriciens universitaires aux praticiens des usines.

On ne saurait donc concevoir l'organisation rationnelle d'un Institut technique d'Université comme basé sur la nécessité de donner des élèves à des professeurs de Faculté, souvent un peu sevrés à cet égard. Ce serait une lamentable erreur, car il n'est pas de conception plus vaine que celle des cours à fins multiples, assignés à des élèves avec l'idée qu'ils en retireront toujours quelque chose. Si l'Institut technique de l'Université peut utiliser, à la rigueur, certains éléments de la Faculté des Sciences voisine, éléments à qui leurs aptitudes, ou leurs études antérieures, permettent de parler *ex professo* de certaines matières du programme, il doit comporter, essentiellement, un corps enseignant purement technicien, attaché à l'établissement par le lien matériel d'une situation stable et bien considérée. C'est ce que nous nous sommes efforcés de réaliser dans la mesure du possible. L'Institut de Grenoble constituant, entre plusieurs autres, une tentative que beaucoup veulent bien considérer comme heureuse, d'adaptation des ressources d'une Université à la réalisation d'un Enseignement technique supérieur, il ne sera pas peut-être sans intérêt d'étudier ici comment cette adaptation a pu être réalisée et quels progrès sont encore possibles dans cette voie.

I. — Corps enseignant.

Notre Institut comporte un corps enseignant essentiellement autonome, constitué par un certain nombre de professeurs d'Électrotechnique, Mécanique industrielle, ou générale, Fabrication du Papier, Électrométallurgie, etc., dont les emplois ont été créés sur les fonds mêmes ou à l'intention de l'Institut. Cette solution, si elle est la plus coûteuse, est, néanmoins, de beaucoup la meilleure, car elle donne à l'enseignement une homogénéité de vues, une harmonie dans l'ensemble, et une coordination vers le but commun, celui de la *formation pratique de l'ingénieur*, qui seraient difficilement obtenues sans cela. Ce n'est, du reste, que peu à peu, ou au fur et à mesure de l'apparition des ressources nécessaires, que nous avons été amenés à adopter cette solution. Il est à peine utile d'ajouter qu'en séparant complètement l'enseignement de l'Institut de celui de la Faculté des sciences, il n'entrait, dans notre esprit, aucune défiance à l'égard de savants collègues et encore moins de doutes sur la valeur de leurs enseignements; néanmoins, ayant eu à exercer nous-mêmes des fonctions industrielles, en commençant par les plus humbles, donc les plus instructives, nous avons pu constater à quel point les meilleurs cours de Faculté peuvent être inutilisables, s'ils ne sont pas faits dans l'esprit pratique nécessaire. Il n'est pas de différence plus profonde, croyons-nous, que celle existant entre les *Mathématiques de l'ingénieur*, qui constituent l'outil de tous les jours, et les mathématiques du mathématicien qui sont, souvent, tout le contraire. L'importance relative et l'ordre pratique des leçons de mathématiques appliquées à l'art de l'ingénieur sont tout à fait différents de ce qu'ils doivent être respectivement dans un cour r d'analyse infinitésimale.

Nous ne serons contredits par personne, en posant ce principe que les notions de mécanique théorique nécessaires à la compréhension de la mécanique industrielle sont très peu nombreuses, mais doivent être possédées avec une imperturbable assurance. Je n'ose, par convenance, insister ici sur l'inquiétante impuissance de plusieurs de nos élèves, pourtant pourvus de certificats d'études supérieures de mécanique rationnelle (licence mathématique) devant l'application, au cas le plus simple de la dynamique des corps tournants, des formules avec lesquelles ils ont jonglé dans les Facultés. Qu'il nous soit permis de donner ici un autre exemple. Nous avons constitué, à l'Institut électrotechnique, une année d'études complémentaires, destinée à donner la formation technique nécessaire aux anciens élèves diplômés des grandes écoles de France, y compris ceux sortant dans de bonnes conditions des Écoles d'Arts et Métiers [1]. A ces derniers, notamment, presque toujours travailleurs excellents et disciplinés, un entraînement mathématique spécial est nécessaire pour leur permettre de suivre, sans difficulté, l'enseignement de l'électrotechnique qui, notamment, dans le domaine des courants alternatifs, suppose un substrat mathématique, sinon très large, du moins très solide.

Un *cours intensif de mathématiques* complémentaires d'un mois, appuyé par beaucoup d'exercices, et réduit, dans sa partie théorique, à ce qu'indique, comme juste nécessaire, l'expérience du mathématicien praticien chargé de cet enseignement, a été réservé à ces élèves, avant le commencement de leurs études électrotechniques proprement dites. Il est indéniable que nous sommes arrivés, ainsi, à un résultat de beaucoup meilleur et au prix, pour ces élèves des plus intéressants, d'un effort beaucoup moindre qu'avec le système, du reste expérimenté et abandonné, consistant à leur faire suivre un cours de mathématiques de la Faculté voisine. Les nécessités de notre enseignement électrotechnique exigent que nos élèves manient, avec aisance, les équations différentielles, dès le mois de novembre, alors que l'étude de ces équations était seulement abordée, dans l'ordre logique du cours de mathématiques susvisé, au mois de juin suivant.

La conclusion de ce qui précède nous semble très simple, c'est la nécessité, dans le cas tout au moins de l'enseignement technique supérieur, de séparer, dans l'espace et dans le temps, les cours et exercices destinés à l'éducation théorique de ceux correspondant à la formation pratique.

Quelle que soit la provenance des élèves auxquels cet enseignement technique s'adresse : élèves de Facultés pourvus de licences (et surtout, ce qui est beaucoup plus rare qu'on ne le pense, doués d'aptitudes industrielles), élèves des classes de mathématiques spéciales ou supérieures des Lycées, voire même élèves sortant des écoles pratiques de commerce et d'in-

(1) Nous comptions, durant l'année scolaire 1909-1910, 25 anciens élèves des Arts et Métiers, sortis de ces Écoles dans les premiers rangs. Les inscriptions pour 1910-1911 dépassaient le chiffre de 43 pour cette catégorie d'étudiants.

dustrie, et ayant parachevé leurs études physico-mathématiques dans des établissements d'enseignement secondaire, à tous ces élèves une certaine période de reprise par leurs professeurs techniciens est nécessaire, une révision, si courte et si hâtive soit-elle, s'impose pour leur permettre de s'acquérir tout le petit capital d'idées générales, de conceptions, de traditions même, de l'établissement, indispensable au travail en commun. Une École technique n'est pas une Faculté. Les études collectives, notamment les manipulations et essais de machines, créent, à toute cette jeunesse studieuse, une sorte d'âme multiple dont la vitalité est le critérium même de la valeur de l'établissement.

II. — Recrutement.

Notre Institut comporte donc essentiellement d'abord une section dite *Supérieure normale*, se recrutant parmi les bons élèves des classes de mathématiques supérieures ou de mathématiques spéciales des lycées, par exemple parmi les admissibles à l'École des Mines de Saint-Étienne ou à l'École Polytechnique, ou encore parmi les candidats à l'École Centrale des Arts et Manufactures pourvus d'une moyenne satisfaisante. Cette section *supérieure normale* reçoit aussi un certain nombre d'élèves des Facultés des Sciences, notamment de celle de Grenoble à laquelle est annexée une école préparatoire à l'Institut électrotechnique. Mais, grâce au caractère très spécial de notre examen-concours d'entrée, examen dans lequel le dessin, la mécanique et certaines autres connaissances d'ordre purement industriel jouent un rôle capital et donnent matière à des épreuves éliminatoires, nous pouvons barrer l'entrée de l'Institut à des candidats ayant fait *trop* d'années de spéciales infructueuses et à qui leur état de fatigue, inconsciente souvent, interdirait les exercices de souplesse intellectuelle que nous sommes forcés de demander aux élèves de notre section supérieure normale.

Nous admettons, en outre, comme il est expliqué plus haut, dans une section supérieure spéciale, avec de bons élèves sortants, en général médaillés des Écoles d'Arts et Métiers, les ingénieurs déjà diplômés d'autres grandes Écoles françaises ou étrangères, ayant déjà acquis, par conséquent, en dehors de notre Établissement, les connaissances mathématiques, mécaniques, chimiques, voire même les aptitudes graphiques constituant le capital initial de l'ingénieur.

A ces élèves, nous conférons un pur enseignement électrotechnique d'une durée d'un an, et nettement orienté vers les applications pratiques, immédiates, de cette science.

Nous avons enfin constitué, sur la demande même des industriels exploitant ou utilisant des distributions d'énergie, une section dite *élémentaire*, formant des *conducteurs électriciens*, c'est-à-dire des sujets capables, sinon de concevoir et d'exécuter une installation électrique importante, du moins de l'exploiter ou de la diriger; de devenir, avec une pratique suffisante, des chefs monteurs possédant une connaissance raisonnée de leur métier (1); d'assurer un service de vérifications électriques sur un réseau important (réglage de compteurs, contrôle d'installations d'abonnés, surveillance de ligne, direction de sous-stations). La clientèle scolaire à laquelle s'adresse cette section est plus spécialement celle des anciens élèves issus des *Écoles pratiques d'industrie de garçons*, et parmi ceux-ci, de préférence ceux ayant accompli une quatrième année d'études spéciales (électricité industrielle) dans les Écoles pourvues de cette année complémentaire.

Notre École de Papeterie, beaucoup plus récente, a calqué son organisation sur celle de l'Institut. Elle comporte une section supérieure normale (avec possibilité, pour les élèves déjà diplômés d'une grande École, de n'y faire qu'une année d'études) et une section élémentaire.

L'*Institut électrotechnique* comptait en 1909-1910 : 156 élèves ingénieurs, répartis en nos diverses sections, et 20 élèves conducteurs électriciens.

L'*École de Papeterie* comptait, durant le même exercice scolaire, 36 unités.

En y comprenant 20 élèves, s'adonnant à l'Institut à des études spéciales d'Electrométallurgie et de Physique Industrielle, notre population scolaire comprenait donc, durant le dernier exercice, 232 unités.

Les professeurs, fonctionnaires ou agents attachés à un titre quelconque à l'Institut ou à ses annexes (enseignements ou laboratoires), étaient au nombre de 35.

Il ne serait pas sans intérêt de rapprocher ces chiffres de ceux qui caractérisaient l'état de notre établissement en 1902-1903, année dans laquelle notre nombre d'élèves se réduisait à 11, dont 3 nouveaux et 8 vétérans, et notre personnel propre (2) à trois personnes.

Cette surabondance d'activité et cette augmentation si sensible du chiffre de notre population scolaire pourraient donner quelque inquiétude. Il est actuellement à la mode de parler de la surproduction d'ingénieurs, dans le domaine de l'Électricité comme dans bien d'autres. Nous ne disconvenons pas qu'il y ait parfois apparente pléthore, mais nous avons suivi jusqu'ici la loi de l'offre et de la demande avec un soin jaloux. Ceux de nos élèves ingénieurs auxquels les débuts dans la carrière auraient dû sembler les plus difficiles, appartenaient évidemment à la section supérieure normale. A ceux-là manquait l'appui, si utile aux autres diplômés préalables de grandes Écoles, de leurs anciens déjà installés dans les situations industrielles et des associations d'anciens élèves, si puissantes

(1) Chose extrêmement rare en France et qui, à elle seule, suffit à expliquer les échecs de nombreuses maisons de constructions électromécaniques.

(2) Distinct de celui de la Faculté des Sciences, dont nos élèves suivaient en majorité les cours.

et parfois si actives. Notre Institut possède bien, il est vrai, lui aussi, une association d'anciens élèves, vieille de quelque dix années déjà, et dont le titre « La Houille Blanche » constitue à lui seul tout un programme; mais, composée de membres actifs plus jeunes, elle ne peut encore rendre tous les services qu'on peut attendre des associations similaires. L'examen des principales situations occupées par les anciens élèves de cette section *normale*, amène à la conviction qu'elles sont à peu près et au moins du même ordre que celles qu'ils auraient pu espérer par leur passage dans d'autres Écoles d'Ingénieurs, plus anciennes, mais moins spécialisées.

(*A suivre.*)

L. Barbillion,
Professeur à la Faculté des Sciences,
Directeur de l'Institut Electrotechnique de Grenoble.

Enseignement ménager

L'enseignement professionnel féminin comprend deux grandes divisions : l'une vise l'apprentissage des métiers permettant à une jeune fille de gagner sa vie, même et surtout si elle reste célibataire; l'autre embrasse l'ensemble des connaissances théoriques et pratiques que doit posséder une femme pour bien conduire son ménage, c'est-à-dire pour employer, au plus grand profit du bien-être des siens, les ressources matérielles et financières dont elle peut disposer.

La couture et les travaux à l'aiguille dans leur ensemble, la coupe, la confection, les modes et le dessin correspondant appartiennent aux deux divisions : spécialisés et très développés dans la première, ces exercices sont en quelque sorte généralisés, et plus restreints, dans la seconde. L'économie domestique, l'hygiène et les travaux du ménage sont plus particulièrement du ressort de celle-ci : on les englobe ordinairement sous la rubrique Enseignement ménager.

A l'Exposition de 1900, les écoles françaises n'offraient encore qu'une ébauche d'enseignement ménager; tandis que la Belgique, le Luxembourg, la Suède, la Norvège présentaient, au contraire, des spécimens d'organisations remarquables bien qu'incomplètes encore.

Depuis dix ans, l'idée d'un enseignement technique appliqué à la science du ménage fait peu à peu son chemin; on ne se contente plus de formules, de recettes présentées à la manière catéchétique, on reconnaît la nécessité d'expliquer scientifiquement, de raisonner d'après l'expérience les opérations journellement exécutées dans toute la maison, y compris ses dépendances, cuisine, buanderie, basse-cour, jardin, etc.

Malheureusement, le personnel chargé du nouvel enseignement, de sa direction, de son inspection, n'en comprend pas toujours l'importance et n'en saisit pas bien l'esprit; non seulement il n'a reçu aucune préparation à cet égard, mais quelques publicistes plus ou moins pédagogues, qui n'ont jamais mis la main à la pâte, et dont les considérations ne reposent même sur aucun fait expérimental, le détournent parfois de la voie théorique et pratique dans laquelle il est tout disposé à s'engager.

Nous préciserons notre pensée par un exemple.

Dans un « Mémoire sur l'enseignement professionnel » couronné, il y a cinq ou six ans, par l'Académie des sciences morales et politiques, l'auteur estime qu'on va trop loin en exigeant de la future ménagère les connaissances scientifiques préconisées par le jury international de 1900, et il croit en donner la preuve en reproduisant, incomplètement du reste, le passage suivant, emprunté au rapport de la classe I, passage que nous rétablissons dans son intégralité :

« En matière d'instruction ménagère, il faut surtout enseigner à la jeune fille ce que sa mère ignore. Or, celle-ci ignore généralement que, pour être hygiénique et substantiel, par exemple, un repas doit fournir aux convives, dans une proportion et en quantités déterminées, des aliments gras, hydrocarbonés et azotés; que la proportion de ces éléments dépend surtout du genre de travail de ceux qui les consomment, etc. Elle ignore aussi la raison, le pourquoi d'un grand nombre des opérations qu'elle exécute, sans se douter du perfectionnement ou de l'économie qu'elle pourrait y apporter; elle ne se rend pas compte des causes de certains insuccès qui résultent de l'inapplication de tel principe scientifique tout à fait élémentaire.

« Voilà ce qu'il faut enseigner d'abord à la future ménagère; la manière de réussir tel ou tel plat viendra ensuite; or, ce qu'on trouve surtout dans les cahiers d'économie domestique exposés, ce sont des recettes culinaires, ou des formules pour le nettoyage et l'entretien du linge, du mobilier, etc. On y retrouve aussi le calcul assez bien établi du prix de revient d'un repas, suivant un menu donné, par personne; cela ne suffit pas. Il faudrait en outre, connaissant le prix des denrées qu'on peut se procurer facilement, suivant la saison, arriver à comparer les prix de divers menus remplissant les mêmes conditions nutritives : le choix ne serait plus alors qu'une question de goût ou de variété. Il y a là des applications de la règle des mélanges qui seraient à la fois plus intéressantes et plus pratiques que certains problèmes sur la confection d'un vin à un prix déterminé. »

Et après cette citation, notre lauréat raille les tendances scientifiques manifestées par le jury de 1900; voici en quels termes :

« *Je vis de bonne soupe, et non... de la science!* pourrait répondre, aujourd'hui, Chrysale. Une femme savante et, qui plus est, une femme chimiste, agrémentée de formules, et procédant par doses pharmaceutiques !...

« N'est-ce pas aller un peu loin, surtout quand on s'adresse à un milieu ouvrier, où, ce que doit rechercher la ménagère, est une nourriture saine et agréable au goût, qui soit en rapport avec son budget? »

Laissant de côté le portrait, ou plutôt la charge de la cuisinière-apothicaire, nous nous bornerons à faire remarquer que pour résoudre pratiquement le problème posé, des connaissances scientifiques sont indispensables; mis en défiance par des termes techniques étrangers sans doute à son vocabulaire, notre critique ne semble pas s'en douter; on en jugera par le reste de la citation.

« Le seul livre que nous voudrions voir entre ses mains — celles de la ménagère — est non pas un livre de chimie, mais la *Cuisinière pratique*, surtout l'*Art d'accommoder les restes*, et quoi qu'en pense l'auteur (1) du rapport cité plus haut, la « manière de réussir un plat » plaira beaucoup mieux à son mari, et aux convives qui se réuniront à sa table, que ces « dosages, en proportions et en quantités déterminées, d'aliments *gras*, *hydrocarbonés* et *azotés*. »

« Faut-il donc tant de connaissances scientifiques pour confectionner un bon pot-au-feu, un ragoût succulent, et une matelote réussie, tous mets que l'école lui aura appris à confectionner, d'après les bons procédés? Fions-nous-en au tact et à l'expérience de la ménagère, telle que nous la comprenons; cela suffira. »

On peut répondre d'abord que si cela suffisait, les écoles et les cours ménagers seraient inutiles.

Sans doute, en matière culinaire, comme en beaucoup d'autres, « expérience passe science »; mais une longue pratique ne s'acquiert pas à l'école : les cordons bleus, ordinairement, ont dépassé l'âge scolaire.

Aussi bien à l'école, même professionnelle et ménagère, le temps est mesuré pour les exercices pratiques comme pour les autres; et c'est pourquoi il convient d'enseigner surtout à la jeune fille, parmi les connaissances indispensables d'économie domestique, celles que sa mère ignore, sauf à laisser à celle-ci le soin de faire le reste, ce qui, après tout, serait une manière d'appliquer le conseil de « s'en rapporter au tact et à l'expérience des ménagères ».

Mais les exigences de la vie moderne demandent plus et mieux que les directions contenues dans la documentation réduite dont on recommande l'usage, et qui aurait suffi sans doute au temps de Molière, car alors le gaz n'explosait pas, et pour cause, dans les cuisines ou les appartements; les lessiveuses automatiques, non plus que l'eau de Javel, ne brûlaient le linge; les cristaux de soude étaient inconnus des ménagères, de même qu'une foule de produits et procédés dont l'application se généralise de plus en plus.

Pour résumer, nous dirons que toute éducation ménagère bien comprise repose sur des principes généraux, de nature scientifique, qu'il

(1) C'est le même que celui du présent article.

faut inculquer à la future maîtresse de maison par un enseignement technique approprié. On ne saurait, par exemple, se dispenser aujourd'hui de lui enseigner les conditions rationnelles d'une bonne alimentation et les dangers d'une mauvaise.

Dans les conclusions de son *Enquête sur l'alimentation des ouvrières et des ouvriers parisiens*, le Dr Landouzy, dont l'autorité en cette matière ne saurait être contestée, insiste pour que l'enseignement ménager ne se contente plus d'apprendre la gérance du gain de l'ouvrier, le meilleur emploi à donner à son salaire, la bonne tenue de la maison; l'étude pratique de l'alimentation raisonnée doit y être adjointe, dans le but de conserver la santé de l'ouvrier et d'assurer la plus-value de son travail. « L'hygiène alimentaire, disait l'éminent professeur, dans une conférence à la Sorbonne [1], doit donc avoir une place prépondérante dans l'enseignement ménager dont la nécessité, proclamée par de nombreux publicistes, est aujourd'hui reconnue de tous ceux qui voient dans l'éducation domestique — celle qui apprend à la femme à veiller sur son foyer — une des meilleures sauvegardes de la santé morale et physique de notre pays. »

Et voilà comment l' « Art d'accommoder les restes » demeure tout à fait insuffisant pour enseigner le pourquoi et le comment d'un régime alimentaire rationnel.

Du reste, on conteste de moins en moins la valeur d'un enseignement qui revêt, au plus haut degré, le double caractère utilitaire et éducatif. Utilitaire? chacun le reconnaît; mais on ne se rend pas toujours compte de sa valeur éducative.

Pour faire l'éducation scientifique d'une jeune fille, pour développer chez elle l'esprit d'observation, l'enseignement expérimental s'impose; pourquoi ne pas choisir principalement les sujets d'expérimentation dans le domaine de l'économie domestique? Incontestablement, ce serait apporter un bouleversement complet dans les programmes actuels de sciences physiques et naturelles ; mais où serait le mal?

Afin de montrer dans quel esprit, à notre sens, l'enseignement ménager devrait être donné, nous développerons, ici même, quelques sujets de leçons empruntées au programme suivant :

Habitation et mobilier. — Vêtements et lingerie. — Alimentation et hygiène. — Basse-cour, laiterie, jardin. — Comptabilité; qualités d'une bonne ménagère.

Dès le prochain numéro, nous aborderons l'étude du chapitre le plus important : de l'Alimentation.

RÉNÉ LEBLANC,
Inspecteur général honoraire de l'Instruction Publique.

(1) Cette conférence a été reproduite par la *Revue scientifique*, numéros des 5 et 12 septembre 1908.

Pour faire aimer la Comptabilité

On n'apprend bien que ce qu'on étudie avec plaisir; disons « avec intérêt » si l'autre mot paraît exagéré. Mais, pour s'intéresser à une étude, il est indispensable de bien comprendre les explications données; celles-ci doivent donc être, avant tout, claires et satisfaisantes pour l'esprit.

L'enseignement de la comptabilité a-t-il toujours répondu aux exigences qui précèdent? L'affirmer serait téméraire. Peut-être même la perfection n'est-elle pas encore atteinte sur ce point, à l'heure actuelle. C'est apparemment pour ce motif que nombre d'élèves ont conservé si mauvais souvenir et tiré si peu de profit, d'un cours cependant indispensable à quiconque veut entrer dans les affaires.

Voyons donc s'il ne serait pas possible de faire aimer — oui, parfaitement, aimer — la comptabilité par la généralité des élèves et même... par leurs maîtres.

* * *

Ces derniers, il faut bien le dire, ont assumé jusqu'à présent une tâche vraiment écrasante. Sous prétexte que l'élève doit connaître les opérations commerciales et industrielles avant d'apprendre à les comptabiliser, on exige du professeur un savoir encyclopédique, une documentation minutieuse, une attention constamment dirigée sur toutes les modifications techniques, législatives, judiciaires, fiscales, économiques du moment; et, par surcroît, on prétend qu'il transmette à sa classe la quintessence de tant d'efforts variés dans un laps de temps mesuré avec parcimonie. Il faut, pour résister à un semblable régime, des organisations exceptionnelles. Le jour où cet effort véritablement excessif sera réparti d'une façon plus équitable, où l'enseignement de la « matière commerciale » aura été confié à des maîtres distincts, le professeur de comptabilité, disposant d'un horaire mieux établi et soustrait au surmenage, pourra vraiment former des comptables; il le fera avec plus de goût et de satisfaction.

* * *

Sans attendre cette réforme depuis longtemps désirable et désirée, beaucoup de professeurs ont rajeuni leur enseignement pour le plus grand profit de ceux qui les écoutent; et je vais m'efforcer de résumer les moyens à l'aide desquels ils parviennent au but énoncé en tête de la présente étude.

Tout d'abord les définitions filandreuses, les mots barbares et inutiles sont écartés. On parle à l'élève le langage du bon sens auquel il a été accoutumé par ses autres études. Un petit exposé général du mécanisme d'une maison de commerce (qu'est-ce que le capital, les créances, les dettes, les disponibilités, le bénéfice brut, le bénéfice net?) prédispose sa jeune intelligence à comprendre le « pourquoi » des opérations auxquelles il va se livrer. Si vous conduisez quelqu'un vers un but déterminé en le lui faisant apercevoir de loin, il marchera d'un pas vif et assuré; obliger l'élève à regarder constamment ses pieds ne saurait, ni constituer pour lui un stimulant, ni lui donner conscience du chemin parcouru. Aussi pose-t-on dès le début les premiers principes du bilan, sans même qu'il soit nécessaire de prononcer ce vocable.

Une autre théorie (?) qui a fait son temps, c'est celle dont l'expression réside dans les formules : « Qui reçoit, doit... » — « Mais si je reçois aujourd'hui cent sous que je vous avais prêtés dimanche dernier, je ne dois rien ! » — « Qui donne, a » — « Hein?... Plaît-il?... » — « Ces mots, *doit*, et *a*, sont pris au *sens comptable*, bien entendu ». — « Alors le sens comptable, c'est le rebours du sens commun... », etc., etc. Tel est le dialogue qui s'établit fatalement entre le professeur et l'élève. Celui-ci émet presque toujours *in petto* les répliques ci-dessus, car la discipline est là pour l'y contraindre; mais croyez-vous, par exemple, qu'il digère sans peine le « sens comptable » de ces choses qu'on « a » quand on les a données et que, par conséquent, on ne les a plus ?

La façon actuelle d'expliquer tout ceci consiste à mettre constamment le solde en évidence. Ce solde, lui, constitue bien une créance ou une dette; cela c'est simple et on le comprend. Mais il est formé d'éléments multiples dont les uns sont positifs, les autres négatifs; l'excès des premiers sur les seconds (ou inversement) fera connaître le solde en valeur absolue et en déterminera le signe. D'où les deux groupes de chiffres, et, par suite, les deux colonnes du compte; d'où la formule contemporaine, exacte celle-là : Qui reçoit est débité; qui fournit est crédité; le sens très clair des mots « débiter » et « créditer » ayant été fixé préalablement, sans équivoque ni effort de raisonnement.

* * *

La distinction entre les deux entités du propriétaire (ou capitaliste) et du chef (ou administrateur) d'entreprise, est très facilement admise aujourd'hui que les sociétés par actions, devenues si nombreuses, en font une réalité tangible. Donc le propriétaire, créancier de ce qu'il a mis dans l'affaire et des bénéfices qu'elle peut rapporter, aura son compte comme toutes les autres personnes en rapports d'intérêt avec l'entreprise considérée. Voilà encore quelque chose de net et de clair. Inutile d'imaginer un compte capital tombant on ne sait d'où, et de l'appeler compte de contre-partie comptable, passif, fictif, que sais-je encore? C'est bien peu de chose : pourtant cette réflexion si simple contribue, elle aussi, à faire aimer la comptabilité, au lieu d'engendrer la répulsion que tout ce qui est obscur et confus nous inspire instinctivement. Au surplus, toute fictivité disparaît peu à peu de l'enseignement comptable. Ainsi le caissier, le magasinier, qui sont toujours des personnes physiques, des agents responsables, ont leur compte à l'instar des fournisseurs et des clients. Les « effets à recevoir » et les « effets à payer » sont des débiteurs et des créanciers comme les autres. Vues sous cet angle, les écritures qui nécessitaient autrefois de véritables acrobaties logiques paraissent maintenant toutes naturelles.

Combien il est également facile, lorsqu'on en est là, de concevoir la dissection d'un compte unique en plusieurs parties (magasinier = achat et ventes; capitaliste = capital, charges et bénéfices), ou la fusion en un chapitre collectif de plusieurs rubriques analogues! Des exemples numériques élémentaires suffisent pour faire toucher du doigt l'intérêt de ces divers artifices.

***

Quand vient l'heure d'étudier le mécanisme des écritures, l'école moderne veut que l'élève commence par tenir son grand-livre, et qu'il le tienne sur feuillets mobiles pour pouvoir intercaler peu à peu les nouveaux comptes à leur place normale. De lui-même, il sentira bientôt la nécessité d'un enregistrement chronologique, et les « articles de journal », ce fameux casse-tête terreur des générations précédentes, surgiront immédiatement sous sa plume. D'abord passés en détail, ces articles deviendront peu à peu collectifs, d'où la conception des journaux partiels d'achats, de ventes, de caisse, d'effets. C'est la méthode analytique ; elle est autrement plus puissante et plus féconde que la synthèse pénible à laquelle nous fûmes si longtemps astreints.

On juge inutile d'interrompre l'enchaînement logique des déductions en parlant trop tôt de la clôture et réouverture d'un compte (il sera temps de le faire en fin d'exercice) ou des prescriptions légales touchant la tenue des livres. Rien n'empêche que cette dernière question soit traitée en quelques mots quand le cours est complètement achevé.

Présentée sous cette forme, la théorie comptable s'assimile si facilement qu'il reste du temps disponible pour aborder les questions de métier proprement dites : contrôles arithmétiques, dépouillements, recherche des erreurs, auxquelles les anciens cours ne pouvaient donner asile que dans une mesure bien faible ou même nulle.

Et les applications diverses : émissions et remboursement d'actions ou d'obligations, recherche du prix de revient industriel, liquidations, se superposent sans à-coup aux études antérieures, au lieu de constituer autant de sciences complètement nouvelles. Les applications dont il s'agit, dérivant de principes communs, fixent mieux ces principes dans l'esprit ; leur variété dissipe toute monotonie.

* * *

Voilà comment on procède aujourd'hui dans la plupart des écoles techniques, et comment on s'y prendra demain partout. L'idée comptable ne peut qu'y gagner; elle se répandra de plus en plus, devenant chaque jour plus accessible à la faveur des améliorations nouvelles que l'avenir nous réserve sans doute, conformément à la loi du progrès.

Et si l'on jette un coup d'œil en arrière pour embrasser le chemin parcouru, on ne peut se défendre d'un sentiment de reconnaissance pour ceux dont le labeur patient et éclairé nous a conduits où nous en sommes ; pour nos anciens dont les leçons fécondes ont poussé la nouvelle génération dans les voies réellement scientifiques.

GABRIEL FAURE,
Arbitre au Tribunal de commerce de la Seine,
Expert-comptable
près la Cour d'Appel et le Tribunal civil.

Du rôle de la Grammaire

DANS L'ENSEIGNEMENT DES LANGUES VIVANTES[1]

La grammaire, nous a-t-on enseigné, est l'art de parler et d'écrire correctement une langue. Cette définition nous paraît erronée : il ne suffit pas de savoir la grammaire pour être orateur, et il n'est pas douteux que sans violer les règles de la grammaire on peut écrire une période remplie d'erreurs, de termes impropres, avec une orthographe vicieuse.

Une des plus grandes méprises enfantées par la fausse définition de la grammaire est celle que commettent certaines personnes qui, ne sachant que la grammaire d'une langue étrangère, prétendent enseigner cette langue. Il a pu y avoir, autrefois sans doute, des professeurs faisant de la grammaire la base des études linguistiques, commençant la première leçon par la première page de la grammaire, donnant comme exercice le thème ou la version n° 1, et continuant ainsi successivement, à chaque leçon suffisant sa page.

Que savent aujourd'hui des langues étrangères ceux qui ont dû suivre ces errements? Que savaient-ils même quelques semaines après avoir terminé de longues études? La réponse nous permettrait de juger de la valeur de la méthode; mais cela ne saurait nous suffire et nous voulons

(1) Cf. Ouvrage de M. Marcel, librairie Borrani, Paris.

faire ressortir l'impossibilité d'apprendre une langue par la grammaire uniquement.

Pour pratiquer une langue, il faut être à même de *recevoir* et d'*exprimer* ses idées ; pour les recevoir, il est nécessaire d'écouter, d'entendre, de lire et de comprendre ; pour les communiquer, il faut parler ou écrire.

La grammaire est manifestement inutile pour la perception des impressions de la vue ou de l'ouïe. Remarquons ce qui se passe pour le tout jeune enfant qui apprend sa langue maternelle. Les gestes, l'expression du visage, le ton de la voix qui accompagnent les premières paroles qu'on adresse à l'enfant lui en donnent le sens, et sous l'impulsion de la nature, il s'habitue à associer directement des idées aux sons articulés qui frappent son oreille ; lorsque ses organes sont assez développés, il *imite* instinctivement ces sons pour exprimer ses désirs, ses besoins. Il doit les progrès non aux préceptes, mais à l'exemple ; à la pratique, non à la théorie.

Notre élève qui apprend une langue étrangère n'agit pas autrement ; il perçoit des sons et des formes ; il les reproduit par l'imitation et peu à peu en produit de semblables par *analogie*. L'échange de la pensée est possible lorsque les mots sont dans l'esprit à l'état de signes directs des idées ; quand, alternativement cause et effet, ils se rappellent l'un l'autre spontanément ; en d'autres termes, lorsqu'on *pense* dans cette langue.

Qu'il s'agisse d'un enfant apprenant sa langue maternelle, ou d'un élève étudiant une langue étrangère, la méthode nous paraît identique et le rôle de la grammaire est nul au début. Quel secours pourrait nous prêter la grammaire, même à une partie plus avancée de l'étude ? Elle n'explique ni le sens des mots, ni la valeur des locutions idiomatiques ; elle ajoute peu à notre vocabulaire et ne nous fait saisir aucune finesse d'expression. Admettons qu'on sache toutes les règles de la syntaxe ; l'enchaînement des idées et des mots est trop rapide pour qu'on puisse faire en parlant l'application de ces règles. Les mots doivent se produire dans l'ordre voulu, non à l'aide de la réflexion, mais instantanément, par un sentiment intuitif d'analogie, comme conséquence immédiate de la pensée. De même on ne saurait, en écrivant, entrer pour chaque mot, dans des considérations de syntaxe au moment où l'esprit est préoccupé des idées, de leur liaison et de leur subordination.

La grammaire ne saurait donc être la base des études linguistiques ; ses règles sont des conséquences et on ne peut sans faire violence à la raison les lui présenter comme des principes ; elles sont des résultats démontrés pour celui qui sait déjà les langues, mais elles ne peuvent en aucune manière être les moyens de les savoir pour celui qui les ignore.

Est-ce à dire que la connaissance de la grammaire soit inutile ? Sans doute, non ; la grammaire peut aider celui qui parle ou écrit mal à parler ou à écrire bien ; les études grammaticales, bien que ne donnant pas nécessairement la puissance d'exécuter comme les grands modèles, aident à pénétrer les secrets de la composition et obligent à soumettre ses propres productions au contrôle de la règle. Mais parce qu'il importe de savoir une langue grammaticalement, cela ne veut pas dire qu'il faille en apprendre tout d'abord les règles et dans la grammaire.

« C'est tomber dans le défaut le plus grossier que de commencer par les règles », écrivait Condillac; et Voltaire affirmait que « la lecture des bons écrivains était plus utile pour former un style correct que l'étude de nos grammaires ». Il est certain que les auteurs célèbres, loin d'avoir rien appris des grammairiens, leur ont au contraire dicté les règles qu'ils ont consignées dans leurs livres. Une page bien écrite est une grammaire vivante, parlante, faisant ressortir la règle de l'exemple, donnant les mots avec leur orthographe et leur véritable acception, enseignant, outre la syntaxe, tout ce qui constitue le mérite du style. Presque toutes les règles importantes se trouvent dans une page; c'est au maître à exercer les élèves à les en faire sortir par un acte de leur jugement. En partant des faits qu'on vient d'analyser, on arrive aux principes. Les règles qui s'appliquent à des faits inconnus sont de pures abstractions, tandis que l'esprit se complait à découvrir la raison des faits connus. Les règles qui se déduisent ainsi des observations faites dans le cours de la pratique, par le retour fréquent des mêmes formes, causent une satisfaction semblable à celles qui s'attachent généralement à l'idée d'une découverte et se gravent profondément dans la mémoire, précisément parce qu'on les a trouvées soi-même. On apprend ainsi la grammaire par la langue et non la langue par la grammaire.

On peut objecter avec raison qu'un ensemble de règles ainsi acquises au hasard des lectures et restant éparses dans l'esprit, sans coordination entre elles, ne sauraient constituer de sérieuses connaissances grammaticales.

Aussi bien, sommes-nous d'avis, à une période avancée de l'étude des langues, de réserver une place plus importante à la grammaire, afin de codifier et de classer logiquement les préceptes appris au jour le jour. Ce travail de *synthèse* met en relief l'importance relative des diverses règles, leur subordination et leur fixité; il facilite la mémoire, aide dans la composition et permet de dégager le génie de la langue.

Par les connaissances qu'elle suppose et exige pour être profitable, l'étude systématique de la grammaire ne saurait être abordée dès les premières leçons; il faut l'envisager non comme une entrée en matière et un moyen d'apprendre une langue étrangère, mais comme un complément indispensable et un dernier perfectionnement des études linguistiques.

LOURTAU,

Directeur de l'Ecole Pratique de Commerce et d'Industrie de Cette.

QUESTIONS SCOLAIRES

LES MÉTHODES D'ENSEIGNEMENT A L'ÉCOLE PRATIQUE D'INDUSTRIE

Quel est le but des écoles pratiques d'industrie?

Elles ont l'ambition de former des apprentis aptes à devenir rapidement des ouvriers accomplis et tels que l'industrie actuelle en réclame, c'est-à-dire des ouvriers d'une utilisation immédiate et diverse, bien au courant de tous les détails de leur profession, susceptibles de s'initier, le cas échéant, aux méthodes nouvelles de travail et d'être l'intelligence de la machine qui se substitue à leurs bras. Dans ces conditions ne semble-t-il pas logique que les écoles pratiques d'industrie doivent s'efforcer de donner à leur enseignement une tournure et un esprit nettement professionnels?

Qu'on ne s'empresse pas pourtant, après cette déclaration, de conclure à une hostilité ou tout au moins à un parti pris de leur part contre l'enseignement général. Ceux qui mettraient à leur actif une tentative d'esquiver, ou de délaisser, ou même de dénaturer cet enseignement ne les connaissent pas ou ne les comprennent pas.

Certes, personne ne pense à nier toute la valeur éducative de l'enseignement général. Mais il faut convenir aussi que la forme désintéressée et trop souvent abstraite sous laquelle on le répand habituellement ne peut répondre au but des écoles pratiques d'industrie.

Par conséquent, ce qu'il faut désirer pour ces dernières, ce n'est pas l'absence d'enseignement général, mais, au contraire, son utilisation dans la mesure du possible en l'assouplissant aux exigences d'une époque déterminée, d'une situation spéciale, d'un cas particulier; c'est mettre à profit ses vertus éducatives en l'adaptant aux nécessités impérieuses et immédiates de la préparation professionnelle qui est et doit rester l unique raison d'être des écoles techniques.

Ainsi compris, l'enseignement général devient un auxiliaire précieux de l'enseignement pratique; il le soutient, le complète, l'embellit et lui fait produire le maximum de résultats; il contribue à donner aux écoles pratiques leur originalité, en même temps qu'il leur permet de confirmer toutes les espérances qu'elles font naître dans le monde industriel.

L'école technique définie comme il vient d'être dit a-t-elle autant de valeur éducative que l'école dite désintéressée? Malgré l'opinion contraire de quelques personnes, on peut affimer que sa force éducative n'a qu'à gagner au caractère pratique qui lui est assigné.

Sans doute l'enseignement donné dans les écoles pratiques est moins encyclopédique que celui des autres établissements d'enseignement, mais il gagne en profondeur et en efficacité ce qu'il perd en superficie. Si, dans ces écoles on étudie moins de matières, on les étudie mieux, et n'est-ce pas là ce qui importe surtout pour la culture de l'esprit?

En outre, on ne peut nier que tout ce qui est œuvre de raison et d'intelligence fortifie la raison et l'intelligence. Toutes les fois qu'un ouvrier n'agit pas comme une machine, toutes les fois qu'il cherche à s'expliquer ce qu'il fait, pourquoi il manie son outil d'une certaine manière, dans un certain sens, il exerce son esprit. A l'atelier, par exemple, quand il s'efforce d'exécuter avec justesse son travail ou d'y introduire une ornementation originale, n'acquiert-il pas l'esprit de précision et le goût artistique? N'est-il pas obligé d'observer, d'induire, de déduire? D'autre part, comme l'a dit autrefois dans un rapport retentissant M. Ollendorff, faut-il compter pour rien « cette intelligence complète d'une industrie que nous entendons donner aux enfants de nos écoles? Quand ils l'auront conçue théoriquement et pratiquement dans l'infini détail de son organisation; quand ils auront ouvert leur esprit aux procédés sans nombre que comporte un métier techniquement étudié; quand ils auront appris les connaissances scientifiques sans lesquelles il n'est pas d'applications industrielles, croyez-vous qu'ils n'auront pas cultivé leur esprit et orné leur intelligence tout aussi bien et mieux peut-être que s'ils avaient appris à nous donner exactement la date de telle bataille ou l'histoire de tel règne? »

Non, il n'y a pas que les humanités classiques qui contribuent à la culture générale; les arts manuels sont éducatifs à leur manière, et cela est si vrai, qu'aux Etats-Unis d'Amérique on n'hésite pas à donner aux études pratiques le beau nom d' « Humanités techniques ».

Enfin, en procurant à quelqu'un. par une éducation professionnelle, rationnelle et complète, le moyen de gagner largement sa vie, on le mène à l'aisance, au bien-être et on lui permet ainsi de s'élever en dignité. Or, c'est là précisément l'avantage social de l'enseignement technique; il est donc pleinement éducatif puisque, tout en développant l'esprit de l'individu, il en élève la moralité.

M. Gabriel Séailles l'a dit en termes excellents :

« Il ne s'agit pas d'affaiblir la classe des travailleurs en lui enlevant les meilleurs de ses enfants pour les envoyer au lycée et en faire des désadaptés; il s'agit de préparer les citoyens d'une société où le travailleur serait relevé parce que le travail, loin d'impliquer une sorte d'abêtissement, par la routine et par le surmenage, serait un principe même de l'éducation qui assurerait le plein développement de la personnalité. Seule, l'organisation progressive d'une culture appropriée aux besoins et aux fonctions de la classe des travailleurs lui donnera son maximum de valeur, et, par là même, de puissance et d'influence sociales.

« Pour faire ces travailleurs d'élite, multiplions les écoles primaires supérieures, les écoles professionnelles et techniques où l'on s'efforce de relier le travail aux vérités théoriques qu'il met en œuvre et aux vérités morales qu'il révèle à celui qui sait en entendre les enseignements. »

Mais, pour que l'enseignement technique puisse donner de tels fruits, il faut, avant tout, qu'il soit distribué par un personnel ayant reçu au préalable une éducation spéciale.

Pour asseoir cet enseignement sur des bases scientifiques solides, il y a lieu d'exiger d'abord du professeur technique, de quelque ordre qu'il soit et quel que soit son enseignement particulier, des connaissances pédagogiques communes à tous ceux qui enseignent, complétées par des notions particulières de pédagogie technique. Ne faut-il pas, en effet, qu'il sache adapter son enseignement aux besoins de ses élèves et lui donner ce caractère à la fois scientifique et pratique que nous avons déterminé ci-dessus?

Par suite, il est à souhaiter que, dans les concours pour l'obtention des titres de capacité, on fasse à la pédagogie technique une place plus grande et qu'on n'hésite pas à introduire des épreuves du genre de celles qui sont en honneur aux États-Unis dans les écoles normales de travaux manuels et dont on trouvera quelques spécimens, dans le remarquable ouvrage de M. Omer Buyse sur les méthodes américaines d'enseignement technique.

D'ailleurs, il y a tout lieu d'espérer que la réorganisation actuellement à l'étude des sections normales va permettre d'entrer dans cette voie.

Une autre condition pour que l'enseignement technique donne tous ses fruits, c'est qu'il soit doté de programmes spéciaux, bien en rapport avec son caractère propre et le but qu'il poursuit, et que les méthodes préconisées visent, avant tout, à développer l'éducation professionnelle des élèves.

Les programmes des écoles d'industrie ont été l'objet d'une refonte toute récente, de manière à les rendre réellement professionnels et pratiques. Cependant de tels programmes ne vaudront que par la façon dont ils seront appliqués : c'est pourquoi il pourra ne pas sembler superflu d'examiner ici comment pour chaque partie du programme, le personnel enseignant peut, tout en assurant l'éducation intellectuelle des élèves, orienter son enseignement vers les applications pratiques et les nécessités professionnelles.

E. Labbé,
Inspecteur général de l'Enseignement technique.

DESSIN INDUSTRIEL

Objet de cet enseignement. — Les notions de dessin industriel doivent apprendre aux élèves de l'École pratique d'industrie :

1° A faire rapidement à main levée le *croquis coté*, c'est-à-dire la représentation géométrale approximative d'un organe ou d'une machine, de manière que ce croquis puisse permettre la reconstruction de l'objet à l'atelier;

2° A exécuter, à l'aide d'instruments, des tracés géométriques rigoureux, soit sur le papier, soit sur la matière à travailler; ou à faire avec ces mêmes instruments et à l'aide d'un croquis coté, la représentation géométrale exacte d'un objet à une échelle déterminée;

3° A *lire* un document dessiné appartenant à l'un quelconque des deux genres précédents, c'est-à-dire à discerner sur un dessin les formes et les dimensions de l'objet représenté et à en extraire au besoin, par un croquis ou une mise au net, telle ou telle de ses parties;

4° Enfin, et c'est le desideratum final, à représenter, avant de l'exécuter, le dessin d'un objet qu'ils auront conçu.

Ainsi envisagé, le dessin répondra à toutes les exigences de l'industrie.

Caractères essentiels de cet enseignement. — Il doit être à la fois éducatif et pratique.

Il sera *éducatif* en ce sens qu'il visera à développer les facultés intellectuelles de l'élève, en faisant constamment appel à son jugement, à son esprit d'observation, d'initiative et de décision. On atteindra ce résultat en choisissant les exercices de telle sorte que chacun d'eux constitue un travail nouveau au lieu d'être la copie plus ou moins passive d'un travail déjà exécuté.

Il sera *pratique* si on a soin de le conformer aux conventions en usage dans les bureaux d'études les mieux organisés de l'industrie, de manière que les connaissances acquises à l'école soient immédiatement utilisables à l'usine. Ce n'est qu'à cette condition que nos élèves seront réellement appréciés des industriels qui auront à les employer.

Méthode d'enseignement. — L'enseignement sera *collectif*, c'est-à-dire que tous les élèves feront autant que possible le même travail dans le même temps.

L'enseignement collectif est, en effet, le seul qui puisse convenir à des classes nombreuses. Si le professeur voulait faire de l'enseignement individuel, ou bien il n'accorderait à chaque élève qu'un temps dérisoire, ou bien il s'occuperait plus particulièrement de quelques-uns, et le reste, c'est-à-dire le plus grand nombre, serait abandonné à lui-même.

En outre, dans l'enseignement collectif, les explications données par le professeur s'adressent à tous les élèves à la fois ; on évite ainsi des répétitions fastidieuses et on peut faire dans le minimum de temps un enseignement plus complet et mieux ordonné.

D'ailleurs, l'émulation est entretenue par ce fait que chacun des exercices, devant être exécuté par tous dans le même temps, forme une sorte de concours entre tous les élèves d'une même division.

Cette marche d'ensemble de la classe n'assure pas seulement un meilleur rendement de l'effort de chacun, du professeur comme des élèves, elle est encore éminemment favorable à l'ordre et à la discipline, condition essentielle de bon travail dans les classes nombreuses.

Le temps nécessaire à l'exécution des divers exercices est arrêté par le professeur en se réglant sur l'allure moyenne de la classe, de façon que les élèves les plus lents soient constamment stimulés.

Quant aux élèves les plus habiles, s'ils rendent leur dessin avant le délai fixé on pourra leur demander certains travaux supplémentaires dont il sera tenu compte.

Bien entendu cette latitude laissée aux élèves de travailler en dehors de la classe pour se mettre à jour ne s'applique qu'aux travaux ord'naires du cours. Quand il s'agira d'une composition, la vitesse interviendra au contraire comme élément d'appréciation. Dans ce cas, le professeur fixera la durée de l'épreuve en se réglant sur l'allure des bons élèves, de façon que chacun puisse donner sa mesure dans le délai indiqué ; et il sera interdit de dessiner en dehors de la classe. A l'heure dite, les travaux seront recueillis par le professeur, qu'ils soient finis ou non. Il découle naturellement de là qu'il y aurait avantage à ce que la composition pût se faire en une seule séance de trois ou quatre heures par exemple.

La correction des travaux se fera individuellement et en présence du modèle. Chaque exercice de dessin recevra une note qui sera relevée par le professeur pour servir aux classements trimestriels.

Le professeur classera avec ordre les dessins au fur et à mesure de leur exécution et les conservera jusqu'à la fin de l'année A ce moment, il en distraira une partie pour constituer les archives de son enseignement et rendra le reste aux élèves.

Divisions du cours. — Le croquis coté, qui forme la partie la plus importante du dessin de construction, étant, comme nous l'avons dit, exécuté à main-levée, c'est-à-dire sans instruments, il y a lieu de le faire précéder et accompagner par des exercices de *dessin à vue*.

D'autre part, la représentation géométrale d'un objet, qu'elle soit approximative comme dans le croquis ou exacte comme dans une mise au net, est une application de la méthode des projections.

Il suit de là qu'un cours de dessin de construction doit comprendre :

1° Le dessin à vue,

2° L'étude des projections,

3° Le croquis proprement dit,

4° Les tracés géométriques,

5° La mise au net ou rendu,

6° La lecture du dessin.

E. Labbé,
Inspecteur général de l'Enseignement technique.

A. Druot,
Directeur de l'École Nationale Professionnelle d'Armentières.

(*A suivre.*)

ARITHMÉTIQUE (Première Année).

L'enseignement de l'arithmétique doit être intuitif.

A l'École pratique, nous devons concrétiser nos raisonnements tout en leur conservant autant que possible toute leur rigueur et par suite toute leur portée éducative. Un exemple technique, un croquis éveillent et soutiennent l'attention de l'élève en même temps qu'ils facilitent sa compréhension; une démonstration graphique rend plus intuitive la vérité que l'on veut faire admettre; la mémoire des yeux aidant, l'élève retient mieux.

Nous donnons, à titre d'exemple, la démonstration d'un théorème que, généralement, nos élèves comprennent et retiennent difficilement.

THÉORÈMES RELATIFS A LA SOUSTRACTION

Retrancher une différence.

Exemple. — *La figure ci-contre correspond approximativement à une machine à vapeur de 400 chevaux.*

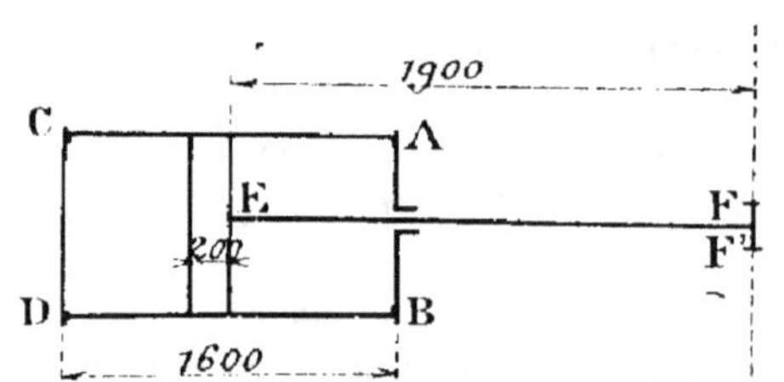

En observant les cotes du dessin, on demande à quelle distance de la face AB arrivera l'axe FF' du coulisseau quand le piston sera à fond de course vers la face CD?

Solution. — 1° De la longueur de la tige du piston, 1.900 mm., il faudra retrancher la différence entre la longueur du cylindre, 1.600 mm., et l'épaisseur du piston, 200 mm.

On aura donc :

$$1.900 \text{ mm.} - (1.600 \text{ mm.} - 200 \text{ mm.}) = 1.900 \text{ mm.} - 1.400 = 500 \text{ mm.}$$

2° On aurait pu, en considérant le piston réduit à une plaque d'épaisseur nulle, dire que l'axe FF' s'approcherait de AB à une distance de :

1.900 mm. — 1.600 mm. = 300 mm.

distance à laquelle il eût fallu ajouter 200 mm. pour tenir compte de l'épaisseur du piston :

300 mm. + 200 mm. = 500 mm.

PRINCIPE : *Pour retrancher d'un nombre la différence de deux autres, on peut lui ajouter d'abord le deuxième terme de la différence, puis retrancher le premier terme du résultat.*

DÉMONSTRATION GRAPHIQUE. — Portons successivement :

AB = N
BC = a
CD = b

A C D B
b
a
N

Nous aurons :

$$AC = AB - BC = N - a$$
$$BD = BC - CD = a - b$$
$$AD = AB - BD = N - (a - b)$$
$$AD = AC + CD = N - a + b$$

Donc :

$$N - (a - b) = N - a + b$$

EXERCICES

1. — On a mesuré la longueur d'un rail avec une règle de 1 mètre et on a trouvé 12 unités 2/3 d'unité. Comment pourrait-on choisir l'unité pour que : la mesure de cette longueur soit un nombre entier? Y a-t-il plusieurs solutions?

2. — Les hauts fourneaux, forges, aciéries et laminoirs du département du Nord ont produit en 1908 :

Fonte	355.000	tonnes.
Laminés en fer	241.000	—
Acier brut	550.000	—
Acier ouvré	461.000	—
Demi-produits	49.000	—

Ces industries ont consommé :

Coke	450.000	tonnes.
Houille	700.000	—

et ont occupé 18.900 ouvriers.

Représenter graphiquement tous ces nombres en prenant des échelles différentes.

3. — Comment peut-on représenter graphiquement une somme de 27 francs, puis une somme de 42 francs? A quelle condition pourra-t-on comparer les deux sommes par la seule considération des deux segments représentatifs?

4. — Le tableau ci-dessous représente en tonnes les quantités des charbons (houille, coke et agglomérés) des houillères du Nord qui ont été livrés, en 1907, dans diverses régions de France :

1 DÉPARTEMENTS	2 HOUILLE	3 COKE	4 AGGLOMÉRÉS	5 TOTAUX
Nord	1,573,313	300 083	80,848	
Seine	590.758	9 446	63.445	
Meurthe-et-Moselle.	93.428	399.736	9.711	
Aisne	209.235	8.237	15.350	
Somme	141.568	4.702	29.002	
Pas-de-Calais . . .	66.811	1.495	5.248	
Seine-et-Oise . . .	46.009	495	44.121	
Seine-et-Marne . .	23.447	1.165	42.045	
Seine-Inférieure . .	87.830	985	24.317	
Ardennes	63 383	7.819	5.917	
Meuse	45.380	1.280	8.464	
Marne	54.542	343	5.487	
Haute-Marne. . . .	12.330	16.544	3 183	
Aube	20.829	25	2.947	
Oise	98.941	4.610	38.638	

Trouver les nombres de la colonne 5 et additionner les nombres des colones 2, 3, 4 et 5. Dire comment on pourrait vérifier ce tableau et en donner la raison.

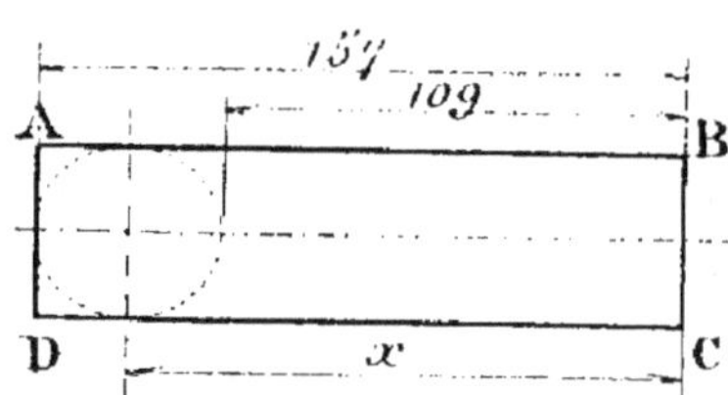

5. — La figure ABCD représente la face supérieure dressée d'une pièce de fer. BC étant prise pour base du tracé, on veut décrire une circonférence tangente à l'extrémité AD et telle qu'elle laisse une longueur libre de 109 mm.; à quelle distance de BC se trouve le centre du cercle à décrire?

6. — Un ouvrier dépense 75 francs par mois pour sa nourriture et son logement, 40 francs par trimestre pour son entretien et 70 francs par an pour frais imprévus. Sachant que sur une année de 365 jours il n'a pas travaillé pendant 61 jours, qu'il a gagné 5 francs par jour de travail et que de son argent disponible il a fait deux parts : l'une, A, pour des versements à des sociétés de secours mutuels, abonnement à un journal et achat de livres; l'autre, B, pour dépôt à la caisse d'épargne, quelles sont ces deux sommes A et B si B dépasse A de 210 francs?

7. — Un décolleteur a deux séries de pièces à travailler. En prenant comme base un salaire journalier moyen de 6 francs, il perd 50 centimes par jour quand il ne travaille que des pièces A et gagne 75 centimes quand il ne travaille que des pièces B. Pour quelles quantités de chacune de ces pièces réaliserait-il son salaire moyen?

8. — Dans une usine il y a 75 hommes qui gagnent chacun 5 francs par jour et 38 femmes qui gagnent 3 francs. Comment varie la dépense de main-

d'œuvre : 1° si l'on remplace 7 femmes par 7 hommes; 2° si l'on remplace 8 hommes par 13 femmes.

Combien d'hommes faudrait-il remplacer par des femmes :

1° Si on ne cherchait pas à économiser sur la dépense totale ;

2° Si on désirait diminuer cette dépense de 24 francs par jour?

9. — Pour produire 1.000 grandes calories utiles, il faut, dans le cas d'une chaudière, *a* grammes de charbon à *b* francs la tonne et, dans le cas d'un gazogène, 30 grammes de moins de houilles anthraciteuses qui coûtent 7 francs de plus la tonne. Trouver les expressions qui expriment le prix de 1.000 calories dans les deux cas et exprimer la différence de ces prix.

Application numérique : $a = 170$ grammes; $b = 20$ francs.

10. — La longueur d'un atelier de forme rectangulaire vaut trois fois la largeur; en augmentant la largeur de 5 mètres et en diminuant la longueur de 14 mètres la surface diminuerait de 2 m². Quelles sont les dimensions?

(On sait que la surface d'un rectangle se mesure en mètres carrés par le produit de la longueur par la largeur exprimées en mètres.)

F. DAUCHY.

ALGÈBRE (DEUXIÈME ANNÉE).

Le mois d'octobre sera consacré d'une part à montrer l'usage des lettres dans la résolution des problèmes d'arithmétique et l'avantage des formules au point de vue de la simplicité des solutions et de la rapidité des calculs, et, d'autre part, à donner la notion du nombre algébrique et à expliquer les opérations sur les nombres algébriques.

1. — Deux ouvriers forgerons façonnent des boulons de dimensions différentes; le premier a 22 centimes pièce pour en forger un et le second 18 centimes. Sachant qu'au bout de la journée ils ont gagné la même somme et que le deuxième en a forgé 10 de plus que le premier, on demande le nombre de boulons façonnés par chacun d'eux et leur gain commun.

2. — Deux réservoirs cylindriques sont constitués de murs de même épaisseur : l'un d'eux a 2m,10 de diamètre intérieur, l'autre 7m,50; en comprenant les murs, les diamètres extérieurs sont tels que l'un d'eux vaut 3 fois l'autre. Quelle est l'épaisseur commune des murs?

3. — Sachant qu'une force de 45 kg. produit le même travail mécanique qu'une force de 35 kg. déplaçant son point d'application de 2 mètres de plus dans sa direction, dire quels sont les déplacements occasionnés par ces forces?

4. — 5 quintaux de vieux zinc et 8 quintaux de vieux plomb ont été vendus 491 francs, tandis qu'au même cours 9 quintaux de vieux zinc et 12 quintaux de vieux plomb ont coûté 807 francs. Quel était le prix du quintal de chacun de ces vieux métaux?

5. — Le tableau ci-dessous représente en tonnes anglaises la production mondiale du cuivre pour l'année 1909 comparée à cette même production pour l'année 1908 :

1 PAYS	2 1909	3 1908	4 ACCROISSEMENTS
Etats-Unis	487.020	420.790	
Mexique	56.250	38.200	
Espagne et Portugal	53.000	52.000	
Japon	45.000	40.000	
Australie	38.350	43 000	
Chili	35.800	36.580	
Allemagne	23.500	23.300	
Canada	21.420	23.900	
Pérou	19.000	17.000	
Russie	18.450	16.800	
Suède et Norvège	12.500	12.015	
Colonie du Cap	7.000	7.000	
Italie	3.200	3.150	
Bolivie	2.600	2.500	
Terre-Neuve	2.100	2.000	
Turquie	2.000	2.000	
Autriche-Hongrie	1.750	1.350	

On calculera les totaux de la colonne 2 et 3, puis les accroissements algébriques (positifs ou négatifs) de la colonne 4, et par une somme algébrique des nombres de la colonne 4 on vérifiera l'accroissement total porté algébriquement en bas de la colonne 4.

6. — Sur une route $x'x$ on considère un poteau A comme origine des abscisses ; et on convient de compter positivement les déplacements d'un piquet dans le sens de x' vers x et négativement les déplacements en sens inverse. Or, on a fait subir à ce piquet les déplacements suivants exprimés en mètres :

$$(+4), (+3), (-5), (-10), (+7) \times 3, (+8) \times 5, (-6) \times 4.$$

Quelle est l'abscisse de ce piquet après le dernier déplacement ?

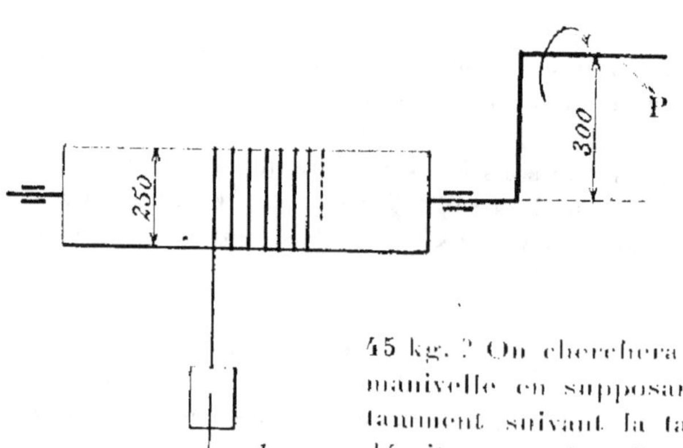

7. — Sachant que dans une machine dans laquelle les organes sont en mouvement uniforme, la somme algébrique des travaux est nulle, quelle devra être la puissance à appliquer sur la manivelle d'un treuil pour remonter une charge de 45 kg. ? On cherchera les travaux pour 1 tour de la manivelle en supposant la puissance agissant constamment suivant la tangente à la circonférence que décrit son point d'application et le poids agissant constamment tangentiellement au tambour (on négligera les frottements).

F. DAUCHY.

Professeur à l'École pratique de Commerce et d'Industrie de Maubeuge.

(A suivre.)

PHYSIQUE (Première Année).

I. Introduction a l'enseignement de la physique. — Exercices d'observation sur quelques faits de la vie ordinaire qu'on reproduira devant les élèves, etc. (Voir le programme.)

Nota : Cette introduction, comme celle du cours de chimie, doit être essentiellement expérimentale. Le professeur s'attachera à développer l'esprit d'observation des élèves et à empêcher leur attention de s'égarer sur des détails sans portée. Se servir des expériences faites : 1° pour montrer les propriétés fondamentales de la *matière* qui constitue les *corps* (insister sur l'*inertie*); 2° pour indiquer les différents *états* qu'elle peut revêtir; 3° pour caractériser le phénomène physique et indiquer les principales divisions de la physique.

II. Pesanteur. — a) Notions très sommaires sur les *forces*. Montrer qu'une force produit le mouvement ou la déformation d'un corps au repos, ou altère le mouvement d'un corps déjà en mouvement. Définition et constatation à l'aide d'un ressort de l'égalité ou de l'inégalité de deux forces. Idée de leur évaluation en kilogrammes. Quelques exemples de forces d'ordres de grandeur différents. Éléments d'une force (direction et sens, point d'application, intensité).

b) *Chute des corps. Étude qualitative* : Montrer l'influence de l'air : 1° sur la direction de la chute; 2° sur la vitesse de la chute. Dans le vide, tous les corps tombent de la même façon. *Étude quantitative* très sommaire : loi des espaces. Applications numériques.

c) *Direction de la pesanteur* en un point donné ou *verticale*. Pourquoi elle est bien donnée par le fil à plomb. Propriétés de la verticale : 1° Plusieurs verticales voisines sont parallèles ; le constater expérimentalement avec trois fils à plomb au moins : l'un *quelconque* peut en cacher un autre; 2° Ces verticales sont perpendiculaires à la surface d'un liquide au repos (*vérification*); 3° Toutes les verticales concourent au centre de la terre (calcul de l'angle des verticales en deux points de latitudes différentes; conséquence pratique). Formes diverses du fil à plomb; niveau de côté; usages (montrer comment un maçon s'y prend pour monter un mur verticalement ou avec un certain fruit, comment l'on vérifie l'aplomb d'une colonne ou d'un poteau, etc.). Définition d'un *plan horizontal* (plan perpendiculaire à une droite verticale). Détermination pratique d'un plan horizontal et d'une droite horizontale (ou droite contenue dans un plan horizontal). Vérification de l'horizontalité d'une arête ou d'une surface plane à l'aide du *niveau de maçon* (différentes formes du niveau de maçon; vérification de sa justesse, etc.).

d) *Point d'application de la pesanteur* ou *centre de gravité*. — Centre de gravité de quelques figures géométriques simples possédant des éléments de symétrie (centre, axe ou plan). Détermination expérimentale, par suspension ou par oscillation autour d'un axe, du centre de gravité de quelques figures de forme quelconque (section d'un rail dissymétrique, par exemple).

CHIMIE (Première Année).

I. Expériences simples, *ayant pour but :*

1° *De différencier le phénomène physique du phénomène chimique;*

2° *D'amener aux notions de corps simples, corps composés, décomposition, combinaison, analyse, synthèse;*

3° *De familiariser les élèves avec les appareils et les procédés de laboratoire employés pour produire et recueillir les gaz.*

II. L'air atmosphérique. — *Composition qualitative.*

Corps principaux qu'il contient : oxygène, azote, gaz carbonique, vapeur d'eau, poussières et germes. Corps accidentels.

Montrer par une expérience simple (combustion du phosphore dans un volume limité d'air) qu'il y a environ 1/5 d'oxygène.

Quelques propriétés de l'air : poids, résistance, compressibilité (utilisation de l'air comprimé), liquéfaction (citer quelques applications de l'air liquide : production des basses températures, extraction industrielle de l'oxygène, explosifs, etc.).

Nota : Le but essentiel de la première partie doit être de donner une idée nette du *phénomène chimique*, sous ses multiples aspects, à l'aide d'expériences simples, convenablement graduées et sériées. Ces expériences peuvent être groupées de manière à former quatre leçons successives :

1° *Expériences ayant pour but de distinguer approximativement le phénomène chimique du phénomène physique.* — On peut choisir des exemples de phénomènes physiques dans les préliminaires du programme de physique. Mettre en parallèle les deux ordres de phénomènes :

Exemple 1 : Action de la chaleur sur le soufre; action de la chaleur sur le sucre.

Exemple 2 : Dissolution du salpêtre dans l'eau chaude; cristallisation par refroidissement; action du salpêtre sur des charbons incandescents.

Exemple 3 : Electrisation du soufre par frottement; inflammation de deux allumettes (ordinaire, suédoise), etc.

Caractère (approché) du phénomène chimique : *irréversibilité.*

2° *Décompositions chimiques.* — Action de la chaleur sur l'oxyde mercurique, un nitrate de métal lourd, la craie. Action du courant électrique sur une dissolution de vitriol bleu ou de sulfate de nickel. Action de la lumière sur un papier sensible aux sels d'argent ou aux sels de fer (tirer un bleu), etc.

De ces expériences, tirer la définition d'un *corps simple*. Caractériser les *métaux* par leurs caractères les plus vulgaires; nommer *métalloïdes* les autres corps simples. Définir l'*analyse*. Faire une analyse *quantitative*, en poids de préférence.

3° *Combinaisons chimiques.* — Réaliser quelques combinaisons par les mêmes moyens que ceux qui produisent les décompositions : combustion du cuivre dans la vapeur de soufre, détonation par l'étincelle électrique d'un mélange de gaz d'éclairage et d'air; inflammation de ce mélange par l'intermédiaire de noir de platine (se servir d'un allumeur automatique), etc.

Conditions nécessaires à toute combinaison :

1) Contact (circonstances qui le favorisent : combinaison des gaz chlorhydrique et ammoniac ; souffler dans de l'eau de chaux);

2) Température convenable.

Caractéristique de la combinaison intégrale : *rapport invariable entre les poids des composants* (différence avec le mélange). Extension de cette loi aux décompositions.

Définir la *synthèse*.

4° *Réactions mutuelles*. — a) *Réactions de déplacement* : Déplacement du cuivre par le fer dans le sulfate de cuivre, de l'hydrogène par le zinc dans l'acide chlorhydrique, etc. ;

b) *Réactions complexes* : Action du vinaigre sur la craie, de l'eau sur le carbure de calcium, etc. (Figurer ces réactions sous forme de tableaux à double entrée.)

Constater que les réactions chimiques sont accompagnées :

1° De phénomènes thermiques ;

2° Du changement de propriétés des corps soumis à l'expérience.

Choisir quelques expériences permettant de vérifier la loi de la *conservation des poids*. Généraliser, ce qui permettra de représenter les réactions par des *égalités*.

Remarques. — I. Choisir les expériences : 1° de manière à mettre en évidence les principaux appareils employés au laboratoire pour produire les gaz (à froid, à chaud), les recueillir (par déplacement d'air ou d'eau) et se prémunir contre les accidents possibles (tubes de sûreté, toiles métalliques, etc.); 2° de manière à faire connaître de suite les principaux gaz : oxygène, hydrogène, gaz carbonique, etc., qui seront *caractérisés* par une propriété typique.

II. Désigner les corps par leurs noms vulgaires; justifier leurs noms chimiques après expérience et montrer la supériorité de la nomenclature chimique.

(*A suivre.*)

H. Valdenaire.

Professeur à l'École Nationale Professionnelle d'Armentières.

LE FRAISAGE (Troisième Année).

PREMIER EXERCICE

CONDUITE DE LA TABLE

Matière a employer. — Blocs de fonte ou de fer pouvant être maintenus facilement entre les mors de l'étau.

But. — Exercice d'assouplissement ayant pour but d'exercer l'élève à *conduire une passe à la main*.

Machines a employer. — Fraiseuse verticale et horizontale.

Temps. — Quatre heures.

Exécution.

Pour travailler, sans casser les dents des fraises, il faut :

1° Que le sens de rotation de l'outil et la direction de l'avance de la pièce soient normales. (Voir leçons.)

2° Attaquer la matière le plus doucement possible;

3° Bien connaître la direction de la table par rapport au sens de rotation des manivelles ou volants de commande.

Pour arriver à ce dernier résultat, l'élève s'exercera, au préalable, à manœuvrer les manivelles, la machine étant à l'arrêt. Il devra *sans hésitation* :

a) Faire avancer la table dans un sens déterminé;

b) La faire monter ou descendre.

Il conduira en outre plusieurs passes à la main en s'efforçant à faire avancer la table régulièrement et surtout sans « saccades ».

Remarques. — I. Pendant le travail, la console et le chariot transversal *doivent être bloqués.*

II. Pour le travail des métaux, autres que la fonte, avoir soin de bien lubrifier.

Leçons.

1° *Des fraises.* Principales catégories. Montage;

2° Sens de rotation des fraises et direction de l'avance;

3° Vitesses circonférentielles et avances de coupe.

EXEMPLES DE LEÇONS

Sens de rotation des fraises et direction de l'avance.

1° Fraiseuses horizontales.

1er cas (schéma 1). — La fraise est dirigée dans le sens de rotation de la fraise.

Dans ce cas, il y a *appel de matière* et avec le moindre jeu dans les organes, les dents casseront. De plus, si la pièce est brute de forge ou de fonderie, les dents attaqueront la croûte et s'useront rapidement.

Schéma 1. Schéma 2.

2e cas (schéma 2). — *La pièce est dirigée dans le sens opposé au sens de rotation de la fraise.* Il n'y a pas appel de matière, et la croûte étant attaquée en dessous s'enlèvera sans activer l'usure des dents. De plus, le jeu de la vis est supprimé.

3ᵉ *cas* (schéma 3). — Dans le cas d'un fraisage sur le côté, il faut que la rotation de la fraise et l'avance de la pièce se fassent dans le même sens.

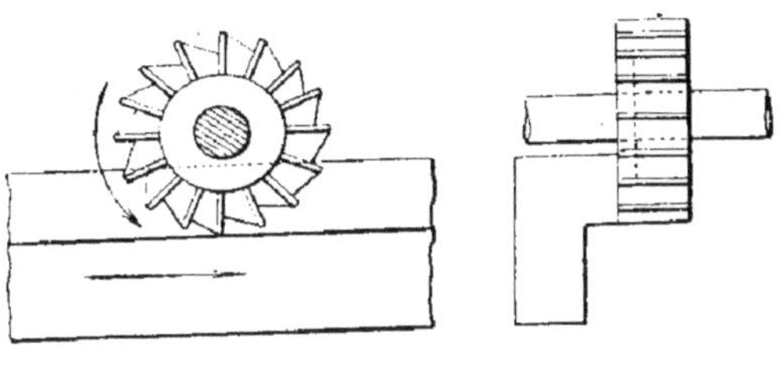

Schéma 3.

2° Fraiseuses verticales.

1ᵉʳ *cas* (fig. 1). — *La pièce est dirigée dans le même sens que celui de la rotation de la fraise.* Ce mode de travail est mauvais. Les dents s'émousseront et sauteront facilement.

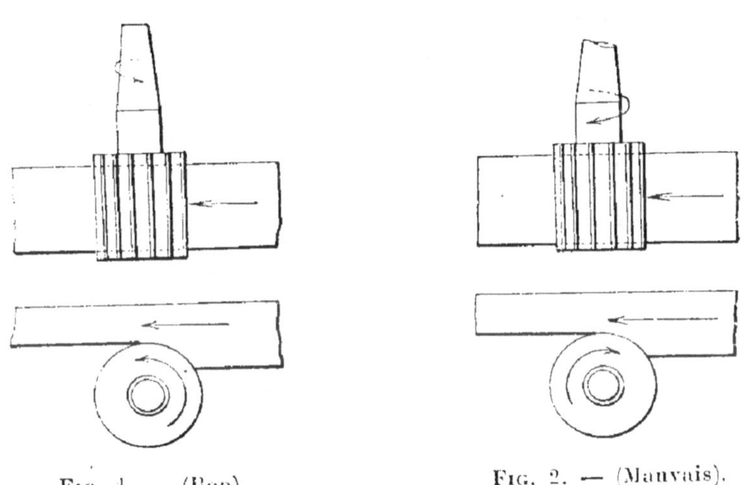

Fig. 1. — (Bon). Fig. 2. — (Mauvais).

2ᵉ *cas* (fig. 2). — *La pièce avance dans un sens opposé à celui de rotation de la fraise.* En travaillant ainsi on obtiendra de la fraise un rendement maximum.

3° Vitesses circonférentielles et avances de coupes.

Les vitesses circonférentielles et les avances de coupe jouent un grand rôle dans le rendement des machines. Elles varient avec la qualité de l'acier employé pour la fabrication des fraises.

Pour les outils en acier spécial on devra se baser sur les indications fournies par les spécialistes.

Le tableau de la page suivante a été établi d'après des expériences faites avec des fraises en acier fondu ordinaire.

DÉSIGNATION de la matière	VITESSE circonférentielle à la minute en mètres	AVANCE à la minute en mm.	PROFONDEUR de la passe en mm.
—	—	—	—
Fer et acier doux . . .	18 à 20	20 à 40	1,5 à 3
Acier demi-dur. . . .	14 à 16	20 à 40	—
Acier dur	10 à 12	15 à 25	—
Bronze dur	16 à 18	20 à 40	—
— tendre	25 à 30	30 à 45	—
Laiton.	70 à 80	35 à 50	—
Fonte	18 à 20	30 à 40	—

DEUXIÈME EXERCICE

Matière a employer. — Prisme de fonte ou de fer de 18 × 60 × 150 millimètres environ.

But. — Apprendre à enlever une quantité de matière déterminée sans le secours d'un instrument de mesure.

Machines a employer. — Fraiseuse verticale ou horizontale.

Temps. — Deux heures.

Exécution.

Pour *travailler vite et bien*, il est absolument nécessaire de savoir utiliser les échelles graduées, placées aux extrémités des vis de commande de la table, du chariot transversal et de la console, ainsi que les butées micrométriques.

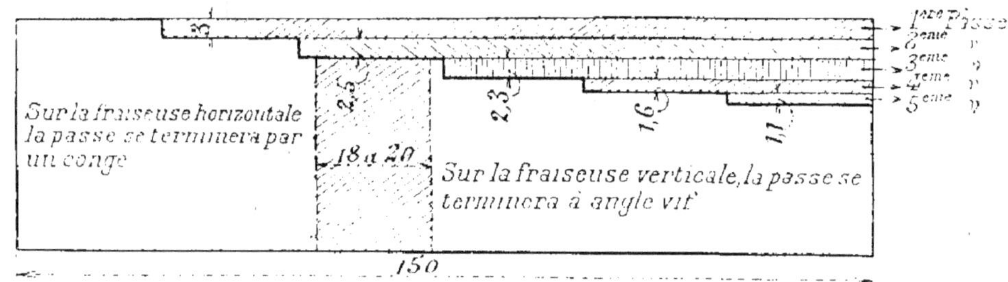

L'élève déterminera le nombre de tours ou de fractions de tour que les vis de commande doivent faire pour que la table avance, monte ou descende d'une quantité donnée. (La graduation des tambours est toujours en rapport avec le pas des vis qui les supportent. (Généralement une division correspond à un déplacement de 1/50 de millimètre.)

Il exécutera ensuite, sur une fraiseuse verticale ou horizontale, une pièce conforme au croquis ci-dessus.

Pour cela il opérera comme suit :

1° Monter la pièce dans l'étau et dresser un champ. (Amorcer le travail à la main et mettre en marche le mouvement automatique.)

2° Retourner la pièce et dresser le deuxième champ. (Les faces resteront brutes.)

3° Amener le zéro du tambour en face du repère fixe. (Pour éviter les additions faire cette opération après chaque passe.)

4° Faire, *sans tâtonnements et en une seule opération*, des passes de 3 mm., 2^{mm},5, 2^{mm},3, etc.

Pour la vérification du travail, employer un palmer.

Leçons.

1° Avances automatiques { longitudinales . / transversales . } Réglage.

2° Des lubrifiants . . . { huile de lard . / huile d'olive . / huile de colza. } pour aciers durs. / eau de savon pour les autres métaux.

3° Décapage des pièces avant le fraisage . . { par jet de sable; / par frottement dans des tambours. / à l'acide . . . { Dégraissage dans un bain bouillant de potasse. / Décapage dans de l'acide sulfurique étendu d'eau. } }

(*A suivre.*)

A. Romain,
Chef des travaux à l'École pratique de Commerce et d'Industrie de Roubaix.

COMMERCE ET COMPTABILITÉ

Nous préciserons d'abord la répartition de l'enseignement comptable entre les trois années d'études.

En première année, étudier complètement, pendant le premier trimestre, la partie *Commerce*, puis consacrer le deuxième trimestre environ à une étude *élémentaire* de la théorie comptable et, enfin, employer le reste de l'année à l'exécution d'une petite monographie qui sera une revision et une application d'ensemble essentiellement pratique de ce qui a été précédemment étudié.

Cette première monographie ne comportera que des opérations relativement simples, à transcrire sur les livres indispensables : Brouillard, Journal et Grand-Livre, complétés par l'exécution des principales pièces comptables, de balances, d'inventaires et de bilans.

En deuxième année, consacrer environ six semaines à une rapide revision du cours de première année et surtout à des compléments de théorie comptable, qu'il eût été prématuré d'aborder en première année, comme semble l'indiquer le programme-type.

L'étude assez approfondie des comptes et des livres peut, en deuxième année, être très intéressante et donner d'excellents résultats.

Le reste de l'année, à raison de six heures par semaine, sera employé à l'exécution de deux monographies constituant essentiellement les exercices dits du *bureau commercial*. Ces deux monographies seront basées sur une nouvelle organisation comptable, caractérisée par la substitution des livres originaires ou auxiliaires au Brouillard unique, par la journalisation quotidienne correspondante, avec comptes collectifs et Grand-Livre unique complété par l'usage du chiffrier.

La première monographie comprendra les opérations d'un mois simulant celles d'une année entière, débutant, par conséquent, par un inventaire d'entrée et un bilan, l'ouverture des écritures et se complétant par deux ou trois balances, un inventaire ordinaire, par un bilan et par la fermeture et la réouverture des comptes.'

La deuxième monographie sera la continuation de la précédente pendant un autre mois ou exercice, mais pourra être l'application de la méthode scientifique dite de l'*Inventaire permanent* qu'il n'est pas sans intérêt de faire connaître.

Les opérations de plus en plus variées et difficiles de ces deux monographies seront exclusivement choisies par le professeur et les écritures comptables seront précédées de l'exécution des documents et de la correspondance, comme nous l'indiquerons ultérieurement.

Les trois heures de commerce et de comptabilité prévues par l'horaire-type seront consacrées à l'étude des autres parties du programme et à la solution de problèmes-types.

En TROISIÈME ANNÉE, il s'agit d'achever de familiariser les élèves avec les opérations courantes, de les initier aux mille difficultés de la pratique et de les amener à faire *vite* et *bien*.

Comme le bureau commercial comprend surtout alors des maisons à firme sociale, nous commencerons par étudier la comptabilité des sociétés commerciales. Puis, au lieu de répartir les élèves en une dizaine de maisons fictives traitant entre elles et avec des maisons similaires établies dans d'autres écoles, nous continuerons le procédé des monographies exécutées simultanément et individuellement par tous les élèves de la classe, chacun d'eux effectuant tout le travail comptable de *sa* maison, dont les opérations auront été au préalable choisies, non exclusivement par le professeur, comme en première et en deuxième année, mais *en commun*, sous son inspiration discrète, lui procurant ainsi mille occasions d'exercer le sens des affaires de tous ses élèves, tout en ne cessant jamais d'avoir une action directe et efficace sur chacun d'eux.

Les exercices du bureau commercial de la troisième année pourront comprendre l'exécution de *trois monographies-types* basées sur une troisième organisation comptable, celle des grandes entreprises (comptabilité auxiliaire et comptabilité générale distinctes, reports directs aux Grands-Livres, journalisation périodique, etc.) et se rapportant à une maison de commerce proprement dite, à une banque et à une industrie locale ou régionale.

Nous bornons là ces quelques indications, nous réservant de les compléter au fur et à mesure du développement des monographies et même d'y revenir, avec plus de détails, dans une étude spéciale sur l'importante question du *bureau commercial*.

COMMERCE (PREMIÈRE ANNÉE).

PROGRAMME. — Étudier (du 1er octobre au 1er novembre) les paragraphes *Du commerce*, *Des commerçants*, *Des échanges* (jusque *la monnaie* exclusivement).

N. B. — Tous les exercices qui seront donnés (pour les trois années) sauf ceux se rapportant aux monographies, seront exécutés sur un cahier *ad hoc* et seront utilement complétés par des exercices oraux du même genre, à faire résoudre au cours des leçons, des interrogations et des corrections de devoirs.

Exemples d'exercices.

Donnez un exemple : 1° de troc; 2° d'appoint; 3° d'achat non commercial; 4° d'achat commercial; 5° de commerce de gros; 6° de demi-gros; 7° de détail; 8° de commerce intérieur; 9° extérieur; 10° d'importation; 11° d'exportation; 12° de transit.

(Faire préciser par des chiffres et des noms géographiques s'il y a lieu.)

Citez : 13° 5 commerces monopolisés; 14° 10 commerces réglementés.

Donnez un exemple d'une vente : 15° livrable de suite; 16° livrable en disponible; 17° à terme; 18° à livrer à l'heureuse arrivée d'un navire; 19° à livrer sur époques et mois déterminés; 20° à livrer avec faculté d'option; 21° d'une vente franco; 22° franco gare; 23° en port dû; 24° au comptant; 25° à terme; 26° à prime; 27° en entrepôt; 28° à l'acquitté; 29° à réméré; 30° à l'amiable; 31° aux enchères et à la criée;

32° Donnez un exemple d'acte de commerce; 33° à quelles conditions est-on commerçant? 34° citez quelques patentés non commerçants;

35° Calculez le courtage relatif à la vente de 500 sacs café Santos de 50 kg. chacun à 48.25 les 50 kg. Courtage 3/4 °/₀; 36° Calculez le courtage relatif à l'assurance d'un navire estimé 430.000 francs et de ses marchandises valant 275.000 francs moyennant une prime de 2 1/2 °/₀, sachant que le courtage est de 7 1/2 °/₀ du montant des primes.

37° Calculez la commission relative à la vente de 650 pains de sucre de 10 kg. 1/2 chacun, tare 1 °/₀, à 67 francs les 100 kg. Commission 2 1/3 °/₀;

38° Quelle différence y a-t-il entre un courtier et un commissionnaire en marchandises?

39° Quand un commissionnaire est-il ducroire?

40° Un commissionnaire a vendu pour 27,420 francs de marchandises moyennant une commission de 2 1/3 °/₀ et un ducroire de 1 3/4 °/₀. Calculer séparément cette commission et ce ducroire;

41° Un facteur aux halles a touché 160 francs de commission à raison de 4 °/₀ sur le prix de vente. Quel était le montant de la vente?

42° Faire disposer et calculer le plus possible de factures et de comptes d'achat et de vente se rapportant à différents commerces. En emprunter les données à la pratique courante.

N. B. — Faire bien écrire et bien chiffrer.

COMPTABILITÉ (Deuxième Année).

Programme. — Revision et compléments de théorie comptable. Étude plus approfondie des comptes et étude de la comptabilité auxiliaire.

Quelques problèmes-types.

A. — Inscrire sur le Journal, rédigé d'abord à partie *simple*, puis à *parties doubles*, les opérations suivantes (à varier et à multiplier) :

1° Acheté à Dumont, à Lille, payable à quatre-vingt-dix jours sans escompte, 100 mètres de drap à 7 fr. 50 le mètre;

2° Vendu à Caron, E. V., payable à quatre-vingt-dix jours sans escompte, 25 mètres de drap à 9 francs;

3° Reçu de Legrand, à valoir sur son compte : 150 francs en espèces ;

4° Payé à Michel le montant de sa facture du... : 130 francs ;

5° Fourni sur Dupont, à Arras, n°.., m. t. au... : 300 francs ;

6° Payé pour timbres : 10 francs.

N. B. — Faire ressortir les différences de journalisation (fond et forme).

B. — Vous voulez amortir votre mobilier qui a coûté 3.500 francs de 1/10 ; votre clientèle, d'une valeur de 4.000 francs de 1/5 ; un brevet d'une durée de dix ans et payé 1.500 francs et des frais de premier établissement s'élevant à 3.200 francs de 1/4.

Portez ces amortissements :

a) Aux comptes eux-mêmes ;

b) A autant de comptes spéciaux ;

c) A un compte spécial d'amortissements.

C. — Vous envoyez à votre client Caron 520 francs par lettre chargée pour l'aider à payer votre traite de 850 francs. Vous comptez les frais d'envoi, les intérêts de retard pendant trente jours à 6 % l'an et vous tirez sur lui une traite qu'il accepte.

D. — Faire solutionner tous les cas de la pratique se rapportant aux règlements par effets de commerce : échéances reculées, effets retirés de la circulation, domiciliés, protestés, etc.

E. — Exercices sur le Livre de caisse.

La rédaction de ce livre étant intéressante et importante, on composera avec soin toute une série de recettes et de paiements effectués pendant une période plus ou moins longue que l'on fera porter sur le cahier ordinaire, réglé à cet effet, d'abord sous la forme *simple*, ensuite sous la forme *double*.

Ces exercices pourront être faits en grande partie en commun, être l'occasion de rapides revisions et servir ultérieurement à des exercices de *journalisation* (articles récapitulatifs quotidiens et périodiques).

COMPTABILITÉ (Troisième Année).

Programme. — Comptabilité des sociétés.

Examiner chaque type de société ; en faire ressortir les caractères essentiels en évitant de rééditer, sous une autre forme, le cours de législation. Au fur et à mesure, faire résoudre quelques cas se rapportant aux particularités signalées. Ne pas craindre de varier et de multiplier ces exercices qui sont une excellente préparation, ainsi qu'un complément indispensable aux opérations d'ensemble, forcément restreintes, du bureau commercial.

Faute de place, nous ne donnons ci-après qu'un spécimen des questions de ce genre.

Société en nom collectif.

Louis et Jacques s'associent en nom collectif.

Louis apporte :

1° Une clientèle estimée.	5.000 fr.
2° Un mobilier estimé.	6.000 »
3° Des marchandises valant	50.000 »
4° Des effets en portefeuille estimés	18.000 »
5° En espèces	3.000 »

Jacques apporte :

1° En espèces . . . . 8.000 fr.
2° Des actions et obligations. . . . . 60 000 »

Le prélèvement mensuel sera de 300 francs pour Louis et de 200 francs pour Jacques. Les onze premiers mois les prélèvements ont été régulièrement faits, mais le douzième mois, au moment de l'inventaire, Louis ne prélève rien, alors que Jacques prélève 400 francs. A ce moment, le compte courant de Louis a produit un intérêt en sa faveur de 120 francs et l'inventaire accuse un bénéfice net de 15.000 francs à partager proportionnellement aux mises de chacun.

Faire :

a) Les écritures d'ouverture du Journal;
b) — du prélèvement du douzième mois;
c) — relatives à l'intérêt des comptes courants;
d) — d'inventaire relatives à la fermeture des comptes de levées, et à la répartition du bénéfice.

Nota. — Dans un numéro suivant, nous commencerons les monographies de deuxième et de troisième année.

(*A suivre.*)

G. Lamoril,
Directeur de l'École pratique de Commerce de Boulogne-sur-Mer.

COURS PROFESSIONNELS

Les Cours de perfectionnement industriels et commerciaux de Maubeuge.

Au moment où la question de la réorganisation de l'Enseignement professionnel en France est à l'ordre du jour, il paraît intéressant de signaler ce qui a été fait déjà sous ce rapport dans la région de Maubeuge.

Historique. — La ville de Maubeuge est dotée, depuis 1903, d'une École pratique de Commerce et d'Industrie, destinée, comme on le sait, à former des employés et des ouvriers aptes à être immédiatement utilisés au bureau ou à l'atelier. La préparation de ces élèves, dont le recrutement s'opère parmi les enfants de l'école primaire, répond si bien aux besoins du commerce et de l'industrie de la région, que l'administration de l'École ne peut satisfaire à toutes les offres d'emploi qui lui sont adressées.

Mais les études à l'École pratique exigent une scolarité de trois années pendant lesquelles l'enfant, au lieu de participer au gain commun de la famille, est l'objet d'une dépense relativement considérable et à laquelle le budget des parents ne peut pas toujours faire face. Si bien qu'en fait, malgré l'avantage qui en résulterait pour l'avenir, le passage par l'École pratique n'est pas possible au plus grand nombre des enfants de la classe ouvrière.

D'un autre côté, l'École pratique ne peut permettre l'apprentissage de toutes les industries de la région. Notamment, en ce qui concerne les laminoirs proprement dits, les ouvriers métallurgistes ne peuvent guère se former qu'à l'usine. Et à l'usine, il ne peut même y avoir d'apprentissage dans un atelier séparé, car il faut l'aide lamineur, comme l'aide chauffeur ou puddleur au milieu de l'équipe, à côté du maître ouvrier qui conduit le train ou le four.

Cependant, les uns et les autres ont besoin, pour être à la hauteur de leur tâche, de connaissances scientifiques et théoriques qui ne peuvent s'enseigner qu'à l'école.

Le besoin de cette instruction professionnelle se faisait d'ailleurs si vivement sentir que bon nombre de jeunes gens n'hésitaient pas à faire, le soir ou le dimanche, des déplacements difficiles et onéreux pour suivre les cours professionnels de Charleroi.

C'est de ces considérations que sont nés les Cours professionnels, industriels et commerciaux du bassin de Maubeuge.

Leur création fut décidée dans une réunion des industriels de la région tenue le 21 janvier 1907 et leur caractère défini par M. Labbé, inspecteur général de l'Enseignement technique, en ces termes, unanimement approuvés par l'assemblée :

« Ces cours auront pour but de servir les intérêts de l'industrie et du « commerce locaux. A cet effet, ils devront être résolument pratiques. Qu'ils « s'adressent aux ouvriers ajusteurs, forgerons, tourneurs, électriciens, ou aux « employés de bureaux commerciaux, ils devront mettre leurs auditeurs à « même de comprendre leur tâche, de la raisonner, de s'en acquitter avec intel- « ligence, de manière à en rendre l'exécution aussi parfaite que possible.

« Si ce sont des cours de mathématiques, ils devront apprendre aux tourneurs « à composer les équipages d'engrenages pour tous les genres de travaux « qu'ils seront appelés à assurer ; ils devront enseigner à l'ouvrier fraiseur à « se servir habilement de l'appareil à diviser. Si c'est un cours de dessin, il « portera particulièrement sur la prise et la lecture de croquis cotés, de « manière qu'à la première inspection de son bleu, l'ouvrier se rende compte « immédiatement du travail qu'on lui demande et qu'on ne le voie plus con- « stamment à la remorque de son contremaître pour solliciter de lui des expli- « cations qui entraînent toujours une grande perte de temps. »

Organisation générale des cours. — Le principe des cours étant admis, la Commission d'organisation avait à se préoccuper : 1° des locaux ; 2° du personnel enseignant ; 3° de la direction et du contrôle ; 4° des ressources nécessaires au fonctionnement.

Grâce à l'entente étroite qui s'établit entre la Ville, l'État et les industriels appelés à bénéficier des résultats, ces différentes questions furent vite résolues.

Tout d'abord, il fut décidé que les cours auraient lieu dans les locaux de l'École pratique, ce qui permettrait d'utiliser son matériel ; le chauffage et l'éclairage des salles étant d'autre part assurés par le budget municipal.

D'un autre côté, le personnel enseignant de l'École pratique, de par sa nature même, était tout indiqué.

La direction générale et le contrôle furent dévolus à une commission locale, chargée d'ailleurs d'assurer la mise au point des programmes et de maintenir l'orientation de l'enseignement vers la pratique. A cet effet, ladite Commission comprend avec les inspecteurs de l'Enseignement technique représentants de l'État, des représentants de la municipalité, de la Chambre de Commerce et du corps professoral, tous les industriels et commerçants qui ont bien voulu apporter leur appui à l'œuvre. Ces derniers s'y trouvant en majorité, on est ainsi assuré que leur influence sera prépondérante dans la direction à donner à l'enseignement.

Quant aux ressources indispensables au fonctionnement, le Comité crut devoir, pour se les procurer, faire appel aux industriels et commerçants de la région, ainsi qu'à l'État et aux communes bénéficiaires. Cet appel fut entendu, et actuellement l'œuvre compte plus de 50 souscripteurs apportant une recette annuelle d'environ 8.000 francs.

Matières enseignées et heures des cours. — Les cours ne pouvant avoir lieu qu'en dehors des heures de travail, se font naturellement le soir en semaine, de 8 heures à 9 h. 1/2, et le dimanche matin de 8 heures à midi et demi.

Les matières enseignées avec le temps y consacré se trouvent indiqués dans le tableau suivant :

MATIÈRES DE L'ENSEIGNEMENT	SECTIONS	TEMPS CONSACRÉ
Mathématiques (arithmétique, algèbre, géométrie)	1re année.	1 séance de 1 h. 1/2.
	2e —	—
Mécanique	1re année.	1 séance de 1 h. 1/2.
	2e —	—
Electricité industrielle	1re année.	1 séance de 1 h. 1/2.
	2e —	—
Technologie (outillage, machines, travail des ateliers)	1re année.	1 séance de 1 h. 1/2.
	2e —	—
Dessin industriel	1re année.	2 séances de 1 h. 1/2.
	2e —	—
Comptabilité	1re année.	1 séance de 1 h. 1/2.
	2e —	—
Anglais commercial	1re année.	1 séance de 1 h. 1/2.
	2e —	—
Sténo-dactylographie	1re année.	1 séance de 1 h.
	2e —	—

Il y a lieu de remarquer que chaque cours est divisé en deux années ou sections afin que l'enseignement puisse mieux s'adapter à l'auditoire, qui d'après son recrutement comprend forcément des élèves d'instruction générale différente.

Population scolaire. — On peut se faire une idée de la faveur dont jouissent ces cours, qui sont d'ailleurs libres, auprès de la jeunesse laborieuse de la région, en signalant que le nombre des élèves qui les ont fréquentés durant la dernière année scolaire a été de 385.

La répartition de ces derniers par professions diverses, indiquées dans le tableau ci-après, montre d'une part que l'enseignement s'adresse bien à des ouvriers et à des employés et que d'autre part il est parfaitement adapté aux besoins de la région.

PROFESSIONS	NOMBRE	PROFESSIONS	NOMBRE
Employés de bureau ou d'usine	93	Dessinateurs	37
Tourneurs	51	Traceurs	23
Ajusteurs	45	Electriciens	21
		Mouleurs	17

PROFESSIONS	NOMBRE	PROFESSIONS	NOMBRE
Modeleurs	12	Ouvriers divers	11
Menuisiers	8	Ecoliers	10
Chaudronniers	3	Militaires	41
Forgerons	3	Sans profession	7
Raboteurs	3		

Sanction des cours. — Les résultats obtenus sont constatés chaque année au moyen d'examens subis devant un jury composé exclusivement d'industriels, d'ingénieurs, de commerçants, de chefs de comptabilité, et à la suite desquels il est délivré des diplômes aux lauréats.

Ces diplômes se trouvent naturellement n'avoir aucun caractère officiel, mais par suite de la compétence spéciale des membres du jury, ils sont fort appréciés et des élèves et des patrons.

La liste des élèves diplômés est d'ailleurs adressée aux chefs de maison, qui le plus souvent tiennent à récompenser les efforts de leurs collaborateurs, soit par des augmentations de salaire, soit par des dons en nature tels qu'outils, instruments de dessin, etc.

Il est agréable d'ajouter que, de l'avis même des industriels appelés à apprécier la valeur des résultats généraux obtenus, celle-ci a dépassé les espérances qu'on avait fondées sur l'organisation des cours professionnels.

Jacquemot,
Sous-directeur de l'École pratique du Commerce et d'Industrie de Maubeuge.

DOCUMENTS ET INFORMATIONS

Le Congrès d'enseignement commercial de Vienne.

Le IXe Congrès d'enseignement commercial s'est tenu à Vienne, du 11 au 16 septembre dernier. Les huit Congrès précédents s'étaient réunis à Bordeaux (septembre 1886), Paris (juillet 1889), Bordeaux (septembre 1895), Londres (juin 1896), Anvers (avril 1898), Venise (mai 1899), Paris (août 1900) et Milan (septembre 1906).

Le bureau du Congrès comprenait les délégués officiels des Gouvernements étrangers, sous la présidence de M. Gelcich, conseiller aulique, inspecteur général de l'enseignement commercial autrichien.

L'ordre du jour, assez chargé, comportait les quinze questions suivantes :

1. « Par quels moyens peut-on arriver à exciter l'intérêt de l'étude de l'étranger? » (Rapporteurs : M. le Dr Stegemann, président de l'Association allemande pour le développement de l'enseignement commercial, et M. Robert Stern, professeur à la Handelshochschule de Leipzig) ;

2. « Comment les professeurs de langues étrangères peuvent-ils acquérir les connaissances commerciales nécessaires à leur enseignement? » (Rapporteur M. Jacob Stadler, professeur à l'École supérieure de commerce de Lausanne) ;

3. « Quelle place doit-on accorder à l'enseignement technique dans les

Écoles supérieures de commerce? » Rapporteur : M. K. Dolejs, inspecteur des Écoles de commerce, professeur à l'École industrielle de Brünn);

4. « L'éducation morale des élèves des Écoles de commerce ». (Rapporteurs : M. A. Katoch, directeur de l'École supérieure de commerce d'Osaka (Japon), et M. le Dr Rezabek, directeur de l'Académie de commerce de Prague);

5. « L'éducation physique des élèves des Écoles de commerce ». (Rapporteurs : M. le chanoine J. Van Caenegem, directeur de l'École supérieure commerciale et consulaire de Mons, et M. le Dr Flatt, directeur de l'École réale supérieure de Bâle);

6. « L'enseignement des sciences économiques dans les Écoles supérieures de commerce ». (Rapporteur : M. le chanoine Van Caenegem, directeur de l'École supérieure commerciale et consulaire de Mons);

7. « La place des sciences commerciales dans les Écoles de hautes études commerciales ». (Rapporteur : M. E. Castelnuovo, directeur de l'École supérieure de commerce de Venise);

8. « La surveillance exercée par l'État sur les Écoles de commerce de l'enseignement public et sur celles de l'enseignement privé ». Rapporteur : M. Klemens Ottel, inspecteur des Écoles régionales de Vienne);

9. « Les bureaux d'échanges pour les collections mercantiles d'échantillons ». (Rapporteur : M. le Dr K. Hassack, directeur de l'Académie de commerce à Graz);

10. « Les Écoles de commerce comme Écoles professionnelles et comme Écoles de culture moderne ». (Rapporteurs : M. R. Rossi, directeur de l'École supérieure de commerce de Bellinzona, et M. le Dr Bela Schack, inspecteur général des Écoles de commerce de Hongrie);

11. « Comment peut-on inculquer la pratique commerciale aux anciens élèves des Écoles supérieures de commerce, lorsqu'ils ont obtenu leur diplôme et après leur sortie? » (Rapporteurs : M. Alfred Renouard, ancien président de l'Association des anciens Élèves de l'École supérieure de commerce de Paris, et M. Joseph Winzl jun., conseiller du Gouvernement et de la Chambre de commerce de Vienne);

12. « L'enseignement professionnel pour les apprentis de commerce ». (Rapporteurs : M. le Dr Knorck, directeur des Écoles commerciales de Berlin, et M. Léon Morf, directeur de l'École supérieure de commerce de Lausanne);

13. « Les procédés modernes d'enseignement par les yeux (projections lumineuses) auxiliaires de l'enseignement oral dans les Écoles de commerce ». (Rapporteurs : M. Pierre Pagnon, président du Conseil d'administration de l'École supérieure de commerce de Lyon, et M. le Dr Charles Kassack, directeur de l'Académie de commerce de Graz);

14. « La femme comme employée de commerce et sa préparation spéciale ». (Rapporteurs : Mlle Domino, professeur aux cours commerciaux de la Ville et de la Chambre de commerce de Paris, et M. Kornel Spitzer, conseiller du Gouvernement et de la Chambre de commerce de Vienne);

15. « Les résultats obtenus jusqu'à présent aux cours internationaux d'expansion commerciale ». (Rapporteur : M. A. Junod, inspecteur de l'enseignement commercial suisse.)

Sept séances ont été consacrées à l'examen de ces diverses questions. La place nous manque pour rendre compte des discussions et même pour analyser les rapports, dont un résumé sera publié dans le prochain bulletin de l'Association française pour le développement de l'enseignement technique. Nous reviendrons ultérieurement sur les points qui présentent quelque intérêt au point de vue français.

En même temps que se réunissait le IXe Congrès, la quatrième session des cours internationaux de vacances prenait fin. Les trois premières avaient eu lieu à Lausanne (1907), à Mannheim (1908) et au Havre (1909).

Les cours internationaux dont la création fut décidée en 1907 au Congrès de Milan ont été fréquentés comme suit :

I. — Cours de langue.

1907.	Lausanne (Langue française)	45 auditeurs.
1908.	Mannheim (Langue allemande	21 —
1909.	Le Havre (Langue française)	75 —
1910.	Vienne (Langue allemande)	55 —

II. — Cours d'expansion commerciale.

1907.	Lausanne	114 auditeurs.
1908.	Mannheim	45 —
1909.	Le Havre.	145 —
1910.	Vienne.	155 —

Il y a lieu de remarquer que les deux derniers chiffres, pour le Havre et pour Vienne, comprennent aussi les auditeurs de cours de langue; ils doivent donc être ramenés respectivement à 70 et à 100 auditeurs.

Il n'est pas sans intérêt de souligner également que les cours de langue française (Lausanne et Le Havre) ont réuni 120 auditeurs pour 76 auditeurs des cours de langue allemande à Mannheim et à Vienne.

Avant de se séparer, le IXe Congrès a décidé que la cinquième session des cours internationaux de vacances aurait lieu à Londres en 1911.

P. A.

Compte rendu du Congrès international de l'Enseignement technique supérieur

(Bruxelles, 9-12 septembre 1910).

Programme des questions mises en discussion

Le Ier Congrès de l'Enseignement technique supérieur tenu à Bruxelles comprenait 4 sections. Voici résumées les questions qui ont fait l'objet de nombreux rapports et de discussions dans chacune de ces sections.

Ire section : *Situation et organisation de l'enseignement technique supérieur.*

1. Y a-t-il lieu de spécialiser les programmes dès le début des études universitaires ?

2. Dans la négative, y a-t-il lieu d'établir un programme des études fonda-

mentales communes à tous les ingénieurs universitaires et de spécialiser seulement par la suite?

3. Y a-t-il lieu de comprendre dans les matières fondamentales des éléments de science pure et des notions d'autres sciences, d'art ou de littérature d'un intérêt général dont la connaissance tendrait à développer la culture intellectuelle des candidats ingénieurs?

4. Dans les écoles techniques faisant partie de l'Université, y a-t-il lieu d'organiser pour les élèves ingénieurs des cours de science pure telle que l'analyse mathématique, la mécanique rationnelle et la physique, distincts des cours du doctorat des sciences? Y a-t-il lieu, si ces matières sont enseignées en des cours communs aux docteurs et aux ingénieurs, de compléter pour les ingénieurs l'enseignement théorique universitaire par des conférences ou des séances d'exercices pratiques ayant pour but de développer les méthodes essentielles pour aborder avec succès les applications techniques? Y a-t-il lieu d'imposer aux futurs ingénieurs l'enseignement scientifique que reçoivent les autres élèves de l'Université?

5. Y a-t-il lieu de prévoir la formation d'ingénieurs de diverses catégories différenciés par l'étendue du programme fondamental en même temps que par les études spéciales?

6. Y a-t-il lieu notamment de créer des grades supérieurs d'ingénieurs sous forme de diplôme de docteur technique?

7. Combien d'années y a-t-il lieu de consacrer à l'étude du programme fondamental? Quelle est la durée normale minima des études complètes de chaque catégorie d'ingénieurs?

IIe section : *Exercices pratiques.*

1. Quels sont les meilleurs modes d'organisation et de fonctionnement des exercices pratiques à faire au cours des leçons théoriques?

2. Quelle est l'efficacité des excursions, visites d'usines et voyages collectifs au cours des études théoriques?

3. Y a-t-il lieu d'organiser des stages industriels dans les usines et sur les chantiers permettant aux étudiants de se former des idées sur les réalités industrielles?

4. Quelle doit être la durée des stages? A quel moment des études paraissent-ils le plus efficaces? Le stagiaire doit-il prendre une part active au travail industriel et le suivre à titre de simple observateur? Les stages industriels doivent-ils précéder les années spéciales ou les succéder?

IIIe section : *Missions à l'étranger, bourses de voyage.*

1. La bourse de voyage à délivrer à la fin des études ou dans le cours de celles-ci doit-elle constituer une récompense réservée aux élèves d'élite, ou être mise au concours, ou bien doit-elle être considérée comme un complément d'études dont le bénéfice doit être étendu au plus grand nombre possible d'élèves?

2. Quelle est la meilleure organisation des missions? Quelle est la durée la plus utile des voyages d'études? Quels sont les moyens les plus pratiques de les organiser? Doivent-ils avoir un caractère collectif ou individuel? Y a-t-il lieu de spécialiser leur objet?

3. Comment doit s'organiser l'échange d'élèves entre Universités?

IVe section : *Ingénieurs commerciaux et fonctionnaires consulaires.*

1. L'éducation fondamentale des ingénieurs doit-elle comprendre des notions d'économie politique et de sociologie? Y a-t-il lieu de limiter l'enseignement de ces dernières matières aux ingénieurs commerciaux ou coloniaux ou aux futurs agents consulaires?

2. Les études des ingénieurs commerciaux et des élèves consulaires doivent-elles comprendre une partie technique développée et notamment doivent-elles comprendre toutes les notions fondamentales de l'enseignement technique?

3. Y a-t-il lieu de considérer les ingénieurs commerciaux comme des ingénieurs spécialisés par des études faites dans des instituts spéciaux, après un enseignement fondamental technique préparatoire dans les écoles d'ingénieurs? Si un programme fondamental spécial différent de celui qui est donné à la généralité des ingénieurs devait être adopté, quel serait le minimum des connaissances techniques à enseigner dans ces cours?

4. Définir les programmes spéciaux des ingénieurs se destinant aux carrières consulaires, aux travaux statistiques et démographiques et ceux destinés à former des fonctionnaires coloniaux.

Les rapports présentés sur ces différentes questions forment un ouvrage volumineux, qu'il serait trop long de résumer dans cette revue, car ils intéressent surtout les écoles d'ingénieurs, mais nous aurons l'occasion de revenir sur ceux d'entre eux qui touchent aux méthodes générales de l'enseignement technique.

BIBLIOGRAPHIE

Tous nos lecteurs connaissent la *Bibliothèque de l'enseignement technique*, que publient les éditeurs H. Dunod et E. Pinat, à l'usage des élèves de nos écoles pratiques.

Parmi les volumes, récemment parus, de cette intéressante collection, nous croyons devoir signaler particulièrement le ***Précis de législation usuelle et commerciale***, dû à la collaboration de MM. Paul Anglès, directeur de l'École commerciale de Paris, et E. Dupont, professeur à la même École (1).

Ce précis, en effet, ne s'adresse pas seulement aux élèves et aux maîtres des écoles pratiques; il a été aussi écrit à l'intention des commerçants et des industriels qui sont sûrs d'y trouver, avec le dernier état du droit, de très utiles renseignements pratiques.

Bien placés pour s'inspirer des nécessités de l'enseignement technique, les auteurs ont eu soin, du reste, d'écarter toute argumentation théorique pour rester constamment attachés, suivant leur expression, à la réalité économique des faits : l'ouvrage y gagne en précision et en clarté et ce sont là, peut-être, ses deux principaux mérites.

Des formules d'actes sous seing privé, des modèles de documents commerciaux très judicieusement choisis, facilitent à chaque instant l'intelligence du texte. Ils contribuent à faire de ce précis un livre de vulgarisation qui ne tardera pas à être apprécié par les commerçants et les industriels, aussi bien que par les jeunes gens qui se destinent aux affaires.

(1) *Précis de législation usuelle et commerciale*, par MM. Anglès et Dupont. 1 vol. in-16 jésus de 483 pages, 4 fr. 50, chez Dunod et Pinat.

Le Gérant : G. Bourrey.

Paris. — L. Maretheux, imprimeur, 1, rue Cassette.

Première Année — N° 2 Novembre 1910

REVUE
DE
l'Enseignement Technique
PUBLIÉE SOUS LE PATRONAGE DE
l'Association Française pour le Développement de l'Enseignement technique

Pour l'extension de l'Enseignement commercial

La cause de l'enseignement commercial semble gagnée en France, en ce sens au moins que la nécessité même d'un enseignement technique du commerce n'est plus contestée. Mais son organisation et son développement sont encore trop restreints. Il faudrait essayer de démontrer que le besoin de son extension ne résulte pas d'une rivalité factice d'ordre administratif; il s'agit non pas de provoquer une nouvelle querelle des Anciens et des Modernes, mais d'établir que, dans notre pays, il y a une distribution défectueuse des élèves entre les diverses catégories d'enseignement.

Actuellement, le plus grand nombre des jeunes Français qui reçoivent une instruction supérieure à celle que donne l'enseignement primaire, fréquentent les lycées et collèges. Ils aspirent aux fonctions de l'État, veulent entrer dans les écoles militaires, les établissements d'enseignement supérieur ou bien ils se destinent aux carrières libérales auxquelles donnent accès le Droit, la Médecine et la Pharmacie. On constate tous les jours que bon nombre d'entre eux n'atteignent pas le but qu'ils se sont proposé. Pour les élèves du Droit, de la Médecine et de la Pharmacie, l'échec n'est pas immédiat; pour les autres, il se produit dès la sortie du Lycée. Que deviennent ceux qui n'ont pas réussi?

Les candidats aux diverses écoles, aux licences et aux agrégations sont parfois dix ou douze concurrents pour une seule place; en tenant compte de ce fait que presque tous se présentent plusieurs fois, on peut estimer à un sur huit la proportion des favorisés. Les sept autres parviennent cependant, à de rares exceptions près, à gagner leur vie. Comment? Pour ceux qui n'ont pu entrer dans les écoles militaires, il y a la ressource de l'engagement; d'autres qui, au lycée, se sont tournés vers les études scientifiques, deviennent parfois rédacteurs dans des ministères, — ou bien, les compagnies d'assurances, les banques, le commerce surtout, peuvent utiliser leurs connaissances mathématiques. Les Littéraires qui ont manqué de persévérance, de dispositions réelles, — ou de chance, — forment le noyau principal des candidats aux administrations publiques. Quelques-uns parcourent des carrières assez brillantes dans le journalisme ou la politique.

Les étudiants en Droit, en Médecine et en Pharmacie arrivent presque toujours, le temps aidant, à obtenir leur diplôme définitif; c'est au contact de la vie, dans l'exercice des carrières libérales que l'insuccès les guette. Ceux que prend la politique sont parfois d'excellents avocats et d'habiles médecins; ceux chez qui le défaut d'élocution est compensé par une fortune personnelle trouvent des débouchés lucratifs dans le notariat, les différents greffes. Mais combien d'autres ne trouvent pas l'emploi immédiat de leurs connaissances et deviennent les auxiliaires commerciaux des professions libérales! Quelques-uns, enfin, sont de tristes vaincus, aigris et découragés. Au lieu de continuer à déplorer ces forces perdues, il est grand temps d'enrayer le gaspillage des intelligences et des énergies.

En résumé, d'après cette énumération très incomplète, on voit que les jeunes gens qui, leurs études secondaires terminées, n'ont pas atteint le but poursuivi primitivement, deviennent, le plus souvent, fonctionnaires ou commerçants. Ces derniers, qu'ils soient commerçants au sens ordinaire du mot, ou qu'ils entrent dans les banques, les assurances, abordent le commerce dans des conditions d'infériorité : ils commencent trop tard, sans éducation pratique, sans instruction théorique spéciale. Ils sont accueillis avec méfiance par les autres commerçants, patrons et camarades de comptoir. Eux-mêmes ont le sentiment erroné, mais souvent irrémédiable, d'une déchéance, parce qu'ils n'exercent pas la profession à laquelle ils s'étaient tout d'abord destinés. A l'étroit dans leur rôle d'employés, ils n'aspirent qu'à s'établir à leur compte, fût-ce dans des conditions tout à fait mesquines, se faisant une fausse idée de l'indépendance du patron commerçant,

Quelquefois ils échouent dans leurs entreprises et tombent alors dans la plus détestable partie du commerce, celle qui consiste à exploiter les commerçants réels. Est-il téméraire de penser que ces jeunes gens auraient mieux fait d'acquérir plus tôt une éducation commerciale?

Il y a donc en France une organisation défectueuse de la préparation au travail national. Il suffira, pour le prouver, de rappeler des faits d'observation élémentaire et de comparer à ces faits l'organisation de notre enseignement. La richesse d'un pays se compose de sa richesse matérielle, produite par son agriculture, son industrie et son commerce, — et de sa richesse intellectuelle, qu'ont pour mission de maintenir et d'accroître ceux qui suivent les carrières libérales. Enfin, l'administration de ces deux sources de richesses incombe aux fonctionnaires. C'est évidemment la production matérielle qui a besoin du plus grand nombre de bras et de cerveaux. Or, c'est surtout vers les professions libérales et les fonctions que dirige l'enseignement actuel.

Cette situation présente de graves inconvénients pour la société tout entière. Tout d'abord les examens qui donnent accès aux fonctions publiques sont encombrés, et le choix devient très délicat. Ces examens sont chargés d'épreuves difficiles qui permettent d'apprécier la valeur intellectuelle générale des candidats, mais qui renseignent trop imparfaitement sur les aptitudes à la profession visée : ils semblent faits bien plus pour éliminer les candidats que pour les admettre. Malgré ce choix, le nombre des reçus est encore trop grand; la plupart d'entre eux végètent dans les emplois inférieurs, et devant la surabondance des talents réels et mal employés, le favoritisme paraît plus vexatoire.

L'encombrement des professions incite à en créer de nouvelles dont l'utilité n'est pas justifiée. Non seulement les pouvoirs publics fractionnent à l'infini les services, mais dans le commerce même, il se crée des rouages sociaux dont la société se passerait facilement.

Enfin, une grande faiblesse morale résulte pour la nation du mépris plus ou moins apparent où sont tenues les professions pratiques : un homme qui a profité d'une éducation supérieure et qui remplit avec conscience et capacité la fonction sociale qui lui est échue, a parfaitement le sens de l'utilité de son voisin de travail, le technicien ou le commerçant; mais celui qui se croit déchu parce qu'il accomplit une tâche sans gloire, a le plus profond dédain pour ses compagnons de travail, qu'il s'était flatté de dominer dans la hiérarchie sociale.

Notre enseignement engage plutôt les élèves à rechercher des carrières et des fonctions qui ne rendent pas ce qu'on leur a fait promettre et cela est aussi funeste aux individus qu'à la société. Ce sont les individus surtout qu'il faut mettre en garde contre les déconvenues qui les attendent. Nous avons déjà dit combien est petit le nombre de ceux qui arrivent à réaliser le rêve qu'ils avaient formé pendant tout le cours de leurs études secondaires. Il ne faut pas croire que les à-côtés que nous avons indiqués offrent un refuge sans limites : les notaires, les greffiers, etc., dont les profits peuvent compenser la gloire primitivement souhaitée, sont presque des fonctionnaires d'État, et leur nombre est légalement déterminé.

Mais c'est surtout à propos des fonctions publiques qu'il faudrait mettre la jeunesse en garde contre un engouement que la réalité ne justifie pas. Depuis longtemps en France, c'est une croyance répandue que le nombre des fonctionnaires français est immense et que ce sont leurs énormes traitements qui grèvent le budget. Il y a beaucoup d'exagération dans cette assertion. Si l'on retranche du nombre total donné par les statistiques les ouvriers des ports et des manufactures d'État, qui sont à peine des fonctionnaires, on arrive au chiffre de 280.000 environ; soit, sur une population adulte de 25.000.000 d'individus, à peine plus de 1 %. Et à combien s'élèvent les traitements? 210.000 hommes et femmes touchent moins de 2.000 francs, 37.000 ont des traitements qui vont de 2 à 3.000 francs; enfin, 27.000 seulement gagnent plus de 3.000 francs. Parmi ces favorisés, 5.600 touchent plus de 6.000 francs et le nombre de ceux qui émargent au budget pour plus de 10.000 francs n'atteint pas 2.000. Y a-t-il vraiment de quoi tenter de si nombreux concurrents? En dehors de la légende créée autour du fonctionnarisme, ce qui attire les candidats aux fonctions, c'est la sécurité, les garanties contre les renvois brusques, l'amélioration progressive du salaire, l'indépendance protégée par les règlements, c'est aussi l'espoir d'une retraite pour les vieux jours. On ne saurait donc crier trop haut à ceux qui rêvent de devenir fonctionnaires : les fonctions publiques assurent une vie très modeste, elles ne procurent pas la richesse.

Un système d'enseignement qui laisse la plupart des hommes désarmés devant des déconvenues si fréquentes, qui fournit au plus grand nombre une éducation dont quelques-uns profitent seuls, qui, par contre, ne pousse qu'une clientèle assez restreinte vers une instruction immédiatement utile, un tel système est une erreur. La logique voudrait que, dans une société où les professions pratiques sont les plus suivies, l'enseignement technique s'adressât à la grande majorité des individus.

L'enseignement technique correspondant aux réalités matérielles se divise naturellement en trois branches : l'enseignement agricole, l'enseignement industriel, l'enseignement commercial. L'enseignement agricole est loin d'être organisé comme il le devrait. Les Ecoles d'agriculture n'ont dans leur ensemble qu'une population scolaire peu nombreuse qui pourrait être accrue assez facilement sans nuire à la prospérité des autres établissements techniques. En effet, malgré la concentration relative des biens fonciers, malgré le développement du machinisme agricole qui provoque l'exode des ouvriers ruraux vers les villes, la France n'en reste pas moins un pays avant tout agricole, où l'agriculture occupe 48 p. 100 de la population.

L'enseignement industriel n'échappe pas à toute critique; le regretté A. Pelletan a vigoureusement montré les vices du recrutement de nos ingénieurs (1). Malgré tout, cet enseignement est le mieux organisé. Il a surtout un nombre d'élèves largement suffisant, et ce nombre n'est pas susceptible d'un accroissement indéfini. On peut entrevoir facilement les causes de la limitation du nombre des techniciens industriels. Plus encore que dans l'agriculture, les entreprises qui mettent en œuvre la technique moderne se concentrent dans un petit nombre de mains, d'où limitation du nombre des patrons. Le machinisme se développe et ce n'est pas seulement le nombre d'ouvriers qui se trouve par là diminué : c'est aussi

(1) Supplément de *La Technique Moderne*, t. II, n° 4, avril 1910.

celui des chefs d'ateliers et des ingénieurs. Enfin, il ne faut pas se dissimuler que, dans beaucoup d'usines, les industriels eux-mêmes ont surtout besoin d'être des commerçants. En pratique, il y a peu de créateurs, mais surtout des producteurs qui doivent savoir *acheter* les matières premières et *vendre* les produits fabriqués.

Il y a quelques années, « les cotonniers anglais se sont aperçus qu'il ne « suffisait pas de produire, mais qu'il fallait encore exporter et placer et « qu'il y avait urgence pour l'industriel à devenir un commerçant, un « détaillant ».

Ce n'est donc pas vers l'enseignement agricole et industriel qu'il est le plus nécessaire d'attirer les élèves, c'est vers l'enseignement commercial. Dès maintenant, en effet, le commerce français, malgré une infériorité qui doit rester passagère, a besoin d'un personnel plus instruit qu'il ne l'a été jusqu'ici des conditions modernes de la vie commerciale. Tous ceux qui, de près ou de loin, touchent au commerce, sont d'accord sur ce point et il est superflu d'insister. Mais nous devons, en outre, prévoir et préparer une extension de notre commerce. Cette extension du commerce français est possible à l'intérieur de la France même. Les produits allemands, américains, nous inondent; et ce n'est un secret pour personne que, dans bien des cas, la mévente ne provient ni du bon marché des produits, ni surtout de leur qualité. Les commerçants français sont mal renseignés même sur les besoins de leurs compatriotes; ils manquent de bons voyageurs de commerce.

Notre commerce peut s'étendre chez les peuples étrangers. Là nous sommes trop habitués à tout exiger de nos consuls, que nous accusons volontiers d'inertie; en réalité, la plupart d'entre eux remplissent leur tâche avec activité; les rapports consulaires sont pleins de renseignements suggestifs. Mais l'action du consul est forcément limitée; ce n'est pas lui qui vend et qui achète : il ne peut suppléer le commerçant.

Nous avons trop peu de voyageurs internationaux sachant les langues étrangères. Ceux-là seulement pourraient surveiller les contrefaçons de produits français. Nous avons négligé d'anciens clients tels que l'Angleterre, une partie de l'Orient et l'Amérique latine, avec lesquels notre commerce fut florissant : il est possible de refaire ce qui a été fait une première fois; toute la question est d'avoir des vendeurs habiles et instruits.

Enfin, il y a un domaine immense où l'activité commerciale de la France pourrait s'exercer avec plus d'ampleur : ce sont ses propres colonies. A l'heure actuelle, près de la moitié du commerce des colonies françaises se fait avec les pays étrangers; elles achètent annuellement pour un milliard de produits, surtout des tissus, dont 380 millions à l'étranger. Elles vendent pour 900 millions d'objets de consommation et de matières premières, dont 430 millions à l'étranger.

Comme tous les pays de civilisation occidentale, la France souffre de la surproduction industrielle; or, le mot de surproduction est un mot qui n'a pas grande valeur quand il y a sur la terre des populations mal vêtues, mal nourries, mal pourvues des instruments qui rendent la vie plus facile. Pour éviter le mal de la surproduction, il faut d'abord, il est vrai, que les industriels adaptent les produits fabriqués aux besoins des consommateurs, mais il faut aussi que les commerçants sachent aller offrir les marchandises à ceux qui en ont besoin et qui parfois les ignorent. Suffit-il, pour avoir de bons commerçants, de les abandonner à l'ancienne routine, ou faut-il leur mettre en mains l'instrument nouveau qu'est la science du commerce?

La question de l'utilité d'un enseignement commercial se trouve ainsi posée. On s'est longtemps contenté de n'apprendre le commerce que par la pratique, et cette méthode se justifia par les résultats obtenus tant que les commerçants n'eurent qu'un champ circonscrit pour leurs entreprises. Jusqu'au milieu du XIXe siècle, le commerçant ne vendit qu'à ses voisins immédiats; le commerce international était rudimentaire. Aujourd'hui, le détaillant lui-même est en relations plus ou moins directes avec le monde entier. Il faut donc que tous connaissent la situation économique des divers pays, non seulement les circonstances particulières qui font varier les conditions du commerce d'une saison à l'autre et qui ne sauraient être généralisées, mais aussi les conditions permanentes, celles qui durent au moins pendant un certain temps, et dont la connaissance préserve des erreurs trop considérables dans les marchés importants. Le progrès des sciences techniques a aussi transformé les moyens du commerce; l'outillage commercial s'est compliqué; les moyens de transporter les marchandises et la pensée sont devenus des appareils scientifiques dont le fonctionnement doit être connu, au moins partiellement, par ceux qui en font usage. La publicité est née, et l'on pourrait presque dire qu'elle a ses lois. Après avoir rencontré de longues résistances, le crédit s'est établi en maître sur tous les marchés; le maniement des valeurs a été réduit en formules mathématiques. Il n'y a plus de langue dominante unique, pouvant être imposée à tous ceux qui font métier du commerce; le commerçant doit pouvoir manier plusieurs langues, même dans une maison d'importance moyenne. On pourrait allonger cette liste de connaissances, mais il suffit de se reporter aux programmes d'enseignement de nos écoles de commerce.

Assurément, le commerce exige plus encore : le commerçant doit aussi posséder une tournure d'intelligence spéciale et l'esprit d'initiative, en un mot, l'*art* du commerce, le *savoir-faire* : cela ne peut être enseigné dans les écoles. Mais, à côté du savoir-faire, il y a le *savoir*, qui est devenu l'auxiliaire indispensable du premier. Comme toutes les sciences, la science du commerce doit être l'objet d'études théoriques.

D'ailleurs, dans la vie pratique, la meilleure vérification de l'utilité d'un instrument se trouve dans les résultats obtenus; les écoles de commerce existent dans nombre de pays depuis assez longtemps et les critiques qu'on leur adresse ne tendent nullement à leur suppression, mais à leur perfectionnement. En France, elles ont survécu à la crise provoquée par la modification de la loi militaire. Mais ce qui est caractéristique, c'est que les deux principales puissances commerciales du monde, l'Allemagne et l'Angleterre, pour nous en tenir à ces deux exemples, se sont appliquées à la création d'un enseignement commercial très complet. Dans les deux pays, d'ailleurs, cette création a dû surmonter des résistances, et ces exemples doivent nous fortifier contre des prédictions pessimistes. Les commerçants de Manchester ne disaient-ils pas que la science du commerce s'acquiert uniquement par la pratique, que les meilleurs musées commerciaux sont les grandes manufactures, que les rapports d'un consul ne valent pas ceux d'un bon voyageur de commerce? Aujourd'hui, la cause de l'enseignement professionnel est plaidée par les hommes d'État eux-mêmes, et, en 1906, lord Rosebery a pu proclamer en public que l'enseignement du vingtième siècle devait être surtout un enseignement technique.

Ces paroles valent pour tous les pays; et, en France, il nous faut attirer dans les écoles de commerce une population nombreuse. La tâche offre des difficultés parce que la propagande se heurte à l'indifférence ou même au mauvais vouloir des familles. Il y a dans les familles françaises un certain snobisme qui consiste à voir dans l'éducation des lycées une éducation aristocratique : peu importe que cette éducation serve à quelque chose, pourvu qu'elle ne soit pas donnée à tout le monde. Parfois aussi le motif qui pousse les parents à mettre leurs enfants au lycée est plus louable, tout en restant erroné : ils veulent faire de leurs enfants de grands hommes, de grands savants. Mais il y a chez presque tous une double illusion. La première consiste à attribuer aux enfants plus d'intelligence qu'ils n'en ont en réalité, et ce n'est pas la plus dangereuse; l'autre est de concevoir trop tôt un idéal pour eux, de le leur imposer et de croire qu'ils ont les qualités d'esprit nécessaires pour le réaliser. Le grand danger n'est pas tant de se tromper sur la valeur d'une intelligence que sur les goûts et les aptitudes véritables. De rares génies ont la faculté de tout comprendre, la curiosité de tout connaître; mais, pour la plupart, nous avons des qualités d'esprit spécifiques; les intelligences pratiques diffèrent des intelligences spéculatives, sans leur être inférieures. Les enfants, même abandonnés à leur libre initiative, s'engageraient peut-être dans des voies mieux faites pour eux que celles où leurs parents les poussent.

On peut penser que les intelligences *pratiques* sont le plus grand nombre et nos écoles techniques devraient être surabondamment peuplées. Cette question du nombre est capitale, non seulement pour l'ensemble, mais pour chaque école de commerce. C'est le nombre des élèves qui permet les améliorations matérielles, qui excite l'émulation et provoque presque automatiquement l'élévation du niveau des études. L'enseignement commercial doit créer des commerçants d'élite et il n'y a nul inconvénient à ce que l'élite soit la majorité.

Pour atteindre ce but, il ne suffit pas que les propagandes particulières s'attachent à démontrer les avantages de l'enseignement commercial, à détruire le préjugé qui maintient une hiérarchie artificielle entre les professions; il faut encore une action directe et énergique des corps constitués : État, départements, communes, chambres de commerce, associations d'anciens élèves et associations d'encouragement. Les chambres de commerce et les associations ont jusqu'ici fait l'effort le plus considérable en fondant des écoles et en assurant des débouchés à ceux qui en ont suivi les cours. C'est la participation plus large des pouvoirs publics à cette œuvre qu'il s'agit désormais de stimuler et d'organiser.

Une objection est à prévoir : ne va-t-on pas porter atteinte à la libre répartition des individus dans les diverses fonctions sociales, si on en dirige la plus grande partie vers le commerce? Il est facile de répondre que c'est avec le système actuel que les directions ne sont pas librement choisies. Nous n'avons guère qu'un seul genre d'enseignement : l'enseignement universitaire, qui est un enseignement de culture *générale*, non de culture *diversifiée*. Si parents et jeunes gens avaient la conscience très nette que ces études sont vraiment désintéressées, dégagées de toute préoccupation utilitaire, nul ne saurait y trouver à redire; mais il n'est pas douteux que beaucoup de familles cherchent dans l'enseignement universitaire une préparation à une carrière. Or, cet enseignement ne conduit qu'à un nombre très restreint de professions. En lui juxtaposant toutes les catégories d'enseignement technique, la possibilité du choix devient une réalité.

Car il ne s'agit en aucune façon de supplanter l'enseignement secondaire. Cet enseignement rend des services immenses à ceux qui en profitent réellement. Il doit rester le moyen de la culture désintéressée, assurer le recrutement des carrières libérales et la préparation à l'étude des sciences spéculatives, sans lesquelles la technique elle-même dégénérerait vite en routine. Mais il ne s'adresse qu'à une catégorie d'intelligences. Or, il y a d'autres catégories, qui ne valent pas moins mais qui valent autrement. Ces intelligences aussi ont le droit d'avoir à leur disposition des possibilités de développement.

L'écueil qu'il faut éviter avant tout, c'est l'idée d'une fusion possible de l'enseignement technique et de l'enseignement universitaire. « La vérité est qu'il y a contradiction entre les notions d'enseignement secondaire et d'enseignement pratique. L'enseignement pratique est à sa place dans les écoles spéciales, techniques et professionnelles... Si, contrairement à ce que pensent les utilitaires, la République n'a pas besoin que de praticiens, elle n'a que faire, en vérité, de tant d'écrivains ou d'amateurs de belles-lettres. La République, c'est-à-dire la société moderne, a besoin de luxe, mais d'un luxe sobre et solide. »

Ces paroles sont d'un homme dont nul ne contestera la haute expérience universitaire. M. Ch.-V. Langlois, professeur à la Sorbonne, les a écrites au moment de la grande enquête de 1899 sur la crise de l'enseignement secondaire. C'est une conclusion à laquelle nous ne croyons mieux faire que de nous rallier.

Émile Paris.

L'Enseignement technique par les seuls Techniciens [1]

(*Suite.*)

III. — Matériel et installation.

Notre Institut électro-technique, dont le titre actuel, incomplet et inexact, doit être, incessamment, transformé en celui beaucoup plus juste d'Institut polytechnique Brenier, du nom de son bienfaiteur, traverse une période de rénovation et de transformation.

La reconstitution complète d'une école supérieure polytechnique sur les vastes terrains de la donation Brenier permettra et permet déjà d'assurer, à des services comprimés sur un espace beaucoup trop restreint, des disponibilités bien plus considérables, et de laisser acquérir à certains l'importance que le manque de place, seul, avait suffi à leur refuser.

Lorsque les travaux, actuellement en cours, seront achevés, notre Institut polytechnique comprendra :

1° L'école proprement dite, constituant une sorte d'îlot encadré par l'avenue de la Gare, les rues Championnet, Général-Motte et Aristide-Bergès ;

2° L'annexe Général-Marchand, en façade sur la rue du même nom, comprenant l'ancien Institut, dont auront émigré nos services d'enseignement, et affectée aux divers laboratoires et bureaux d'essais industriels, Bureau municipal de contrôle et d'installations électriques, Bureau d'étalonnage et d'essais pour les particuliers, etc., etc. ;

3° L'annexe Diderot, comprenant essentiellement une station d'essais électro-chimiques et électro-métallurgiques et une usine d'applications pour nos élèves.

---

(1) Voir *Revue de l'Enseignement technique*, n° 1, p. 6.

Il n'entre naturellement pas, dans notre esprit, de donner ici une analyse complète de nos installations : le cadre étroit de cette étude nous l'interdit.

Signalons, cependant, qu'à côté d'un très gros matériel d'appareils de laboratoire, de machines électriques et mécaniques d'étude, des types les plus divers, mais de puissance généralement comprise entre 5 et 10 HP, notre établissement dispose d'une véritable station centrale, à l'École supérieure technique, avec groupe générateur électrique à vapeur de 300-150 HP; la partie électrique de ce groupe puissant est constituée par deux machines de 150 HP, accouplées, l'une à courant continu, l'autre à courant alternatif triphasé. Cette disposition permettra, en cas d'arrêt du courant municipal (alternatif triphasé à 50 périodes), d'alimenter nos services intérieurs, normalement prévus pour cette forme de courant.

Pour ne pas nous étendre abusivement sur cette étude, nous nous bornons à donner quelques détails sur trois de nos services les plus nouveaux et, croyons-nous, les mieux aménagés dans le but spécial, qui nous préoccupe, de l'enseignement technique, savoir :

1° *Notre École de papeterie*;

2° *Notre Station d'essais électro-métallurgiques*;

3° *Notre Usine d'applications*.

École française de papeterie.

En outre des nombreux appareils de laboratoire d'une affectation n'intéressant pas immédiatement la papeterie, mais que nous avons dû, néanmoins, mettre en œuvre (microscopes, balances, appareillage de chimie, d'électro-chimie), nous avons dû acquérir, et ce nous fut une charge lourde, toutes les parties du matériel indispensable à la fabrication du papier, qui ne furent pas l'objet de dons gracieux de la part des constructeurs. Notre usine de démonstration, au dire des nombreuses compétences qui ont bien voulu la visiter, constitue déjà un modèle du genre.

Au premier étage, s'alignent les trois piles (raffineuse, blanchisseuse et défileuse) dues à la générosité des maisons Allimand, L'Huillier-Pallez, Neyret-Brénier et à celle de la Société des Papeteries Du Marais.

Signalons encore les appareils de préparation des colles, un monte-charge puissant, une série d'appareils accessoires de manutention, de dosage et de préparation des pâtes; enfin, les éléments d'un musée rétrospectif de la papeterie, constitué par quelques pièces encore bien peu nombreuses, mais que des dons en nature, libéralités pour nous des plus intéressantes, ne manqueront pas de compléter à brève échéance, nous en sommes persuadés.

En bas, un sécheur de feuilles Neyret, un lessiveur à chiffons Bouchayer et Viallet, sur les prix desquels ces deux constructeurs n'ont pas dû, je le crains, compter beaucoup pour équilibrer leur budget, un cuvier à pâte muni d'une roue à écopes, un monte-charge Bouvier, enfin, un moteur électrique de 30 HP, entraînant la transmission générale, et les caisses d'égouttage. Le laboratoire du professeur et une salle de mesures et d'essais complètent l'aménagement du rez-de-chaussée.

Signalons, pour finir, un poste transformateur d'énergie électrique de 30 HP, une installation d'éclairage électrique de 50 lampes, enfin une chaufferie provisoire, en attendant que l'Institut Brenier, dont la reconstruction se poursuit à côté de l'école, puisse brancher celle-ci sur ses propres distributions d'énergie thermique ou électrique.

Notre installation n'aurait pas été complète si nous n'avions adjoint au précédent matériel l'indispensable machine à fabrication continue qui constitue le cœur de toutes les usines modernes. Soucieux de conserver, avant tout, son caractère national à notre établissement, et tout en tenant compte des sympathies très sincères et très chaudes qu'il a rencontrées à l'étranger, de donner à la construction française des machines à papier la place qui lui revenait, nous avons confié à un consortium constitué par MM. Allimand frères, L'Huillier-Pallez et Neyret-Brenier, la construction de notre machine à fabrication continue. Ce consortium des constructeurs français, spécialistes en la matière, nous a accordé, il est à peine besoin de le dire, les délais les plus longs et les prix les plus doux pour la fourniture de la très importante machine qui est aujourd'hui en plein fonctionnement dans notre usine de démonstration.

Cette machine se compose, en outre du sablier et de l'épurateur rotatif, d'une table suspendue avec presse humide, d'une roue coucheuse, d'une presse montante, de quatre sécheurs de 800 de diamètre, d'un sécheur-satineur de 1 mètre et d'une enrouleuse.

La largeur prévue permet de faire du papier de 1 mètre rogné. La commande est donnée par une dynamo à vitesse variable. Cette machine occupe environ 20 mètres de longueur sur $3^{m},50$ de largeur (transmissions comprises).

Notre installation matérielle est aujourd'hui terminée et notre Ecole de Papeterie peut soutenir, heureusement, la comparaison avec les mieux outillées des écoles techniques étrangères. L'extrême économie avec laquelle nous avons installé notre matériel, en fait considérable, et équipé un bâtiment important, ne sera pas un des moindres caractères d'originalité de l'Ecole nouvelle.

Station d'essais électro-chimiques et électro-métallurgiques.

C'est dans un esprit identique qu'a été récemment créée la station d'essais électro-métallurgiques qui est, aujourd'hui, à la veille de posséder son organisation définitive. Cette station est consacrée à la recherche de nouveaux débouchés à offrir à la surabondance de forces hydrauliques que les transports d'énergie électrique, peu économiques au delà de 200 km., ne peuvent suffire à absorber. La composition donnée ci-dessous de cette station constitue, pour elle aussi, tout un programme.

Sources d'énergie électrique. — La station reçoit directement le courant à 5.000 volts, courant qui peut, d'une part, être utilisé immédiatement par les fours à oxydation de l'azote, et qui est envoyé, d'autre part, dans un transformateur de 300 kw.-h. 400 HP, donnant, à volonté, le courant sous des tensions de 21, 42, 52, 62, 100 et 125 volts.

De plus, la station pourra recevoir l'énergie électrique produite, en continu ou en alternatif, par l'usine centrale contiguë, dont la puissance est de 600 à 800 HP, et qui, actuellement, est affectée au service de l'Institut électrotechnique par la ville de Grenoble, et, en particulier, à l'instruction pratique de nos élèves.

Fours. — En outre de petits fours de laboratoire de 15 à 25 HP, la station disposera des fours suivants :

1° Un four de 300 HP, type N.-D.-de-Briançon, à sole en pisé de charbon pour fabrication genre carbure et ferro-silicium ;

2° Deux fours de 100 HP, type Keller, à sole en pisé armé, pour fabrication genre carbure et ferros à basse teneur en carbone ;

3° Un four à acier, type Keller, à sole en pisé armé, pouvant couler 500 kg. d'acier ;

4° Un four de 100 kw. à chauffage indirect par résistance, type Acheson, pour fabrication genre carborundum.

Enfin, une installation pour production d'acide nitrique synthétique, comprenant un four à oxydation de l'azote de 20 kw., est à l'étude.

Un certain nombre de personnalités du monde scientifique et industriel ont bien voulu s'intéresser à des efforts que nous avons, jusqu'ici, fournis dans un but désintéressé, croyant, sur l'avis de plus compétents, être utiles à l'Industrie nationale.

Le Comité de patronage qui s'est groupé, pourrions-nous dire, presque spontanément, autour de cette création, comprend, entre autres, les noms bien connus et hautement estimés de MM. Blondel, Bouquet, Cordier, Dabat, Gabelle, Guillain, Liard, Monmerqué, de Nerville, Vielhomme.

Usine d'application.

Notre Usine d'application, dont nous venons de dire un mot, proche de la Station d'essais électro-chimiques, comprend, essentiellement, les éléments et organes suivants :

Chaufferie. — *Bâtiment A* : Deux chaudières Joya, type semi-tubulaire 10 kg. 150 m² de surface de chauffe.

Bâtiment B : Une chaudière Bonnet-Spazin, tubulaire, à foyer intérieur, 6 kg., 50 m² de surface de chauffe.

Une chaudière tubulaire à foyer intérieur, avec réchauffeur, 6 kg., 70 m² de surface de chauffe.

Une chaudière Joya, semi-tubulaire à foyer intérieur, 7 kg. 500, 120 m² de surface de chauffe.

Ces deux batteries de chaudières peuvent être accouplées en parallèle, ou fonctionner isolément, au moyen d'un système de conduites, pourvu des vannages nécessaires.

Aux batteries de chaudières est adjoint un économiseur « Green » à 144 tubes.

Salle des machines thermiques. — Cette salle comprend, essentiellement, 4 groupes à vapeur constitués chacun par un moteur accouplé à un alternateur monophasé [2.500 volts, 25 ampères, 500 tours].

Les machines à vapeur ont les caractéristiques suivantes :

Une machine Demange et Satre : 100 HP ; 400 × 800 ; 125 tours, 6 kg.

Une machine, même marque, 150 HP ; 450 × 900 ; 80 tours, 6 kgs.

Deux machines Piguet de 100 HP ; 400 × 800 ; 130 tours, 6 kgs.

Les alternateurs sont, à peu de chose près, tous identiques et sont excités par des machines à courant continu de 100 à 110 volts.

A signaler, également, dans la salle des machines, un régulateur de vitesse Bourdillat, une pompe à vapeur Worthington : une transmission principale avec ses courroies de commande, destinée à permettre le fonctionnement en parallèle au point de vue mécanique de la station vapeur avec une station hydraulique adjacente.

Station hydraulique. — La force motrice de cette seconde station est constituée par deux turbines Bouvier de 100 HP. l'une, fonctionnant sous environ deux mètres de chute. L'eau nécessaire est prélevée sur le canal Fontenay, reliant, au sein même de la ville de Grenoble, le torrent du Drac avec la rivière l'Isère et utilisant entre ses deux extrémités la dénivellation existant entre ces deux cours d'eau.

L'installation hydraulique précitée est actuellement pourvue de tous les ouvrages nécessaires, savoir : prise d'eau, vannage, canal de fuite, bassin de décantation.

Telles sont, sommairement étudiées dans leurs grandes lignes, nos installations d'enseignement technique.

Nous avons, il est à peine besoin de le dire, à leur apporter encore de nombreux et importants perfectionnements, avant d'arriver à l'état d'organisation définitive auquel nous avons le droit de prétendre pour notre établissement.

Il est situé dans un cadre éminemment favorable, au milieu d'un pays extrêmement industriel, qui constitue une véritable métropole des industries hydro-électriques et électrométallurgiques.

A des distances très réduites de Grenoble se groupe un nombre important d'usines aux caractéristiques les plus variées, aux spécialités les plus diverses, véritables écoles vivantes pour l'ingénieur.

De ces circonstances extrêmement favorables, l'Université de Grenoble a su profiter, en temps utile, et comme le disait, si justement, le bienfaiteur de notre Institut, M. le président Brenier, recevant récemment à Grenoble M. le Ministre des Travaux publics :

« Cet admirable mouvement industriel qui a régénéré nos Alpes fran-
« çaises, l'Université de Grenoble, non seulement l'a suivi, mais l'a même,
« en grande partie, provoqué, par la création et l'extension de son Institut
« technique. »

Cette haute appréciation, émanant d'une personnalité aussi autorisée que celle du Président de notre Chambre de Commerce, qui a assisté à notre naissance comme à notre évolution, constitue, à elle seule, une récompense suffisante des efforts faits dans le sens de l'extension, sinon de la création, à Grenoble et dans le Sud-Est, d'un véritable enseignement technique supérieur.

L. Barbillion,
Professeur à la Faculté des Sciences,
Directeur de l'Institut Electrotechnique de Grenoble.

La Sténographie à l'École pratique

La sténographie est l'art d'écrire vite à l'aide de signes spéciaux qui, grâce à leur dimension et à leur forme, peuvent être aisément et rapidement combinés pour obtenir des tracés beaucoup plus courts, plus *condensés* (*stenos*, serré) que ceux de l'écriture ordinaire.

L'économie de temps que peut ainsi réaliser le sténographe en pleine possession de son art est telle qu'un professionnel bien entraîné devient capable d'écrire *aussi vite que l'on parle*. Il n'est donc pas étonnant que, dès l'antiquité, il se soit trouvé des praticiens pour fixer ainsi la parole des orateurs : travail difficile mais bien rémunéré, car ceux qui parviennent à une telle maîtrise sont rares.

Le cadre de cette étude, où nous entendons rester avant tout sur le *terrain pédagogique*, ne nous permet pas de remonter aux origines de la sténographie, ni de mettre en parallèle les divers systèmes pratiqués actuellement dans notre pays. Nous nous contenterons d'indiquer brièvement les principales qualités d'un bon sténographe. Sans qu'il soit besoin d'insister autrement, chacun se rend compte qu'il faut dans cette profession de l'*intelligence* pour apprendre et pratiquer un système parfois compliqué, une *volonté* plutôt au-dessus de la moyenne pour ne pas être découragé par les difficultés du début et la lenteur des progrès réalisés, une *culture générale* suffisante pour saisir toujours sans hésitation les idées et les mots qui seront traduits en écriture ordinaire, après la prise. On comprend aussi qu'un esprit vif soit, sur ce terrain, utilement secondé par une certaine *habileté de main* et que, si la nervosité y est plutôt nuisible, la mollesse naturelle l'est bien plus encore. La netteté des tracés facilite dans une large mesure la lisibilité : *Bon calligraphe, bon sténographe* est un dicton en honneur chez les adeptes de l'art abréviatif.

Ecrire « aussi vite que l'on parle » est parfois bien pénible, et le *sténographe parlementaire*, qui recueille la parole dans les assemblées délibérantes, Chambres, Conseils généraux, Conseils municipaux ; aux conférences, réunions publiques, etc., ne tarde pas à constater que les orateurs, suivant leurs origines et leur tempérament, discourent à des vitesses fort variables, tantôt restant calmes et mesurés, tantôt précipitant leur débit dans des accès de passion, d'indignation ou de colère.

Les sténographes parlementaires ont des situations largement rétribuées et beaucoup de loisirs. Mais, dans ce siècle de la vapeur, de l'électricité, de la télégraphie sans fil, où l'homme et la pensée semblent avoir des ailes, où chacun court pour essayer de rattraper, voire de dépasser le concurrent, où le dernier venu est souvent le plus pressé d'arriver, la sténographie devait trouver à s'employer autrement qu'à recueillir le verbe des orateurs. Partout, et pour tous, le temps n'est-il pas de l'argent?

Dans le commerce ou l'industrie, les chefs de maison, ou simplement de service, ont hâte d'expédier une affaire pour se consacrer à une autre ou recouvrer leur liberté, pour se rendre près de leur famille, de leurs amis, ou à leurs plaisirs. L'idéal, pour eux, est de diminuer autant que possible, sans que leur entreprise en souffre, leur temps de présence au bureau. Et c'est ici qu'ils appellent la sténographie à leur aide.

Rapidement, le chef de service ou le patron dicte au sténographe ses ordres, le sens de nombreuses lettres ou ces lettres elles-mêmes, qui seront ensuite dactylographiées à loisir. Un coup d'œil, le soir, au moment de donner sa signature, suffit au chef pour constater si ses intentions ont été comprises et suivies.

La question qui se pose tout d'abord est de savoir à quel degré de vitesse devra être parvenu le *sténographe commercial* pour donner entière satisfaction à son employeur, lequel, contrairement à l'orateur, ne discourt pas, mais *dicte*. L'expérience prouve qu'un tel sténographe est à la hauteur de sa tâche, s'il peut écrire de 100 à 120 mots à la minute. Celui qui dicte, en effet, tantôt hésite sur la valeur d'un terme, tantôt consulte un document, parfois même s'embarrasse momentanément dans le développement de sa pensée. Ces secondes d'hésitation sont mises à profit par le sténographe qui rattrape ainsi bien vite son dicteur, au cas où celui-ci aurait pris momentanément une légère avance sur lui.

Nos écoles pratiques, qui poursuivent un but défini : « l'apprentissage d'une profession industrielle ou commerciale », ne pouvaient donc se dispenser de faire figurer à leur horaire et à leur programme des sections commerciales la sténographie au même titre que la calligraphie et la dactylographie.

Ces matières, dont l'importance est soulignée par les instructions pédagogiques annexées aux programmes-types de 1909, peuvent être considérées comme formant une trilogie dont chaque élément, tout en ayant une égale importance au point de vue éducatif et au point de vue professionnel, est exposé, suivant le poste occupé par nos élèves à leur sortie de l'école, à gagner en valeur relative et à être mis en relief au détriment des autres. Presque toujours cependant, il est indispensable pour un sténographe commercial d'être doublé d'un dactylographe. La réciproque n'est pas aussi vraie et les simples dactylographes sont sans doute assez nombreux. Des esprits chagrins tableront peut-être sur ce fait pour prétendre que l'Ecole pratique a tort de donner d'une façon aussi intensive l'enseignement de la sténographie. Quant à nous, nous préférons penser qu'il est urgent d'opérer en France de profondes modifications à nos méthodes de travail de bureau. Il n'est pas dit que notre enseignement commercial doive toujours s'adapter servilement à ce qui se fait au comptoir, ou le copier. Il a une tâche autrement difficile et plus noble : au même titre que l'enseignement technique industriel, il doit sortir des sentiers battus et tendre à améliorer et à rénover tout ce qui dans la pratique apparaît comme suranné.

C'est pourquoi nous espérons que nos écoles, en préparant de bons sténographes commerciaux, mettront nos commerçants à même de marcher sur les traces des Américains, des Anglais, des Allemands... qui nous ont, depuis quelque temps déjà, devancés dans cette voie. Ce n'est pas toutefois par l'effet d'un coup de baguette magique que cette petite révolution s'accomplira chez nous; et, on a du regret à le constater, les employeurs ne voient pas toujours immédiatement le parti qu'ils peuvent tirer d'un sténographe. Nous connaissons de nos meilleurs élèves qui, pour cette raison, n'ont pas profité comme ils l'auraient dû d'un entraînement acquis au prix de longs efforts. Mais déjà l'élan est donné. Les chefs de maisons les moins routiniers ont prêché d'exemple. Ils auront de nombreux imitateurs. D'ailleurs, il n'est peut-être pas trop téméraire de penser que, de même que les enfants contribuent souvent, sans s'en douter, à faire l'éducation de leurs parents, de même aussi les jeunes sténographes formés par nos écoles pratiques sauront amener assez vite leurs patrons à une compréhension plus juste des meilleures méthodes de travail et des véritables intérêts du commerce.

Nous n'avons pas toutefois le désir de faire de chaque élève sorti d'une Ecole pratique un sténo-dactylographe. Loin de là. Il faut aussi des vendeurs, des voyageurs, des comptables, des teneurs de livres, des caissiers, des magasiniers, des traducteurs, des représentants, etc. Mais les élèves qui réussiront le mieux en sténo-dactylographie pourront se spécialiser dès qu'ils en trouveront l'occasion. Et si, par hasard, cette occasion ne se présentait jamais, ils n'auraient pas lieu de regretter d'avoir consacré une partie de leur temps à l'étude de l'art abréviatif. Cet art fait partie du bagage nécessaire à tout employé de commerce car, dans cette profession, nul ne sait à quel poste il sera appelé demain. D'ailleurs, en mettant toutes choses au pis, ils auraient encore la satisfaction de se servir de leur art pour leur usage personnel, au bureau, dans la rue, en voyage, au cours de leurs lectures ou de leurs études. En se livrant à un entraînement méthodique et persévérant, les meilleurs d'entre eux pourraient aussi s'élever à la situation enviable de sténographe parlementaire.

Voilà donc le problème posé. Parce que la sténographie s'emploie au comptoir, où elle prendra une importance de plus en plus grande, une place notable lui a été faite dans les horaires de nos Écoles pratiques de commerce : on lui a réservé une heure par semaine et par année. Or, l'expérience montre que, pour être *directement utilisables* comme sténographes commerciaux, nos élèves doivent atteindre la vitesse minimum de cent mots à la minute. Nos professeurs peuvent-ils, avec le temps dont ils disposent, conduire la moyenne de leur classe de troisième année jusqu'à ce but ? Existe-t-il un système sténographique dont l'emploi permette d'obtenir à coup sûr un si beau résultat?

C'est ce que nous rechercherons dans un prochain article. Mais, comme dans un récent Congrès, nous avons entendu exprimer sur ce point des opinions assez pessimistes, nous serions heureux et flatté de voir ceux de nos collègues que la question intéresse nous communiquer le résultat de leur expérience personnelle.

Léon Gadras,
Professeur à l'École pratique de Charleville.

N. D. L. R. — *Le numéro de décembre contiendra une étude de* M. René Leblanc *sur l'*Enseignement Technique Agricole; *nous publierons du même auteur en janvier et février, la description d'expériences à entreprendre au printemps, pour un enseignement technique agricole de début.*

QUESTIONS SCOLAIRES

ENSEIGNEMENT MÉNAGER [1]

DE L'ALIMENTATION

I. — Principes généraux.

Nature des aliments. — Un adulte en bonne santé détruit quotidiennement 1/2 kg. environ de sa propre substance; il brûle en outre, plus ou moins complètement, la partie combustible de la nourriture qu'il absorbe. La combus-

(1) Voir *Revue de l'Enseignement Technique*, n° 1, p. 12. Droits de traduction et de reproduction réservés.

tion lente dont son corps est le siège maintient sa température à un degré sensiblement constant (37 à 38°) : elle entretient aussi son activité.

Pour remplacer les tissus détruits, de même que pour former ceux de l'enfant ou de l'adolescent, pour entretenir la chaleur animale, pour fournir l'énergie nécessaire à tous nos mouvements, volontaires ou non, *des aliments sont indispensables* : leur composition rappellera nécessairement celle des organes à développer, à entretenir ou à réparer.

Comme celui de tout être vivant, notre corps est formé de *substances minérales* et de *substances organiques* : d'où deux grandes divisions des aliments.

1° Les ALIMENTS MINÉRAUX formés d'*eau*, pour la plus grande part, et de divers *sels*, principalement des *chlorures* répandus dans les liquides de l'organisme, et des *phosphates* qui entrent surtout dans la composition des os et des masses nerveuses.

2° Les ALIMENTS ORGANIQUES, empruntés au règne végétal ou au règne animal, et qui se répartissent, selon leur composition et leur rôle, en trois catégories : HYDROCARBONÉS, GRAS et ALBUMINOÏDES.

I. — Les **aliments hydrocarbonés**, tels que l'*amidon* des céréales, la *fécule* des pommes de terre, le *sucre* des fruits, de la canne ou de la betterave, etc., sont formés de combinaisons du CARBONE avec les éléments de l'eau, ce qui ne veut pas dire qu'on en puisse séparer le carbone de l'eau ; mais les deux éléments HYDROGÈNE et OXYGÈNE s'y trouvent toujours dans la même proportion que dans l'eau : 1 d'hydrogène pour 8 d'oxygène, en poids ; d'où le nom d'HYDRATES DE CARBONE donné aussi aux substances hydrocarbonées.

II. — Les **huiles** et **graisses alimentaires** telles que l'*huile d'olive*, le *saindoux*, le *beurre*, etc., sont, comme les hydrocarbonés, des **aliments ternaires**, c'est-à-dire formés des trois corps simples : carbone, hydrogène et oxygène ; mais ces deux derniers éléments ne s'y trouvent pas en même proportion que dans l'eau : il y a moins d'oxygène ; ce qui revient à dire qu'il faudra plus de ce comburant pour brûler un corps gras qu'un hydrate de carbone, et que la combustion du premier dégagera plus de chaleur que celle du second, ainsi que nous le constaterons un peu plus loin.

La qualité principale des aliments ternaires, hydrocarbonés ou gras, réside dans leur combustibilité : ils sont, avant tout, *producteurs de chaleur et d'énergie mécanique*.

3° Les **albuminoïdes**, tels que l'*albumine* formant le blanc d'œuf, la *fibrine* du sang et de la viande, le *gluten* des céréales, la *caséine* du fromage, etc., contiennent un quatrième corps simple, l'AZOTE, ce qui les fait aussi désigner sous le nom d'**aliments quaternaires**. Les aliments azotés concourent, comme les aliments ternaires, mais à un degré moindre, à l'entretien de la chaleur animale ; leur rôle essentiel, après la période de croissance, consiste dans la *réparation des tissus* dont l'usure est une conséquence des fonctions vitales.

Pour l'intelligence de ce qui va suivre, il est utile de rappeler, au moins succinctement, par quel mécanisme les matières combustibles des aliments se réunissent au comburant nécessaire à leur combustion, c'est-à-dire à l'oxygène de l'air, et comment cette combustion s'effectue. La formation et la réparation des tissus est une question beaucoup plus complexe et, à ce sujet, nous nous bornerons à une constatation : les matériaux nécessaires étant connus, il suffira de s'assurer que l'alimentation les fournit.

Origine de la chaleur animale. — Mâchés et insalivés, les aliments descendent, par l'*œsophage*, dans l'*estomac*, où ils subissent l'action du *suc gastrique* : à leur entrée dans l'*intestin*, ils reçoivent la *bile* et le *suc pancréatique*, qui achèvent de rendre liquide, sous forme de *chyle*, ce qu'ils renferment d'assimilable. Les matériaux inutilisables progressent vers le gros intestin d'où ils sont rejetés au dehors.

Les innombrables *villosités* de l'*intestin grêle* absorbent le chyle, dont une partie passe par la *veine porte* capillarisée dans le *foie*, subit l'action glycogénique de cette glande et rentre ensuite dans la circulation. L'autre partie du chyle aboutit à la *citerne de Pecquet*, d'où elle se déverse dans la *veine sous-clavière gauche* et se mélange ainsi directement au sang.

Le sang enrichi de matériaux combustibles arrive aux *poumons* d'un côté de la muqueuse des *vésicules pulmonaires*; de l'autre côté de cette membrane se trouve l'air introduit par l'*inspiration*. On sait que des gaz différents séparés par une membrane se mêlent, en traversant celle-ci, jusqu'à identité de composition et de tension des deux côtés. L'oxygène de l'air atmosphérique possède une tension supérieure à celle de l'oxygène contenu dans le sang ; inversement, le gaz carbonique de l'atmosphère a une tension inférieure à celle du même gaz contenu dans le sang veineux ; un double échange se produira donc : d'une part, l'oxygène venu par inspiration pénétrera à l'intérieur et, se fixant sur l'*hémoglobine* du sang, lui donnera sa couleur rouge vermeil ; d'autre part, l'acide carbonique contenu dans le sang, et provenant des combustions précédentes, traversera la muqueuse en sens inverse pour être rejeté dans l'atmosphère par l'*expiration*. Une insufflation dans l'eau de chaux suffit à déceler la présence du gaz carbonique.

Comprimé dans le *ventricule gauche du cœur*, le sang est lancé, en tous les points du corps, par les *artères*, dont les dernières ramifications ou *artérioles* constituent, avec les *veinules* aboutissant aux *veines*, le réseau désigné sous le nom de *vaisseaux capillaires*. Rouge quand il entre dans ce réseau et riche en oxygène, le sang est devenu violacé à sa sortie ; de plus, il s'est appauvri en oxygène et enrichi en acide carbonique : *une combustion s'est donc effectuée.*

Pour un même poids d'une même substance combustible, la quantité de chaleur dégagée est la même, que la combustion soit *vive* comme dans un foyer, ou *lente* comme dans les vaisseaux capillaires, pourvu qu'elle soit complète. Ainsi, par exemple, la combustion complète de 1 gr. de sucre, dans un foyer, dégage 4 calories ; assimilé par notre organisme, le même poids de sucre dégage également 4 calories utilisables à l'intérieur de notre corps.

Rappelons qu'*une calorie est une quantité de chaleur égale à celle qu'abandonne 1 kilogramme d'eau pendant que sa température s'abaisse de 1°.*

Par des procédés scientifiques d'une exactitude rigoureuse dont la description ne saurait trouver place ici (¹), mais dont nous essayerons cependant de donner une idée, on a mesuré, d'une part, les quantités de chaleur fournies par la combustion de toutes les *substances assimilables* renfermées dans chaque aliment usuel et, d'autre part, le nombre de calories nécessaires à un individu, suivant son âge, sa corpulence, son travail, etc., pour l'entretien de son orga-

(1) Voir leur description dans le magistral traité de M. Armand Gautier : L'ALIMENTATION ET LES RÉGIMES CHEZ L'HOMME SAIN OU MALADE. Librairie Masson.

nisme — sauf accident — en bon état de santé. Grâce à ces deux sortes de renseignements, il sera possible de déterminer la nature et la quantité des aliments convenant à cet individu.

Avant de chercher la solution de cet intéressant problème, examinons d'après quels principes on a pu en établir les données essentielles.

Principe des expériences calorimétriques. — Imaginons un petit compartiment métallique dans lequel pourra s'effectuer la combustion complète d'un corps combustible : sur celui-ci préalablement enflammé arrive le comburant (oxygène); les produits de la combustion sont entraînés dans un serpentin qui les refroidit avant de les laisser échapper au dehors. Si la *chambre de combustion* et ses accessoires sont plongés dans un vase (*calorimètre*) contenant de l'eau froide, l'élévation de température de cette eau, et de l'appareil tout entier, permettra de déterminer le nombre de calories dégagées par la combustion.

Pour obtenir des résultats précis dans ces manipulations délicates, des précautions multiples sont prises contre toutes causes d'erreur; nous n'en indiquerons aucune puisqu'il s'agit simplement ici de donner une idée de la méthode suivie. Supposons simplement qu'on a effectué, dans le calorimètre, la combustion complète, précédemment indiquée, d'un gramme de sucre : le nombre de calories dégagées est de 4, en chiffre rond; ce qui, dans l'expérience, s'est traduit ainsi: la température du kilogramme d'eau contenu dans le calorimètre s'est élevée de 4°.

La combustion complète d'un gramme de saindoux fondu, c'est-à-dire purifié par fusion, donne 8 calories 2/3, soit un peu plus du double que pour le sucre; une graisse contenant des matières étrangères fournira un nombre de calories dépendant de son degré de pureté : le beurre frais, par exemple, contenant 85 centièmes de graisse pure, fournira seulement les 85 centièmes de 8 calories 2/3; soit 7 calories 1/3 pour 1 gramme de ce beurre. A poids égal, l'albumine donne, par combustion complète, un peu moins de calories que le sucre : 3,7 au lieu de 3,9, etc.

On trouvera plus loin un tableau exprimant, en calories, la *chaleur de combustion* fournie par 100 grammes des principales denrées alimentaires, avec leur composition centésimale en chacun des aliments **albuminoïdes**, **hydrocarbonés** et **gras**. Pour nous faciliter, par la suite, des calculs suffisamment approximatifs en pratique, retenons seulement les chiffres suivants : *les substances hydrocarbonées, de même que les albuminoïdes, fournissent environ 4 calories par gramme; les graisses en donnent le double.*

Par des expériences analogues aux précédentes, mais nécessitant un outillage plus compliqué, on a mesuré directement le nombre de calories dégagées dans le corps d'un homme pendant qu'il consomme, assimile et brûle une ration alimentaire de composition déterminée, tantôt en demeurant au repos, tantôt en effectuant un travail évalué en *kilogrammètres*, c'est-à-dire en unités dont chacune représente l'effort nécessaire pour élever un poids d'un kilogramme à un mètre de hauteur.

La chambre calorimétrique ou *calorimètre respiratoire* du savant américain Atwater [1] offre un espace d'environ 4 m³ dans lequel l'individu soumis à l'ex-

(1) Un calorimètre respiratoire perfectionné a été installé, en 1896, à l'hopital

périmentation peut vivre à peu près librement, mangeant, dormant, se reposant ou travaillant, pendant plusieurs jours consécutifs; il y respire un air sans cesse renouvelé, maintenu à une température constante; du dehors, on lui passe les aliments à consommer et on mesure les quantités de chaleur produite, de vapeur d'eau, de gaz carbonique, d'excrétions, etc., dégagés. Le travail musculaire qu'il effectue, à certains moments, au moyen d'une bicyclette fixée dans le calorimètre et actionnant une dynamo, est évalué en kilogrammètres.

Applications pratiques des résultats obtenus. — Parmi les constatations et déterminations auxquelles ces expériences ont donné lieu, et qui concordent parfaitement avec de nombreux résultats pratiques, voici celles qu'il faut retenir comme applicables à l'enseignement ménager.

I. Rappelons d'abord que le nombre de calories fournies par la même quantité de la même substance alimentaire est le même, que la combustion soit vive, ou qu'elle soit lente, *à la condition d'être complète*; c'est pourquoi, si l'on veut retrouver le nombre total de calories produites dans un calorimètre par la combustion complète d'un morceau de pain, par exemple, il faudra ajouter, à la chaleur fournie, par la même quantité de pain, à la personne qui l'aura consommée, le nombre de calories que dégagerait la combustion des résidus excrémentiels laissés par ce même morceau de pain.

Dans le tableau qu'on trouvera plus loin, les nombres inscrits indiquent les calories fournies par la partie assimilable des aliments.

II. Ration d'entretien. — Un adulte de 70 kg., placé dans le calorimètre respiratoire, abandonne en moyenne, par période de vingt-quatre heures, 2.400 calories. Cette perte de chaleur (1) correspond, pour les deux tiers environ, soit 1.600 calories, au rayonnement de son propre corps dont la température doit être maintenue entre 37 et 38° dans le milieu tempéré (15°) où il séjourne.

Le reste, soit 800 calories, a servi principalement à la transformation, en vapeur, de l'eau sans cesse rejetée par la peau et les poumons ; il a servi aussi, en partie, à l'échauffement de l'air et des aliments qui, absorbés froids, sont amenés à la température du corps. Enfin, pour établir un compte exact, il ne faut pas négliger les quelques calories entraînées au dehors par les excrétions, etc.

Quoi qu'il en soit, 2.400 calories sont nécessaires à l'*entretien* de l'adulte mis en expérience, *sans produire de travail*. Les aliments qui fourniront ces calories constitueront la ***ration d'entretien*** : elle est formée principalement de substances productrices de chaleur (aliments hydrocarbonés et gras), mais aussi de matériaux destinés à l'entretien ou à la réfection des tissus (albuminoïdes, sels, etc.), ainsi qu'on le verra plus loin.

III. Ration de travail. — Quand l'homme mis en expérience dans le calori-

---

Boucicaut, à Paris; les résultats numériques obtenus par les divers expérimentateurs sont identiques.

(1) Elle dépend surtout de la surface corporelle dont l'évaluation est peu pratique; mais comme la surface du corps est plus en rapport avec son poids qu'avec sa taille, on calcule le nombre de calories d'après le poids, en tenant compte toutefois du climat ou de la température ambiante : en hiver, ou dans les pays froids, l'alimentation doit être plus abondante, notamment en corps gras, qu'en été, ou dans les pays chauds.

mètre exécute un travail musculaire, par exemple en actionnant sa bicyclette, sa ration alimentaire doit être augmentée. Toutefois, la totalité des calories correspondant à la nourriture consommée n'apparaît pas entièrement sous forme d'élévation de température de l'eau du calorimètre ; la partie manquante est représentée par le travail produit, à raison de 425 kilogrammètres pour une calorie disparue, ou plutôt transformée suivant la loi de l'équivalence mécanique de la chaleur : pour un travail modéré mais soutenu, de huit heures par jour, par exemple, il manque environ 300 calories.

Non seulement les expériences calorimétriques, mais une multitude d'observations et de mesures faites directement sur des travaux musculaires de tous genres, ont montré *qu'à la ration d'entretien il faut ajouter une ration de travail* variant avec le nombre de kilogrammètres produits.

Voici, en calories, les chiffres généralement admis comme moyennes. Par kilogramme corporel, les aliments constituant la somme des ***rations d'entretien et de travail*** doivent fournir quotidiennement pour un sujet :

menant une existence sédentaire	35	calories,
effectuant un travail musculaire modéré	40	—
exécutant des travaux de force pendant 8 heures.	50	—

D'après ces chiffres, l'employé de bureau du poids de 60 kg. aura besoin d'une alimentation lui fournissant : $35 \times 60 = 2.100$ calories.

Au menuisier pesant 70 kg., il faudra : $40 \times 70 = 2.800$ calories.

Le fort de la Halle pesant 80 kg., exigera : $50 \times 80 = 4.000$ calories.

Ces calories pourraient être fournies exclusivement par des aliments hydrocarbonés s'il ne fallait combler le déficit de l'organisme en azote ; on admet généralement qu'un gramme d'albumine (c'est un minimum) par kilogramme corporel, est nécessaire pour réparer la désassimilation cellulaire : un homme pesant 75 kg. devra donc assimiler journellement 75 grammes au moins d'albumine animale ou végétale. Les aliments contenant cette albumine fourniront en outre un certain nombre de calories dont on tiendra compte dans le calcul des aliments hydrocarbonés et gras.

IV. Ration d'accroissement. — Pendant la période de croissance, l'alimentation doit pourvoir non seulement à l'entretien du corps et à la production de l'énergie, mais encore à l'accroissement des os, des muscles, des nerfs, etc.

Un enfant insuffisamment alimenté reste chétif ; son développement normal exige une nourriture abondante, contenant notamment les matériaux (albumine, sels, etc.) nécessaires à la formation des humeurs et des tissus nouveaux : ces matériaux constituent la ***Ration d'accroissement***.

Un prochain article montrera comment on effectue le calcul des rations.

Réné Leblanc,

Inspecteur général honoraire de l'Instruction Publique.

HISTOIRE ET GÉOGRAPHIE

L'enseignement de l'histoire et de la géographie à l'École pratique de commerce et d'industrie a été nettement défini et caractérisé par les instructions officielles contenues dans le programme de ces écoles. C'est cet esprit que l'on retrouvera dans les directions pédagogiques que nous donnerons ici.

Nous ne perdrons pas de vue, en effet, que l'enseignement de l'histoire, pour être vraiment éducatif, doit viser à former le citoyen éclairé d'une démocratie, appelé à participer par son bulletin de vote à la direction des affaires de son pays. Mais nous n'oublierons pas non plus qu'à l'École pratique, pépinière de travailleurs, cet enseignement doit être technique, et c'est pourquoi nous ferons une part très large à l'histoire de la civilisation, de l'industrie, du commerce, et, pour tout dire d'un mot, du travail humain.

En ce qui concerne la géographie, nous lui donnerons également, et pour les mêmes raisons, un caractère nettement économique. Mais, comme la géographie économique ne peut s'expliquer par elle-même, qu'elle a besoin, pour être vraiment comprise, du secours de la géographie physique et de la géographie politique, nous l'appuierons solidement sur ces dernières.

Nous espérons ainsi être utile aux élèves et aux maîtres, et notre ambition sera atteinte si nous pouvons contribuer, pour notre modeste part, à la formation de l'homme, du citoyen et du travailleur de notre démocratie, instruit sur le passé, les aspirations présentes et la valeur économique de son pays, comme aussi sur les aspirations et la valeur des autres nations.

HISTOIRE (Première Année)

Les corporations.

Ce qu'elles sont : Associations d'artisans d'un même métier et une des formes, mais ***non la seule***, du travail industriel sous l'ancien régime. Elles se développèrent surtout dans les grandes villes, notamment à Paris, mais à côté d'elles il y eut place pour les ***métiers libres*** et *pour les **manufactures royales***.

Origine : Le moyen âge, sans qu'il soit possible de déterminer une date. Elles semblent issues de la nécessité pour les travailleurs de s'unir afin d'échapper à la servitude et à la misère de l'époque féodale. La première charte connue est celle des *chandeliers* de Paris (1061). Les corporations se multiplièrent rapidement : au XIIIe siècle, 101 à Paris; à la fin du XVIIIe siècle, 1.551.

Organisation. — 1. Sociétés fortement constituées, avec leurs ***statuts*** déterminant :

a) Les devoirs de chaque catégorie de membres ;

b) La nature de chaque métier et le genre de travail, en vue d'assurer une bonne fabrication. Elles avaient, par suite, institué une surveillance étroite du travail, imposé l'obligation de travailler presque sous les yeux du public (boutiques au rez-de-chaussée et sur la rue), établi la marque et une série de sanctions sévères contre le falsificateur et le fraudeur.

2. Associations ***hiérarchisées***. On y distinguait :

a) L'***apprenti***, dont la situation était réglée par un contrat fixant la durée de l'apprentissage, les redevances de la famille, les devoirs du maître et ceux de l'apprenti. Vie plutôt dure : sorte de domestique du compagnon et du maître ;

b) Le ***compagnon*** ou ouvrier, embauché par le système de la *loue*, travaillant douze à quatorze heures par jour et néanmoins victime de trop fréquents chômages, soumis à des règlements sévères qui le mettaient à la merci du maître (interdiction de travailler chez lui ou chez un particulier, de faire des coalitions, de demander une augmentation de salaire, etc.), enfin, dans l'impossibilité presque absolue de s'élever à la maîtrise par suite des droits élevés que nécessitait le *chef-d'œuvre* et le *brevet de maîtrise*. Situation misérable ;

c) Le *maître* ou patron ;

d) Les *jurés*, ainsi appelés parce qu'ils avaient « juré » de faire respecter les règlements. Leur charge est la *jurande*. Fonction : font des visites chez l'artisan pour surveiller la bonne fabrication, président les solennités du métier, administrent la corporation, imposent et jugent le chef-d'œuvre, jugent les contestations entre apprentis, compagnons et maîtres (comparer avec nos prud'hommes). Sont le plus souvent élus, mais presque toujours parmi les maîtres exclusivement.

3. Enfin les corporations sont organisées au seul profit des maîtres : les maîtres, ayant presque seuls accès aux jurandes, étaient certains de voir leurs intérêts défendus contre ceux des ouvriers et des apprentis, notamment en cas de discussion et lors de la confection du chef-d'œuvre, aussi pouvaient-ils facilement conserver la maîtrise pour leurs fils.

Conséquence : les corporations, quoique groupant tous les travailleurs d'un même métier, n'étaient que des *syndicats patronaux*. C'est là ce qui amena la formation de sociétés de *compagnonnage*, véritables *syndicats ouvriers* (le mot apparaît pour la première fois dans un édit de 1730). Donner des détails pittoresques sur le compagnonnage.

Esprit. — 1. D'abord *religieux* : chaque corporation était doublée d'une *confrérie* placée sous le patronage d'un saint. De là les règlements portant que les membres de la corporation devaient être catholiques.

2. Esprit de *privilèges* et de *monopole*. Privilège :

a) Des maîtres au détriment des compagnons (voir plus haut) ;

b) Des artisans de la corporation au détriment des travailleurs libres (ceux-ci n'avaient pas le droit de pratiquer leur métier dans une ville où exerçait une corporation). On vit même parfois le monopole se transformer en véritable charge héréditaire. Exemple : les bouchers de Paris ;

c) Des artisans de la corporation au détriment des artisans de corporations similaires. De là les rivalités et les procès célèbres : tailleurs et fripiers, drapiers, foulons, teinturiers, oyers, poulaillers, rôtisseurs, moutardiers, etc.

Jugement sur les corporations. — Certes, à l'origine, elles eurent des *avantages* : elles furent une force contre l'anarchie féodale, elles facilitèrent l'industrie et assurèrent la bonne fabrication. Mais, en se développant, elles devinrent la source de nombreux *inconvénients* : elles provoquèrent le dédain des métiers riches à l'égard des métiers dits inférieurs ; elles sacrifièrent les intérêts des ouvriers à ceux des maîtres ; elles furent un obstacle aux inventions et amenèrent la routine. Exemple : les pianos Érard, les aiguillettes, les chapeaux demi-castor, etc.

De là leur impopularité au XVIIIe siècle et l'édit de Turgot (1776) décrétant leur suppression. Rétablies après la chute de Turgot, elles disparurent définitivement le 17 mars 1791.

Ouvrages a consulter. — Étienne Boileau : *Le livre des métiers*. Levasseur : *Histoire des classes ouvrières et de l'industrie en France avant 1789*. Hausser : *Ouvriers du temps passé*.

Lectures. — Il sera bon de donner connaissance aux élèves de quelques statuts de corporations, de contrats d'apprentissage et de leur lire quelques pages pittoresques sur le compagnonnage.

GÉOGRAPHIE (Troisième Année Commerciale)

Consacrer au moins le premier mois de l'année à l'étude de la région où se trouve l'école.

Il est nécessaire de pousser à fond cette étude et de donner, si l'on veut intéresser les élèves, une idée aussi exacte et précise que possible de la vie économique de la région, à *l'heure actuelle*.

Nous regrettons de ne pouvoir, faute de place, traiter dans sa totalité un sujet aussi intéressant. Nous nous bornerons donc à examiner un point particulier de la région du Nord : l'industrie.

L'Industrie dans le département du Nord.

Le Nord, grand centre industriel, et, par certains côtés, le premier centre industriel de France.

Causes : *a*) Heureuse *situation sur mer*, permettant un ravitaillement et un écoulement faciles ;

b) *Faiblesse du relief*, qui a facilité l'établissement de voies de communication reliant l'arrière-pays à la côte ;

c) Présence de la *houille* qui a donné à ce pays sans chute d'eau une force motrice actuellement considérable (sur 2.473.846 chevaux-vapeur représentant l'ensemble de la force motrice utilisée par les machines à vapeur de l'industrie française, le Nord en possède 415.213, soit 17 %. A ce chiffre ajouter 250.000 chevaux-vapeur dus aux générateurs électriques des *grandes centrales*.

I. — Industries extractives.

1. *Houille*. — S'est déposée au bord du massif primaire des Ardennes ; le bassin du Nord est donc la suite des bassins de Westphalie et de Belgique. Profondeur évaluée à 3.500 mètres. Structure très tourmentée, par suite des dislocations géologiques dont le pays a été le théâtre : en outre, les couches de houille sont recouvertes d'une épaisseur variable de « morts-terrains ». Par suite exploitation difficile, grande profondeur des puits (en moyenne 425 mètres ; maximum 853 mètres aux mines de Douchy).

Production annuelle : 6.400.000 tonnes. — 48 sièges d'extraction répartis entre 9 compagnies : *Anzin* (21 sièges et 3 millions de tonnes), *Aniche*, *l'Escarpelle*, *Douchy*, *Thivencelles*, *Vicoigne*, *Flines*, *Denain-Anzin*, *Crespin*.

Outre la houille vendue sous la forme brute ou *agglomérée* (briquettes, boulets, etc.), ces mines produisent des sous-produits : goudrons, sulfate d'ammoniaque, benzol, naphtaline, etc., d'une valeur annuelle dépassant 2 millions de francs.

Personnel : 34.000 individus dont 14.000 pour Anzin. Rendement annuel par ouvrier et par an a varié de 1889 à 1908 de 338 tonnes à 277 (Belgique, 165 tonnes ; Angleterre, 290 ; États-Unis, 580 ; chiffre énorme qui s'explique parce qu'on n'exploite que les couches épaisses et qu'on fait grand usage de procédés mécaniques).

Prix de vente moyen : 17 fr. 73 la tonne en 1908. Les compagnies ont réparti leur clientèle en zones de vente dans lesquelles le prix varie suivant la facilité de pénétration des houilles étrangères.

2. *Fer*. — Autrefois exploité dans arrondissement d'Avesnes, qui produisait un minerai contenant de 36 à 42 % de fer, mais argileux, phosphoreux, légèrement pyriteux, se délitant à l'air et devenant pulvérulent en temps sec et boueux en temps pluvieux. Ce minerai fut cependant utilisé dans les hauts fourneaux de la région, mais depuis 1874 on l'a abandonné. On fait actuellement des recherches et on a reconnu un gisement de fer dans arrondissement de Lille (Mines de la Haute-Deûle concédées en 1907). On en est donc réduit à faire appel aux minerais étrangers : là est le point faible de la région du Nord.

3. *Carrières*. — Limitées par la géologie, à l'arrondissement d'Avesnes. On exploite :

a) *Marbre commun*, noir ou gris foncé tacheté de blanc (marbre de Sainte-Anne) : — *b*) *grès* utilisé pour empierrement des routes, pavés, macadam, ballast, ciment armé, pierres artificielles, etc. ; — *c*) *dolomie* utilisée comme castine pour hauts fourneaux ; — *d*) *pierres de taille*, genre pierre belge de Soignies ; — *e*) *argile à poterie*. — Produit des carrières en 1908 : 279.000 tonnes valant plus d'un million de francs.

II. — Métallurgie.

Une des richesses du Nord : 70.000 ouvriers.

1. *Hauts fourneaux*. — A. *Fonte* : 2e rang en France : 355.000 tonnes, 10 % de production totale, 15 hauts fourneaux répartis entre 5 sociétés : Hauts fourneaux, forges et aciéries de Denain-Anzin (8 hauts fourneaux) ; — Usines de l'Espérance à Aulnoye et Louvroil (3) ; — Providence à Hautmont (2) ; — Hauts fourneaux et Lamineries de la Sambre à Hautmont (1) ; — Forges et aciéries du Nord et de l'Est à Trith-Saint-Léger (1).

B. *Fer* : 1er rang en France : 241.000 tonnes, 50 %. Mais la production va en diminuant devant la concurrence de l'acier. Deux centres de production : *a*) *Groupe de l'Escaut ou de Valenciennes* avec Hauts fourneaux de Denin-Anzin, — Forges et aciéries du Nord et de l'Est, — Société métallurgique de l'Escaut, — Forges et laminoirs de Saint-Amand, etc. — *b*) *Groupe de Sambre ou de Maubeuge*, — Hauts fourneaux et laminoirs de la Sambre, — Etablissements de Ferrière-la-Grande, Senelle-Maubeuge, etc.

C. *Acier* : 550.000 tonnes acier brut et 510.000 tonnes acier ouvré. — 4 centres : Maubeuge, — Valenciennes, — Douai (établissements Arbel), — Lille (Fives-Lille). Principaux produits ouvrés : rails, bandages, aciers marchands, tôles, tubes (une des spécialités du Nord), châssis de voitures automobiles, etc.

D. *Zinc* : Traité dans le Nord à cause de la houille nécessaire pour dégager le zinc de son minerai ; 3 usines : Compagnie asturienne des Mines (près de Douai) ; — Usine Bloch (Saint-Amand) ; Cie franco-belge (Mortagne du Nord). — Production : 27.000 tonnes, 57 % de la production française.

III. — Constructions mécaniques.

Nombreuses usines produisant locomotives, chaudières, turbines à vapeur, pompes, charpentes métalliques, ponts, appareils et machines pour filature, tissage, sucrerie, distillerie, etc. Quelques-unes ont une réputation universelle.

Ex. : ***Fives-Lille*** avec ses ponts sur le Danube et le Nil et la charpente métallique de la gare d'Orsay ; — la Société française de constructions mécaniques (Cail) avec son viaduc des Fades, le plus haut de France.

A ces usines ajouter les ***Ateliers de constructions électriques*** de Lille, Tourcoing, Douai (Bréguet), fournissant dynamos, moteurs, alternateurs, etc., l'usine ***Tudor*** (près de Lille) pour les accumulateurs et enfin quelques établissements fabriquant des automobiles (Peugeot).

Avenir de l'industrie métallurgique du Nord. — Elle a contre elle de n'être pas sur le lieu de production du minerai, mais a pour elle sa houille et sa proximité de la mer qui lui permettent, entre autres avantages, de se ravitailler en minerais ***variés***. De là l'extrême souplesse et l'extrême variété de ses produits qui font actuellement sa force et sont la plus sérieuse garantie de sa prospérité dans l'avenir.

(*A suivre.*)

L. Barbe,
Professeur à l'École Nationale Professionnelle d'Armentières.

ALGÈBRE

Une exposition sommaire de la théorie des logarithmes en vue de leur emploi immédiat dans les calculs pratiques.

L'usage des logarithmes est souvent indispensable pour la résolution rapide et précise de questions concernant les opérations financières à long terme, et leur utilité apparait d'une manière incontestable dans les calculs pratiques sur l'intérêt composé, les annuités, les rentes, etc. Leur emploi s'impose donc aux élèves du cycle supérieur des Ecoles de Commerce, mais comme ceux-ci ne peuvent consacrer à l'étude des Mathématiques qu'un temps nécessairement restreint, il importe de réduire le plus possible l'exposé des théories mathématiques et de chercher, avec un minimum de temps et d'efforts, à familiariser ces élèves avec les applications, en sacrifiant au besoin un peu de rigueur dans les raisonnements. Les financiers peuvent en effet, au sujet des Mathématiques, répéter presque mot pour mot ce qu'a dit d'elles un savant éminent, parlant de leur rôle dans les sciences physiques (1) : « Les Mathématiques ne sont pas pour eux un but, mais un moyen : elles doivent être cultivées et développées, non pour elles-mêmes, mais pour l'usage des Sciences [financières] : elles doivent leur fournir l'arsenal où se construisent les croiseurs puissants, rapides, maniables, dont ils ont besoin pour explorer en tous sens l'immense domaine des faits [financiers] et ne doivent pas se borner à construire de gracieux modèles, bijoux finement ciselés qui se peuvent admirer derrière les vitres d'un musée, mais que gâterait immédiatement le moindre contact avec les flots de la réalité. »

La définition la plus courante des logarithmes dans l'enseignement élémentaire en France repose sur la considération de deux progressions, l'une arithmétique, l'autre géométrique. Dans l'enseignement secondaire on commence depuis les nouveaux programmes de 1905, à exposer sommairement la théorie déduite de l'étude des exposants. En dehors de ces points de vue, on

(1) Duhem : *Revue générale des Sciences*, 1910, p. 463.

peut encore définir les logarithmes par leur propriété fonctionnelle fondamentale : $f(xy) = f(x) + f(y)$. Cette définition peut être donnée à des élèves ne connaissant en fait d'algèbre que l'usage des lettres pour représenter les nombres et tant soit peu familiarisés avec la notation littérale. Il va de soi que, pour atteindre ce but simplement, il faut admettre un résultat fondamental, mais nous rappellerons qu'on s'adresse à des jeunes gens qui cherchent un raccourci dans un but pratique et qui feront crédit à l'affirmation de leur professeur.

D'ailleurs, dans le cas des logarithmes, il est facile de faire la preuve en quelque sorte expérimentale de leur existence, en mettant une Table dans les mains du débutant et en lui montrant que les nombres écrits dans la colonne **Log** ont bien la propriété fondamentale qu'on a prise comme définition. Comme les tables à 5 décimales ne donnent que des valeurs approchées des logarithmes, à 0,00001 près, on ne peut obtenir une vérification rigoureuse, et on doit se borner à montrer que le logarithme d'un produit de deux facteurs est égal à la somme des logarithmes des facteurs *ou* à cette somme augmentée ou diminuée de 0,00001. En tout cas, il y a là une preuve de fait par une vérification numérique *approchée* qui, à coup sûr, ne manque pas complètement de valeur. Dans les sections industrielles, où l'usage de la règle à calcul est courant, on peut également utiliser la règle pour cette vérification approchée, puisque la règle est divisée et graduée de façon que les divisions correspondent aux valeurs des logarithmes et que la graduation corresponde aux nombres.

On peut pour cette exposition abrégée suivre la marche suivante :

Définition. — On appelle *logarithme* d'un nombre arithmétique A et on désigne par la notation log A, un nombre qui correspond à A de façon que les logarithmes de deux nombres *quelconques* A et B et de leur produit $A \times B$ vérifient la relation :

$$\log (A \times B) = \log A + \log B. \qquad (1)$$

Nous *admettons* sans démonstration qu'une telle correspondance est possible et nous *constatons* que les tables de logarithmes en donnent un exemple.

On déduit alors de la relation (1) les propriétés bien connues des logarithmes.

I. — *Le logarithme de 1 est 0.*

En effet, faisons B = 1 dans la relation (1), on obtient :

$$\log (A \times 1) = \log A + \log 1 ;$$

d'où :

$$\log A = \log A + \log 1 ;$$

par suite :

$$\log 1 = 0.$$

II. — On démontre ensuite, comme d'habitude, les égalités :

$$\log ABC = \log A + \log B + \log C,$$
$$\log A^n = n \log A,$$

$$\log \frac{A}{B} = \log A - \log B ,$$

$$\log \sqrt[n]{A} = \frac{1}{n} \log A .$$

III. — On expose ensuite l'usage des *logarithmes décimaux* et l'emploi des tables à la façon ordinaire (caractéristique, mantisse, calcul des parties proportionnelles, antilogarithmes, etc.).

IV. — On peut établir facilement cette conséquence de la définition (1), que si les nombres varient en progression géométrique, leurs logarithmes varient en progression arithmétique. On retrouve ainsi comme propriété le fait qui d'habitude sert de définition.

V. — On peut aussi remarquer (mais ceci n'a qu'un intérêt théorique) que si on a pu obtenir *une seule correspondance* comme celle dont parle la définition, on en déduit d'autres en nombre infini en multipliant les premiers logarithmes par un nombre constant quelconque M.

En effet, la propriété fondamentale (1) subsiste pour les nouveaux nombres, car l'égalité :

$$\log(A \times B) = \log A + \log B$$

entraîne la suivante :

$$M \log(A \times B) = M \log A + M \log B,$$

qui exprime que les nouveaux nombres ont bien la propriété fondamentale (1).

Chacune de ces correspondances définit *un système de logarithmes*. Celui qu'on a utilisé au paragraphe III est défini par la condition $\log 10 = 1$; on dit qu'il a pour *base* le nombre 10 : d'une manière générale, on appelle *base* d'un système de logarithmes le nombre qui a pour logarithme l'unité.

J'ai soumis personnellement ce mode d'exposition à l'épreuve de l'expérience en l'employant dans l'enseignement que je donne aux élèves du deuxième cycle de l'Ecole Supérieure Pratique de Commerce et d'Industrie de Paris.

Comme il importe, en vue des applications, de familiariser le plus tôt possible ces élèves avec le calcul logarithmique, le cours d'algèbre peut débuter par l'exposé de la théorie des logarithmes qui vient d'être signalé. Les élèves sont ainsi mis en mesure de s'exercer aux calculs pratiques, sans tarder et sans qu'on leur impose de grands efforts pour atteindre ce but.

Il est à peine besoin d'ajouter que cet exposé sommaire les met rapidement en mesure d'utiliser les tables avec la même assurance que s'ils connaissaient la théorie complète.

Ce mode d'exposition est probablement utilisé par d'autres professeurs : à ma connaissance, il a été employé par M. Bouvart dans l'enseignement qu'il donnait aux élèves de l'année préparatoire de l'Institut Industriel du Nord de la France, à Lille.

Il y a là un exemple qui mérite d'être généralisé lorsqu'on s'adresse aux élèves si nombreux qui cherchent dans les mathématiques un moyen plutôt qu'un but.

J'indiquerai pour terminer qu'il est possible de donner des logarithmes une définition approchée s'appuyant uniquement sur les premiers éléments de l'arithmétique et pouvant être comprise par des élèves qui connaissent seulement les quatre opérations.

Une telle définition et la démonstration de la propriété fondamentale qui en découle ont été exposées par M. Cahen, professeur au Collège Rollin, dans la *Revue de l'Enseignement des Sciences*, numéro de mai 1907.

P. Mineur,

Professeur à l'Ecole supérieure pratique de Commerce et d'Industrie de Paris.

GÉOMÉTRIE (Première Année).

1. — Pour diviser la longueur AB en 7 parties égales à l'aide du compas seulement, on prend une ouverture de compas approximativement égale à la septième partie de AB. En portant 7 fois cette division sur AB on tombe en C.

que faut-il conclure? Que devra-t-on faire pour obtenir une division plus exacte? Représenter cette dernière opération et bien marquer (encre rouge) le segment de droite que l'on prend pour la division demandée.

2. — La pièce ABCD glissant sur le plan MN a subi une translation rectiligne d'une longueur l.

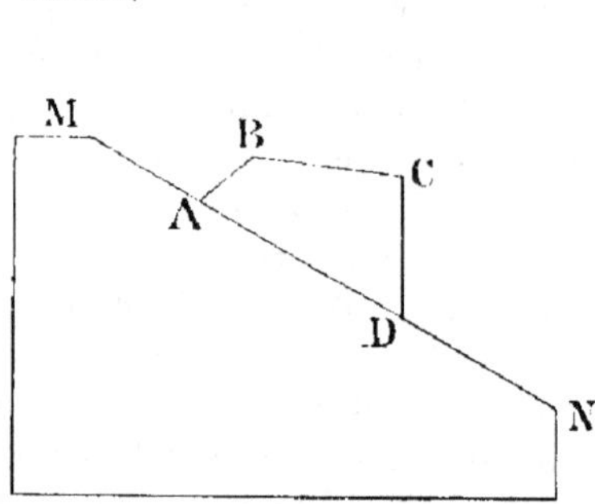

Déterminer graphiquement la nouvelle position de la pièce ABCD.

3. — Dans la filière Whitworth deux coussinets A et B font face à un troisième; ils peuvent être rapprochés ou écartés par le jeu d'une clavette C à deux plans inclinés avec lesquels ils sont constamment en contact. La figure montre

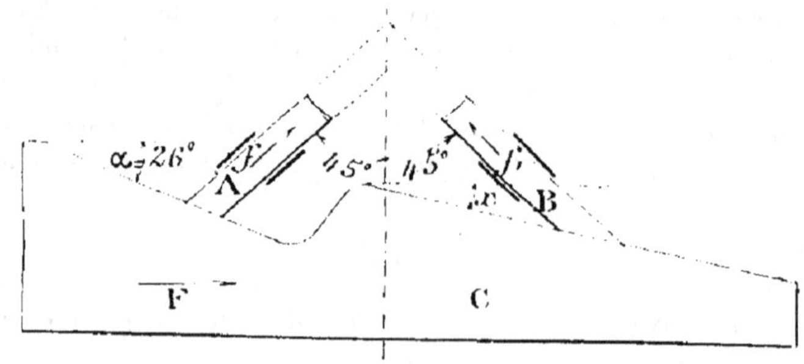

qu'une translation de C suivant la flèche F détermine pour A et B des translations suivant les flèches f et f'.

Connaissant l'angle $\alpha = 26°$ et les angles $\beta = 45°$, déterminer graphiquement l'angle x que doit faire le deuxième plan incliné avec l'horizontale pour que les translations des deux coussinets A et B soient égales pour un déplacement quelconque de la clavette C.

4. — Un sabot S peut servir de frein à un tambour T sur lequel il peut être appuyé par une tige OB mobile autour de O et sollicitée par une barre O'B que

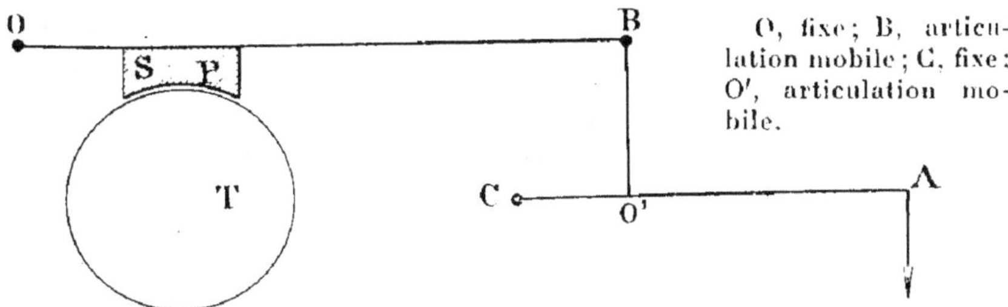

O, fixe; B, articulation mobile; C, fixe: O', articulation mobile.

commande un levier AC. Le point P du sabot étant à 5 mm. du tambour, déterminer graphiquement l'amplitude du mouvement du point A pour que le point P touche le tambour.

5. — A l'aide d'un levier AOB et d'une chaîne BC on peut soulever la porte d'un four Martin.

En supposant que la chaîne restât toujours verticale, déterminer 5 positions différentes occupées par le centre de gravité de la porte dans son mouvement

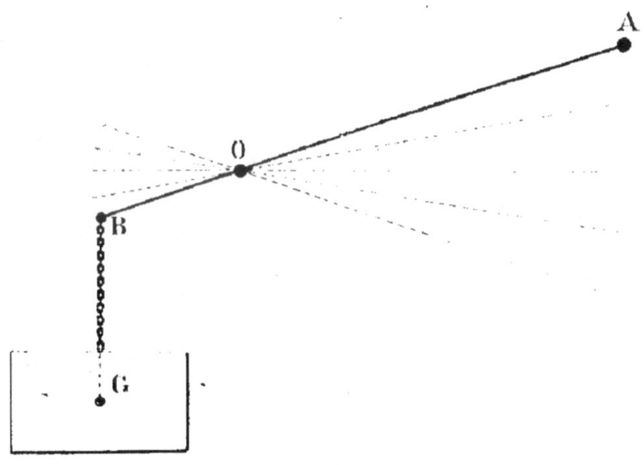

d'ascension. Constater que ces diverses positions sont sur une circonférence dont on trouvera le centre par une translation verticale du point O.

Pourrait-on donner à l'extrémité B du levier une forme telle que le déplacement de ce centre de gravité soit rectiligne?

6. — A la surface d'un cylindre en bois ou en carton quelconque de petite dimension, un point est animé à la fois d'une rotation uniforme autour de l'axe et d'une translation suivant une génératrice. Marquer la position du point au bout d'une minute, puis de deux minutes, puis de trois minutes, puis de quatre minutes s'il parcourt la demi-hauteur du cylindre en quatre minutes en même temps qu'il fait un tour. (Les élèves apporteront en classe le cylindre qu'ils auront eu à leur disposition : bouchon, corps de bobine de machine à coudre, fragment de manche à balai, sur lequel ils auront marqué à l'encre ou à l'aide de 4 épingles les 4 positions demandées.)

7. — La chevrette est un double levier ABCD, supporté par un appui BE, qui sert à soulever les voitures pour permettre le graissage des roues. La barre CD est appliquée sous un essieu M de la voiture et le soulève quand la barre BA

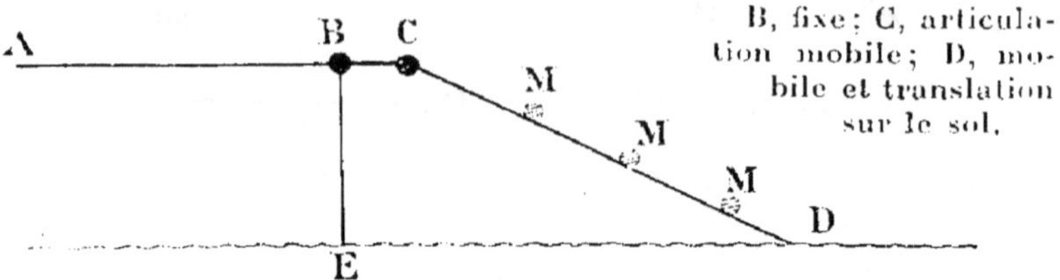

B, fixe; C, articulation mobile; D, mobile et translation sur le sol.

est abaissée. Qu'arriverait-il si l'appui BE, d'abord vertical, restait dans cette position, l'extrémité D étant libre? Pourra-t-on toujours soulever la voiture si le contact de la barre CD avec l'essieu a lieu en un point quelconque de CD?

Deuxième Année.

1. — On peut transmettre le mouvement de rotation d'un axe xx' à un axe yy' à l'aide de deux cônes identiques calés sur ces axes et sur lesquels roule une courroie. Déterminer les diamètres extrêmes de ces cônes, sachant que les vitesses extrêmes sont entre elles comme 5 est à 7, et que le diamètre moyen de chacun d'eux est de 420 mm. Montrer que la même courroie peut servir en tous les points des cônes en supposant que l'enroulement se fasse toujours sur une demi-circonférence : il suffit de démontrer que la somme des diamètres correspondant à une position déterminée de la courroie est constante.

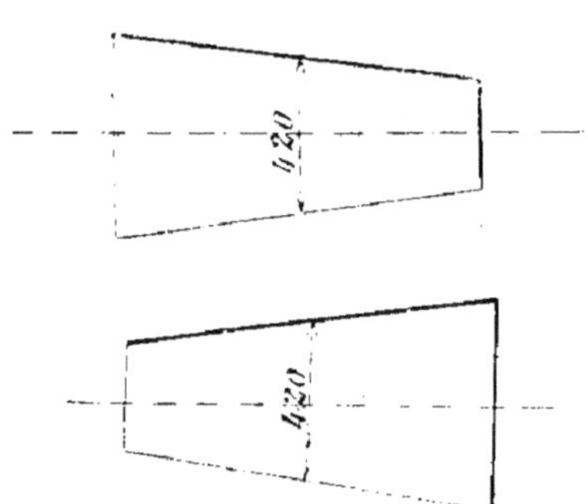

2. — Une portion d'escalier droit donnant dans le corridor d'une maison est

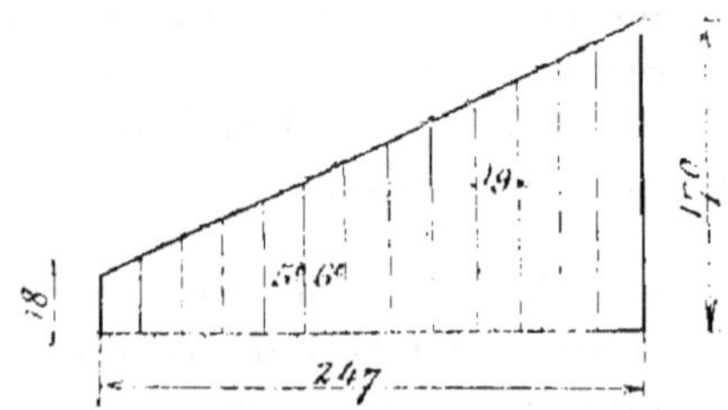

garnie de ce côté d'un panneau trapézoïdal constitué par des planches de 19 cm. de largeur.

Trouver la plus grande hauteur de chacune des planches.

Comment, avec la cinquième planche seulement, un ouvrier pourrait-il tracer la sixième sans connaître les dimensions du panneau à constituer?

MÉCANIQUE (Troisième Année).

EXERCICES

1. — Une poulie placée à l'étage supérieur d'un bâtiment permet de monter un meuble pesant 80 kg. à une hauteur de 12 mètres. De l'autre côté de la rue, qui mesure 8 mètres de largeur, un ouvrier placé à 5 mètres de hauteur tire sur la charge avec une force de 25 kg. afin que le meuble ne longe pas les murs du bâtiment.

Déterminer graphiquement la direction prise par la corde qui supporte la charge dans les trois cas suivants :

a) Lorsque le meuble quitte le sol;

b) Lorsqu'il est à une hauteur de 5 mètres;

c) Lorsqu'il atteint 12 mètres de hauteur,

et dans chaque cas quelle est la tension de cette corde?

Sachant que les deux brins de la poulie ont la même tension, montrer la variation de l'effort que doit supporter le crochet qui suspend la poulie.

Quelle force faudra-t-il appliquer horizontalement à la charge arrivée au haut de sa course pour que la corde qui suspend le meuble prenne une direction de 55° avec la verticale, dans le but d'introduire le meuble dans le bâtiment (il est évident qu'à ce moment, l'action opposée a cessé).

Construction graphique seulement :

Échelle des forces : 4 mm. pour 5 kg.

Échelle des longueurs : 10 mm. par mètre.

2. — Deux pièces A et B sont assemblées à l'aide d'un boulon dont l'axe est $x'x$. Déterminer l'effort de traction qui s'exerce dans l'axe du boulon et celui qui tend à cisailler le boulon par le glissement de la pièce A sur la pièce B.

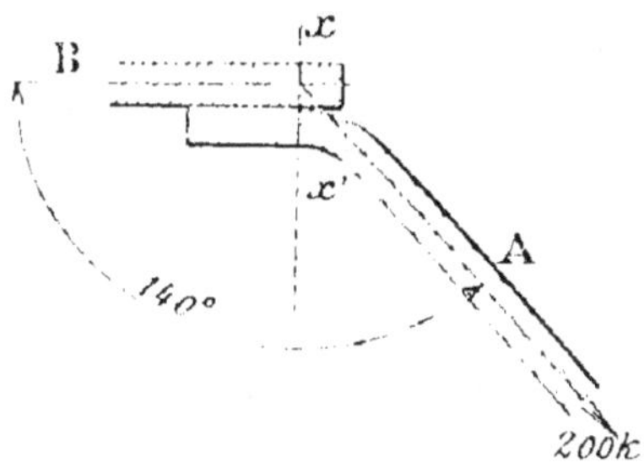

La pièce A fait avec la pièce B un angle de 140° et est sollicitée par un effort de 200 kg. suivant son axe :

1° Calcul trigonométrique;

2° Détermination graphique.

Échelle des forces : 1 cm. pour 50 kg.

3. — Une voiture dont le centre de gravité est en G est soumise à l'action de deux forces : l'une, P, verticale de 3.500 kg. représentant son poids, l'autre, F, horizontale, de 400 kg. représentant l'action de la force centrifuge qui s'exerce sur la voiture tournant à une certaine vitesse. Déterminer graphiquement l'angle que devrait faire la route avec un plan horizontal pour que la résultante de ces deux actions soit annulée par la résistance du sol, c'est-à-dire pour que cette résultante soit normale au sol ; vérifier le résultat trouvé par un calcul trigonométrique.

4. — Avec un marteau de 1 kg., l'ajusteur détermine dans le travail de burinage un effort moyen d'environ 3.500 kg. sur le burin ; cet effort peut se décomposer suivant une normale F_1 à la surface burinée et une parallèle à cette surface

Fig. 1. Fig. 2. Fig. 3.

F_2. Déterminer ces deux efforts si le biseau est symétrique et repose sur la face burinée.

Si on remarque que l'effort F_2 n'a pas d'action utile et qu'au contraire il occasionne des pertes de frottement, examiner comment cet effort est diminué si on donne au burin la forme dissymétrique de la figure 2 ou la position de la figure 3.

5. — Une potence ABC supporte une charge de 2.000 kg. à son extrémité C

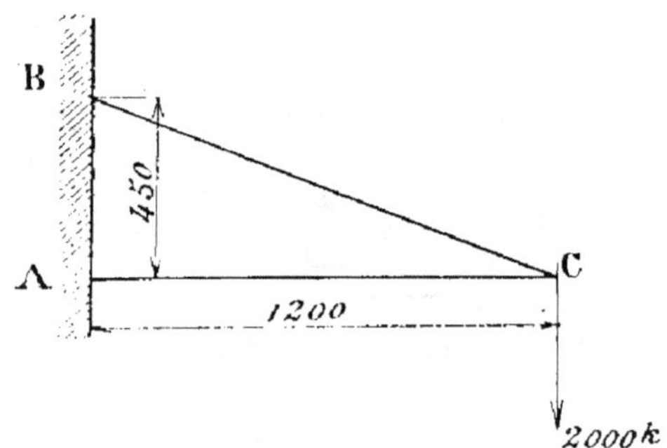

(cotes en millimètres). Déterminer la valeur et la nature (traction ou compression) des efforts dans les barres AC et BC :

Construction graphique.

Échelle des forces : 10 mm. par tonne.

Échelle des longueurs : 50 mm. par mètre.

6. — Des forces de 1 kg., 4 kg., 5 kg., 2 kg., 3 kg. sont appliquées dans l'ordre où elles sont énoncées au centre d'un hexagone régulier et respectivement dirigées suivant cinq rayons. Équilibrer ces forces par une force unique appliquée également au centre.

Échelle des forces : 10 mm. pour 1 kg.

F. Dauchy,
Professeur à l'École pratique de Commerce et d'Industrie de Maubeuge.

CHIMIE (Deuxième Année).

I. Propriétés physiques des métaux. — *Aspect* (lingots, saumons, barres, feuilles, fils). *Structure* (renseignements fournis par la cassure fraîche; transformation de la structure fibreuse en structure cristalline et réciproquement). *Couleur* (aspect terne des métaux précipités, brunissage). *Densité* (classer les métaux en groupes). *Changements d'état* (fusion *pâteuse* du fer et du platine, soudure; réfractilité du tantale, du tungstène : lampes à filaments métalliques). *Conductibilité calorifique* (applications : toiles métalliques, lampes de sûreté pour mines). *Conductibilité électrique* (emploi de l'aluminium; mauvaise conductibilité des métaux en limaille, principe des cohéreurs).

II. Propriétés mécaniques. — Voir Plan détaillé.

III. Propriétés chimiques. — *Action de l'oxygène et de l'air secs* : Métaux inoxydables (précieux); métaux oxydables (communs); l'oxydabilité dépend de l'état de division du métal (combustion rapide de la poudre d'aluminium). Dégagement de chaleur produit dans l'oxydation. Classification des métaux par ordre d'affinité décroissante pour l'oxygène. Conséquences ; action de la chaleur et des réducteurs sur les oxydes.

Principaux types d'oxydes : basiques, anhydrides, salins (prendre comme exemples les oxydes de plomb). Un métal donne au moins un oxyde basique : définition chimique d'un métal.

PLAN DÉTAILLÉ

Propriétés mécaniques des métaux.

I. Dureté. — 1° Un corps A est plus dur qu'un corps B si, en les frottant l'un contre l'autre, B est rayé par A : le diamant est plus dur que le verre et que tout autre corps; le verre est plus dur que l'acier, car une lime ne mord pas.

Constater expérimentalement avec des lames de zinc, de nickel et de cuivre, que ces trois métaux se rangent dans l'ordre suivant par dureté décroissante : nickel, cuivre, zinc. Vérifier que le plomb est le plus mou de tous les métaux usuels ;

2° Circonstances qui influent sur la dureté : 1) état du métal (grande dureté du chrome et du manganèse cristallisés) ; 2) travail auquel il a été soumis (influence des martelages et laminages successifs sur les fers industriels) ; 3) impuretés (prendre, comme exemple, l'impureté carbone dans le fer).

3° Classification des métaux par ordre de dureté décroissante :

4° Importance de la dureté :

a) *Avantages* pour les pièces de machines et les organes qui doivent résister aux efforts de pénétration (crapaudines) ou à l'usure par frottement (tourillons, collets, cylindres broyeurs, bandages);

b) *Inconvénients* : Affaiblissement du rendement de la main-d'œuvre et des machines-outils quand la matière doit être usinée (limée, percée, tournée, rabotée, etc.). Détérioration rapide des outils. (Il est bon de remarquer que les métaux *mous* présentent à ce dernier point de vue des inconvénients de même ordre; ils graissent la lime et émoussent le tranchant des outils.) Malléabilité faible ou nulle (§ 3) ;

5° Tous les grands ateliers de construction procèdent à des essais de dureté. Le plus employé est *l'essai à la bille de Brinell.*

Principe de l'essai à la bille : Une bille en acier dur de diamètre déterminé est placée sur le métal à essayer; on exerce à sa surface une pression connue P. La bille s'enfonce dans le métal et y laisse une empreinte ayant la forme d'une calotte sphérique. Plus le métal est mou, plus est grand le diamètre de cette empreinte. Au simple aspect du creux, on peut comparer souvent la dureté d'échantillons différents, vérifier l'homogénéité d'une fourniture, etc. Si l'on veut des renseignements plus précis, on calcule le *chiffre de Brinell* à l'aide de la relation :

$$\Delta = \frac{P}{s},$$

dans laquelle s désigne la surface de la calotte (s se déduit du diamètre de l'empreinte et du diamètre de la bille employée).

Remarque. — On apprécie quelquefois la dureté par des *essais de perçage.* Il est difficile par ce moyen d'obtenir des résultats comparables entre eux.

2. Ténacité. — 1° La *ténacité* désigne, au sens le plus usuel, la résistance à la rupture d'une substance soumise à des efforts longitudinaux qui la déforment par *allongement* (câbles et tringles de suspension, barres d'attelages, tirants de presse hydraulique, etc.). Constater expérimentalement en suspendant à des potences des fils de même longueur et de même diamètre en fer, en cuivre et en plomb, qu'ils se rompent sous des charges très différentes ;

2° Résumer les phénomènes observés dans l'allongement d'une barre soumise à l'action de charges croissantes :

1) Période élastique ;

2) Période d'allongement permanent ;

3) Striction ;

4) Rupture.

Définir les nombres :

R (charge de rupture en kg, par mm² de section);
E (charge limite d'élasticité par mm² de section);
A °/₀ (allongement proportionnel; $A\,\%_0 = \frac{l'-l}{l} \times 100$);
Σ (coefficient de striction; $\Sigma = \frac{s-s'}{s} \times 100$).

3° *Principe de la pratique des essais de traction* : Préparation des éprouvettes (cylindriques ou méplates, têtes de fixage, repères) ; essais proprement dits à l'aide de machines spéciales (machines à leviers ou romaines, machines à manomètres ou machines à mercure). Calcul des nombres R, A °/₀ et Σ.

Exemple : 1) (fig. 1).

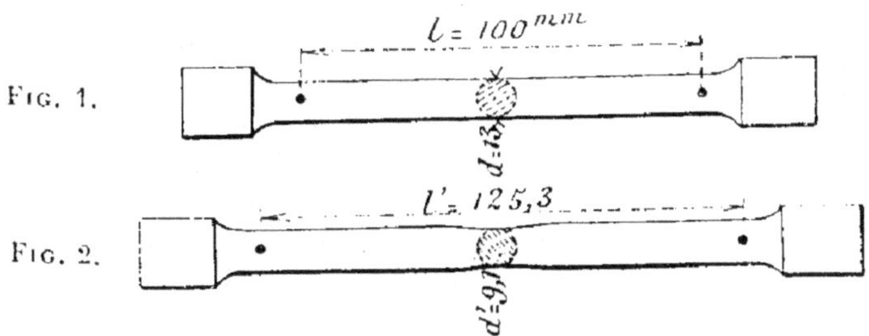

FIG. 1.

FIG. 2.

2° Même notation que ci-dessus (fig. 2).

$$\left\{ \begin{array}{ll} l = 100^{mm}; & d = 13^{mm},2; \\ l' = 117^{mm},8; & d' = 10^{mm},7. \end{array} \right.$$

Remarques. — Le nombre E se détermine à l'aide de la machine lors de l'essai. (La plupart des machines sont munies d'appareils enregistreurs donnant un graphique des allongements en fonction des charges.)

Ce nombre a une importance considérable, car le métal ne doit jamais être soumis à des efforts plus grands que E. Plus E et R sont élevés et distants l'un de l'autre, plus le métal est élastique et résistant; soumis accidentellement à un effort supérieur à R, il se déformera sans se briser tant que cet effort sera inférieur à R, etc.

4° Ordre dans lequel se classent les métaux en fils pour la résistance à l'allongement;

5° La résistance à l'allongement ne suffit pas à caractériser la ténacité. Un métal peut avoir à résister à *la compression*, à la *flexion*, à la *torsion*, aux *chocs* (exemples). Les essais de compression peuvent s'exécuter avec les machines servant à la traction : il suffit de croiser les mors des mâchoires : on se contente, en général, des nombres fournis par les essais de traction.

Les essais de *flexion* sont plus importants. On opère quelquefois comme l'indique la figure 3; ou bien on fait des essais de pliage : pliages sous un effort déterminé (on mesure l'angle de pliage α, fig. 4); pliages à bloc, avec mesure s'il y a lieu de l'épaisseur criquée *e* (fig. 5).

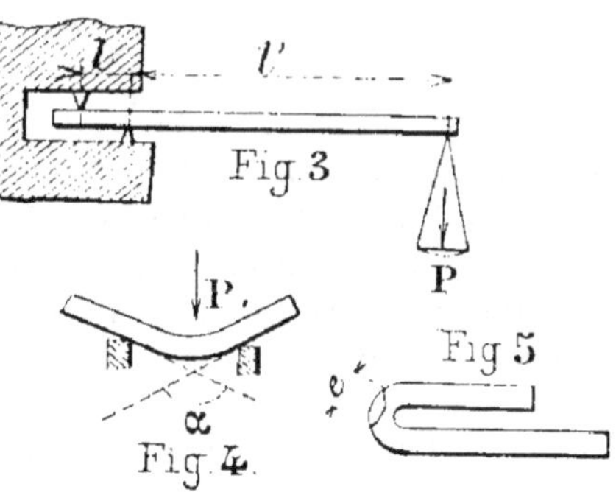

6° *Essais aux chocs* : Ils mesurent la *fragilité* du métal. Ils prennent de jour en jour plus d'importance, car on constate souvent la rupture accidentelle de pièces ayant donné de bons résultats aux essais de traction et de flexion.

Méthodes anciennes : Elles consistent à faire tomber un mouton sur une éprouvette reposant horizontalement sur des barreaux parallèles. La fragilité s'apprécie : soit par le nombre de chutes d'une hauteur déterminée, soit par la hauteur maximum à laquelle il faut amener le mouton pour produire la rupture. Ces essais ne donnent pas d'évaluations numériques précises et ne sont pas comparables entre eux.

Méthode dite des barrettes entaillées. Principe : Dans les éprouvettes à essayer, on creuse (fig. 6) des *entailles* de forme et de profondeur déterminées (le but essentiel de l'entaille est de localiser les effets du choc). Avec un appareil convenable, on produit *d'un seul coup* la rupture de l'éprouvette et on détermine la force vive du mouton après la rupture. Connaissant le travail total dépensé et le travail résiduel, on en déduit par différence le *travail de rupture* qu'on rapporte à 1cm² de section non entaillée : le nombre obtenu s'appelle *travail spécifique de rupture* ou *résilience*.

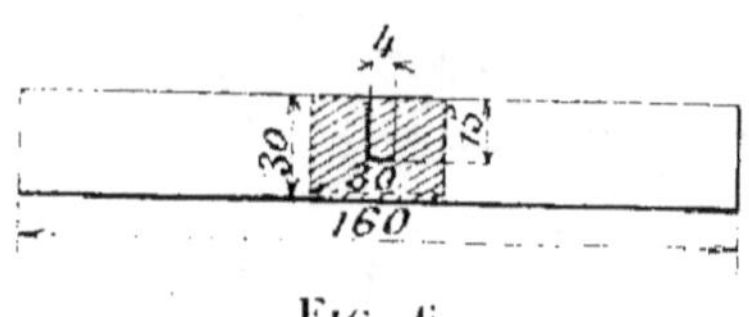

Fig. 6.

Les appareils les plus employés sont à mouton de chute (Frémont), à mouton-volant (Guillery), à mouton-pendule (Charpy) [1].

Sauf essais spéciaux, on se contente souvent, actuellement, pour apprécier les qualités d'un métal pour la construction, d'essais de dureté et d'essais de choc sur barreaux entaillés.

7° Conditions qui influent sur la ténacité et notamment sur la fragilité :

a) Conditions étrangères à la nature du métal : chocs répétés et vibrations, variations brusques de température, formes des pièces, travaux subis, etc.;

b) Conditions dépendant de la nature du métal : composition chimique (influence des impuretés, prendre le fer comme exemple), structure et constitution, etc.

3. Malléabilité. — Propriété des métaux d'être réduits en lames ou en feuilles, soit par *laminage*, soit par *battage au marteau*.

Principe du laminage et du *laminoir* (prendre un *duo* simple pour *plats* : tables, tourillons, organes d'accouplement, cages à pignons : organes de rapprochement des tables). Modification du duo simple : duo réversible, trio.

Ordres de malléabilité au laminoir et au marteau (les deux ordres sont différents, ce qui est dû à la façon dissemblable dont travaille le métal dans les deux cas).

Applications de la malléabilité au marteau : chaudronnerie, ferblanterie, poêlerie, façonnage des lingots par les différents procédés de forgeage (marteau, pilon, presse), étampage, emboutissage, industries du métal repoussé, etc.

4. Ductilité. — Propriété des métaux d'être étirés en fils. Relation entre la ductilité, la malléabilité et la ténacité (plus A °/₀ et Σ sont grands, plus un métal est malléable et ductile). Organes essentiels d'un *banc de tirerie* : bâti en fonte avec deux paliers à la partie inférieure pour l'arbre moteur ; à la partie supérieure, filière simple ou multiple, cône d'entrainement et d'enroulement du fil, chaîne munie d'une pince ou chien pour l'engagement du fil ; commandes de l'arbre principal et des arbres verticaux des cônes d'entrainement. Ceux-ci sont fous sur leur axe ; entrainement par toc ou par manchon à friction ou par bague et cuvette. Dans les appareils perfectionnés, dispositifs permettant la lubrification des fils et des filières. Les roues d'angles entrainant les axes verticaux sont calculées de manière à tenir compte de la diminution de diamètre du fil.

Ordre de ductilité. — Remarques qu'il suggère.

(1) Seul recommandé par l'Association internationale des méthodes d'essais.

Principaux types de fils du commerce : fils de fer, d'acier, de cuivre, de laiton, de zinc, d'argent et d'or. Appréciation de leur diamètre (jauges diverses : de Paris, Carcasse, SWG, BS).

Écrouissage et recuit.

H. VALDENAIRE,
Professeur à l'École Nationale Professionnelle d'Armentières.

LE FRAISAGE (TROISIÈME ANNÉE) (1).

TROISIÈME EXERCICE

SUJET. — Étant donné un prisme carré de 32 mm. × 80, exécuter sur la fraiseuse horizontale et *sans instruments de mesure* une pièce conforme au croquis ci-dessous.

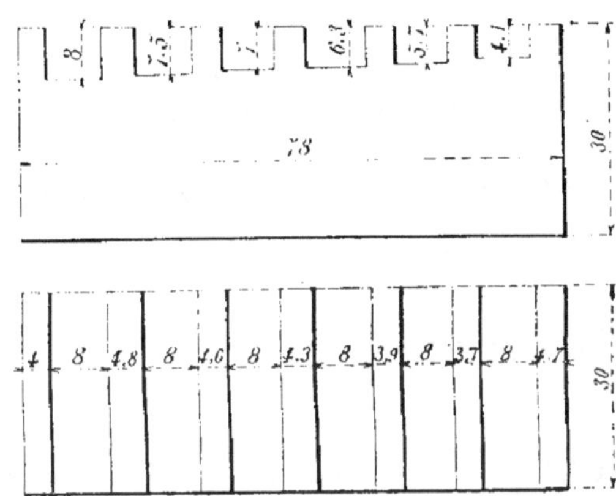

BUT. — Utilisation des échelles graduées.

TEMPS. — Quatre heures.

Exécution.

1° Fraiser la pièce aux cotes extérieures. Pour cela, la maintenir dans un étau et vérifier le travail avec un pied à coulisse.

2° Creuser les entailles en opérant comme suit :

a) Monter une fraise de 8 mm. de largeur.

b) Présenter une de ses faces contre une base du prisme. (Faire tourner la machine à la main pour s'assurer du contact de la fraise avec la pièce.)

c) Descendre la table et la faire avancer de 4 mm. ou de 4mm,7. (Voir croquis.)

d) Amener la fraise en contact avec la partie supérieure de la pièce. On peut s'assurer que l'outil est en contact avec la partie à usiner en plaçant sur cette dernière une feuille de papier de soie mouillée. La fraise en tournant devra enlever le papier sans attaquer la pièce.

e) Creuser la première rainure par passes successives et en utilisant le tambour gradué pour le réglage en profondeur.

f) Se baser sur la première rainure pour terminer la pièce. Pour le dépla-

(1) Voir *Revue de l'Enseignement technique*, n° 1, p. 33.

cement transversal de la *fraise*, ajouter à l'épaisseur de cette dernière la largeur de la languette à former.

Nota : Pour travailler parallèlement à une surface dressée on place sous la pièce des cales d'épaisseur, ou, ce qui est préférable, on utilise des mors avec épaulement (feuillure) comme l'indique le schéma ci-dessous :

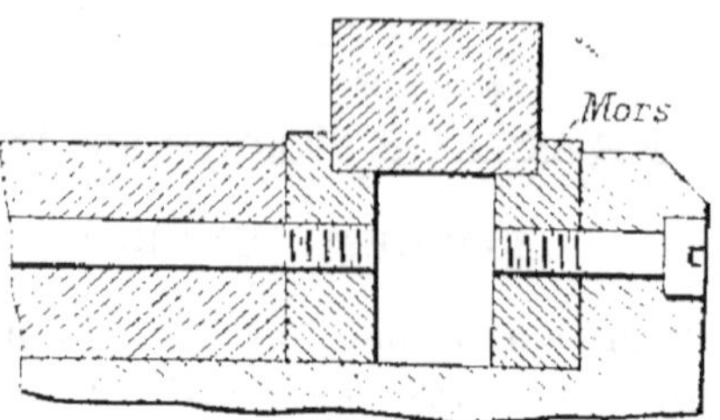

Leçons.

1° Mors de rechange pour serrage des pièces à profil irrégulier;
2° Étau avec mors inclinable pour le serrage des pièces en coin.

A. Romain,
Chef des travaux à l'École pratique de Commerce et d'Industrie de Roubaix.

ENSEIGNEMENT TECHNIQUE A L'ÉTRANGER

L'ENSEIGNEMENT COMMERCIAL SUPÉRIEUR EN BELGIQUE

La Belgique, pays de grande expansion industrielle et commerciale, intimement liée au développement d'une puissante colonie, a nécessairement besoin d'être armée pour la lutte économique et d'être à même de profiter des débouchés nouveaux ouverts à son activité. La formation d'un personnel commercial et consulaire d'élite, collaborateur indispensable dans la production et l'échange, ayant une intelligence parfaite de la vie économique moderne, de son mécanisme, de ses tendances et de ses exigences, devait préoccuper à la fois le gouvernement et tous ceux qui prennent une part plus ou moins active à la marche et à la prospérité des affaires du pays.

Les PP. Joséphistes organisèrent dès 1837 un enseignement commercial à la Maison de Melle-lez-Gand, puis en 1848 un cours de perfectionnement qui est devenu l'École supérieure de commerce actuelle. Bientôt après, le gouvernement belge décida, par un arrêté royal du 28 octobre 1852, la création d'un « Institut supérieur de commerce à Anvers ». Mais ce premier mouvement en faveur de l'éducation commerciale ne sollicita plus aucune initiative, et pendant quarante-cinq ans la préparation aux carrières des affaires fut assurée par ces deux seuls établissements.

Puis brusquement se produisit une magnifique floraison d'écoles nouvelles attestant à la fois un remarquable essor industriel et commercial et une profonde évolution dans la pratique des affaires. Six écoles d'enseignement supérieur commercial furent fondées dans l'espace de six années; ce furent, en 1897, l' « École des sciences commerciales, consulaires et coloniales annexée à l'Université catholique de Louvain »; en 1898, l' « École supérieure commerciale et consulaire de Mons » et l' « École des hautes études commerciales et consulaires de Liége »; en 1899, l' « Institut commercial des industriels du Hainaut, à Mons »; en 1901, l' « École supérieure de commerce et de finance annexée à l'Institut Saint-Ignace, à Anvers »; en 1903, l' « École de commerce de l'Université libre de Bruxelles ».

Enfin, en 1906, les Sections commerciales faisant partie intégrante des Facultés de droit des Universités de l'État de Gand et de Liége furent constituées en organismes distincts et autonomes sous le nom d' « Écoles spéciales de commerce annexées aux Facultés de droit des Universités de l'État ».

FONDATION DES ÉCOLES SUPÉRIEURES DE COMMERCE. PATRONAGE ET SUBVENTIONS.

De tous ces établissements, seuls l' « Institut supérieur de commerce d'Anvers » et les deux Écoles spéciales annexées aux Universités de Gand et de Liége ont été créés par décision gouvernementale; les autres procèdent entièrement de l'initiative privée.

Pour l'enseignement commercial supérieur comme pour l'enseignement commercial moyen et l'enseignement industriel, le gouvernement préfère borner son rôle à encourager et seconder les initiatives heureuses par des subsides, à éclairer les fondateurs d'écoles nouvelles par des conseils pour l'élaboration des programmes, à faciliter le recrutement de ces écoles par la reconnaissance officielle, sous certaines garanties, des diplômes et titres conférés.

Alors qu'en France, les Chambres de commerce prennent une part prépondérante dans la création et la subvention des Écoles supérieures de commerce, ces organisations jouent, en Belgique, un rôle très effacé en matière d'enseignement. Les fédérations d'industriels et de commerçants influents et les établissements d'instruction officiels ou libres ont pris jusqu'alors, avec leurs seules ressources ou grâce à des subventions, une part égale et exclusive à la fondation des Écoles supérieures de commerce.

L' « École des hautes études commerciales et consulaires de Liége » et l' « Institut commercial des industriels du Hainaut, à Mons » sont subventionnés par le gouvernement, la ville et la province; l' « Institut supérieur de commerce d'Anvers » est à la fois un établissement gouvernemental et communal; l' « École supérieure commerciale et consulaire de Mons », l' « École supérieure de commerce et de finance annexée à l'Institut Saint-Ignace, à Anvers » et l' « École des sciences commerciales, consulaires et coloniales de l'Université de Louvain », ne reçoivent que des allocations de l'État.

Les « Écoles spéciales de commerce » de Gand et de Liége suivent le régime financier des Universités d'État auxquelles elles sont rattachées. Quant à l' « École supérieure de commerce annexée à l'Institut des Joséphites, à Melle » et à l' « École de commerce » fondée par M. Solvay à l' « Université libre de Bruxelles », elles ne reçoivent aucune contribution financière des pouvoirs administratifs et doivent subvenir seules à leurs charges.

Comme corollaire au concours matériel fourni, les pouvoirs subsidiants se font représenter par un délégué dans la Commission administrative de l'École. Le gouvernement exige en outre que le programme des études soit présenté à son approbation et que l'École soit soumise à l'inspection de ses fonctionnaires.

L'autorisation de délivrer des diplômes officiels est avant tout subordonnée à l'adjonction dans les jurys d'examens d'un délégué du gouvernement. A l'exception de l' « Institut commercial des industriels du Hainaut, à Mons » et de l'École de commerce fondée par M. Solvay à l'Université libre de Bruxelles, toutes les écoles actuellement existantes satisfont à cette dernière exigence.

Organisation et fonctionnement.

Chaque école possède son statut propre et fonctionne d'après le règlement organique élaboré par ses fondateurs. En cas de recours aux subsides de l'État, de la ville ou de la province, la proposition de règlement doit obtenir l'approbation de ces différents pouvoirs; par contre, l'élaboration de ce règlement a lieu sans contrôle lorsque les fondateurs désirent assumer seuls les charges de l'établissement.

L'École est administrée par une Commission dans laquelle les pouvoirs subsidiants sont représentés par un délégué au moins. Cette *Commission administrative* est chargée d'établir le programme des études, de fixer l'horaire des cours, de dresser le budget et d'arrêter les comptes, de nommer les professeurs et le directeur. Elle est présidée, en général, par un haut fonctionnaire de la province et composée en partie des membres fondateurs ou protecteurs.

Un *Comité de patronage* dont les membres sont choisis à dessein dans le monde influent des affaires procure à l'École son appui matériel et moral.

Tel est le fonctionnement des Écoles supérieures de commerce, à l'exception toutefois de l' « Institut supérieur de commerce d'Anvers » et des Écoles rattachées à l'Institut Saint-Ignace, à Anvers, à l'Institut des PP. Joséphites, à Melle, aux Universités de l'État de Gand et de Liége, à l'Université catholique de Louvain et à l'Université libre de Bruxelles. Ces six dernières Écoles ne sont que des annexes et leur fonctionnement a pu être assuré par un organisme très simple.

Dans les Écoles rattachées aux Universités de Gand, Liége et Louvain, un président et un secrétaire choisis annuellement parmi les membres du personnel enseignant sont chargés de veiller à l'exécution des règlements. Tous les détails de l'instruction donnée à l'École sont sous leur surveillance spéciale et leurs attributions sont identiques à celles des doyens et secrétaires des Facultés en ce qui concerne les rapports administratifs de l'École avec le recteur et l'administrateur-inspecteur de l'Université. Les professeurs et chargés de cours aux Écoles spéciales de Gand et de Liége sont nommés par le ministre des Sciences et des Arts.

L'École de commerce fondée par M. Solvay à l'Université libre de Bruxelles est administrée par une Commission de cinq membres, dont trois sont élus par le corps professoral et deux sont nommés par le Conseil d'administration de l'Université. Le Conseil désigne un de ces membres comme directeur. Les délibérations de la Commission administrative concernant les nominations et émoluments des professeurs, l'élaboration des programmes et les règlements d'ordre intérieur, l'établissement du budget et des comptes annuels, etc., ne peuvent être exécutées qu'après avoir reçu l'approbation du Conseil d'administration de l'Université.

La dépendance plus étroite dans laquelle l' « Institut supérieur de commerce d'Anvers » se trouve vis-à-vis de l'État tient à ses origines. C'est à la fois une création de la ville et du gouvernement. A ce titre, l'État intervient dans les dépenses pour les trois quarts, la ville d'Anvers supporte le quart restant et doit, en outre, mettre à la disposition de l'Institut les immeubles nécessaires et subvenir à leur entretien et à leur aménagement.

L'Institut est administré par une Commission de six membres nommés en nombre égal par le ministre de l'Industrie et du Travail et par le Conseil communal d'Anvers. Le bourgmestre d'Anvers est président de droit de cette Commission.

Le directeur de l'Institut et les professeurs sont nommés par le ministre de l'Industrie et du Travail sur l'avis de la Commission administrative, le collège des bourgmestre et échevins entendu.

Un Conseil académique composé de tous les membres du personnel enseignant s'occupe des mesures à prendre dans l'intérêt des études et fait les propositions nécessaires au Conseil de perfectionnement. Ce dernier comprend tous les membres de la Commission administrative, le directeur et les professeurs; il délibère sur les propositions émanant du Conseil académique et sur toutes questions intéressant le fonctionnement de l'École et le développement de l'enseignement.

De l'Enseignement dans les Écoles supérieures de commerce.

Conditions d'admission. — Tous les établissements d'enseignement commercial supérieur ont établi un *examen d'admission obligatoire* et fixé à *seize ans l'âge minimum* des candidats.

Le programme de l'examen d'admission à l' « Institut supérieur de commerce d'Anvers » peut être choisi comme type. Il comprend les éléments de la tenue des livres, l'arithmétique commerciale, les langues française, flamande, allemande et anglaise, la géographie, l'histoire universelle, les éléments d'algèbre et de géométrie, les notions élémentaires de physique et de chimie. L' « École supérieure de Commerce et de Finance annexée à l'Institut Saint-Ignace, à Anvers », exige en outre des notions de la langue espagnole et des éléments de droit commercial et d'économie politique. Ainsi s'affirme l'importance que l'on accorde en Belgique à l'étude des langues modernes et aux applications utilitaires des sciences commerciales. Grâce à une préparation antérieure suffisante, les jeunes gens admis en première année pourront aborder immédiatement la correspondance commerciale étrangère dans les cours de langues et les exercices de bureau commercial. Leur connaissance des calculs commerciaux et de la tenue des livres permettra d'entreprendre parallèlement les cours théoriques de commerce et comptabilité et les monographies qui en sont l'application pratique et professionnelle.

L'obligation de l'examen d'admission n'est qu'une garantie prise par les différentes écoles supérieures de commerce pour assurer le bon recrutement de leurs élèves. Tous ces établissements sont en voie de développement et le nombre des candidats pouvant y être admis n'est nulle part limité. Aussi les jeunes gens pouvant justifier que leurs études antérieures les mettent à même de suivre avec profit les cours d'enseignement commercial supérieur sont-ils dispensés de l'examen d'entrée. Il en est ainsi des élèves ayant terminé leurs humanités modernes (section commerciale et industrielle) dans un athénée royal ou dans un établissement libre d'enseignement du même degré.

L'« École supérieure commerciale et consulaire de Mons » admet en première année les titulaires du certificat de première scientifique ou de première professionnelle et l'École des sciences commerciales, consulaires et coloniales annexée à l'Université de Louvain », les porteurs d'un certificat d'enseignement moyen supérieur. Il est indifférent que les certificats aient été délivrés par un établissement officiel ou par un établissement privé.

Dans le but d'abréger les leçons d'introduction à l'étude technique des langues étrangères et d'assurer un groupement homogène des élèves dans les exercices pratiques de bureau commercial, un *examen complémentaire* portant principalement sur la tenue des livres, l'arithmétique commerciale et les langues étrangères est imposé aux élèves sortant de la rhétorique des humanités modernes, section scientifique (Institut supérieur de Commerce d'Anvers) et de la rhétorique des humanités anciennes (« Institut supérieur de Commerce d'Anvers », « École supérieure de Commerce et de Finance annexée à l'Institut Saint-Ignace, à Anvers », « École supérieure Commerciale et Consulaire de Mons »).

Sections préparatoires. — Des cours de répétition préparant directement à l'examen d'entrée sont organisés dans les sections préparatoires annexées aux diverses écoles. Accessoirement, ces cours permettent aux élèves étrangers ayant une connaissance insuffisante de la langue française de se perfectionner dans la pratique de cette langue et d'aborder avec davantage de profit l'enseignement des cours normaux.

L'admission en préparatoire a lieu sans examen. Toutefois, l'« École des Hautes Études Commerciales et Consulaires de Liége » exige un diplôme de sortie des écoles moyennes, et l'« Institut commercial des Industriels du Hainaut, à Mons », n'admet les élèves d'athénées que sur un certificat attestant qu'ils sont âgés de seize ans au moins et qu'ils ont obtenu en troisième 60 % en français, mathématiques et résultats généraux. Un examen est obligatoire pour les candidats non pourvus du diplôme ou du certificat exigés.

(A suivre.)

L. Morel,

Professeur à l'École pratique de Commerce et d'Industrie de Valenciennes.

DOCUMENTS ET INFORMATIONS

XXXᵉ Congrès de la Ligue de l'Enseignement à Tourcoing.

(29-30 septembre et 1er-2 octobre 1910.)

L'ordre du jour du Congrès était ainsi conçu :

1° *L'enseignement professionnel et technique* : MM. Gustave Dron et Réné Leblanc, rapporteurs ;

2° *Les œuvres scolaires et post-scolaires* (patronages, amicales d'anciens et d'anciennes élèves, placement, sports, etc.) : MM. Dyard, Brun et Chaintreau, rapporteurs.

3° *Du rôle des femmes dans les œuvres post-scolaires* : Mme Blanche Schweigg, rapporteur.

Un premier point est à signaler : c'est le nombre considérable et la qualité des personnes qui ont suivi les travaux de la Commission de l'Enseignement professionnel. Il y avait là les représentants les plus autorisés de l'Instruction publique et des Ecoles du Ministère du Commerce ;

Plus de 200 industriels représentant les firmes les plus importantes de la région ;

Des parlementaires nombreux et autorisés, tels MM. Dron, Buisson, Dessoye, Lachaud, Daniel Vincent, G. Potié, Brébant.

Cette affluence de pédagogues, d'industriels et de parlementaires témoigne du vif intérêt que suscitent dans le pays les questions d'enseignement professionnel.

Dans un rapport substantiel dans son argumentation et concis dans sa forme, M. Dron fait ressortir la pressante nécessité de modifier l'état de choses actuel quant à la préparation de l'enfant à la vie.

L'impression qui se dégage très nettement des discussions du Congrès, c'est que tout le monde veut en finir avec cette lutte qui divise les deux Ministères et paralyse le développement des Ecoles professionnelles.

L'enseignement donné dans les Ecoles de Tourcoing, par le Ministère du Commerce, a été très apprécié des congressistes, et M. Buisson, ancien directeur de l'Enseignement primaire au Ministère de l'Instruction publique, en a reconnu l'efficacité.

Si le Congrès a été un succès pour l'Enseignement professionnel, on le doit à M. Dron, qui a su y faire triompher une cause pour laquelle il se dépense sans compter.

Voici les vœux adoptés par le Congrès :

I

Les deux premiers vœux ont une portée générale : ils s'appliquent aux garçons comme aux filles, dans les agglomérations importantes et industrielles aussi bien que dans les communes rurales. Sans une instruction primaire sérieuse à la base et sans l'initiation aux travaux manuels dès l'école, l'on ne tirerait pas de l'enseignement post-scolaire et professionnel tout le rendement utile.

1° Réaliser strictement la *fréquentation scolaire obligatoire*, en dressant dans toutes les communes la liste des enfants de six à treize ans ;

En exerçant un contrôle sérieux et continu de la fréquentation dans toutes les écoles primaires, publiques et privées ;

En confiant ce contrôle à l'inspection primaire et en chargeant les juges de paix de punir les infractions ;

Prolonger l'obligation scolaire jusqu'à l'âge de quatorze ans, comme le font tous les pays d'Europe qui ont adopté l'instruction obligatoire, et subsidiairement prendre au minimum, à titre de transition, la limite de treize ans sans que le certificat d'études primaires dispense de l'obligation pour le surplus de la scolarité.

Créer partout les *Caisses d'École* et secourir efficacement les familles privées de ressources ;

2° Organiser dans toutes les écoles, surtout pendant les trois dernières années de la scolarité, l'éducation manuelle préparatoire à l'apprentissage.

Outre l'avantage de l'éducation des sens qui développe l'habileté et le jugement de l'enfant, ce préapprentissage fournira des indications utiles sur les goûts et les aptitudes de chacun en vue du choix d'une profession.

Les vœux suivants (*Après l'École*) sont afférents aux différentes catégories :

II. — Adolescents.

1° Qu'à la suite de l'école élémentaire soient constitués des *cours d'adolescents*, obligatoires entre quatorze et dix-huit ans, pour tous ceux qui ne continuent pas régulièrement leurs études dans les écoles d'un degré supérieur au primaire ;

Que cet *enseignement complémentaire* comprenne, dans une mesure variable, suivant les exigences locales et les besoins des élèves :

D'une part, la revision des matières essentielles du programme de l'école primaire, les notions scientifiques et artistiques appliquées qu'il est utile de posséder dans la vie courante, les leçons susceptibles de développer les vertus morales et civiques ;

D'autre part, l'enseignement professionnel et pratique approprié aux métiers qu'exercent les différentes catégories d'apprentis ou de jeunes ouvriers qui suivent ces cours.

2° Là où les leçons théoriques et pratiques professionnelles ne tiendront qu'une place secondaire, les *cours dits d'adolescents* constitueront une sorte d'école prolongée susceptible de favoriser le développement intellectuel et la formation morale de la jeunesse. Le personnel enseignant primaire pourrait le plus souvent suffire à la tâche, même pour le complément de notions pratiques.

Là où le côté professionnel dominera — ce sera le cas pour toutes les industries exigeant un apprentissage — et sans que la culture générale soit par trop sacrifiée, des maîtres spéciaux d'une compétence reconnue ou des personnes de métier aptes à donner l'éducation professionnelle seront chargés des *cours dits de perfectionnement*. Le dessin industriel appliqué, l'étude des matériaux utilisés et des machines, les travaux d'application réaliseront ainsi une sorte d'*atelier-école*. Une grande latitude sera laissée aux maîtres qui, au surplus, s'inspireront des indications des hommes de métier les plus expérimentés, appelés à contrôler cet enseignement.

3° Les *cours d'adolescents* auront généralement lieu vers la fin de la journée, à l'heure la plus propice.

Pour les cours de perfectionnement (professionnels) il est désirable que les heures, sauf rares exceptions sérieusement justifiées, soient prélevées sur le temps de la journée de travail.

Mais, dans ce cas, les patrons et les parents ont un égal intérêt à obtenir des garanties qui sont données par un *contrat d'apprentissage*, lequel assurera, d'après une formule légale, la compensation des services consentis de part et d'autre.

4° Les *dépenses* de fonctionnement des cours de perfectionnement (paiement du personnel, achat de matières premières, renouvellement d'outillage, etc.) seront payées dans une proportion à déterminer d'un côté par les patrons, de l'autre par l'État et les communes. Ces dernières devront en outre procurer les locaux et en supporter les charges d'entretien.

III. — Adolescentes.

1° Qu'à la suite de l'école élémentaire soient constitués des *cours d'adolescentes*, obligatoires entre quatorze et dix-huit ans, pour toutes celles qui ne continuent pas régulièrement leurs études dans les Écoles d'un degré supérieur au primaire.

Que cet *enseignement* complémentaire comprenne, dans une mesure variable, suivant les exigences locales et les besoins des élèves :

D'une part, la revision des matières essentielles du programme de l'école primaire, les notions scientifiques et artistiques appliquées qu'il est utile de posséder dans la vie courante, les connaissances ménagères, l'hygiène, les soins à donner aux enfants, aux malades, etc. ;

D'autre part, l'enseignement pratique et professionnel approprié aux métiers exercés par la femme.

2° Là où les notions professionnelles ne tiendront qu'une place secondaire, les *cours dits d'adolescentes* constitueront une sorte d'école prolongée susceptible de favoriser le développement intellectuel et la formation morale de la jeunesse. Le personnel enseignant primaire suffira à la tâche, même pour le complément de notions pratiques, domestiques, ménagères et agricoles, pourvu qu'il soit tenu compte de la nécessité de cette orientation utilitaire dans les programmes des écoles normales.

Là où le côté professionnel dominera, — ce sera le cas pour les petites industries féminines exigeant un apprentissage, — et sans que la culture générale soit par trop sacrifiée, des personnes du métier aptes à donner l'éducation professionnelle ou des maîtresses dont la compétence pratique sera attestée par un diplôme, seront chargées des *cours de perfectionnement*, particulièrement des leçons de coupe, modes, etc.

3° Comme pour les adolescents.

4° Comme pour les adolescents.

IV. — Enseignement technique agricole.

Comment on peut l'organiser utilement par simple application de la réglementation actuelle.

L'Enseignement agricole nécessaire à la masse des populations rurales peut être organisé, à bref délai et sans grandes dépenses, sur un grand nombre de points du territoire français, en réalisant les vœux suivants formulés par la Ligue de l'Enseignement :

1° Que l'Enseignement agricole des Écoles normales reçoive une sanction efficace et que les futurs instituteurs soient sérieusement préparés à donner, à l'École rurale et aux Cours d'adultes, des notions de sciences expérimentales et d'agriculture mises à la portée des élèves et adaptées aux besoins régionaux ;

2° Que l'épreuve d'agriculture, éliminatoire au certificat d'études primaires, porte sur le programme du Cours supérieur de l'École primaire ;

3° Que des cours temporaires d'agriculture soient organisés pendant l'hiver dans les Cours complémentaires, les Écoles primaires supérieures rurales, les Écoles pratiques, etc. ; et qu'un crédit soit inscrit à cet effet au prochain budget pour la rémunération du surcroît de travail demandé au personnel enseignant.

V. — Motions relatives au rôle de chacun des Ministères (I. P. et C^{ce}) dans la distribution de l'Enseignement.

Le Congrès a adopté les résolutions suivantes :

1° La création d'un *Ministère dit de l'Éducation nationale*, accaparant les enseignements spécialisés les plus divers, n'est pas réalisable, du moins actuellement, et risquerait toujours d'être préjudiciable à l'Éducation professionnelle, industrielle et commerciale qui réclame, outre la nécessité d'un contact permanent avec les personnes de métier, une grande latitude dans l'élaboration des programmes, dans le choix des moyens et dans la composition du personnel enseignant.

2° *L'organisation d'un condominium*, mais autrement compris qu'en 1886, tenant un compte équitable des attributions revenant naturellement à chaque Ministère (I. P. et C^{ce}), constituerait une solution acceptable, la meilleure et peut-être la seule qui puisse supprimer toute concurrence jalouse, source de conflits. La délimitation des domaines respectifs serait établie par la Commission interministérielle prévue en 1886, mais munie des pouvoirs d'exécution nécessaires.

Dans ces Écoles mixtes ressortissant aux deux Ministères suivant la sphère d'enseignement de chacun, le choix du personnel dirigeant serait déterminé par des examens de classement passés devant un jury composé en parties égales du haut personnel des deux administrations, en vue d'établir, par ordre de mérite, les aptitudes des candidats à la direction.

3° A défaut de la solution précédente et afin d'écarter l'éventualité de heurts actuellement inévitables, toute demande des communes tendant à obtenir la participation de l'État pour la création d'une E. P. S. ou d'une École pratique ou encore pour l'organisation de Cours de perfectionnement à l'usage d'adolescents ou d'adolescentes, serait renvoyée de droit à l'examen de la *Commission interministérielle autonome et indépendante*.

Celle-ci, au reçu de la demande motivée et après enquête sur le but poursuivi, les besoins locaux et les éléments de recrutement d'élèves, dégagerait le caractère dominant de l'École ou du Cours à fonder. Elle aurait ainsi les éléments d'appréciation pour régler le rattachement à l'un ou à l'autre des Ministères, suivant qu'il s'agirait surtout d'Enseignement général ou d'Enseignement professionnel.

Le Gérant : G. Bourrey.

Paris. — L. Maretheux, imprimeur, 1, rue Cassette.

Première Année — N° 3 Décembre 1910

REVUE

DE

l'Enseignement Technique

PUBLIÉE SOUS LE PATRONAGE DE

l'Association Française pour le Développement de l'Enseignement technique

Les Ingénieurs et la Comptabilité

On se demande parfois quel profit les ingénieurs peuvent trouver à étudier la comptabilité. Si la question se pose, c'est parce que le sens exact de ce mot n'est pas encore bien fixé. Pour certaines gens, comptabilité et tenue des livres sont synonymes : apprendre la comptabilité, d'après eux, c'est calligraphier, sur les pages d'un livre à colonnes, beaucoup de phrases en style télégraphique; c'est aligner des chiffres et les additionner vivement. Il y a là une confusion évidente. La science de l'architecte et l'art du tailleur de pierres concourent au même but; ce sont pourtant deux choses absolument distinctes. De même, la science comptable qui nous enseigne la marche à suivre pour discerner les résultats économiques d'une entreprise, diffère de la tenue des livres, art essentiellement manuel. Un homme affligé d'une mauvaise écriture pourra se montrer comptable hors ligne; il ne saurait tenir l'emploi du plus modeste teneur de livres. Réciproquement, on rencontre d'excellents teneurs de livres, collaborateurs utiles et appréciés, pour lesquels la science des comptes est à peu près lettre morte, et qui restent cois devant tel problème élémentaire, étranger à leur besogne quotidienne.

La distinction précédente a été indiquée depuis longtemps par les quelques écrivains de valeur qui n'ont pas cru s'amoindrir en consacrant leur vie à la science comptable. « Tout commerçant, tout entrepreneur d'industrie », disait Courcelle-Seneuil [1], « doit être comptable et en a besoin; tandis qu'un petit nombre seulement ont besoin d'être teneurs de livres ». Mais cette distinction pénètre lentement dans l'esprit des masses parce qu'elle n'est pas toujours facile à faire, tellement le plan d'écri-

(1) *Dictionnaire universel du commerce* (Guillaumin et Cie, 1859), p. 777.

tures et sa réalisation matérielle semblent, à première vue, constituer un bloc indivisible.

*
* *

La mission de l'ingénieur consiste à mettre les découvertes scientifiques au service de la production; il s'en acquitte, aujourd'hui surtout, avec une maîtrise qui lui vaut l'admiration et la reconnaissance de tous. C'est à lui que les peuples sont redevables de leur bien-être et de leur sécurité; à lui, qui nous éclaire, qui nous chauffe, qui nous transporte par des procédés bien supérieurs aux conceptions les plus audacieuses de nos ancêtres; qui lance à travers l'espace notre pensée et notre voix; qui permet au plus grand nombre de s'instruire, en vulgarisant l'usage des livres et des journaux.

Mais il ne faut pas oublier que ces merveilles sont le produit d'initiatives individuelles; or, l'existence d'une entreprise dépend avant tout de sa productivité. Toute industrie non fructueuse, qui ne « paye pas », comme disent les Américains, disparaissant très vite, l'ingénieur ne saurait donc se désintéresser des résultats obtenus. Chef ou collaborateur d'un établissement industriel, il doit rechercher, avec l'esprit de méthode qui le caractérise, si les opérations effectuées ont engendré des bénéfices ou occasionné une perte, et pourquoi. De la réponse à cette question vont dépendre les décisions futures, l'orientation donnée à l'affaire; on en voit l'importance capitale.

Que l'ingénieur ne soit pas nécessairement initié à tel rouage secondaire de la comptabilité, qu'il ne possède pas la dextérité professionnelle de tel employé aux écritures, rien de plus naturel : son rôle actif est ailleurs. Nul ne lui demandera donc de se montrer praticien habile dans l'exécution de la tenue des livres. Mais les règles, les principes de la science comptable lui sont aisément accessibles : il n'a pas le droit de les ignorer.

Ces règles, lorsqu'il les connaîtra, permettront à l'ingénieur de lire et comprendre les états numériques, œuvre des services compétents. Le bilan, indéchiffrable pour les novices, lui deviendra familier; il en percevra la genèse en parcourant les comptes du grand livre; et la constitution comme le contrôle des prix de revient n'auront plus de secrets pour lui.

Voilà sous quel angle les ingénieurs devraient envisager l'étude de la comptabilité; ainsi comprise, elle leur rendrait d'inappréciables services.

*
* *

De tout ce qui précède, il résulte que l'enseignement de la comptabilité aux ingénieurs doit revêtir un caractère spécial. Celui qui en est chargé se souviendra que ses auditeurs sont particulièrement accessibles aux raisonnements déductifs et qu'ils généralisent volontiers; l'exposé des principes et de leurs conséquences conservera donc, autant que possible, cet aspect général si attrayant pour les cerveaux scientifiques. Les rouages comptables seront figurés schématiquement, pour mettre en relief leurs organes essentiels et rendre plus sensible la solidarité des différentes parties dont se compose une organisation bien faite.

Quelques applications concrètes interviendront cependant de temps à autre, car on ne saurait perdre de vue le but utilitaire de l'étude entreprise, et il peut être bon de parcourir quelquefois les étapes qui séparent un principe fondamental des cas particuliers. Exiger que les élèves passent du premier aux secondes sans guide ni conseil, serait leur imposer un effort supplémentaire inutile. Mais on réduira ces applications au minimum ; on les choisira de préférence, soit parmi les multiples questions que fait surgir le problème si délicat du prix de revient industriel, soit dans la foule des bilans livrés à la publicité et dont la dissection raisonnée constitue une leçon de choses aussi intéressante que profitable.

* * *

Que la mise en pratique d'une pareille conception soit difficile, voilà qui ne fait aucun doute. La science comptable est en voie de formation ; l'énoncé des principes, leur démonstration, ont été l'objet de nombreux travaux d'inégale valeur. Celui qui assume la mission d'enseigner la comptabilité à des ingénieurs doit connaître tous ces travaux, les passer au crible de sa critique personnelle, et y joindre le fruit de ses propres méditations, s'il veut constituer un corps de doctrine véritablement digne d'être produit et développé. Une certaine connaissance des procédés en usage et des complications qui surgissent dans la pratique journalière semble également utile ; je dirai presque : nécessaire. D'autre part, on s'est demandé si le titre seul d'un cours portant sur des matières si longtemps demeurées dans une sorte de discrédit, n'éloignerait pas les auditeurs ou ne serait point une cause d'inattention. C'était bien mal connaître des hommes de réalisation comme les ingénieurs, que rien de ce qui peut seconder leurs efforts ne laisse indifférents. Plusieurs expériences ont du reste été faites ces dernières années à Liége, par M. Lefèbvre ; à Paris, par M. Maurice Bellom, l'éminent économiste dont la parole a tant d'autorité, et par l'auteur de ces lignes. Elles ont rencontré le meilleur accueil. Aujourd'hui, l'étude de la comptabilité semble donc avoir définitivement conquis, dans la formation des ingénieurs, sa place logique et légitime.

Gabriel Faure,

Chargé de Conférences à l'Ecole Centrale des Arts et Manufactures.

Enseignement Technique Agricole

En matière d'enseignement professionnel, on paraît oublier, en notre pays, que l'agriculture fait vivre plus de la moitié des travailleurs ou des producteurs français, et que le progrès de notre première industrie nationale a pour facteur principal le développement des connaissances techniques qui en constituent désormais la base essentielle.

Pour faire aujourd'hui de l'agriculture avec profit, pour que le travailleur des champs soit rémunéré de sa peine, les rendements ordinaires du sol sont devenus insuffisants : la culture intensive s'impose; or, elle nécessite des connaissances théoriques et pratiques que, seul, un enseignement professionnel bien adapté peut dispenser à la masse des futurs cultivateurs.

Lorsque les fils des petits et moyens propriétaires seront convaincus de la possibilité de gagner largement et honorablement leur vie en cultivant l'héritage paternel, ils ne songeront plus à l'abandonner pour courir les chances des entreprises commerciales ou industrielles urbaines. Le développement de l'enseignement technique agricole aurait donc pour première conséquence sociale l'augmentation de la production nationale; il en aurait une autre non moins désirable, celle d'enrayer la désertion des campagnes et, par suite, comme l'a dit M. J. Méline, le mouvement lamentable de dépopulation qui en est la conséquence. Ces considérations devraient suffire à assurer, à l'instruction professionnelle des jeunes ruraux, toute la bienveillance des pouvoirs publics.

Je me propose d'établir ici, en m'appuyant sur des faits empruntés à la vie scolaire, que si la bonne volonté du Parlement ne saurait être contestée, en ce qui concerne la diffusion des connaissances agricoles, cette bonne volonté est restée à peu près inopérante dans les écoles fréquentées par la grande majorité des fils d'agriculteurs. Voyons d'abord ce qui se passe à l'école élémentaire, nous examinerons ensuite ce que font actuellement, pour l'enseignement professionnel agricole, les établissements du degré primaire supérieur.

Enseignement agricole a l'école rurale.

L'enseignement agricole à l'école primaire est prévu pour la première fois par la loi du 16 juin 1879, en son article 10 :

« Trois ans après l'organisation complète de l'enseignement de l'agriculture dans les écoles normales primaires, les notions élémentaires d'agriculture seront comprises dans les matières obligatoires de l'enseignement primaire. »

Le décret organique du 18 janvier 1887 précise la nouvelle disposition en inscrivant, au programme officiel des écoles élémentaires (art. 27), « les leçons de choses et les premières notions scientifiques, principalement dans leurs applications à l'agriculture ». Et afin que l'enseignement agricole et celui des sciences physiques et naturelles ne soient pas confondus, il est établi un programme spécial pour chaque branche. Voici celui *d'agriculture et d'horticulture* :

Cours élémentaire (7 à 9 ans). Premières leçons dans le jardin de l'école.

Cours moyen (9 à 11 ans). Notions à propos des lectures, des leçons de choses et des promenades, sur les principales espèces de sols, les engrais, les travaux et les instruments usuels de culture (bêche, hoyau, charrue, etc.).

Cours supérieur (11 à 13 ans). Notions plus méthodiques sur les travaux agricoles, les outils aratoires, le drainage, les engrais naturels et artificiels, les semailles et les récoltes; — sur les animaux domestiques; — sur la comptabilité agricole.

Notions d'horticulture : principaux procédés de multiplication des végétaux les plus utiles de la contrée; — notions d'arboriculture : greffes les plus importantes.

Une circulaire ministérielle du 11 décembre 1887 rappelle aux préfets, en les invitant à tenir la main à son application, une décision non abrogée, datant de 1867, en vertu de laquelle aucun plan d'école rurale ne sera accepté s'il ne comprend un jardin contigu à l'école ou situé à proximité. Cette prescription a été bien souvent méconnue, malgré son incontestable utilité; d'autres l'ont été également parce qu'inapplicables.

C'est probablement une simple raison de symétrie qui a fait figurer l'agriculture dès le cours élémentaire; on peut se demander, en effet, quelles notions agricoles on pourrait enseigner utilement à un bambin qui n'a pas encore dix ans!

Conformément à une disposition de la loi de 1879, la plupart des conseils départementaux rédigèrent un programme d'enseignement agricole spécial à leur région : presque partout, on tomba dans l'exagération. On s'aperçut bientôt de la nécessité de revenir à une plus juste appréciation du caractère de l'école élémentaire où l'enseignement agricole, comme tout enseignement professionnel, « ne peut être, disait O. Gréard, au Congrès de 1889, qu'une préparation lointaine à l'exercice d'une profession, un avant-goût, une amorce », une introduction à des connaissances pratiques que l'enfant devra appliquer plus tard.

Deux circulaires ministérielles de 1895 prescrivirent « la rédaction d'un plan de cours, sommairement tracé sous forme de guide pratique destiné à faciliter la tâche des instituteurs dans leur enseignement devenu obligatoire des notions élémentaires d'agriculture ». Le travail fut confié à une Commission mixte instituée près du ministère de l'Instruction publique, et dont la moitié des membres appartenait à l'Agriculture.

L'*Instruction ministérielle du 4 janvier* 1897 résumant les délibérations de la Commission mixte fut envoyée dans toutes les écoles publiques et, trois ans plus tard, l'Exposition universelle fournissait des preuves surabondantes de la valeur de son application. Malheureusement, les heureuses tentatives de cette époque ne furent ni renouvelées, ni encouragées, et l'enseignement agricole, dont la sanction était illusoire aux examens du certificat d'études, fut traité d'après son importance relative.

La situation s'est modifiée tout récemment : un arrêté ministériel du 27 juillet 1908 décide que la composition écrite d'agriculture, *qui ne comptait qu'à l'oral* du C. E. P., fera partie de la première série des épreuves éliminatoires. Du moment que la note d'agriculture vient s'ajouter à celles d'écriture, de calcul, d'orthographe et de rédaction, les maîtres, obligés d'attacher la même importance à chacune de ces cinq matières, n'en pourront négliger aucune et l'agriculture prendra la place qu'elle mérite dans la famille des études primaires. Toutefois, une loi récente ayant élevé à douze ans, au minimum, l'âge des candidats au C. E. P., une nouvelle modification s'impose à la réglementation de l'examen.

Un arrêté de 1897 limite, au programme du cours moyen, le choix du sujet d'agriculture pour les candidats des écoles rurales, et de l'épreuve correspondante de dessin pour ceux des écoles urbaines ; tous ces candidats auront donc fréquenté, pendant un an, au moins, le cours supérieur ou celui qui en tient lieu ; conséquemment le choix des épreuves pourra être étendu aux programmes correspondants. Cette extension est d'autant plus nécessaire que l'enseignement agricole au cours moyen ne peut fournir qu'un nombre très restreint de sujets ; elle est du reste prévue par l'*Instruction ministérielle* elle-même, dans les termes suivants :

« Les enfants de douze ou treize ans devront recevoir un enseignement agricole plus étendu que celui qui est représenté par le programme du cours moyen ; les maîtres ajouteront donc à celui-ci tout ce qu'ils pourront du programme suivant, dont l'application ne présentera aucune difficulté sérieuse, si les notions scientifiques fondamentales ont été préalablement établies d'après des expériences simples, réalisées en classe, et des observations faites sur nature. »

Il conviendrait néanmoins, malgré ces indications, de préciser officiellement ce qui n'est en somme qu'officieux.

L'Instruction ministérielle du 4 janvier 1897 (1), dont les dispositions essentielles sont passées dans la réglementation scolaire de plusieurs nations voisines, comporte des directions pédagogiques qu'on ne saurait trop recommander aux maîtres chargés d'un enseignement agricole de

(1) Ce document illustré d'une vingtaine de gravures représentant les principales expériences à réaliser au début de tout enseignement agricole a été adressé, il y a treize ans, aux Inspecteurs d'Académie pour être joint au Bulletin départemental de l'enseignement primaire ; peu d'écoles l'ont conservé. On le trouve reproduit, avec commentaires, dans l'*Agriculture au certificat d'études*, livre du maître. Larousse, 1908.

début, quel que soit le genre de l'établissement scolaire où il est donné; les voici textuellement reproduites :

« L'enseignement des *notions* d'agriculture que peut comporter le programme de l'école élémentaire doit s'adresser beaucoup moins à la mémoire des enfants qu'à leur intelligence; il doit s'appuyer sur l'observation des faits journaliers de la vie agricole et sur une expérimentation simple, appropriée aux ressources matérielles dont dispose l'école, et destinée à mettre en évidence les notions scientifiques fondamentales des opérations culturales les plus importantes. Ce qu'il faut surtout apprendre aux enfants, à l'école rurale, c'est le pourquoi de ces opérations avec l'explication des phénomènes qui les accompagnent, et non le détail des procédés d'exécution, encore moins un résumé de préceptes, de définitions ou de recettes agricoles. Connaître les conditions essentielles du développement des végétaux cultivés, comprendre la raison d'être des travaux habituels de la culture ordinaire et celle des règles d'hygiène de l'homme et des animaux domestiques, voilà ce qu'il faudrait apprendre d'abord à tout agriculteur, et l'on n'y peut parvenir que par la méthode expérimentale.

« C'est dire qu'un maître ferait fausse route dont l'enseignement agricole consisterait uniquement dans l'étude et la récitation, par l'élève, d'un manuel d'agriculture, si bien conçu que fût ce manuel; il faut nécessairement recourir à des expériences très simples et surtout à l'observation.

« En effet, c'est seulement en mettant le phénomène à observer sous les yeux des enfants qu'on pourra leur apprendre à observer, qu'on pourra établir, dans leur esprit, les idées fondamentales sur lesquelles repose la science agricole moderne, idées que l'écolier campagnard ne peut acquérir qu'à l'école, où il ne sera jamais nécessaire de lui enseigner ce que son père sait mieux que l'instituteur et qu'il apprendra sûrement par sa propre expérience pratique.

« L'école doit se borner à préparer l'enfant à l'apprentissage intelligent du métier qui le fera vivre et à lui donner le goût de sa future profession; à cet égard, le maître ne devra jamais oublier que le meilleur moyen de faire aimer à un ouvrier son ouvrage, c'est de le lui faire comprendre.

« Le but à atteindre, pour l'enseignement agricole primaire, c'est, en résumé, d'initier le plus grand nombre des enfants de nos campagnes aux connaissances élémentaires indispensables pour lire avec fruit un livre d'agriculture moderne, pour suivre avec profit une conférence agricole; c'est de leur inspirer l'amour de la vie des champs et le désir de ne point la changer pour celle de la ville ou de l'usine; c'est de les pénétrer de cette vérité que le métier d'agriculteur, le plus indépendant de tous, est plus rémunérateur que beaucoup d'autres pour tout praticien laborieux, intelligent et instruit. »

Le prochain article contiendra la description des Cultures démonstra-

TIVES ayant donné les meilleurs résultats dans les nombreux *Jardins scolaires* où elles ont été réalisées.

René Leblanc,
Inspecteur général honoraire de l'Instruction publique.

L'École de Ganterie de Grenoble

Sa création.

La création de l'École de Ganterie de Grenoble est due à l'esprit d'initiative des membres de la Chambre syndicale des Fabricants de gants de cette ville.

Il est intéressant de rappeler ici les circonstances qui ont fait naître l'idée de cette institution.

Depuis quelques années, l'industrie du gant est stationnaire dans la région grenobloise; les fabricants, préoccupés à juste titre de cet arrêt dans le développement de leur chiffre d'affaires, ont recherché les causes qui ont amené cette situation; nous n'essayerons pas de tracer l'exposé des diverses opinions qui ont été émises à ce sujet; les intéressés eux-mêmes ne sont pas complètement d'accord sur les véritables origines de la crise dont ils souffrent. Nous nous bornerons à constater qu'ils ont été unanimes pour estimer que l'on devait, en premier lieu, rehausser la valeur du produit en augmentant la valeur intellectuelle et pratique des agents de la production.

Pour atteindre ce but, ils ont organisé un enseignement nouveau, et l'un d'eux, M. Valérien Perrin, écrivait : « Nous n'hésitons pas à dire que c'est par ce moyen seul que la ganterie grenobloise peut se relever. » Cette affirmation est peut-être trop absolue; mais nous la retenons pour montrer aux jeunes gens qui suivent les cours les devoirs qu'ils ont à remplir et les espérances qu'on met en eux.

C'est en avril 1910 que le plan d'études de la future école fut rédigé, et quelques mois ont suffi à la Chambre syndicale des fabricants de gants pour trouver les fonds nécessaires à la réalisation de son projet, grâce aux souscriptions particulières, au concours du Conseil municipal de Grenoble qui a voté les crédits à sa charge, et à l'appui du ministère du Commerce, qui s'est engagé à assurer le traitement du chef des travaux techniques.

Les cours se sont ouverts dans les locaux de l'École Vaucanson, et les exercices pratiques se font dans un atelier construit, meublé et outillé spécialement à cet effet.

Programme de l'École.

Le but est de former, pour l'industrie de la ganterie et les industries connexes, des agents susceptibles, par leur instruction générale, d'être employés dans l'administration des manufactures ; par le développement de leurs aptitudes commerciales, de devenir des vendeurs ou des voyageurs ; par la connaissance des détails de leur profession, d'être utilisés dans la partie technique de la fabrication.

Pour répondre à ce triple objet, l'enseignement porte sur des matières d'ordre général, d'ordre commercial et d'ordre technique.

La durée des études est de quatre années, qui s'étendent de douze et treize ans à seize et dix-sept ans et se développent suivant une progression ainsi établie :

Année préparatoire : Prédominance de l'enseignement général. Place importante réservée aux langues vivantes ;

Première année : Prédominance de l'enseignement commercial. Part importante laissée à l'enseignement général ;

Deuxième année : Enseignement commercial et enseignement technique pratique ;

Troisième année : Prédominance des exercices pratiques. Continuation de l'enseignement commercial.

Le travail d'atelier prend vingt heures par semaine en seconde année, trente en troisième. Les langues vivantes, la comptabilité, les marchandises, la géographie commerciale tiennent une large place dans l'horaire.

Pendant l'année préparatoire et la première année, les élèves suivent à l'École Vaucanson les cours communs à tous les jeunes gens qui se destinent aux professions commerciales. La sélection se fait en seconde année par voie de concours.

Pour tous les cours communs, il n'y a d'autres programmes que ceux des écoles pratiques qui, comme on le sait, « tendent à un but d'éducation générale et à une œuvre de préparation professionnelle ».

Les enseignements caractéristiques ont le plan suivant que nous ne pouvons que résumer brièvement.

Technologie. — *Les Peaux* : Achat des peaux brutes. Importance des achats judicieux. Qualité des peaux de chevreaux suivant leur provenance. Peaux particulièrement favorables à la fabrication du glacé, du Suède. Agneau et mouton. Principales régions de l'élevage. Les cuirots. Les schmaschen. Ports d'arrivage. Marchés européens. La fabrication allemande des gants d'agneau. Commerce des peaux. Conservation. Défauts.

Tannage : Tannage au tannin. Matières tannantes : variétés commerciales. Extraits tannants ; tannage en fosse, tannage minéral, tannage à l'huile.

Mégisserie : Reverdissage, pelanage, épilage, purge, confit, habillage.

Travail de rivière. Séchage. Foulage. Palissonnage. Falsification des matières premières, alun, jaune d'œuf. Centres de mégisserie : Annonay. Saint-Junien, Grenoble, la Seine, le Tarn.

Teinture : Le triage des peaux. Les bois de teinture, leur commerce. Fabrication des extraits. Pratique de la teinture. Suède et glacé : purge, rhabillage, mise en couleur. Teinture au plongé. Ponçage. Teinture à la brosse. Mordants; tournants. Sèche, palisson. Bonne installation d'un atelier de teinture.

Ganterie : Main-d'œuvre masculine et féminine. Triage. Sondage. Le bordereau de passe. Mise à l'humide. Dolage. Dolage et ponçage mécaniques (meules émeri, meules en carborundum). Dépeçage. Étavillonnage. Le « système ». Fente. La découverte de Xavier Jouvin. Calibres. Coupe Jouvin. Coupe Reynier. Coupe des gants « à conduire ». Coupe Joséphine et coupes dérivées de la coupe Joséphine. Pouces. Piécettes. Fourchettes. Broderie. Couture. Noircissage des coutures. Finition. Dressage. Lustrage. Le travail à la campagne, les entrepreneurs et les entrepreneuses. Préparation de l'expédition.

L'Outillage du Gantier : Conditions de bonne fabrication. Balanciers. Presses allemandes à levier. Presses hydrauliques. Établissement d'une épure pour un jeu de calibres. Ridelles. Frappes. Machines à coudre et machines diverses. Ciseaux. Couteaux. Marbre. Bonne organisation d'une fabrique. Disposition des magasins et des ateliers, des bureaux commerciaux, des locaux réservés aux machines, etc...

Le Commerce du gant : Influence de la mode sur la production (gants glacés, gants de Suède, gants longs, gants courts, gants de tissus, gants « mocha »). Principaux débouchés de la ganterie française. Les centres de production. La concurrence faite au gant de peau par le gant de fil. La fabrication du gant de fil dans le district de Chemnitz. Sa fabrication en France. Habileté de la main-d'œuvre française. La vente directe. Les agents de la vente. Les maisons succursales. Nécessité de l'étude sur place des goûts et des habitudes de la clientèle étrangère. Visites de manufactures.

Industries complémentaires : Boutons et agrafes. Matières premières (métaux, coquillages, matières végétales, matières diverses). Fabrication (estampage, matriçage, emboutissage, découpage, sassage, dérochage, dorure, argenture, nikelage, vernissage, oxydation, brunissage, assemblage, sertissage). Outillage. Balanciers-découpoirs à la main; découpoirs au moteur; machines automatiques; presses à plateau révolver. La fabrication grenobloise, la fabrication en France et à l'étranger. Commerce des boutons et agrafes.

MANIPULATIONS CHIMIQUES. — Essai des peaux brutes. Analyse des jaunes d'œufs du commerce. Essai de l'alun. Essai des mordants. Essai des eaux.

Exercices pratiques d'atelier. — Réception des peaux. Triage; glacé et Suède. Sondage. Mise à l'humide. Dolage. Dépeçage. Étavillonnage. Fente. Différentes coupes. Livraison à la couture. Réception. Vérification.

L'originalité de l'organisation.

Enseignement technique orienté vers une fin déterminée... est-ce là l'originalité? Non évidemment, car cela n'est point rare. Elle est ailleurs. D'abord, nul établissement scolaire ne se rapproche davantage de la vie industrielle. L'école est une fabrique qui achète et qui vend, non à titre accessoire, comme cela se pratique dans d'autres institutions, mais avec la permanence de méthode d'un organisme commercial; et il en résulte cette situation singulière qu'elle se trouve en concurrence — si le mot n'est pas trop fort — avec les fabricants qui lui ont fourni ses capitaux d'actif. Dix mille francs ont été mis en premier lieu à sa disposition pour constituer un fonds de roulement qu'elle doit faire fructifier. L'outillage dans son entier, le matériel, le mobilier proviennent également de dons volontaires. Le directeur reçoit, dans les mêmes conditions, une allocation annuelle. Est-ce là un exemple qui mérite qu'on le cite? Que M. Bondat, le sympathique président de la Chambre syndicale, et ses généreux collègues, en soient remerciés.

Une commission technique et administrative, où patrons et ouvriers sont représentés, surveille les ateliers, contrôle le travail, vérifie la comptabilité, et tranche les difficultés qui peuvent s'élever au sujet des fournitures et de la vente.

Les élèves, sous son autorité et celle du directeur, sont les seuls agents de la fabrique et du négoce. Du triage à la fente, ils font œuvre d'ouvriers. Ils trouvent ensuite, dans la livraison aux brodeuses et aux couturières, dans la vérification du travail à la remise, dans le règlement des comptes, une occasion d'étude qui n'est point sans intérêt.

Ce n'est pas tout : les transactions viennent à leur tour instruire par les faits. Les exercices de bureau commercial, tels qu'on les comprend dans les écoles pratiques, ne sont autres, on le sait, que l'application surveillée des opérations comptables et des notions de commerce que comportent la fondation et la gestion fictives d'une ou plusieurs maisons de commerce, d'une maison de banque ou d'un autre organisme d'affaires. Excellents, lorsqu'ils sont bien conduits, pour préparer les futurs commerçants au mécanisme des affaires, ils prennent, on le comprendra, une valeur d'enseignement autrement efficace et vivante quand ils s'appliquent aux rouages réels des opérations d'achat, de fabrication et de vente. C'est là, incontestablement, la meilleure initiation expérimentale au jeu des comptes et à la pratique commerciale.

Enfin, en dehors de l'État et du département qui entretiennent des bourses, une Association, la Société de Patronage des Dauphinois à l'étranger, offre aux jeunes gantiers les moyens de séjourner au dehors, à la fin de leurs études. Et ce n'est pas un avantage sans importance, puisque cette Société pourrait, au besoin, mettre à leur disposition, cette année, plus de 16.000 francs.

La Chambre syndicale des fabricants de gants de Grenoble peut donc tirer quelque fierté de son œuvre, et si, de son côté, la *Revue de l'Enseignement technique* a la bonne fortune, en la signalant, de susciter des initiatives par l'exemple, elle sera heureuse d'avoir ainsi rendu quelque service.

C. Caillard,
Inspecteur général adjoint de l'Enseignement technique.

QUESTIONS SCOLAIRES

LA COMPTABILITÉ INDUSTRIELLE A L'ÉCOLE PRATIQUE D'INDUSTRIE

Les programmes types des Écoles pratiques d'industrie de garçons comportent :

Horaire. — *2e année : une heure.*

Programme. — *Notions élémentaires sur les actes et les effets de commerce et sur la tenue des livres.*

Comptabilité industrielle : Étude très simple d'une monographie.

Comptabilité des ateliers : prendre comme type celle des ateliers de l'École.

Que peut-on faire en une heure chaque semaine ?

L'enseignement doit avoir en vue :

1° L'acquisition des notions nécessaires à tout individu pour la compréhension des principales opérations du commerce et pour la mise en ordre de ses propres affaires;

2° La comptabilité des ateliers et la formation de bons magasiniers.

C'est-à-dire que, en dehors de quelques notions générales sur les principaux actes de commerce, les élèves doivent être initiés à tenir :

1° La comptabilité d'un petit ménage;

2° La comptabilité des ateliers.

Les services d'approvisionnement, des prix de revient, de nos grandes usines occupent un personnel technique devant faire preuve de savoir professionnel et d'initiative qui peut se recruter facilement dans nos écoles pratiques d'industrie.

Pour cela, il faut que les élèves apprennent :

1° A enregistrer et contrôler, par ordre de date, les commandes reçues des clients ou données aux fournisseurs;

La répartition du travail et des matières dans les divers ateliers, en vue :

a) du contrôle des factures adressées à l'administration par les fournisseurs et du règlement ultérieur du montant de ces factures ;

b) d'une application méthodique des dépenses à chaque compte des ateliers ;

2° A noter les mouvements d'entrées et de sorties des matières afin de pouvoir établir à chaque instant l'existant en magasin pour chaque catégorie de matières ;

3° A effectuer de fréquentes vérifications ;

4° A dresser l'inventaire des ateliers et magasins afin de faire une estimation globale aussi exacte que possible.

Pour atteindre ce but, voici un exemple de monographie étudiée à l'École pratique d'Industrie Baggio de Lille par M. Dubus-Delos.

Etude très simple d'une monographie.

Le service de la comptabilité générale d'une usine passe une commande aux services des ateliers, qu'arrive-t-il?

1er Temps : *Inscription des commandes.*

Avant d'inscrire la commande sur le livre d'ordres, lire attentivement la lettre du client pour éviter toute surprise, lui écrire immédiatement si un point quelconque a besoin d'être élucidé. La commande reçoit un numéro d'ordre reporté de suite sur la lettre de commande afin d'éviter la confusion possible entre les différents ordres d'un même client quand ces ordres sont passés à courts intervalles.

(Modèle n° 1.)

LIVRE D'ORDRES

DATES	Nos DE COMMANDE		DÉSIGNATION DES OBJETS
1909 Octobre 20.	1	1	Monsieur Durand, *filateur, à Arras.* Pompe centrifuge ordinaire n° 1, se compose de : Bâti en fonte, corps en fonte, turbine en acier, arbre, coussinets en bronze, boulons d'assemblage, paliers graisseurs à bagues. Matériel pris à Lille. Délai : 1 mois. Conditions de paiement : 30 jours en ma traite acceptable suivant lettre de commande du 19 Octobre.
Octobre 20.	2		

L'original de la commande est enfin recopié en plusieurs exemplaires et distribué aux services intéressés : Bureau des Études, Modelage, Magasin, Ateliers et Prix de revient. Ces copies vont permettre de préparer immédiatement les plans et les modèles, de *se procurer les accessoires toujours si fertiles en retards préjudiciables* et de suivre le travail dans toutes ses phases progressives.

[Modèle N° 2.] *Lille, le Octobre 1909.*

BON DE COMMANDE N° 1 (A)

Remis a : *Martel, fondeur, à Lens.*
Concernant la livraison : *d'une Pompe centrifuge.*
Délai : *1 mois (client); 15 jours (fournisseur).*

N°s DES PLANS	N°s DES MODÈLES	NOMBRE DE PIÈCES	LIBELLÉ	OBSERVATIONS
1	20	1	Bâti	Fonte ordinaire.
2	21	2	Paliers	Id.
3	22	2	1/2 Coquilles	Id.
4	26	1	1 Poulie bombée	Id.

Lille, le Octobre 1909

BON DE COMMANDE N° 1 (A)

(A rappeler par le fournisseur.)

A : *Monsieur Martel, fondeur, à Lens.*

N°s DES PLANS	N°s DES MODÈLES	NOMBRE DE PIÈCES	DÉSIGNATION DES TRAVAUX A EXÉCUTER	OBSERVATIONS
1	20	1	Bâti	Fonte ordinaire.
2	21	2	Paliers	Id.
3	22	2	1/2 Coquilles	Id.
4	26	1	1 Poulie bombée	Id.

Modèle N° 3.]

NOMENCLATURE des Pièces entrant dans la Commande N° 1.

Lille, le Octobre 1909.

N°s DES PLANS	N°s DES MODÈLES	LIBELLÉ DES OBJETS	FER	ACIER	FONTE	BRONZE	CUIVRE JAUNE	CUIVRE ROUGE	DIVERS	OBSERVATIONS
1	20	Bâti	»	»	1	»	»	»	»	
2	21	Paliers.	»	»	2	»	»	»	»	
3	22	1/2 Coquilles	»	»	2	»	»	»	»	
»	»	Boulons de 5 × 10, tête et écrou 6 pans.	24	»	»	»	»	»	»	Pas international
»	»	Goujons de 6 × 15.	4	»	»	»	»	»	»	Id.
»	»	Vis de 9 × 16	100	»	»	»	»	»	»	Id.
4	31	2 1/2 Coussinets	»	»	»	4	»	»	»	
5	34	Bagues de fond.	»	»	»	2	»	»	»	
»	35	Calfat	»	»	»	1	»	»	»	
6	50	Turbine	»	1	»	»	»	»	»	
3	52	Plaques circulaires	»	2	»	»	»	»	»	

2e Temps : *Mesures d'ordres précédant l'exécution de la commande.*

Les plans sont prêts. Le bureau des études s'est préoccupé de la commande des matières premières et des accessoires dont nous parlions plus haut : tôles, fers, fontes, rivets, boulons, graisseurs, etc. Un livret à souches est établi, ou mieux, un livret à reproduction au moyen du papier chimique. Dans le premier cas, il faut copier les souches et les envoyer aux fournisseurs. (Modèle n° 2.)

Le carnet des bons est remis ensuite au chef d'atelier avec les plans et les nomenclatures. Ces dernières, très explicites, détaillent les fournitures nécessaires à l'ordre dont on s'occupe : nombre de boulons, vis, etc. (Modèle n° 3.)

Les bons et nomenclatures d'un format identique sont de couleur différente pour la facilité du travail.

Aussitôt la commande terminée, ces documents seront soigneusement classés et serviront à une commande future.

3e Temps : *Réception des matières.*

Les bons ont été envoyés aux fournisseurs, les livraisons commencent à s'effectuer. Si elles étaient toujours intégrales, le contrôle serait facile, mais elles sont souvent partielles.

Au fur et à mesure que les fournitures arrivent, le magasinier les inscrit sur le registre des entrées.

(Modèle n° 4.) **MAGASIN : LIVRE DES ENTRÉES**

DATES	Nos DE COMMANDE	DÉSIGNATION	MATIÈRES	FOURNISSEURS	POIDS		PRIX	
					Partiels	TOTAUX	Unitaires	TOTAUX
25	1	2 1/2 Coussinets. . .	Bronze.	Noël.	5 kg.	5 kg.	4 fr.	20 fr.
27	1	1 Bâti.	Fonte.	Martel.	20 kg.	20 kg.	50 f. % k.	10 fr.
»	20	3 Graisseurs.	Id.	Henry.	»	»	5 fr.	15 fr.
»	1	20 Boulons de 5 × 10.	Fer.	Leroy.	2 kg.	2 kg.	40 f. % f.	0 fr. 80
21	1	1 Bague de fond. . .	Bronze.	Noël.	1 kg.	1 kg.	4 fr.	4 fr.

Les coursiers des fournisseurs reçoivent des « bons de réception » dont les duplicata restent entre les mains du magasinier et forment naturellement, et sans augmentation de travail, son registre d'entrées. Avec cette méthode, les discussions sont complètement supprimées. On procède de la même façon pour le « livre de Retours » de marchandises dans les maisons où le genre de commerce et d'industrie appelle la création de ce registre spécial.

Du livre des « Entrées », les fournitures sont reportées au dos des talons du carnet de bons.

Le chef d'atelier peut suivre ainsi le mouvement des accessoires et des marchandises qui lui sont nécessaires et faire envoyer aux fournisseurs en retard des rappels pressants et des mises en demeure.

Ex. : Carnet de bons. — Noël, fondeur à Lille, doit livrer quatre demi-coussinets 87/13 ; il n'en livre que deux qui sont inscrits ; après quelques jours, on lui envoie un rappel.

[Modèle n° 5.]

ENTRÉES

DATES	NOMBRE	DATES	NOMBRE	DATES	NOMBRE	DATES	NOMBRE	DATES	NOMBRE
	1 2 1		1 1						

Quand les mouvements d'entrée sont nombreux et ne permettent pas au magasinier de se dessaisir de son registre, on le double en livres « pair » et « impair » ; le « bureau » a ainsi toute facilité pour la transcription de ces entrées sur les carnets de bons. Ce sont des détails d'organisation qui varient avec chaque maison, mais qui nuiraient gravement à la bonne marche de l'affaire s'ils étaient négligés.

De même pour le classement des marchandises et accessoires reçus par le magasinier, ce classement, cette application à chaque commande, se font très facilement parce qu'on a eu soin d'inscrire sur chaque bon remis au fournisseur un numéro de repère permettant de retrouver la commande sans *indiscrétion possible*.

4e TEMPS : *Transformation*.

Le travail est commencé au fur et à mesure des besoins de l'atelier, les contremaîtres et chefs d'équipes réclament au magasinier les pièces de fonte, cuivre, acier, boulons, rivets, amiante, huile, pétrole, etc. Ils se servent, pour ces demandes, de bons signés par eux-mêmes.

[Modèle n° 6.]

BONS DE MAGASIN
délivrés par le Chef d'Équipe d'Ajustage

NOM DE L'OUVRIER : *Leroy, ajusteur*. COMMANDE N° 1.

NOMBRE	DÉSIGNATION DES OBJETS	OBSERVATIONS
10	Vis de 6 × 15. *Lille, le* SIGNATURE :	

Chaque fois qu'il délivre des marchandises, le magasinier inscrit les bons qu'il a reçus sur un registre spécial appelé « Sorties ». La réglure en est très simple, elle rappelle le nom du client, le numéro d'ordre, la désignation des objets, le poids, le prix et les observations si le besoin s'en fait sentir.

Ici commence réellement le rôle du chef d'atelier. Lors de l'établissement du devis, on a prévu le prix de revient du travail demandé par le client. Bien souvent, sous l'effort de la concurrence, la marge est considérablement

(Modèle n° 7.)

MAGASIN : LIVRE DES SORTIES

DATES	Nos DE COMMANDE	LIBELLÉ	MATIÈRE	CLIENTS	POIDS		PRIX	
					Partiels	TOTAUX	Unitaires	TOTAUX
25	1	2 1/2 Coussinets.	Bronze.	Durand.	2k500	5 kg.	4 fr.	20 fr.
27	1	1 Bâti.	Fonte.	Id.	20 kg.	20 kg.	50 f. % k.	10 fr.
	20	3 Graisseurs. . .	Divers.	Larivière.	»	»	5 fr.	15 fr.
	1	20 Boulons 5 × 10.	Fer.	Durand.	0k100	2 kg.	40 f. % k.	0 fr. 80
	1	1 Bague de fond.	Bronze.	Id.	1 kg	1 kg.	4 fr.	4 fr.
	3	Tôle de 1 m/m et 1m × 2m	Acier.	Larivière.	11 kg.	11 kg.	20 f. % k.	2 fr. 20
	4	Bâti en fonte . .	Fonte.	Moreau.	150kg	150kg.	30 f. % k.	45 fr.
	12	Id. . .	Id.	Durand.	20 kg.	20 kg.	50 f. % k.	10 fr.
	12	Boulons de 5/10.	Fer.	Id.	3 kg.	3 kg.	40 f. % k.	1 fr. 20
	12	1 Bague de fond.	Bronze.	Id.	1 kg.	1 kg.	4 fr.	4 fr.

réduite et le bénéfice est une question d'activité dans la production, de vigilance incessante. Le chef d'atelier veillera donc à tout; il prévoira tout, jamais un ouvrier ne doit attendre sa tâche, pas de coulage, pas de tâtonnements, le temps perdu alourdit le prix de revient et emporte le plus clair du bénéfice.

La fabrication est suivie et contrôlée par le pointeur. Cet employé, au début de la semaine ou de la quinzaine, selon le mode de paie, établit son livre de pointage.

(Modèle N° 8.)

LIVRE DE POINTAGE

Ouvrier : *Martin Ed., ajusteur : 0 fr. 50*

DATES	Nos DE COMMANDE	DÉSIGNATION DES TRAVAUX	HEURES	
			A LA JOURNÉE	AUX PIÈCES
Lundi	23	1/2 heure sur piston	1/2	»
»	27	9 h. 1/2 sur volant	9 1/2	»
Mardi	1	2 heures sur coussinets	2	»
»	27	8 heures sur volant	8	»
Mercredi. . . .	1	8 heures sur bâti	»	8
»	1	2 heures sur bagues.	»	2
Jeudi	1	3 heures pour montage des paliers . . .	»	3
»	40	3 heures pour cylindres.	3	»
»	39	4 heures pour arbre.	»	4
Vendredi. . . .	1	10 heures pour 1/2 coquilles.	»	10
Samedi	52	7 heures pour buriner poulie	7	»
»	38	3 heures pour rectifier une glace.	»	3
		A reporter. . . .	30	30

A chaque ouvrier est réservé une page. Plusieurs fois par jour, le pointeur passe dans les ateliers, mentionne à sa page les heures de présence de chaque

[Modèle n° 9.]

Récapitulation

JOURS	NOMBRE D'HEURES	
	A LA JOURNÉE	AUX PIÈCES
Lundi.	10	»
Mardi.	10	»
Mercredi . . .	»	10
Jeudi	3	7
Vendredi . . .	»	10
Samedi	7	3
	30 h.	30 h.

(A détacher pour remettre à l'ouvrier.)

Martin Ed., ajusteur.

(0 fr. 50)

Paie du Octobre 1909

30 Heures.	15 fr. »
Marchandage	20 fr. »
Avance	10 fr. »
	45 fr. »
Retenue . . . ou saisie-arrêt, etc.	2 fr. »
Net à payer	43 fr. »

ouvrier et les commandes auxquelles ces heures ont été consacrées. Le soir, les résultats du pointage sont communiqués au service du « Prix de revient ».

[Modèle N° 10]. **RELEVÉ DE MAIN-DŒUVRE**

DATES	N°s DE COMMANDE	LIBELLÉ	MODELEURS	FRAPPEURS FORGERONS	AJUSTEURS	TOURNEURS	RABOTEURS RAINEURS MORTAISEURS	PERCEURS	Chaudronniers	TOTAUX
25	1	Coussinets pour pompe	»	»	1 fr.	»	»	»	»	1 fr. »
28	27	Volant pr moteur.	»	»	4 fr.	»	»	»	»	4 fr. »
	33	Modèle pr poulie.	6 fr.	»	»	»	»	»	»	6 fr. »
	1	Arbre pr pompe.	»	1 fr. »	»	»	»	»	»	1 fr. »
	1	Tournage de cet arbre	»	»	»	2 fr.	»	»	»	2 fr. »
	1	Rainure pour clavetage poulie .	»	»	»	»	0 fr. 45	»	»	0 fr. 45
	1	Perçage des brides de la pompe. .	»	»	»	»	»	1 fr. »	»	1 fr. »
	50	Réparation d'un tuyau cuivre. .	»	»	»	»	»	»	3 fr.	3 fr. »
	30	Rivetage d'une calandre.	»	»	»	»	»	»	30 fr.	30 fr. »
	1	Modification d'un modèle	1 fr.	»	»	»	»	»	»	1 fr. »
	38	Remise en état d'une chaudière avec pompe . .	3 fr.	0 fr. 50	6 fr.	1 fr.	0 fr. 50	0 fr. 75	2 fr.	13 fr. 75
		A reporter. .	10 fr.	1 fr 50	11 fr.	3 fr.	0 fr. 95	1 fr. 75	35 fr.	63 fr. 20

Au pointeur encore appartient le soin d'établir les salaires dus aux ouvriers. Les fiches du pointeur sont reportées par le comptable sur le « Registre des salaires ». Parfois, le registre est tenu par le pointeur lui-même.

[Modèle N° 11.]

LIVRE DE SALAIRES

DATES	NOMS	TAUX A L'HEURE	A LA JOURNÉE	MARCHANDAGE	AVANCES	RETENUES	NET A PAYER
	Martin, ajusteur . .	0 fr. 50	15 fr.	20 fr.	10 fr.	2 fr.	43 fr.
	Leroy, tourneur . .	0 fr. 50	20 fr.	18 fr.	5 fr.	»	43 fr.
	Lefebvre, perceur .	0 fr. 35	»	45 fr.	»	5 fr.	40 fr.

[Modèle N° 11 bis].

DATES	NOMS	SALAIRES INDIVIDUELS	TOTAUX PAR ATELIERS	ASSURANCES ACCIDENTS		OBSERVATIONS
				SUPPLÉMENT POUR APPRENTIS	SALAIRES DÉFINITIFS	

5e Temps : *Expédition.*

Le travail terminé est remis au service des expéditions qui fait procéder aux dernières dispositions : mise en peinture, emballage, camionnage, dépôt en gare. L'expéditeur rappelle sur son livre le nom du client, le numéro de la

[Modèle N° 12.]

FACTURIER

Durand, *filateurs, rue Méaulens, Arras.*

DATES	N°s DES ENVOIS ET MARQUES	LIBELLÉ	POIDS	PRIX		OBSERVATIONS	
				PARTIELS	TOTAUX	Marchandises	Main-d'œuvre
	D.F.A. 4	Commande N° 1. 1 Pompe centrifuge à double palier graisseur se composant de : bâti en fonte, paliers, coquilles, turbine, arbre, etc.. . .	150 kg.	»	»	»	»
		1 Caisse à claire-voie de 1m × 0,50 × 0,75 .	»	»	200 fr.	»	»

commande, le nombre d'appareils et de pièces, les poids, nombre et numéros des colis, etc. A l'aide de ce registre s'établissent les avis d'expédition et surtout le facturier.

(Modèle N° 13.)

PRIX DE REVIENT DÉTAILLÉ D'UNE COMMANDE

Commande N° 1. L. Durand, *filateur, à Arras.* Fourniture de : *1 Pompe centrifuge.*

DATES (MOIS)	DÉTAIL	MATIÈRES: POIDS	FER	ACIER	FONTE	BRONZE	LAITON	DIVERS	TOTAUX	MAIN-D'ŒUVRE: Modeleurs	Frappeurs Forgerons	Ajusteurs	Tourneurs	Raboteurs Mortaiseurs	Perceurs	Chaudronniers	DIVERS	TOTAUX	FRAIS GÉNÉRAUX: Commerçants	Fabricants	PRIX DE REVIENT
Mai. 25	1 Arbre pour pompe . .	20 kg.	»	15 fr.	»	»	»	»	»	»	1 fr.	»	2 fr.	»	»	»	»	»	»	»	»
	Poulie.	10 kg.	»	8 fr.	»	»	»	»	»	»	»	»	4 fr.	0 fr. 45	»	»	»	»	»	»	»
	Perçage des brides. . .	»	»	»	»	»	»	»	»	»	»	»	»	»	1 fr.	»	»	»	»	»	»
	Modificat. d'un modèle.	»	»	»	»	»	»	2 fr.	»	1 fr.	»	»	»	»	»	»	»	»	»	»	»
	Bâti pour pompe . . .	20 kg.	»	»	10 fr.	»	»	»	»	»	»	4 fr.	»	»	»	»	»	»	»	»	»
	1/2 Coussinets.	5 kg.	»	»	»	20 fr.	»	»	»	1 fr. 50	»	1 fr.	»	»	»	»	»	»	»	»	»
	20 Boulons de 5 × 10. .	2 kg.	0 fr. 80	»	»	»	»	»	»	»	»	»	»	»	»	»	»	»	»	»	»
	1 Bague de fond	1 kg.	»	»	»	4 fr.	»	»	»	»	»	2 fr.	0 fr. 75	»	»	»	»	»	»	»	»
	2 Paliers	5 kg.	»	»	2 fr.	»	»	»	»	»	»	1 fr.	»	0 fr. 75	»	»	»	»	»	»	»
	2 1/2 Coquilles	30 kg.	»	»	15 fr.	»	»	»	»	»	»	10 fr.	15 fr.	»	3 fr.	»	»	»	»	»	»

6° Temps : *Actes concomitants.*

Vérification des factures des fournisseurs. — Nous avons dit que le magasinier, sur son registre des « entrées » note tout ce qui entre dans son magasin. Ce livre sert à la vérification des factures des fournisseurs ; prix et nombre de pièces doivent concorder parfaitement.

Établissement des factures aux clients. — Si le prix est définitivement arrêté, la facture peut suivre immédiatement la fourniture. S'il en est autrement, il faut attendre les renseignements fournis par le service du prix de revient.

Le prix de revient. — L'employé chargé de ce service réserve une page ou une demi-page à la commande qu'il est chargé de suivre.

A son tour, il rappelle le nom du client, le numéro de la commande, et, sur chaque document fourni par l'atelier, il porte le folio de son livre. Les recherches sont ainsi considérablement facilitées. Vient ensuite le dépouillement du livre des sorties du magasin. Toutes les sorties concernant les commandes n°s 1, 2, 3 sont réunies et reportées sur le livre du prix de revient à la page qui leur est consacrée. Ainsi, le 24 octobre, il a été prélevé au magasin 3 graisseurs, valant 6 francs, pour la commande n° 1 ; 20 tôles d'un poids total de 1.000 kg., valeur 220 francs, pour la commande n° 2 ; 6 robinets de bronze, poids 70 kg., valeur 210 francs, pour la commande n° 3. L'employé reporte au folio de la commande 1 : 3 graisseurs, valeur 6 francs, etc. Le relevé des salaires fournit un nouveau facteur du prix de revient. Il ne restera plus qu'à noter la quote-part des frais généraux.

D'après cela, on se rend parfaitement compte :

1° Que la comptabilité d'ateliers n'a rien de commun avec la comptabilité générale étudiée par les élèves de l'École pratique de commerce ;

2° Que les emplois de magasiniers, chefs magasiniers, de pointeau, d'agents réceptionnaires ne peuvent être occupés que par des personnes ayant travaillé manuellement, sachant lire un bleu d'atelier, ayant suivi des cours de dessin et de technique. Ces « riz-pain-sel » de l'industrie peuvent très bien être formés dans nos Écoles pratiques d'industrie.

E. Labbé,

Inspecteur général de l'Enseignement technique.

ALGÈBRE

1. — Classer par ordre de grandeur les nombres algébriques suivants :

a) $+15$ mètres ; $+12$ m. ; -12 m. ; -15 m. ; $+4$ m. ; -3 m.

b) $+\frac{7}{8}$ fr. ; $-\frac{7}{6}$ fr. ; $+\frac{3}{5}$ fr. ; $-\frac{2}{9}$ fr. ; $-\frac{3}{15}$ fr.

c) $+1{,}3$; $+\sqrt{3}$; $-\sqrt{2}$; $-2{,}7$; $-\sqrt{5}$.

2. — Effectuer les opérations suivantes :

a) $(+7)+(-3)-(+5)-(-4)$.

b) $(+15)\times(+3)$; $(+9)\times(-4)$; $(-7)\times(-2)$.

c) $(+2{,}7)^4$; $(+3{,}5)^3$; $(-8{,}2)^2$; $(-3)^4$; $(-2{,}1)^2$.

d) $\frac{+15}{+3}$; $\frac{-18}{+0{,}5}$; $\frac{-3{,}2}{-0{,}8}$.

e) $\sqrt[3]{+512}$, $\sqrt[3]{-512}$, $\sqrt[4]{+16}$, $\sqrt[4]{-16}$.

3. — Un levier AOB, sollicité par des forces parallèles dont la valeur absolue est $F_1 = 30$ kg., $F_2 = 23$ kg., $F_3 = 57$ kg., $F_4 = 28$ kg., $F_5 = 13$ kg., est équilibré par une force parallèle aux premières constituant la réaction de l'appui O. Sachant que si des forces parallèles sont en équilibre, leur somme algébrique est nulle, déterminer en direction, intensité et sens la réaction en O. Sens positif : de haut en bas.

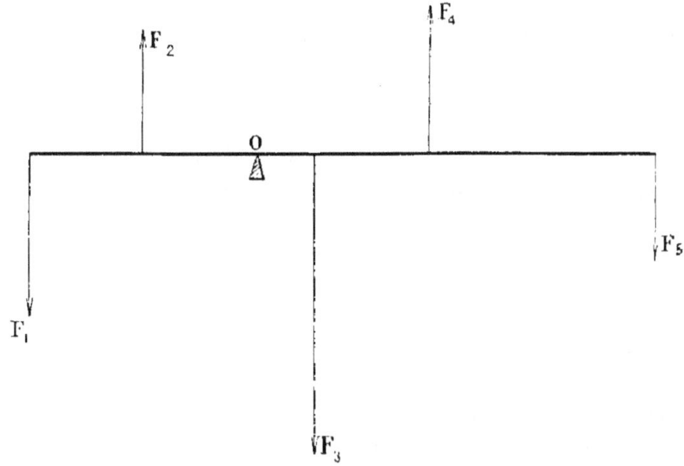

4. — L'allongement d'une barre de fer de section S et de longueur L, qui conserve son élasticité sous l'action d'un effort de traction de F kg, est donnée par la formule :

$$l = \frac{F \times L}{S \times E},$$

E étant le coefficient d'élasticité de valeur comme pour une matière déterminée, et on sait que la section S est donnée par la formule :

$$S' = \frac{\pi D^2}{4},$$

D étant le diamètre.

Application numérique : Calcul de l si l'on a : F = 4.000 kg., L = 8 m., D = 0m,0225, E = 20.000 ; si toutes les dimensions sont exprimées en millimètres.

5. — La puissance théorique d'une machine à vapeur sans détente peut être obtenue en chevaux vapeur par la formule suivante :

$$N = 2 \times \frac{\pi D^2}{4} \times 10.330 \times (p - p') \times c \times \frac{n}{60 \times 75}$$

dans laquelle :

D, est le diamètre du cylindre exprimé en mètres ; p, la pression de la vapeur exprimée en atmosphères ; p', la contrepression en atmosphères ; c, la course en mètres ; n, le nombre de tours par minute.

Application : D = 250 mm., c = 500 mm., p = 5 atmosphères, p' = 0,2 atmosphère, n = 90 tours par minute.

6. — Dans l'établissement des planchers il est toujours bon de déterminer la flèche que prendra une solive sous l'influence de la charge pour laquelle elle a été calculée. Cette flèche s'obtient par la formule :

$$f = \frac{PL^3}{4Ebh^3},$$

dans laquelle P est la moitié de la charge totale de la solive, L la portée (longueur) de la solive, b et h la base et la hauteur de sa section rectangulaire, E, le coefficient d'élasticité, variable avec la matière : toutes les dimensions prises en millimètres.

Application numérique : Calcul de f si : P = 400 kg. ; L = 4 m. ; solive $0^m,08 \times 0^m,16$; E (bois) = 1.100.

7. — Un engrenage elliptique a des axes primitifs mesurant respectivement 400 mm. et 300 mm. et sa denture est approximativement du module 7. Déterminer le nombre des dents de cet engrenage sachant que la longueur de la ligne elliptique est approximativement donnée par la formule :

$$l = \frac{\pi}{32} \times \frac{(9a^2 - b^2)(5a^2 + 3b^2)}{a^3},$$

a et b étant le grand axe et le petit axe et sachant que le pas de la denture, c'est-à-dire la distance en axe de deux dents consécutives, est donné par la formule : $p = \pi M$, M étant le module.

Comparer le résultat obtenu avec celui qu'on obtiendrait si on faisait : $l = \pi(a + b)$.

N. D. L. R. — *Le Numéro de Janvier 1911 contiendra les solutions de quelques-uns des exercices d'Arithmétique et de Géométrie proposés par* M. F. Dauchy, *dans les n°s 1 et 2 de la Revue.*

ARITHMÉTIQUE

1. — Dans le prix de revient d'une pièce usinée, on tient compte de l'amortissement du prix des machines employées. Or, pour une certaine pièce, il a été utilisé un étau-limeur et une fraiseuse dont les prix diffèrent de 298.080 centimes et qu'on amortit en 12 ans. On a travaillé 3 heures de plus à l'étau-limeur qu'à la fraiseuse, et pour 3 heures de travail à la fraiseuse il y a eu 4 heures de travail à l'étau-limeur. Les frais d'amortissement de la fraiseuse, pour la pièce usinée, ont dépassé de 75 centimes ceux de l'étau-limeur. Dire le prix de chacune des deux machines-outils (On comptera l'année de 276 jours de 10 heures).

2. — On a acheté des cliquets à canon ou fûts à rochet de deux modèles différents A et B ; 15 cliquets modèle A et 12 cliquets modèle B coûteraient 591 francs, tandis que 13 cliquets A et 19 B coûteraient 753 francs. Quel est le prix de chacun des modèles ?

3. — Un industriel doit livrer 340 petits volants. Les frais de modelage s'élèvent à 25 francs ; un mouleur peut en exécuter 17 par jour et est payé 7 francs. L'ajustage et le tournage coûtent 1 franc pièce. 51 de ces pièces ayant été refusées, elles sont remplacées dans la proportion de 1 par l'ouvrier qui a causé la malfaçon pour 2 par le patron. Celui-ci ayant gagné 127 francs sur la main-d'œuvre, on demande à combien s'élève cette main-d'œuvre sur l'ensemble des pièces et pour une pièce (salaire des ouvriers et bénéfice compris).

4. — Un industriel occupe 24 ouvriers qui font 10 heures par jour; il reçoit une commande pressée et doit livrer en 10 jours un travail qu'il aurait pu finir en 16 jours avec son équipe habituelle. Combien d'ouvriers doit-il embaucher en plus pour la circonstance pour que la journée de travail ne dépasse pas 12 heures? (On supposera que tous les ouvriers pourront travailler séparément au même ouvrage et produiront également.)

5. — Un parquet est composé de 57 frises en chêne à « bois étroit » dont la largeur est 76 mm. Ces frises sont assemblées à rainures et languettes. Si on avait simplement juxtaposé les frises en « plat joint », sans les travailler au bouvet, 51 planches eussent suffi. On demande quelle est la profondeur de la rainure?

6. — *Théorèmes relatifs à la division.* — Un boulon de 30 mm. de diamètre, pas 3 mm., mesure 141 mm. de longueur, dont : tête : 21 mm., corps non fileté : 39 mm., corps, partie filetée : 81. Pour le représenter à l'échelle $\frac{1}{3}$, un dessinateur opère sur la longueur totale, un autre sur chacune des longueurs partielles A. Dites : 1° Comment ils opèrent en indiquant les longueurs qu'ils portent; 2° pourquoi le second obtiendra théoriquement la même longueur totale que le premier; 3° quel est le procédé le plus exact en admettant une erreur absolue e sur chaque dimension portée B. Désigner la longueur filetée (à 1 filet) en appelant n le nombre de filets et montrer que ce nombre ne change pas dans la représentation à l'échelle.

GÉOMÉTRIE

Première Année.

1. — Un parquetage est formé de pièces de trois sortes différentes A, B, C. Les angles de ces pièces ne présentent que trois valeurs différentes x, y, z et

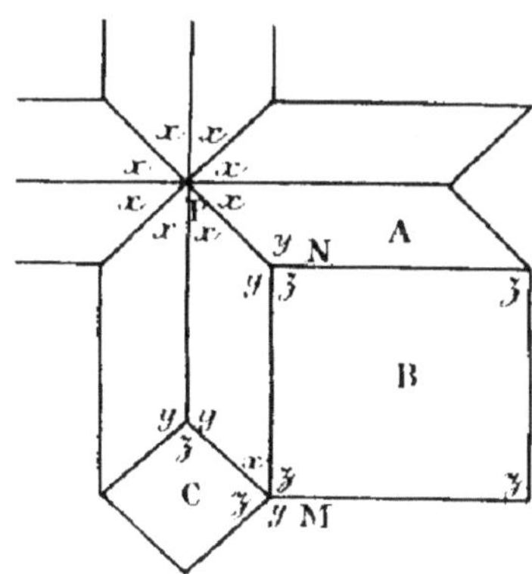

sont groupés en P, N, M, comme l'indique la figure. Trouver la valeur de ces angles.

2. — Un tailleur de pierres marque 4 points A, B, C, D sur un bloc brut; il dresse un plan passant par les points A, B, C puis un second plan passant par B, C, D. Quelle est l'intersection de ces deux plans?

3. — Une tige AB est rivée sur une plaque polygonale MNOPQR. Démontrer

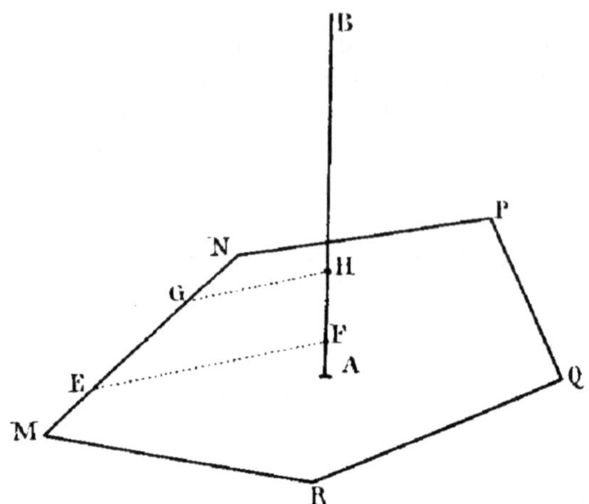

qu'il est impossible de tendre, du bord MN de la plaque à la tige, des fils de fer tels que EF, GH qui soient parallèles.

4. — Une pierre a la forme d'une pyramide triangulaire ABCD. On veut la scier suivant un plan déterminé par les points M, N, P, respectivement pris sur

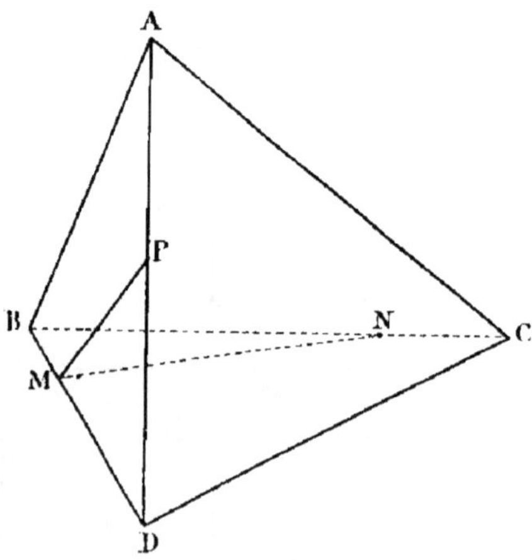

les arêtes BD, BC, AD. Déterminer le tracé à exécuter sur les faces DAC et BAC.

5. — Un pâtissier commande à un menuisier le dispositif suivant : deux piquets AB, CD verticaux de même hauteur, marqués de divisions identiques, portent perpendiculairement à eux-mêmes et aux points de division des barreaux flottants. Montrer que, si par la rotation des piquets on modifie l'orientation des barreaux, l'on a toujours une série de plans horizontaux sur lesquels le pâtissier pourra poser ses plaques (les dimensions des plaques sont variables).

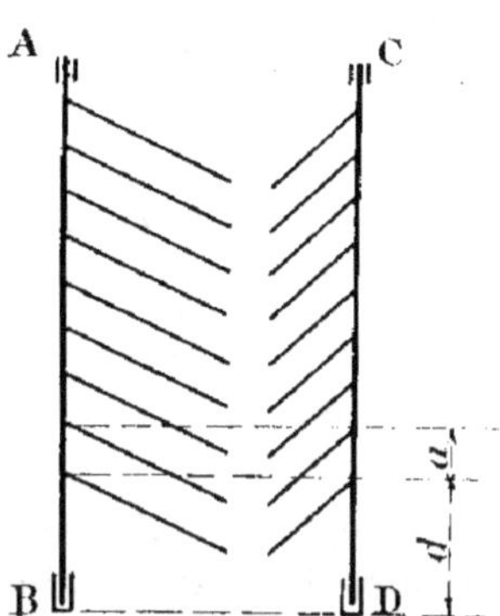

6. — Une poutre ayant la forme d'un parallélipipède rectangle, c'est-à-dire dont les faces sont perpendiculaires sur les faces voisines, a été sciée par un plan ABCD perpendiculaire à la face ADHE; démontrer que l'angle **BAD** est

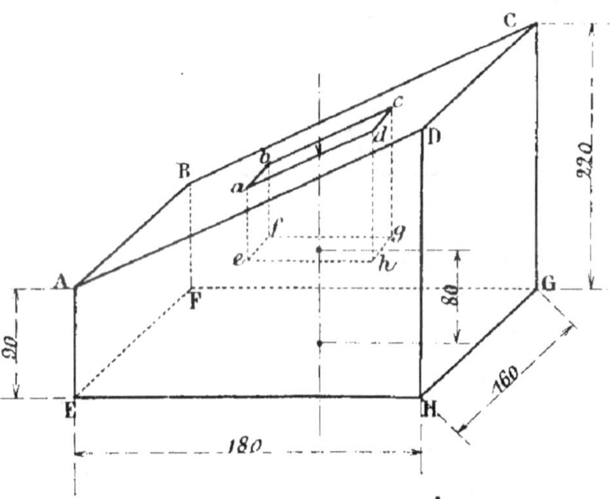

droit. On veut faire une mortaise *abcdefgh* ayant même axe que celui de la pièce et dont la section rectangulaire de fond mesure 100 × 20. Comment procédera le charpentier pour tracer cette mortaise ?

Deuxième Année.

7. — Pour trouver le pas de l'hélice de la denture hélicoïdale d'une fraise cylindrique, un ouvrier fait rouler l'outil par ses génératrices sur une feuille de papier posée sur un marbre et il marque ainsi les empreintes développées des arêtes des dents. Quel est le pas cherché, sachant que le diamètre de la fraise est 45 mm., sa hauteur 60 mm., et que l'empreinte d'une arête mesure 63 mm.?

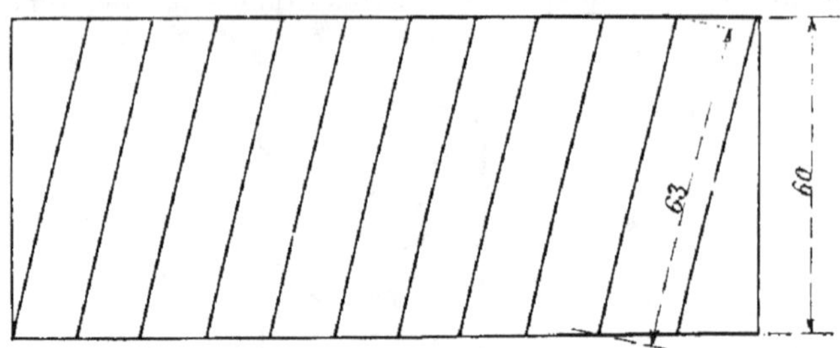

Développement de la surface extérieure de la fraise

8. — Etant donné un rectangle ABCD, on mène la parallèle MN à l'un des côtés AD, puis d'autres droites PQ, RS parallèles à MN. On tire DP, DR, et par les points de rencontre P' et R' avec MN on mène les parallèles à la base DC

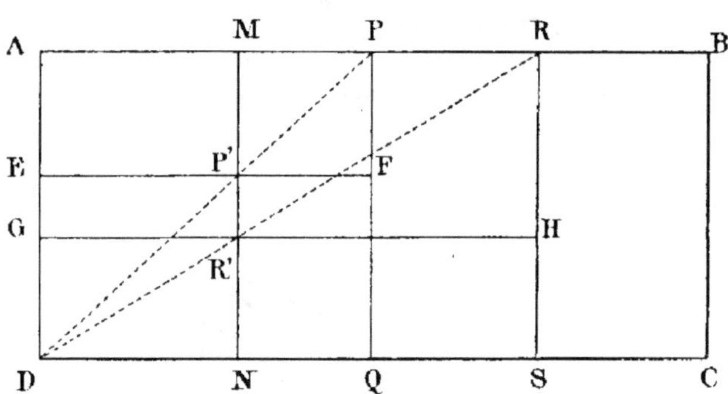

du rectangle. Démontrer que la surface des rectangles tels que EFQD et GHSD est constante. (Cette question a trait au travail de la vapeur sur le piston d'une machine à détente.)

9. — Pour vérifier le tournage d'une tige cylindrique AD portant les

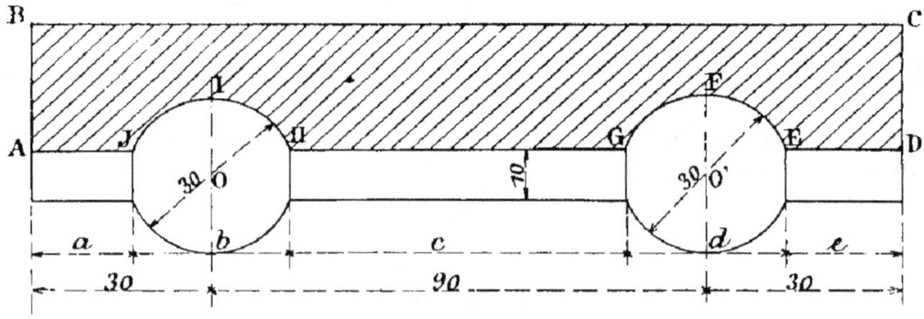

sphères O et O' on veut construire un calibre ABCDEFGHIJ. Déterminer, par le calcul, les distances *a*, *b*, *c*, *d*, *e*.

10. — Le centre de gravité du volume d'une pyramide triangulaire s'obtient en joignant les sommets aux centres de gravité des faces opposées. Démontrer que les 4 droites obtenues se rencontrent en un même point et déterminer la position de ce point par rapport à chacune d'elles. (On sait que le centre de gravité de la surface d'un triangle est le point de concours des médianes.)

11. — Un tramway roule de A en B en passant par C à la vitesse moyenne de 6 km. à l'heure ; le retour s'effectue directement de B en A en ligne droite. Sachant qu'au retour il met cinq minutes de moins qu'à l'aller et que le parcours total est de 3 km., dont 750 mètres pour CB, déterminer les distances AC et BA et la mesure de l'angle ACB.

12. — Un rail d'une voie ferrée se compose de deux parties droites xC et Dy, parallèles, raccordées par deux arcs de cercle CA et BD, eux-mêmes réunis par

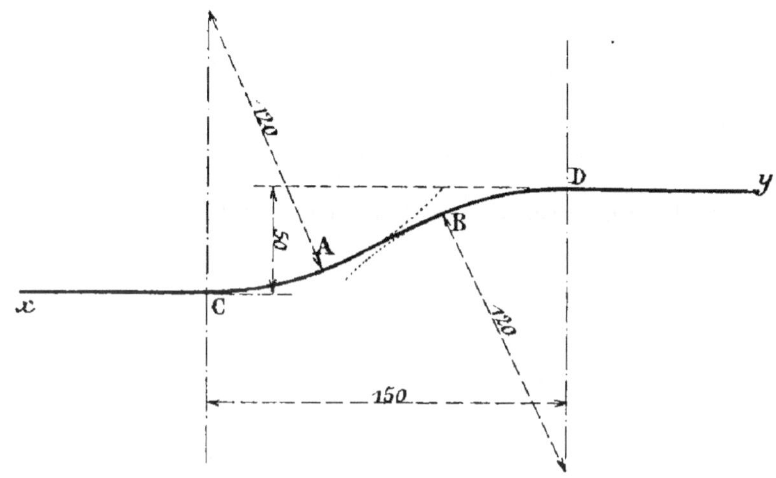

une ligne droite AB. D'après le croquis ci-dessus, sur lequel les cotes sont portées en mètres, déterminer la longueur de cette partie droite AB.

13. — Sur un arbre de 60, on veut fraiser deux rainures diamétralement

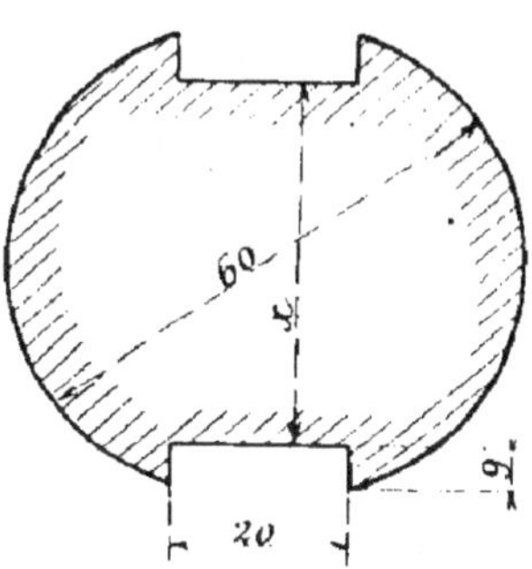

opposées de 20 mm. de largeur et de 9 mm. de profondeur. Dire quelle sera la distance x des fonds de ces rainures.

14. — La figure ci-dessous représente une charpente en bois à entrait retroussé. Étant données les cotes du croquis, déterminer : 1° les longueurs BC et BA des chevrons; 2° la longueur de la partie MN du faux-entrait; 3° les longueurs HM et HN des arbalétriers; 4° les longueurs MP et NQ des jambes de force; 5° les

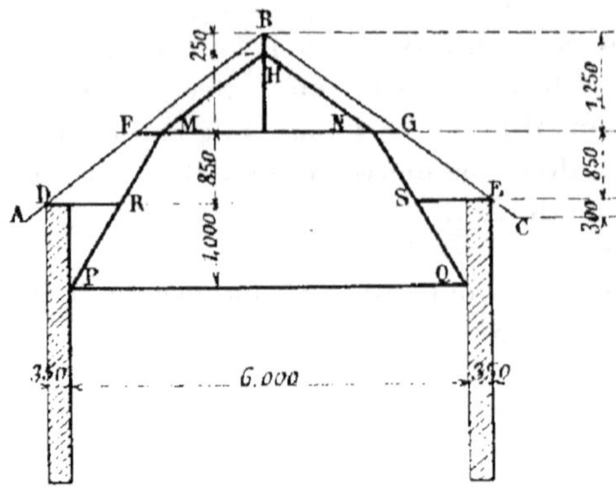

barres métalliques DR et SE servant de blochets; on sait que les chevrons et les arbalétriers ont leurs axes parallèles.

15. — Le fond d'un réservoir est sphérique et le rayon de la calotte est égal

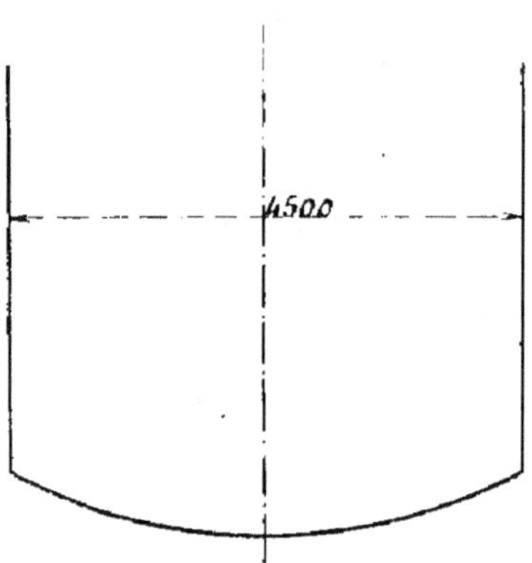

au diamètre du réservoir. Trouver la flèche de ce fond. Quel serait le rayon de la calotte sphérique si on voulait une flèche qui ne mesure que $0^{m},40$?

16. — Une poutre de pont a une membrure supérieure CDM ayant la forme d'un arc de cercle; la hauteur maximum de la poutre est 3 mètres, la hauteur

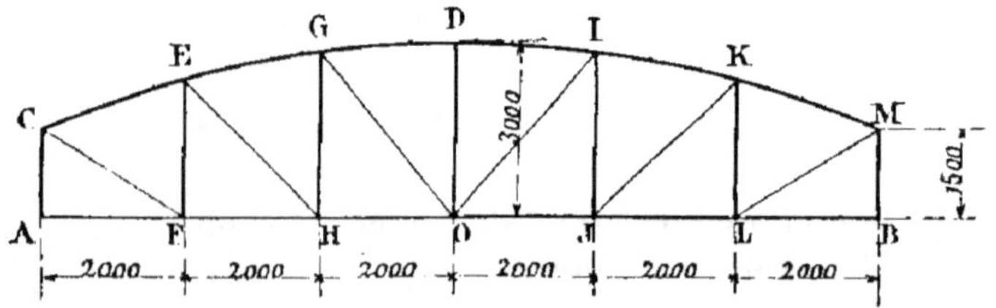

minimum est de $1^{m},500$. La portée est de 12 mètres. Calculer les montants EF, GH, DO, IJ, KL et les diagonales CF, EH, GO, OI, JK, LM.

MÉCANIQUE (Troisième Année).

1. — Une poutre de 3m,50 repose par ses extrémités sur deux murs verticaux; on suspend une charge de 900 kg. en un point situé à 1m,25 de l'une des extrémités; la poutre pesant 75 kg.; déterminer graphiquement et numériquement les réactions des appuis. Construction graphique et calcul.

2. — La porte d'un four pèse 82 kg. et est suspendue à l'extrémité d'un levier de 1m,250 de longueur. Son poids est équilibré partiellement par un contrepoids de 30 kg. placé à l'autre extrémité. Indiquer à quel endroit on devra placer le point d'articulation si l'on veut, pour soulever la porte, n'exercer qu'un effort de 5 kg. appliqué au même point que le contrepoids; quelle sera alors la charge de l'axe de cette articulation? Construction graphique et calcul.

3. — Une plaque circulaire est supportée en son centre par un pivot. Placer à une même distance de 300 mm. du centre des poids de 20 kg., 20 kg. et 30 kg., de manière que la plaque reste en équilibre. Quelle est la charge supportée par le pivot si la plaque seule pèse 70 kg.? Calcul.

4. — Le plateau d'une tour en l'air à fosse pèse 3.500 kg. et est calé en porte à faux sur l'arbre d'une poupée fixe. Quels sont les efforts supportés par les

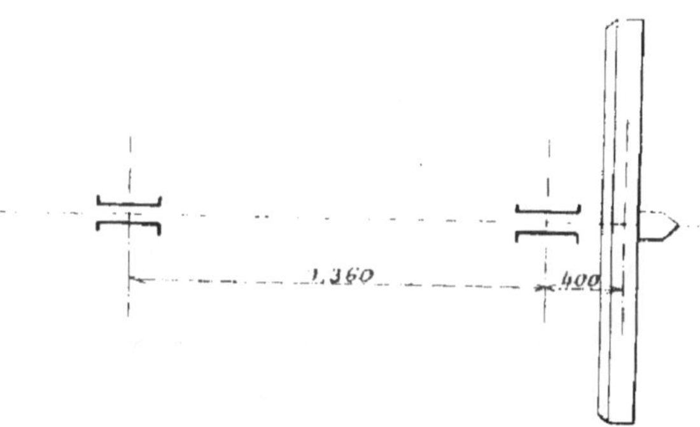

deux paliers de cette poupée et dans quel sens agissent-ils? Construction graphique et calcul.

5. — Les trois essieux A, B, C d'une locomotive sont espacés de 2m,30 et

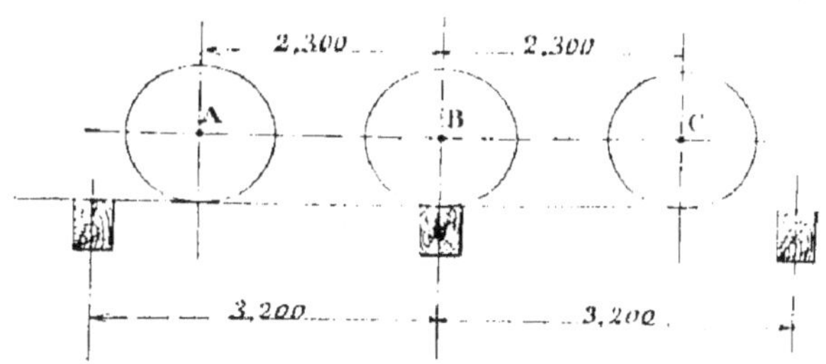

les traverses d'un pont le sont de 3m,20. Calculer la charge subie par chacune de ces dernières quand l'essieu moteur passe dans le plan vertical qui contient l'axe de la poutre médiane. On sait que la machine pèse 36 tonnes et que ce poids se décompose en trois autres de 14.000 kg., 10.500 kg., 11.500 kg., représentant respectivement les charges de l'essieu moteur B, de l'essieu d'avant A et de celui d'arrière C.

Si l'on trouve une valeur supérieure à 17.260 kg., limite de la pression que chacune des traverses peut supporter avec sécurité, quelle sera la quantité minimum dont il faut rapprocher ces pièces l'une de l'autre? Calcul.

6. — L'arbre d'une dynamo, de 70 kw., supporte, verticalement et de haut en bas, les charges suivantes :

En C, dans l'axe du collecteur, 200 kg. ;

En D, son poids, qui est de 120 kg ;

En E, dans l'axe du l'induit, 700 kg. :

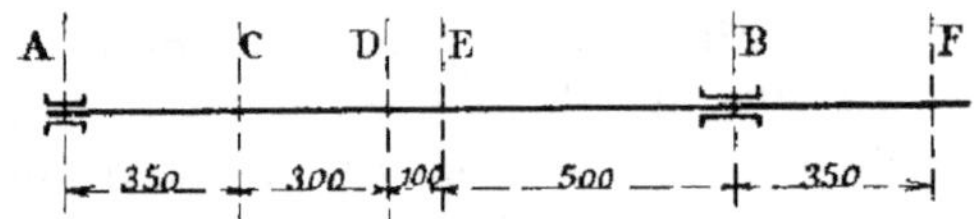

En F, dans l'axe du pignon, 1.500 kg. (poids du pignon et résistance au mouvement).

Déterminer les réactions des paliers A et B (méthode des moments).

7. — Une grue potence pour fonderie doit permettre la manipulation d'une charge maximum de 7 tonnes à $4^m,20$ de l'axe AB du pivot.

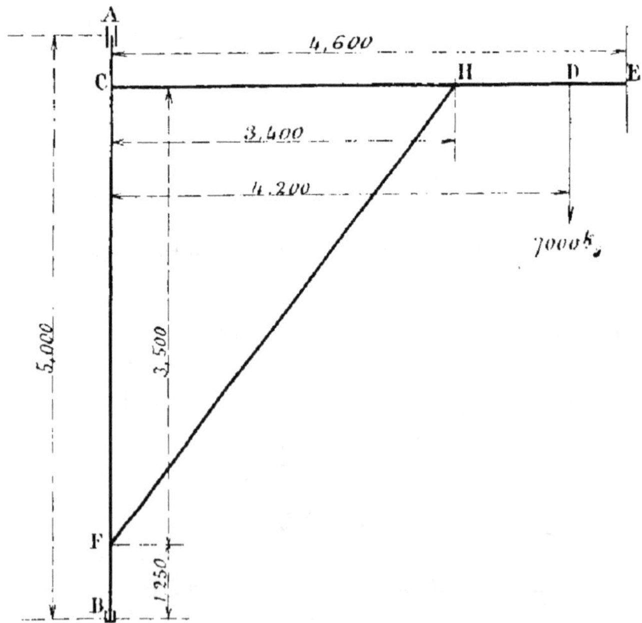

En tenant compte des poids suivants : pour le pivot AB : 700 kg., pour la volée CE : 500 kg. et pour la jambe de force FH : 600 kg., déterminer les diverses actions et réactions qui sollicitent dans les deux sens horizontal et vertical, chacune de ces pièces AB, CE, FH.

F. Dauchy,
Professeur à l'École pratique de Commerce et d'Industrie de Maubeuge.

HISTOIRE (Deuxième Année).

L'industrie pendant la première moitié du XIXe siècle.

La transformation et le prodigieux développement de l'industrie sont les traits les plus saisissants de l'histoire économique de la première moitié du XIXe siècle. Mais il est impossible d'en bien faire comprendre l'importance sans rappeler les conditions de l'industrie à la fin du XVIIIe siècle.

I. — L'industrie avant le XIXe siècle.

1. Faute de *force motrice* le travail se faisait de *main d'homme*;
2. L'ouvrier n'avait que des *outils* et peu ou pas de *machines*;
3. Les *usines* étaient rares; on travaillait dans des *ateliers*;
4. Pas de *concentration industrielle*, chaque région fabriquant les objets nécessaires à ses habitants;
5. Fabrication *lente*, par petite quantité, au fur et à mesure des besoins: *cherté* des produits.

II. — Causes de la transformation de l'industrie.

Le progrès des sciences, surtout des sciences physiques et chimiques, qui nous donnèrent les deux forces nouvelles, *vapeur* et *électricité*. La *vapeur*, en animant les machines, transforma les moyens de fabrication, et, grâce aux *chemins de fer* et aux *paquebots*, accrut les moyens d'échange. L'*électricité* fournit un nouveau moyen de correspondance par le *télégraphe* et le *téléphone*, et, en rendant presque instantanée la transmission des ordres commerciaux, fit de tous les marchés du monde une sorte de même marché et accrut singulièrement l'étendue des débouchés de l'industrie. Faire un léger historique de la vapeur et de l'électricité.

III. — Développement de l'industrie.

Grâce à ces découvertes, l'industrie fit des progrès inconnus jusqu'alors. En se bornant à la France, on constate que ces progrès ont été continus, malgré quelques crises, contre-coup de la politique intérieure ou extérieure. Il est d'ailleurs facile d'en fixer la marche en relevant l'état des grandes industries sous chacun des régimes qui se sont succédé de 1800 à 1870.

1. *Sous le premier Empire*, l'industrie fut quelque temps très brillante, par suite de la politique du blocus et grâce aux efforts de la *Société d'encouragement à l'industrie nationale* (1801). Alors la métallurgie produisait annuellement 100.000 tonnes de fonte par an et alimentait 1.200 usines; les fabriques de sucre de betterave apparurent; *Jacquard* inventa son métier à tisser la soie; *Philippe de Girard* son métier à tisser le lin; *Richard* et *Lenoir* créèrent quarante filatures de laine et de coton et perfectionnèrent l'outillage, etc., etc.

L'Exposition de 1806 (1.422 exposants contre 110 en 1798) fut le triomphe de l'industrielle napoléonienne. Mais cette prospérité fut de courte durée : née du blocus, elle tomba avec lui ;

2. *Sous la Restauration*, la reprise des affaires fut pénible et lente. Néanmoins, à partir de 1818, grâce à la paix, le travail reprit et l'industrie fit de nouveaux progrès : la métallurgie substitua le charbon au bois (1822) dans le traitement du minerai de fer et accrut la production (192.000 tonnes de fer en 1825) ; nos aciéries se perfectionnèrent et purent enlever à l'étranger le monopole de certains produits (faux, limes, scies, clous, etc.). Les industries textiles donnent alors les châles de cachemire et la peluche de soie ; les industries chimiques, la chaux hydraulique (1827), la bougie stéarique (1827) ; on fabrique mécaniquement le papier et les presses mécaniques à imprimer sont inventées (1827), etc. L'Exposition de 1827 compte 1.695 exposants ;

3. *Sous la Monarchie de Juillet*, le progrès s'accentua encore. Le nombre des brevets, qui était en moyenne de 250 sous la Restauration, monta à 2.000 en 1844 ; la production de la houille qui était de 800.000 tonnes en 1807 s'éleva à 5 millions en 1847 ; celle du fer passa de 140.000 tonnes en 1825 à 600.000 et celle de la fonte atteint 220.000 tonnes. La métallurgie emploie 38.000 ouvriers et les grandes usines du Creusot, Fourchambault, Decazeville, Japy (Beaucourt), Cail (Paris) sont en pleine prospérité. On extrait les minerais de plomb (Pontgibaud, Vialas), de cuivre (Chessy, Saint-Bel), etc. — Industrie textile : la Normandie produit ses rouenneries et ses calicots (130.000 ouvriers) ; le Nord et l'Ouest, leurs toiles de lin et de chanvre ; Saint-Quentin, ses percales, mousselines, tulles (50.000 métiers à main) ; Elbeuf, ses draps (30.000 ouvriers). Lyon, ses soieries (60.000 métiers). — Industries chimiques : Ruolz et Christophle appliquent la galvanoplastie à la dorure et à l'argenture ; Chauny et Saint-Gobain donnent leurs glaces, Kuhlmann (Lille) son acide sulfurique, etc. Les grandes papeteries d'Annonay (Montgolfier), d'Angoulême (Laroche) perfectionnent leurs procédés ; Demarle et Dupont fabriquent le ciment de Boulogne ; Pierre Blanzy introduit ses plumes métalliques, etc., etc. Exposition de 1844 : 3.960 exposants ;

4. *Second Empire*. — Après la crise économique et sociale de 1848, l'industrie reprit un nouvel essor : le nombre des brevets monta à 4.000 en 1867, la force motrice à vapeur atteignit 320.000 chevaux en 1869 ; 20 millions de tonnes de houille furent extraits en 1869, et, la même année, la production de la fonte s'éleva à 1.380.000 tonnes, celle du fer à 900.000 et celle de l'acier à 110.000 (procédé Bessemer 1853). — Les industries textiles accrurent leur production : l'industrie du coton en consomma 120 millions de kilogrammes, celle de la soie 4 millions. — Invention de la presse rotative Marinoni (1867), etc. — Exposition *internationale* de 1867 : sur 52.000 exposants, 15.960 pour la France.

IV. — Caractères de l'industrie nouvelle.

1. Elle est de plus en plus tributaire de la science : *l'usine sort du laboratoire* ;
2. La *machine* remplace l'homme ;
3. Fabrication en *grande quantité* et à *bas prix* ;
4. Par suite de la cherté des machines, l'atelier fait place à l'*usine* ;
5. Comme les voies de communication nouvelles rendent facile et rapide le

transport des objets fabriqués jusqu'aux centres de consommation, les usines se sont groupées autour des centres de production ou d'arrivée des matières premières (mines et ports). De là, la *concentration des industries* dans quelques régions favorisées ;

6. L'industrie ainsi transformée mérite bien son nom de *grande industrie.*

V. — Conséquences de la transformation de l'industrie.

1. *Conséquences économiques.* — *a*) Prix des marchandises abaissé ;

b) Certains produits, jadis réservés à la classe riche, sont mis à la portée de tout le monde.

2. *Conséquences sociales.* — *a*) Accroissement des villes, dépeuplement des campagnes ;

b) Accroissement de la richesse, mais répartition inégale entre capital et travail. D'où, grèves, crises ouvrières, formation d'un parti *socialiste*, intervention de l'État dans la réglementation du travail, lois ouvrières, etc. ;

3. *Conséquences politiques.* — Élargissement du système politique. « Une nouvelle distribution de la richesse produit une nouvelle distribution du pouvoir » (Barnave). Par suite, le pouvoir jusqu'alors aux mains des propriétaires fonciers passa d'abord à l'aristocratie industrielle (Louis-Philippe), puis au peuple (1848) ;

4. *Conséquences internationales.* — Aux anciennes rivalités politiques s'ajoutent les rivalités économiques. L'*Impérialisme* chez les grands États industriels.

GÉOGRAPHIE (Troisième Année Commerciale).

L'industrie dans le département du Nord (*suite*) (1).

IV. — Filature et tissage.

Dépassent en importance la métallurgie.

1. Le *lin*, importé de Belgique ou de Russie, est filé dans les faubourgs de *Lille*, dont les filatures et les filteries possèdent les 9/10 des broches françaises et donnent soit le fil pour le tissage, soit le fil à coudre, à broder, etc. Vente annuelle, 275 millions de francs. Le tissage de la toile de lin s'effectue, pour les toiles lourdes, dans les trois grands centres de *Lille*, *Armentières*, *Hazebrouck*, et pour les toiles fines à *Cambrai* et *Valenciennes*.

2. La *laine*, importée de la République Argentine, est l'industrie de *Roubaix*, *Tourcoing*, *Fourmies*. Roubaix est le premier centre de l'industrie lainière. Son industrie est d'une souplesse infinie et utilise soit la laine seule, soit les mélanges de laine, coton et soie. Elle produit ainsi draperies, nouveautés, fantaisies diverses, étoffes pour chaussures, tissus pour ameublement, tapisseries, velours, tapis de toutes sortes, etc. Elle alimente un grand nombre de peignages, filatures, tissages, usines pour teinture et apprêt, usines de constructions mécaniques ou de réparation d'appareils employés dans le textile. Chiffre d'affaires annuel, 1 milliard. Quantité de matières conditionnées en 1908, 46 millions de kg.

(1) Voir *Revue de l'Enseignement technique*, n° 1, p. 73.

3. Le *coton* est de plus en plus employé dans le Nord pour les mélanges avec tissus de lin et de laine. Les filatures ont leurs centres à *Lille*, *Roubaix*, *Tourcoing*, *Armentières* et produisent les fils les plus variés, depuis les plus gros, faits en coton des sondes et déchets jusqu'aux extra-fins, filés avec les cotons les plus fins qui soient au monde et mesurent de 6 à 800.000 mètres au kg.

4. Le *jute* et la *ramie* sont traités dans divers établissements du Nord.

5. A ces industries se rattachent :

a) le *tulle* de *Caudry* (Cambraisis) ;

b) la *dentelle au fuseau*, qui se relève de sa décadence grâce à la création de l'*École de dentelles de Bailleul* et de l'œuvre de l'*Aiguille à la campagne* ;

c) la *confection* qui occupe plus de 20.000 individus, travaillant en grande partie à domicile (Lille).

V. — Industries alimentaires.

1. *Malterie et brasserie* très développées. Sur 3.000 établissements répartis dans tout le territoire français, le Nord en compte 1.400, produisant plus de la moitié de la bière consommée en France (8 millions hl. sur 15). Les résidus (drèches, touraillons) sont vendus et utilisés pour les animaux.

2. Les *sucreries* sont nombreuses dans le Nord riche en betteraves : 60 sur 251 en France. Outre le sucre, elles donnent des résidus, pulpes et mélasses utilisées pour les animaux ou la distillerie.

3. Les *distilleries* d'alcool de betteraves, de mélasses ou de graines sont au nombre de 84. Elles trouvent un débouché dans la consommation de bouche, malheureusement trop abondante (4 lit. 1/2 par habitant), dans la vinaigrerie, l'éclairage, le chauffage, la force motrice (mais concurrence du pétrole). Résidus utilisés soit pour les animaux (pulpes, drèches), soit pour engrais (vinasses).

VI. — Industries chimiques.

Elles produisent l'acide sulfurique (200.000 tonnes), l'acide nitrique, le sulfate de soude, l'acide muriatique, le chlore, le chlorure de chaux et de soude, etc. Principales usines *Kuhlmann* (Lille), *Société d'Hautmont*. A signaler : les usines lainières de Roubaix et Tourcoing, qui extraient les sels de potasse de leurs eaux de désuintage. Aux industries chimiques on peut rattacher :

1. La *Raffinerie nationale de salpêtre* (Lille), qui raffine le salpêtre pour l'armée et fabrique le nitrate d'ammoniaque, le bichromate d'ammoniaque et de potasse utilisé pour les explosifs.

2. Les *savonneries* (savon et glycérine).

3. Les *raffineries de pétrole* de Dunkerque.

4. Les *huileries* de graines oléagineuses. Environ 100 fabriques, broyant 200 millions de kg. de graines. Centre principal : Dunkerque.

5. La *manufacture des tabacs* de Lille qui a utilisé en 1908 plus de 3 millions de kg. de tabac indigène et près de 2 millions de kg. de tabac exotique.

6. Les *amidonneries* de riz, maïs (les seules de France) et de blé donnant l'amidon, les drèches, les tourteaux et le gluten.

7. Les *fabriques de glaces* : Compagnie des glaces et verres du Nord, — Société des verreries et manufactures de glaces d'Aniche, — Glaces de Maubeuge.

8. Les *verreries* donnant surtout les verres à vitres (Aniche, Marchiennes,

Fresnes, Escautpont, Blanc-Misseron) et aussi des bouteilles (Denain, Escautpont).

9. La *céramique*, répartie en usines de matériaux de construction (tuileries rendues très nombreuses par l'absence de pierres), usines de carreaux céramiques (*Maubeuge*), faïenceries (terres cuites, poteries, vaisselle, pipes, etc.).

10. L'industrie du *cuir* pratiquée surtout dans l'arrondissement de Lille. Tanneries nombreuses et donnant des produits modernes (cuir chromé) ou spéciaux (cuir vert ou parcheminé pour taquets de métiers à tisser).

VII. — Conséquences de l'activité industrielle du Nord.

1. *Population très dense* : un des centres les plus peuplés du monde. Densité moyenne : 328. Région lilloise : 1.000. Malgré cela, l'activité y est telle que la population ne suffit pas pour faire face à tous les besoins et que l'industrie doit avoir recours à la main-d'œuvre belge (15.000 Belges).

2. *Grand centre de richesse et de capitaux*, où malheureusement fait tache, surtout dans la région textile, la misère ouvrière.

3. *Grande diffusion de l'enseignement technique*, auxiliaire indispensable de l'industrie moderne. (Citer les grands établissements d'enseignement technique.)

L. Barbe,
Professeur à l'École Nationale Professionnelle d'Armentières.

ENSEIGNEMENT TECHNIQUE A L'ÉTRANGER

L'ENSEIGNEMENT COMMERCIAL SUPÉRIEUR EN BELGIQUE (*suite*) (1)

A qui s'adresse l'enseignement commercial belge. Economie générale des Programmes.

Né de nécessités diverses et organisé pour répondre à des vocations multiples, l'enseignement commercial supérieur belge s'adresse dans son ensemble :

Aux fils de commerçants et d'industriels désirant collaborer aux affaires paternelles, les développer et en prendre plus tard la direction.

Aux fils de capitalistes et de financiers commanditaires d'entreprises industrielles ou de banques d'affaires désirant se préparer aux fonctions importantes et délicates d'administrateurs ou de commissaires des comptes dans les sociétés par actions.

Aux jeunes gens de toute origine désirant se créer, par une éducation technique supérieure et des aptitudes spéciales, une place honorable dans les différents services des maisons de banque, de commerce, de commission ou

(1) Voir *Revue de l'Enseignement technique*, n° 2, p. 88.

d'exportation, des sociétés d'assurances et des entreprises industrielles, de transport, de navigation, etc., en Belgique et à l'étranger.

Aux jeunes gens désirant s'expatrier pour fonder ou diriger à l'étranger et aux colonies des comptoirs commerciaux ou des exploitations agricoles.

Aux candidats aux fonctions consulaires et coloniales.

Aux docteurs en droit, ingénieurs ou officiers désirant profiter de la recommandation attachée par le monde des affaires aux titres spéciaux conférés par les instituts supérieurs de commerce ou obtenir plus facilement du gouvernement des missions à l'étranger.

Enfin aux jeunes gens qui se destinent au professorat commercial dans les athénées et collèges ou dans les instituts professionnels.

Afin d'apporter une certaine unité dans l'étude de l'économie générale de l'enseignement supérieur commercial en Belgique, nous ferons ultérieurement une mention particulière de l' « Ecole de commerce de l'Université libre de Bruxelles » et de l' « Institut commercial des industriels du Hainaut, à Mons », dont les tendances particulières ont nécessité des programmes différents de l'ensemble de ceux en vigueur dans les écoles similaires.

Le haut enseignement commercial belge comprend *trois cycles* nécessitant deux, trois ou quatre années d'études. Toutefois, une quatrième année facultative, véritable cours de perfectionnement, n'existe que dans les écoles annexées aux Universités. Notons également qu'auprès de ces Universités un enseignement complet préparatoire aux licences spéciales a été organisé en une seule année pour :

Les docteurs en droit et les licenciés en sciences politiques, administratives ou sociales.

Les ingénieurs diplômés soit par une Faculté universitaire ou une école technique des mines, du génie civil ou des arts et manufactures; les officiers ayant satisfait aux examens de sortie de l'École de guerre.

Les ingénieurs agricoles (en vue de l'obtention du grade de licencié en sciences commerciales et coloniales).

Si l'on fait abstraction des légères divergences imposées par les origines des diverses Ecoles du haut enseignement commercial, par leur but accessoire ou spécial et par les exigences variables des régions où elles sont établies, on observe une remarquable parenté dans l'ensemble des programmes d'études. L' « Institut supérieur de commerce d'Anvers », la première en date des écoles similaires belges, a été en effet le prototype de la plupart des établissements qui l'ont suivi. Le désir d'obtenir les avantages qui lui ont été successivement conférés pour la collation des grades et diplômes a, autant que sa réputation, inspiré les nouveaux fondateurs dans la fixation de leurs programmes et de leurs méthodes. L'analyse du programme de cet Institut, complétée par la mention des traits originaux empruntés aux programmes des autres écoles, nous donnera une idée suffisamment exacte de l'enseignement commercial supérieur en Belgique et nous permettra de saisir, dans sa complexité, l'envergure, les tendances et la valeur professionnelle de cet enseignement.

Le premier cycle d'études conduit au diplôme de licencié en sciences commerciales et comprend deux années d'enseignement. Il reçoit les jeunes gens au sortir des athénées et écoles moyennes et a pour but de développer leurs connaissances générales, tout en leur donnant les bases d'une culture commerciale supérieure.

Le programme de première année comprend :

	Par semaine :
Le bureau commercial et l'arithmétique commerciale.	11 heures.
L'étude des produits commerçables et de la chimie commerciale. .	3 —
La géographie commerciale et industrielle	3 —
Les principes généraux de droit civil	2 —
L'économie politique générale.	2 —
La statistique générale et appliquée.	1 —
La langue française	2 —
(3 heures pour les élèves étrangers).	
La langue flamande.	2 —
(Obligatoire pour les élèves belges seulement).	
La langue anglaise.	3 —
La langue allemande.	3 —
Les élèves doivent en outre étudier, à leur choix, l'espagnol, l'italien, le russe, le portugais ou le chinois.	
Il est consacré à l'étude de chacune de ces langues	3 —

Le programme des matières de seconde année comprend :

Le bureau commercial et l'arithmétique commerciale	10 heures.
L'étude des produits commerçables et de la chimie commerciale.	2 —
La géographie commerciale et industrielle.	3 —
Le droit commercial et maritime.	2 —
L'économie politique (questions spéciales)	2 —
L'histoire générale du commerce et de l'industrie	2 —
La législation douanière.	1 —
Les notions de « constructions et armements maritimes »	1 —
La langue française	3 —
La langue flamande	2 —
La langue anglaise.	3 —
La langue allemande.	3 —
Les langues espagnole, italienne, portugaise (brésilienne) et russe.	3 —

Des cours de sténographie et de dactylographie obligatoires ou facultatifs, gratuits ou payants, ont été organisés dans toutes les Écoles supérieures de commerce.

Le second cycle comprend une troisième année d'études et s'adresse aux jeunes gens déjà pourvus du diplôme de licencié en sciences commerciales désirant approfondir leurs connaissances et se spécialiser. La vocation des jeunes diplômés a dû déjà se décider, le moment est venu pour eux d'orienter leurs efforts vers une carrière déterminée : commerciale, consulaire ou coloniale.

Cette spécialisation a entraîné nécessairement la *création de sections ayant chacune son plan d'études distinct*. Toutefois, les relations étroites entre les connaissances nécessitées par les diverses carrières commerciales ont permis de constituer un groupe de cours communs aux différentes sections.

Ces *cours communs* comprennent :

	Par semaine :
La technologie des industries	3 heures.
Le droit commercial comparé	1 —
Le droit constitutionnel et le droit administratif	1 —
Les transports et tarifs	1 —
La colonisation et la politique coloniale	2 —
Le développement économique actuel des grandes nations contemporaines	1 —

Les langues flamande, anglaise, allemande, espagnole, italienne et russe dont l'étude forme la suite et le développement du cours de deuxième année.

Les *Cours particuliers* à la *Section spéciale des Sciences commerciales*, préparatoire à la « Licence du degré supérieur en sciences commerciales », comportent l'étude :

	Par semaine :
De la science financière, des banques et des assurances	3 heures.
Des comptabilités spéciales	2 —
De l'organisation moderne des affaires	1 —

Le programme particulier à la *Section consulaire*, préparatoire au diplôme de « Licencié en Sciences commerciales et consulaires », comprend :

	Par semaine :
Les éléments du droit des gens	1 heure.
Les éléments du droit international privé	1 —
Les règlements consulaires	1 —
Les institutions politiques des Etats étrangers	1 —
L'étude comparée des ports nationaux et étrangers. (Cours communs avec la Section maritime).	1 —
L'hygiène coloniale et internationale. (Cours communs avec la Section coloniale).	1 —

Les cours spéciaux à la *Section coloniale*, préparatoire au diplôme de « Licencié en sciences commerciales et coloniales », sont constitués par l'étude :

	Par semaine :
Des cultures coloniales	2 heures.
De l'hygiène coloniale et internationale	1 —
De la topographie coloniale	1 —
De la langue commerciale congolaise	1 —

L' « Institut supérieur de commerce d'Anvers », répondant aux besoins spéciaux du commerce anversois, a organisé une quatrième section préparatoire au diplôme de « Licencié en sciences commerciales et maritimes ». Au programme de cette *Section maritime* figurent :

	Par semaine :
Le droit maritime	2 heures.
L'étude comparée des ports nationaux et étrangers	1 —
L'étude détaillée de l'exploitation commerciale du navire	2 —

Les étudiants de chaque section doivent, en outre, faire choix d'une branche parmi les matières spéciales aux autres sections.

L'examen aux diverses licences porte exclusivement sur les matières figurant au programme. Aux Écoles Spéciales annexées aux Universités de Gand et de Liége les récipiendaires sont tenus d'établir par un certificat qu'ils ont participé avec fruit aux travaux pratiques de bureau commercial et de laboratoire. Les candidats aux licences spéciales doivent en outre fournir un rapport sur une question commerciale, industrielle ou économique choisie avec l'approbation de l'École. Ils sont interrogés d'une façon approfondie sur ce rapport.

L' « Institut supérieur de commerce d'Anvers » est le plus complet des établissements du haut enseignement commercial en Belgique. Il représente en quelque sorte la synthèse des enseignements donnés dans les écoles similaires. Toutefois une *Section des Sciences Financières et Actuarielles* conférant le diplôme officiel de « Licencié en sciences commerciales et financières » a été créée à l' « École supérieure de commerce et de finance annexée à l'Institut Saint-Ignace, à Anvers » et à l' « École spéciale annexée à la Faculté de Droit de l'Université de Gand ». L'enseignement donné à cette section s'adresse aux porteurs du diplôme de Licencié en sciences commerciales désirant prendre place dans le personnel dirigeant des banques, des sociétés d'assurances et des institutions de prévoyance. Il répond spécialement aux connaissances nouvelles imposées par les récentes lois sociales sur les accidents du travail, les pensions de vieillesse, les mutualités, etc., aux chefs d'entreprises industrielles et à de nombreux fonctionnaires, de l'Office du Travail en particulier.

Le plan d'études de la Section des sciences financières de l' « École supérieure de commerce et de finance annexée à l'Institut Saint-Ignace, à Anvers » comprend :

	Par semaine :
La comptabilité des banques, la comptabilité des compagnies d'assurances, la comptabilité financière (change et fonds publics) . .	3 heures.
Les mathématiques financières et actuarielles	8 —
Le droit financier et la jurisprudence	2 —
L'économie financière et la statistique	2 —
La géographie financière	1 —
Les langues flamande, française, allemande, anglaise, espagnole :	
Pour chacune de ces langues	2 —

Traits caractéristiques de l'Enseignement commercial supérieur belge.

L'analyse que nous venons de donner du programme-type de l' « Institut supérieur de commerce d'Anvers » peut conduire aux déductions suivantes :

L'importance accordée aux diverses matières d'enseignement est exactement déterminée par leur utilisation professionnelle.

L'étude des langues étrangères est faite avec une ampleur qui répond aux nécessités économiques modernes et aux besoins particuliers de la Belgique.

Le développement de la culture technique laisse place à une culture littéraire indispensable à des jeunes gens destinés à prendre place dans l'élite sociale.

La spécialisation de l'enseignement a pour heureux effet de préciser les vocations, de tirer le meilleur parti des aptitudes particulières et de diminuer le stage pratique dans les diverses carrières.

Tout d'abord s'affirme l'importance des matières techniques commerciales, bases essentielles de la formation professionnelle à laquelle doivent tendre les instituts commerciaux de degré supérieur. Nous sommes frappés du très grand nombre d'heures attribué au *Bureau Commercial* et du grand soin donné à cette partie de l'enseignement. Les instructions pédagogiques accompagnant le programme du cours de bureau commercial de l' « Institut supérieur de commerce d'Anvers » nous apprennent que ce cours a pour but d'initier les élèves à la technique des affaires en les familiarisant avec toutes les opérations d'une maison de commerce et d'industrie. L'enseignement, à la fois théorique et pratique, est donné d'une manière collective. Contrairement à la méthode d'enseignement appliquée dans les écoles pratiques de commerce en France, les élèves ne sont pas groupés en comptoirs indépendants représentant des maisons de commerce en relations d'affaires avec les écoles similaires du pays. « La partie pratique du cours de première année comprend les opérations simulées d'une maison de commerce traitant toute espèce d'affaires : achat et vente sur place et dans le pays, importation, exportation, transports, consignations, participations, etc. »

Les leçons faites et les éclaircissements fournis par le professeur s'adressent donc à l'attention de tous les élèves. « Avant d'entamer une opération, le professeur en développe la technique et donne aux élèves les explications qu'elle comporte. » Ces opérations simulées, reflétant la vie d'une entreprise commerciale ou industrielle, se succèdent nécessairement dans un certain désordre. Toutefois les professeurs s'appliquent à apporter dans le choix de leurs exercices un enchaînement suffisant pour que leur enseignement soit clair et progressif. Tous les documents commerciaux se rapportant aux opérations traitées sont des originaux empruntés à la pratique des affaires et circulent sous les yeux des élèves. Il est tenu compte dans la fixation du programme et dans le choix des exercices de la situation spéciale de la place. A cette intention, il est fait une étude approfondie des conditions de vente et d'achat des principaux articles traités à Anvers : céréales, sucres bruts, riz, cafés, laines, cotons, pétroles, saindoux, fruits, caoutchoucs. « Outre les renseignements de la Bourse d'Anvers, le Bureau commercial de l'Institut reçoit régulièrement les avis télégraphiques des agences Havas et Reuter renseignant, pour les grands articles de commerce, les fluctuations de prix, ainsi que la situation des divers marchés étrangers. »

A l'occasion des différentes opérations traitées interviennent des exercices de correspondance en français, flamand, allemand et anglais.

Un cours de vérifications et d'expertises, combiné avec une étude scientifique de l'inventaire et du bilan, constitue en troisième année le couronnement des études comptables. Ce cours entrepris à l'appui de documents originaux (rapports et bilans soumis aux assemblées générales par les conseils d'administration et les collèges des commissaires, etc.), est appliqué principalement, aux sociétés par actions dont l'importance économique et sociale croît chaque jour davantage. Tout en donnant à l'enseignement une direction pratique et une signification de haute utilité, il doit nécessairement avoir pour résultat d'augmenter la valeur professionnelle et les ressources des jeunes diplômés en les préparant aux fonctions de commissaires des comptes, vérificateurs, liquidateurs et arbitres experts. Cette préparation technique dans un établissement d'enseignement commercial supérieur est, en outre, de nature à faciliter la reconnaissance légale de la fonction de comptable, telle qu'elle existe en Allemagne et en Angleterre et que la Chambre syndicale belge des comptables s'applique depuis longtemps à revendiquer.

Sa situation géographique et les besoins de son expansion industrielle créent à la Belgique des relations de plus en plus nombreuses avec l'étranger; dans un sens tout pacifique, ce pays est plus que jamais « un carrefour des nations ». De là l'importance accordée par les divers instituts commerciaux belges à l'étude des *langues commerciales étrangères*. Les programmes reconnaissent la nécessité d'étudier au moins trois langues, certains en imposent quatre et même cinq. Nécessairement, le temps consacré à l'étude de ces langues, trois heures par semaine à l'« Institut supérieur de commerce d'Anvers », est limité par le nombre même des langues étudiées. Mais il ne faut pas oublier que les élèves admis en première année ont acquis dans la section des humanités modernes des athénées et la section commerciale des écoles moyennes des connaissances très sérieuses en flamand, en anglais et en allemand.

Le programme des athénées comporte, en effet, pour l'ensemble des études, dix heures pour l'anglais et dix-huit heures pour l'allemand; celui des écoles moyennes attribue huit heures à l'une et l'autre langue.

Afin d'organiser un enseignement s'adressant à des élèves de force égale et d'éviter le découragement chez les élèves moins bien préparés, l'effectif de chaque année, à l'« Institut supérieur de commerce d'Anvers » a été réparti en quatre sections assurant un groupement homogène des différents éléments.

Dans toutes les écoles l'enseignement a lieu d'après la méthode directe, c'est-à-dire dans la langue étrangère enseignée; les exercices de conversation sont dirigés sans recourir à la langue maternelle et les explications fournies dans le cours de correspondance, dans les lectures et traductions ont lieu exclusivement dans la langue étudiée. Les efforts des élèves sont portés principalement sur l'étude de la phraséologie et de la terminologie de la langue des affaires. La correspondance commerciale et industrielle, l'étude des usages commerciaux, des calculs relatifs aux monnaies, poids et mesures de l'étranger occupent une place prépondérante dans l'enseignement en laissant néanmoins une place suffisante à la langue littéraire et à l'histoire de la littérature. Afin de préciser le vocabulaire et de faciliter l'élocution des élèves, ceux-ci sont astreints à l'« Institut supérieur de commerce d'Anvers » à des conférences sur des sujets imposés ou librement choisis, se référant de préférence au commerce et à l'industrie. Le même résultat est poursuivi pour la langue écrite au moyen de nombreuses rédactions à faire à domicile, par des résumés de rapports consulaires et par les exercices de correspondance variés effectués pendant les séances du bureau commercial.

A l'« École des hautes études commerciales et consulaires de Liége », un échange régulier de lettres a été établi entre les élèves et ceux des écoles supérieures de commerce d'Allemagne et d'Angleterre. Chaque année cette école organise pendant les grandes vacances des cours de perfectionnement à Leipzig et à Liverpool pour ceux de ses élèves qui désirent acquérir une plus grande pratique des langues allemande et anglaise. Nous verrons, dans l'exposé des moyens d'encouragement donnés aux études dans les diverses écoles, supérieures de commerce de Belgique, que des bourses nombreuses permettent aux élèves méritants de perfectionner leur connaissance des langues étrangères.

Le but principal d'une école supérieure de commerce étant de donner aux élèves un enseignement à base scientifique, mais à orientation essentiellement pratique, il est à craindre que cette préoccupation ne fasse négliger la *culture générale* des jeunes étudiants et particulièrement leur perfectionnement dans la *langue maternelle*. Ce reproche pourrait être adressé à l'École des hautes études commerciales de Paris si cet établissement n'avait l'excuse d'un programme très chargé ne comportant que deux années d'études.

Quoi qu'il en soit, l'écueil signalé a su être évité dans le plan d'études de l'ensemble des Écoles supérieures de commerce belges. Trois heures et deux heures par semaine sont respectivement consacrées à l'étude du français et du flamand à l' « Institut supérieur de commerce d'Anvers ». Des exercices de dissertation sur des œuvres littéraires et des sujets se rapportant à la vie des affaires ont pour but de fortifier à la fois le style littéraire et commercial des élèves et de fournir un soutien indispensable aux connaissances techniques formant la base de l'enseignement.

Un cours de philosophie (logique et morale) a été institué en première et deuxième années à l' « École supérieure commerciale et consulaire de Mons » et en première année de l'École annexée à l'Université de Louvain. Un cours de « littératures modernes » a été organisé en outre à l' « École supérieure commerciale et consulaire de Mons ».

Aux Écoles spéciales annexées aux Universités de Gand et de Liége, tout candidat à une licence doit faire choix d'une matière dans le programme de l'Université. « L'interrogation sur ce cours a pour objet de s'assurer de son degré de culture générale. » Cet *appel à l'initiative et au travail personnel des élèves* est d'ailleurs une qualité de la méthode d'enseignement appliquée dans la plupart des instituts commerciaux supérieurs belges. Nous avons vu que les élèves de l' « Institut supérieur de commerce d'Anvers » étaient astreints à de nombreuses dissertations en langue française et à des conférences en langues étrangères. Nous savons d'autre part que les candidats aux licences spéciales aux Écoles annexées aux Universités doivent fournir un rapport les obligeant à des recherches et à une appréciation personnelle sur la situation économique d'une contrée déterminée.

A l'issue des nombreuses excursions commerciales et industrielles entreprises par l' « Institut commercial des industriels du Hainaut, à Mons », les élèves sont tenus de consigner leurs observations dans un cahier spécial. Ces mêmes élèves sont appelés, en troisième année, à rédiger des rapports, discutés contradictoirement par leurs condisciples, sur les industries existantes, prospères ou languissantes, et sur celles qui pourraient être établies avec des chances d'avenir. A l' « École de commerce de l'Université libre de Bruxelles », les élèves sont habitués dès la seconde année à rédiger, à l'appui de publications et documents appropriés, des rapports sur des sujets déterminés intéressant la technique et l'organisation industrielles, la statistique économique, les questions financières et le commerce extérieur.

Ces rapports doivent être autant que possible éclairés par des croquis, plans, devis, graphiques, etc. Des travaux d'ensemble envisageant les divers aspects technique, économique et juridique des questions proposées occupent une place importante dans le programme de quatrième année.

Ces divers exercices dont l'utilité a été reconnue par toutes les écoles ont pour heureux effet, en obligeant l'élève à faire œuvre originale, de l'habituer à penser et à se recueillir, d'augmenter son esprit d'observation et d'affiner son jugement.

Un trait commun à tous les programmes des Écoles supérieures de commerce belges est la présence d'un « cours de constructions et d'armements maritimes » et d'un « cours de statistique générale et appliquée ». Ces deux matières d'enseignement ne figurant pas dans le programme de l'École des hautes études commerciales de Paris, nous nous croyons autorisés à mentionner cette particularité des programmes belges.

L' « Institut supérieur de commerce d'Anvers » se trouvait dans une situation privilégiée pour créer en troisième année une section maritime. Les établissements similaires ont cru néanmoins devoir organiser un cours d' « exploitation commerciale du navire » et entreprendre, à l'instar de ce qui se fait à l'Institut précité, des visites fréquentes aux chantiers de construction et à bord des navires du grand port belge, voire de l'étranger.

Le cours de statistique comprend l'étude de questions spéciales d'une importance particulière pour le commerce international, l'industrie et les transports. Cette faveur accordée aux applications de la statistique explique peut-être l'éloge que M. Yves Guyot adressait récemment à l'Administration des douanes belges : « Le tableau général du commerce de la Belgique est, de tous ceux qui existent, le mieux établi; je ne cesse de le citer comme modèle aux Administrations des douanes des divers pays. »

(A suivre.)

L. Morel,
Professeur à l'École pratique de Commerce et d'Industrie de Valenciennes.

DOCUMENTS ET INFORMATIONS

Projet de loi sur l'Enseignement technique. — *Avis de la Chambre de Commerce de Paris sur le titre V* (cours professionnels ou de perfectionnement). A deux reprises, en 1902 et en 1906, la Chambre de Commerce de Paris s'était prononcée contre l'obligation de la fréquentation des cours professionnels. Cette Compagnie, après avoir fait procéder dans certains pays étrangers et notamment en Allemagne, en Autriche, en Belgique et en Suisse à une enquête approfondie sur les cours professionnels et de perfectionnement, a été amenée à constater que la grande majorité des pays ont été conduits à pratiquer l'obligation sous une forme quelconque. Aussi, tout en maintenant ses objections contre un système qui risque d'apporter une nouvelle gêne au patronat, cette Compagnie a pensé que le régime de l'obligation pourrait être appliqué en France, sous certaines réserves toutefois, notamment à condition de faire désigner nominativement les localités et les industries et commerces où cette obligation serait appliquée et d'en ajourner la réalisation dans le cas où elle ne présenterait pas d'avantages suffisants et soulèverait de trop grandes difficultés. Elle a émis, en même temps, entre autres vœux, celui que la création des cours professionnels n'ait lieu que sur l'avis conforme des Chambres de Commerce et que l'organisation et l'administration de ces cours leur soient confiées.

Commission parlementaire du Commerce et de l'Industrie. — M. Astier, Président de la Commission et rapporteur du projet de loi sur l'Enseignement technique, vient de quitter la Chambre des députés pour siéger au Sénat, où l'a appelé la confiance des électeurs de l'Ardèche.

Il est remplacé à la présidence de la Commission du commerce par M. Baudet, député d'Eure-et-Loir, et M. Marc Réville, député du Doubs, a été nommé rapporteur du projet de loi sur l'Enseignement technique.

Amélioration des traitements du personnel des Ecoles pratiques de Commerce et d'Industrie. — Le budget du ministère du Commerce et de l'Industrie est venu en discussion à la Chambre des députés le 7 décembre.

Les chapitres relatifs à l'Enseignement technique ont été adoptés sans modifications, sauf le chapitre 13 (Ecoles nationales d'Arts et Métiers) qui a été réservé. Le chapitre 17, article 1er, qui comportait une augmentation de 179.302 francs en vue de permettre l'amélioration des traitements du personnel des Ecoles pratiques de Commerce et d'Industrie, a notamment été adopté sans discussion.

Projet de loi. — M. Louis Marin, député, a déposé un projet de loi ayant pour objet d'assurer aux professeurs-femmes les mêmes traitements qu'aux professeurs-hommes.

Commissions d'enseignement technique. — *Traitements du personnel.* — Une Commission a été constituée par M. le Ministre du Commerce et de l'Industrie auprès de la Direction de l'Enseignement technique en vue de coordonner les traitements du personnel des Ecoles et les règlements qui les régissent. Cette Commission comprend à la fois des représentants du Parlement, de l'administration et du personnel.

Ecole normale d'Enseignement technique. — Une Commission spéciale a été nommée par M. le Ministre du Commerce et de l'Industrie pour étudier un projet d'organisation d'une école normale d'enseignement technique à Paris.

Congrès international d'expansion commerciale de Vienne. — D'après la profession, les auditeurs du cours de langue allemande et du cours d'expansion commerciale se répartissent comme suit :

Etudiants, 21 ; professeurs, 116 ; commerçants et employés, 24. Total, 161. Parmi les pays qui ont fourni le plus d'auditeurs, mentionnons l'Autriche (72), la Suisse (27), l'Allemagne (14), la Belgique (12). La France a fourni 4 auditeurs exerçant tous les fonctions de professeurs de l'enseignement technique et inscrits au cours de langue allemande.

Association Internationale de comptabilité. — Le Congrès de l'enseignement comptable qui s'est tenu à Bruxelles a décidé la création d'une Association internationale de comptabilité dont le siège sera à Bruxelles, dans les locaux de l'Institut international de bibliographie, 140, rue de Cologne, et qui aura notamment pour objet d'unifier l'application des principes de la science comptable sous l'aspect d'un système et d'une méthode uniformes, de codifier les prescriptions légales touchant les écritures comptables, de réunir les lois et usages qui s'appliquent au comptable dans l'exercice de sa profession et d'organiser l'école de comptabilité afin d'adopter un même programme d'enseignement et la création de jurys officiels.

Examens du certificat d'aptitude à l'enseignement de la comptabilité. — Un arrêté de M. le Ministre de l'Instruction publique en date du 25 octobre 1910 a modifié les épreuves de l'examen d'obtention du certificat d'aptitude à l'enseignement de la comptabilité dans les écoles primaires supérieures.

Il paraît utile de rappeler que ce certificat donne droit à une indemnité annuelle de 200 francs quand l'enseignement est donné dans la limite des heures réglementaires et à une indemnité de 100 francs par heure et par an, avec maximum de 500 francs quand l'enseignement est donné en sus des heures réglementaires.

Création d'un nouveau diplôme. — L'Association française du froid, qui a pris en main avec une très grande énergie la cause si intéressante du développement des applications du froid en France, vient de donner une nouvelle preuve de son activité en instituant un diplôme d'ingénieur frigoriste.

Grâce aux multiples applications du froid artificiel, une nouvelle carrière est donc ouverte aux jeunes ingénieurs qui se spécialiseraient dans la technique du froid.

Expositions. — Une exposition s'ouvrira à Charleroi à la fin d'avril 1911, pour une durée d'environ six mois. Elle comprendra quatre sections, dont une sera spécialement réservée à l'enseignement et à l'éducation.

Inaugurations. — *École d'industrie hôtelière.* — Le 12 novembre a eu lieu, sous la présidence de M. Cruppi, député, ancien ministre du Commerce, l'inauguration de l'École d'industrie hôtelière que vient de fonder le Syndicat général de l'industrie hôtelière et des grands hôtels de Paris.

Cours et Conférences. — *L'enfance ouvrière et l'apprentissage.* — M. Astier, sénateur de l'Ardèche, a traité ce sujet, le 28 novembre dernier, au Collège libre des sciences sociales.

Après avoir rappelé les mesures prises pour assurer le développement physique de l'enfant occupé dans les ateliers, mesures qui présentent encore de nombreuses lacunes, M. Astier signale ce qui reste à faire pour assurer à l'enfant l'instruction professionnelle qui lui est nécessaire. Ce fut une nouvelle occasion pour le distingué rapporteur du projet de loi sur l'enseignement technique d'exposer le projet à l'élaboration duquel il a pris une part si active et de montrer, d'après l'exemple des cours de Francfort-sur-le-Mein, ce que devraient être les cours proposés. M. Astier a obtenu un très vif succès.

Cours sur l'Enfance ouvrière et l'apprentissage. — M. Georges Renard a commencé le 5 décembre, au Collège de France, un cours sur l'Enfance ouvrière et l'apprentissage.

Il traitera dans son cours de questions intéressant les amis de l'enseignement technique et notamment du projet de loi sur les cours professionnels obligatoires.

Écoles supérieures de Commerce. — L'École supérieure pratique de Commerce et d'Industrie et l'École Commerciale de Paris avaient déjà inscrit dans leurs programmes, depuis plusieurs années, un certain nombre de leçons relatives à la « Publicité »; nous apprenons que l'École des Hautes Études Commerciales et l'Institut Commercial viennent également d'ajouter cette matière dans leur plan d'études.

— L'École supérieure de Commerce de Nancy a expérimenté avec succès cette année l'essai d'un « stage commercial » de trois mois pendant les vacances, entre les deux années d'études. C'est un acheminement vers la solution du problème si complexe de l'organisation des travaux pratiques dans les Écoles de Commerce.

— A l'occasion du rapport très documenté qu'il a présenté au Congrès de l'Enseignement Commercial de Vienne, M. Alfred Renouard a reçu des Élèves de l'École supérieure de Commerce de Dijon une lettre qui a été publiée dans le numéro du 5 décembre du Bulletin de l'Union des Associations des anciens élèves des Écoles supérieures de Commerce.

Ces élèves signalent les bons résultats obtenus au moyen des exercices d'élocution qui existent depuis quatre ans déjà à l'École supérieure de Commerce de Dijon.

Association amicale des directeurs et directrices des Ecoles pratiques de Commerce et d'Industrie. — Cette Association s'est réunie à Paris, le 4 août 1910, dans le petit amphithéâtre du Conservatoire des Arts et Métiers. L'ordre du jour portait l'examen des diverses questions suivantes :

Relèvement des traitements des directeurs et directrices ;

Compte rendu financier de l'Exercice 1909-1910 ;

Préparation aux Ecoles d'Arts et Métiers ;

Ateliers de préapprentissage ;

Diplômes de fin d'études des écoles pratiques.

Le président et le secrétaire-trésorier sortants, MM. Chevallier et Thomas, ont été réélus à l'unanimité.

Un projet intéressant. — M. Robiquet, au nom de l'Union Commerciale et Industrielle de la ville de Troyes, a présenté au Conseil municipal un rapport qui conclut à l'adjonction au Lycée d'une section industrielle et commerciale. Après avoir rappelé les diverses propositions qui ont été faites depuis 1901 au conseil municipal pour le développement de l'instruction pratique, le rapporteur s'exprime ainsi :

« La rentrée d'octobre 1910 a été déplorable pour le lycée ; si on persiste à vouloir y maintenir exclusivement l'enseignement actuel, la situation ne fera qu'empirer.

Au lieu de vouloir persister dans les errements anciens, à l'encontre des nécessités nouvelles de l'existence, l'Union Commerciale et Industrielle estime que nous devons, au contraire, nous en inspirer et favoriser ainsi le développement de notre commerce et de notre industrie, auxquels l'étranger fait une si grande concurrence.

Le conseil municipal actuel a fait quelques essais : il a créé deux cours complémentaires ; mais il est démontré que ces cours ne remplissent aucunement le but à atteindre, car leur enseignement est insuffisant.

Ce qu'il faut, c'est l'extension de cet enseignement, et il est facile d'y arriver par l'adjonction au Lycée d'une section industrielle et commerciale, préparant aux divers emplois dans l'industrie et le commerce, et comprenant notamment un cours préparatoire à l'École de Bonneterie.

Il n'y aurait dans cette création aucune charge pour la ville ; en outre, l'État trouverait là le moyen de relever la population scolaire du Lycée.

Nous savons que l'autorité académique est favorable à cette création.

L'Union Commerciale et Industrielle me charge de vous demander d'adopter cette proposition, qui serait en outre transmise à l'autorité académique, pour la suite à donner. »

La crise de l'apprentissage. — *Une réunion des Chambres de commerce.* — Le 23 décembre aura lieu à Reims, sous les auspices de la Chambre de commerce, une grande réunion des Chambres de commerce de l'Est, sous la présidence de M. Chapsal, directeur des affaires commerciales et industrielles au ministère du Commerce.

A l'ordre du jour est inscrite la question de la crise de l'apprentissage en France.

Un grand dîner sera offert le soir aux délégués de l'Est.

OPINIONS

L'Enseignement secondaire et l'Industrie nationale. — M. Guillain, ancien ministre, président du Comité des Forges de France, vient d'adresser à M. Maurice Faure, ministre de l'Instruction publique, une lettre motivée par la décision qui a supprimé les avantages de points accordés jusqu'à présent aux candidats à l'École Polytechnique pourvus du certificat de la première partie du baccalauréat, avec l'une des mentions indiquant des études latines.

Avec tous les chefs de nos grandes industries, M. Guillain constate l'affaiblissement sans cesse croissant de la culture générale chez les jeunes ingénieurs; il en signale les grands inconvénients et conclut en ces termes :

« Il nous paraît, Monsieur le ministre, que cet affaiblissement dans la culture générale de notre jeunesse doit trouver sa cause, non seulement dans les différentes réformes de l'enseignement secondaire que nous avons vues se produire depuis un certain nombre d'années, et qui ont trouvé leur pleine expression dans les programmes de 1902, mais encore dans l'esprit qui entraîne aujourd'hui tout l'enseignement universitaire, et qui, pour accroître le nombre des connaissances mises à la portée de la jeunesse, la dispense de plus en plus de la pénible mais fructueuse discipline de l'effort personnel. A l'heure actuelle, si l'enseignement moderne ne nous donne pas ce qu'on nous avait promis, des jeunes gens bien armés pour la vie, ayant la pleine pratique des sciences usuelles et des langues étrangères, ce qui reste de l'enseignement classique n'assure plus aux grandes Écoles chargées de former les futurs chefs du travail national, des sujets assez largement et puissamment cultivés pour recevoir utilement l'enseignement supérieur qu'elles dispensent.

« Aussi, Monsieur le ministre, nous permettons-nous d'appeler toute votre attention sur la nécessité de la refonte des programmes de l'enseignement secondaire et sur le danger de toutes les mesures, telle que celle qui a motivé cette lettre, qui tendraient, par des équivalences que rien ne justifie à faire perdre à l'enseignement secondaire classique la part prépondérante qu'il doit occuper dans la formation des jeunes gens destinés au recrutement de nos grandes Écoles.

« Veuillez agréer, etc... »

Le Gérant : G. Bourrey.

Paris. — L. Maretheux, imprimeur, 1, rue Cassette.

PREMIÈRE ANNÉE — N° 4 JANVIER 1911

REVUE
DE
l'Enseignement Technique

PUBLIÉE SOUS LE PATRONAGE DE
l'Association Française pour le Développement de l'Enseignement technique

L'Enseignement Technique supérieur
AU CONGRÈS INTERNATIONAL DE BRUXELLES

Le Congrès International de l'Enseignement technique supérieur, réuni à Bruxelles, pendant l'Exposition 1910, a eu un succès très mérité. Les Congressistes y sont venus en très grand nombre de tous les pays; outre une grande valeur scientifique, ils apportaient, pour la plupart, l'expérience d'une longue pratique du haut Enseignement technique; les discussions qui ont eu lieu s'en sont ressenties et les conclusions qui peuvent en être dégagées sont de nature à fixer l'attention de ceux qu'intéresse le développement de l'Enseignement technique.

C'est donc une analyse de ces discussions que nous nous proposons d'exposer ici, nous appuyant, pour le faire, sur les notes qu'a bien voulu nous communiquer M. Monnory, directeur des études, sous-directeur de l'École centrale, qui était, au Congrès, l'un des représentants du Ministère du Commerce et de l'Industrie.

ORGANISATION DE L'ENSEIGNEMENT TECHNIQUE SUPÉRIEUR.

L'organisation générale de l'Enseignement supérieur dans les Écoles et les Universités techniques a fait l'objet des préoccupations dominantes du Congrès; il s'agit là, en effet, de la formation de l'ingénieur industriel et il eût été difficile de trouver, pour éclairer une étude aussi importante, une autorité plus compétente que celle que présentait la réunion de Bruxelles.

Avant tout, il faut se demander quelles sont les conditions que doit remplir un ingénieur industriel; ce qu'il doit être :

Les ingénieurs industriels doivent être des hommes d'action, appelés à appliquer à la pratique leurs connaissances théoriques; ce sont eux qui doivent conduire et perfectionner l'industrie; ils doivent non pas seulement satisfaire aux exigences d'hier, mais surtout prévoir les exigences de demain; d'autre part, dans les conditions actuelles de l'industrie, tout industriel doit avoir des notions générales sur tous les faits importants des domaines voisins du sien.

Ce sont là des principes qui ont été énoncés depuis longtemps et bien souvent par les maîtres les plus écoutés et ce sont ceux qui doivent guider l'orientation de la formation de l'ingénieur industriel.

Deux systèmes ont été proposés et défendus, au Congrès, avec un égal talent par leurs partisans.

Les uns pensent qu'il doit suffire, pour former de jeunes ingénieurs, de leur donner seulement l'enseignement scientifique, sauf à eux, une fois entrés dans la carrière, à s'initier eux-mêmes à la pratique.

Les autres, au contraire, sont d'avis qu'il faut donner aux élèves, dès leur entrée à l'école, un enseignement technique et pratique différent suivant la spécialité à laquelle ils se destinent.

Dans le premier système, il entre évidemment dans la pensée de ses partisans qu'il s'agirait de donner aux jeunes gens un enseignement scientifique spécialement orienté vers l'industrie? On trouvera sans doute, pour cela, des maîtres compétents qui pourront accoutumer les élèves à envisager la théorie au point de vue seul de ses applications! Mais qui leur donnera la *mentalité de l'industrie?* qui leur indiquera les questions qui, dans la pratique, s'imposent à celui qui dirige un service, non pas du bureau d'étude ou du laboratoire de recherches, mais dans l'atelier, au pied des appareils? qui leur montrera comment on peut les résoudre? en un mot, qui les préparera à l'évolution que doit accomplir, pour devenir réellement un ingénieur, l'élève sortant d'une école technique?

Dans le second système, on spécialise l'élève dès l'âge de dix-huit à vingt ans, alors qu'il ne sait rien des sciences appliquées, rien de ses aptitudes; on décide *ne varietur* dans quelle branche de l'industrie il doit rester figé pendant toute sa carrière; on ne se préoccupe nullement des difficultés qu'il rencontrera. Trouvera-t-on partout ces grandes exploitations disposant d'un assez grand nombre d'emplois pour permettre aux spécialistes d'utiliser leurs connaissances? Le Congrès de Mons, en 1905, se l'était déjà demandé et l'on reconnaît que le placement des ingénieurs ainsi spécialisés devient chose très difficile.

Il semble qu'en dehors des personnes que leurs fonctions appellent à s'occuper principalement du placement des *jeunes*, et aussi du classement des *anciens*, on a toujours comme objectifs les grandes administrations, les grandes sociétés, les grandes entreprises; il faut cependant penser à la petite et à la moyenne industries, lesquelles ne peuvent pratiquer la division du travail et doivent se limiter à un état-major restreint; il leur faut des collaborateurs capables de tout aborder.

D'ailleurs, l'ingénieur peut-il prévoir à quels genres d'obligations il pourra être astreint dans l'avenir par les nécessités de la vie? Ne faut-il pas qu'il puisse à l'occasion changer l'orientation de sa carrière?

Ces deux systèmes ont paru, l'un et l'autre, beaucoup trop absolus et trop exclusifs; un point de vue moyen a alors été présenté par certains membres des plus compétents et a paru rallier la majorité des suffrages.

On dit, en premier lieu, qu'il est incontestable que les ingénieurs, quels qu'ils soient et quoi qu'ils fassent, *doivent posséder un fonds solide de connaissances scientifiques* telles que l'analyse mathématique, la mécanique rationnelle, la physique, la chimie, etc., et qu'il faut les enseigner à tous les élèves.

D'autre part, tout ingénieur, digne de ce nom, *ne doit rien ignorer d'un certain ensemble de connaissances techniques indispensables dans toutes les spécialités.*

Ces considérations ont déjà été exposées au Congrès de Mons (1905) dans les termes suivants : « L'ingénieur n'est pas, comme le savant, libre « de n'étudier que les questions de son choix; il doit résoudre les pro- « blèmes tels qu'ils se présentent et au moment où ils se posent; il doit « être armé pour vaincre toutes les difficultés qu'il est exposé à rencon- « trer dans son service et ces questions peuvent n'être pas de même « ordre, etc., etc.; il doit pouvoir tout aborder. »

Que peut-on demander au jeune ingénieur, à sa sortie de l'école? Il doit être à même de rendre *rapidement* des services à l'industrie, et, en même temps, il doit être suffisamment armé en vue des progrès et des transformations futurs. Le domaine dans lequel doit s'exercer son activité est tellement vaste et s'étend tellement chaque jour qu'il faut renoncer à enseigner à chacun la technique tout entière et se borner aux connaissances nécessaires à tous : aussi bien aux chefs d'industrie qui embrassent toutes les opérations d'une affaire, et qui doivent connaître assez tous les services pour pouvoir les apprécier et les juger de haut, qu'aux ingénieurs qui, dans un rôle plus modeste, sont appelés à traiter et à solutionner les questions d'ordres si divers qui surgissent journellement dans la pratique. Ils ne peuvent pas tout savoir, c'est entendu, mais ils doivent être à même de tout apprendre.

Il y a donc lieu d'enseigner ces connaissances à tous les élèves ingénieurs et on peut trouver là un ensemble de *Connaissances scientifiques générales* et de *Connaissances techniques reconnues utiles à tous*, constituant un programme unique d'enseignement.

Le Congrès s'est rallié à cette proposition et il a émis le vœu qu'un tel programme soit adopté comme *Programme fondamental.*

Programme fondamental de l'enseignement.

Mais il a émis aussi le vœu qu'il soit donné, à la suite, aux élèves ingénieurs, sous la forme paraissant la plus convenable à chacun, suivant les conditions où chacun se trouve, un enseignement plus spécialisé, correspondant à la branche de la technique à laquelle ils se destinent ; il résulte donc de ces deux vœux que le *programme total* de l'enseignement technique se composerait de trois parties :

1° Connaissances scientifiques générales. }
2° Connaissances techniques indispensables. } Programme fondamental.

3° Partie spéciale : Chacun restant libre de déterminer la forme sous laquelle cette partie doit être traitée.

Là encore on retrouve la trace des idées semblables émises au Congrès si pratique de Mons, lequel dit : qu'il faut se garder de mettre les jeunes gens dans l'obligation de choisir une spécialité dès le début, et qui déjà concluait à la création d'un *enseignement général* dominant les *enseignements spéciaux*.

Travaux pratiques.

Les travaux pratiques sont le complément indispensable de l'enseignement; il ne s'agit pas, ici, seulement de la partie graphique dont les élèves doivent posséder tous les éléments à leur entrée dans les écoles d'enseignement supérieur et qui pourront être perfectionnés, mais bien de l'exécution des projets en application des cours de sciences et des manipulations diverses : Chimie, Mécanique, Électricité, essais de matériaux, etc., qui sont indispensables à tous les ingénieurs et qui sont une excellente préparation à la spécialisation. Le Congrès insiste sur la nécessité que cette partie de l'enseignement soit fortement organisée dans les écoles techniques et qu'on y consacre le plus de temps possible.

Étude des langues.

En première ligne, l'aspirant ingénieur doit posséder assez complètement sa *langue maternelle* pour être capable de rédiger un rapport d'une façon claire et précise. (On se plaint généralement, et avec raison, que cet enseignement est trop négligé dans les écoles préparatoires.) Le Congrès estime que les écoles techniques doivent être exigeantes sous ce rapport dans leurs programmes d'admission, et qu'elles doivent, en outre, développer cette connaissance au moyen de travaux spéciaux : mémoires à l'appui de projets, rapports sur visites industrielles.

En ce qui concerne les langues étrangères, on reconnaît qu'il est impossible de les enseigner dans les écoles techniques dont les programmes sont déjà fort chargés, et qu'elles doivent être enseignées dans les cours préparatoires ; il est désirable que les élèves, à leur entrée dans les écoles techniques, les connaissent assez pour être capables de lire les publications étrangères ; on leur donnera ensuite les moyens d'entretenir leurs connaissances.

On peut ajouter qu'un certain degré de culture littéraire est loin d'être inutile à l'ingénieur et qu'à notre avis il doit en être tenu compte, dans une certaine mesure, dans les conditions de l'admission aux écoles d'enseignement supérieur.

Enseignement des sciences pures.

Dans quelles conditions doit-il être donné? Faut-il séparer celui destiné aux futurs ingénieurs de celui qui est donné dans les universités aux candidats aux grades scientifiques?

Le Congrès a été unanime pour répondre affirmativement.

En effet, dans les deux cas, l'esprit de l'enseignement ne saurait être le même; d'une part, les uns ont pour but d'étudier la science pour elle-même et les professeurs peuvent se tenir à un point de vue spéculatif; les aspirants-ingénieurs au contraire ne réclament que les moyens de résoudre les problèmes de la technique et les professeurs doivent rester sur un terrain plus concret; pas de théories sans applications immédiates, mais des problèmes sur les applications techniques.

Il a semblé au Congrès que la séparation des deux enseignements s'impose; il était d'autant mieux placé pour en juger ainsi qu'en Belgique même l'expérience a été faite; il est arrivé, en effet, que pour des raisons d'ordre administratif, certaines universités donnent cet enseignement en commun à tous les étudiants, et les résultats sont tels que tous souhaitent la séparation.

Ingénieurs commerciaux.

Le Congrès a reçu les renseignements les plus intéressants en ce qui concerne la formation d'ingénieurs dits « commerciaux » qui sont préparés surtout à la carrière des affaires.

On peut admettre que de tels ingénieurs sont à même de rendre de grands services dans les banques ou les sociétés de crédit qui entretiennent généralement des bureaux techniques en vue de rechercher et d'étudier, au point de vue financier, les affaires industrielles ou commerciales; ils peuvent même remplir un rôle important dans certaines vastes entreprises comme celles que l'on rencontre en Amérique, mais ce sont des cas assez peu nombreux; les services de l'industrie en général ne sont pas organisés de la même façon. Mais il ne faut pas croire que l'ingénieur industriel puisse se cantonner exclusivement dans la technique; la question de comptabilité industrielle, de prix de revient, ne peut lui rester étrangère.

Il est tout indiqué pour apprécier la valeur d'une affaire, pour en chiffrer les bonnes ou les mauvaises chances. Le chef d'industrie doit connaître sa comptabilité, établir ses prix de revient, seul moyen de se rendre compte de la marche de ses affaires et d'en découvrir les points faibles; l'ingénieur technique, lui-même, sera mis, par son prix de revient, sur la voie de telle ou telle faute de fabrication et reconnaîtra, par son examen, sur quels points il doit plus spécialement porter son attention.

Il est donc désirable que tous les élèves des écoles techniques soient mis en mesure de comprendre et de résoudre ces questions ; pour cela, on devra leur donner les notions nécessaires de comptabilité [1], après quoi on devra, dans les cours d'application, appeler leur attention sur les prix de revient.

Durée de l'enseignement.

Une dernière question, d'un très haut intérêt, avait été posée au Congrès, dans les termes suivants :

« Combien d'années y a-t-il lieu de consacrer à l'étude du programme fondamental ? Quelle est la durée normale minimum des études complètes de chaque catégorie d'ingénieurs ? »

Le Congrès a reconnu l'impossibilité de formuler une réponse précise.

Si l'on considère, en effet, l'ensemble considérable de connaissances que doit posséder l'ingénieur appelé à diriger un grand service — quelle qu'en soit la nature — on constate qu'elles ont été acquises d'abord par l'enseignement de l'École technique et complétées ensuite au cours d'une pratique plus ou moins longue ; on se demande alors quelle est la part qui revient à l'École dans cette formation ? ce qu'elle doit donner ? où il faut l'arrêter.

Les opinions sont très partagées.

Un des trop rares congressistes qui puisse parler non pas comme professeur, mais comme ingénieur d'une vaste exploitation, a fait très judicieusement remarquer que l'élève ne *sent* pas grand'chose à l'école. C'est après en être sorti qu'il découvre réellement la valeur des sciences qui lui ont été enseignées et qu'il apprend à s'en servir.

Une assez longue expérience de la pratique industrielle nous démontre la vérité de cette observation.

Rôle de l'école.

A notre avis, le rôle de l'école est d'enseigner ce que tout ingénieur doit savoir, et qu'il ne peut pas apprendre à l'usine ; elle doit mettre le jeune ingénieur en état de compléter par lui-même les connaissances qu'elle lui a données ; il s'agit bien moins de développer l'érudition des élèves que de faire, le mieux possible, leur éducation ; par exemple : leur donner des notions sur la comptabilité et la législation industrielles, leur faire

(1) Depuis quelques années, il en est ainsi à l'École Centrale des Arts et Manufactures de Paris où, à côté des notions commerciales enseignées, il y a déjà très longtemps, dans le cours de Législation industrielle, on a créé, dès l'année scolaire 1908-1909, des conférences, confiées à un spécialiste, sur la Comptabilité industrielle et commerciale.

comprendre l'organisation et la corrélation des divers services d'une usine ou d'une exploitation, etc.

C'est ainsi que nous comprenons ce qui a été désigné au Congrès sous le titre d' « Enseignement fondamental », établi sur une base très large permettant à l'ingénieur de tout aborder, et de changer, au besoin, l'orientation de sa carrière, si les circonstances l'exigent.

Nous concevons la dernière partie de l'enseignement technique comme un commencement de spécialisation, un essai fait à l'école qui, tout en donnant à chaque élève des connaissances très utiles, lui permet de se rendre compte de ses aptitudes sans engager à fond l'avenir.

En raison des obligations militaires qui s'imposent aujourd'hui, en France, aux élèves des Écoles techniques supérieures, la durée des études devient une question très importante et il faut éviter de prolonger la durée de leur présence à l'École.

Or, dans notre pays, les élèves reçoivent, avant leur entrée dans les Écoles techniques supérieures, une très grande partie des sciences pures que l'ingénieur doit posséder; outre les études de l'enseignement secondaire, ils consacrent généralement encore deux années à la préparation du concours d'admission dans ces Écoles.

Nous disons que, dans ces conditions, on peut dans trois années donner à l'École technique : une instruction très solide suivant le programme fondamental largement conçu; une sérieuse éducation technique et un ensemble déjà intéressant de connaissances spéciales.

Muni de ce bagage, le jeune ingénieur pourra rendre rapidement des services et sera en état d'apprendre, dans quelques mois de pratique industrielle, plus qu'on aurait pu lui enseigner *dans sa spécialité*, pendant un temps plus long passé à l'école.

La pratique ne peut s'apprendre qu'à l'atelier ; comme l'a dit M. l'ingénieur Henry : « En conduisant de *vrais* ouvriers dans de *vraies* usines. »

PAUL BUQUET,
Directeur honoraire de l'École Centrale des Arts et Manufactures.

L'enseignement artistique dans les Écoles professionnelles

La *Revue de l'Enseignement technique*, qui tient à ne laisser en friche aucune partie de son vaste domaine, nous demande comment, à notre avis, les études artistiques doivent être dirigées, et quel est leur véritable rôle dans un établissement d'instruction nettement professionnel; question nettement délicate et complexe que nous nous contenterons pour aujourd'hui d'esquisser à grands traits.

*
* *

Tout homme soucieux de notre avenir, de notre prospérité nationale, applaudit à la diffusion de l'enseignement professionnel et technique qui vient, — enfin! — arracher une partie de la jeunesse moderne aux déceptions du fonctionnarisme et des carrières prétendues libérales. Les écoles se multiplient, trop lentement encore sans doute, où l'adolescence apprend à connaître, à aimer, à pratiquer effectivement le métier choisi. Mais on peut se demander si l'enseignement du dessin et des arts plastiques occupe dans ces établissements la place qui devrait logiquement lui revenir.

Pas plus que la représentation des pensées par l'écriture, la représentation des formes ne saurait être l'apanage exclusif d'une catégorie d'individus. Par l'éducation raisonnée de l'œil et de la main, le jugement s'affine et le goût s'épure ; ne sont-ce point là des qualités à développer chez tout apprenti quelle que soit la voie dans laquelle il s'engage? Ce côté de la question a été fréquemment perdu de vue ; on nous permettra de le signaler.

Voyez les Japonais : dès l'âge le plus tendre, leurs enfants apprennent à dessiner en même temps qu'à écrire. Sans doute, pour beaucoup de motifs que le lecteur suppléera aisément, les petits Nippons ne s'exercent point à copier quelque moulage grec. On exerce d'abord leur adresse au moyen de combinaisons géométriques très simples, et ces combinaisons servent plus tard de support à des figurations florales. Peu à peu, l'élève se lance dans les courbes de sentiment les plus audacieuses. Cette méthode, qui a fait des Japonais le peuple le plus artiste et le plus ingénieux peut-être du monde entier, devrait-elle être introduite dans les écoles professionnelles françaises? Certes. Et ce serait là un grand bienfait.

Jetons, en effet, les yeux autour de nous; rappelons nos souvenirs. Qu'avons-nous vraiment appris, qu'apprend-on encore dans les classes de dessin? Quelles données précises nous a-t-on fournies sur l'emploi judicieux des combinaisons de lignes et sur le caractère qui en résulte, sur l'effet qu'on peut en attendre? Et pourquoi s'hypnotiser sans cesse sur les restes mutilés de l'art antique? Notre patrimoine ne s'est-il pas enrichi des traditions sarrazines, gothiques, hispano-mauresques? La *Dame à la Licorne*, cette merveilleuse tapisserie du musée de Cluny, les velours lyonnais avec leurs exquises colorations, tout cela ne porte-t-il pas l'empreinte manifeste des influences orientales à l'exclusion de toute expression grecque ou romaine? Voilà ce que nul n'a compris au cours du siècle dernier. Et la revision fréquente des programmes accroissait périodiquement le mal ; aussi sommes-nous témoins de la décadence du dessin sous toutes ses formes. Un pareil état de choses était bien fait pour décourager le corps enseignant : situation lamentable, car un cours ne vaut que par les qualités et la valeur du maître qui le donne. Les bons maîtres de dessin, instruits, entraînés, joignant à l'adresse manuelle une élocution facile, se font de plus en plus rares. Une école spéciale assurant leur recrutement, comme l'Ecole normale, l'Ecole polytechnique, la Sorbonne préparent le recrutement du personnel universitaire, rendrait d'inappréciables services : elle n'existe pas.

L'enseignement artistique, pour être fructueux, doit être attrayant, varié, vivant. Il faut développer l'imagination de l'élève tout en la disciplinant, il faut l'entraîner progressivement à la pratique de tous les procédés d'interprétation. Les groupements géométriques, la flore, le dessin de machines (tout ceci accompagné d'aquarelle) serviront de préface aux études plus difficiles sur le plâtre, puis le modèle vivant ; et pour couronner l'œuvre entreprise, l'élève sera initié à la technique de la composition. Nous ne parlons point ici du cours dit d'esthétique tel qu'il est actuellement conçu : littérature banale bonne pour les amateurs et les oisifs. Aux futurs artisans, il faut un ensemble de données plus précises dont ils puissent véritablement tirer parti dans la pratique de leur profession.

Nous ne concevons pas d'entraînement éducatif complet sans le secours du modelage qui exerce simultanément le cerveau, l'œil et la main. L'Ecole des Beaux-Arts de Paris répond à des besoins différents : n'a-t-elle pas cependant compris elle-même l'utilité du modelage et imposé cette forme d'expression aux élèves débutants ? A plus forte raison, le futur ouvrier, le futur contremaître doivent-ils s'y adonner sous la direction du professeur.

La transformation de notre enseignement artistique s'impose donc et, comme les tâtonnements sont inévitables, elle demandera un certain temps. Désireux d'y contribuer pour sa modeste part, l'auteur de la présente étude se propose de publier bientôt un traité sur la valeur expressive des formes géométriques. Douze années de professorat lui ont fait ressentir la nécessité d'un pareil livre ; elles lui donnent, il le croit du moins, le droit d'énoncer sous sa responsabilité exclusive l'opinion exprimée dans ces quelques pages.

Nous ne voudrions pas clore ces observations, dont le lecteur bienveillant excusera le développement peut-être excessif, sans exprimer un regret : celui de constater la place par trop restreinte qui a été faite aux arts du bâtiment dans le nombre croissant des écoles spécialisées.

Il est notoire que les maçons ne savent plus appareiller les pierres, que les sculpteurs ne savent plus moulurer, que les charpentiers d'aujourd'hui ne valent pas ceux du moyen âge, que les menuisiers, les ferronniers, les plombiers, les peintres en bâtiment ont perdu les traditions qui firent la gloire de l'artisan français. Certes, les perfectionnements de la mécanique moderne réduisent l'effort dans une proportion énorme ; mais faut-il que la perte de nos qualités professionnelles devienne la rançon d'un tel progrès ? On a créé, et nous nous en réjouissons, des écoles régionales d'architecture ; n'y aurait-il pas lieu d'y joindre des écoles de métiers ? Cela nous préparerait des générations de compagnons instruits, ingénieux, dignes collaborateurs du maître de l'œuvre. Si l'on nous objecte que les écoles régionales d'architecture sont restées parfois en deçà des espérances conçues, nous répondrons qu'un tel résultat était facile à prévoir : ces écoles furent livrées dès le début aux maîtres officiels de l'enseignement classique, les programmes et les conditions des examens furent uniformes ; ainsi devait avorter cet essai de décentralisation, de rénovation des architectures de terroir. Pour les écoles de métiers, il serait bien simple d'éviter un semblable écueil.

« Le sentiment humain, dit Viollet-le-Duc, lorsqu'il est aiguisé, devient plus subtil que le calcul. Il n'est pas de machine, si parfaite soit-elle, qui atteigne la délicatesse de la main et la sûreté du coup d'œil. »

Méditons ces paroles, et ne laissons point disparaître cette supériorité individuelle de nos ouvriers qui fut autrefois sans égale. Rappelons-nous que l'étude et la pratique raisonnée des arts plastiques élèvent les esprits, affinent une race. Renouons la chaîne un instant rompue de ces saines traditions nationales ; écartons l'archéologie trop envahissante, l'influence lourde et compassée des motifs étrangers. L'avenir et la dignité des travailleurs manuels, leur accession aux degrés plus élevés de l'échelle sociale sont à ce prix. Mettre un bon et beau métier dans la main d'un homme, c'est le servir d'une manière autrement efficace que par la sensiblerie, les déclarations, les promesses d'assistance ou de retraites futures. Que la France organise largement son enseignement professionnel : les sacrifices d'argent lui seront remboursés au centuple.

Et s'il est vrai, comme on l'a prétendu, qu'un maître d'école ait jadis préparé nos défaites, c'est aux maîtres de l'enseignement professionnel que nous devrons la revanche, pacifique, mais éclatante et durable.

G. Umbdenstock,
Professeur, chef d'atelier de l'École des Beaux-Arts,
Chargé de Conférences à l'École Polytechnique.

L'Apprentissage à l'École d'Industrie

Au cours des discussions que soulève, dans la presse, le projet de loi sur l'Enseignement technique, les écoles pratiques d'industrie sont l'objet d'appréciations diverses. Les services qu'elles rendent leur ont, presque partout, assuré la faveur de l'opinion, mais elles trouvent encore des détracteurs systématiques, de même qu'elles comptent toujours des critiques de bonne foi.

Les premiers sont généralement mal renseignés sur le fonctionnement de ces écoles. Les seconds les ont vues de plus près et l'impartiale sévérité de leur jugement est plus utile pour elles que l'indifférence ou l'éloge.

Au cours d'une consultation récente, provoquée par le Ministre du Commerce et de l'Industrie, partisans et adversaires ont pu faire connaître leur sentiment, et il ressort des réponses faites un ensemble d'attestations extrêmement flatteuses pour l'enseignement professionnel.

Mon intention n'est point de les reproduire; c'est un reproche que je veux relever aujourd'hui. « Les élèves des écoles pratiques, a-t-on dit, sont habitués, par un enseignement méthodique qui a le dessin pour base, à saisir vite un travail; ils le font ensuite avec soin, mais l'exécution en est lente : ils ne sont pas entraînés en vue de la production. »

Voilà, certes, une appréciation sans parti pris et qui s'appuie sur l'observation d'un fait.

Elle est loin pourtant — dans sa partie critique, la seule que je retiens — d'avoir la force d'une vérité générale. Elle procède plutôt de l'habitude de raisonnement qui consiste à déduire du vol de la première hirondelle l'affirmation certaine du printemps.

Oui, l'on a vu des ateliers d'école pratique dans lesquels les travaux n'ont pas une allure d'activité intense. Lorsqu'on y pénètre, ce n'est point la « ruche ordonnée et laborieuse » que l'on perçoit d'un coup d'œil; ce n'est point non plus le désordre ; mais l'on remarque un flottement général, indice certain du manque de vigueur dans la direction. Il se produit là ce qui se produit dans une classe quand le maître est sans autorité, ce qui se produit dans toutes les entreprises et dans tous les organismes d'affaires lorsque le chef, n'ayant point assez d'âme pour lui-même, ne peut souffler la vie à la collectivité.

C'est là une question d'espèce et une question de personne, sur laquelle il faut se garder d'édifier une conclusion générale.

A l'honneur des écoles pratiques, il convient au contraire de reconnaître que le fait est rare. L'immense majorité s'excite au travail pratique comme s'il s'agissait chaque jour d'un prix à disputer; à telle enseigne que l'inspecteur le plus averti ne saurait distinguer, lorsqu'il approche de l'atelier, si l'entrain des marteaux révèle la composition trimestrielle ou le simple excercice journalier.

L'argument n'a donc point une base suffisamment large pour être solide.

Certains l'ont compris et ont voulu le soutenir par des considérations théoriques. « Il faut, disent-ils, l'appât du gain pour déterminer l'entraînement et la vitesse. C'est à l'usine seulement que cette condition se réalise. »

Qu'ils me permettent de leur répondre qu'une confusion s'établit dans leur esprit lorsqu'ils comparent l'apprenti de 17 ans sortant de nos écoles à l'ouvrier d'âge mûr qui a, par la longue pratique de l'atelier, atteint la plénitude de son développement. Le parallèle est sans valeur puisqu'il porte sur des éléments disparates.

Si une analogie est possible, elle existe entre les apprentis de l'école pratique et les apprentis que forme le patron.

Dans une ville que l'on pourrait citer, des concours d'apprentis ont été ouverts entre les élèves de l'école pratique et les jeunes artisans comptant un nombre égal d'années de travail dans l'industrie. Toujours les premiers l'ont emporté sur les seconds.

Enfin, est-il bien certain que le stimulant du petit salaire manque forcément à l'école pratique? Sans parler des expériences concluantes faites, sous l'intelligente impulsion de M. Labbé, dans plusieurs écoles du Nord, je crois pouvoir invoquer un exemple qui mérite d'être cité.

Voici comme l'expose le directeur : « A mon arrivée ici, j'ai été effrayé par la lenteur du travail à l'atelier. J'ai voulu y porter remède. Je me suis d'abord épuisé en conseils, mais je n'ai pas eu le bonheur de persuader de la possibilité du mieux ceux qui m'écoutaient.

« Je me suis vite convaincu qu'il fallait encercler personnel et élèves dans un organisme entraînant les uns et les autres. J'ai donc institué les *fiches de travail* et le *compte de travail* de chaque apprenti; j'ai dû moi-même m'atteler à la besogne pour obtenir la bonne tenue des feuilles. J'y suis parvenu. Pour chaque exercice d'atelier, le temps nécessaire à l'exécution est, à l'avance, déterminé. L'expérience, depuis longtemps acquise, ne laisse plus aucune place à une erreur d'estimation. Le prix de l'heure est fixé à 15 centimes pour la première année, 20 pour la seconde, 25 pour la troisième. Il est évident que l'apprenti qui fait son travail en quinze heures au lieu de vingt bénéficie de cinq heures qui lui sont comptées. Il y a quatre échelons dans la qualité. Pour la note *Très bien*, l'apprenti a le prix accordé en entier, pour la note *Bien*, les 3/4, pour la note *Passable*, la moitié; pour la note *Mal*, il n'a rien. Si le temps prévu est dépassé, la pièce est retirée, mais l'apprenti est astreint à travailler à l'atelier une heure supplémentaire chaque soir, jusqu'à ce qu'elle soit acceptée. J'ai intéressé les familles à mon système. Les fiches, contrôlées par le contremaître et par le chef des travaux, doivent être signées par les parents qui peuvent ainsi suivre le travail et qui ajoutent souvent leurs sanctions aux nôtres. Une combinaison (trop longue à exposer ici)... me permet de me rendre compte, à tout moment, de la situation de chaque élève à l'atelier, quantité, qualité, gain. La note de classement trimestriel est proportionnelle à la somme gagnée. En fin d'année, le travail est rémunéré par l'attribution à chacun du douzième du salaire qu'il mérite. Je regrette de ne pouvoir faire plus. Je quête, je quémande partout où je peux, pour augmenter la puissance de ce stimulant monnayé. Les recettes qui proviennent des travaux commandés par les industriels alimentent pour la plus grosse part la caisse des récompenses. Si l'on voulait me suivre sur ce terrain des petits salaires d'apprentis, le crédit d'entretien des bourses serait tout entier transformé et s'ajouterait à mes ressources... »

Que faut-il conclure de cette heureuse initiative ? Qu'elle devrait partout se répandre pour que, partout, s'enregistrent ses excellents résultats ? Non, car, dans certains cas, elle soulèverait des objections que l'on devine. Ce qui vaut mieux d'ailleurs que l'ingéniosité du système, c'est l'homme qui le pratique. Sans lui, il serait inefficace, et, transplanté là où manque la foi qui soulève des montagnes, il deviendrait un rouage inutile et parfois dangereux.

Ce qu'il faut en retenir, c'est que le stimulant du gain peut à la rigueur exister à l'école comme à l'usine.

Les autres éléments favorables à l'apprentissage, inhérents, dit-on, à l'atelier industriel, outillage perfectionné, travaux d'application courante, se trouvent réalisés de même à l'atelier de l'école.

Si l'on ajoute qu'ici, plus que là, l'enseignement pratique est méthodique et rationnel, qu'il est appuyé et complété par des notions scientifiques indispensables et par le dessin, que le jeune homme n'est point distrait de son métier par des occupations étrangères, si enfin l'on admet que les professeurs de tout ordre ont une autorité morale que l'on ne trouve pas toujours dans un autre milieu, il faut convenir que l'école d'industrie réunit les meilleures conditions de préparation à la vie ouvrière, et que les résultats obtenus en sont la preuve incontestable.

C. Caillard,

Inspecteur général adjoint de l'Enseignement technique.

QUESTIONS SCOLAIRES

DESSIN INDUSTRIEL (1)

DESSIN A VUE

Ce genre de dessin a pour but d'aider à la bonne exécution du croquis. Il doit donc permettre d'exercer :

1° *L'œil*, de manière à l'amener à apprécier rapidement les proportions relatives des lignes et leur mouvement, c'est-à-dire leur degré d'inclinaison par rapport à l'horizontale et à la verticale, toutes choses qui se ramènent en définitive à une évaluation de rapports ;

2° *La main*, par la reproduction directe, c'est-à-dire sans le secours d'aucun instrument, de ce que l'œil a su observer.

(1) Voir *Revue de l'Enseignement Technique*, n° 1, p. 24.

Or, ce double but peut être atteint par l'étude des figures ornementales à deux dimensions. Il n'est donc pas nécessaire d'aborder l'étude des objets en relief, c'est-à-dire la perspective d'observation qui est difficile à enseigner et qui n'a pas d'application industrielle.

Programmes de dessin à vue.

Tracé de lignes horizontales, de lignes verticales; division de ces lignes en parties égales. Tracé de lignes de longueurs données, de longueurs dans un rapport simple donné.

Reproduction et évaluation des angles.

Tracé du carré; diagonales, lignes ornementales géométriques inscrites dans un carré.

Rectangles; évaluation du rapport des côtés. Triangles et losanges. Applications de ces figures géométriques à des ornements simples.

Tracé de la circonférence; circonférences concentriques. Polygones réguliers inscrits. Polygones étoilés. Rosaces et ornements divers dans un cercle.

Tracé de l'ellipse et applications.

Tracé de la spirale et de la volute. Applications de ces courbes dans les enroulements. Applications ornementales empruntées au règne végétal.

Exécution des dessins. — Ces exercices seront exécutés entièrement au crayon mine de plomb. Les parties teintées seront obtenues à l'aide de hachures simples ou croisées et non par un *frottis*. Les hachures sont un excellent exercice pour donner de la souplesse à la main en vue du croquis.

Modèles. — L'étude des figures à deux dimensions se fera à l'aide de modèles empruntés au genre dit de la *plate peinture*, c'est-à-dire à cette partie de la décoration qui procède par lignes et par tons plats, sans relief ni ombre.

Tout en s'inspirant des bons spécimens de l'art décoratif ces modèles doivent avant tout être méthodiques, c'est-à-dire de difficulté progressive.

Quelques-uns pourront être exécutés au tableau, par phases successives, devant les élèves, ceux-ci suivant le professeur, trait à trait, jusqu'à la fin. Ce procédé est bon pour faire connaître aux débutants la marche à suivre dans l'exécution d'un dessin. Mais il ne suffit pas par lui-même : il faut que les élèves sachent aussi analyser un ensemble, c'est-à-dire un modèle préparé d'avance au tableau ou mieux sur de grandes feuilles murales qui ont l'avantage de servir indéfiniment.

Ces feuilles, ayant environ 1 mètre dans leur plus grande dimension, seront collées sur toile et munies, pour rester toujours tendues, de tringles de bois le long des bords supérieur et inférieur. On les accrochera, au mur ou au tableau, dans l'axe du groupe des élèves, ceux-ci étant disposés sur des rangs parallèles au modèle, à raison de quatre ou cinq au plus par rang, afin d'éviter les déformations perspectives qui sont la conséquence des vues obliques. Cette condition est importante si l'on veut que la leçon conserve toute sa portée. Avec les classes nombreuses, et quand la salle manque de la profondeur nécessaire, la chose n'est pas toujours possible. On crée alors deux axes de symétrie et on met un modèle dans chaque axe. Mais comme il faut à tout prix que l'enseignement reste collectif, il est nécessaire que ces modèles soient identiques ou que l'un d'eux soit l'esquisse ou la préparation de l'autre.

Dessin de mémoire. Exercices de composition. — Il est très utile que les élèves soient astreints à faire de mémoire, au début d'une classe, le croquis rapide du dessin qui a été remis à la dernière leçon. Cet exercice sera comme la sanction du travail précédent, en ce sens que l'élève s'en tirera d'autant mieux qu'il aura fait de son modèle une observation plus méthodique.

On fera bien aussi de faire exécuter de temps à autre de petits exercices de composition sur un schéma que le professeur tracera au tableau.

Etude des projections.

Part qu'il convient de faire a cet enseignement. — Nos élèves n'étant destinés à devenir des charpentiers ou des tailleurs de pierre que dans une très faible proportion, un cours de géométrie descriptive, au sens propre du mot, ne leur est pas indispensable. Il suffit qu'ils connaissent de la descriptive ce qu'on en applique dans le cours de dessin, c'est-à-dire les principes de la méthode des projections relatifs au point, à la ligne, aux surfaces et aux solides géométriques simples.

En dehors de ces applications auxquelles se ramènent à peu près toutes les formes étudiées en dessin, il ne se produira guère que trois ou quatre cas particuliers de section plane ou d'intersection de surfaces donnant lieu à une épure d'ailleurs très simple. Ce sont : la *section hyperbolique du cône* dans le tracé de l'écrou, la *section plane d'une surface révolution* dans une tête de bielle et dans une manivelle, *l'intersection de deux cylindres ou d'un cylindre et d'un cône* dans la rencontre de deux tubulures.

Il n'est donc point nécessaire de s'être assimilé tout un cours de géométrie descriptive pour arriver à résoudre ces petites difficultés alors qu'une courte explication du professeur, donnée à propos, peut y suppléer, d'autant que les courbes obtenues dans ces divers cas se remplacent en dessin par des arcs de cercle.

Méthode. — Il suffira donc que le professeur s'attache à bien faire comprendre au début du cours comment s'obtiennent les projections du point, de la droite, des surfaces planes et des principaux solides géométriques, cube, prisme, pyramide, cylindre, cône et sphère. A cet effet, il fera construire à l'atelier de l'école un système de quatre planchettes assemblées à charnière deux à deux et représentant les divers plans de projection. Les droites considérées seront figurées par des tringles de métal sur lesquelles coulisseront de petites sphères représentant les points. Les surfaces seront construites en tôle et les volumes en fil de fer. On fixera les uns et les autres dans la position voulue par rapport aux plans de projection à l'aide d'une pince reliée elle-même à l'une des planchettes.

En matérialisant ainsi l'enseignement on le rendra accessible aux élèves les moins doués. Le professeur s'abstiendra d'ailleurs de donner les démonstrations théoriques, il se bornera à faire constater.

Ces notions sur les projections et les nombreuses figures qu'elles comportent ne feront pas l'objet de notes prises par les élèves pendant la classe, ce qui entraînerait une perte de temps sensible. A défaut d'un manuel convenant à cette partie du cours, le maître résumera ses leçons sur des feuilles autographiées qu'il remettra à ses élèves.

Chaque exercice d'application fera l'objet d'un exposé et sera suivi de nombreuses interrogations. On s'assurera ainsi qu'il a été bien compris. Il donnera lieu ensuite à une épure que l'élève exécutera au crayon sur son carnet de croquis et avec l'aide des instruments. La mise à l'encre se fera à main levée afin d'aider à l'éducation de la main.

Une conséquence immédiate de ce qui vient d'être dit, c'est que l'étude simultanée du premier et du cinquième livre de géométrie facilitera l'enseignement du dessin, car les élèves se trouveront amenés de bonne heure à lire dans l'espace et par suite à comprendre un croquis plus facilement.

Le croquis coté.

Son caractère éducatif. — Le croquis constitue la branche la plus importante du dessin. C'est d'ailleurs, à tous les points de vue, un excellent exercice pédagogique, capable, s'il est répété souvent, de contribuer dans une large mesure au développement de l'intelligence technique et à l'instruction professionnelle de nos élèves, tout en assurant l'éducation rapide de l'œil et de la main. Car il importe de ne pas perdre de vue que la première qualité d'un croquis, c'est d'être un document complet, c'est-à-dire donnant clairement tous les éléments nécessaires à la réalisation de l'objet représenté. Un tel dessin devra donc faire connaître les formes, les dimensions, les matières constitutives, les conditions d'usinage et le nombre des pièces à fabriquer.

Pour atteindre ce but, il faudra, si le modèle proposé aux élèves est susceptible d'être démonté en plusieurs parties, que l'élève fasse lui-même ce démontage et qu'il étudie et représente chaque pièce comme si elle était seule. Ce n'est qu'à cette condition qu'il pourra acquérir une connaissance complète de son modèle.

La leçon de croquis. — Chaque exercice (pièce d'outillage, organe de machine, etc.) fera l'objet d'une leçon orale comprenant deux parties : la technologie du modèle et des indications pour la bonne exécution du croquis.

a) *Technologie du modèle.* — Faire la technologie du modèle, c'est lui donner son nom, le situer par rapport à l'appareil auquel il appartient, indiquer son rôle, sa fonction, nommer les pièces qui le composent, décrire leurs formes géométriques, leur composition, leur rôle.

Ces premières explications données, le professeur fait connaître comment le modèle a été construit à l'atelier, quelles sont les matières, les outils, les machines qui sont intervenues dans sa fabrication; il peut même faire la critique des formes et reconnaître si l'objet a été bien ou mal conçu, bien ou mal exécuté.

Le professeur accompagne ses explications de figures au tableau, et, pour tenir ses élèves en éveil, il les questionne adroitement de manière à leur faire découvrir par eux-mêmes le plus possible des notions qu'il désire leur faire acquérir. Quelques notes sommaires dictées résument la leçon et ces notes sont reproduites sur le carnet de croquis.

b) *Modèles.* — Les seuls modèles convenant au croquis sont les modèles en relief, mais ils devront remplir les conditions suivantes :

1° Être intéressants et instructifs pour les élèves;

2° Posséder des formes bien étudiées et des proportions faciles à mesurer (éviter, au début surtout, les modèles à formes indécises, à détails minuscules, difficiles à coter) :

3° Être exécutés avec le plus grand soin, en vraie grandeur et, autant que possible, en mêmes matières que l'original ;

4° Être assez nombreux du même type pour que l'enseignement reste collectif et que chaque élève puisse prendre son croquis, sans être gêné par ses voisins.

Ces considérations serviront de guide dans l'établissement de la série de modèles à réserver au croquis, série qui n'a pas besoin d'ailleurs de comprendre un très grand nombre de types différents si l'on sait bien s'en servir.

Voici, par l'exemple d'un *presse-garnitures*, le parti que l'on peut tirer d'un modèle.

La *bride du chapeau* fournira, au cours de la première année, l'application d'un tracé géométrique (si elle est circulaire : division de la circonférence en parties égales ; si elle est en losange : tracé de tangentes communes à deux circonférences, etc.). La *douille* et le *faux-grain* feront chacun l'objet d'un exercice simple de croquis coté. Il en sera de même du *chapeau* et de la *boîte à bourrage*. Enfin, les *boulons de serrage* constitueront une application des vis et des écrous.

Les élèves pourront ainsi représenter en temps opportun et dans un ordre de difficulté croissante toutes les parties constitutives du presse-garnitures, dont ils pourront faire un ensemble à la fin de la deuxième année.

En dehors des modèles mis à la disposition des élèves, il sera bon, lorsqu'il s'agira d'un objet ayant subi au cours de sa fabrication des transformations importantes, que le professeur dispose pour ses explications d'un spécimen de l'objet à chacune des étapes de sa fabrication. Si ce dernier est venu de fonderie, par exemple, il sera très utile de pouvoir montrer aux élèves :

le modèle en bois avec ses boîtes à noyau s'il y a lieu;

le modèle brut de fonderie ;

le modèle tracé et préparé en vue de l'usinage;

enfin le modèle terminé.

Ajoutons, pour compléter cette question du matériel nécessaire aux leçons de croquis, qu'il est également désirable que le professeur puisse appuyer ses explications sur la manière de coter — opération la plus importante et la plus difficile du croquis — à l'aide d'un *marbre* installé à demeure dans la salle de dessin et muni des instruments de traçage en usage dans l'atelier.

c) *Conseils pour la bonne exécution du croquis.* — La technologie du modèle terminée, le professeur passera en revue les différentes phases de l'exécution du croquis : choix des vues, mise en feuille, esquisse, tracé définitif, préparation des cotes, mesure, inscription et vérification des cotes, indication des parties usinées, disposition et inscription des titres, nomenclatures, légendes explicatives. Il donnera sur chacun de ces points les explications que comporte le modèle.

Là encore, à défaut d'un bon manuel, le professeur remettra à ses élèves un texte autographié qui leur rappellera que les instructions relatives à l'exécution d'un croquis ont un caractère général et qu'elles s'appliquent dans tous les cas.

Pendant que les élèves travaillent à leur croquis, le professeur circule au milieu d'eux pour s'assurer que ses instructions sont appliquées. Il donne des conseils individuels, signale les défauts les plus saillants et revient au besoin sur certaines observations générales qui n'auraient pas été suffisamment comprises.

d) *Correction des croquis.* — Chaque croquis devra nécessairement être corrigé avant que l'élève ait à l'utiliser pour une mise au net. Comme on l'a déjà dit, cette correction, pour être fructueuse, doit être faite devant le modèle en relief et en présence de l'élève.

Tracés géométriques.

Il faut entendre par là les principales constructions géométriques que l'on applique le plus souvent, soit dans les mises au net, soit à l'atelier, dans le traçage des pièces au marbre, dans la construction des gabarits, etc.

Pour rendre ces exercices aussi intéressants et aussi profitables que possible, il sera bon de faire suivre chacun d'eux d'une de ses principales applications au dessin ou à l'atelier. Ainsi les *congés* qui servent à raccorder entre elles, soit deux droites, soit une droite et une circonférence, soit deux circonférences, pourront être suivis, pour le premier cas, du dessin d'un tuyau simplement coudé, pour le deuxième cas, du dessin d'un fragment de tête de bielle brute ou d'une tête de clé à écrou, et pour le troisième cas, d'un fragment de tuyau doublement coudé ou d'une poignée de varlope.

Ces exercices de tracés géométriques ne donnant lieu qu'à des figures relativement simples, il n'est pas nécessaire que le professeur les prépare à l'avance sur des feuilles murales. Les élèves comprendront mieux les constructions parce qu'ils en saisiront la marche si le maître prend la peine de construire la figure au tableau au fur et à mesure qu'il l'explique.

Mise au net ou rendu.

Son utilité. — Nous avons dit que le croquis, pour être aussi profitable que possible, devait conduire l'élève, par voie d'*analyse*, à faire le démontage de son modèle et lui permettre d'en représenter séparément chacune des parties.

La mise au net fournit l'occasion de résoudre le problème inverse, c'est-à-dire qu'étant donné un objet représenté par le croquis coté de ses différentes parties considérées isolément, il s'agit de représenter dans un dessin d'ensemble cet objet tout monté, autrement dit faire la *synthèse* du modèle.

Evidemment, ce second travail ne pourra être mené à bien que si le premier constitue par lui-même un document complet. Si des cotes, par exemple, ont été oubliées dans le croquis, le dessin d'ensemble deviendra impossible.

Ainsi envisagée, la mise au net devient comme la sanction du croquis, et elle constitue un travail intelligent et instructif au même titre que ce dernier qu'elle complète de la manière la plus heureuse.

Le rendu est encore utile à d'autres points de vue : il donne une idée plus exacte des formes et des dimensions de l'objet que ne peut le faire le croquis et il permet ainsi des rectifications avant l'exécution à l'atelier. Il habitue enfin le dessinateur à la précision.

La leçon de rendu. — Les élèves ont acquis par le croquis une connaissance technologique complète de leur modèle; il n'y a donc pas lieu d'y revenir. Le professeur se bornera à donner des explications relativement à la construction et au choix des échelles (s'en tenir exclusivement à celles qui sont en usage dans l'industrie, au choix des vues, à leur mise en place dans la feuille, à l'esquisse au crayon et au tracé définitif de chacune de ces vues. Il sera ainsi amené à indiquer quelles sont les conventions suivies dans les bureaux d'études de l'industrie au sujet du trait (fin, fort, moyen), des parties cachées, des teintes et hachures conventionnelles, des indications d'usinage, des lignes de cotes, de l'écriture des cotes, titres et légendes explicatives, etc.

De même que pour le croquis, le professeur fera bien, pour gagner du temps et s'éviter de nombreuses redites, de remettre aux élèves un résumé de ces instructions afin que chacun puisse s'y reporter au cours de son travail et prenne rapidement l'habitude d'en faire seul l'application.

Pendant que les élèves seront occupés à leur rendu, le professeur circulera au milieu d'eux et leur donnera les conseils individuels nécessaires. Il s'efforcera surtout de donner à chacun des habitudes de propreté, d'ordre et de méthode dans le travail qui seules permettent de dessiner à la fois *vite* et *bien*.

Correction des dessins. — Indépendamment de ces corrections individuelles faites au cours de l'exécution, il sera fait une correction finale dans laquelle le professeur signalera à chaque élève les fautes de toutes sortes que présente son travail.

Proportion des croquis et des rendus. — Le croquis est, de tous les exercices de dessin, le plus utile à nos élèves. Il importe donc d'y consacrer le plus de temps possible tout en réservant une place raisonnable au rendu. La proportion de trois croquis pour un rendu nous paraît être la meilleure.

Quand un croquis ne devra pas être suivi de sa mise au net, il sera nécessaire de faire compléter l'étude par un croquis schématique de l'ensemble de l'organe ou de la machine sur lequel on indiquera les cotes nécessaires au montage.

Lecture des dessins.

Son utilité. — Les exercices de croquis et les mises au net qui les suivent, si instructifs qu'ils soient et bien que conduisant à la lecture d'un dessin, ne suffisent pas encore à la préparation professionnelle de nos élèves qui se trouveront fréquemment en présence de la question suivante :

État donné un dessin d'ensemble, se rendre compte des formes et dimensions des différentes parties et exécuter le croquis d'une ou plusieurs de ces parties.

Or, ce n'est que par des exercices nombreux qu'on arrive à résoudre rapidement ce problème. Il est donc indispensable que le cours de dessin comprenne des exercices de lecture.

Méthodes. Modèles. — Ces exercices alterneront avec le croquis et la mise au net et commenceront dès le début du cours, à l'occasion de l'étude des projections. Après avoir trouvé les projections du point, de la droite, etc., l'élève sera tenu de faire l'opération inverse, c'est-à-dire d'indiquer dans l'espace la position d'un point, d'une droite, etc., définis par leurs projections. Dans la recherche des formes, tout revient, en effet, à se figurer dans l'espace les positions des points, des lignes, des surfaces ou des volumes dont on se donne les projections.

Si les élèves ont été rompus à ces premiers exercices, la suite du cours en sera beaucoup facilitée.

On se servira pour les exercices de lecture, soit de modèles muraux à grande échelle, soit de modèles graphiés individuels. Il sera bon au début de s'aider également du modèle en relief de l'objet considéré et d'obliger l'élève à suivre avec une baguette sur le dessin d'ensemble le contour apparent de l'élément considéré.

Indépendamment du problème type énoncé plus haut, les exercices de lecture pourront encore revêtir les formes suivantes :

1° *Étant donné un dessin d'ensemble, faire le rendu des pièces détachées, en établir la nomenclature et donner toutes les indications nécessaires à la fabrication (nombre de pièces identiques, matières à employer, indications d'usinage, etc.)*;

2° *Étant donné un dessin comprenant deux vues d'un objet, en dessiner une troisième ou une coupe passant par une région déterminée*;

3° *Étant donnée la perspective cavalière cotée d'un objet, exécuter le croquis, soit de l'ensemble, soit des détails, comme si on avait la pièce sous les yeux.*

L'exercice de lecture peut encore être envisagé indépendamment de l'exercice de croquis ou de rendu qui lui fait ordinairement suite et qui en est la sanction. Ainsi on peut se contenter, pour gagner du temps et effectuer un plus grand nombre d'exercices, de faire la lecture en commun à l'aide d'un modèle mural, chaque élève interrogé étant tenu de définir oralement la forme de l'élément considéré.

E. Labbé,
Inspecteur général de l'Enseignement Technique.

A. Druot,
Directeur de l'École Nationale Professionnelle d'Armentières.

ENSEIGNEMENT MÉNAGER (1)

DE L'ALIMENTATION *(suite)* (2).

II. — Calcul des rations alimentaires.

Le bilan de l'alimentation de l'homme et des animaux peut se déduire, disait Berthelot, de la connaissance des phénomènes nutritifs et de la composition des aliments. C'est là une question résolue puisqu'on sait aujourd'hui quelle nourriture il convient de donner à un individu pour entretenir ses forces, selon la nature de ses occupations, sans qu'il en résulte ni un déficit alimentaire amenant un affaiblissement progressif, ni un excédent produisant le trouble et la maladie.

L'établissement du bilan alimentaire apparaît dès lors comme un simple problème de comptabilité où s'inscrit, d'un côté, l'énergie nécessaire aux fonctions vitales, représentée par une dépense exprimée en calories, de l'autre, la production de ces mêmes calories par un poids déterminé d'aliments de composition connue : la balance entre le *doit* et l'*avoir* correspond à un état normal de la santé.

Étant incombustibles, les substances minérales de nos aliments ne sauraient entrer dans un calcul de calories; mais comme elles sont indispensables à la constitution de nos tissus, elles feront l'objet d'un compte à part.

(2) Voir *Revue de l'Enseignement Technique*, n° 2, p. 65.

Quantum d'aliments minéraux. — Le plus important des aliments minéraux est l'*eau* qui forme les 3/4 du poids des organes chez l'enfant, et les 2/3 chez l'adulte.

Un ouvrier vigoureux, de poids moyen, perd journellement par la respiration, la transpiration, les urines, etc., de 2 kg. à 2 kg. 1/2 d'eau s'il reste en repos, et 1/2 kg. de plus quand il travaille modérément; les aliments organiques fournissent les 2/3 de cette eau; les boissons apportent le reste qu'il est facile de déterminer en volume, pour chacun.

Les autres substances minérales, chlorures, phosphates, etc., dont nous ne saurions nous passer pour la formation, le développement et l'entretien de notre organisme, sont contenues dans les aliments ordinaires, en quantités souvent minimes, mais généralement suffisantes. Elles pourront donc être négligées dans le calcul du bilan alimentaire, du moins dans celui de la ménagère.

Composition des aliments usuels. — Elle est donnée dans le tableau ci-contre avec le nombre de calories utilisables pour 100 grammes des principales denrées alimentaires telles que le fournisseur les livre.

La quantité de chaleur produite par un aliment usuel est nécessairement égale au total des calories dégagées par chacun des aliments simples qui le constituent. Ces derniers sont de trois sortes comme on l'a déjà dit : les *albuminoïdes*, les *hydrates de carbone* donnant environ 4 calories par gramme, et les *graisses* qui en donnent le double.

Les nombres inscrits dans la colonne VII ont été déterminés expérimentalement par plusieurs savants : on peut les reconstituer, pour toute substance alimentaire de composition connue, en multipliant par 4 les chiffres des colonnes II et III, par 8 ceux de la colonne IV et en faisant la somme des trois produits obtenus. On obtiendra une plus grande approximation en substituant aux chiffres 4 et 8, qui ne sont que des à peu près, les nombres ci-après de calories dégagées par la combustion de *100 grammes* de chacun des aliments simples correspondants :

Albumine (blanc d'œuf privé de ses 86 °/₀ d'eau).	370	calories.
Hydrates de carbone (fécule ou amidon secs, sucre pur)	390	—
Graisse (huile d'olive ou saindoux purifié) . .	860	—

Voici deux exemples de ce calcul :

100 gr. de lait de vache donnent $\frac{(370 \times 3) + (390 \times 5) + (860 \times 4)}{100} = 65$ calories;

100 gr. de pain de froment donnent $\frac{(370 \times 9) + (390 \times 53) + (860 \times 1))}{100} = 248^{\text{cal.}\,60}$.

Pour la pratique, les chiffres sont arrondis; on remarquera, en effet, que tous ceux de la colonne VII se terminent par 0 ou 5 : c'est une approximation suffisante. Du reste, les nombres donnés par l'analyse chimique varient avec la qualité d'une même sorte d'aliments : tel pain blanc contient moins de 9 °/₀ de gluten, parfois 7 seulement; tel autre, plus de 53 °/₀ d'amidon, etc. On a donc dû prendre des moyennes; encore celles-ci diffèrent-elles, d'un auteur à l'autre, souvent de plusieurs centièmes. Quoi qu'il en soit, les renseignements contenus dans le tableau ci-contre permettent d'établir rationnellement les quantités d'aliments devant composer un repas, c'est-à-dire le MENU.

Comment on applique les données du tableau. — Les menus des restaurants se bornent à indiquer la nature et le prix des plats ou mets offerts à la clientèle pour composer ses repas. Ceux de la ménagère dont la comptabilité est ordonnée — ce qui est rare — doivent surtout renseigner sur les quantités de denrées à acquérir et sur leurs prix.

La maîtresse de maison se préoccupe du menu d'un seul repas lorsqu'elle reçoit des invités; en temps ordinaire, elle recherche les moyens d'équilibrer les repas de toute une journée, ou même d'une semaine entière, de façon à fournir aux siens, dans les meilleures conditions d'économie, une nourriture appétissante, substantielle et suffisamment abondante pour subvenir aux exigences physiologiques de chacun.

Deux façons de procéder se présentent ordinairement :

1° Ou bien la ménagère doit tout acheter pour réaliser le menu qu'elle imaginera ou qu'elle empruntera soit à un livre de cuisine, soit à un carnet de notes ;

2° Ou bien elle possède déjà une partie des aliments à préparer, soit qu'elle les tire de son jardin, de sa basse-cour, etc., soit qu'elle puisse se les procurer dans des conditions avantageuses; et alors elle recherchera, au moyen du tableau ci-contre ou d'un autre analogue, la nature et la quantité des denrées à acheter pour mettre son menu en équilibre alimentaire.

1er CAS : *Vérification d'un menu.* — L'exemple suivant tiré de notes d'inspection concerne une école nationale professionnelle (Armentières); les quatre repas étaient ainsi composés, pour une journée prise au hasard :

Déjeuner : 7 h. 1/2 : Café au lait, pain et beurre.

Dîner : midi : Soupe aux haricots, bœuf rôti, pommes au jus, figues.

Goûter : 4 h. : Pain sec.

Souper : 8 h. : Veau rôti, lentilles lyonnaises.

Voici la nature, la quantité et les prix de revient des denrées consommées pendant cette journée, ainsi que les nombres de calories utilisables qu'elles ont dû fournir, le tout compté pour 10 élèves de quatorze à seize ans.

		ALBUMINOÏDES	HYDRATES de carbone	GRAISSE	CALORIES utilisables	PRIX de revient
		—	—	—	—	—
Pain blanc ordinaire . . .	6 kg »	540	3.180	60	15.000	fr. 2,10
Viande { bœuf.	1,500	210	»	315	3.500	2,25
Viande { veau	1,500 (1)	240	»	90	1.650	3, »
Lentilles 500 gr., haricots.	0,500	220	600	20	3.320	0,50
Pommes de terre.	2,500	50	375	»	1.650	0,25
Carottes, navets, oignons, condiments, etc.	0,250	2	20	»	80	0,25
Figues séchées.	0,250	10	170	5	750	0,20
Beurre fondu.	0,250	»	»	240	2.000	0,75
Lait de vache	1 lit. 1/2	45	75	60	950	0,30
Café, chicorée, sucre. . .	0,200	33	110	»	500	0,50
Bière faible (l'alcool 2 % compté en hydrates) . .	10 litres.	»	500	»	2.000	1,00
		1.350	5.030	790	31.400	11,10
Correspondant à calories . .		*5.000* +	*19.600* +	*6.800* =	*31.400*	

Soit, par individu, 3.140 calories coûtant 1 fr. 11, non compris les frais généraux.

(1) Y compris 125 grammes d'agneau pour les lentilles lyonnaises.

COMPOSITION DES PRINCIPAUX ALIMENTS

Chaleur produite par leur combustion, évaluée en calories,

		DÉSIGNATION DES DENRÉES ALIMENTAIRES Les chiffres ci-contre sont des moyennes se rapportant à 100 grammes de chacune, telle que la livre le fournisseur.	DÉCHETS (1) I	ALBUMINE II	HYDRATES de carbone III	GRAISSE IV	EAU V	SELS (2) VI	CALORIES (3) utilisables VII
ALIMENTS D'ORIGINE ANIMALE	*Viande de boucherie*	Bœuf gras	21	14	»	21	43	1	235
		Veau maigre	23	16	»	6	54	1	110
		Gigot de mouton	18	14	»	15	52	1	175
	Viande de porc	Jambon frais	11	14	»	26	48	1	275
		Lard salé	1	2	»	86	7	1	750
	Volailles	Grasses : oie, dinde, poularde	19	20	»	30	30	1	330
		Maigres : poule	23	16	»	10	50	1	145
	Poisson	Gras : anguille de rivière, saumon	28	13	»	8	50	1	120
		Maigre : brochet, sole, raie, morue	42	11	»	2	44	1	60
		Beurre frais	»	2	»	86	10	2	750
		Lait de vache (qualité ordinaire)	»	3	5	4	87	1	65
	Fromages	Gervais	»	14	»	42	42	2	410
		Brie, Camembert	5	19	1	26	45	4	300
		Gruyère, Port-Salut	3	30	2	30	30	5	375
		Œufs de poule (50 gr. l'un)	10	13	»	10	66	1	135
ALIMENTS D'ORIGINE VÉGÉTALE		*Pain* de froment ordinaire	»	9	53	1	36	1	250
		Pâtes alimentaires : macaroni, vermicelle	»	13	74	1	11	1	345
		Tapioca	»	1	88	»	11	»	350
		Riz mondé	»	8	79	»	12	1	335
		Pommes de terre	20	2	15	»	62	1	65
		Carottes	20	1	10	»	68	1	40
		Navets	30	1	6	»	62	1	25
		Légumes secs : haricots, pois, lentilles	»	22	60	2	13	3	330
		Légumes verts : pois, haricots écossés	»	7	18	1	73	1	105
		Haricots verts en gousses	11	2	7	»	79	1	35
		Choux : milan, cabus, choux-fleurs	25	2	5	»	67	1	25
		Epinards	17	2	3	»	76	2	20
		Salade : laitue, chicorée, endive	15	2	2	»	81	1	15
		Salade assaisonnée (100 gr. en tout)	»	2	2	30	63	3	275
	Fruits	Poires, pommes fraîches	16	1	12	»	70	1	50
		Abricots, figues, raisins secs	2	4	69	2	20	3	300
		Noix, noisettes, amandes	53	7	6	30	3	1	310
		Marrons, châtaignes	16	5	35	5	38	1	200
		Café torréfié (100 gr. pour 5 tasses)	75	3	13	(4)	»	4	80

Vin, bière, cidre. — La combustion (lente ou vive) d'un gramme d'alcool produisant 7 calories, 100 grammes de vin, soit 1 décilitre, à 8 % d'alcool, fourniront 56 calories. La même quantité de bière moyenne donne 45 calories dont 25 dues à l'alcool, le reste à la dextrine, etc. Le cidre de bonne qualité renferme, en moyenne, 3 % d'alcool, et de 1 à 2 % de sucre, ce qui correspond à 25 ou 30 calories.

(1) Ce qu'on rejette comme non comestible.
(2) Toute quantité de sels ou cendres comprise entre 0,5 et 1,5 a été comptée pour 1.
(3) Chiffres arrondis.
(4) Huile essentielle.

Etant donné qu'il s'agit de jeunes gens en pleine croissance, travaillant aux ateliers cinq ou six heures par jour, le nombre de calories n'est pas exagéré : les hygiénistes admettent, dans ces conditions, le chiffre moyen de 60 calories par kilogramme corporel.

Le rapport entre le poids des aliments quaternaires (albuminoïdes) et celui des aliments ternaires (hydrocarbonés et gras) appelé ***rapport nutritif*** ou ***relation nutritive*** a une grande importance au point de vue de l'hygiène alimentaire. Il est avantageux, *cela résulte de l'observation des faits*, que ce rapport ne soit pas supérieur à 1/4 ni inférieur à 1/5, c'est-à-dire qu'il reste compris entre 0,25 et 0,20; il est bon aussi que le poids d'albumine animale ne dépasse pas celui d'albumine végétale.

Le menu d'Armentières remplit ces conditions : albumine, 1.350, dont 495 animale;

$$\textit{Rapport nutritif}\ \frac{1.350}{5.030 + 790} = 0{,}23.$$

Au lieu du rapport 1 : 0,23, on pourrait prendre aussi bien, comme relation nutritive, le rapport inverse, 0,23 : 1, ou bien 1 : 4,3, l'unité représentant le poids de l'albumine, au lieu de représenter celui des aliments ternaires; c'est affaire de convention.

2ᵉ CAS : ***Établissement d'un menu.*** — Supposons qu'on veuille déterminer le poids des aliments que consommera, pendant une semaine, une famille composée de quatre personnes : le père, employé sédentaire pesant 75 kg., la mère, 60 kg., les deux enfants, 65 kg., soit, en tout, 200 kg. Le nombre de calories utilisables à fournir chaque jour, par kilogramme corporel, étant, comme on l'a dit précédemment, de 35, le total, pour sept jours, sera de :

$$35 \times 200 \times 7 = 49.000 \text{ calories.}$$

La consommation des principales denrées achetées est, pour ainsi dire, connue d'avance, le carnet de la ménagère le révèle chaque semaine; ce sera, par exemple, dans le cas présent : 7 kg. de pain, 3 kg. de viande de boucherie, 7 litres de lait et 500 grammes de fromage; on aura prélevé en outre, sur les provisions acquises en gros : 750 grammes de jambon et lard salés, 5 litres de vin, 500 grammes de sucre, autant de beurre ou graisse et une douzaine d'œufs. Les légumes et les fruits proviennent du jardin.

Un calcul analogue à celui du menu d'Armentières déterminera d'abord le nombre de calories fournies par les produits achetés; il permettra en outre d'établir le rapport nutritif afin de pouvoir le modifier, s'il y a lieu, dans l'apport des produits du jardin. Voici ce calcul :

		ALBUMINOÏDES	HYDRATES de carbone	GRAISSE	CALORIES utilisables	PRIX de revient
Pain blanc ordinaire . . .	7 kg »	630	3.700	70	17.500	fr. 2,45
Bœuf, mouton, veau . . .	3 »	450	»	420	5.300	4,50
Porc salé (lard et jambon)	0,750	60	»	420	3.600	0,75
Graisse (beurre, saindoux, huile)	0,500	»	»	480	4.000	1,30
Lait de vache (7 litres) . .		210	350	280	4.500	1,40
Fromage (brie ou camembert).	0,500	100	»	130	1.500	0,40
A reporter		1.450	4.050	1.800	36.400	10.80

		ALBUMINOÏDES	HYDRATES de carbone	GRAISSE	CALORIES utilisables	PRIX de revient
Report		1.450	4.050	1.800	36.400	10,80
Œufs (la douz.).		80	»	60	800	1,20
Sucre (+ café, chicorée) .	0,600	70	500	»	2.000	0,80
Vin à 8° (l'alcool évalué en hydrates)	5 litres.	»	700	»	2.800	1,20
		1.600	5.250	1.860	42.000	14,00

$$\textit{Rapport nutritif}\ \frac{1.600}{5.250+1.860}=0{,}225.$$

Il manque 7.000 calories (49.000 — 42.000) qui seront demandées aux légumes et aux fruits. En considérant les données correspondant à ces denrées dans le tableau de la page 167, on pourra, par tâtonnement, établir la répartition indiquée ci-après. Le rapport nutritif calculé pour chaque substance facilitera le travail : il est inscrit dans la dernière colonne. Les trois premiers nombres sont supérieurs, les autres inférieurs au chiffre normal, lequel est compris entre $\frac{1}{5}$ et $\frac{1}{4}$ ou, en fractions décimales, entre 0,20 et 0,25. Ce qu'il s'agit d'obtenir, c'est la balance entre les différences par excès, d'un côté, et par insuffisance, de l'autre.

		ALBUMINOÏDES	HYDRATES de carbone	CALORIES utilisables	RAPPORT nutritif
Légumes herbacés (choux, épinards, etc.)	2 kg. »	40	100	500	0,400
Légumes verts (pois, haricots écossés)	0,500	35	90	500	0,390
Légumes secs (pois, haricots, lentilles, etc.)	0,500	110	300	1.650	0,370
Pommes de terre.	5 »	100	750	3.250	0,133
Carottes, navets, oignons, etc.	0,500	5	40	180	0,125
Fruits frais (pommes, poires, etc.)	1 kg. »	10	120	520	0,083
Salade assaisonnée (huile, 40 gr.) . . .		5	5	400	0,111
		305	1.405	7.000	0,215
Ajoutant les totaux précédents		1.600	5.250	42.000	**0,225**
			+ 1.860		
On trouve finalement		1.905	8.515	49.000	**0,223**

Le rapport nutritif de l'ensemble des denrées achetées étant normal, il n'y avait pas à le modifier ; il suffisait de trouver, pour les produits du jardin, — et c'est ce qu'on a fait, — une proportion donnant également un rapport nutritif normal.

Voici un moyen d'éviter, dans cette recherche, de trop longs tâtonnements : on choisit deux des produits importants dont les rapports nutritifs soient l'un au-dessus, l'autre au-dessous du chiffre normal, par exemple : légumes secs $\frac{22}{62}$ et pommes de terre $\frac{2}{15}$, d'après le tableau de la page 167. Quand on prendra 1 de haricots, il faudra x de pommes de terre pour obtenir la relation nutritive normale ; fixons celle-ci à 0,20 ou 1/5, pour simplifier le calcul ; nous pouvons écrire :

$$\frac{22+2x}{62+15x}=\frac{1}{5}\ \text{ou, en effectuant,}\ 110+10x=62+15x,$$

$$\text{d'où}\ x=\frac{110-62}{15-10}=9{,}6.$$

Ce qui veut dire que 960 grammes de pommes de terre et 100 grammes de haricots, pois ou lentilles, forment un ensemble dont la relation nutritive est 0,20. Vérifions :

100 gr. de haricots renferment.	22	d'albuminoïdes et	62	d'hydrates
960 gr. de pommes de terre renferment.	19,2	—	144	—
Soit en tout. . . .	41,2	—	206	—

$$\textit{Rapport nutritif}\ \frac{41,2}{206} = 0,20.$$

En prenant 1/4 au lieu de 1/5 pour rapport nutritif, dans le calcul précédent, on trouverait $x = 3.71$, ce qui indique qu'une notable différence, dans la proportion des denrées à consommer, peut n'amener qu'une faible variation du rapport nutritif.

La répartition des denrées énumérées ci-dessus entre les repas de toute la semaine ne présentant pas de difficulté, il a paru inutile de l'indiquer.

(*A suivre.*)

René Leblanc,
Inspecteur général honoraire de l'Instruction publique.

SOLUTIONS DE QUELQUES EXERCICES PROPOSÉS

dans les nos 1 et 2 de la *Revue de l'Enseignement Technique.*

Nous avons donné à ces solutions les développements élémentaires que comportent les questions traitées et dont on pourra faire profiter les élèves, suivant leur degré d'instruction, durant leur scolarité à l'École pratique.

ARITHMÉTIQUE

Exercice 3 (*Revue de l'Enseignement Technique*, n° 1, p. 27).

En représentant par un segment de 1 mm. de longueur une somme de 1 franc, le segment de longueur égale à 27 longueurs de 1 mm. représentera la somme de 27 francs. 1 mm. est l'échelle du graphique.

La somme de 42 francs serait représentée par la longueur CD à l'échelle de 1/2 mm. pour 1 franc.

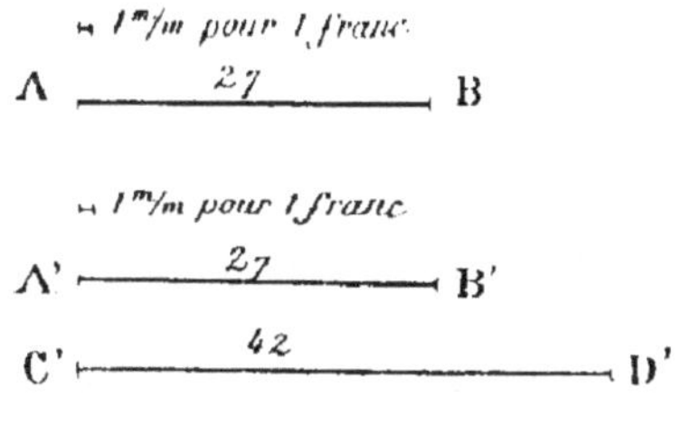

1 m/m pour 1 franc — A 27 B

1/2 mm pour 1 franc — C 42 D

1 m/m pour 1 franc — A' 27 B'

C' 42 D'

Les segments CD et AB ne permettent pas de comparer les sommes : 27 francs et 42 francs ; cette comparaison ne serait possible que si les deux segments représentatifs étaient dessinés à la même échelle, 1 mm. pour 1 franc, par exemple.

EXERCICE 7 (*Revue de l'Enseignement Technique*, n° 1, p. 28).

1° *Méthode des multiples.* — Supposons que le décolleteur travaille les mêmes pièces pendant toute une journée et cherchons pendant combien de journées n il devra travailler des pièces A et pendant combien de journées n' il devra travailler des pièces B pour faire son salaire moyen ; c'est-à-dire pour que, dans l'ensemble, le déficit causé par l'usinage des pièces A soit compensé par l'excédent dû au travail des pièces B. On doit avoir : $50\ n = 75\ n'$.

Si on fait la liste de tous les multiples de 50 et la liste de tous les multiples de 75, les nombres qui se trouveront sur les deux listes permettront d'obtenir autant de solutions du problème.

Ces multiples communs sont : 150, 300, 450, etc... Or, on a, par exemple :

$$150 = 50 \times 3 \quad \text{et} \quad 150 = 75 \times 2$$
$$300 = 50 \times 6 \quad \text{et} \quad 300 = 75 \times 4$$
$$450 = 50 \times 9 \quad \text{et} \quad 450 = 65 \times 6$$

. . . .

Ce qui veut dire que n et n' valent respectivement 3 et 2, ou 6 et 4, ou 9 et 6, etc...

Le décolleteur pourra donc faire, par exemple, consécutivement des pièces A pendant 3 jours, puis des pièces B pendant 2 jours.

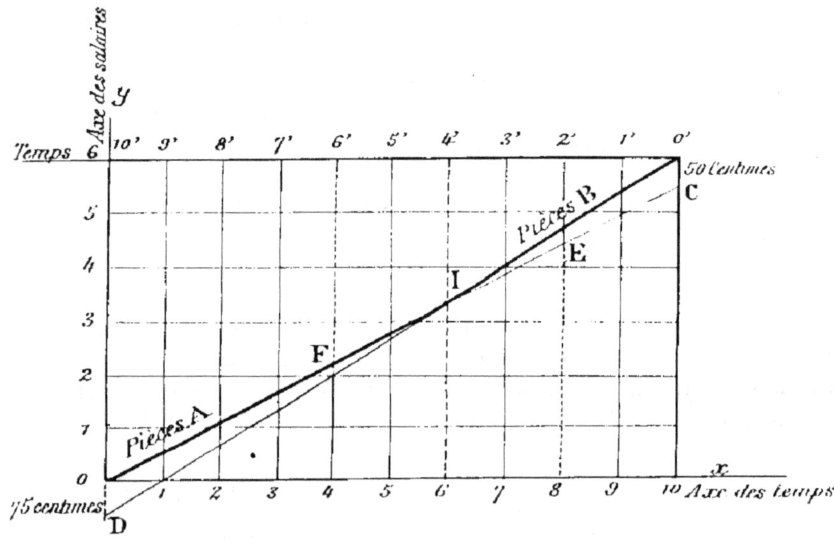

S'il n'y a pas à tenir compte des montages, il pourra faire des pièces A pendant 3 heures et des pièces B pendant 2 heures.

Enfin, si l'usinage de chacune de ces pièces exigeait le même temps, il pourrait faire consécutivement 3 pièces A puis 2 pièces B.

2° *Méthode des proportions.* — De l'égalité $50\ n = 75\ n'$, on tire :

$$\frac{n}{n'} = \frac{75}{50} = \frac{3}{2}.$$

Ce qui montre que les nombres n et n' sont directement proportionnels à 3 et 2.

Si donc on fait des pièces A pendant 3 k jours ou 3 k heures, il faudra faire des pièces B pendant 2 k jours ou 2 k heures.

3° *Méthode graphique.* — Cherchons comment le décolleteur pourrait diviser sa journée pour faire son salaire moyen. Supposons, par exemple, une journée de 10 heures.

Sur l'axe ox portons les temps relatifs au travail des pièces A, et sur l'axe oy les salaires. La ligne OC représente la variation des salaires acquis au cours de la journée; ce salaire s'obtiendrait à chaque instant par l'ordonnée correspondante : au bout de 8 heures, par exemple, il serait donné par l'ordonnée 8E mesurée à l'échelle des salaires.

Sur l'axe $o'x'$ portons les temps relatifs au travail des pièces B : la ligne O'D représente la variation des salaires acquis par ce travail; ce salaire serait, par exemple, représenté par l'ordonnée 6'F, au bout de 6 heures.

Les deux droites OC et O'D se rencontrent en un point I, qui indique qu'en travaillant 6 heures des pièces A et 4 heures des pièces B, on atteint le salaire moyen de 6 francs par jour.

GÉOMÉTRIE

Exercice 3 (*Revue de l'Enseignement Technique*, n° 2, p. 78).

1° *Détermination graphique de l'angle x pour une translation donnée de la clavette.* — Donnons à la clavette une translation $\overline{MM'}$; la translation obtenue sur le coussinet A sera $\overline{EE'} = FF'$. Il faut obtenir une translation $\overline{GG'}$ du coussinet B de même amplitude que EE'.

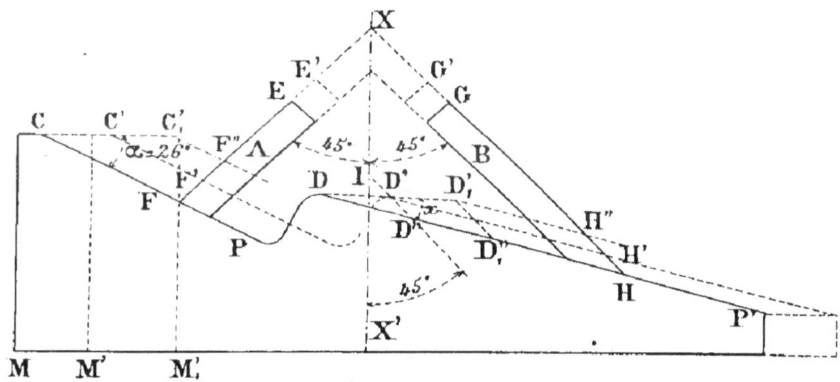

Considérons le point D, projection sur le plan de la figure de l'arête supérieure du deuxième plan incliné dont la trace est DP'; l'homologue de D dans la translation de la clavette serait D' : $\overline{DD'}$ équipollent à $\overline{MM'}$. Supposons, pour un instant, que ce point D' soit la position, après la translation, d'une droite matérielle D'I qui ne peut se mouvoir que dans une direction faisant avec XX' un angle de 45°. Le pied de cette droite aurait été amené en D en restant constamment en contact avec le plan incliné qui lui aurait communiqué une translation équipollente à celle de l'axe du coussinet B, c'est-à-dire à $\overline{GG'}$. En prenant D'D" = GG' = EE' on aurait l'homologue D" de D' et par suite un deuxième point de la trace du plan DP'. L'angle x serait ainsi graphiquement déterminé. On trouve environ 13°.

2° *L'angle x ainsi trouvé donnera toujours au coussinet B des translations de même amplitude que celles de A.* — On vérifierait graphiquement qu'en donnant une nouvelle translation $\overline{M'M'_1}$ à la clavette, les translations $\overline{F'F''}$ et $\overline{H'H''}$ sont de même amplitude.

Nous en donnons d'ailleurs une démonstration qui pourra faire l'objet d'un exercice de 2e année.

La question revient à la suivante : sachant que l'on a : $\overline{CC'} = \overline{DD'}$, $C'C'_1 = D'D'_1$, $FF' = D''D'$, démontrer que l'on a : $D''_1D'_1 = FF''$.

Les parallèles C'_1F'', $C'F'$, CF donnent :

$$\frac{FF''}{FF'} = \frac{CC'_1}{CC'}. \tag{1}$$

Les parallèles $D'_1D''_1$ et $D'D''$ donnent :

$$\frac{D'_1D''_1}{D'D''} = \frac{DD'_1}{DD'}. \tag{2}$$

Dans les proportions (1) et (2) les dénominateurs des premiers rapports et les deux termes des seconds rapports sont égaux deux à deux, les numérateurs des premiers rapports sont, par suite, égaux.

Exercice 5 (*Revue de l'Enseignement Technique*, n° 2, p. 79).

Les 5 positions B_1, B_2, B_3, B_4, B_5 de l'extrémité B sont sur une circonférence de centre O.

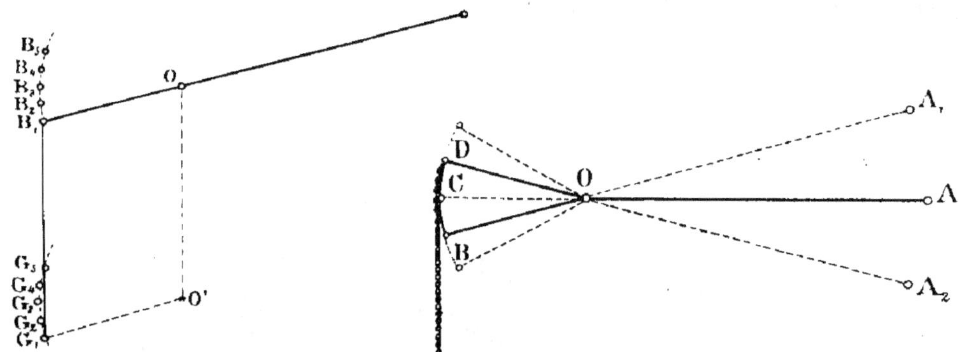

Les segments B_1G_1, B_2G_2, etc., correspondants sont équipollents, la chaîne étant toujours verticale et de même longueur ; par suite, les points G_1, G_2, G_3 peuvent être considérés comme résultant d'une translation du plan OB_1B_2... de glissière B_1G_1. Ces points se trouvent donc sur une courbe, identique à celle que décrit le point B et dont le centre O' est l'homologue de O dans cette translation.

On aurait pu se servir des propriétés du parallélogramme et dire : soient O' le point obtenu par une translation verticale équipollente à $\overline{BG}$ et G_1 un point correspondant à B_1. On a $\overline{B_1G_1}$ équipollent à $\overline{OO'}$, donc la figure $B_1OO'G_1$ est un parallélogramme et par conséquent $O'G_1 = OB_1 =$ constante. Le point B_1 est donc sur un arc de cercle de centre O' et de rayon $O'G_1 = OB$.

Si on remarque que dans un treuil, par exemple, la corde restant constamment verticale et tangente à la circonférence de la section du cylindre, est constamment perpendiculaire à l'extrémité du rayon horizontal et, par suite, a un déplacement rectiligne, on pourra terminer le levier en arc de cercle de centre O et de rayon OB, fixer la chaîne en D ; le déplacement de la porte sera rectiligne tant que les rayons extrêmes OD et OB n'auront pas, dans leur rotation, dépassé la position horizontale OC, c'est-à-dire tant que le levier OA restera dans l'angle $\widehat{A_1OA_2} = \widehat{DOB}$.

Exercice 1 (*Revue de l'Enseignement Technique*, n° 2, p. 80).

Supposons les deux cônes coupés par un même plan diamétral, et faisons coïncider les génératrices AB, A'B'. Les segments CC', DD' sont égaux comme somme de deux diamètres respectivement égaux et ils sont parallèles comme perpendiculaires aux mêmes axes. La figure est donc un parallélogramme et toutes les parallèles à CC' et DD' limitées à CD et C'D' sont égales. Donc la somme des diamètres correspondants est constante. En particulier, la parallèle moyenne mesure 420 + 420 = 840 mm., ce nombre mesurera donc aussi la somme des diamètres extrêmes de l'un des cônes.

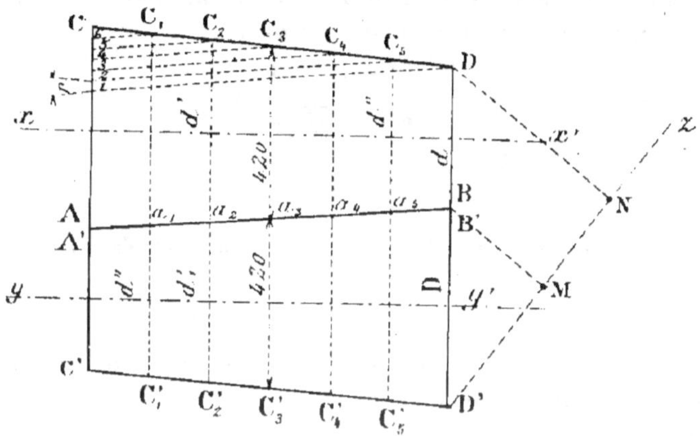

On sait d'ailleurs que les diamètres de deux sections correspondantes des deux cônes sont dans le rapport inverse de leur nombre de tours ; le problème revient donc à déterminer deux nombres D et D connaissant leur somme 840 et leur rapport $\frac{7}{5}$. Rappelons en deux mots les solutions connues

a) *Méthode des proportions* :

$$\frac{D}{7} = \frac{d}{5} = \frac{D+d}{12} = \frac{840}{12} = 70$$

$$D = 70 \times 7 = 490 \text{ mm.}$$

$$d = 70 \times 5 = 350 \text{ mm.}$$

Il sera bon de rappeler aux élèves qu'ils peuvent appliquer d'emblée la règle étudiée en arithmétique pour les partages proportionnels :

$$D = \frac{840 \times 7}{12} \quad \text{et} \quad d = \frac{840 \times 5}{12}.$$

b) *Méthode graphique*. — Porter sur une droite quelconque D'Z, à partir de D', des longueurs proportionnelles à 7 et 5, soient D'M, MN. Tirer ND et la parallèle MB.

Remarque : Leçon sur les progressions arithmétiques. — La figure de cet exercice pourra être avantageusement utilisée pour la démonstration *graphique* des principes relatifs aux progressions arithmétiques.

Définition. — En considérant $c_1c'_1$, $c_2c'_2$, $c_3c'_3$, etc., équidistantes et parallèles à cc', on démontrerait aisément que dans chaque cône les différents diamètres sont en *progression arithmétique*, d'une part *croissante*, d'autre part *décroissante*; ces progressions étant lues dans le même sens, de gauche à droite, par exemple. La *raison* serait le segment r.

Valeur d'un terme de rang quelconque. — $c_1a_1 = d'$ étant un diamètre quelconque et n indiquant le rang qu'il occupe, on a :

$$d' = d + (n - 1)r \quad \text{(progression croissante)}.$$

Exemple : $c_1a_1 = \text{DB} + 4.r$, c_1a_1 est le cinquième diamètre; on a, de même :

$$d'' = \text{D} - (n - 1)r \quad \text{(progression décroissante)}.$$

Former une progression de $(m + 2)$ termes, dont les termes extrêmes sont donnés ou insérer m moyens arithmétiques entre deux nombres donnés. — Soit à *insérer* deux moyens entre d' et d'' ; on a :

$$d' - d'' = 3r$$

d'où :

$$r = \frac{d' - d''}{3}$$

$$r = \frac{d' - d''}{m + 1}$$

Somme de deux termes équidistants des termes extrêmes. — Cette démonstration a fait l'objet du présent exercice :

$$d' + d'_1 = \text{D} + d.$$

Somme des termes d'une progression. — La somme des segments cc', $c_1c'_1$, $c_2c'_2$, etc., représente deux fois la somme des termes. Si ces segments sont en nombre n, on a :

$$2.\ \text{S} = n(\text{D} + d)$$

$$\text{S} = \frac{n(\text{D} + d)}{2}.$$

F. Dauchy,
Professeur à l'École pratique de Commerce et d'Industrie de Maubeuge.

COMMERCE (Première Année) [1].

Du règlement des échanges. Postes et télégraphes.

N. B. — Insister sur le caractère et le rôle des effets de commerce, d'abord par de nombreux exercices oraux très simples. Ne montrer de véritables effets de commerce qu'après que les élèves seront déjà familiarisés avec leur contexture générale.

Il n'est pas sans intérêt de faire observer la disposition courante dans la rédaction des premiers effets et d'employer assez vite des imprimés pour multiplier les exercices.

(1) Voir *Revue de l'Enseignement Technique*, n° 1, p. 37.

Autant que possible, relier tous les documents déjà étudiés par des exercices d'ensemble qui serviront en même temps d'exercices de revision.

Pour l'étude du service des postes et des télégraphes, se procurer les imprimés mis à la disposition du public et en faire rédiger un certain nombre sur des données variées. Il importe de familiariser les élèves avec ce service si important pour le public en général, et pour les commerçants en particulier.

Nous donnons ci-après quelques exercices types, qu'il sera facile de multiplier et de varier, en les adaptant à la localité et même à la région où est située l'École.

EXEMPLES D'EXERCICES

1° Le 5 novembre, vous avez reçu de votre débiteur Leroux un acompte de 60 francs;

2° Le 6 novembre, votre client Renard vous verse pour solde de tout compte 80 francs;

3° Le 15 novembre, votre locataire Durand vous paie 150 francs pour un trimestre de loyer échu ce jour, etc.

Rédigez chacun des reçus que vous devez délivrer, d'abord sous forme de reçu simple, puis sous forme de reçu à souche (simuler le timbre-quittance, fixe ou mobile, et l'oblitérer s'il y a lieu);

4°. Vous avez acheté à Morel, rue... E. V. des marchandises pour 150 francs payables le 15 décembre prochain. Le 20 novembre, vous souscrivez un billet à son ordre de pareille somme;

5° Supposez, au contraire, que Morel tire sur vous une lettre de change à l'ordre de la Société Générale, et rédigez cette traite;

6° Vous avez vendu à Lenoir, rue..., à..., des marchandises (en donner le détail) payables moitié au comptant et moitié à soixante jours. Votre client vous règle la première moitié de la vente par un chèque à votre ordre sur la Société Générale et, pour l'autre moitié, vous faites traite sur lui à l'ordre de... au... Rédigez : *a*) la facture; *b*) le chèque; *c*) la traite;

7° Vous voulez envoyer une somme de 460 francs par la poste. Faites le détail des frais d'envoi de cette somme : *a*) par mandat ordinaire; *b*) par mandat carte; *c*) par lettre chargée; *d*) par mandat télégraphique;

8° Vous chargez la poste de recouvrer, dans une même circonscription postale, 30 francs, 62 francs et 120 francs. Faites le détail des frais de ce recouvrement.

COMPTABILITÉ (DEUXIÈME ANNÉE).

Bureau commercial.

Nous donnons, sans plus de commentaires (voir le n° 1, pages 37 et 38), le thème des opérations pouvant composer une monographie d'une deuxième année d'études, en supposant qu'il soit matériellement impossible, ou très mauvais, de réunir la deuxième et la troisième année dans une section unique de 50 élèves et plus.

Nous recommandons l'emploi des registres suivants :

1° Cahier de propositions, notes et calculs (espèce de cahier brouillon à livre ouvert, sur lequel chaque élève inscrit, d'un côté, les opérations choisies et, de l'autre, fait tous les calculs qu'elles nécessitent, note brièvement les principales indications ou explications du professeur, fait les brouillons de balances, de correspondance, de solutions de cas difficiles, etc.);

2° Livre de caisse;
3° Livre des achats;
4° Livre de magasin;
5° Livre des débits ou facturier;
6° Livre des effets à recevoir;
7° Livre des effets à payer;
8° Livre des annotations;
9° Journal;
10° Grand Livre;
11° Chiffrier;
12° Balances et inventaires;
13° Copie de lettres.

Donner, de préférence, à ces registres le format commercial et rechercher une réglure aussi pratique que possible; les compléter par un choix de documents passe-partout comme chèques, reçus, factures, effets de commerce, bordereaux, têtes de lettres, imprimés pour la poste, le chemin de fer; en un mot, mettre entre les mains des élèves tous les documents de la pratique courante, pour les amener à les employer sans hésitation et sans perte de temps.

Le professeur commence par dicter les opérations d'une journée, que les élèves inscrivent sur le *Cahier de Propositions*; il indique les documents correspondants qu'il fait d'abord exécuter (documents reçus et surtout à envoyer), il les contrôle aussitôt, partie en commun, partie en dehors de la classe, et, cela fait, les écritures comptables proprement dites commencent. Un élève est chargé, à tour de rôle, d'indiquer, en les justifiant, et en les raisonnant, les écritures convenables, que l'on fait invariablement dans l'ordre suivant : livres auxiliaires, journal, grand-livre et chiffrier.

C'est au cours de cet exposé (qui est un travail essentiellement collectif) que le professeur déploie naturellement toute son activité, met à profit son expérience et ses connaissances professionnelles et pédagogiques, pose de multiples questions, fait de fréquentes et rapides revisions, qui lui permettent de s'assurer qu'il est suivi et compris par tous, et introduit ainsi, sans moyen factice, la vie et l'intérêt là où on aurait été tenté de croire, à première vue, à un travail monotone et machinal. Nous recommandons donc instamment de faire solutionner chaque écriture par un élève et de faire exécuter tout le travail comptable en commun et simultanément.

Ne pouvant nous étendre davantage ici sur ce point de pédagogie comptable, nous donnons immédiatement les premières opérations à traiter.

Monographie d'un commerce d'épiceries en gros (sucres, cafés et thés), comprenant deux mois d'opérations simulant deux exercices. — Application du système centralisateur.

Ancienne maison Bertrand, rue... à.... X... (l'élève), successeur.

Le 1er novembre 1910, vous entrez dans les affaires avec un capital espèces de 40.000 fr.

Vous achetez à Bertrand son fonds de commerce comprenant, suivant inventaire fait contradictoirement :

Une clientèle estimée 10.000 fr ;

Un mobilier estimé 5.000 fr. ;

Des marchandises en magasin, savoir :

Sucres :

10 sacs de sucre cassé de 100 kg. chacun ;
1.000 boîtes sucre scié de 1 kg. ;
500 — — — de 5 kg. ;
Au prix moyen de 62 fr. les 100 kg. ;

30 caisses sucre candi blanc de 30 kg. ;
25 — — — jaune de 30 kg. ;
Au prix moyen de 85 fr. les 100 kg.

Cafés :

Rio-de-Janeiro	20 balles de	60 kg.	à 3 05
Santos	30 —	60 kg.	à 2 90
Gonaïves	25 —	65 kg.	à 3 20
Java	20 —	60 kg.	à 3 50
Moka		800 kg.	à 3 85

Thés :

Congo	150 kg. le kg.	5 fr.
Ceylan	100 kg. le —	7 »

En portefeuille :

Huit effets, que vous prenez sous déduction d'un intérêt de 6 °/₀, savoir :

1 billet . . . au 20 novembre	630 fr.
1 traite sur... au 20 —	930 20
1 — sur... au 25 —	845 50
1 — sur... au 30 —	748 »
1 billet . . . au 5 décembre	570 30
1 mandat « sans frais » sur... au 10 décembre	620 »
1 — . . . . . . sur... au 15 —	872 »
1 — . . . . . . sur... au 15 —	548 70

Des *créances*, sur les clients suivants :

Delfosse, rue..., à...	640 fr.
Bachelet — —	964 »
Avisse — —	435 »
Bigot — —	572 50
Bourgeois — —	634 25
Dandre — —	728 60
Favre — —	340 »
Godart — —	486 30
Grenier — —	832 »
Legrand — —	960 »

Il est entendu que le recouvrement des effets, comme celui des précédentes créances, se feront aux risques et périls de Bertrand.

D'autre part, vous vous engagez à payer les trois effets suivants en circulation

1°	Traite tirée par X..., à..., au 15 novembre.	3.800 fr.
2°	Acceptation de Bertrand de la traite Y..., à..., au 25 novembre	2.500 fr.
3°	Traite tirée par Z..., à..., au 10 décembre.	2.400 fr.

N. B. — Compléter les renseignements concernant les effets en portefeuille, les adresses des clients et les effets à payer en choisissant, de préférence, des localités voisines et de façon que plusieurs des effets à recevoir aient déjà été endossés avant d'être cédés à Bertrand.

Sur ces données, faire :

1° Les huit effets en portefeuille et rédiger la circulaire double annonçant la cession du fonds;

2° L'ouverture de vos écritures;

3° Votre inventaire d'entrée;

4° Votre bilan d'entrée.

Avoir soin de faire le journal en se servant successivement des livres auxiliaires indiqués (sauf pour le livre de magasin qui sera plutôt, ici, un livre d'ordre et de statistique). Ne pas ouvrir les comptes au Grand-Livre au hasard. Prévoir une quinzaine de comptes de clients et créer le compte collectif clients.

Le travail précédent étant terminé, passer aux opérations courantes suivantes :

Opérations du 2 novembre (1).

1°	Remis à Bertrand un acompte de	30.000 fr.	(reçu)
2°	Déposé à la banque Jourdan	8.000 »	(reçu)
3°	Payé pour une presse à copier	15 »	
4°	— fournitures de bureau	50 90	(facture)
5°	— achat de coke	30 »	
6°	Versé au propriétaire 6 mois de loyer d'avance.	1.000 »	(reçu)

Opérations du 4 novembre.

7° Vendu à Mesureur E. V., payable au comptant (facture) :

1 sac sucre cassé de 100 kg. à 0 fr. 65;

50 boîtes sucre scié de 1 kg. à 0 fr. 65;

25 — — de 5 kg. à 0 fr. 65.

8° Vendu à David, demeurant à..., port dû, payable à 60 jours (facture):

Nos 1001-2. — 2 balles Rio, brut 122 kg. tare 2 °/o à 3 fr. 30;

Nos 1003-5. — 3 balles Santos, brut 185 kg., tare 2 °/o à 3 fr. 15.

Opérations du 5 novembre.

9° Reçu de Mesureur E. V., la montant de ma facture de la veille (facture à acquitter);

10° Payé pour circulaires, insertions, etc., 400 fr.

11° Vendu au comptant : 10 boîtes de 5 kg. à 0 fr. 65.

(1) Tous les documents qu'il importe de faire exécuter (la plupart à l'aide des imprimés courants) sont indiqués entre parenthèses. Avoir soin de les faire classer, les écritures étant faites.

Opérations du 6 novembre.

12° Reçu de Delfosse à..., en règlement de son ancien solde, un billet à mon ordre au 5 décembre (billet);

13° Reçu de Bachelet à..., en acompte, lettre chargée contenant 500 fr. (Lettre accusé de réception à transcrire au copie des lettres);

14° Vendu à Hussey, à..., franco gare, payable à trente jours sans escompte (facture, note d'expédition, récépissé. 1er exercice de calcul des frais de transport avec le Recueil Chaix).

N°s 1006-7. — 2 balles Gonaïves, B. 130 kg., tare 2 °/o à 3 fr. 45;

N°s 1008-9. — 2 — Java B. 120 kg.; tare 2 °/o à 3 fr. 70.

15° Payé port, envoi à Hussey (d'après récépissé).

G. Lamoril,
Directeur de l'École pratique de Commerce de Boulogne-sur-Mer.

ENSEIGNEMENT TECHNIQUE A L'ÉTRANGER

L'ENSEIGNEMENT COMMERCIAL SUPÉRIEUR EN BELGIQUE (*suite*) (1)

Nature des études dans les différentes Ecoles supérieures de Commerce belges. Des diplômes et de leur importance.

Une nomenclature de l'ensemble des diplômes officiels conférés par les diverses Écoles supérieures de commerce belges fournira une idée suffisante de la nature et du degré d'enseignement donné dans chacune d'elles.

Le diplôme de *Licencié en Sciences commerciales* est le couronnement de la seconde année d'enseignement dans tous les établissements, à l'exception de l' « Institut commercial des Industriels du Hainaut à Mons » et de l' « École de commerce de l'Université libre de Bruxelles » qui délivrent le titre unique, non reconnu officiellement, d' « Ingénieur commercial ».

L'École supérieure de commerce libre de la Maison de Melle-lez-Gand confère à ses élèves les diplômes officiels de *Candidat* et de *Licencié en Sciences commerciales et consulaires.*

Seule, parmi les établissements subventionnés, l' « École supérieure de commerce et de finance annexée à l'Institut Saint-Ignace, à Anvers, » ne confère pas les diplômes de *Licencié du degré supérieur en Sciences commerciales* et de *Licencié en Sciences commerciales et consulaires.* Par contre, sa troisième année d'études conduit à la *Licence en Sciences commerciales et financières*, grade conféré également par l' « École spéciale annexée à l'Université de Gand ».

La préparation au diplôme de *Licencié en Sciences commerciales et coloniales* a lieu aux Écoles annexées aux Universités de Gand, Liége et Louvain, à l' « École des hautes études commerciales et consulaires de Liége » et à l' « Institut supérieur de commerce d'Anvers ».

(1) Voir *Revue de l'Enseignement Technique*, n° 2, p. 88; n° 3, p. 132.

Une section coloniale et une section financière seront incessamment organisées à l'« École supérieure commerciale et consulaire de Mons ».

Sur l'initiative des Écoles annexées aux Universités de Gand, Liége et Louvain, le gouvernement belge a créé en 1906 le titre de *Docteur en Sciences commerciales*, consécration officielle de la haute valeur scientifique de l'enseignement donné dans les Instituts supérieurs de commerce. Les porteurs d'un diplôme de troisième année d'études désirant obtenir ce grade doivent, « un an au moins après leur examen final, présenter une dissertation imprimée sur un sujet de leur choix rentrant dans le cadre de leurs études de troisième année et défendre publiquement cette dissertation, ainsi que trois thèses se rattachant aux matières du programme de l'École. Le choix et l'énoncé des thèses sont préalablement soumis à l'approbation de l'École ». Telles sont les conditions imposées, par arrêté royal, aux candidats anciens élèves des Écoles spéciales annexées aux Universités d'Etat de Gand et de Liége. L'« École des Sciences commerciales, consulaires et coloniales annexée à l'Université catholique de Louvain », l'« Institut supérieur de commerce d'Anvers », et l'« École supérieure commerciale et consulaire de Mons », qui confèrent également le grade de docteur, exigent des récipiendaires un stage pratique ou un séjour de deux années à l'étranger.

L'obtention du grade de Docteur, devant être principalement le fruit de recherches et de travaux personnels, ne nécessite pas une quatrième année d'études. Toutefois, la préparation à ce grade auprès d'une Université offre des facilités de documentation et de direction incontestables.

La création récente du « Doctorat en Sciences commerciales », grade destiné à être recherché du personnel enseignant et des chefs d'établissements d'instruction, aura pour effet d'améliorer le recrutement des professeurs chargés des cours de commerce dans les athénées, les collèges et les diverses institutions professionnelles.

Une épreuve de pédagogie a été ajoutée à l'examen du doctorat pour les récipiendaires se destinant au *Professorat commercial*. Cette épreuve comprend « une leçon publique sur un sujet désigné à l'avance par le jury et choisi dans le programme de l'enseignement commercial des athénées ». Des exercices pratiques de méthodologie sont organisés dans les différentes Universités, pendant une quatrième année d'études, pour la préparation à l'épreuve de pédagogie.

La création des diverses licences et du doctorat a donné une consécration officielle au caractère élevé et à la valeur scientifique de l'enseignement commercial supérieur. Mieux qu'un simple diplôme de sortie ces titres sont appelés à assurer un bon recrutement des Écoles supérieures de commerce en faisant davantage apprécier leur enseignement et en atténuant les préjugés accordant une considération différente aux carrières libérales et aux carrières commerciales. Alors qu'en France beaucoup d'anciens élèves des Écoles supérieures de commerce croient nécessaire d'ennoblir leur diplôme par la licence en droit, les anciens élèves des Instituts supérieurs de commerce belges trouvent dans les titres qui leur sont conférés une attestation suffisante de la qualité de leurs études et une juste recommandation pour les carrières auxquelles ces études les ont préparés. Ajoutons que l'organisation d'Écoles spéciales auprès des Universités, établissant le trait d'union d'un même corps professoral pour un grand nombre de cours, est de nature à provoquer des relations d'estime mutuelle entre les futurs ingénieurs techniques, docteurs en droit, docteurs ès sciences ou ès lettres et les licenciés ou docteurs en sciences commerciales.

L' « Institut commercial des Industriels du Hainaut, à Mons », et l'École de commerce fondée par M. E. Solvay à l'Université libre de Bruxelles, sont les seules Écoles supérieures de commerce belges ne conférant aucun titre officiel. L'organisation des études dans ces deux établissements présente un caractère original en ce sens que les programmes concentrent les efforts de l'ensemble des élèves sur le développement d'un même enseignement pendant l'entière scolarité.

Dans l'exposé du but de leur établissement, les fondateurs de l' « Institut commercial des Industriels du Hainaut, à Mons », font connaître qu'ils ont été guidés par la préoccupation d'éviter les dangers d'uns spécialisation exagérée ou prématurée : formation de techniciens trop peu instruits des rouages commerciaux ou de négociants ne possédant pas suffisamment de connaissances techniques.

Dans ces deux écoles, l'enseignement a une tendance éducative plus prononcée que dans les établissements similaires, tout en étant davantage orienté vers la technique industrielle et l'expatriation.

L'enseignement complet est donné en trois années à l' « Institut commercial des Industriels du Hainaut, à Mons ». Le plan d'études de cette « École supérieure et pratique de commerce appliquée à l'expansion de l'industrie » comprend, outre les matières communes à tousles Instituts supérieurs de commerce : la physique, la chimie, le dessin, la mécanique, la minéralogie et la géologie avec leurs applications industrielles, la technologie des industries et des cours d'atelier pour le travail du bois et du fer dont le but est de « donner aux élèves une dextérité manuelle suffisante les rendant, dans une certaine mesure, indépendants du milieu où la vie pourra les placer ». Le programme d'éducation comprend, ainsi qu'à l'École Solvay, des exercices physiques obligatoires, des cours de physiologie humaine et d'hygiène, de morale et de sociologie.

La durée des études à l' « École de commerce de l'Université libre de Bruxelles » est de quatre années, plus une année, facultative, de stage dans une maison importante de l'étranger. La technique industrielle (pratique des plans et des machines, mécanique, construction des machines, étude physique et technologie de l'énergie, chimie générale, essais et analyses de chimie industrielle, technologie de la production et principes de l'organisation industrielle) fait l'objet d'un enseignement plus développé encore qu'à l' « Institut commercial des Industriels du Hainaut ». Aussi l'École considère-t-elle les jeunes gens ayant terminé leur rhétorique scientifique comme étant les mieux préparés pour la fréquentation ultérieure de ses cours. — Un soin suffisant, quoique moindre, est apporté à l'enseignement de la technique commerciale. En particulier, l'étude des mathématiques et des méthodes de calculs appliquées aux affaires comprend les connaissances nécessaires à la profession d'actuaire dans les grands établissements financiers. — Les langues étrangères ne sont pas enseignées à l'École. L'élève doit lui-même perfectionner ses connaissances par des travaux personnels de lecture, de traduction, de rédaction de rapports, etc., à l'aide des publications et documents mis à sa disposition. Des épreuves de langues figurent aux examens de passage et le diplôme final n'est accordé qu'aux élèves qui ont fait preuve de la connaissance pratique de deux langues étrangères.

Afin de permettre aux jeunes diplômés d'acquérir une plus grande pratique des langues tout en augmentant leurs connaissances au point de vue industriel, commercial ou financier, l'École a organisé, pour les plus méritants, un stage dans des entreprises de premier ordre à l'étranger. Des bourses sont mises à la disposition des stagiaires « moyennant l'engagement qu'ils prennent d'effectuer le remboursement des sommes avancées, par fraction d'un sixième au moins du total, le 1er janvier de chaque année à partir de la troisième année suivant l'expiration de leur séjour ».

L' « Institut commercial des Industriels du Hainaut » et l' « École de commerce de l'Université libre de Buxelles » confèrent le diplôme d'*Ingénieur commercial* pour lequel les deux établissements n'ont pu encore obtenir les droits attachés aux diplômes délivrés par les Écoles d'État ou reconnues par l'État.

Outillage commercial et moyens d'enseignement.

Dans leurs efforts pour la préparation effective à la vie des affaires, les Écoles supérieures de commerce belges n'ont négligé aucun moyen d'enseignement et d'encouragement propre à faciliter leur but. La plupart ont fait des sacrifices importants pour donner aux études une valeur essentiellement pratique, préciser un enseignement théorique élevé par des leçons de choses appropriées et récompenser le zèle et le mérite des élèves tout en augmentant leurs qualités professionnelles.

Dans chaque école, un musée de produits commerçables, une bibliothèque d'ouvrages techniques et un laboratoire d'essais constituent un outillage scientifique permanent; des visites et excursions industrielles complètent et concrétisent, à certaines époques de l'année, l'enseignement des cours; des bourses de vacances et des bourses de voyage permettent aux élèves méritants de se perfectionner dans des études spéciales ou dans la pratique des langues étrangères.

Le *Musée des Produits commerciaux* de l' « Institut supérieur de commerce d'Anvers » contient des collections très riches et très complètes de matières premières et de produits fabriqués, fréquemment renouvelées par des achats ou des dons particuliers. Aux cours de marchandises, les échantillons étudiés sont présentés à l'attention des élèves qui peuvent en outre obtenir du conservateur du musée tous renseignements concernant la technique de l'achat, de la vente ou de l'exportation des produits exposés (pays de provenance, emballage, frais et moyens de transport, tarifs et formalités de douane, modes de règlement, etc.). Les étudiants et visiteurs trouvent à leur disposition de nombreux catalogues, prix-courants, albums et échantillons des producteurs, importateurs, exportateurs et fabricants des produits du musée qui constitue ainsi un véritable office commercial pour les intéressés. — Un *Office de Renseignements* indépendant du musée a été annexé à l' « Institut commercial des Industriels du Hainaut, à Mons ». Cet office recueille toutes informations concernant l'exportation et l'expatriation et s'occupe en outre des échanges internationaux de correspondances et d'élèves.

L' « École supérieure de commerce et de finance annexée à l'Institut Saint-

Ignace, à Anvers », possède un musée commercial également très riche. Le catalogue que nous avons consulté à l'Exposition de Bruxelles contenait l'énumération de plus de 15.000 échantillons intéressant le commerce et l'industrie belges et particulièrement les transactions effectuées sur la place d'Anvers.

La *Bibliothèque* de l'« Institut supérieur de commerce d'Anvers » possède environ 7.000 volumes se rapportant pour la plupart aux matières spéciales enseignées à cet établissement. Elle est abonnée à plus de 100 publications périodiques : revues, bulletins, rapports consulaires, etc.

Les *Cours de manipulations chimiques* donnés au Laboratoire d'analyse des produits commerçables de l'« Institut supérieur de commerce d'Anvers » sont facultatifs, tout en étant recommandés aux élèves comme formant un complément indispensable des cours théoriques de chimie et de marchandises. Nous préférons, à ce sujet, le règlement des Écoles annexées aux Universités de Gand et de Liége qui fait une obligation de ces cours et prévoit la délivrance d'un certificat, nécessaire aux examens de licences, attestant qu'ils ont été suivis avec profit.

Des *Conférences* faites par des personnes ayant une compétence spéciale (explorateurs, avocats, etc.), ou occupant une haute situation dans le négoce ou l'industrie, sont organisées dans plusieurs établissements, entre autres à l'« Institut supérieur de commerce » et à l'« École supérieure de commerce et de finance annexée à l'Institut Saint-Ignace, à Anvers ».

Tous les établissements d'enseignement commercial supérieur belges attribuent la plus grande importance aux *visites d'établissements commerciaux et industriels*. Ce premier contact avec la pratique des affaires constitue une illustration nécessaire aux cours techniques ; toujours très goûté des élèves, il éveille et stimule chez eux l'esprit d'observation tout en leur permettant de mesurer et d'apprécier l'étendue de leurs connaissances. Lors de ces excursions dirigées par les professeurs compétents (de produits commerçables, de transports, d'outillage et de constructions maritimes), les élèves visitent les principaux établissements industriels et commerciaux de la Belgique, les ports, docks, chantiers et installations maritimes du pays et de l'étranger. Les élèves de l'« Institut commercial des Industriels du Hainaut, à Mons », ne font pas moins de 45 à 50 excursions par an, et le dernier trimestre de troisième année à l'« École supérieure commerciale et consulaire de Mons » est exclusivement consacré à la visite des principaux centres d'activité du pays.

Le zèle et l'application aux études sont particulièrement encouragés par l'*admission gratuite aux cours* et l'attribution de bourses d'études, de bourses de vacances et de bourses de voyage.

Dans la plupart des Écoles supérieures de commerce, la Commission administrative peut, sur l'avis du directeur, autoriser un certain nombre d'élèves peu fortunés à suivre gratuitement les cours. D'autre part, le gouvernement inscrit chaque année dans le budget du ministère de l'Industrie et du Travail un crédit à l'intention d'accorder des *bourses d'études* aux élèves méritants de l'« Institut supérieur de commerce d'Anvers ». Certaines provinces, telles que les provinces d'Anvers, du Hainaut, de Liége, de Namur et la ville d'Anvers, accordent dans le même but des subsides sur les fonds provinciaux et communaux aux élèves de l'Institut. Le budget de la province de Liége contient un crédit de 6.000 francs pour les Écoles supérieures commerciales d'Anvers et de

Liége. La députation permanente du Conseil provincial du Hainaut n'accorde pas moins de 5.000 francs chaque année pour l'allocation de bourses aux élèves de l'« Institut commercial des Industriels du Hainaut, à Mons ».

Le ministère du Travail attribue chaque année des *bourses de vacances* aux élèves méritants de l' « Institut supérieur de commerce d'Anvers », désireux de se perfectionner dans les langues étrangères, afin de leur permettre de passer leurs vacances en Angleterre ou en Allemagne. De généreux donateurs mettent chaque année à la disposition de l'Institut un certain nombre de bourses ayant permis, en 1909, à deux élèves de faire un voyage de trois mois à bord d'un bateau de commerce et à un troisième de faire un stage dans une maison maritime d'Angleterre.

L' « Institut commercial des Industriels du Hainaut, à Mons », délègue annuellement plusieurs élèves aux cours internationaux d'enseignement commercial qui se donnent en divers pays pendant la période des grandes vacances.

Les licenciés en sciences commerciales et les titulaires de licences spéciales peuvent prétendre, après un stage pratique de deux ans pour les premiers et d'un an pour les seconds, aux *bourses de voyage* octroyées chaque année par le ministère des Affaires étrangères. Ces bourses ne peuvent dépasser 6.000 francs ni être renouvelées de façon à dépasser 18.000 francs. Le crédit prévu au ministère des Affaires étrangères pour ces bourses de voyage est de 96.000 francs.

Des examens.

Afin d'apporter un stimulant au travail des élèves et de mettre les familles au courant des efforts et des résultats de leurs enfants, un *système régulier d'examens* a été institué dans tous les établissements d'enseignement commercial supérieur. Ces examens, oraux et écrits, ont lieu généralement à la fin du premier et du second trimestres. Les élèves doivent en outre subir un *examen* pour le *passage* de première en seconde année.

Poursuivant son rôle éducatif et son désir d'obtenir le meilleur rendement de son enseignement, l' « Institut commercial des Industriels du Hainaut » exige que pour chaque branche enseignée tous les élèves soient interrogés au moins une fois par trimestre pendant les cours. Ce système d'interrogations doit avoir pour résultat d'entretenir des relations fréquentes entre professeurs et élèves, de ne pas laisser s'introduire à l'Institut l'indifférence qui existe parfois entre professeurs et simples auditeurs, et de donner ainsi un stimulant au travail tout en établissant un cours de révision profitable à la compréhension et au développement de l'enseignement.

Les élèves.

A l'exception de l' « École supérieure de commerce et de finance annexée à l'Institut Saint-Ignace, à Anvers », tous les établissements d'enseignement commercial supérieur admettent deux catégories d'élèves : les élèves réguliers et les élèves libres.

Les élèves réguliers sont ceux qui prennent une inscription générale à tous les cours composant une année d'études. Ils sont soumis aux examens qui ont lieu en cours d'année et aux examens de passage. Ils ont seuls le droit d'aspirer aux diplômes conférés par l'école. Leur admission a lieu après examen ou sur présentation de certificats ou diplômes déterminés.

Les élèves libres sont ceux qui se font inscrire à un certain nombre de cours d'après leurs convenances et à l'intention d'obtenir, après examen, un certificat ou attestation d'études relatifs aux cours fréquentés.

Certains établissements admettent également des *auditeurs*, qui sont des personnes se faisant inscrire à un ou plusieurs cours sans avoir l'intention de se présenter à un examen. Comme les élèves libres, ils n'ont besoin de justifier d'aucun titre.

Frais d'études.

Le droit d'inscription au registre matricule des étudiants varie de 20 à 30 francs, selon les écoles. Le droit d'inscription générale aux cours, ou minerval, varie de 200 à 300 francs pour chaque année d'études. Les auditeurs et élèves libres paient en général 30 francs pour chaque inscription spéciale; toutefois le droit exigé pour les exercices pratiques de bureau commercial est plus élevé et atteint en moyenne 100 francs.

Une taxe, obligatoire pour tous les élèves, est également perçue pour l'admission aux cours de manipulations chimiques et à la bibliothèque, dans un certain nombre d'établissements.

En tenant compte des frais d'inscription aux diverses licences (de 100 à 150 francs pour chaque inscription), on peut fixer les sommes extrêmes de 800 et 1.200 francs comme représentant le coût total des études pour les élèves externes dans les diverses Écoles supérieures de commerce de Belgique.

Le prix de l'internat, minerval compris, est de 1.100 francs par an à l' « École supérieure commerciale et consulaire de Mons », il est de 1.200 francs à l' « École supérieure de commerce et de finance annexée à l'Institut Saint-Ignace, à Anvers ».

Étant donné le bon marché de la vie en Belgique, il est possible aux étudiants des différentes écoles de se procurer une pension complète très convenable pour 70 à 90 fr. par mois.

Ces chiffres ont pour but d'établir un rapprochement intéressant entre le coût des études dans les différentes écoles d'enseignement supérieur commercial belges et les écoles similaires françaises. Le droit d'inscription aux cours de chacune des deux années à l' « École des hautes études commerciales de Paris » est fixé à 1.000 fr.; le prix de la pension est de 1.400 fr., ce qui fait un total annuel de 2.400 fr., sans compter les diverses rétributions supplémentaires obligatoires.

Faut-il voir dans cette disproportion des frais d'études la différence de faveur accordée au haut enseignement commercial en France et en Belgique? Faut-il attribuer à la seule excellence de l'enseignement la préférence marquée que les étrangers accordent aux Écoles supérieures de commerce belges? Il est évident qu'en France beaucoup de commerçants et industriels disposés à faire donner à leurs enfants une éducation commerciale supérieure hésitent devant les sacrifices pécuniaires qu'ils seraient obligés de s'imposer.

Ceci explique en partie, en dehors des divergences dans l'éducation d'esprit et les besoins spéciaux des deux pays, pourquoi en France quelques Écoles supérieures de commerce languissent alors que la population scolaire des établissements similaires belges s'accroît sans cesse et compte actuellement près de

1.500 élèves. Sur les 258 inscriptions relevées à l' « Institut supérieur de commerce d'Anvers » pendant l'année 1909, 154 se rapportaient à des étudiants étrangers, originaires en grande partie de Russie (83), de Roumanie (22) et de Bulgarie (12), c'est-à-dire de pays avec lesquels la Belgique entretient des relations de plus en plus fructueuses. Ce fait est important et mérite d'être médité, car s'il est vrai que « la marchandise suit volontiers le pavillon d'une flotte puissante », elle suit peut-être plus volontiers encore et d'une manière plus durable les goûts et les habitudes, les relations d'amitié et les sympathies que les étrangers emportent du pays où ils ont achevé leur éducation.

Placement et Avenir des Élèves.

Ainsi qu'en témoignent les listes publiées annuellement par les principaux établissements d'enseignement commercial supérieur belges, de nombreuses situations importantes dans la finance, le commerce et l'industrie sont actuellement occupées par d'anciens élèves de ces établissements.

La faveur accordée par les chefs des grandes entreprises de Belgique et de l'étranger aux élèves diplômés des Ecoles supérieures de commerce belges prouve avec évidence que l'enseignement dont ces élèves ont profité répondait à un besoin réel, et que les connaissances qu'ils ont acquises sont celles que recherchent le négoce et l'industrie dans le choix de leurs collaborateurs et de leurs agents.

D'autre part, le ministère des Affaires étrangères, s'inspirant de plus en plus du seul souci de servir l'intérêt national, s'adresse de préférence aux élèves pourvus du diplôme de licencié en sciences commerciales pour l'attribution des fonctions de vice-consul ou d'attaché de légation. Sous l'influence des conditions économiques nouvelles, les consuls doivent être en effet de moins en moins de simples fonctionnaires administratifs ; leur rôle principal est devenu celui d'auxiliaires et de conseillers de l'exportation et, pour remplir utilement ce rôle difficile, il leur faut joindre à des qualités de zèle et d'activité une éducation commerciale répondant à l'étendue des intérêts qui leur sont confiés.

Mentionnons que de nombreux licenciés enseignent dans les Ecoles supérieures de commerce et qu'ils sont également chargés des cours de comptabilité, langues etc., dans beaucoup d'écoles industrielles.

Un *Comité de Placement* organisé par l'Association Amicale des Anciens Elèves de chaque école facilite la recherche des emplois. Les efforts de ce comité sont puissamment secondés par les sympathies des membres de la Commission Administrative et de la Commission de Patronage, choisis à dessein parmi les personnalités influentes du monde des affaires. Les rapports des différentes Associations constatent que leurs membres ont sujet d'être satisfaits de la carrière choisie et de l'avancement obtenu.

D'après les renseignements mêmes fournis par le Directeur de l' « Institut commercial des Industriels du Hainaut, à Mons », les jeunes gens pourvus du diplôme d'Ingénieur commercial ont des appointements de début variant entre 1.200 fr. et 1.800 fr. en Belgique et atteignant au moins le double à l'étranger. Ces appointements sont naturellement susceptibles d'augmentation rapide suivant le zèle et le mérite des débutants.

L. Morel,

Professeur à l'École pratique de Commerce et d'Industrie de Valenciennes.

DOCUMENTS ET INFORMATIONS

Association française pour le développement de l'Enseignement Technique. — L'Assemblée Générale de l'Association a eu lieu le jeudi 22 décembre, à 9 heures du soir, à l'Hôtel des Sociétés savantes, sous la présidence de M. Modeste Leroy, député.

Après le vote pour le renouvellement des pouvoirs d'un certain nombre de membres du Comité, et la lecture des rapports du Secrétaire général, du trésorier et de celui de M. Jannettaz sur l'organisation en 1911 du Congrès de l'apprentissage de Roubaix, M. Modeste Leroy a signalé les heureux résultats obtenus et a rappelé qu'à la Chambre des Députés l'Enseignement Technique comptait des partisans de plus en plus nombreux et convaincus.

En vue d'obtenir la reconnaissance d'utilité publique, l'Assemblée a ensuite voté un certain nombre de modifications aux statuts.

Conseil Supérieur de l'Enseignement Technique. — Par arrêté du Ministre du Commerce et de l'Industrie du 26 novembre 1910, ont été nommés membres du Conseil Supérieur de l'Enseignement Technique, pour une période de six ans (série A) :

MM. Raymond Leygue, sénateur, membre sortant.
- Vallé, sénateur, membre sortant.
- Beauquier, député, membre sortant.
- Sibille, député, membre sortant.
- Breton, député.
- Sainsère, conseiller d'État, membre sortant.
- Aynard, député, président honoraire de la Chambre de Commerce de Lyon, membre sortant.
- Buhan, président de la Chambre de Commerce de Bordeaux.
- Briat, membre du Conseil Supérieur du travail, secrétaire du Syndicat des ouvriers en instruments de précision.
- Cohendy, président de la Commission administrative des écoles La Martinière, à Lyon, membre sortant.
- Dron, député, maire de Tourcoing, membre sortant.
- Duvignau de Lanneau, directeur de l'École Préparatoire à l'École Centrale des Arts et Manufactures, membre sortant.
- Thomas, membre de la Chambre Syndicale de l'horlogerie, à Paris, membre sortant.
- Delombre, président de l'Union des Associations des anciens élèves des Écoles Supérieures de Commerce, membre sortant.
- Villemin, président du groupe des Chambres Syndicales du bâtiment de Paris et du département de la Seine.
- Liébaut, membre du Conseil d'administration du Conservatoire National des Arts et Métiers, membre sortant.
- Malmanche (Mlle), inspectrice des Cours d'Enseignement commercial de la Ville de Paris, membre sortant.
- Barbier, président de la Société des anciens élèves des Écoles Nationales d'Arts et Métiers.

Couriot, inspecteur régional de l'Enseignement Technique, membre sortant.
Chomienne, inspecteur départemental de l'Enseignement Technique.

Création d'une École pratique de commerce et d'industrie. — Par arrêté ministériel en date du 16 décembre dernier, une école pratique de commerce et d'industrie de garçons a été créée à Évreux.

Bourses de séjour à l'étranger. — Un arrêté en date du 16 décembre 1910 a ajouté la Russie aux pays dans lesquels peuvent être envoyés les titulaires des bourses commerciales de séjour à l'étranger instituées par le Ministère du Commerce et de l'industrie.

L'Association nationale pour favoriser l'étude des langues étrangères (15, rue Auber, Paris) a décidé d'attribuer quatre bourses complémentaires de séjour dans les pays de langue anglaise, allemande, espagnole et portugaise.

Cours internationaux d'Expansion commerciale. — Le cours annuel de la Société pour le développement commercial aura lieu, en 1911, à Londres, du 24 juillet au 12 août.

Traitements du personnel des Écoles pratiques de commerce et d'industrie. — Nous avons fait savoir, dans notre précédent numéro, que la Chambre des Députés avait accordé le supplément de crédit demandé pour l'amélioration des traitements du personnel des écoles pratiques. Si, comme il y a lieu de l'espérer, le Sénat vote également ce relèvement de crédits, les nouveaux traitements seront fixés ainsi qu'il suit :

	Hors classe	1re classe	2e classe	3e classe	4e classe	5e classe	6e classe
Écoles de garçons :							
Professeurs et chefs des travaux et d'atelier . .	»	4.100	3.700	3.300	2.900	2.500	2.100
Maîtres-adjoints	3.000	2.600	2.400	2.200	1.900	1.600	»
Écoles de filles :							
Professeurs et chefs des travaux et d'atelier . .	»	3.700	3.300	2.900	2.500	2.100	1.900
Maîtresses-adjointes. . .	2.800	2.400	2.200	2.000	1.800	1.600	»

Les fonctionnaires seront rangés dans les nouvelles classes conformément aux règles adoptées par le Ministère de l'Instruction publique lors du relèvement des traitements du personnel des écoles primaires supérieures et la rectification totale sera effectuée en quatre années.

Concours et Examens. — Les épreuves du *concours d'admission à l'École Centrale des Arts et Manufactures* commenceront le 7 juin 1911. La clôture du registre d'inscription aura lieu le 20 mai.

Les examens d'admission aux *sections normales préparatoires aux professorats commercial et industriel* auront lieu, en 1911, aux dates suivantes :

Pour les sections de Paris et du Havre (Commerce), les 26 et 67 juin.

Pour les sections de Châlons et du Havre (Industrie), les 29 et 30 juin.

Les examens du *certificat d'aptitude au professorat commercial et au professorat industriel* auront lieu les 12 et 13 juin (épreuves écrites), et en juillet (épreuves orales).

Enseignement des langues vivantes. — En vue de la préparation aux concours d'admission dans les Écoles nationales d'Arts et Métiers, l'enseignement des langues vivantes a été assuré d'une manière obligatoire dans les Écoles nationales professionnelles d'Armentières, de Nantes, de Vierzon et de Voiron depuis les rentrées d'octobre. L'allemand et l'anglais sont enseignés dans chacun de ces quatre établissements.

D'autre part, l'enseignement de l'une de ces langues est assuré dans les écoles pratiques d'industrie qui possèdent une section préparatoire aux Arts et Métiers.

Commissions d'enseignement technique. — *Traitements du personnel.* — La Commission de coordination des traitements du personnel des écoles d'enseignement technique et des règlements qui les régissent s'est réunie au Ministère du Commerce et de l'Industrie, le 21 décembre 1910, à 9 heures 1/2 du matin, sous la présidence de M. Lourties, sénateur.

École normale d'Enseignement technique. — La Commission spéciale instituée par M. le ministre du Commerce et de l'Industrie pour étudier un projet d'organisation d'une École normale d'Enseignement technique, à Paris, a tenu sa première séance le 22 décembre dernier.

Un doctorat commercial. — La Société de l'enseignement supérieur a pensé que la création d'universités techniques, dont les études seraient couronnées par un diplôme spécial, le doctorat commercial, aiderait au développement de notre négoce et ferait tomber ce vieux préjugé qui attache au commerce une sorte de déconsidération.

Comme préambule à ce projet, la Société de l'enseignement supérieur entreprend une enquête sur l'enseignement des langues vivantes dans les universités et les établissements d'enseignement supérieur.

La crise de l'apprentissage. — *Une réunion de Chambres de commerce.* — Ainsi que nous l'avions annoncé dans notre précédent numéro, les Chambres de Commerce de l'Est ont tenu, le 23 décembre dernier, une très intéressante réunion à la Bourse de Commerce de Reims, sous la présidence de M. Chapsal, directeur des affaires commerciales au ministère du Commerce. Une trentaine de délégués étaient présents. Après quelques paroles de bienvenue de M. Gosset, président de la Chambre de Commerce de Reims, la question de l'apprentissage a été discutée et l'assemblée a émis les vœux suivants :

1° Que l'enseignement primaire soit prolongé jusque l'âge de 13 ans et que cette dernière année soit consacrée principalement à des travaux pratiques et manuels ;

2° Que pour les apprentis de 13 à 15 ans, des cours techniques soient organisés, d'un commun accord entre les intéressés, administrations, syndicats patronaux et ouvriers, sociétés industrielles, chambres de commerce, et qu'en principe ces cours soient ouverts et fréquentés pendant la journée normale de travail et que ces cours soient obligatoires pour les parents des apprentis et pour les patrons ;

3° Qu'en attendant le vote d'une loi réglementant l'apprentissage, le commerce et l'industrie facilitent le développement professionnel et moral des apprentis avec le concours des municipalités, des chambres de commerce, des sociétés professionnelles, en faisant appel à toutes les bonnes volontés.

Le soir, un banquet a réuni tous les délégués ainsi qu'un certain nombre de personnalités de Reims, et des toasts ont été portés par MM. Gosset, Chapsal et par M. Lenoir, député.

Cours professionnels d'exploitation des mines. — Alors que l'enseignement professionnel des ouvriers mineurs n'est pas encore organisé dans notre pays, il est intéressant de reproduire les conclusions du rapport que M. Navez, ingénieur, a présenté au *Conseil de perfectionnement de l'Enseignement technique du Hainaut*, sur la question de la réforme des cours d'exploitation des mines dans cette province.

« Nous proposons de réorganiser l'enseignement de l'exploitation des mines comme suit :

Création de deux divisions d'études, A et B.

La division A serait réservée exclusivement aux professionnels non préparés par leurs études antérieures à suivre avec fruit des cours réguliers.

Elle comprendrait trois sections : la section primaire pour herscheurs (15 ans au minimum); la section moyenne pour ouvriers; la section supérieure pour porions et conducteurs de travaux.

La division B, accessible à tous les lettrés, comprendrait aussi trois sections :

La section des cadets (12 à 14 ans) : deux années d'études ;

La section moyenne ou des mineurs et niveleurs (14 à 18 ou 19 ans) : 4 à 5 années d'études;

La section supérieure ou des porions conducteurs (18 à 19 ans et plus) : 2 années d'études.

Les cours des deux divisions seraient donnés le dimanche; dans la matinée à la division B et, dans l'après-midi, à la division A. C'est le dimanche que l'ouvrier mineur a le plus de loisirs qu'il peut consacrer à l'étude, et qu'il est le plus apte à cette fin. »

Congrès. — A l'occasion de l'inauguration officielle des locaux de l'Université du travail, coïncidant avec l'Exposition de Charleroi en 1911, la députation permanente du Hainaut a décidé, sur les propositions du conseil de perfectionnement de l'enseignement technique et ménager, l'organisation d'un Congrès provincial de l'enseignement industriel, professionnel et ménager.

Ce Congrès comprendra les sections suivantes :

1re section : Écoles industrielles.
2e — Enseignement professionnel proprement dit.
3e — Enseignement du dessin dans les Écoles industrielles.
4e — Enseignement agricole.
5e — Comptabilité.
6e — Enseignement ménager.
7e — Enseignement de la coupe et de la couture.
8e — Enseignement manuel à l'École primaire.

Expositions. — Une *Exposition internationale* aura lieu à *Roubaix* de mai à novembre 1911. Toutes les industries y seront représentées et, en particulier, les industries textiles et celles qui s'y rattachent, les applications de l'électricité dans les ateliers à la commande des machines, des métiers, à l'éclairage. Une classe sera spécialement réservée à l'enseignement.

Cette Exposition, placée sous le haut patronage officiel du Gouvernement, a obtenu le concours des Chambres de commerce de la région du nord.

Une *Exposition internationale* aura lieu à *Turin* d'avril à octobre 1911. Un groupe sera spécialement réservé à l'instruction et à l'enseignement professionnel.

OPINIONS

L'Enseignement secondaire et l'Industrie nationale. — Nous avons signalé dans notre numéro de décembre la lettre adressée au ministre de l'Instruction publique par M. Guillain, ancien ministre, président du Comité des Forges de France.

Dans la réponse qu'il a faite à cette lettre, le ministre de l'Instruction publique s'exprime ainsi au sujet des causes attribuées par M. Guillain à l'affaiblissement dans la culture générale des jeunes ingénieurs.

« Je pense, en effet, qu'il est de la plus haute importance pour le pays que l'enseignement secondaire forme des hommes d'une intelligence nette et droite, d'esprit largement ouvert, et je m'associerai de tout cœur aux efforts qui tendront vers ce noble but.

« Permettez-moi cependant de vous faire observer que si, comme vous le croyez, il était prouvé qu'à l'heure présente « les jeunes ingénieurs sont pour la plupart incapables d'utiliser les connaissances techniques qu'ils ont reçues par l'incapacité où ils sont de présenter leurs idées dans des rapports clairs et bien rédigés », il serait peu logique et en vérité fort injuste d'attribuer cet état de chose à la réforme de 1902. Un calcul bien simple prouve, en effet, que les générations dont vous parlez n'ont pu recevoir une instruction conforme au nouveau plan d'études puisque celui-ci n'est entré que progressivement en application. L'argument pourrait se retourner en quelque sorte contre votre opinion et l'insuffisance constatée prouverait plutôt combien était désirable la réforme aujourd'hui accomplie.

« Vous avez bien voulu me signaler aussi « l'esprit qui entraine aujourd'hui tout l'enseignement universitaire et qui, pour accroître le nombre des connaissances mises à la portée de la jeunesse, la dispense de plus en plus de la pénible mais fructueuse discipline de l'effort personnel ».

« Je puis à cet égard vous rassurer pleinement et affirmer que les maîtres de l'enseignement secondaire, qui peuvent parfois différer d'avis sur la méthode, ont le sentiment très élevé de leurs devoirs et estiment que leur mission essentielle est d'habituer leurs élèves à l'effort personnel. Professeurs de sciences et de lettres s'ingénient tous à apprendre aux élèves à raisonner et à faire œuvre de découverte. C'est par là que l'enseignement d'aujourd'hui se distingue peut-être le plus de celui d'hier, et je ne sache pas que l'activité des esprits s'en trouve diminuée. »

BIBLIOGRAPHIE

MM. G. Maysonnave, professeur de Commerce et Comptabilité, et E.-L.-A. Guiard, directeur de l'Ecole pratique de Commerce et d'Industrie de Tarbes, viennent de publier chez Edouard Cornély et Cie, éditeurs, 101, rue de Vaugirard, une étude sur les « Exercices du Bureau commercial dans les Ecoles pratiques de Commerce ».

Prenant comme exemple l'organisation et le fonctionnement du Bureau Commercial à l'Ecole de Tarbes, les auteurs ont mis en lumière l'étendue de l'œuvre qui s'impose au chef du Bureau Commercial.

La brochure contient également le dispositif de la salle et une série de plans d'exécution des principaux objets mobiliers employés à Tarbes.

Le Gérant : G. Bourrey.

Paris. — L. Maretheux, imprimeur, 1, rue Cassette.

Première Année — N° 5 Février 1911

REVUE
DE
l'Enseignement Technique
PUBLIÉE SOUS LE PATRONAGE DE
l'Association Française pour le Développement de l'Enseignement technique

La Réglementation du Travail et les Écoles professionnelles

On entend par réglementation du travail l'ensemble des prescriptions légales par lesquelles l'État intervient dans les rapports des patrons et des ouvriers ou employés, à l'effet d'imposer des conditions normales de travail, d'empêcher les abus et de prémunir les travailleurs contre les dangers qui menacent leur existence ou leur sécurité. Ces prescriptions légales comprennent à l'heure actuelle : 1° la loi du 2 novembre 1892, modifiée par la loi du 30 mars 1900, sur le travail des enfants, des filles mineures et des femmes dans les établissements industriels, loi qui organise et réglemente également l'inspection du travail; 2° les lois du 12 juin 1893 et du 11 juillet 1903 sur l'hygiène et la sécurité des travailleurs dans les établissements industriels et commerciaux; et 3° la loi du 13 juillet 1906 sur le repos hebdomadaire des employés de commerce et des ouvriers de l'industrie.

Nous nous proposons de rechercher si ces lois sur la réglementation du travail sont applicables aux Écoles professionnelles et quelles sont les obligations qu'elles imposent aux directeurs de ces écoles.

*
* *

Cette question n'est pas nouvelle : elle s'est posée dès que les premières lois ouvrières ont été promulguées, et elle a fait l'objet de plusieurs circulaires ministérielles, et notamment de la circulaire suivante que le ministre du Commerce adressait, à la date du 20 mai 1904, aux directeurs des écoles techniques ressortissant à son département :

« Les dispositions contenues dans la loi du 2 novembre 1892 sur le travail des enfants, des filles mineures et des femmes, ainsi que dans les lois du 12 juin 1893 et du 11 juillet 1903 sur l'hygiène et la sécurité des travailleurs (auxquelles il faut ajouter aujourd'hui celles de la loi du 13 juillet 1906 sur le repos hebdomadaire) sont applicables, non seulement aux ateliers de l'industrie, mais aussi à ceux qui sont annexés aux établissements ayant un caractère d'enseignement professionnel; les uns, comme les autres, sont en conséquence soumis à la surveillance des inspectrices du Travail.

« Par une circulaire du 17 juillet 1897, l'un de mes prédécesseurs a appelé sur ce point l'attention des directeurs des écoles ressortissant au département et leur a adressé un fascicule renfermant le texte des lois et règlements sur la matière, alors en vigueur, en les invitant à en assurer l'exécution dans les établissements dont l'administration leur était confiée.

« Ces instructions paraissent avoir été perdues de vue. Certains directeurs semblent même ignorer que leurs établissements rentrent dans la catégorie de ceux qui sont visés par les lois du 2 novembre 1892, 12 juin 1893 et 11 juillet 1903, et montrent une tendance à les soustraire au contrôle du service de l'inspection du Travail.

« Je crois donc utile de rappeler que la loi confère aux inspecteurs et inspectrices du Travail, chargés d'assurer l'exécution des lois susvisées, le pouvoir d'inspecter les ateliers annexés aux écoles professionnelles, pour s'assurer que les prescriptions réglementaires concernant le travail des enfants et des filles mineures, l'hygiène et la sécurité des travailleurs (et en outre aujourd'hui le repos hebdomadaire) y sont observées, et je ne puis que vous inviter à faciliter à ces fonctionnaires l'accomplissement de leur mission, lorsqu'ils se présenteront à l'établissement placé sous votre direction. »

Cette circulaire ministérielle ne visait que les écoles professionnelles publiques. Mais il est certain que les mêmes prescriptions légales doivent également s'appliquer aux écoles professionnelles privées. Les textes sont formels à cet égard et ne permettent aucune distinction entre les diverses catégories d'écoles. C'est ainsi que l'article 1er de la loi du 2 novembre 1892 dispose que « le travail des enfants, des filles mineures et des femmes dans les usines, manufactures, mines, minières et carrières, chantiers, ateliers et leurs dépendances, de quelque nature que ce soit, *publics ou privés*, laïques ou religieux, *même lorsque ces établissements ont un caractère d'enseignement professionnel* ou de bienfaisance, est soumis aux obligations déterminées par la présente loi ». Et cette disposition est reproduite, dans des termes identiques, par l'article 1er de la loi des 12 juin 1893, 11 juillet 1903 sur l'hygiène et la sécurité des travailleurs, et par l'article 1er de la loi du 13 juillet 1906 sur le repos hebdomadaire :

***

Les écoles professionnelles, tant publiques que privées, sont donc soumises, comme tout autre établissement industriel ou commercial, aux lois sur la réglementation du travail. Nous devons maintenant examiner quelles sont les obligations qui incombent aux directeurs de ces écoles par application desdites lois et quelle en est la sanction.

La première obligation des directeurs d'écoles est relative à l'âge et aux conditions du travail des enfants, garçons et filles, et des femmes, dans les ateliers annexés à leurs établissements. Les enfants au-dessous de 13 ans, ou au-dessous de 12 ans s'ils sont munis du certificat d'études primaires, ne peuvent être assujettis à un travail manuel qu'autant que ce travail est organisé, non pas dans le but de réaliser des bénéfices, mais dans un but d'instruction professionnelle : la durée de ce travail manuel ne peut dans aucun cas dépasser trois heures par jour (loi du 2 novembre 1892, art. 2). Pour les enfants de 13 ou 12 ans à 18 ans et pour les femmes, quelle que soit leur âge, la durée du travail à l'atelier ne peut être supérieure à dix heures par jour, qui doivent être coupées par un ou plusieurs repos d'une durée totale d'au moins une heure et pendant lesquels tout travail est rigoureusement interdit (même loi, art. 3). Enfin le travail de nuit, c'est-à-dire le travail entre 9 heures du soir et 5 heures du matin, est également prohibé pour les femmes à tout âge et pour les enfants de moins de 18 ans (même loi, art 4).

La deuxième obligation des directeurs des écoles professionnelles concerne les mesures d'hygiène et de sécurité qui sont édictées par les lois du 12 juin 1893 et 11 juillet 1903 : l'application rigoureuse de ces mesures s'impose dans les ateliers de ces écoles encore plus que dans tout autre atelier, étant donné qu'il s'agit ici, non seulement d'ouvriers adultes, mais aussi d'enfants ou de jeunes gens dont la santé est plus fragile et dont l'inexpérience peut entraîner les plus graves dangers.

Les directeurs des écoles professionnelles sont donc tenus de veiller scrupuleusement à l'hygiène des ateliers : ils doivent veiller notamment au nettoyage quotidien de ces ateliers et au nettoyage fréquent des murs et des plafonds, au renouvellement de l'air dans les locaux affectés au travail, à l'éclairage et au chauffage de ces locaux, au cube d'air qui doit être au moins de 7 mètres cubes par personne, à l'éloignement des cabinets d'aisances des locaux de travail ou des dortoirs, etc. Les directeurs sont également tenus de veiller aux prescriptions concernant la sécurité, tels que dégagements nombreux et ouvrant du dedans au dehors pour permettre l'évacuation rapide des ateliers en cas d'incendie ou d'accident, isolement et protection des machines et des organes de transmission, clôture des puits et autres ouvertures, isolement par des cloisons ou des barrières de protection des moteurs à vapeur, à gaz ou électriques, qui ne doivent être accessibles qu'aux ouvriers spécialement affectés à leur surveillance, etc. (Lois des 12 juin 1893, 11 juillet 1903 et décrets du 29 juillet et du 29 novembre 1904.)

En troisième lieu, la loi du 13 juillet 1906 sur le repos hebdomadaire, dont jouissent d'ailleurs depuis longtemps les employés de l'Etat, doit être observée dans les écoles professionnelles publiques et privées. Ce repos doit être de vingt-quatre heures consécutives et il doit être donné le dimanche. Le directeur d'une école professionnelle ne pourrait pas, sous peine de contravention, employer le dimanche, même à des travaux accessoires, un ouvrier faisant partie du personnel de l'école.

Enfin, par application des articles 17 et suivants de la loi du 2 novembre 1892, les inspecteurs et inspectrices du Travail ont le droit absolu d'entrer dans les écoles professionnelles de tout ordre, à l'effet de vérifier si toutes les dispositions relatives à la réglementation du travail y sont appliquées : les directeurs des écoles professionnelles ne peuvent pas leur refuser l'entrée de leurs établissements, ni mettre aucun obstacle à l'accomplissement de leur inspection.

* * *

Les prescriptions légales que nous venons de passer en revue sont-elles toujours rigoureusement observées dans toutes les écoles professionnelles? Il serait téméraire de l'affirmer, et nous pourrions citer telles écoles dans lesquelles les lois sur l'hygiène et la sécurité des travailleurs sont manifestement violées.

Si l'inspecteur du Travail constate l'infraction qui est ainsi commise, dans le cours de sa visite, il se pose alors une question qui présente un intérêt des plus sérieux pour les directeurs des écoles professionnelles : c'est la question de savoir quelles vont être les conséquences de cette infraction, en d'autres termes quelle en sera la sanction.

Lorsqu'il s'agit d'une infraction commise par un industriel ou par un commerçant de profession, l'inspecteur du Travail dresse contre cet industriel ou ce commerçant un procès-verbal de contravention qu'il adresse au Procureur de la République. A la suite de ce procès-verbal, le contrevenant est poursuivi d'abord devant le tribunal de simple police, puis, en cas de récidive dans l'année, devant le tribunal correctionnel, et il est passible d'une amende dont le montant varie suivant la nature de l'infraction : amende de 5 à 15 fr. et, en cas de récidive, de 16 à 100 fr. par contravention pour infraction à la loi de 1892 sur le travail des femmes et des enfants, ou pour infraction à la loi de 1906 sur le repos hebdomadaire; amende de 5 à 15 fr., et, en cas de récidive, de 50 à 500 fr. par contravention, sans que le total des amendes puisse excéder 2.000 fr., pour infraction aux lois de 1893-1903 sur l'hygiène et la sécurité des travailleurs; et enfin, amende de 100 à 500 fr. et, en cas de récidive, de 500 à

1.000 fr., contre quiconque met obstacle à l'accomplissement des devoirs d'un inspecteur du Travail.

Ces poursuites peuvent-elles être exercées et ces pénalités prononcées contre les directeurs des écoles professionnelles à raison des infractions que l'inspecteur du travail aurait constatées dans leur établissement?

Nous estimons qu'il y a lieu de distinguer à cet égard entre les directeurs des écoles professionnelles privées et les directeurs des écoles professionnelles publiques.

A notre avis, les directeurs des écoles professionnelles privées sont passibles, en cas d'infraction constatée par un procès-verbal de contravention, des poursuites et des pénalités ci-dessus indiquées. C'est ce qui résulte de l'article 26 de la loi de 1892 sur le travail des femmes et des enfants, qui est ainsi conçu : « Les manufacturiers, *directeurs* ou gérants d'établissements visés dans la présente loi, qui auront contrevenu aux prescriptions de ladite loi et des règlements d'administration publique relatifs à son exécution, seront poursuivis devant le tribunal de simple police et passibles d'une amende de 5 à 15 francs. » La même disposition est reproduite par l'article 7 des lois de 1893-1903 sur l'hygiène et la sécurité des travailleurs et par l'article 13 de la loi de 1906 sur le repos hebdomadaire. Or, il n'existe point de motif pour ne pas appliquer ces textes aux directeurs des écoles professionnelles privées comme aux directeurs des autres établissements visés par lesdites lois.

Mais cette solution ne peut plus être appliquée, d'une manière aussi absolue tout au moins, aux directeurs des écoles professionnelles publiques. Il peut, en effet, se présenter telles circonstances dans lesquelles l'infraction qui a été commise dans une école publique ne saurait être imputée à la faute du directeur de cette école, et où par conséquent il serait souverainement injuste que sa responsabilité fût mise en jeu. Il en sera ainsi notamment dans le cas où le directeur d'une école publique, après avoir fait connaître à l'administration l'état défectueux des ateliers, se trouve dans l'impossibilité de mettre à exécution les mesures d'hygiène et de sécurité nécessaires, par suite de l'insuffisance des crédits budgétaires qui lui sont alloués. Dans cette hypothèse, l'inspecteur du Travail serait mal fondé à dresser un procès-verbal de contravention au directeur de l'école : il ne peut que signaler au ministre du Commerce les dangers que présente l'installation des ateliers et la nécessité d'y remédier.

Au contraire, la responsabilité des directeurs des écoles publiques serait directement engagée si l'infraction commise provenait de leur fait et leur était personnellement imputable. Voici, par exemple, le directeur d'une école publique qui refuse l'entrée de son établissement à l'inspecteur du Travail, ou bien encore qui impose aux enfants une durée de travail supérieure à la durée légale. Il ne nous paraît pas douteux que ce directeur peut être l'objet d'un procès-verbal de contravention et qu'il est personnellement passible des poursuites et des pénalités qui sont établies par la loi du 2 novembre 1892.

Em. Cohendy,
Professeur à la Faculté de droit de l'Université de Lyon,
Membre du Conseil supérieur de l'Enseignement technique.

L'Apprentissage à l'École

L'apprentissage à l'école a été, à tort ou à raison, l'objet des critiques suivantes :

1° Les élèves, qui sortent des écoles, travaillent trop lentement, « ne rendent pas », fournissent une main-d'œuvre trop chère, parce qu'ils ne sont pas suffisamment entraînés dans les ateliers annexes ;

2° Les objets confectionnés n'ont aucun caractère industriel.

En établissant la série des exercices, le chef des travaux n'est guidé que par des raisons pédagogiques ; il cherche à graduer les difficultés d'exécution, sans s'occuper de l'utilisation industrielle des pièces fabriquées, qui sont, ou brûlées, ou jetées à la mitraille.

A l'école, on s'attache trop à donner le même fini, la même précision à toutes les parties d'un exercice, qu'elles soient principales ou accessoires, tandis que dans l'industrie certaines parties seraient laissées brutes de fonderie ou de forge ou simplement parées, d'autres rendues avec une précision rigoureuse, d'autres enfin exécutées avec une grande tolérance.

En un mot, la conception du travail à l'école est surtout pédagogique ; on y songe beaucoup moins à opérer industriellement qu'à rechercher les occasions d'apprendre à limer, buriner, forger, travailler à la cote ;

3° L'école ne peut pas aborder le travail en série tel qu'il est pratiqué dans les ateliers modernes ; elle ne saurait employer la machine-outil dans les conditions où l'utilise l'atelier ;

4° A leur sortie de l'école, les élèves affichent des prétentions exagérées ; ils ont une tendance à se croire supérieurs à la situation qui leur est faite ; leur salaire basé cependant sur la production ne leur paraît pas en rapport avec leurs capacités professionnelles ;

5° L'apprentissage à l'école est coûteux, puisque les objets fabriqués n'ont aucune valeur marchande et ne sont pas utilisés ;

6° Les élèves n'étant pas payés, on a peine à les retenir à l'école pendant trois ans. Le plus souvent les parents ne sont pas très fortunés et désirent leur faire gagner un peu d'argent le plus vite possible ;

7° L'école ne constitue pas, pour les élèves apprentis, ce milieu industriel avec son atmosphère de travail et d'entraînement qui caractérise l'usine ou l'atelier. Il y manque la multiplicité et la variété des pièces confectionnées qui constituent comme une leçon permanente de technologie.

La présente étude n'a pas pour objet d'examiner si ces reproches sont fondés. Elle tend seulement à démontrer comment une école — l'École pratique d'industrie de Tourcoing — a organisé le travail de ses ateliers, en fin de scolarité, pendant la période dite d'entraînement, de manière à lui donner le maximum d'intensité en se rapprochant le plus possible des conditions vraiment « industrielles ».

La période d'entrainement.

Et d'abord, qu'est-ce que la période d'entraînement ?

Les règlements concernant les Écoles pratiques ont prévu, à la fin de la troisième année, une période d'entraînement aux ateliers, pendant laquelle les cours théoriques sont supprimés au profit des travaux pratiques. Tandis que, jusqu'alors, les élèves ont consacré 20 heures par semaine au travail manuel en première année, 25 heures en deuxième année et 28 heures en troisième année, ils doivent pendant cette période y consacrer 7 à 8 heures par jour. C'est dire, qu'en fait, ils se rapprochent le plus sensiblement possible des conditions de travail dans l'industrie.

A l'École pratique de Tourcoing, toute l'organisation de l'apprentissage a été guidée par cette idée : produire industriellement ou, en tout cas, s'inspirer toujours des procédés et des méthodes du travail industriel.

Comment y est-on parvenu ?

Méthode d'apprentissage.

En première et deuxième années, on a établi une série d'exercices types servant de base à l'apprentissage de chaque spécialité professionnelle.

Chacune de ces séries d'exercices est caractérisée par une progression rationnelle des difficultés envisagées au triple point de vue du travail manuel, de la technologie et du dessin.

En ce qui concerne l'ajustage, par exemple, ces séries d'exercices tendent à apprendre à limer, à buriner, à tracer, à tourner et à se servir des machines-outils.

En possession de ces connaissances, à la fin de la deuxième année, l'élève doit déjà pouvoir être utilisé industriellement en troisième année.

Jusqu'ici, rien que de très ordinaire.

Alors intervient l'organisation nouvelle.

M. Langlois, inspecteur départemental de l'enseignement technique et membre du conseil de perfectionnement de l'École de Tourcoing, a pu décider certains industriels à confier à l'École pratique l'exécution de pièces qu'ils avaient à usiner pour les besoins de leur fabrication courante.

C'est ainsi qu'il a obtenu :

a) D'une fabrique d'automobiles : une série de montages, dits « jigs » destinés à l'exécution en série de pièces d'automobile ;

b) De la Compagnie de Fives-Lille : 15 volants de changement de marche destinés aux locomotives de la Compagnie Paris-Orléans ;

c) De M. Francin, constructeur-mécanicien, membre du Conseil de perfectionnement de l'école : des organes de transmission et des pièces de machines textiles.

Comment ces divers travaux ont-ils été usinés à l'école ?

Organisation du travail.

La commande était prise par M. Langlois au prix offert par le client, qui, dans certains cas, a ignoré que le travail devait être exécuté par les élèves d'une école.

Après étude des dessins, le chef des travaux établissait un devis dans lequel il faisait entrer en ligne de compte :

1° La valeur des matières premières employées ;

2° Les salaires à payer aux élèves ouvriers ;

3° Les frais généraux ;

4° Le bénéfice.

Le chef des travaux remettait aux élèves des fiches de fabrication.

Description des fiches.

Chaque fiche comporte l'indication de la commande, le numéro de la fiche et le numéro du dessin de la pièce à exécuter, la désignation des pièces, leur nombre, la matière employée, l'indication des opérations à effectuer, *le temps alloué dans l'industrie à chaque opération* (à l'étau ou à la machine), le numéro de l'exercice correspondant de la série type d'apprentissage, numéro qui caractérise la difficulté du travail et qui détermine la fixation du salaire.

Pour établir la fiche d'une pièce, le chef des travaux déterminait préalablement les opérations à effectuer, leur importance et les difficultés d'exécution. S'il s'agissait d'un travail de tournage, il le comparait avec la série type des exercices pédagogiques des apprentis tourneurs; s'il constatait, par exemple, que ce travail correspondait comme difficultés à l'exercice 6 de la série type, il marquait ce numéro sur la fiche. La comparaison qu'il avait faite lui permettait de désigner l'élève à qui il fallait confier le travail en même temps que le salaire qu'il méritait. En effet :

1° L'élève ne pouvait exécuter le travail industriel qu'autant qu'il avait fait les cinq premiers exercices de la série type ou des exercices de difficultés équivalentes ;

2° Pour évaluer la rétribution due à l'élève comme prix de son travail, on prenait pour base le salaire attribué à un ouvrier capable d'exécuter convenablement l'exercice type de la série pédagogique. Si l'on supposait, par exemple, que le salaire devait être de 0 fr. 45 l'heure et que le temps moyen d'exécution ne devait pas dépasser deux heures, le prix était fixé 0 fr. 90. Dans le cas où l'élève mettait trois heures pour exécuter son travail, le prix de l'heure s'abaissait pour lui à 0 fr. 30.

ATELIERS DE L'ÉCOLE PRATIQUE DE TOURCOING

COMMANDE N° 10

Fiche N° 1 *suivant Dessin N° 2*

Désignation des pièces .	*Corps*	*de mon*	*tage.*	*A*	»	»
Nombre de pièces	»	»	»	*1*	»	»
Matière employée	»	»	»	*fonte.*	»	»
Poids total des pièces. . .	»	»	*12k,200*	»	»	»

OPÉRATIONS	TEMPS ALLOUÉ	TEMPS EMPLOYÉ	ÉLÈVES	NUMÉRO D'EXERCICE
Traçage.	*1 h.*	*1 h. 1/4*	*Grulois . . . .*	*16e*
Tournage (1re partie).	*6 h.*	*9 h.*	*Jubau. . . . .*	5e
Rabotage	»	»	»	»
Alésage.	*4 h.*	*5 h.*	*Vandevale. . .*	*18e*
Perçage.	*1 h. 1/4*	*2 h.*	*Grulois . . . .*	*8e*
Limage (*).	*2 h.*	*2 h.*	*Grulois . . . .*	*12e*
Rectification.	»	»	»	»
Forge.	»	»	»	»
Modelage	*7 h.*	*8 h. 1/2*	*Carette . . . .*	*5e*
Tournage (2e partie) .	*5 h.*	*5 h. 3/4*	*Locquet. . . .*	*5e*

OBSERVATIONS CONCERNANT LE TRAVAIL

1re partie du tournage (alésage et filetage d'après tampon).
2e partie : Exécution d'un axe fileté et tournage de la partie extérieure.
(*) Comme limage, il faut entendre la rectification des parties déformées en fonderie et n'ayant qu'un intérêt esthétique.

Fini le *9 juillet.*	*Le Contremaître,* Flament.

Quels sont les avantages de cette façon de procéder? Nous pouvons les résumer ainsi : les élèves font un apprentissage méthodique sur des pièces industrielles; ils sont stimulés dans leur travail; enfin, étant à même de se comparer aux ouvriers de l'industrie tant pour la production que pour le salaire, ils voient combien excessives pourraient être leurs prétentions et ils ont ainsi une notion plus exacte de la réalité qui les attend.

Pour se rapprocher le plus possible du travail d'usine, les élèves furent groupés par équipes. Deux élèves de quatrième année furent désignés comme chefs d'équipe; il leur fut adjoint un nombre variable d'élèves de troisième année, suivant l'importance du travail à exécuter.

Résultats : travail bien fait, assuré par une surveillance active, un contrôle de chacun sur tous, une cohésion d'efforts, une même unité de vues, favorables au fini et à la rapidité d'exécution; de plus, les élèves furent ainsi amenés à prendre les mêmes responsabilités que les ouvriers d'usines.

Le chef des travaux indiquait les procédés les plus rationnels d'exécution aux contremaîtres réunis. Ceux-ci transmettaient leurs instructions aux chefs d'équipes.

Résultats : coordination dans le travail, achèvement normal des pièces usinées.

(*A suivre.*)

E. Labbé,
Inspecteur général de l'Enseignement technique.

L'enseignement du droit dans les Écoles de commerce

L'enseignement du droit dans les écoles de commerce doit avoir le caractère utilitaire et pratique de tout enseignement professionnel. C'est là une nécessité dont il faut tenir compte, aussi bien dans le choix des matières du programme, que dans la façon dont le cours doit être professé.

*
* *

Les juristes ont une tendance à considérer toutes les parties du droit comme également intéressantes et utiles. Il suffit qu'une question figure dans le Code pour qu'elle trouve sa place dans l'enseignement de la Faculté. D'après cette conception, un cours élémentaire de droit devrait comprendre des notions sommaires sur toutes les questions, et le droit usuel ne serait qu'un résumé de l'enseignement juridique des Universités.

Or, il importe, pour répondre aux nécessités de l'enseignement professionnel, qu'un cours de droit usuel, civil et commercial, ne soit pas un résumé, mais une sélection : il y a dans l'étude du droit des matières, même intéressantes, qu'il faut sacrifier résolument, pour ne maintenir que celles qui présentent pour les élèves une utilité pratique incontestable, parce qu'elles ont leur application immédiate dans la vie ou dans la pratique courante des affaires.

Il faut, par exemple, que les élèves des écoles commerciales puissent comprendre l'organisation politique et administrative de notre pays, qu'ils connaissent, dans leurs lignes générales, la constitution de la famille et celle de la propriété. Ce sont là des notions indispensables, sans lesquelles ils ne sauraient, dans la suite, se rendre compte du fonctionnement économique de la société contemporaine.

Pour la même raison, on leur expliquera le mécanisme de la justice et de toutes les institutions qui ont pour objet l'exercice des droits publics ou privés, le rôle des avocats, des avoués, des notaires, des huissiers, des agréés et dans quels cas ils devront recourir à leurs services. On les mettra en mesure de faire plus tard, eux-mêmes, les achats, les ventes, les locations, les emprunts, les contrats de louage de choses ou de services.

Ces notions prépareront, d'ailleurs, et faciliteront l'étude approfondie du droit commercial (l'établissement du commerçant, la maison de commerce, les sociétés commerciales, les contrats commerciaux, l'appel au crédit, la liquidation de la maison de commerce), qui doit, nécessairement, avoir la première place dans le programme de l'enseignement juridique des écoles de commerce.

Telles doivent être, à notre avis, les limites des programmes de droit usuel, au moins dans les écoles du premier degré.

Dans les écoles supérieures, on pourrait développer les notions de procédure : ceux-là même, en effet, qui connaissent le mieux leurs droits ne savent pas, le plus souvent, à quelle juridiction s'adresser ni quels moyens employer pour les faire valoir. La connaissance des formules les plus usuelles d'actes authentiques ou sous seing privé serait également très utile aux futurs commerçants, surtout si leur éducation juridique était complétée par quelques notions sur l'organisation des bureaux d'enregistrement et de perception, sur la valeur de l'enregistrement d'un acte, sur la conservation des hypothèques et sur les différents greffes.

Si l'on avait, enfin, le temps de développer ce programme, on devrait accorder une place à l'étude de certains contrats dont la connaissance est indispensable pour l'intelligence des principaux faits de la vie économique : le gage pour les magasins généraux, le dépôt pour les opérations de banque, pourraient, par exemple, figurer avec avantage dans les programmes des écoles commerciales.

*
* *

La méthode qui convient à l'enseignement du droit usuel est bien indiquée, dans ses lignes générales, par les instructions pédagogiques qui accompagnent les *programmes types* des écoles pratiques. Sur toute matière, l'élève doit recevoir des conseils pour sa conduite et son action personnelle. Par exemple, si la question des hypothèques est au programme, on indiquera seulement que le ministère du notaire est indispensable pour leur constitution et que cet officier public agit sous sa responsabilité; mais on insistera sur les moyens que possède un particulier de se renseigner sur la situation hypothécaire d'un immeuble : c'est un cas, en effet, où l'on a souvent intérêt à opérer soi-même.

Au reste, l'élève devra être mis en garde contre l'excès de confiance en soi, en ce qui concerne la défense de ses droits. S'il sait qu'il pourra agir seul pour des affaires de peu d'importance, il faut aussi qu'il soit averti que, dans toute action où de gros intérêts sont engagés, il devra nécessairement avoir recours à un avocat-conseil.

Il sera également prévenu contre l'esprit de chicane. L'enseignement du droit usuel n'a pas pour but de former des plaideurs, mais, au contraire, de développer l'esprit de conciliation. C'est l'ignorance complète de la loi qui engendre les procès et qui rend les hommes obstinés dans ce qu'ils croient être leur droit.

*
* *

Les *programmes types* parlent aussi du « langage simple et précis » qui convient à l'enseignement du droit; c'est une recommandation un peu vague qui serait dangereuse, à notre avis, si elle devait être comprise comme une proscription du vocabulaire juridique.

Il n'y a pas d'enseignement spécial sans termes techniques, et si l'on n'emploie pas, au contraire, toutes les fois que l'occasion s'en présente, les expressions juridiques, — accompagnées, bien entendu, des explications qu'elles comportent, — l'élève ne retirera pas de cet enseignement toute l'utilité désirable. Il ne comprendra rien au texte d'un acte sous seing privé qu'on proposera à sa signature, ou bien il se trompera sur la portée de tel ou tel mot; il sera incapable de lire avec fruit un livre de droit, un article de journal concernant une question juridique; le texte des lois nouvelles et le travail législatif qu'il doit suivre nécessairement, pour ce qui touche sa spécialité, lui resteront étrangers.

C'est, d'ailleurs, d'une façon générale, la richesse et la précision de son vocabulaire technique qui distinguent le bon élève et il n'y a pas de raison pour que des jeunes gens, qui connaîtront tous les termes de leur profession, ne se familiarisent pas aussi avec le sens de tous les mots usuels, dans toutes les parties spéciales de l'enseignement qu'ils sont appelés à suivre.

*
* *

Nous pensons, enfin, que l'enseignement du droit, s'il est bien compris, peut contribuer très utilement à la formation de l'esprit des élèves. Il n'est pas de matière — sauf les mathématiques, peut-être — qui soit plus propre à développer chez eux des qualités d'attention, de réflexion et de précision rigoureuse dans le langage.

Trop souvent l'élève qui écoute entend mal, comprend mal ce qu'on lui dit, de même que, trop souvent, il voit mal ce qu'il regarde, parce qu'il ne saisit pas les traits essentiels des objets qu'on lui montre. Et tous les professeurs savent combien il est parfois difficile de faire comprendre à l'élève ce qu'il y a d'inexact, d'imprécis dans sa réponse, quand on l'a interrogé sur ce qu'il a vu ou entendu.

Il nous a paru, au contraire, que ce côté de sa tâche était particulièrement facile pour le professeur de droit. Un exemple sur ce point sera plus clair qu'un long développement. Au cours d'une leçon sur les élections des juges consulaires, les élèves ont entendu ranger dans la première catégorie des électeurs « les citoyens français commerçants patentés ou associés en nom collectif... » Ayant à répondre, par écrit, quelques jours plus tard, à une interrogation sur « les différentes catégories d'électeurs dans les élections des juges aux tribunaux de commerce », la moitié d'entre eux cite « les commerçants patentés ou associés en nom collectif », tandis que d'autres répondent, avec un peu plus de précision : « les commerçants français patentés... » Quoi de plus facile que de montrer, d'un mot, aux uns comme aux autres, et l'erreur qu'ils ont commise et la valeur que prend un mot dans une phrase? Une simple observation : « les étrangers, les mineurs, seraient donc électeurs? » et les élèves ont compris leur erreur et la nécessité d'être, à l'avenir, plus précis dans l'expression de leur pensée.

Les exercices scolaires que comporte l'enseignement du droit fournissent, à chaque instant, l'occasion de telles leçons. Et les professeurs de législation doivent être persuadés qu'ils peuvent, de la sorte, contribuer à la formation générale de l'esprit, aussi bien qu'à l'instruction juridique de leurs élèves. Ils montreront, ainsi, que l'enseignement professionnel, encore qu'il soit résolument orienté vers les résultats les plus pratiques et — qu'on nous passe l'expression — les plus « terre à terre », ne se désintéresse pas, bien au contraire, de la culture générale de ceux qui sont appelés à en bénéficier.

P. Anglès et E. Dupont.

QUESTIONS SCOLAIRES

QUESTIONNAIRE DE COMPTABILITÉ

Notre excellent collaborateur M. Gabriel Faure a bien voulu nous communiquer le questionnaire dont nous commençons la publication dans le présent numéro.

Sous la forme animée du dialogue, nos lecteurs y trouveront un exposé méthodique et souvent original des principes généraux qui régissent la comptabilité commerciale. Les demandes et les réponses, toujours claires et précises, renferment une foule de renseignements pratiques d'une incontestable utilité.

I. — Principes fondamentaux.

1. *Quel est le but de la comptabilité?*

La comptabilité a pour but de faire connaître aussi fréquemment, aussi exactement et aussi complètement que possible : 1° les résultats d'une entreprise; 2° sa situation.

2. *Qu'est-ce qu'une entreprise?*

On appelle entreprise toute série d'opérations effectuées en vue soit de gagner de l'argent, soit de conserver la fortune qu'on possède, soit même simplement d'accomplir quelque œuvre utile ou agréable sans but lucratif proprement dit.

3. *Qu'est-ce qui caractérise l'entreprise?*

Ce qui caractérise l'entreprise c'est la manipulation, par celui qui la dirige, d'une quantité plus ou moins considérable de richesses : d'où la nécessité d'administrer judicieusement ces richesses, et de garder trace de leurs fluctuations.

4. *Donnez quelques exemples des différentes sortes d'entreprises?*

Un boulanger, un tailleur, un maître de forges, un directeur de théâtre se proposent de réaliser des bénéfices sur les opérations auxquelles ils se livrent.

Un rentier vise la conservation de son patrimoine et, s'il se peut, son augmentation ou celle de ses revenus en réalisant des économies.

Une société sportive, littéraire, philanthropique a pour but de propager le goût des exercices physiques, des belles-lettres, ou de venir en aide à telle ou telle catégorie de personnes; elle se contente d'équilibrer ses recettes et ses dépenses, l'excédent, s'il en existe, devant être affecté au développement de l'œuvre et non à l'enrichissement de ses membres.

5. *Comment peut-on établir la situation et connaître les résultats d'une entreprise?*

En dressant des tableaux convenablement disposés qui portent le nom de *comptes*.

6. *Qu'est-ce qu'un compte?*

Un compte est un tableau intitulé du nom d'une personne, et divisé verticalement en deux parties : à gauche, le Doit ou Débit, dans lequel on inscrit tout ce que le titulaire du compte a reçu et toutes les pertes qui lui incombent; à droite, l'Avoir ou Crédit, dans lequel on inscrit tout ce que le titulaire du compte a fourni et tous les bénéfices qui lui reviennent.

7. *Ce tableau fait-il connaître la situation du titulaire?*

Il suffit, pour connaître cette situation, d'additionner respectivement le Doit et l'Avoir, puis de faire la différence des totaux obtenus, différence qui se nomme Solde.

Si le Doit excède l'Avoir, le titulaire du compte est redevable du solde; on dit que le *solde* est *débiteur*. Si l'Avoir excède le Doit, le titulaire du compte est créancier du solde; on dit que le *solde* est *créditeur*.

8. *Pourquoi inscrit-on les pertes au Doit et les bénéfices à l'Avoir?*

On inscrit les pertes au Doit parce qu'elles tendent à augmenter la dette du titulaire ou à réduire sa créance; on inscrit les bénéfices à l'Avoir parce qu'ils tendent à augmenter la créance du titulaire ou à réduire sa dette.

9. *Ne rencontre-t-on pas dans les comptes des écritures autres que celles dont vous avez parlé?*

Oui, lorsqu'il s'agit de rectifier une erreur antérieure; ou encore de transporter dans un compte, pour des motifs quelconques, une somme qui figurait auparavant dans un autre.

10. *Comment appelle-t-on ces écritures de transfert?*

On leur donne le nom de *virements*.

11. *N'arrive-t-il pas parfois que le Doit et l'Avoir soient égaux?*

Cela peut se produire; dans ce cas, le titulaire n'est ni débiteur, ni créancier, et l'on dit que le compte est *soldé*.

12. *Qu'entend-on par débiter et créditer?*

Débiter un compte, c'est écrire une somme au Doit; le créditer, c'est écrire une somme à l'Avoir?

13. *Que doit-on se demander en écrivant une somme dans un compte?*

On doit se demander quel sera l'effet produit sur le solde. Avec un peu de réflexion, il est alors facile d'inscrire la somme du côté convenable.

14. *Vous avez dit que le compte était intitulé d'un nom de personne. N'y en a-t-il pas dont le titre est un nom de chose?*

Le cas se présente en effet; mais alors, un nom de personne est toujours sous-entendu.

15. *Donnez des exemples.*

Le compte *Capital* pourrait être intitulé du nom propre de la personne qui a fourni le capital initial engagé dans l'entreprise.

Le compte *Loyer d'avance* pourrait être intitulé du nom propre de la personne entre les mains de laquelle on a consigné des sommes à valoir sur le loyer d'un immeuble.

Les comptes *Magasin*, *Caisse*, *Mobilier* sont des subdivisions du compte nominatif qui pourrait être ouvert au gérant de l'entreprise, responsable de ces valeurs; ou encore, suivant une conception à peine différente, ce sont les comptes des sous-agents préposés par le gérant à la garde de ces valeurs, et on pourrait les intituler des noms du magasinier, du caissier, etc.

Les comptes *Frais généraux*, *Intérêts*, *Amortissements* (1), *Bénéfices sur ventes*, etc., sont des subdivisions du compte nominatif qui pourrait être ouvert au propriétaire de l'entreprise, lequel supporte les charges et profite des bénéfices.

16. *Qu'est-ce qu'arrêter et rouvrir un compte?*

Arrêter un compte c'est : 1° Écrire le solde dans la colonne dont le montant est le plus faible; 2° abattre sur une même ligne horizontale les additions des deux colonnes, qui se trouvent nécessairement égales entre elles; 3° souligner d'un double trait les deux totaux ainsi obtenus.

Rouvrir un compte, c'est écrire à nouveau le solde au **Doit** s'il était débiteur, à l'Avoir s'il était créditeur.

17. *Pourquoi fait-on cela?*

On fait cela pour éviter de traîner indéfiniment des totaux qui finiraient par devenir énormes.

18. *L'arrêt et la réouverture des comptes ont-ils lieu à des époques arbitraires?*

Ils ont lieu, en général, à des époques périodiques, telles qu'une fin de mois, de trimestre, de semestre ou d'année.

19. *Quelles sont les deux méthodes usuelles de comptabilité?*

La méthode à partie simple et la méthode à parties doubles.

20. *En quoi consiste la méthode à partie simple?*

Elle consiste à ne tenir que les comptes des tiers créanciers ou débiteurs de l'entreprise.

21. *En quoi consiste la méthode à parties doubles?*

Elle consiste à tenir : 1° Les comptes des tiers créanciers ou débiteurs, comme ci-dessus; 2° les comptes du gérant d'entreprise (ou de ses sous-agents); 3° les comptes du propriétaire de l'entreprise.

22. *Cette méthode entraîne-t-elle une somme double de travail?*

Non, car les comptes du gérant et du propriétaire sont peu nombreux et s'établissent généralement à l'aide de sommes globales.

23. *D'où vient l'expression à « parties doubles »?*

Cette expression provient de ce que toute somme se retrouve deux fois : au débit d'un compte et au crédit d'un autre. Certaines sommes apparaissent isolément, d'autres sont bloquées dans un total; mais le principe reste immuable.

24. *D'où vient l'expression à « partie simple »?*

Elle vient de ce que chaque somme concernant les tiers figure une seule fois, soit au débit, soit au crédit d'un seul compte; sauf dans l'hypothèse peu fréquente d'un virement entre deux comptes de tiers.

Le mot « *partie* » en vieux français était synonyme de *compte*. On pourrait donc dire aussi : méthode à un compte, méthode à deux comptes (sous-entendu : pour chaque opération).

---

(1) Ne pas confondre avec *Dépenses* ou *Valeurs amorties*.

25. *Comment établit-on la situation d'une entreprise en opérant par la méthode à partie simple?*

On totalise les soldes débiteurs des comptes de tiers; on y ajoute l'existant en caisse, le montant du stock marchandises, la valeur du mobilier, du matériel et des autres choses qu'on possède. Du total ainsi obtenu, on retranche le total des soldes créditeurs des comptes de tiers; la différence représente le capital net du propriétaire de l'entreprise. Ce capital peut être (exceptionnellement) nul ou négatif.

26. *Comment détermine-t-on les résultats?*

En faisant la différence entre le capital net au début et à la fin de la période considérée.

27. *Quels sont les avantages de ce procédé?*

Les avantages, qui consistent dans la simplification des rouages comptables, sont plus apparents que réels, car on ne peut se dispenser de tenir, outre les comptes de tiers, certains registres constituant, en réalité, le compte du gérant et celui du propriétaire ou du moins leurs principaux éléments.

28. *Quels sont ses inconvénients?*

Le procédé à partie simple ne comporte aucun contrôle arithmétique. S'il y a des erreurs matérielles, il ne faut guère compter que sur le hasard pour les découvrir.

29. *La méthode à partie double comporte-t-elle des contrôles?*

Oui, car en additionnant tous les débits et tous les crédits, on doit nécessairement obtenir deux totaux égaux; et l'ensemble des soldes débiteurs doit aussi égaler l'ensemble des soldes créditeurs.

30. *Ce contrôle est-il absolu?*

Non, il ne peut révéler certaines erreurs telles que les erreurs d'imputation ou les erreurs de compensation.

31. *Qu'est-ce qu'une erreur d'imputation?*

C'est le fait, par exemple, d'inscrire 100 francs de trop au débit d'un compte et 100 francs de moins au débit d'un autre.

32. *Que se produit-il alors?*

Les additions générales tombent juste, mais certains soldes, considérés isolément, sont faux.

33. *Peut-on commettre d'autres erreurs?*

On peut, soit omettre complètement le report d'une opération, soit la reporter pour un chiffre trop fort ou trop faible.

34. *Comment les erreurs de ce genre apparaissent-elles?*

En comparant le total des opérations enregistrées chronologiquement avec le total général des sommes inscrites dans les comptes.

35. *Quelle méthode faut-il préférer?*

La méthode à parties doubles, la seule qui offre quelque sécurité quant à l'exactitude *matérielle* des chiffres.

36. *Qu'entendez-vous par cette restriction?*

Je veux dire que les chiffres peuvent être arithmétiquement exacts et ne pas exprimer la vérité.

37. *Que faut-il pour qu'une comptabilité exprime la vérité?*
Il faut que les comptes soient judicieusement choisis et classés; que chacun d'eux, pourvu d'un titre intelligible, ne renferme que les opérations se rapportant à son titre, et renferme toutes ces opérations, inscrites pour leur montant exact.

38. *Comment prouve-t-on la sincérité des écritures?*
En produisant les pièces justificatives.

39. *Que faut-il pour qu'une pièce justificative ait toute sa valeur?*
Il faut qu'elle ne soit pas l'œuvre de celui qui prétend s'en prévaloir.

40. *Les fiches d'ordre intérieur ne sont donc pas des pièces justificatives?*
Si, mais à la condition expresse d'émaner d'une personne autre que le comptable et indépendante de celui-ci.

41. *Donnez la liste des comptes à ouvrir dans une entreprise quelconque?*
Cette liste ne peut pas être dressée, car elle dépend de la nature, très variable, des entreprises.

42. *Ne pouvez-vous, tout au moins, donner quelques indications générales?*
On peut, sous la réserve qui vient d'être formulée, indiquer les catégories de comptes qui se rencontrent à peu près partout, ce sont :

En ce qui concerne le propriétaire de l'entreprise :
Les comptes du capital initial;
— des charges et produits de l'exercice;
— des frais ou pertes amortis;
— des bénéfices différés.

En ce qui concerne le gérant :
Les comptes de valeurs indisponibles;
— de disponibilités immédiates;
— de stocks;
— de fabrication (dans l'industrie).

En ce qui concerne les tiers :
Les diverses catégories de débiteurs;
— — de créanciers.

Chacune de ces divisions comporte autant de chapitres qu'il est nécessaire; à leur tour, les chapitres peuvent être divisés en articles et ceux-ci en paragraphes, etc.

43. *Où classez-vous les effets à recevoir?*
Dans les disponibilités s'ils sont immédiatement négociables contre espèces; mais, plus habituellement, dans les tiers débiteurs.

44. *Où classez-vous les effets à payer?*
Avec les tiers créanciers, dont ils ne sont, en réalité, qu'une subdivision.

45. *Où classez-vous les comptes de dépôts à vue chez un banquier?*
Je les classe avec la caisse, dans les disponibilités immédiates.

46. *Où classez-vous les cautionnements?*
Dans les valeurs indisponibles.

47. *Ces indications suffisent-elles pour établir une comptabilité quelconque?*
Non, car il y a divers cas particuliers (fabrication à un ou plusieurs degrés,

succursales, marchandises reçues ou livrées en dépôt, commandes en cours, acomptes reçus, etc.) dont je n'ai pas parlé et qui nécessitent tous une étude spéciale.

48. *Comment tenez-vous matériellement vos comptes?*

Au moyen d'un grand livre à feuillets mobiles.

49. *Qu'est-ce qu'un grand livre?*

C'est un registre dont les feuillets sont munis d'une réglure appropriée. Chaque feuillet est affecté à l'établissement d'un compte distinct.

50. *Pourquoi dites-vous « à feuillets mobiles »?*

Les feuillets du grand livre doivent être mobiles pour qu'on puisse : 1° classer les nouveaux comptes à leur place normale; 2° ajouter des feuillets à la suite des comptes existants dès que le recto et le verso de la première feuille sont remplis.

51. *Ne pourrait-on obtenir le même résultat avec un registre ordinaire?*

Non, car il est impossible de prévoir l'étendue de chaque compte, et de laisser la place exactement nécessaire pour ouvrir dans l'ordre normal, les comptes nouveaux que l'on aurait besoin de créer.

52. *L'ordre dans lequel les comptes se succèdent au grand livre a-t-il donc une si grande importance?*

Oui, c'est un point très important pour l'établissement des situations. Si les comptes se succèdent d'une façon quelconque, on est obligé : 1° d'en faire le relevé tels qu'ils se trouvent; 2° de dépouiller ce relevé pour classer les soldes par nature : d'où un double travail qu'on évite en classant méthodiquement les comptes dans le grand livre.

D'autre part, un compte de quelque étendue peut se trouver disséminé par fractions en divers endroits du même registre, ce qui rend les recherches longues et pénibles et occasionne généralement des erreurs.

Enfin, quand on met en service un grand livre nouveau, il faut rouvrir tous les comptes; cette mise en train périodique devient inutile avec les feuillets mobiles. Il suffit de la faire au début, une fois pour toutes.

53. *Mais ce dispositif n'offre-t-il pas des inconvénients, par exemple en cas de soustraction d'un feuillet?*

Les comptes et les feuillets étant numérotés, on peut toujours en effectuer le contrôle.

54. *Les grands livres à feuillets mobiles n'ont-ils pas une autre supériorité sur les anciens livres?*

Ils offrent l'avantage de rendre inutile le répertoire alphabétique des comptes dans un grand nombre de cas.

55. *Le grand livre suffit-il pour tenir une comptabilité?*

Oui, en théorie. Mais dans la pratique il est bon d'enregistrer chronologiquement les faits et à mesure qu'ils se produisent, ce qui rend plus facile la confection ultérieure des comptes et procure des contrôles supplémentaires.

56. *Cet enregistrement chronologique a-t-il lieu sur un seul et unique registre?*

Non, il en faut plusieurs dont chacun est affecté à une sorte particulière d'opérations.

57. *Comment procède-t-on pour établir la situation de l'entreprise?*

On dresse un tableau récapitulatif des comptes du grand livre. Ce tableau, qui renferme les totaux et les soldes, constitue à la fois un moyen de vérifier, arithmétiquement les écritures, et un état de situation: il porte le nom de *balance*.

58. *D'une manière générale, quels sont donc les organes qui composent une comptabilité complète?*

Il y en a trois, savoir :

1° Les livres d'enregistrement chronologique ;

2° Le grand livre ou livre des comptes ;

3° La balance.

59. *Doivent-ils concorder entre eux?*

La balance, résumé du grand livre, concorde nécessairement avec ce dernier: elle doit, en outre, donner le même total que l'ensemble des livres chronologiques, puisque les comptes du grand livre ne sont autre chose que le classement méthodique des sommes figurant dans les écritures journalières. Il y a donc absolue concordance entre les trois organes lorsque le travail est effectué correctement.

60. *Qu'est-ce que le bilan?*

C'est l'état résumé de la situation d'une entreprise à une date donnée.

61. *De quoi se compose le bilan?*

Le bilan se compose de deux parties : 1° l'Actif, ou liste des valeurs et des créances appartenant à l'entreprise; 2° le Passif, qui comprend les dettes de l'entreprise envers les tiers.

Il est d'usage d'ajouter à l'Actif les dépenses exceptionnelles qu'on se propose d'imputer par fractions aux exercices futurs.

De même, on ajoute au Passif la dette contractée par l'entreprise envers son propriétaire, c'est-à-dire le Capital et les bénéfices différés s'il en existe.

62. *L'actif et le passif sont-ils nécessairement égaux?*

En général, non : ils présentent presque toujours une différence qui exprime la perte ou le bénéfice de l'exercice. Cette différence, ajoutée au côté le plus faible, reproduit le total du côté opposé. On procède ainsi pour démontrer l'exactitude des additions; mais ce serait une erreur d'en conclure que l'actif et le passif proprement dits sont égaux.

63. *Cette égalité ne peut-elle cependant exister?*

Elle existe si l'on dresse un second bilan après avoir fait disparaître la perte ou le bénéfice par imputation à d'autres comptes.

64. *Quelle est la forme préférable?*

Celle qui met en évidence la perte ou le bénéfice.

65. *Comment établit-on un bilan?*

Il y a deux façons de procéder : 1° hors livres : on fait un récolement des valeurs, des créances et des dettes sans se préoccuper de savoir s'il existe ou non une comptabilité; puis on dresse un tableau récapitulatif de ces éléments. (C'est le procédé usité par les personnes qui tiennent leurs écritures à partie simple); 2° d'après les livres : on relève, d'une part, les soldes débiteurs, qui constituent l'actif, plus la perte, s'il y en a; et, d'autre part, les soldes créditeurs, qui constituent le passif, plus le bénéfice s'il en existe.

66. *Les colonnes de soldes de la balance donnent-ils donc le bilan à tout instant?*

Oui, en théorie; mais, dans la pratique, ces soldes ne sont presque toujours, en cours d'exercice, que des approximations plus ou moins précises et plusieurs d'entre eux doivent être rectifiés pour exprimer la vérité absolue.

67. *Comment procède-t-on aux rectifications?*

On fait, hors livres, l'inventaire ou relevé estimatif des valeurs des créances et des dettes; on provoque la remise, par les tiers, de leurs comptes; et l'on compare les chiffres ainsi obtenus avec les soldes du grand livre. Cette comparaison fait ressortir l'écart pouvant exister entre nos écritures et la réalité; il suffit alors de mettre les premières en harmonie avec la seconde et le bilan se trouve exact.

68. *Outre le rapprochement dont vous parlez, n'y a-t-il pas d'autres rectifications à faire?*

On doit également procéder aux amortissements et dépréciations qui atteignent certains chapitres.

69. *Fait-on souvent le travail que vous venez de décrire?*

En pratique, on ne peut guère le faire qu'une ou deux fois par an. Dans l'intervalle, les soldes du grand livre donnent la situation plus ou moins approximative, suivant que la comptabilité est plus ou moins bien organisée et bien tenue.

Gabriel FAURE.

(A suivre.)

LE CARNET D'ATELIER

Considérations générales.

Dans les écoles, comme dans l'industrie, on doit noter exactement la nature du travail effectué, les quantités de matières premières utilisées, l'emploi du temps, etc.; de là la nécessité du carnet d'atelier. Ce carnet, qui sera un véritable guide pour l'élève, devra contenir :

1° Le croquis des pièces à exécuter;
2° Les instructions pédagogiques pour l'exécution méthodique des travaux;
3° La valeur du travail;
4° Le temps accordé;
5° Le gain à l'heure;
6° Le tableau de pointage des heures et le temps total employé;
7° La nature de la matière employée;
8° Son poids ou ses dimensions;
9° La note obtenue;
10° Les appréciations du contremaître ou du chef des travaux.

DES CROQUIS. — Nous conseillons de remettre aux élèves soit des « bleus », soit des autographies pour plusieurs raisons :

1° Les élèves arrivent en première année n'ayant jamais dessiné, ne connaissant pas l'importance des cotes; dans ces conditions peuvent-ils relever

Page gauche du **Carnet d'atelier.**

Matière à employer : Fer rond de 70mm et de 65mm de longueur.

Poids de la pièce brute : 2 kg.

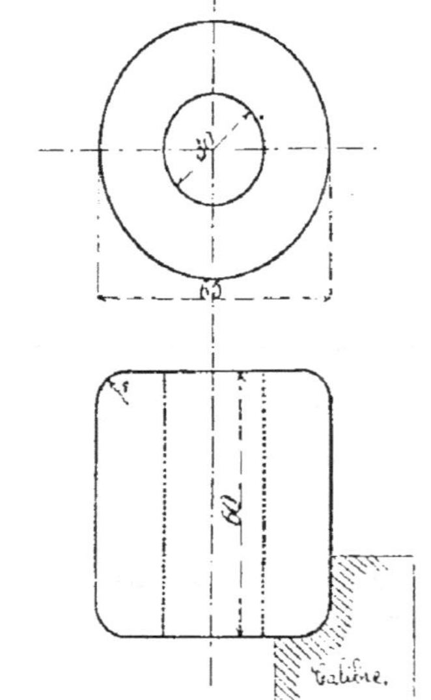

TOUR PARALLÈLE

9e EXERCICE : **Bague avec alésage cylindrique.**

BUT

Apprendre à percer et à aléser en plateau.

EXÉCUTION

1° Percer une série de trous de diamètres différents, en employant les divers modes de perçage indiqués précédemment (Temps : 10 heures);

2° Monter et centrer la pièce entre des griffes sur un plateau ordinaire, ou sur un plateau à mors indépendants ;

3° Percer à un diamètre inférieur au diamètre indiqué ;

4° Dresser une base et ébaucher la partie extérieure ;

5° Aléser le trou au diamètre exact;

S'assurer à l'aide du compas d'intérieur si tous les diamètres sont égaux;

6° Terminer la partie extérieure déjà ébauchée;

7° Retourner la bague sur le plateau; centrer : dresser la seconde face en tenant compte de la cote de longueur et terminer l'extérieur. — Vérifier l'arrondi à l'aide d'un calibre.

Remarque. — On pourrait terminer la partie extérieure en montant la pièce sur un mandrin. (Voir plus loin la notice sur les presses à mandriner.)

Page droite du Carnet d'atelier.

Temps accordé : 2 heures.
Temps employé :

Valeur de travail : 0 fr. 60.
Gain à l'heure :

EMPLOI DU TEMPS

MOIS	DATES	HEURES prévues à l'emploi du temps	HEURES réellement employées	DÉCOMPTE DES HEURES PAR OPÉRATIONS		TEMPS EMPLOYÉ A D'AUTRES TRAVAUX ET DÉSIGNATION DE CES TRAVAUX	
				Opérations	Heures	Heures	DÉSIGNATION

OBSERVATIONS PARTICULIÈRES ET NOTE OBTENUE

Le Contremaître,

Vu : *Le chef des travaux.*

NOTES COMPLÉMENTAIRES ET CROQUIS DES PIÈCES OCCASIONNELLEMENT EXÉCUTÉES

Emploi du compas d'intérieur. — Le compas d'intérieur, qu'on nomme aussi *Compas maître de danse*, doit être léger et ajusté à **frottement dur.**

Pour s'en servir, on doit le maintenir par la tête entre le pouce et l'index et le présenter dans l'alésage, **sans forcer.**

convenablement un croquis, sans erreurs? En dessinant, ne vont-ils pas contracter de mauvaises habitudes qu'il sera difficile de faire disparaître?

2° Comment l'élève de deuxième ou de troisième année fera-t-il un croquis d'atelier?

Ou il copiera un bleu, copie servile qui ne lui apprendra absolument rien;

Ou il relèvera le croquis d'après la pièce, et c'est encore du temps perdu pour l'atelier : les séances d'atelier ne sont pas trop abondantes pour qu'elles ne soient pas consacrées entièrement aux travaux manuels.

Seuls pourront être relevés, à main levée, les croquis nécessités par une réparation, par une confection d'outils, etc.

Des instructions pédagogiques pour l'exécution des travaux. — Elles devront être claires et le plus succinctes possible; le contremaître devra veiller à ce qu'elles soient rigoureusement observées; elles pourront figurer sur le « bleu » ou sur le croquis autographié. A côté de ces instructions, on devra indiquer le but de l'exercice et les outils à employer.

De la valeur du travail. — Cette valeur sera celle que l'on accorderait à un ouvrier pour exécuter un seul exemplaire de l'exercice proposé.

Du temps accordé. — On fixera un nombre d'heures moyen qui permettra de marquer la note de célérité. Pour cette note, on tiendra compte des aptitudes et de la force physique de l'élève.

Du gain a l'heure. — Il sera évidemment le quotient de la valeur du travail par le temps employé. Ce calcul fait par l'élève l'excitera à produire davantage.

Du tableau de pointage des heures. — Pour donner une idée de ce que doit être un tableau de pointage des heures, nous avons emprunté au « Cours de tour, tournage, filetage, technologie, exercices pratiques », par Romain, édition Delagrave, les modèles ci-dessous.

De la notation. — Les exercices doivent être notés en tenant compte du fini, de l'exactitude et du temps.

La note de célérité est celle qui doit être donnée le plus judicieusement; car il ne faut pas, tout en cherchant à récompenser l'élève actif, l'engager à sacrifier le fini du travail à la rapidité d'exécution. Elle devra croître progressivement, comme les notations suivantes l'indiquent :

Première année.

	PÉRIODE D'ESSAIS	SPÉCIALISATION
Exécution	14	12
Exactitude	6	6
Célérité	»	2
Total	20	20

Deuxième année.

	1er TRIMESTRE	2e TRIMESTRE	3e TRIMESTRE
Exécution	12	11	10
Exactitude	6	6	6
Célérité	2	3	4
Total	20	20	20

Troisième année.

	1er TRIMESTRE	2e TRIMESTRE	3e TRIMESTRE
Exécution	11	10	10
Exactitude	6	6	5
Célérité	3	4	5
Total	20	20	20

A. Romain,
Chef des travaux à l'École pratique de Commerce et d'Industrie de Roubaix.

ENSEIGNEMENT TECHNIQUE A L'ÉTRANGER

LES COURS PROFESSIONNELS DE PERFECTIONNEMENT EN AUTRICHE ET LA LOI DU 30 NOVEMBRE 1907

La question des cours professionnels de perfectionnement est à l'ordre du jour; il est peu de Congrès où elle ne soit discutée : à Tourcoing, le 30 septembre, le Congrès de la Ligue de l'enseignement adoptait les conclusions du rapport de M. Dron, député et maire de Tourcoing, en faveur de l'obligation, pour les jeunes gens de quatorze à dix-huit ans, de fréquenter des cours dits de perfectionnement, dont l'enseignement comprendrait « dans une mesure variable, suivant les exigences locales et les besoins des élèves » :

D'une part, la revision des matières essentielles du programme de l'école primaire, des notions de sciences appliquées utiles dans la vie courante et des leçons susceptibles de développer les vertus morales et civiques;

D'autre part, un enseignement professionnel approprié aux métiers exercés par les apprentis ou les jeunes ouvriers qui suivent les cours.

Le lendemain, à Bruxelles, le Congrès international d'éducation populaire émettait un vœu en faveur de l'établissement de cours de perfectionnement obligatoires, de quatorze à dix-sept ans; ces cours auraient lieu à la fin de la journée de travail, et leur objet serait le développement général et professionnel de l'adulte.

A leur tour, les gouvernements se préoccupent de cette importante question. En Angleterre, le rapport présenté récemment au Parlement par le Comité consultatif du *Board of Education* conclut à l'obligation de l'enseignement postscolaire général et technique. En Prusse, un projet de loi sur l'obligation pour les communes de créer des cours de perfectionnement pour les apprentis au-dessous de dix-huit ans sera certainement discuté dans la prochaine session du Landtag. En Belgique, le roi insistait le 8 novembre dernier, dans son discours du trône, sur la nécessité du développement de l'enseignement professionnel.

En France, enfin, la Chambre de commerce de Paris adoptait, le 12 novembre 1910, les conclusions du rapport de M. de Ribes-Christofle demandant que des cours professionnels de perfectionnement soient créés et que l'obligation de les suivre soit établie en principe ; et M. le Président du Conseil, dans la déclaration ministérielle lue le 8 novembre, annonçait que « le Ministère demandera au Parlement de voter le plus tôt possible le projet de loi sur l'enseignement professionnel et d'organiser l'apprentissage » (1).

Ce projet prévoit l'organisation de cours de perfectionnement analogues à ceux qui existent déjà en Allemagne et qui ont été l'objet d'une étude très documentée de la part de MM. Dron, député, et Labbé, inspecteur général de l'enseignement technique. Le moment m'a paru favorable de procéder à un travail analogue pour un pays où la question est réglementée depuis quelques années, et d'étudier les dispositions de la loi de 1907 sur les cours de perfectionnement dans la Basse-Autriche, loi dont l'application ne soulève plus de difficultés sérieuses (2).

***

En Autriche, les cours pour apprentis ont été successivement réglementés par le décret du 20 décembre 1859 et la loi du 15 mars 1883, qui accordaient aux patrons la faculté d'en rendre la fréquentation obligatoire. Décret et loi imposaient en effet au patron l'obligation de faire partie d'une corporation et, d'après l'article 144 de la loi de 1883, un des buts de la corporation est « de pourvoir à l'établissement d'un système d'apprentissage bien ordonné par un ensemble de règles qui, avant de devenir obligatoires, doivent être soumises à l'autorité administrative. Ces règles portent notamment sur l'éducation professionnelle et morale des apprentis, sur la durée de l'apprentissage, sur les examens ou les épreuves à subir au cours de cet apprentissage, ainsi que sur les moyens d'assurer l'exécution de semblables dispositions, et enfin sur les conditions de validité des certificats d'apprentissage ; elles se réfèrent, en outre, aux garanties à fournir pour tenir des apprentis ».

Plus de vingt années s'écoulèrent avant que le principe de l'obligation fût consacré par une disposition législative. Les patrons y étaient opposés, car ils se trouveraient, dans ce cas, privés des apprentis pendant que ces derniers fréquenteraient les cours ; ils devraient, en outre, en supporter les frais ; c'est pourquoi les cours de perfectionnement eurent lieu tout d'abord le dimanche ou le soir.

Mais un progrès considérable fut réalisé par la loi du 23 février 1897 ; aux termes du § 99^b de cette loi :

« Les apprentis sont, pour autant qu'ils n'ont pas encore achevé avec succès leur instruction professionnelle dans un cours de perfectionnement ou dans une institution d'égale valeur au moins, tenus de fréquenter régulièrement les cours

(1) Voir sur ce projet de loi l'article de M. E. Bertin : « la Crise de l'apprentissage ». (*La Technique Moderne*, n° 11, novembre 1910.)

(2) J'ai utilisé pour cette étude la brochure publiée par les éditeurs Pichlers Witwe und Sohn, de Vienne, qui contient le texte intégral de la loi du 30 novembre 1907, modifiée par celle du 24 avril 1909, ainsi que divers décrets ou arrêtés. J'ai également fait quelques emprunts au remarquable ouvrage de MM. Dlabac et Gelcich : *Das kommerzielle Bildungswesen in Œsterreich* ; il fait partie d'une collection en plusieurs volumes sur l'enseignement commercial en Europe et hors d'Europe.

professionnels spéciaux de la manière prescrite par le programme d'apprentissage. »

Et le même paragraphe stipule que la durée normale de l'apprentissage pourrait être prolongée pour les apprentis qui auraient à plusieurs reprises et par leur propre faute négligé de suivre les cours.

Depuis la promulgation de cette loi, les cours commerciaux et industriels se sont beaucoup développés en Autriche; mais le nombre en est encore insuffisant et ils sont inégalement répartis : très nombreux dans les provinces du Nord, ils sont de plus en plus clairsemés à mesure qu'on s'avance vers le Sud; en Istrie, ils n'existent pas.

La Basse-Autriche est le seul pays de la monarchie dans lequel l'enseignement commercial et les cours de perfectionnement ont été de bonne heure réglementés législativement.

Les lois des 28 novembre 1868 et 2 mars 1873 ont été remaniées et complétées par celle du 30 novembre 1907. C'est cette loi que je me propose d'étudier avec les modifications que lui a fait subir celle du 24 avril 1909.

Loi du 30 novembre 1907 sur les cours de perfectionnement modifiée par celle du 24 avril 1909.

Le titre Ier définit le but et détermine les diverses catégories de cours de perfectionnement; il définit également la circonscription (Schulsprengel) et le district scolaire (Schulbezirk).

But. — Art. 1er : Les cours professionnels de perfectionnement sont destinés à étendre la culture professionnelle de l'apprenti par un enseignement méthodique et à favoriser son éducation professionnelle.

Diverses catégories de cours. — Aux termes de l'article 2, les cours professionnels de perfectionnement comprennent :

1° Les cours généraux de perfectionnement dont l'enseignement est limité aux matières qui peuvent servir en même temps aux apprentis de diverses catégories d'industries.

Pour ceux-ci, la durée normale des études est de deux années; une troisième année peut être créée en cas de besoin;

2° Les cours spéciaux qui permettent à l'apprenti de développer et d'approfondir son instruction technique nécessaire à l'exercice d'une profession déterminée ou d'un groupe de professions analogues. A ceux-ci se rattachent les cours commerciaux destinés aux apprentis de commerce.

L'enseignement ne peut durer plus de trois années.

L'article 3 définit la *circonscription scolaire* et le *district scolaire*. A chaque cours de perfectionnement correspond une circonscription; les apprentis de cette circonscription sont tenus de fréquenter le cours de perfectionnement qui y est établi.

A l'exception de Vienne, la circonscription des cours comprend en général le territoire de la commune; mais deux ou plusieurs communes peuvent être réunies pour former une circonscription, à la condition toutefois que cette réunion ne gêne pas la fréquentation; de même, en vue de faciliter la fréquentation scolaire, certaines parties du territoire d'une commune peuvent être rattachées à des circonscriptions voisines.

La délimitation de la circonscription est fixée par le Conseil scolaire provincial (Landesschulrat) après avis du Conseil du cours de perfectionnement et de la Chambre de commerce et d'industrie.

Une circonscription scolaire peut former à elle seule un district de cours de perfectionnement, mais un district peut comprendre aussi plusieurs circonscriptions.

Vienne forme un seul district.

Sont considérés comme obligatoires et publics (art. 4) les cours de perfectionnement dont la fréquentation est obligatoire pour les apprentis, savoir : ceux de toutes les entreprises industrielles et commerciales de la circonscription scolaire pour les cours généraux de perfectionnement et ceux de certaines industries déterminées de ladite circonscription pour les cours spéciaux.

Titre II. — *Création et suppression des Cours professionnels de perfectionnement.*

Quand doit-on créer un cours professionnel de perfectionnement ?

Aux termes de l'article 5, des cours généraux professionnels de perfectionnement sont créés, si dans une localité ou dans plusieurs localités voisines comprises dans un rayon de 3 km., les diverses industries en exercice ont occupé en moyenne, pendant trois années consécutives, 30 apprentis au moins susceptibles de suivre les cours et qui n'ont à leur disposition aucun cours professionnel de perfectionnement.

On créera dans les mêmes conditions des cours professionnels spéciaux de perfectionnement, lorsque les 30 apprentis appartiennent à la même industrie ou à des industries similaires ; cette création devra avoir lieu même si les apprentis ont à leur disposition des cours généraux déjà existants.

Si le nombre des apprentis d'une même circonscription scolaire est trop considérable pour un seul cours, deux ou plusieurs cours devont être créés (art. 6).

La loi donne au Conseil provincial scolaire (art. 7) le droit de fixer d'office le moment où la création du cours de perfectionnement est devenue obligatoire et de prendre, d'accord avec le Comité provincial, les mesures nécessaires.

Cependant la création peut être différée dans certains cas particuliers qu'apprécieront le Conseil et le Comité après avis de la Chambre de commerce et d'industrie.

La loi prescrit en outre (art. 8) qu'au cas où les conditions de l'article 5 ne seraient pas réalisées, la création de cours de perfectionnement peut cependant être décidée par le Conseil provincial scolaire avec l'assentiment du Comité provincial, de la Chambre de commerce et d'industrie, et du Conseil municipal. Le Conseil provincial devra dans ce cas prendre l'avis du Conseil des cours de perfectionnement compétent et des corporations intéressées s'il s'agit de création de cours spéciaux.

On procédera de la même façon lorsqu'il y aura lieu d'annexer des ateliers à des cours spéciaux.

Suppression. — La suppression de cours peut être décidée par le Conseil provincial scolaire, le Comité provincial et la Chambre de commerce et d'industrie entendus, lorsque pendant les deux dernières années le nombre des apprentis susceptibles de suivre lesdits cours aura été inférieur à vingt.

Organisation des cours professionnels de perfectionnement. — L'organisation des cours de perfectionnement est réglée par le titre III de la loi de 1907. Des classes préparatoires (art. 10) sont créées pour les apprentis dont l'instruction primaire est insuffisante ou qui ne possèdent pas suffisamment la langue parlée; ces classes préparatoires comportent une année d'étude. Les apprentis acquièrent des notions générales dans la langue parlée, l'écriture, le calcul et le dessin, c'est-à-dire les connaissances pour suivre avec fruit les cours professionnels de perfectionnement. Le jeune apprenti peut être obligé de redoubler la classe préparatoire.

Cette classe doit être annexée au cours professionnel de perfectionnement pour lequel elle prépare les élèves.

C'est au Conseil provincial scolaire qu'il appartient de fixer les conditions relatives à l'admission des élèves aux classes préparatoires comme au cours de perfectionnement, et de réglementer également les examens et l'attribution des diplômes.

Enseignement commun. — Il arrive qu'un cours général de perfectionnement (tel qu'il a été défini à l'art. 2) est suivi par un nombre assez élevé d'apprentis appartenant à la même industrie ou à des industries similaires; dans ce cas, ces apprentis peuvent être groupés pour recevoir un enseignement spécial à leur profession, à la condition qu'ils soient au nombre de 20 au moins; un élève peut être dispensé de suivre les cours qui ne sont pas indispensables à sa profession. Il appartient au Ministère compétent de désigner les industries pour lesquelles les apprentis peuvent être dispensés de l'étude de certaines matières d'enseignement.

Classes parallèles (art. 12). — Dans les classes préparatoires comme dans les cours généraux ou spéciaux, des classes ou des sections parallèles sont créées lorsque le nombre des apprentis dépasse un chiffre déterminé. Dans ces classes parallèles, il faut autant que possible spécialiser l'enseignement d'après la profession.

Heures des cours; programmes (art. 13). — Pour les cours généraux de perfectionnement, l'année scolaire dure de sept à dix mois; ils n'ont pas lieu pendant la période des grandes vacances.

Pour les cours spéciaux, la durée de l'année scolaire et la date d'ouverture des cours sont fixées d'après les professions des apprentis.

Les cours de perfectionnement doivent avoir lieu les jours ouvrables entre 7 heures du matin et 7 heures du soir pendant la durée habituelle du travail; c'est au Conseil provincial scolaire qu'il appartient d'en fixer l'horaire; dans certaines circonstances particulières, les cours peuvent être autorisés jusqu'à 8 heures du soir. Le dimanche, ils n'ont lieu que dans la matinée.

Pour certaines industries dites de saison, le total annuel des heures d'enseignement ne peut pas être inférieur à celui des cours spéciaux de perfectionnement pour lesquels l'année scolaire a sa durée normale.

Le nombre des heures d'enseignement par semaine est fixé par le programme normal pour les diverses catégories d'écoles.

Pour les cours généraux, le programme normal est arrêté par le ministère des Travaux publics, après avis du Conseil provincial scolaire.

Les programmes types pour les cours spéciaux de perfectionnement sont établis en tenant compte des besoins des diverses professions, après avis des corporations intéressées, des Comités scolaires, des Conseils des cours et de la Commission scolaire du ministère des Travaux publics.

Les dérogations aux programmes normaux peuvent être autorisées par le conseil provincial scolaire, à la condition qu'elles ne nuisent pas au but poursuivi.

Livres autorisés (art. 14). — Les Ministères compétents dressent la liste des ouvrages autorisés aux cours de perfectionnement. Le Conseil provincial scolaire choisit dans cette liste après entente avec le Conseil des cours, et pour les cours spéciaux après avis du Comité scolaire.

Les vacances sont fixées par le Conseil provincial scolaire (art. 13). Le ministère des Travaux publics et le ministère de l'Instruction publique et des Cultes établissent, chacun en ce qui le concerne, les règlements scolaires et assurent le service de l'*inspection*.

Locaux (art. 16). — Lorsque des locaux spéciaux ne sont pas affectés aux cours professionnels de perfectionnement, ceux-ci sont installés, avec l'assentiment des autorités compétentes, dans les bâtiments scolaires publics ou dans tous autres locaux affectés à un service public et pouvant servir pour lesdits cours. Aucune rétribution n'est due dans ce cas.

Budget des cours de perfectionnement (art. 17). — Dans chaque district des cours, il est constitué un budget spécial des cours de perfectionnement, sur lequel sont prélevées toutes les dépenses occasionnées par les cours.

Ce budget est alimenté par :

1° Les taxes scolaires;

2° Les amendes;

3° Les subventions de l'Etat qui sont accordées d'après les ressources budgétaires, les subventions de la Chambre de commerce et d'industrie, comme aussi les autres subventions, dons, legs, fondations, etc.;

4° Les contributions prévues à l'article 18 :

Art. 18 : Les recettes prévues aux trois premiers paragraphes de l'article 17 ne suffisent pas à couvrir les dépenses inscrites au budget des cours; la différence est fournie par une contribution acquittée dans les proportions ci-dessous indiquées par :

	A VIENNE	HORS DE VIENNE
1° La collectivité des patrons du district des cours, en tant qu'ils sont imposés pour la Chambre de commerce et d'industrie	45 %	35 %
2° La province de Basse-Autriche.	25 %	30 %
3° Les communes du district des cours de perfectionnement.	20 %	20 %
4° La collectivité des patrons de la Basse-Autriche, en tant qu'ils sont imposés pour la Chambre de commerce et d'industrie	10 %	15 %

Les contributions prévues aux paragraphes 1 et 4 sont prélevées sous forme de taxe additionnelle unitaire à l'impôt des patentes (Erwerbsteuer) dont le taux est à fixer chaque année par le Conseil des cours de perfectionnement d'après les prévisions budgétaires. Cette taxe additionnelle est calculée d'après des bases différentes suivant la nature des industries.

Si la subvention accordée par la Chambre de commerce et d'industrie pour la Basse-Autriche est suffisamment élevée, la taxe additionnelle prévue au paragraphe 4 de l'article 18 se trouve supprimée.

Le Conseil provincial scolaire fixe, d'après les prévisions budgétaires, le montant des contributions prévues à l'article 18.

Aux termes de l'article 20, les fonds du budget des cours de perfectionnement peuvent être employés à subventionner ou à entretenir des patronages ou asiles pour apprentis, ou encore des institutions permettant aux maîtres des cours de développer leurs connaissances : cours de vacances, revues spéciales, etc.

Fréquentation scolaire. — Devoirs des apprentis (art. 21). — Les apprentis sont tenus de fréquenter régulièrement les cours généraux de perfectionnement de la façon prescrite par le règlement; cet article complète le § 99[b] de la Gewerbeordnung (voir ci-dessus) qui édicte l'obligation pour l'apprenti de fréquenter les cours de perfectionnement.

Cette obligation part du jour de l'entrée en apprentissage et se prolonge pendant toute sa durée.

Devoirs des patrons. — L'article 22 énumère les devoirs du patron; il est à rapprocher de l'article 100 de la Gewerbeordnung sur le même sujet; aux termes de cet article 27 :

« Les patrons ou leurs représentants sont tenus de laisser à leurs apprentis « qui n'ont pas encore achevé avec succès leurs études aux cours de perfection- « nement, le temps nécessaire pour fréquenter lesdits cours, et cela jusqu'au « terme de l'apprentissage; de les obliger à suivre les cours et d'en faciliter la « fréquentation régulière. »

En général, l'inscription des apprentis a lieu quatorze jours au plus tard avant l'ouverture de l'année scolaire; celle des jeunes gens qui entrent en apprentissage dans le courant de l'année doit avoir lieu dans un délai de huit jours au plus; de même que l'avis, au directeur des cours, du départ du jeune homme qui a terminé son apprentissage.

Les patrons qui ne se conforment pas aux prescriptions ci-dessus peuvent être frappés par le Conseil des cours d'une amende de 20 couronnes au maximum, sans préjudice des peines édictées à l'article 133 de la « Gewerbeordnung ».

Le Conseil provincial scolaire statue sur les réclamations formulées au sujet des amendes infligées. Elles doivent être présentées dans un délai de trois jours au Conseil des cours.

Les patrons sont également tenus d'acquitter les taxes scolaires imposées à ceux de leurs apprentis que la loi oblige de fréquenter les cours de perfectionnement.

Inscription des apprentis (art. 23). — Chaque comité scolaire doit, avant le commencement de l'année scolaire, dresser pour sa circonscription, avec l'aide des corporations des communes, une liste des apprentis et la remettre au plus tard au commencement de l'année scolaire à la direction des cours.

Chaque directeur dresse, d'après la liste qui lui a été remise par le Comité scolaire et les inscriptions qu'il a reçues, le registre matricule des cours.

Dans ce registre matricule ne doivent être inscrits que les apprentis effectivement obligés à la fréquentation du cours; il reste à la direction et doit être tenu régulièrement et à jour.

La liste dressée par le Comité scolaire lui est retournée dans un délai de quatorze jours après le commencement de l'année scolaire, avec indication des apprentis que leurs patrons n'ont pas fait inscrire. Cette liste ainsi complétée sert de base pour l'action à introduire par l'administration contre les patrons négligents.

Exemption de l'obligation (art. 24). — Si un apprenti a déjà suivi avec succès un enseignement au moins équivalent, il est dispensé de fréquenter le cours de perfectionnement.

Il appartient au ministère des Travaux publics (au ministère de l'Instruction publique et des Cultes pour les cours commerciaux) de statuer sur l'équivalence de l'enseignement.

Taxes scolaires (art. 26). — L'enseignement dans les cours de perfectionnement est gratuit pour tous ceux qui sont obligés par la loi de les fréquenter. Cependant il peut être exigé des apprentis comme des autres élèves une cotisation de 2 couronnes au plus par année pour les fournitures scolaires. Il appartient au Comité des cours de fixer cette cotisation.

Titre VI. — *Des directeurs et des professeurs des cours de perfectionnement.*

Capacité (art. 27). — Dans les cours de perfectionnement, l'enseignement est donné en partie par des professeurs, en partie par des spécialistes adonnés à la pratique industrielle, commerciale, technique ou artistique.

Pour obtenir un emploi de directeur, un praticien doit faire la preuve de ses capacités pédagogiques. Pour les personnes appartenant au corps enseignant, soit des Écoles publiques, soit des Écoles privées, il est exigé des diplômes au moins équivalents à ceux que doivent posséder les maîtres des Écoles primaires élémentaires.

Dans tous les cas, la préférence doit être donnée à ceux qui ont suivi des cours spéciaux pour les maîtres de cours de perfectionnement, ou qui ont déjà exercé de façon satisfaisante dans des établissements d'enseignement professionnel.

Nomination ; Titularisation (art. 28). — La nomination des directeurs et professeurs des cours de perfectionnement se fait par le Conseil des cours ; et pour les cours spéciaux après avis du Comité scolaire.

La première nomination n'est que provisoire (art. 29). Après deux années au plus, les professeurs ou directeurs des cours à titre provisoire sont titularisés par le Conseil provincial scolaire, sur la proposition du Comité des cours, à la condition qu'ils aient exercé leurs fonctions de façon satisfaisante et que leur attitude à l'École et au dehors ait été irréprochable.

Traitements (art. 30). — Il appartient au Conseil scolaire provincial, après entente avec le Comité provincial, de fixer les bases sur lesquelles sont établis les traitements des membres du personnel des cours ; à Vienne, le Conseil scolaire provincial doit en outre s'entendre avec l'administration municipale (1).

Retraite (art. 31). — Après dix années au moins de service ininterrompu, les directeurs et professeurs peuvent quitter volontairement leurs fonctions ou

(1) Le décret du 24 octobre 1909 a fixé les traitements des directeurs et des professeurs des cours de perfectionnement subventionnés par l'État.

en être relevés ; dans ce cas, le Conseil des cours peut leur accorder sur le budget des cours de perfectionnement une allocation qui s'élève au maximum à une fois et demie le traitement de la dernière année d'exercice.

Règlement (art. 32). — Les dispositions relatives aux droits et aux devoirs des directeurs et des professeurs sont contenues dans le règlement qui est établi par le Conseil scolaire provincial après avis du Comité des cours; il doit être approuvé par le ministère des Travaux publics.

Titre VII. — *Inspection et surveillance* (art. 34).

Sont chargés de l'inspection et de la surveillance des cours de perfectionnement :

1° Le ministère des Travaux publics et, pour les cours commerciaux, le ministère de l'Instruction publique et des Cultes;

2° Le Conseil provincial scolaire ;

3° Les Comités des cours de perfectionnement ;

4° Les Comités scolaires.

Les Comités scolaires (art. 35).

1° **Pour les cours généraux de perfectionnement.** — A Vienne, il est constitué dans chaque arrondissement pour les cours généraux de perfectionnement un Comité scolaire.

En dehors de Vienne, il est de règle de créer un Comité scolaire pour chacun des cours généraux ; si plusieurs de ces cours existent dans une même commune, il n'est constitué qu'un Comité pour l'ensemble des cours.

Dans certains cas, ce Comité n'est pas constitué, l'administration et l'inspection des cours généraux de perfectionnement sont alors assurées par le Conseil des cours.

2° **Pour les cours spéciaux de perfectionnement.** — Chaque cours spécial de perfectionnement doit avoir son Comité scolaire ; cependant, s'il existe ou s'il est créé dans une commune plusieurs cours spéciaux de perfectionnement de même espèce, un Comité scolaire commun est constitué pour tous ces cours.

Composition des Comités scolaires (art. 36).

I. **Pour les cours généraux de perfectionnement.** — 1° A Vienne, le Comité scolaire se compose d'un délégué de la représentation de l'arrondissement et d'un délégué de la Commission scolaire locale, du directeur d'un des cours, de deux inspecteurs et de cinq industriels ou commerçants.

Les délégués de la représentation de l'arrondissement et de la Commission scolaire locale sont choisis dans leur sein par ces compagnies ; le directeur des cours de perfectionnement et les deux inspecteurs par le Comité des cours, le directeur étant choisi parmi les directeurs de cours généraux de perfectionnement.

Des cinq membres industriels ou commerçants, qui doivent tous être domiciliés dans l'arrondissement, quatre sont désignés par l'assemblée de tous les présidents des corporations industrielles ou commerciales de Vienne, le cinquième par la Chambre de commerce et d'industrie;

2° En dehors de Vienne, le Comité scolaire comprend un délégué de la représentation communale, un délégué de la Commission scolaire locale, désignés comme il est dit plus haut, un directeur de cours généraux de perfectionnement, un inspecteur et quatre industriels ou commerçants.

Si un seul cours de perfectionnement dépend du Comité scolaire, son directeur est membre dudit Comité ; l'inspecteur est désigné par le Conseil des cours de perfectionnement.

Parmi les quatre industriels ou commerçants, trois sont choisis par l'assemblée indiquée plus haut, et le quatrième par la Chambre de commerce et d'industrie.

II. **Pour les cours spéciaux de perfectionnement.** — Le Comité scolaire pour un cours professionnel spécial de perfectionnement se compose d'un délégué communal, d'un inspecteur, du directeur du cours et de quatre représentants des industriels dont les apprentis fréquentent l'école.

Le Comité scolaire, qui a sous sa dépendance plusieurs cours spéciaux de perfectionnement, se compose, d'après le nombre et l'importance des écoles, d'un à trois délégués de la localité, d'un à trois inspecteurs, d'un à trois directeurs de ces écoles et de quatre à douze représentants des industriels aux apprentis desquels l'école est destinée. Le nombre des membres d'un tel Comité scolaire commun est fixé par le Conseil provincial scolaire après avis du Conseil des cours.

La loi prévoit le cas des cours de perfectionnement pour jeunes filles ; dans ce cas, deux des quatre représentants des industriels doivent être des dames.

Le Comité scolaire élit son président, son vice-président et son secrétaire ; les directeurs de cours et les inspecteurs ne peuvent être élus à l'une de ces fonctions.

Attributions du Comité scolaire (art. 37). — Au Comité scolaire appartient la surveillance directe des cours de perfectionnement fondés conformément aux dispositions du titre II de la présente loi.

Il doit notamment :

1° Visiter les cours comme il est dit ci-dessous ; dans les cours spéciaux de perfectionnement, suivre le fonctionnement et la marche des ateliers s'il en existe et se rendre compte des résultats obtenus dans l'enseignement ;

2° Se rendre compte des défectuosités dans l'organisation des cours et s'employer à y remédier ;

3° Établir et conserver des rapports constants avec les cercles industriels que les cours concernent ;

4° Agir afin que l'inscription des apprentis se fasse régulièrement ainsi qu'il est dit à l'article 23 ;

5° Se renseigner auprès des directeurs et signaler au Conseil des cours les patrons et les apprentis qui négligent les devoirs qui leur incombent, aux termes des articles 21 et 22 ;

6° Diviser les élèves en classes parallèles ou en sections ;

7° Dresser les propositions annuelles pour les crédits nécessaires aux cours qui le concernent et les présenter au Conseil des cours de perfectionnement ;

8° Administrer les fonds du budget des cours de perfectionnement qui sont mis à sa disposition pour subvenir aux besoins ordinaires ou pour couvrir les frais de sa propre administration ;

9° Vérifier les comptes relatifs aux taxes scolaires ;

10° Fournir tous renseignements, rapports, documents demandés par le Conseil des cours ;

11° Faire des propositions audit Conseil.

Les Conseils des cours de perfectionnement (art. 39). — Pour chaque district de cours de perfectionnement, il est constitué un Conseil des cours qui se compose :

1° *A Vienne* : De deux membres appartenant au ministère des Travaux publics, d'un membre du ministère de l'Instruction publique et des Cultes et de deux membres du Conseil provincial scolaire ; en outre, de deux représentants du Comité provincial, d'un représentant de la Chambre de commerce et d'industrie, de deux représentants du Conseil municipal de Vienne, d'un représentant de la municipalité, de deux directeurs de cours de perfectionnement et de quatorze représentants de l'industrie ou du commerce.

Un des deux représentants du Conseil provincial scolaire doit appartenir aux inspecteurs chargés des cours de perfectionnement de la ville de Vienne. Les deux directeurs d'école sont désignés par le Conseil provincial scolaire.

Les quatorze représentants du commerce ou de l'industrie sont choisis comme suit : un par le bureau de l'Association des négociants de Vienne, un par les bureaux des autres corporations commerciales, dix par les présidents de toutes les corporations industrielles et deux par la Chambre de commerce et d'industrie ;

2° *En dehors de Vienne*, les Conseils des cours de perfectionnement se composent :

D'un membre nommé par le Conseil provincial scolaire, d'un représentant du district des cours de perfectionnement, d'un représentant du Comité provincial et de la Chambre de commerce, d'un représentant des communes comprises dans le district des cours, d'un directeur d'un des cours de perfectionnement et de six représentants de l'industrie ou du commerce domiciliés dans le district des cours.

Le directeur d'école est désigné par le Conseil scolaire provincial après entente avec le Comité provincial.

Parmi les six représentants du commerce ou de l'industrie, l'un est désigné par la Chambre de commerce et d'industrie ; les autres sont élus par une assemblée des présidents des corporations qui ont leur siège dans le district des cours.

Chaque Conseil de cours de perfectionnement élit un président, un vice-président, un secrétaire ; les directeurs d'école appartenant au Conseil ne peuvent remplir ces fonctions.

Attributions des Conseils de cours de perfectionnement (art. 40). — Le Conseil des cours de perfectionnement prend toutes les décisions pour lesquelles le Comité provincial n'est pas compétent ou qui ne sont pas du ressort des autorités scolaires.

Il doit en outre :

1° Veiller à l'observation des dispositions de la présente loi et à la bonne organisation des cours, et représenter les intérêts du district des cours.

2° Veiller à l'application des lois, décrets et arrêtés des autorités scolaires supérieures ;

3o Diriger les négociations relatives à la création de nouveaux cours et à la modification de ceux déjà existants ;

4o Administrer le budget ;

5o Contrôler le fonctionnement des cours du district aussi bien pour l'administration que pour l'enseignement ;

6o Aider à la constitution du Comité scolaire ;

7o Aider le personnel enseignant à étendre ses connaissances ;

8o Signaler les patrons ou les apprentis qui négligent d'observer la loi ;

9o Fournir tous renseignements, rapports, documents au Conseil scolaire provincial.

Dispositions communes aux Conseils des cours de perfectionnement et aux Comités scolaires. — L'article 41 détermine le mode d'élection des membres de ces deux compagnies appartenant à l'industrie ou au commerce et des représentants de la municipalité.

Durée (art. 42). — Les pouvoirs des Conseils des cours de perfectionnement et des Comités scolaires ont une durée de six années.

Aux termes de l'article 43, les prérogatives administratives des Conseils des cours de perfectionnement et des Comités scolaires sont déterminées par un règlement établi par chacun de ces Conseils après sa constitution ; ce règlement est soumis à l'approbation du Conseil provincial scolaire.

Dans le règlement du Conseil des cours de perfectionnement, peut être prévue la constitution de comités ou sous-commissions.

Le Président du Conseil des cours règle les affaires courantes (art. 44). Toutes les décisions, notamment celles qui concernent le personnel enseignant, doivent être prises en exécution de résolutions adoptées par le Conseil ; dans des cas urgents, le Président statue sous sa propre responsabilité ; il fait ensuite ratifier par le Conseil les décisions prises.

Dans certains cas, le Président peut faire suspendre l'effet des décisions du Conseil.

Inspection et surveillance (art. 46). — Les Comités scolaires et les Conseils des cours de perfectionnement exercent les fonctions de surveillance qui leur incombent par l'intermédiaire des inspecteurs scolaires qui font partie du Comité.

Si le Conseil des cours de perfectionnement est chargé des attributions du Comité, il doit choisir un inspecteur parmi ses membres.

Chaque membre d'un Comité scolaire ou d'un Conseil de cours de perfectionnement a le droit de visiter les cours de perfectionnement placés sous la dépendance de ces Conseils et de prendre part à l'enseignement.

Les inspecteurs font part au Conseil de leurs remarques sur la fréquentation, la discipline et l'installation de l'École ; cependant, comme les autres membres du Comité scolaire ou du Conseil, ils ne peuvent donner au directeur ou aux professeurs des ordres relatifs à l'enseignement ou faire des observations devant les élèves.

Dans les Conseils des cours et dans les Comités scolaires, les fonctions sont gratuites et honorifiques (art. 47).

Les communes ont à fournir un local pour les séances des Conseils et des Comités scolaires. Les frais d'administration sont supportés par le budget des cours (art. 48).

En ce qui concerne les fonctionnaires et le personnel de service du Conseil des cours de perfectionnement de la ville de Vienne, on peut leur faire, à eux et à leurs survivants, une pension de retraite sur le budget des cours.

Le Conseil provincial scolaire (art. 49). — Le Conseil provincial scolaire veille à l'activité du Conseil de perfectionnement ainsi qu'à l'application de la loi.

Le Conseil provincial scolaire exerce le droit de surveillance sur les cours de la manière prévue par la loi du 25 décembre 1904 et par l'intermédiaire des inspecteurs.

Ainsi à la base de l'administration se trouvent les Comités scolaires et les Conseils des cours de perfectionnement; au-dessus d'eux, il y a le Conseil scolaire provincial, et au sommet le ministère des Travaux publics (excepté quand il s'agit de cours commerciaux, qui dépendent du ministère de l'Instruction publique et des Cultes).

Titre VIII. — *Dispositions particulières concernant les cours professionnels de perfectionnement qui ont été créés volontairement* (art. 51).

Cette loi n'est pas applicable aux cours de perfectionnement qui ont été créés par des associations ou corporations conformément à l'article 114 de la « Gewerbeordnung ».

Art. 52 : Cependant le caractère public et obligatoire peut être reconnu aux cours ainsi créés, sous certaines conditions, notamment si leur organisation répond aux prescriptions du titre III de la présente loi et s'ils disposent de ressources suffisantes pour assurer leur durée; il appartient au Conseil provincial scolaire de statuer sur ce point, après accord avec le Comité provincial, la Chambre de commerce et d'industrie et la représentation municipale.

Dans ce cas, les apprentis qui le fréquentent ne sont pas tenus de fréquenter un des cours créés conformément aux dispositions du titre II de la présente loi.

Le Conseil provincial scolaire peut retirer à un cours créé volontairement le bénéfice du caractère obligatoire, si ledit cours ne remplit plus les conditions prévues plus haut, et ne satisfait pas aux obligations qui lui sont imposées.

Art. 54 : L'administration et la surveillance des cours reconnus comme ayant un caractère obligatoire sont confiées à un comité scolaire spécial : les articles 43 à 46 inclus de la présente loi leur sont applicables.

Art. 55 : Sur leur demande, il peut être remboursé chaque année aux corporations qui entretiennent des cours auxquels a été reconnu le caractère obligatoire une partie de la contribution versée par leurs membres pour le budget des cours de perfectionnement, et cela jusqu'à concurrence de 80 p. 100 de cette contribution.

Art. 56 : D'après une décision du Conseil provincial scolaire, l'administration d'un cours entretenu par une corporation et auquel le caractère obligatoire a été reconnu peut être confiée au Conseil des cours de perfectionnement : le cours est alors soumis aux dispositions du titre IV de la présente loi. Cette décision ne peut être prise que sur la demande des corporations intéressées, après avis du Conseil des cours de perfectionnement compétent et avec l'assentiment du Comité provincial, de la Chambre de commerce et d'industrie ainsi que de la municipalité.

L'article 57 a fixé au 1er septembre 1908 l'entrée en vigueur de la loi; il a en outre décidé que, pendant les huit années qui suivront, le Conseil provincial scolaire a le droit de différer la création d'un cours de perfectionnement sans se conformer sur ce point aux prescriptions de l'article 7.

* * *

Telle est la loi qui a réglé la question des cours de perfectionnement pour la Basse-Autriche; elle a été complétée par les dispositions suivantes :

1° Arrêté du 24 décembre 1907 sur le budget des cours et les ressources destinées à l'alimenter;

2° Ordonnance du Conseil provincial scolaire en date du 18 août 1908 portant règlement intérieur des cours de perfectionnement;

3° Arrêté du 22 septembre 1908 concernant les cours généraux et les cours spéciaux de perfectionnement;

4° Décret du 27 mai 1909 concernant l'application de la loi du 24 avril de la même année.

Mais, pour être complet, il faudrait en outre étudier les dispositions des lois de 1883 et 1897 concernant l'apprentissage; signaler l'œuvre du service d'encouragement à l'industrie (Gewerbeförderung) qui a été créée en 1901 et qui a surtout pour but d'aider au développement de la petite industrie et de favoriser l'apprentissage; tout cela exigerait une étude particulière.

Je me bornerai, en terminant, à signaler le rôle important attribué aux corporations par la loi de 1907, ainsi que la grande liberté laissée au Conseil provincial scolaire dans la fondation et l'administration des cours de perfectionnement; à faire remarquer en outre la place très large faite dans les Comités scolaires et les Conseils des cours aux industriels et aux commerçants, qui contribuent d'ailleurs aux dépenses de création et d'entretien; à noter enfin que les cours de perfectionnement, qui avaient lieu autrefois le soir ou le dimanche matin, se font maintenant dans la journée; ce changement d'horaire a provoqué, dans les débuts, des récriminations de la part des patrons; mais l'habitude en est prise, et on peut dire que dans la Basse-Autriche les cours de perfectionnement sont arrivés aujourd'hui à une forme définitive.

J. Roux,

Directeur de l'École nationale Professionnelle de Vierzon.

DOCUMENTS ET INFORMATIONS

Concours et examens. — *Certificat d'aptitude à la direction des écoles pratiques de Commerce et d'Industrie.* — Les examens auront lieu les 3 et 4 juillet pour les candidats et le 5 juillet pour les aspirantes.

Certificat d'aptitude à la direction des écoles professionnelles de la ville de Paris. — Les examens sont fixés au 7 juillet pour les aspirants et au 8 juillet pour les aspirantes.

Les candidats à ces examens doivent se faire inscrire au Ministère du Commerce, Direction de l'Enseignement technique, du 1er au 15 juin.

Certificats d'aptitude à l'enseignement des langues. — Le Ministre de l'Instruction publique a fixé ainsi qu'il suit le nombre de candidats et aspirantes à recevoir, en 1911, à la suite des concours pour les différents certificats d'aptitude :

	HOMMES	FEMMES
Certificat d'aptitude : allemand. . . .	16	3
Certificat d'aptitude : anglais.	13	14
Certificat d'aptitude : italien	3	»
Certificat d'aptitude : espagnol. . . .	3	»
Certificat d'aptitude : Cl. élémentaires.	16	»

École municipale Professionnelle Diderot. — Un concours pour l'emploi de professeur technique dans l'atelier des Tours-sur-Métaux à l'École Diderot sera ouvert le dimanche 2 avril 1911, au siège de l'École, 60, boulevard de la Villette, Paris (XIXe).

Les candidats devront être âgés de vingt-cinq ans au moins et de trente-cinq ans au plus.

Le traitement varie de 3.600 à 4.200 francs ; une partie de ce traitement est soumise à la retenue au profit de la Caisse des retraites de la Préfecture de la Seine.

Tous renseignements sont dès maintenant donnés sur demande adressée à l'École.

Distribution de récompenses. — *Société industrielle de Saint-Quentin et de l'Aisne.* — La distribution des récompenses a eu lieu le 15 janvier sous la présidence de M. Caillard, Inspecteur général adjoint de l'Enseignement technique, qui représentait M. le Ministre du Commerce.

Nous croyons intéressant d'exposer, à cette occasion, que cette Société qui reçoit du Ministère du Commerce une importante subvention annuelle et dont l'œuvre est dans un état de prospérité très marquée, justifiée d'ailleurs par le caractère utilitaire et pratique donné à l'enseignement et par l'appropriation des programmes aux besoins de la région, entretient les Écoles techniques suivantes : École pratique de tissage, École d'apprentissage pour la broderie, École de lingerie, École professionnelle régionale.

Toutes ces écoles du jour sont complétées par des cours du soir et certains cours spéciaux, tels que des cours de sténographie, de langues vivantes, de sucrerie...

Expositions. — *Exposition de Roubaix.* — Nous avons annoncé, dans notre précédent numéro, qu'une classe était réservée à l'enseignement professionnel. Cette classe comprend : Écoles d'apprentissage ; apprentissage dans l'atelier. Rapports entre le patron et l'apprenti.

Enseignement technique donné aux enfants dans les écoles ou cours libres fondés, soit par les chefs d'industrie, soit par les ouvriers. Enseignement professionnel dans les orphelinats industriels et agricoles, dans les ouvroirs, dans les écoles ménagères et dans les établissements similaires. Enseignement spécial des professions féminines. Admissibilité de la femme aux divers emplois administratifs. Matériel et mobilier ; plans et modèles ; régime des établissements.

Enseignements spéciaux.

Reclassement du personnel de l'Instruction publique. — Nous apprenons qu'une Commission siégeant au Ministère de l'Instruction publique vient de préparer un projet de décret indiquant les bases d'un reclassement général de tous les fonctionnaires de l'enseignement secondaire dans leurs fonctions actuelles, d'après le nombre de leurs années de service.

Un exemple à suivre : *Projet de création d'une chambre de métiers à Limoges.* — Sur l'initiative du Président et des membres de la Chambre de commerce, la ville de Limoges a formé le projet de créer une chambre de métiers pour assurer l'instruction de ses apprentis.

Le 20 janvier dernier, la Chambre de commerce avait convié M. Maurice Colrat, Président de l'Association de défense des classes moyennes, à exposer leurs idées communes devant les industriels, les commerçants et les artisans limousins. Après avoir fait connaître l'étendue du mal en montrant que sur 900.000 apprentis pour l'ensemble de la France, 95.000 seulement fréquentent les écoles et les cours, et encore une bonne moitié de ces derniers n'y vont-ils que d'une façon très irrégulière, le conférencier a indiqué le remède. En attendant que l'obligation de l'instruction professionnelle soit inscrite dans la loi, il pense avec la Chambre de commerce de Limoges, qu'il faut songer à rétablir l'apprentissage sous la forme ancienne, qu'il faut remettre l'apprenti dans l'atelier, l'encourager à y rester, encourager le patron à le garder, sous la garantie commune d'un contrat sérieux, obtenir du patron les huit à dix heures de repos hebdomadaire prises sur la journée de travail pour que l'apprenti puisse suivre des cours de perfectionnement. Les patrons de bonne volonté seraient rassemblés en une chambre des métiers qui établirait un modèle de contrat d'apprentissage, organiserait des cours professionnels et veillerait au placement des apprentis au moyen de ses ressources et de celles qu'elle pourrait recevoir de l'État.

La conférence de M. Colrat a obtenu le plus vif succès.

Congrès de la mission laïque française. — Ce Congrès a eu lieu à Paris du 26 au 29 janvier.

Parmi les questions portées au programme de ses travaux, nous relevons la suivante :

Rôle et organisation de l'enseignement professionnel aux Colonies.

Emploi des projections lumineuses dans l'enseignement technique. — On nous signale un rapport intéressant de M. Pagnon, Président du Conseil d'administration de l'École supérieure de commerce de Lyon, sur l'emploi des projections lumineuses dans l'enseignement des Écoles supérieures du commerce. Cette expérience, qui se poursuit à l'École supérieure de commerce de Lyon, donne d'heureux résultats. Les cours de géographie commerciale et de marchandises doivent à ces projections une vie nouvelle. Elles peuvent d'ailleurs se faire à peu de frais. M. Pagnon préconise une entente entre les Écoles supérieures de commerce du monde entier pour l'échange des négatifs afin que chaque établissement puisse se constituer une collection d'épreuves qui resteront sa propriété.

La cinématographie dans l'enseignement. — Dans le même ordre d'idées, nous apprenons que des expériences faites à Bruxelles dans le cours de l'année dernière ont démontré les services que pouvait rendre le cinématographe employé comme moyen d'enseignement. On sait à quel point tout ce qui vit, s'agite et se meut captive l'intérêt de l'enfant et éveille son intelligence. Or, le cinématographe possède au plus haut degré le pouvoir de provoquer sa curiosité et son attention. Il semble donc qu'il serait un précieux auxiliaire pour les établissements d'enseignement technique.

Un remède à la crise de l'apprentissage. — En vue de remédier à cette crise, M. Pierre Morel, conseiller municipal, a préconisé pour Paris les mesures suivantes que nous trouvons exposées dans le *Bulletin municipal* : La direction de l'enseignement primaire à l'Hôtel de Ville ne peut suffire à tout et elle n'a pas assez de contact avec le monde industriel et commercial. Il faudrait donc créer d'abord une direction de l'enseignement technique.

Il s'agirait aussi, comme cela se passe partout à l'étranger, de constituer un conseil départemental technique qui, sous l'impulsion des chambres de commerce, des chambres consultatives des arts et manufactures, des chambres syndicales ouvrières et patronales, ouvrirait, selon les besoins de la population parisienne, des cours professionnels qui fonctionneraient dans la journée, pendant deux heures, par exemple. On pourrait tout de suite organiser quarante-trois cours qui correspondent à la division de Paris en catégories de métiers.

Il faudrait doter nos écoles d'un statut définissant le but de chaque école, établissant une homogénéité complète entre les diverses parties de l'enseignement; utiliser lesdites écoles pour y établir des centres d'enseignement technique, comme cela existe à Berlin; enfin, instituer des cours préparatoires aux fonctions de directeur ou de professeur d'écoles professionnelles.

La décadence de l'apprentissage et les moyens d'y remédier. — M. Jully, inspecteur de l'enseignement manuel dans les écoles de la ville de Paris, a, dans une récente conférence, traité cette importante question.

Après avoir exposé les causes et l'importance réelle de la décadence de l'apprentissage, le conférencier, en parlant des heureux résultats obtenus dans les écoles d'apprentissage et en particulier dans les écoles de la ville de Paris, a signalé à ce propos le moyen employé dans certaines écoles pratiques du Nord, sur l'initiative de M. Labbé, inspecteur général de l'Enseignement technique, pour que la vie y diffère le moins possible de celle de l'atelier. Dans ces établissements, les élèves, à la fin de leur scolarité, exécutent des pièces pour le compte d'industriels au prix de bordereau; ils se rendent ainsi compte de ce qu'ils valent comme producteurs et du salaire auquel ils peuvent prétendre raisonnablement à la sortie de l'école.

Puis, après avoir passé en revue l'organisation des cours techniques du soir et du jour et montré que ces derniers sont préférables parce qu'ils n'exigent pas de l'apprenti le surmenage excessif que lui imposent les premiers, M. Jully a préconisé la création de cours de préapprentissage et a conclu en formulant les desiderata suivants :

1° Maintenir l'enfant à l'école jusqu'à treize ans révolus, sans dispense d'âge, et que cette période soit exclusivement réservée à son éducation physique, intellectuelle et morale, pour former son cœur, son intelligence et sa conscience, sans pour cela négliger l'éducation de l'œil et de la main, c'est-à-dire que l'on applique intégralement dans son esprit la loi de 1882 sur l'enseignement primaire obligatoire;

2° Que dans les villes importantes, il soit créé le plus tôt possible des cours de préapprentissage annexés aux écoles primaires pour les enfants nécessiteux de treize à quinze ans qui, actuellement, sont laissés à la rue, en vue de leur donner des habitudes d'ordre et de travail, et de les initier à un métier ou à un groupe de spécialités similaires;

3° Que les dispositions légales concernant le travail des mineurs soient modifiées de façon à placer tous les patrons sous un régime commun;

4° Que tous les patrons qui refuseraient de former des apprentis dans une proportion à déterminer, d'après le nombre de leurs ouvriers, soient frappés d'une taxe spéciale;

5° Que tout mineur de moins de dix-huit ans, par le fait même qu'il est employé dans un atelier ou un chantier, soit considéré comme apprenti, et soumis, *de plano*, sans autres formalités, aux obligations d'un contrat légal type, sauf stipulations écrites contraires; que ce contrat comporte des sanctions bilatérales efficaces;

6° Que des cours techniques ou professionnels soient organisés d'un commun accord entre les divers intéressés (administration, syndicats patronaux et ouvriers, sociétés s'occupant du placement ou de la surveillance des apprentis); que ces cours soient ouverts et fréquentés pendant la journée normale de travail, et qu'ils soient obligatoires pour tous les apprentis artisans sous peine de nullité de contrat.

L'apprentissage et l'enseignement technique. — Dans un rapport sur l'enseignement technique présenté au Comité républicain du Commerce, de l'industrie et de l'agriculture, M. Paul Barbier expose que le développement utile et régulier de l'apprentissage ne peut être obtenu que par le contrat d'apprentissage rendu obligatoire. Au projet de loi déposé par M. Henri Michel relativement à ce contrat, il désirerait qu'on ajoute une disposition rendant la convention *écrite* obligatoire entre les patrons et les parents de l'apprenti.

D'autre part, il est indispensable que l'apprenti, tout en développant son adresse physique, développe en même temps son instruction professionnelle. De là le lien qui existe entre l'apprentissage et l'enseignement technique. L'un est le complément indispensable de l'autre, d'où la nécessité de créer des cours professionnels pour l'apprentissage et, pour cela, M. Barbier préconise une entente entre le Ministère de l'Instruction publique et le Ministère du Commerce, ce dernier devant seul avoir qualité pour organiser et administrer ces cours.

Une intéressante tentative de préapprentissage. — Nous voulons parler de l'atelier de préapprentissage de la rue des Epinettes fondé par M. Kula et qui a fait l'objet d'un récent article de M. Méline, sénateur, paru dans le *Travail national*.

Cet atelier, dirigé par des contremaîtres d'élite, reçoit gratuitement des enfants en bas âge qui sont initiés à un métier-type. Le métier-type est celui dont la connaissance donne à l'apprenti qui le possède bien la clef de toutes les industries qui en dérivent; cela lui permet de choisir ensuite celle de ces industries convenant le mieux à ses aptitudes et à ses goûts. La ferblanterie, par exemple, est un métier-type par excellence qui prépare à la pratique de plus de vingt industries différentes, telles que la zinguerie, la plomberie, la serrurerie, la chaudronnerie, la forge, etc.

Ce système a donc pour objet de préparer l'enfant, par l'éducation professionnelle générale et préalable, à choisir lui-même la spécialité de travail à laquelle il désire se consacrer. C'est dans cette spécialité qu'il fera ensuite son apprentissage technique qui ne sera pas de longue durée et il se trouvera très rapidement en état de gagner sa vie.

Analyse du deuxième rapport du Comité allemand pour l'instruction technique (O. Taaks). — Un extrait de ce rapport a été publié dans la *Revue de Métallurgie* du mois de janvier dernier; nous croyons intéressant d'en donner ci-après une analyse succincte :

L'enseignement technique tel qu'il est organisé en Allemagne se divise en trois groupes :

Les Écoles techniques supérieures (Hochschulen).

Les Écoles d'arts et métiers (Tachschulen).

Les Écoles professionnelles (Arbeiterschulen).

Dans les premières, on exige pour l'entrée le certificat d'études complètes d'un lycée. La durée des études est de huit semestres.

Les secondes se divisent en : 1° écoles supérieures, dont les élèves possèdent l'examen du volontariat militaire d'un an ou une préparation équivalente. Elles comportent cinq semestres d'études; 2° écoles de maîtres-ouvriers, qui n'exigent que l'instruction primaire et une formation professionnelle. La durée normale des études y est de quatre semestres.

Le troisième groupe, qui comprend les écoles pour apprentis, les écoles du soir, etc., permet aux ouvriers de compléter leurs études professionnelles.

Les candidats à toutes ces catégories d'établissements doivent posséder une préparation pratique suffisante dont la durée varie de deux à quatre ans.

Le programme de ces écoles comprend, à côté de l'étude du dessin, de l'étude pratique des mathématiques, l'enseignement pratique dans les laboratoires et les visites d'usines précédées d'une conférence du maître et suivies d'un rapport écrit de chaque élève.

L'enseignement des matières techniques est réservé aux ingénieurs restant en contact permanent avec la pratique.

L'enseignement artistique dans les écoles primaires allemandes. — D'un article de M. Ed. Pottier, membre de l'Institut, sur l'art décoratif allemand à l'Exposition de Bruxelles, nous extrayons le passage suivant :

« Ce qui complétait l'enseignement offert au visiteur par la section d'art décoratif, c'était dans un hall voisin l'exposition des écoles publiques. A côté de la mise en œuvre, voici les documents d'atelier et de laboratoire. On y voit comment l'Allemagne façonne et instruit ses ouvriers d'art. Ce n'est pas seulement dans les établissements professionnels que se fait cette préparation, mais surtout dans les écoles primaires (*Volksschulen*), où tout est méthodiquement organisé en vue d'éveiller chez l'enfant le plus jeune, d'abord l'amour des choses de son pays, ensuite le sens esthétique, j'entends d'une certaine esthétique qui est celle où aboutit actuellement l'art industriel germanique. Des cahiers de dessins, remarquablement tenus, où l'archéologie se mêle à la vision des objets naturels, nous apprennent à quoi tendent les maîtres avec une patiente et tenace volonté. Deux ou trois chambres disposées en classes modèles, sobrement décorées, reluisantes de propreté, fleuries de quelques jardinières, nous montrent dans quelle ambiance d'ordre et de gaieté on cherche à placer l'esprit de l'écolier. Là encore, l'effort de la pédagogie allemande est visible et soutenu. L'Allemagne a bien compris que, pour la lutte sur le terrain de l'art industriel, il faut avoir de gros bataillons, et cette force elle la demande aux réserves profondes et immenses des écoles populaires avec leurs millions d'enfants. »

L'enseignement professionnel en Angleterre. — Une école professionnelle destinée aux jeunes gens d'Acton et de Chiswick âgés de treize ans au moins a été récemment ouverte dans le Middlesex. Cet établissement donnera, pendant deux années, une instruction pratique aux élèves qui désirent s'adonner aux industries du bâtiment et des machines.

Les cours complémentaires professionnels organisés en Écosse depuis 1900 ont progressé d'une façon remarquable. Le nombre des écoles est passé de 162 à 1899 et celui de la population scolaire de 3.300 à 39.000 élèves.

Pour l'Angleterre tout entière, les cours techniques industriels et commerciaux ont été fréquentés, pendant l'année scolaire 1909-1910, par environ 400.000 élèves, dont plus de la moitié étudiaient les branches commerciales.

L'enseignement ménager en Hollande. — Cet enseignement est donné actuellement dans un grand nombre d'écoles qui suivent toutes un programme d'instruction professionnelle uniforme. Les principales sont celles de La Haye, d'Amsterdam, de Gronhingue, de Nimègue, d'Arnhem, et c'est dans ces écoles importantes que sont formés les professeurs. A l'école ménagère d'Amsterdam, les institutrices de l'enseignement primaire peuvent se préparer, dans un temps relativement court, au professorat de l'enseignement ménager dans le but de donner des leçons aux élèves des écoles publiques d'adultes.

La plupart des écoles ménagères sont d'ailleurs destinées à former des ménagères et des domestiques, à qui un diplôme est délivré à la fin des études. L'école professionnelle communale d'Amsterdam s'occupe uniquement de la formation des servantes.

Des cours abrégés d'art culinaire et d'hygiène alimentaire sont professés à l'usage des maîtresses de maison.

Enfin, la société l'Utilité publique a imaginé au moyen de sa « Cuisine ambulante » d'enseigner aux femmes et aux jeunes filles de la classe ouvrière, en trente leçons durant six semaines, les connaissances les plus nécessaires relativement à la composition et à la préparation de la nourriture journalière.

Il convient d'ajouter que des cours d'enseignement ménager ont été annexés aux écoles d'adultes.

Personnel d'Enseignement Technique : Nominations et mutations depuis le 1er janvier 1911. — I. *Écoles pratiques de Commerce et d'Industrie.* — M. Caris, Pierre, est délégué dans les fonctions de chef d'atelier du bâtiment à l'École pratique de Tourcoing et rangé en quatrième classe.

M. Sautreuil, professeur à l'École pratique de Tourcoing, est délégué dans les fonctions de maître auxiliaire chargé de la section du bâtiment au même établissement.

M. Pardonnet, professeur de première classe à l'École pratique de Reims, titulaire du certificat d'aptitude à la direction des écoles pratiques, est nommé directeur de deuxième classe à l'École pratique de Romans.

M. Jacquemot, professeur de première classe chargé de la sous-direction de l'École pratique de Maubeuge, titulaire du certificat d'aptitude à la direction des écoles pratiques, est nommé directeur de deuxième classe à l'École pratique de Cherbourg.

M. Barat, professeur à l'École pratique de Dijon, est affecté à l'École pratique de Maubeuge et sera chargé des fonctions de sous-directeur à cet établissement.

M. Bon, directeur de deuxième classe à l'École pratique de Cherbourg, est, sur sa demande, nommé professeur de première classe à l'École pratique de Dijon.

M. Ranchet, Auguste, ancien élève diplômé de l'École des hautes études commerciales, est délégué dans les fonctions de maître adjoint de cinquième classe à l'École pratique de Fourmies.

Mlle Berthier, professeur de deuxième classe à l'École pratique de Saint-Étienne, titulaire du certificat d'aptitude à la direction des écoles pratiques, est nommée directrice de troisième classe à l'École pratique de Cherbourg.

Mlle Carel, professeur de cinquième classe des Écoles pratiques chargée de suppléance, est nommée professeur à l'École pratique de Saint-Étienne.

Mme Bon, directrice de troisième classe à l'école pratique de Cherbourg, est, sur sa demande, nommée professeur de troisième classe à l'École pratique de Dijon.

M. Tourette, inspecteur départemental du Travail, est délégué dans les fonctions de maître auxiliaire d'hygiène et de législation à l'École pratique de Clermont-Ferrand.

M. Petit, professeur à l'École primaire supérieure de Clermont-Ferrand, est délégué dans les fonctions de maître auxiliaire d'électricité industrielle à l'École pratique de cette ville.

M. Astre, Valentin, maître interne de quatrième classe à l'École nationale professionnelle de Vierzon, est nommé maître adjoint de cinquième classe à l'École pratique du Puy.

M. Dumonvillier, ancien élève de la Section normale de Paris, titulaire du certificat d'aptitude au professorat commercial, boursier de séjour en Allemagne, est nommé professeur de cinquième classe à l'École pratique de Reims.

M. Dubreuil, Pierre, ancien élève breveté des Écoles nationales d'arts et métiers, titulaire du brevet supérieur de mécanicien de la marine, est délégué dans les fonctions de professeur de mécanique et de machines marines à l'École pratique de Brest.

II. *Écoles nationales professionnelles.* — M. Faure, Pierre, titulaire du baccalauréat sciences-langues vivantes-mathématiques, est délégué dans les fonctions de maître interne de cinquième classe à l'École de Vierzon.

III. *Écoles professionnelles de la Ville de Paris.* — M. Boudouard, docteur ès sciences physiques, préparateur au Collège de France, est nommé chef des travaux pratiques à l'École de physique et de chimie industrielles.

Mme Lajarrige est déléguée, en qualité de stagiaire, dans les fonctions de professeur technique à l'École Émile-Dubois.

Mme Weiss et Mlle Mennetret, stagiaires, sont nommées professeurs titulaires techniques à l'École professionnelle de la rue Fondary.

Mlle Fillatreau, stagiaire, est nommée professeur titulaire technique à l'École professionnelle de la rue Ganneron.

M. Sauvigny, stagiaire, est nommé professeur titulaire technique à l'École professionnelle Estienne.

IV. *Écoles nationales d'arts et métiers.* — M. Lombard, chef d'atelier d'ajustage à l'École nationale d'arts et métiers de Lille, est délégué dans les fonctions d'ingénieur chargé de l'installation de l'École nationale d'arts et métiers de Paris.

V. *École supérieure de navigation maritime.* — MM. Dessagne et Mailho, professeurs à l'École supérieure pratique de commerce et d'industrie, sont nommés, le premier, professeur d'anglais, et le second, professeur d'espagnol.

M. Cablat, administrateur de l'inscription maritime, adjoint au directeur du cabinet de M. le sous-secrétaire d'État à la Marine, est nommé professeur suppléant et examinateur du cours d'organisation et de règlements maritimes.

VI. *Personnel détaché.* — M. Labourot, maître-interne à l'École nationale professionnelle de Voiron, est mis à la disposition de la municipalité d'Épinal pour remplir les fonctions de surveillant général à l'École pratique de cette ville.

OPINIONS

Formons et exportons des administrateurs. — Répondant à l'enquête que la *Revue bleue* a ouverte sous ce titre, M. Alexis Rostand, président du Conseil d'administration du Comptoir national d'escompte de France, s'est exprimé ainsi :

« Il est incontestablement plus facile qu'autrefois d'engager dans notre pays des jeunes gens intelligents et instruits qui consentent à s'expatrier... Cet heureux changement d'éducation et de mentalité est dû à l'action exercée sur les esprits par notre expansion coloniale, et par les écoles des hautes études et les écoles commerciales. Ces écoles répandent une bonne instruction théorique qui a manqué aux hommes d'affaires de ma génération. Quand les élèves qui ont été préparés entrent dans les banques, avec la conviction qu'ils ont tout à apprendre et qu'ils doivent passer les années indispensables de formation dans ce que j'appellerai, pour la clarté du raisonnement, nos corps de troupe, ils deviennent des sujets d'élite. Plusieurs sont, avec le temps, appelés à diriger d'importantes agences. Leur éducation théorique, greffée d'expérience pratique, donne une excellente bouture; quand, au contraire, ils ne veulent pas se soumettre à ce stage, ils n'arrivent à rien. »

Sur le même sujet, la *Revue bleue* a publié dans son numéro du 4 février une réponse de M. Émile Paris.

Notre excellent collaborateur qui se propose de faire suivre son premier article paru dans nos colonnes, en faveur de l'*extension de l'enseignement commercial*, d'une étude des principaux débouchés offerts à leurs élèves par les écoles techniques, se plaint à juste titre, dans la *Revue bleue*, de l'indifférence des familles en matière d'enseignement commercial :

« Les obstacles à surmonter sont nombreux. Ils résident tout d'abord dans la mentalité générale des familles, dans cette espèce de snobisme qui les porte à rechercher pour leurs enfants d'autres voies que l'industrie échangiste. Bien des gens croiraient encore déroger en s'adonnant au négoce. Abstraction faite de ce préjugé d'un autre âge, il faut encore, ou plutôt il faudrait que le commerce, l'industrie, la banque se fissent une règle de rechercher exclusivement leurs collaborateurs de tous grades à la sortie des écoles techniques. Tel n'est pas toujours le cas. On cite plus d'un établissement commercial ou financier qui demande des grooms à l'école primaire, en vue de se préparer progressivement des employés supérieurs au rabais. Si les écoles spéciales ne sont encore ni assez nombreuses, ni assez peuplées, la faute est donc imputable aux familles qui considèrent trop souvent ces écoles comme un pis aller; elle incombe également aux chefs de maisons qui, dans un esprit d'économie mal entendu, accueillent encore avec quelque réserve les sujets instruits qu'on leur prépare, et ne s'occupent pas suffisamment de développer leur initiative. »

« ... En face d'une situation ainsi définie, il n'est pas excessif de concevoir des alarmes que l'événement tend, hélas! à justifier. Si les progrès de la civilisation ont donné aux luttes de races une forme nouvelle, ces luttes conservent leur âpreté; malheur aux vaincus, sur le terrain économique comme après la bataille! Enrôlons donc des combattants bien armés qui puissent franchir la frontière, soit pour répondre au flot des importations par un mouvement d'exportation intense, soit pour sauvegarder les intérêts financiers que la France possède aujourd'hui aux quatre coins du monde... »

« ... Préparer à nos enfants une existence heureuse et indépendante, féconder leur travail, leur conserver notre épargne, c'est créer de la richesse matérielle et morale d'une façon bien plus certaine qu'en persistant à diriger les générations qui montent vers tel ou tel concours administratif où 90 °/₀, souvent plus, des appelés n'ont aucune chance de se voir élus.

« Que l'on ne vienne pas dire : nous manquons d'hommes. D'hommes bien entraînés, bien outillés, c'est possible, et j'en ai indiqué le motif. Mais la France regorge encore d'intelligences et d'initiatives hardies. La société se doit à elle-même de les utiliser méthodiquement; il le faut, du reste, si nous ne voulons pas voir luire l'aube de la défaite irrémédiable. »

L'enseignement de la comptabilité en Allemagne. — Un jeune professeur français, boursier de voyage en Allemagne, écrivait récemment ce qui suit à l'un de nos collaborateurs :

« ... J'ai ici comme maître un ancien professeur de la faculté des sciences commerciales de Z... ; c'est une des sommités comptables des pays de langue allemande. Très aimable et très simple de manières, il m'a été d'un grand secours pour la direction de mes études et l'obtention des renseignements qui m'étaient nécessaires. La corporation libre des commerçants de Berlin, qui a fondé et entretient l'université commerciale par ses propres moyens, a réussi à se l'attacher. Elle lui donne un traitement de 18.000 francs pour dix heures de cours par semaine : cela suffit à vous montrer quels sacrifices on fait dans ce pays pour l'enseignement commercial.

« A l'université commerciale dont je vous parle, le calcul dans la comptabilité et l'étude des bilans sont poussés beaucoup plus loin que chez nous. On cherche ici à faire sortir de la comptabilité toutes les indications qu'elle est susceptible de donner sur la marche des affaires, sur le point faible des entreprises, afin de pouvoir y porter remède, etc. *Les élèves ont tous fait un apprentissage, trois à cinq ans de pratique en général.* On leur enseigne toutes les formes de la comptabilité avec les avantages et les inconvénients de chacune d'elles... »

Le Gérant : G. Bourrey.

Paris. — L. Maretheux, imprimeur, 1, rue Cassette.

Première Année — N° 6 Mars 1911

REVUE

DE

l'Enseignement Technique

PUBLIÉE SOUS LE PATRONAGE DE

l'Association Française pour le Développement de l'Enseignement technique

Les accidents du Travail et les Écoles professionnelles

La loi du 9 avril 1898 a réalisé une réforme capitale dans notre législation sur la responsabilité des accidents du travail.

Antérieurement à cette loi et pendant toute la durée du siècle dernier, l'ouvrier victime d'un accident du travail ne pouvait obtenir des dommages-intérêts à raison de cet accident qu'à la condition de prouver, conformément à l'article 1382 du Code civil, que l'accident provenait directement de la faute ou de la négligence du patron. Preuve toujours difficile, parfois même impossible à fournir, de telle sorte qu'en fait la responsabilité patronale était le plus souvent illusoire : la plupart des accidents du travail, les trois quarts au moins, restaient à la charge des malheureux qui en avaient été les victimes; et si les autres donnaient lieu à des indemnités équivalentes au préjudice causé, le montant de ces indemnités n'était généralement fixé qu'après des procès plus ou moins longs pendant lesquels les victimes en étaient réduites à la misère et au dénuement.

La loi de 1898 a fait table rase de ces règles en matière d'accidents du travail. Elle a consacré à cet égard un principe nouveau, le principe du *risque professionnel*, dans son article 1er qui est ainsi conçu : « Les accidents survenus par le fait du travail ou à l'occasion du travail, aux ouvriers et employés occupés dans l'industrie du bâtiment, les mines, manufactures, chantiers, les entreprises de transport par terre ou par eau, de chargement et de déchargement, les magasins publics, mines, minières, carrières et, en outre, dans toute exploitation ou partie d'exploitation dans laquelle sont fabriquées ou mises en œuvre des matières explosives, ou dans laquelle il est fait usage d'une machine mue par une force autre que celle de l'homme ou des animaux *donnent droit*, au profit de la victime ou de ses représentants, à une indemnité à la charge du chef de l'entreprise. » La responsabilité patronale est ainsi engagée par le seul fait qu'il y a eu un accident du travail. L'ouvrier ou l'employé qui en a été la victime n'est plus obligé de prouver que cet accident est imputable à la faute ou à la négligence du patron. Il a droit dans tous les cas et d'une manière absolue à une indemnité, sauf cependant s'il a causé volontairement l'accident, et le montant de cette indemnité est fixé d'avance, par la loi elle-même, suivant la gravité du préjudice subi, sous forme d'indemnité journalière si l'accident n'a entraîné qu'une incapacité temporaire du travail, sous forme de rente viagère au profit de la victime ou de ses ayants droit si l'accident a entraîné une incapacité permanente de travail ou la mort [1].

Ces dispositions de la loi de 1898 ne s'appliquent pas seulement aux entreprises privées. Elles s'appliquent également aux entreprises qui dépendent de l'État, des départements, des communes et des établissements publics; elles peuvent être invoquées notamment par les ouvriers des manufactures de l'État, par les ouvriers des établissements de la guerre, par les ouvriers des ponts et chaussées, etc. Tel est l'avis exprimé par le Comité consultatif des assurances contre les accidents du travail le 29 novembre 1899 et le 7 mars 1900, et telle est aussi la solution que la Cour de cassation a consacrée à diverses reprises, récemment encore par son arrêt du 3 août 1909.

* * *

La même solution doit-elle être admise et les dispositions de la loi de 1898 sont-elles également applicables aux ateliers qui sont annexés aux écoles professionnelles? Voici une école pratique d'industrie, ou une école nationale d'arts et métiers, ou encore une école professionnelle privée, dans laquelle on travaille le fer, le bois, les tissus, à l'aide de machines à vapeur ou de machines mues par l'électricité. Un accident se produit pendant le cours du travail : par exemple, une machine éclate et l'explosion fait des victimes parmi les ouvriers et les élèves de l'école. Ces ouvriers et ces élèves pourront-ils se prévaloir des dispositions de la loi de 1898 et réclamer des indemnités dans les conditions déterminées par cette loi?

Au premier abord, il semble que cette question doit être résolue par l'affirmative et qu'il y a lieu d'assimiler, au point de vue de la responsabilité des accidents du travail, les écoles professionnelles aux autres établissements industriels. En définitive, les travaux industriels, alors surtout qu'ils sont exécutés à l'aide de moteurs mécaniques, présentent pour les ouvriers des dangers aussi graves dans les ateliers des écoles profession-

(1) Voir à cet égard la *Législation ouvrière*, par MM. Cohendy et Grigaut, nos 40 à 61.

nelles que dans les autres ateliers; on peut même affirmer que les accidents sont encore plus à redouter dans les ateliers scolaires, étant donnés l'âge des élèves, leur inexpérience et les imprudences auxquelles ils se laissent parfois entraîner. Et dès lors, n'est-il pas équitable de soumettre au même régime les ouvriers qui sont exposés aux mêmes dangers et d'accorder aux uns comme aux autres la même protection et les mêmes droits?

A notre avis, cette opinion ne saurait être admise. Qu'il soit rationnel d'assimiler les ouvriers des ateliers scolaires aux autres ouvriers en ce qui concerne les accidents du travail, c'est incontestable, et il est à souhaiter que le Parlement consacre un jour législativement cette assimilation. Mais jusqu'à ce moment-là, nous estimons que la loi de 1898 n'est pas applicable aux ouvriers, non plus qu'aux élèves des écoles professionnelles, et notre opinion se fonde à la fois sur les textes de cette loi et sur les motifs qui en ont inspiré les dispositions.

D'abord les textes. L'article premier de la loi de 1898, qui énumère minutieusement les entreprises assujetties au risque professionnel, ne parle pas des écoles professionnelles et des ateliers annexés à ces écoles. Et cette omission est d'autant plus significative qu'on ne la retrouve plus dans les autres lois ouvrières. La loi du 2 novembre 1892 sur le travail des enfants et des femmes dans l'industrie, la loi des 12 juin 1893-11 juillet 1903 sur l'hygiène et la sécurité des travailleurs, la loi du 13 juillet 1906 sur le repos hebdomadaire stipulent formellement qu'elles sont applicables à tous les établissements qu'elles visent, « même lorsque ces établissements ont un caractère d'enseignement professionnel ». La loi de 1898, au contraire, garde un silence absolu à cet égard. Qu'est-ce à dire, sinon que ses dispositions restent étrangères aux écoles professionnelles et aux accidents qui se produisent dans ces écoles?

D'autre part, les motifs sur lesquels est fondée la loi de 1898 imposent également cette solution. Si, en effet, le patron est de plein droit responsable des accidents du travail, ce n'est pas seulement à raison des dangers que peut présenter son entreprise pour la sécurité de ses ouvriers. C'est aussi et surtout parce que cette entreprise est exploitée dans un but lucratif. Le patron en recueille tous les bénéfices : il est donc de toute justice qu'il en supporte également tous les risques, quelle que soit la nature de ces risques, sans qu'il y ait à distinguer suivant qu'ils proviennent de la détérioration du matériel ou des accidents dont les ouvriers sont victimes dans leur travail. En un mot, le risque professionnel suppose essentiellement une entreprise exercée à titre de profession et en vue d'en retirer un profit pécuniaire. Or, tel n'est pas le caractère des écoles professionnelles. En général, tout au moins, ces écoles ont exclusivement pour objet de distribuer un enseignement plus pratique aux jeunes gens qui se destinent à l'industrie : elles ne cherchent pas à réaliser des bénéfices sur le travail de leurs ouvriers et de leurs élèves; leurs ateliers ne sont pas organisés en vue d'une exploitation lucrative. La loi de 1898 ne saurait donc recevoir ici son application.

C'est en ce sens que le Comité consultatif des assurances contre les accidents du travail s'est récemment prononcé à propos d'une question analogue, pour ne pas dire identique, à celle que nous examinons. Le Comité était consulté sur le point de savoir si les établissements d'enseignement sont responsables, en vertu de la loi de 1898, des accidents survenus aux ouvriers dans leurs laboratoires, et il émit, à la date du 31 mai 1899, un avis ainsi formulé : « La loi du 9 avril 1898 s'applique exclusivement aux industries ou exploitations où un chef d'entreprise, employant et salariant des ouvriers et employés, réalise des fabrications ou des manutentions dans un but de gain. Dès lors, une université, employant pour des recherches scientifiques des ouvriers dans ses laboratoires, ne tombe pas sous le coup de la loi du 9 avril 1898. » Le même raisonnement s'applique aux écoles professionnelles qui, elles non plus, ne poursuivent pas un but de gain : elles ne tombent pas non plus sous le coup de la loi de 1898.

* * *

Mais si la loi de 1898 n'est pas applicable aux écoles professionnelles, ce n'est qu'autant que ces écoles ne sortent pas de leur rôle éducatif et dirigent exclusivement leurs travaux d'ateliers dans le sens de l'instruction technique de leurs élèves.

Si, au contraire, une école professionnelle organisait industriellement les travaux de ses ateliers et si elle avait pour but de réaliser des bénéfices en vendant au public les produits fabriqués par les ouvriers et par les jeunes gens qu'elle emploie, la même solution ne devrait plus être admise. Un pareil établissement, en effet, n'a d'école professionnelle que le nom : il constitue en réalité une manufacture, dans laquelle on se livre même parfois à une véritable exploitation de l'enfance, et par suite la loi de 1898 doit y recevoir son application.

La Cour de Paris s'est récemment prononcée en ce sens par deux arrêts en date du 29 mai 1902. Il s'agissait, dans les procès sur lesquels elle était appelée à statuer, d'accidents du travail survenus, l'un dans un établissement appartenant à la congrégation des Salésiens de dom Bosco, l'autre dans un établissement de la Société des aveugles de Paris. Ces deux établissements prétendaient se soustraire à l'application de la loi de 1898 en se parant du titre d'établissements d'enseignement professionnel. Mais les faits démontraient que cet enseignement était loin d'être leur but principal : les recettes provenant des ateliers d'imprimerie, de reliure, de menuiserie et de serrurerie de l'établissement de dom Bosco s'étaient élevées pour un seul trimestre à 15.000 francs, et celles provenant de la vente des articles de sparterie, brosserie et chaiserie fabriqués par la Société des aveugles avaient atteint pour une seule année la somme de 180.000 francs. En réalité, on se trouvait ici en présence de deux entreprises industrielles, et la Cour de Paris a jugé avec raison que ces entreprises étaient responsables des accidents dont leurs ouvriers ou apprentis étaient victimes, conformément aux dispositions de la loi de 1898.

Cette solution a été également admise par un avis du Comité consultatif des assurances contre les accidents du travail en date du 7 mars 1900, en ce qui concerne les laboratoires qui se chargent d'analyses industrielles moyennant rétribution. Ces laboratoires, en effet, ont plutôt un caractère industriel que scientifique, et par suite la loi de 1898 leur est applicable.

En résumé, ce qu'il faut considérer pour savoir si un établissement, qualifié d'école professionnelle, tombe ou non sous le coup de la loi de 1898, c'est le but principal que poursuit cet établissement. Si c'est un but lucratif, la loi de 1898 est applicable, alors même que l'établissement distribuerait à titre accessoire quelques notions d'instruction technique aux jeunes gens qu'il emploie. Si, au contraire, le but poursuivi est un but éducatif, la loi de 1898 ne peut plus recevoir son application. Et il en est ainsi même dans le cas où l'établissement vendrait de temps à autre au public les produits manufacturés dans ses ateliers. Ces ventes accidentelles et peu importantes ne sont pas le but principal de l'établissement, et dès lors elles ne sauraient dénaturer son caractère d'école professionnelle.

* * *

Il nous reste maintenant à examiner une dernière question, qui est spéciale à certaines écoles professionnelles.

L'usage s'est établi, dans quelques écoles professionnelles, d'envoyer les élèves travailler chez des industriels, en qualité d'apprentis, pendant le cours de leur dernière année scolaire. Parfois même, ce stage pratique est imposé par les règlements : c'est ainsi que les élèves de l'école des mines d'Alais sont obligés, pour obtenir leur diplôme, d'accomplir une période de stage, comme ouvriers, dans une exploitation minière.

Si ces jeunes gens sont victimes d'un accident du travail pendant cette période de stage, pourront-ils invoquer les dispositions de la loi de 1898 et réclamer des indemnités à l'industriel ou à la société minière qui les emploie, dans les conditions déterminées par cette loi?

La Cour d'appel de Nîmes a résolu la question dans le sens de l'affirmative par son arrêt du 8 janvier 1902, et cette solution doit être approuvée. Les jeunes gens dont il s'agit ne peuvent plus être considérés comme des élèves : à partir du moment où ils ont été embauchés dans l'industrie, ce sont des apprentis ou des ouvriers qui font désormais partie, au même titre que les autres apprentis et ouvriers, de l'entreprise dans laquelle ils travaillent. Ils sont aussi exposés aux mêmes risques et le patron tire également profit de leur travail. Il n'y a donc point de motif pour leur enlever le bénéfice de la loi de 1898.

Em. Cohendy,
Professeur à la Faculté de droit de l'Université de Lyon,
Membre du Conseil supérieur de l'Enseignement technique.

A propos d'un récent Congrès

Quelque opinion que l'on ait sur l'utilité des congrès internationaux, il n'est pas contestable qu'ils sont entrés profondément dans nos mœurs. Cela tient, avant tout, à ce qu'ils fournissent une occasion de se rencontrer aux personnes désireuses d'échanger leurs vues sur des sujets d'intérêt commun; mais il faut y voir, aussi, la conséquence d'un besoin qui pénètre, de plus en plus, dans toutes les classes de la société : le besoin des voyages. On remarque, en effet, que les congrès se multiplient, en même temps que les moyens de communication deviennent plus faciles et plus rapides. Pour maintes associations, ils constituent d'agréables prétextes à promener, chaque année, d'un pays à l'autre, des adhérents venus des contrées les plus diverses et les plus éloignées.

S'ils ont l'humeur beaucoup moins voyageuse, les fervents de l'enseignement technique n'en ont pas moins tenu neuf grandes assises internationales en vingt-cinq ans; le Congrès de Vienne ne s'était pas encore séparé que le gouvernement hongrois se hâtait de prendre date pour un dixième congrès de l'enseignement commercial, qui se réunira, en 1913, à Buda-Pest.

Le moment paraît donc bien choisi pour analyser brièvement les méthodes de préparation des derniers congrès et pour rechercher à quelles conditions les prochains pourront utilement coopérer au développement de l'enseignement technique.

Il peut sembler que l'étude de cette question sorte des limites d'une Revue, dont l'objet principal est la pédagogie de l'enseignement professionnel. Si l'on veut bien observer que tous ces congrès ont à traiter des questions pédagogiques, on reconnaîtra sans peine que l'examen des procédés employés pour l'établissement des programmes, la préparation des rapports, la discussion des vœux et la sanction des résolutions prises rentre directement dans le cadre de nos études ordinaires.

Des critiques seront formulées au cours de cet examen. Est-il besoin de dire qu'elles visent des méthodes et non des personnes. L'on ne saurait trop féliciter, au contraire, les organisateurs de l'ardeur inlassable qu'ils mettent à travailler au développement et au perfectionnement de l'enseignement commercial et industriel.

La question du programme est, naturellement, la première qui se pose à l'attention des promoteurs d'un congrès.

A Paris, en 1900, l'ordre du jour comprenait neuf sujets, dont quatre seulement intéressaient l'enseignement commercial, le congrès étant, à la fois, commercial et industriel. Le programme du congrès purement commercial de Milan, en 1906, comportait onze problèmes; celui du congrès également commercial de Vienne, en 1910, n'en comptait pas moins de quinze : on y traita des thèmes de pure culture, à côté de questions de méthode, et l'éducation générale y voisina, un peu plus peut-être que de raison, avec l'éducation professionnelle.

Le principal inconvénient de cette véritable débauche de sujets fut qu'un problème important, comme celui de « l'éducation commerciale de la femme », abordé à la fin de la dernière séance, ne put être complètement épuisé, tandis qu'on avait pu délibérer précédemment, avec ampleur et solennité, sur « la morale de Socrate, de Platon, d'Aristote et de Schopenhauer », sur « la nécessité de donner à l'enseignement éthique une base religieuse » ou, enfin, sur « les exercices sportifs, dérivatifs puissants de l'alcoolisme et de la fréquentation des mauvais lieux ».

Certains amis de l'enseignement technique avaient hésité à faire le voyage de Vienne, parce que des délibérations sur tant de questions d'éducation générale constituaient, pour eux, un attrait insuffisant. Ils eussent préféré un programme plus modeste, mais ne contenant pas de sujets étrangers à l'objet même du Congrès.

A vouloir établir un ordre du jour imposant, pour s'assurer un plus grand nombre d'adhérents, on risque de ne pouvoir étudier que superficiellement la plupart des questions. A vouloir faire trop grand, — ou, pour employer un vocable en honneur de l'autre côté du Rhin, à vouloir faire « colossal », — on risque, le plus souvent, d'élever un monument informe ou inachevé.

La préparation des rapports n'a pas moins d'importance que l'établissement du programme. Elle en a peut-être même davantage, si l'on songe que les discussions du congrès dépendent presque uniquement de ce travail préparatoire.

Sur ce point, la méthode de Milan et celle de Vienne s'écartèrent nettement de la méthode française.

En 1900, des commissions officieuses avaient été chargées d'étudier chaque question, si bien que le travail du rapporteur n'était pas simplement le reflet d'une opinion particulière, — si autorisée fût-elle, — mais bien le résumé des délibérations de plusieurs personnalités compétentes. (Il en sera de même à notre prochain congrès national de l'apprentissage de Roubaix : douze sections, — officielles celles-ci, — prépareront, pour chaque branche générale d'industrie, un rapport qui servira de base aux discussions du congrès.)

A Milan et à Vienne, au contraire, les rapports soumis, pour la forme, à l'approbation du bureau étaient la simple expression de l'opinion de leurs auteurs. Avec une diplomatie à laquelle il est juste de rendre hommage, un souci très marqué de distribuer équitablement les rapports entre les divers pays adhérents, les organisateurs de Vienne avaient établi une longue liste de rapporteurs, — deux par sujet, — où l'on ne comptait guère, que des spécialistes vraiment compétents. Il n'en est pas moins vrai que, quelle que fût leur autorité, leur travail n'avait et ne pouvait avoir que la valeur d'une thèse généralement très étudiée mais trop exclusivement personnelle.

On devine, dans ces conditions, ce que furent les discussions, d'autant que, à l'inverse de ce qui s'était passé à Paris et à Milan, aucun congressiste ne put avoir connaissance des rapports.

Le comité d'organisation s'était borné, en effet, au dernier moment, à en faire distribuer des résumés, traduits dans chacune des langues officiellement admises au congrès [1], résumés forcément incomplets, traductions parfois infidèles de la pensée de leurs auteurs. Les rapporteurs n'ayant que vingt minutes pour exposer leurs idées, il advint que quelques-uns d'entre eux ne purent aller jusqu'au bout de leurs développements, si bien que les congressistes ne connurent certains rapports que par le résumé qu'ils en avaient entre les mains et par l'exposé oral, tout aussi succinct, qu'ils en entendirent au cours des séances.

Un pareil système de délibération ne laisse pas de prêter sérieusement à la critique. Au dire des organisateurs, il était imposé par la nécessité de liquider, en un nombre restreint de séances, les quinze sujets à traiter, dont quelques-uns comportaient à eux seuls de longues heures de discussion. Avec un ordre du jour moins chargé, on eût, naturellement, disposé de plus de temps. Combien, d'autre part, les délibérations eussent été plus approfondies et plus animées, si les questions à débattre avaient été distribuées entre trois ou quatre sections délibérant parallèlement et dont les présidents seraient venus rapporter les conclusions à la séance de clôture !

Sans doute, ce procédé aurait eu l'inconvénient d'empêcher les congressistes de suivre tous les travaux, mais le congrès y aurait gagné en ampleur et en intérêt; en ampleur, car on aurait pu réserver à chaque sujet trois ou quatre fois plus de temps qu'on ne lui en a réellement consacré; en intérêt, car, sur quelques points, les délibérations ne furent guère qu'un défilé de rapporteurs conviés à la brièveté, c'est-à-dire à la

(1) Le français et l'allemand.

vitesse, par les incessantes objurgations du président. Il faut avoir vu certains d'entre eux, s'efforçant à garder l'équilibre derrière leur pupitre haut perché, pour excuser les congressistes étrangers d'avoir renoncé à « monter en chaire », à leur tour, pour prendre une part active à la discussion.

Le congrès de Milan avait rompu avec la tradition des vœux émis comme conclusions des délibérations. On est revenu, à Vienne, au système qui avait été celui de presque toutes les réunions précédentes.

La longue liste des résolutions prises dans ces congrès s'allongera donc, cette fois encore, d'un nombre assez respectable de vœux nouveaux. Il ne sera pas sans intérêt de la reprendre, un jour, et d'examiner quelles ont été, dans les volumineux procès-verbaux dépouillés, en 1903, par les soins de l'Association française pour le développement de l'enseignement technique, la part de la réalisation et celle des résolutions platoniques.

Sans vouloir entrer dans le vif d'un sujet qui comporterait, à lui seul, de très amples développements et qui sera, d'ailleurs, ultérieurement traité dans cette Revue, on peut hardiment conclure que cette dernière part l'emporte de beaucoup sur la première. Pour ne choisir qu'un exemple, quel effort sérieux a été tenté en faveur d'une organisation méthodique du placement des jeunes gens à l'étranger? Et cependant le premier vœu émis sur la matière remonte au congrès de Bordeaux de 1886, il y a vingt-cinq ans! Dans un autre domaine, la question de la délimitation des divers ordres d'enseignement, celle encore de la formation des professeurs, celle surtout du bureau commercial, ballottées régulièrement d'un congrès à l'autre, n'ont jamais été traitées vraiment à fond, bien que maints vœux aient été émis pour qu'une solution définitive intervienne à bref délai.

Il importe donc peu d'émettre solennellement des vœux, s'ils doivent rester à l'état de lettre morte, comme aussi de renvoyer une question à l'étude d'un congrès ultérieur, si elle ne doit pas être plus sérieusement étudiée qu'auparavant. C'est ici qu'apparaît la nécessité d'une organisation internationale pour poursuivre la réalisation des vœux définitifs et pour hâter l'étude et la solution des questions en souffrance.

La Société internationale d'enseignement commercial dont le siège est présentement à Berne [1] nous donne la mesure de ce qui peut être obtenu dans cet ordre d'idées. Chargée de l'organisation des cours d'expansion commerciale dont la création a été décidée au congrès de Milan, elle a organisé, depuis 1906, les réunions de Lausanne, de Mannheim, du Havre et de Vienne et elle prépare actuellement à Londres, pour les grandes vacances prochaines, des cours qui s'annoncent comme devant avoir autant de réussite que les précédents.

(1) Elle est actuellement présidée, avec autant de distinction que de tact, par M. Junod, membre de notre comité de rédaction.

On est en droit de se demander pourquoi ce rôle, dont elle a pris l'initiative, ne pourrait être rempli avec le même succès par un autre groupement qui aurait, sur elle, l'avantage de tenir la balance plus rigoureusement égale entre les divers pays. Ce groupement existe : c'est le Comité permanent des congrès internationaux de l'enseignement technique, qui est, en droit sinon en fait, le continuateur de l'œuvre des congrès après la clôture de leurs travaux et le véritable trait d'union entre les diverses manifestations internationales de l'enseignement commercial et industriel. Composé d'un nombre limité de membres pour chaque État (1), il présente, au point de vue de l'impartialité des décisions, une incontestable supériorité sur la Société internationale, où l'élément allemand domine trop nettement (2).

Pour des raisons qu'il serait trop long d'énumérer, le Comité permanent s'est cantonné, jusqu'ici, dans l'examen des programmes des congrès, du moins lorsqu'il a été sollicité de donner son avis. Mais ce n'est là qu'une partie de ses attributions, puisque, de par l'article 2 de son règlement, il est également chargé « de poursuivre la réalisation des vœux adoptés ».

Rien ne s'oppose donc à ce qu'il reprenne l'étude des réformes préconisées qui sont immédiatement réalisables. Il a, ce n'est pas douteux, toute l'autorité suffisante pour les adapter aux nécessités nouvelles, et pour en suggérer l'application aux États qui ont le juste souci de mettre leur enseignement technique, commercial et industriel, en harmonie avec les progrès incessants de la civilisation.

PAUL ANGLÈS,

Secrétaire général de l'Association française pour le développement de l'Enseignement technique.

---

(1) Ce nombre a été fixé à huit. Le comité permanent est présidé par notre collègue M. Léo Saignat, membre du comité de rédaction. Le vice-président pour la France est M. Louis Bouquet, président du comité de direction de la Revue.

(2) D'après les plus récentes statistiques de 1910, la France ne compte que 66 adhérents à la Société internationale, contre 477 sociétaires d'origine germanique (allemands ou autrichiens).

L'Apprentissage à l'École[1]

(Suite et fin.)

Technologie.

On se rend compte facilement que la nature des travaux, leur diversité, les multiples difficultés rencontrées au cours de l'exécution des commandes et dues à l'absence d'outillage spécial ont donné lieu à des leçons de technologie nombreuses et variées, telles qu'aucune série d'exercices-types n'aurait pu en comporter.

C'est ainsi, par exemple, que le chef des travaux a été amené à parler de l'emploi des « jigs » dans le travail en série et que la diversité des opérations à effectuer a fourni aux élèves de fréquentes occasions d'étendre leurs connaissances en technologie de machines.

La machine à fraiser universelle fut utilisée dans certains cas comme machine à percer et à aléser. Cet exemple fit voir aux élèves tout le parti qu'on pouvait tirer des machines, et leur donna un aperçu des multiples travaux qui peuvent être exécutés sur une fraiseuse.

L'exécution des commandes nécessita un emploi presque constant de la machine à rectifier et obligea de recourir à cette machine pour des travaux de rectification intérieure, cylindrique, conique, et de rectification plane qu'on n'avait pas encore eu l'occasion d'exécuter.

La nécessité d'augmenter la production, tant au point de vue industriel qu'au point de vue pédagogique, conduisit à généraliser l'emploi des aciers à coupe rapide permettant d'obtenir, dans le même temps, un poids de copeaux trois ou quatre fois plus grand qu'avec des outils en acier au carbone.

Il est évident que l'exécution d'exercices types pour lesquels le temps n'est qu'un facteur relatif n'aurait comporté l'emploi de l'acier à coupe rapide qu'à titre expérimental ; il eût donc été difficile, dans ces conditions, de faire de cet acier une étude exacte tant au point de vue de la confection des outils, de leur affûtage qu'à celui de la vitesse de coupe et du serrage. Les travaux à livrer aux industriels exigèrent, au contraire, l'emploi exclusif de cet acier, notamment pour l'ébauchage des pièces, et fournirent l'occasion d'en apprécier toute la valeur industrielle.

Travail en série.

Un des principaux avantages de l'exécution des commandes industrielles fut la possibilité d'instituer à l'École le travail en série.

---

(1) Voir *Revue de l'Enseignement technique*, n° 5, p. 198.

L'une des commandes portait sur 15 volants de changement de marche de locomotives. Avec l'ancienne méthode de travail, la méthode pédagogique, ces 15 volants auraient été distribués à 15 élèves et exécutés à raison de 1 par élève. La nécessité de travailler industriellement fit recourir aux méthodes industrielles et, par suite, au travail en série. Le même élève exécuta tous les tournages de même difficulté, un autre tous les rabotages, un autre tous les ajustages, etc. Au début, le temps passé à chaque exercice dépassait de beaucoup la durée normale d'exécution; des élèves réclamaient contre un salaire qui leur paraissait insuffisant, il fallut leur indiquer des tours de mains.

Nous signalerons, à titre d'exemple, l'alésage du moyeu et le dressage de la face supérieure des volants de changement de marche (fig. 1, 2, 3).

Après avoir percé le trou, l'élève l'alésa par passes successives, puis dressa la face supérieure à l'aide d'un outil en acier ordinaire; il mit 1 h. 50 pour exécuter la première pièce. Comme le temps alloué pour cette opération n'était que de 18 heures pour les 15 volants, l'élève, en vue de gagner du temps, exécuta une lame d'alésage au diamètre exact du trou (temps employé, 1 h. 1/2) et put ainsi, après perçage du trou au foret, procéder à l'alésage en une seule opération. Puis remplaçant, pour le dressage de la face supérieure, son outil en acier ordinaire par un outil en acier rapide, il put, en augmentant constamment sa production, récupérer non seulement le temps consacré à l'exécution de la lame, mais encore gagner 3 h. 1/4 sur le temps alloué pour cette opération. Le mortaisage du cône intérieur, le fraisage de l'entrée du verrou, en un mot toutes les opérations du travail, donnèrent lieu à des arrangements analogues, ce qui permit aux élèves d'apprécier les avantages de la fabrication en série et de comprendre le but de la spécialisation individuelle.

Autre exemple : Perçage du trou des leviers de verrou (fig. 4 et 5).

Le trou à percer se trouvant placé suivant une corde AB présentait deux difficultés :

1° Impossibilité d'engager directement la pointe du foret sur une surface inclinée;

2° Le trou ayant une longueur de 270 mm. devait être percé en deux fois et les deux passes devaient correspondre exactement. Comme il y avait 15 pièces à percer, on procéda à un montage spécial qui comportait un dé en fonte recevant deux guides GG' cémentés et trempés et occupant, par rapport à un trou central O, la position exacte du trou à percer lorsque le volant était fixé sur le dé dans l'axe de ce trou. Les deux parties du trou étaient percées successivement en retournant le dé, les guides GG' déterminant la position du foret et empêchant toute déviation.

Afin d'obtenir un travail parfait, le trou fut percé 2/10 plus petit que la cote et alésé ensuite à la cote exacte avec un alésoir guide exécuté à l'école (fig. 6).

Ce travail présentait de grandes difficultés; grâce au montage spécial,

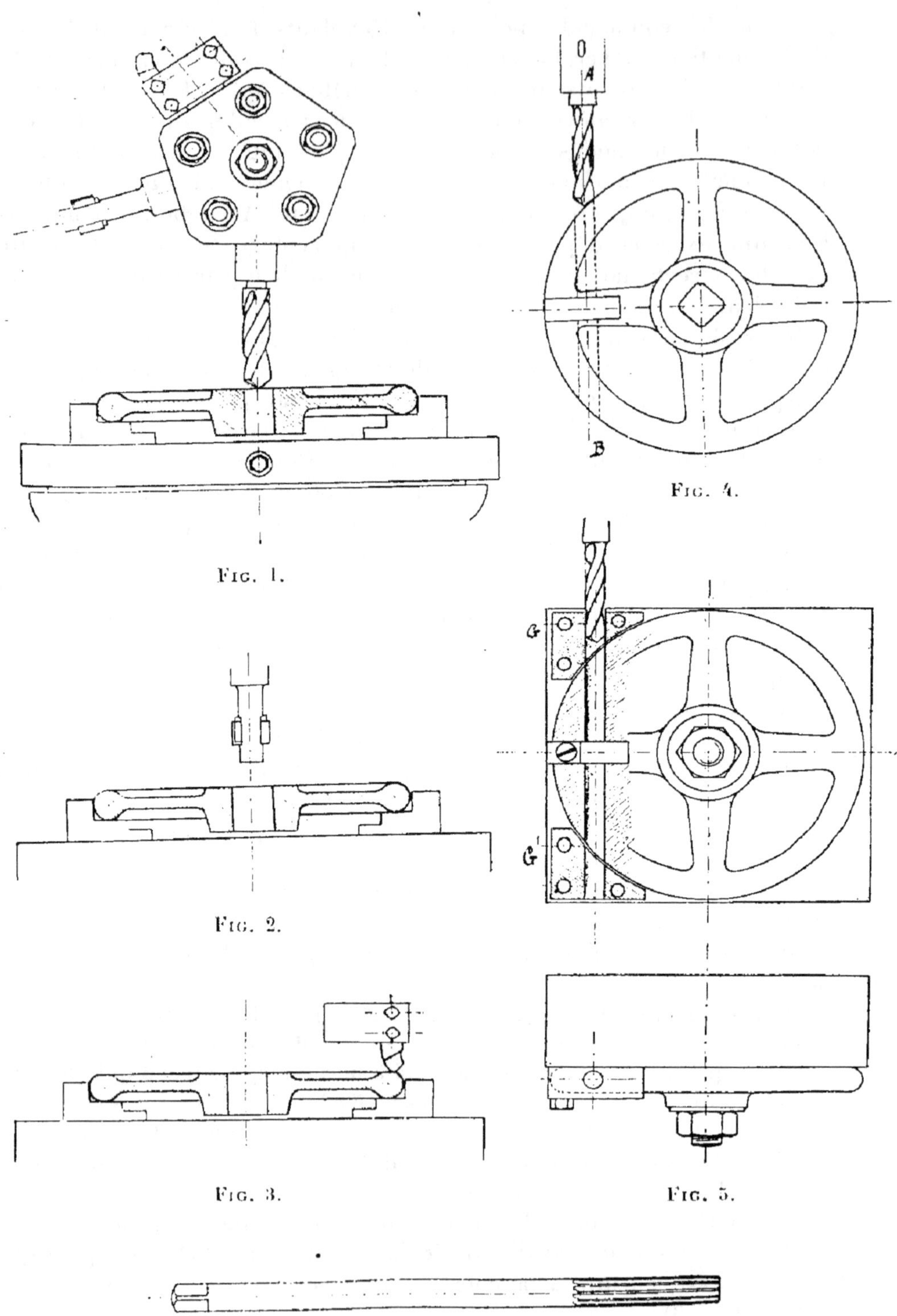

Fig. 1.

Fig. 4.

Fig. 2.

Fig. 3.

Fig. 5.

Fig. 6.

il fit comprendre aux élèves l'importance de l'outillage dans le travail en série.

Salaires.

Le montant des commandes s'élevait à environ 3 000 francs. Cette somme permit de rémunérer les élèves dans les mêmes conditions que dans l'industrie.

Le salaire dépendait :

1° Du degré de difficulté du travail effectué, représenté par un numéro de l'exercice de la série pédagogique type. Un travail difficile, et par conséquent bien rémunéré, était confié à un élève habile;

2° Du temps alloué. Le temps était le même que celui qui est fixé dans l'industrie pour le même travail exécuté dans les mêmes conditions.

Généralement, l'élève, mettant plus de temps qu'on ne lui en allouait, voyait son salaire-heure diminuer; il avait ainsi la notion exacte du gain auquel il pouvait prétendre en sortant de l'École.

Les sommes payées varièrent de 25 à 120 francs. Inutile de dire qu'élèves et familles furent enchantés de cette rétribution. Il faut peut-être voir là un moyen de parer aux départs en cours de scolarité et d'assurer désormais un apprentissage complet.

Une partie des bénéfices fut consacrée à couvrir les frais généraux occasionnés par la fabrication des pièces industrielles, à remplacer les pièces loupées, à compléter l'outillage, bref à diminuer les dépenses de fonctionnement de l'École, car il va de soi que dans cette affaire, ni la ville, ni M. Langlois, n'eurent l'intention de réaliser un profit particulier.

Au sujet des pièces loupées, il est bon de faire remarquer qu'elles furent rassemblées et firent l'objet de réunions du personnel d'abord, des élèves ensuite, en vue de rechercher en commun les causes de rebut : défauts d'exécution, d'organisation du travail, de direction, etc.

Enfin, il est bon de signaler que le personnel bénéficia lui aussi des commandes industrielles, sous forme de gratifications.

Partie commerciale.

L'établissement des prix de revient, des frais généraux, des dépenses de force motrice, des frais d'amortissement du matériel fut confié à la section commerciale de l'École, de même que la partie administrative : commandes de matières premières, pointage, déchets, etc. Il en résulta que cette section eut à opérer dans des conditions vraiment industrielles, comme dans la réalité.

Conclusion.

Les commandes industrielles confiées à l'École ont été l'objet d'une exécution rigoureuse. Elles ont été livrées à la satisfaction de tous, dans les délais quelquefois restreints qu'avaient assignés les constructeurs.

A cette occasion, les élèves firent preuve d'une ardeur peu commune; ils s'offrirent, dans les moments de presse, à venir travailler le matin à 7 heures au lieu de 8, et, quand ils avaient à s'absenter, ils venaient en exprimer des regrets.

Le personnel fut lui aussi très intéressé par la nouveauté et la diversité du travail.

Cependant, des objections y ont été faites, portant, non pas, à vrai dire, sur la méthode elle-même ni sur l'organisation du travail, mais sur un point bien spécial : l'École, a-t-on dit, en acceptant et exécutant des commandes industrielles, vient faire concurrence aux ateliers de la ville.

D'abord, cette concurrence, qui se traduit en définitive par 900 francs de salaires distribués en trois mois, est-elle bien sérieuse et de nature à inspirer quelque crainte aux ouvriers? Ensuite, si, au lieu d'être à l'école, les jeunes gens qui ont bénéficié de ces salaires étaient occupés dans les ateliers de la ville, la concurrence ne s'exercerait-elle pas avec la même intensité et dans la même proportion? N'atteindrait-elle pas — si elle les atteint — de la même façon leurs camarades, apprentis ou ouvriers de l'industrie? Enfin que sont les jeunes élèves de l'École pratique? Ne sont-ils pas tous fils d'ouvriers, futurs ouvriers eux-mêmes? La classe ouvrière, dans son ensemble, n'a donc pas à souffrir d'un état de choses qui ne peut, au contraire, que lui assurer des avantages incontestables. Ses enfants reçoivent une préparation rationnelle; la charge de leur apprentissage est diminuée de l'importance des salaires reçus; les sacrifices consentis par les parents sont donc moindres. Quant aux jeunes gens, leurs chances de succès sont d'autant plus grandes qu'ils entreront avec plus de confiance, sans hésitation ni embarras, dans la vie industrielle.

E. Labbé,

Inspecteur général de l'Enseignement technique.

QUESTIONS SCOLAIRES

Cultures démonstratives en pots (1).

Pour se développer, une plante doit trouver, dans le sol où plongent ses racines, les éléments minéraux qui constitueront plus tard ses cendres ou, d'une façon plus générale, les résidus de sa combustion. Des enfants d'intelligence moyenne peuvent, dès l'âge de dix à douze ans, comprendre cette vérité primordiale en agriculture si elle leur est exposée simplement, mais expérimentalement.

Les manipulations élémentaires permettant d'extraire de la potasse des cendres, ou de l'ammoniaque de la suie, sont trop connues pour qu'il soit utile

(1) Voir *Revue de l'Enseignement technique*, n° 3, p. 100.

l'y insister ; il n'en est pas de même des *cultures démonstratives* sur lesquelles devraient s'appuyer les débuts de tout enseignement professionnel agricole. Ces cultures se réalisent soit dans des caisses ou des pots à fleurs, soit au jardin en de petites plates-bandes réservées à cet effet.

Pour être menées à bien, les cultures en pots exigent quelques soins particuliers. La terre cuite dont les vases sont faits doit être perméable à l'air, c'est-à-dire poreuse et non vernissée; les racines, en effet, respirent comme les feuilles et, en conséquence, ne peuvent se passer d'oxygène; mais la porosité qui assure la pénétration de l'air atmosphérique favorise aussi l'évaporation de l'humidité, ce qui nécessite des arrosages fréquents. En plaçant les pots dans des cuvettes assez profondes, où l'on verse de l'eau, la provision peut suffire pour plusieurs jours, même par des temps secs et chauds. On peut aussi creuser dans le sol de la cour ou du jardin des trous pouvant contenir les pots: on évite ainsi l'échauffement exagéré qui se produit surtout au voisinage d'un mur, par suite du rayonnement, et qui flétrit rapidement les végétaux faisant l'objet de la démonstration. L'expérience suivante, choisie parmi les plus simples, peut être recommandée comme point de départ.

Deux pots semblables, de 2 litres environ de capacité, sont remplis de terre presque épuisée, prélevée, par exemple, dans une planche du jardin cultivée, depuis plusieurs années, sans apport d'engrais: à l'un, on mêle *intimement* les éléments essentiels de fertilité sous la forme et dans les proportions suivantes, en poids :

Sulfate ou chlorure de potassium.	1
Nitrate de soude (salpêtre du Pérou)	2
Superphosphate de chaux	3

Il est bon de ne pas dépasser la dose de 4 ou 5 grammes de ce mélange par kilogramme de terre.

Une plante à croissance rapide convient particulièrement pour cette expérience dont la durée se trouvera ainsi abrégée, ce qui diminuera les chances d'accidents, par suite les causes d'insuccès : on choisit ordinairement des haricots nains hâtifs qu'on sème en grains, ou des giroflées des bégonias qu'on repique en plants prélevés sur couche.

Supposons que le choix porte sur les haricots. On sème une dizaine de grains par pot; après la levée, on supprime les plants les moins vigoureux, de manière à n'en conserver que trois ou quatre dans chacun des deux pots. Bientôt une différence sensible se manifeste entre les deux semis; elle va s'accentuant et devient considérable.

La figure 1 représente, d'après une photographie prise sur nature, la dernière phase de l'expérience; on a récolté, d'un côté, une cinquantaine de grains pesant à peine 10 grammes, de l'autre, environ trois cents grains d'un poids total de 75 grammes. L'effet des engrais est donc mis nettement en évidence: il le serait mieux encore en opérant *en milieu stérile*, de la manière suivante :

A la terre mélangée d'engrais de l'expérience précédente, on substitue une matière dépourvue de toute fertilité : du verre cassé, par exemple. L'engrais, de même composition que le précédent, est mêlé à de l'eau dans une bouteille ; une quinzaine de grammes pour 1 litre d'eau ; la dissolution du superphosphate n'est pas complète, mais peu importe, car il suffira d'agiter la bouteille pour assurer une répartition uniforme, quand on mêlera le produit à l'eau d'arrosage, soit une fois par semaine. La totalité de l'engrais devra être épuisée à la floraison des haricots; à ce moment, la plante ayant mis en réserve la provision de substances nutritives nécessaires à la fructification, il suffira d'arroser à l'eau ordinaire.

Fig. 1. — Culture de haricots en terre épuisée. — A, sans engrais; B, fumure complète.

La figure 2 représente la fin de cette expérience. Aux conclusions de la précédente, on peut ajouter cette constatation : les engrais chimiques employés n'ont rien pris au sol, et ils ont suffi, avec l'eau et l'air, au développement de la plante.

La figure 3, empruntée, comme la précédente, à l'Instruction officielle du 4 janvier 1897, représente, d'après nature, un groupe d'expériences, sur avoine, destinées principalement à mettre en évidence les vérités fondamentales ci-après.

L'agriculteur n'a pas à se préoccuper de fournir au sol tous les éléments constitutifs de ses récoltes; une terre arable est toujours fertile si elle renferme une quantité suffisante des quatre substances suivantes : **azote, acide phosphorique, potasse et chaux.** *La proportion de ces quatre éléments fertilisants dépend de l'espèce des plantes cultivées; l'insuffisance, à plus forte raison l'absence de l'un d'entre eux peut annuler l'action des trois autres.*

Le **bon engrais** *apporte au sol ce qui lui manque pour nourrir les végétaux à cultiver; il est inutile qu'il renferme ce que le sol contient en quantité suffisante. L'agriculteur moderne doit savoir que l'***excès** *de l'un des quatre éléments, dans un engrais, est toujours* **coûteux** *et qu'il peut devenir aussi* **nuisible** *que son* **insuffisance.**

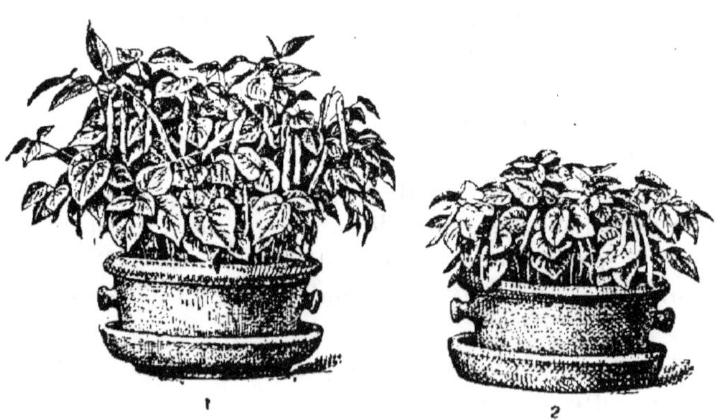

Fig. 2. — Cultures démonstratives en milieu stérile. — 1, verre cassé et fumure complète; 2, terre épuisée, sans engrais.

Cinq pots à fleurs sont remplis, comme ceux de la première expérience, d'une terre épuisée en matières fertilisantes, mais de bonne qualité physique. Le premier pot ne reçoit aucun engrais : c'est le témoin. Une fumure complète, composée des engrais précédemment indiqués, est intimement mélangée à la terre du second pot, à raison de 4 ou 5 grammes par kilogramme de terre. Pour les trois autres pots, on supprime l'un des éléments fertilisants : le phosphate au troisième, le nitrate au quatrième, la potasse au cinquième.

La différence d'action des divers engrais est manifeste dès le tallage de l'avoine, et tout à fait frappante à sa maturité; la comparaison des nᵒˢ 1 et 2 amène les mêmes conclusions que dans la première expérience sur les haricots.

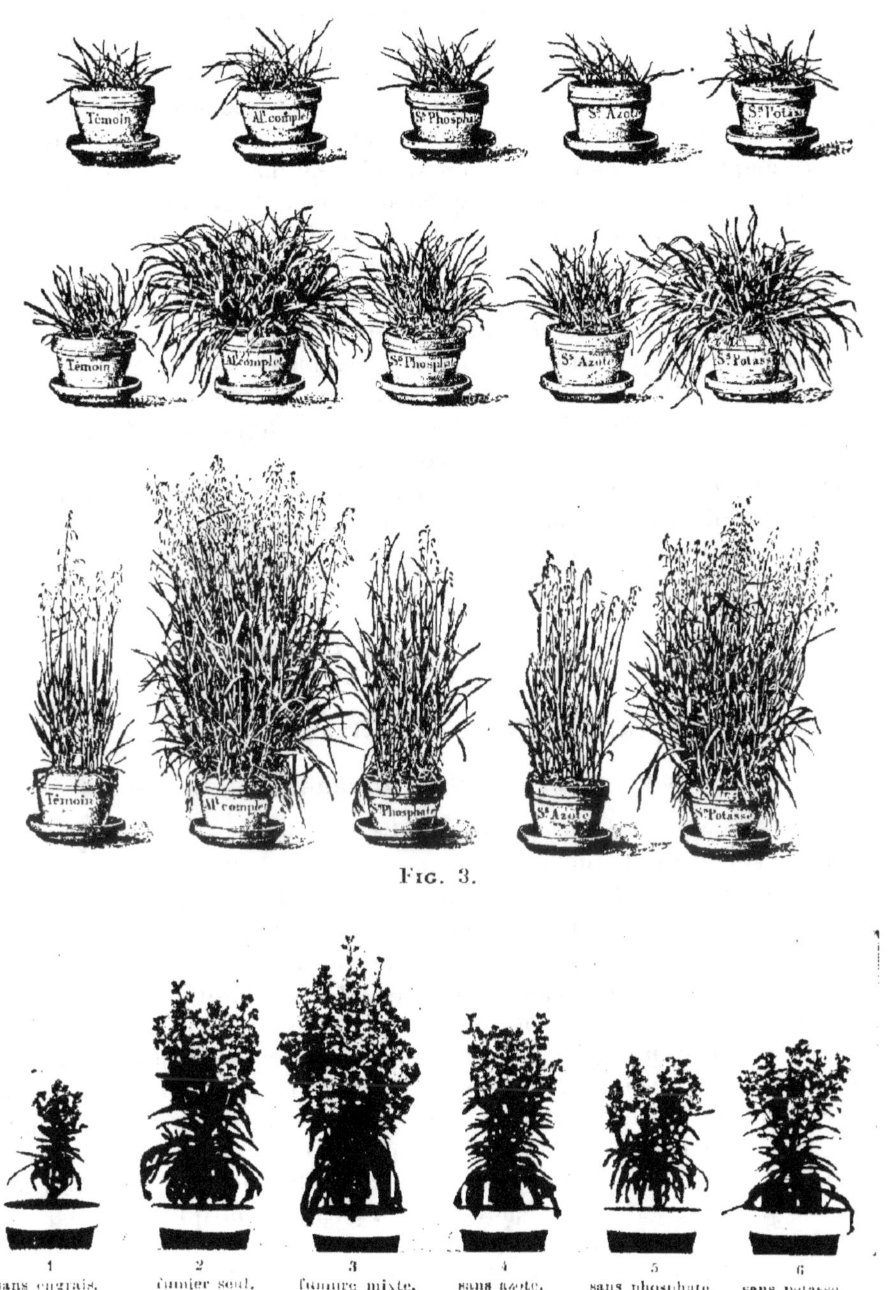

Fig. 3.

Fig. 4. — Cultures démonstratives sur giroflées.

Mais voici un résultat plus intéressant : le pot qui a reçu un engrais privé d'azote ou d'acide phosphorique, quoique largement pourvu des autres substances nutritives, porte une récolte aussi chétive que celle du témoin qui n'a rien reçu du tout ; il arrive même souvent que la quantité de grains reste inférieure. Et l'on peut dire, en ce cas, que non seulement l'engrais a été employé en pure perte, mais que son excès est aussi nuisible que son insuffisance.

Les conclusions à tirer des résultats donnés par le cinquième pot sont moins nettes; sans doute l'insuffisance de potasse est cause de l'infériorité avec le n°.2 ; mais cette infériorité est la moins sensible de toutes, ce qui tient à ce que la terre employée, prélevée dans un sol plus ou moins riche en argile, n'est pas épuisée en potasse ; toutefois, il y a insuffisance de cet élément.

En résumé, à un sol abondamment pourvu de l'un des quatre éléments, ou de plusieurs, il faut apporter, sous forme d'engrais, et en proportion convenable, les éléments fertilisants qui manquent pour établir l'équilibre alimentaire indispensable à la réussite de toute culture intensive.

L'expérience précédente se complète avantageusement par l'addition d'un sixième pot (n° 2) recevant, comme engrais total, 100 grammes de fumier demi-consommé, parfaitement incorporé à la terre. La figure 4 représente la dernière phase de cette démonstration sur giroflées.

Enfin, la fumure pourrait être mixte (n° 3) : demi-fumure en fumier et fumure complémentaire aux engrais chimiques ; mais lorsque l'expérience se complique, mieux vaut remplacer les pots par une planche du jardin, ainsi qu'on l'indiquera prochainement.

(*A suivre.*)

R. Leblanc.

Inspecteur général honoraire de l'Instruction publique.

COMMERCE (Première Année) (1).

Des transports. De la douane. Des entrepôts.

N. B. — Il y a intérêt à épuiser aussi vite que possible cette partie du programme, sur laquelle on aura maintes occasions de revenir dans le *Bureau commercial*. Comme il est cependant nécessaire d'initier les élèves à toutes ces notions préliminaires et de les familiariser avec les documents et applications usuelles qui en découlent, nous recommandons de les relier le plus possible et progressivement dans des exercices d'ensemble oraux et écrits.

Les exercices *oraux*, qu'on peut varier et multiplier à l'infini et qui sont généralement trop négligés, se prêtent à de fréquentes et rapides revisions ; ils coupent ou remplacent avantageusement la monotonie de longues et abstraites explications ; ils permettent de s'assurer rapidement qu'on a été compris par le plus grand nombre; ils obligent les élèves, même les plus distraits, à une attention soutenue, à un effort de mémoire qui finissent par les intéresser vivement ; ils excitent une saine émulation et, par les multiples applications qu'ils permettent, font acquérir aux moins bien doués un degré d'habileté que les exercices *écrits*, forcément restreints et limités, ne peuvent à eux seuls procurer.

Ces exercices *oraux*, sur lesquels nous insistons et dont on peut d'ailleurs tirer un excellent parti dans toutes les branches d'enseignement, donnent le plus souvent lieu à de petites scènes vécues, à des combinaisons d'opérations courantes dans lesquelles les élèves jouent un rôle actif, en fournissant toutes

(1) Voir *Revue de l'Enseignement Technique*, n° 1, p. 37 et n° 4, p. 175.

les explications désirables et en rédigeant oralement les documents nécessaires, d'abord d'après un modèle-type, ensuite de mémoire et, enfin, en faisant les calculs indispensables.

Nous donnons ci-après un exemple d'exercice de revision.

EXEMPLE D'EXERCICE D'ENSEMBLE OU DE REVISION

a) Le 15 octobre 19.. vous avez vendu à Simon, rue..., à.... telles marchandises (en donner le détail) contenues dans... colis, marqués..., n°..., pesant... kg. expédiés par petite vitesse, port dû, livrables en gare et payables à 30 jours sous escompte de... °/₀ ;

b) Le 20 octobre, vous faites traite à l'ordre du Crédit Lyonnais en recouvrement de la précédente livraison;

c) Le 10 novembre, Simon vous demande de lui envoyer... fr. pour l'aider à payer votre traite. Vous lui envoyez la somme demandée par lettre chargée.

Simon s'est engagé à vous la rembourser avec les frais, dans un délai de 10 jours.

Sur ces données, rédiger :

1° La facture ; 2° la note d'expédition ; 3° la traite ; 4° calculez l'escompte ou intérêt retenu par le bénéficiaire à... °/₀ l'an ; 5° simulez le chargement et calculez-en les frais; 6° représentez le chèque à votre ordre sur... que vous a envoyé Simon.

COMPTABILITÉ (Deuxième Année).

Bureau commercial.

(*Suite des opérations* [voir le n° 4, p. 176 à 180.])

Opérations du 7 novembre.

16° Vendu à Avisse à..., port dû, payable à 30 jours sans escompte (facture) :
50 boîtes sucre scié de 5 kg. à 0 fr. 65;
100 — — de 1 kg. à 0 fr. 65;
1 caisse candi blanc B. 32 kg., tare 2 kg. à 0 fr. 95.

17° Vendu au comptant : 10 kg. thé Congo à 3 fr. 40 le 1/2 kg.

18° Reçu en règlement de la vente précédente un chèque au porteur sur la banque... (que nous encaissons). (Chèque acquitté.)

Opérations du 8 novembre.

19° Déposé chez notre banquier : 1.000 fr. (reçu).

20° Remis en compte chez notre banquier les effets suivants :
N° 501 sur ... de 630 fr. » au 20 novembre change...
N° 502 — ... de 930 fr. 20 au 20 — ...
N° 503 — ... de 845 fr. 50 au 25 — — ...
N° 504 — ... de 748 fr. » au 30 ...
Escompte 6 °/₀, commission 1/10.

(Bordereau escompté, établi d'abord par les intérêts immédiats, puis par les nombres. Dans l'indication des changes de place, tenir compte du plus ou moins d'importance des villes, rappeler le tarif des changes et, autant que possible, en montrer un spécimen; enfin, une fois pour toutes, faire prendre les effets dans le portefeuille et les faire endosser à la main, ou en partie avec une griffe; en un mot, procéder comme dans la pratique.)

21° Lettre d'envoi des précédents effets et du bordereau non escompté. (Le bordereau escompté est censé renvoyé par la banque le jour même.)

N. B. — A propos de la correspondance, à laquelle nous attachons une grande importance, voici comment nous conseillons de procéder : le sujet étant donné, chaque élève le développe soit séance tenante, soit en dehors de la classe, comme devoir, mais toujours sur papier format commercial. Cette rédaction est corrigée par le professeur qui en fait la critique à la séance suivante; il en donne ensuite une espèce de modèle tiré de la ou des meilleures rédactions ou qu'il a composé lui-même. Ce modèle ou corrigé est écrit par chaque élève à l'encre *communicative* au verso de sa propre rédaction et il le décalque ensuite à son *Copie des lettres* après l'avoir, au préalable, répertorié. Chaque élève a ainsi, pour chaque sujet, deux rédactions : la sienne et le corrigé. En troisième année, ce procédé sera continué et complété par les différents modes de classement.

22° Reçu de Bigot à... à valoir sur son ancien solde un effet de 500 fr. au 20 novembre sur... E. V. (billet à ordre et lettre accusé de réception).

Opérations du 10 novembre.

23° Vendu à Hébert, rue... à..., payable à 60 jours sans escompte (facture) :
2 sacs sucre cassé de 100 kg. à 0 fr. 65;
100 boîtes de 1 kg. à 0 fr. 65;
50 — de 5 kg. à 0 fr. 65;
20 kg. thé Ceylan à 3 fr. 95 le 1/2 kg.

24° Vendu à Dandre à... franco gare, payable à 60 jours sans escompte (facture, note d'expédition et récépissé) :
100 boîtes sucre scié de 5 kg. à 0 fr. 65;
200 — — de 1 kg. à 0 fr. 65;
4 caisses candi blanc chacune B. 31 kg. 5, tare 1 kg. 1/2 à 0 fr. 95;
4 — — jaune — B. 31 kg. 5, — 1 kg. 1/2 à 0 fr. 95.
Nos 1010-12. — 3 balles Santos B. 185 kg., tare 2 %, à 3 fr. 15.

25° Payé port envoi à Dandre (d'après récépissé établi avec le Chaix).

Opérations du 11 novembre.

Tiré sur les clients suivants :

26° Sur Hussey à... au 5 décembre en règlement de ma facture du 6 de ce mois;

27° Sur Avisse à.., au 5 décembre en règlement de ma facture du 7 de ce mois.
(Deux traites à mon ordre et deux avis de traite.)

Opérations du 12 novembre.

28° Vendu à Delfosse à... port dû, payable au comptant, escompte 2 % (facture) :
2 sacs sucre cassé de 100 kg. à 0 fr. 65;
5 caisses candi blanc B. 31 kg. 5 (chacune), tare 1 kg. 5 à 0 fr. 95;
5 — — jaune B. 31 kg. 5 — — 1 kg. 5 à 0 fr. 95.

29° Vendu à Bourgeois à... franco gare, payable à 60 jours sans escompte (facture, note d'expédition, récépissé et calcul des frais) :

N°s 1013-17. — 5 balles Rio-de-Janeiro B. 310 kg., tare 2 °/₀ à 3 fr. 35;

N°s 1018-22. — 5 balles Gonaïves B. 330 kg., — 2 °/₀ à 3 fr. 45.

30° Vendu à Gressier E. V., payé à 60 jours sans escompte (facture de place)

N°s 1023-25. — 3 balles Santos B. 184 kg., tare 2 °/₀ à 3 fr. 15;

N°s 1026- — 1 balle Moka net 45 kg. à 4 fr. 60.

31° Payé port envoi à Bourgeois (d'après récépissé).

Opérations du 14 novembre.

32° Payé pour timbres d'effets et autres : 20 fr.;

33° Accordé à Gressier, d'accord avec mon prédécesseur, un escompte de 2 °/₀ sur son ancien solde qu'il me règle en espèces (reçu à souche);

34° Retiré de chez notre banquier : 4.000 fr. (chèque).

Opérations du 15 novembre.

35° Acquitté traite Roussel échue (traite endossée et acquittée);

36° Reçu de Godard à... lettre par laquelle il nous demande de lui envoyer 350 fr. pour l'aider à payer une traite qui va lui être présentée (rédiger lettre exposant raisons et contenant engagement de rembourser à bref délai);

37° Envoyé à Godard 350 fr. par lettre chargée (lettre d'envoi, copie des lettres, chargement à l'aide d'une enveloppe scellée, etc.);

38° Balances des écritures, savoir :

a) Balance du Grand-Livre général;

b) — — des Clients.

(*A suivre.*)

G. Lamoril,

Directeur de l'École pratique de Commerce de Boulogne-sur-Mer.

SOLUTIONS DE QUELQUES EXERCICES PROPOSÉS

MÉCANIQUE

Exercice 5 (*Revue de l'Enseignement Technique*, n° 2, p. 82).

A. Solution graphique. — Deux considérations différentes peuvent conduire à la solution graphique de la question :

1° *Décomposition des forces.* — La charge de 2.000 kg. peut être décomposée en deux actions qui sollicitent les barres BC et AC suivant leurs axes longitudinaux. Le problème revient à décomposer une force en deux autres de directions connues.

La figure 1 donne la solution : les segments CG, CE représentent en direction, intensité et sens les actions F_1 et F_2 demandées. En mesurant à l'échelle, on évalue ces forces à environ 5.300 kg. et 5.700 kg.

2° *Équilibre des forces.* — On se demande quelles sont les forces en équilibre et on dessine à l'échelle le polygone de ces forces, polygone qui doit se former de lui-même. Dans le cas présent, les forces en équilibre sont : la charge de 2.000 kg., la réaction F'_2 dans l'axe de la barre BC et la réaction F'_1 dans l'axe de la barre AC. Le diagramme figure 2 donne la solution. Les réactions sont évidemment égales en intensité et directement opposées aux actions.

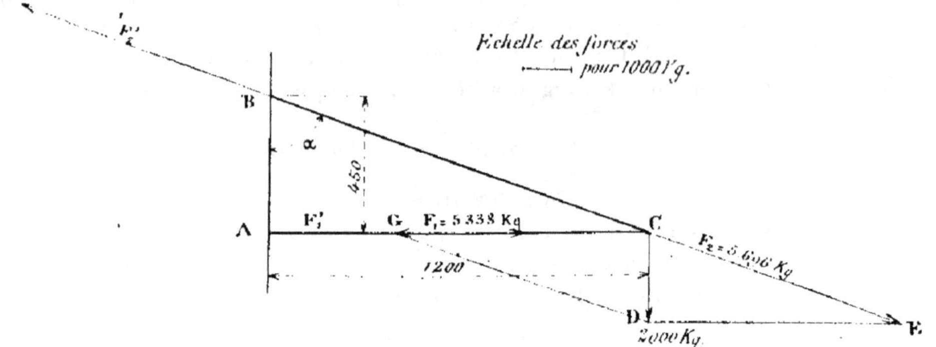

Dans les deux cas, on constate que la force F_2 et sa réaction F'_2, appliquées aux extrémités de la barre BC, tendraient à en éloigner les extrémités; la

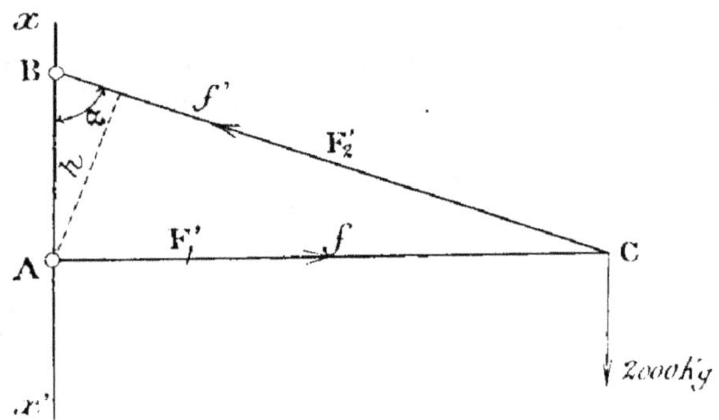

barre BC est soumise à une *traction*; on constate encore que la force F_1 et sa réaction F'_1 tendraient à rapprocher les extrémités de la barre AC; celle-ci est soumise à une *compression*.

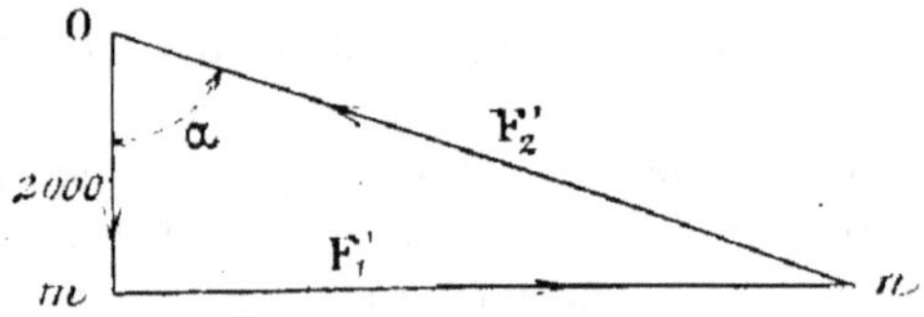

B. Détermination géométrique des intensités de F_1 et F_2. — Dans la figure 1, le triangle CDE des vecteurs des forces est semblable au triangle BAC des barres de la potence (triangles équiangles); on a :

$$\frac{CD}{AB} = \frac{DE}{AC} = \frac{CE}{BC}; \qquad BC = \sqrt{1.200^2 + 450^2} = 1.281,60$$

ou, en remplaçant les segments par leur mesure :

$$\frac{2.000}{450} = \frac{F_1}{1.200} = \frac{F_2}{1.281,6}$$

d'où :

$$F_1 = \frac{2.000 \times 1.200}{450} = 5.333 \text{ kg.}$$

$$F_2 = \frac{2.000 \times 1.281,6}{450} = 5.696 \text{ kg.}$$

C. Solution algébrique. — Les deux considérations du paragraphe A pourraient être envisagées pour la solution algébrique; nous n'étudierons que le cas d'équilibre. Deux théorèmes peuvent être appliqués dans ce cas :

a) *Théorème des moments*. — Quand des forces, dans un même plan, sont en équilibre, la somme algébrique des moments par rapport à un même point de ces forces est nulle;

b) *Théorème des projections*. — Quand des forces, dans un même plan, sont en équilibre, la somme algébrique des projections de ces forces sur un même axe quelconque est nulle.

Nous utiliserons le premier.

Méthode des moments. — Les forces en présence sont la charge 2.000 kg., la réaction F'_2 dans l'axe de la barre BC et la réaction F'_1 dans l'axe de la barre AC.

Ces forces étant en équilibre et dans le même plan, la somme algébrique de leurs moments par rapport à un point du plan est nulle. On a donc :

a) En prenant B pour centre des moments :

(1) $$M_B . 2.000 + M_B . F'_1 + M_B . F'_2 = 0$$

or : $$M_B . 2.000 = + 2.000 \times 1.200 \text{ mm./kg.}$$

$$M_B . F'_1 = F'_1 \times 450 \text{ mm./kg.}$$

$M_B . F'_2 = 0$ (La force passe par le centre des moments.)

par suite : $$+ 2.000 \times 1.200 + F'_1 \times 450 = 0$$

d'où : $$F'_1 \times 450 = - 2.000 \times 1.200.$$

Le moment de la force F'_1 par rapport au point B est négatif; c'est dire qu'elle tendrait à faire tourner son bras de levier AB en sens inverse de la rotation que donnerait à son bras de levier la force 1.200 kg. Le sens de la F'_1 est donc donné par la flèche *f*.

Valeur absolue de F' :

$$F'_1 = \frac{2.000 \times 1.200}{450} = 5.333,3 \text{ kg.}$$

b) En prenant A pour centre des moments :

(2) $$M_A . 2.000 + M_A . F'_1 + M_A . F'_2 = 0$$

$$M_A . 2.000 = + 2.000 \times 1.200$$

$M_A . F'_1 = 0$ (La force passe par le centre des moments.)

$$M_A . F'_2 = F'_2 \times h.$$

Calcul de h : Les triangles semblables BAH et BCA donnent :

$$\frac{h}{AB} = \frac{AC}{BC} \quad \text{ou} \quad \frac{h}{450} = \frac{1.200}{1.281,6} \quad \text{d'où} \quad h = \frac{1.200 \times 450}{1.281,6}.$$

Par suite :

$$M_A . F'_2 = F'_2 \times \frac{1.200 \times 450}{1.281,6}.$$

L'équation (2) devient :

$$2.000 \times 1.200 + F'_2 \frac{1.200 \times 450}{1.281,6} = 0$$

d'où :

$$F'_2 \times \frac{1.200 \times 450}{1.281,6} = - 2.000 \times 1.200.$$

Le moment de F'_2 par rapport à A est négatif; donc son sens est celui de la flèche f'.

Valeur absolue de F'_2 :

$$F'_2 = \frac{2.000 \times 1.200}{\frac{1.200 \times 450}{1.281,6}} = 5.696 \text{ kg}.$$

Les réactions étant connues, les actions le sont.

Remarques. — I. Le théorème des projections eût donné un peu plus rapidement la valeur de F'_2.

La somme algébrique des projections des forces sur le même axe xx' est nulle. On a :

(3) $\text{proj.}_{xx'}$ de $1.200 + \text{proj.}_{xx'}$ de $F'_1 + \text{proj.}_{xx'}\ F'_2 = 0$

$\text{proj.}_{xx'}$ de $1.200 = 1.200$

$\text{proj.}_{xx'}$ de $F'_1 = 0$ (F'_1 perpendiculaire à XX'.)

$\text{proj.}_{xx'}$ de $F'_2 \cos \alpha$

or :

$$\cos \alpha = \frac{AB}{BC} = \frac{450}{1.281,6}.$$

L'équation (3) devient :

$$1.200 + F'_2 \cos \alpha = 0$$

d'où :

$$F'_2 = - \frac{1.200}{\cos \alpha}.$$

Cos α étant positif, F'_2 est négatif; donc le sens de F'_2 est celui de la flèche f', sa valeur absolue est :

$$F'_2 = \frac{1.200}{\frac{450}{1.281,6}} = 5.696 \text{ kg}.$$

II. On devra autant que possible familiariser les élèves de troisième année avec ces théorèmes des projections et des moments, dans les cas simples comme celui que nous présentons; leurs applications sont d'excellents exercices d'algèbre.

III. On prendra, de préférence, pour poser les équations, *le cas d'équilibre*, où il est nécessaire de tenir compte des réactions, d'abord parce que nos élèves sont trop portés à oublier que celles-ci existent et surtout parce que ces réactions sont souvent à déterminer; en résistance des matériaux, par exemple, on aura à calculer les appuis des organes sur lesquels les efforts s'exercent directement.

F. Dauchy,

Professeur à l'École pratique de Commerce et d'Industrie de Maubeuge.

COURS PROFESSIONNELS

ÉCOLES MUNICIPALES D'APPRENTISSAGE ET DE PERFECTIONNEMENT DE LA VILLE DE DOUAI

Le problème de l'apprentissage suscitant actuellement de toutes parts les initiatives les plus variées, nous croyons intéresser ceux qui désirent diriger leurs efforts vers sa réalisation en leur exposant la tentative faite récemment par la ville de Douai.

Les Écoles municipales d'apprentissage et de perfectionnement de Douai sont en effet établies sur des bases dont l'originalité mérite d'être signalée.

Leur organisation leur permet de mener de front les trois méthodes actuellement préconisées, en France ou à l'étranger, pour la formation de l'apprenti :

1° L'atelier-école;

2° L'école de demi-temps.

3° Les cours de perfectionnement du soir et du dimanche.

Ces trois méthodes sont l'objet d'une égale attention de la part de l'administration et du personnel et, si les résultats donnés par chacune d'elles sont plus ou moins complets, il faut reconnaître que leur ensemble constitue une œuvre vraiment utile dont le grand mérite sera de n'avoir été inspirée que par l'unique désir de rendre le maximum de services à l'industrie, au commerce et aux familles.

Historique, création. — Les Écoles municipales d'apprentissage et de perfectionnement ont pris leur origine dans les cours d'apprentissage annexés aux écoles académiques, qui, depuis dix ans, formaient, malgré leurs faibles ressources, des apprentis dont certains furent appréciés des industriels.

En présence de l'important mouvement en faveur de l'apprentissage qui va s'accentuant de plus en plus dans les villes du Nord, M. Bertin, maire de la ville de Douai, résolut de donner une impulsion nouvelle et vigoureuse aux cours des écoles académiques.

C'est au ministère du Commerce qu'il s'adressa en sollicitant le précieux concours de M. Labbé, inspecteur général de l'Enseignement technique, qui put intervenir fort à propos pour définir l'orientation à donner à l'institution nouvelle.

Il fut décidé qu'elle conserverait un caractère nettement local et municipal et que, dans ce but, il serait fait appel aux industriels, entrepreneurs et commerçants susceptibles de s'intéresser à cette tentative en faveur de l'apprentissage.

Cet appel fut entendu et produisit une subvention annuelle de 5 000 fr. environ.

Le ministère du Commerce ne se désintéressa pas de cette heureuse initiative et accorda avec une subvention annuelle de 8 500 fr. une somme importante pour achat d'outillage.

La ville de Douai prit à sa charge les autres dépenses d'installation, d'entretien et de fonctionnement, soit annuellement 22 200 fr.

Administration. — Elle découle directement de l'organisation exposée ci-dessus.

Elle est confiée à une commission de surveillance administrative, qui assume avec le directeur[1] la charge de la bonne marche de l'École.

Le Maire de la ville de Douai, président de cette commission, tout en s'intéressant vivement à l'École et en suivant pas à pas son évolution, délégua ses pouvoirs à un vice-président, M. le Commandant Morel, ancien sous-Directeur de l'Arsenal, pris dans le sein de la commission et désigné par elle.

Cette commission, composée de membres délégués du ministère du Commerce, de membres désignés par les industriels et commerçants subventionnant l'École, et enfin de membres nommés par la municipalité, se réunit tous les trois mois et désigne les commissaires chargés de l'inspection mensuelle.

Le directeur assiste aux réunions de la commission avec voix consultative.

Le service d'inspection est en outre assuré par M. Labbé, inspecteur général, et M. Wauthy, inspecteur départemental de l'enseignement technique.

La commission de surveillance, ayant pleins pouvoirs pour établir les programmes et en surveiller l'exécution, eut toutes facilités, en raison même de sa composition, pour adapter l'enseignement aux besoins réels de la région.

Pour pousser plus avant l'étude du fonctionnement des Écoles municipales d'apprentissage et de perfectionnement, il est nécessaire de faire apparaître, dès maintenant, les trois organisations distinctes qui les composent :

1° Atelier-école ;

2° École de demi-temps ;

3° Cours de perfectionnement.

I. — Atelier-École ou École d'apprentissage.

But. — Former des apprentis et des ouvriers immédiatement utilisables dans l'industrie et aptes, pour les meilleurs, à devenir chefs d'équipe dans les professions suivantes : ajusteurs, mécaniciens, serruriers, forgerons, menuisiers, modeleurs.

Recrutement. — Elle reçoit des jeunes gens, à partir de treize ans, munis de leur certificat d'études primaires.

Durée des études. — La durée des études est de trois années.

Programmes. Horaires. — Leur établissement eut pour base les deux principes suivants :

1° Être essentiellement pratiques et réserver une très large place aux travaux manuels ;

2° Conduire à une spécialisation nettement tranchée entre les professions du fer, d'une part, et celles du bois, d'autre part.

Trente-trois heures par semaine furent donc réservées aux travaux pratiques pendant les deux premières années, et trente-six heures pendant la troisième année.

Quant aux autres matières d'enseignement, elles devaient se réduire, dans

(1) Membre du personnel des Écoles pratiques de Commerce et d'Industrie, muni du certificat d'aptitude à la direction des dites écoles et désigné par le Ministre du Commerce.

l'esprit des organisateurs de l'École, à des leçons d'ordre purement technique, uniquement basées sur les programmes du certificat d'études primaires (dix à douze heures par semaine).

L'expérience ne tarda pas à démontrer que l'assimilation des connaissances acquises à l'école primaire était loin d'être complète et un cours d'arithmétique fut prévu pour la rentrée d'octobre 1910.

Cette première modification au programme primitif demandera d'ailleurs à être complétée, à la rentrée prochaine, par la création d'un cours de français, fort simple, prévoyant, outre la révision des règles de grammaire si facilement oubliées, l'étude de la lexicologie des termes techniques, entièrement nouveaux pour la plupart des élèves de l'école.

Le principe de la spécialisation des enseignements conduisit à l'établissement de deux programmes distincts, n'ayant que quelques points communs, avec leurs professeurs spéciaux pour les métiers du fer et ceux du bois.

Programme et horaire : Travail du fer.

1° *Tracé géométrique.* — Professeur : M. Dupin, directeur. (1re année, 2 heures par semaine.)

2° *Croquis coté au crayon.* — Professeur : M. Dupin ; maître-adjoint : M. Pauchet, chef d'atelier. (1re, 2e et 3e années, 5 heures par semaine.)

3° *Technologie.* — Professeur : M. Dupin ; maître-adjoint : M. Pauchet. (1re, 2e et 3e années, 2 heures par semaine.)

4° *Mécanique.* — Professeur : M. Dupin. (1re, 2e et 3e années, 1 heure par semaine.)

5° *Éléments d'électricité.* — Professeur : M. Varoquaux (1), professeur d'école normale. (3e année, 1 heure par semaine.)

6° *Arithmétique.* — Professeur : M. Lalisse, instituteur. (1re année, 3 heures ; 2e année, 2 heures ; 3e année, 1 heure par semaine.)

Travail du bois.

1° *Tracé géométrique* (1re année). — Cours commun avec les élèves du fer.

2° *Architecture élémentaire et dessin au crayon de menuiserie courante.* — Professeur : M. Bétrémieux, architecte ; maître adjoint : M. Aubertin, chef d'atelier. (2e et 3e années, 3 heures 1/2 par semaine.)

3° *Technologie.* } Professeur : M. Aubertin, chef d'atelier. (1re, 2e et 3e an-
4° *Compartiment.* } nées, 4 heures par semaine.)

5° *Éléments de mécanique.* — Cours commun avec les élèves de l'atelier du fer.

6° *Arithmétique.* — Cours commun avec les élèves de l'atelier du fer.

7° *Sculpture.* — Professeur : M. Delbarre, sculpteur. (2e et 3e Années, 3 heures par semaine.)

8° *Ornement.* — Professeur : M. Rogerol, professeur de l'École des Beaux-Arts. (1re, 2e et 3e années, 3 heures par semaine.)

Il n'est pas sans intérêt de signaler ici la large part réservée, dans l'enseignement, aux praticiens et aux techniciens.

(1) Actuellement M. Bardou, professeur d'École pratique.

Sans chercher à appliquer d'une façon trop absolue la formule de « l'enseignement technique par les seuls techniciens » il convenait néanmoins, en effet, en raison du petit nombre de maîtres prévus, de s'assurer d'abord le concours de techniciens et de praticiens éprouvés, capables de s'engager immédiatement et sans hésitation dans la véritable voie de l'apprentissage.

Cours à l'usage des chefs d'ateliers. — De ce qui précède, il résulte que les chefs d'ateliers sont appelés à jouer un rôle important dans la formation pratique et technique de leurs apprentis.

Si leurs connaissances pratiques donnaient toutes garanties pour la première, il convenait de les mettre à même d'assurer la seconde dans de bonnes conditions.

Un cours hebdomadaire, fait par le directeur, fut donc institué à leur usage dans le but de poursuivre leur formation, pour l'enseignement, par l'étude de la géométrie, de la descriptive, de la trigonométrie, de la mécanique, de l'arithmétique, de l'algèbre.

Il ne saurait être question de vouloir les charger de l'enseignement de ces cours qui ne figurent pas d'ailleurs au programme de l'école, mais, uniquement, de les mettre à même d'enseigner les notions fort simples dont ils sont chargés, avec l'autorité que donne le savoir en toutes choses.

D'autre part, un heureux concours de circonstances permit de traiter en leur présence quelques questions d'ordre pédagogique telles que la préparation d'une leçon, sa conduite et son exposition que M. Varoquaux, professeur à l'École normale de Douai et chargé du cours d'électricité de l'école de perfectionnement, voulut bien leur exposer.

Du choix des travaux d'atelier. — Établir un programme bien gradué pour chacune des professions enseignées fut le premier travail du personnel.

Mais il ne s'en tint pas là, car il convient de ne pas espérer d'un programme plus qu'il ne peut donner.

Quel que soit en effet le désir de se rapprocher, dans le choix des exercices, des réalités de l'atelier, de nombreuses causes, principalement celle d'économie, qui oblige à réduire la matière employée, viennent parfois rendre presque impossible la réalisation de ce désir.

Seules des commandes prises dans l'industrie peuvent assurer l'activité indispensable à la formation de l'apprenti immédiatement utilisable à sa sortie de l'école.

Les ateliers furent donc autorisés à exécuter, aux prix du commerce ou de l'atelier, tous travaux de mécanique ou de menuiserie susceptibles de concourir à l'évolution de l'habileté des élèves.

Le service des travaux municipaux de la ville de Douai confia à l'école quelques travaux importants, en menuiserie principalement; dans un même ordre d'idées, un entrepreneur lui passa commande de la menuiserie complète de maisons ouvrières (fenêtres, portes, escaliers, etc.).

Les différents ateliers mécaniques de la ville et des environs fournirent des travaux de perçage, rabotage, tournage, filetage, etc.

Les élèves reçoivent, pour chaque travail exécuté, une fiche portant indication du prix et du temps accordés; il leur est donc facile d'établir leur salaire journalier et de se contenter de la satisfaction que leur procure un taux élevé; l'appât du gain ne saurait, en effet, les tenter, car il ne leur est réservé, quant à présent, aucune rétribution.

Cette décision s'explique, d'ailleurs, par la nécessité dans laquelle se trouve une institution nouvelle de compléter constamment son outillage, et d'utiliser, à cet effet, toutes les ressources dont elle peut disposer.

Néanmoins, l'expérience est suffisamment concluante : le seul fait de procurer à l'élève des travaux réellement pratiques suffit pour lui permettre d'atteindre un rendement presque industriel.

Nombre d'élèves. — L'atelier-école de la place Carnot est fréquenté (1er octobre 1910, c'est-à-dire six mois après son ouverture) par 89 élèves se décomposant comme suit :

Fer, 74 apprentis; bois, 15 apprentis.

Engagement de scolarité. — Les écoles d'apprentissage seraient facilement transformées en un milieu d'attente entre l'école primaire et l'atelier : trop jeunes pour entrer dans l'industrie, un certain nombre d'enfants viendraient volontiers passer un an à l'école qu'ils quitteraient au moment où une circonstance favorable leur permettrait d'être admis à l'atelier; il convenait de prévenir cette éventualité car une formation ainsi inachevée est autant préjudiciable à l'apprenti qu'à l'industrie et qu'au bon renom de l'école.

On eut recours à un engagement de scolarité, véritable contrat d'apprentissage, dont le but n'est évidemment pas de river impitoyablement l'élève à l'école, mais seulement de produire sa salutaire influence lorsque, par suite de circonstances passagères, l'élève, perdant de vue son véritable intérêt, se laisserait aller au découragement et quitterait l'école pour l'atelier.

Certificat d'apprentissage. — Il est délivré à la fin des trois années d'études, après un examen portant sur toutes les matières d'enseignement. Le jury d'examen, choisi par la commission administrative, est uniquement composé d'industriels et de chefs d'ateliers.

École de demi-temps.

Elle s'adresse à des jeunes gens qui, tout en effectuant leur apprentissage manuel dans leurs ateliers respectifs, suivent, aux mêmes heures, les mêmes cours techniques et d'enseignement général que les élèves de l'école-atelier.

Ces cours se donnant de 8 heures du matin à 6 heures du soir, il en résulte que l'éducation technique des apprentis de l'école de demi-temps se fait pendant leur journée de travail, et c'est par là qu'elle diffère des cours du soir qui présentent le grave inconvénient de s'adresser à des élèves déjà fatigués par leur service journalier.

L'école de demi-temps est actuellement suivie par neuf élèves, savoir : huit apprentis des ateliers de construction de Douai (arsenal), et un des Forges de Douai (établissements Arbel).

Ainsi qu'il vient d'être exposé plus haut, l'apprentissage manuel de ces élèves s'effectue en dehors de l'école; toutefois, ils sont astreints à prendre part aux compositions trimestrielles et de fin d'année de travaux manuels données aux élèves de l'école-atelier.

Il est évident que cette institution parallèle à l'École d'apprentissage pourra nuire au développement de cette dernière.

On ne saurait d'ailleurs le regretter. Le désir de « la toujours plus grande école » est, en effet, inconnu de l'administration et de la direction qui, on ne saurait trop le répéter, ne poursuivent d'autre but que la rénovation de l'apprentissage par tous les moyens dont elles peuvent disposer.

En résumé, les cours du jour sont fréquentés par 89 + 9 = 98 élèves.

Les résultats obtenus à l'école de demi-temps sont des plus concluants et montrent qu'elle constitue une des meilleures solutions de l'apprentissage.

Empressons-nous, toutefois, de reconnaître que cette solution ne saurait être applicable dans tous les cas.

Si, en effet, elle s'adapte assez bien aux besoins et aux moyens des établissements industriels importants, elle serait en défaut pour la petite et moyenne industries qui, n'employant qu'un personnel réduit, se passeraient difficilement du concours de leurs apprentis pendant deux heures par jour.

Mais, les cours de perfectionnement du soir et du dimanche vinrent heureusement compléter l'atelier-école et l'école de demi-temps, en rendant l'accès de l'école possible pour tous.

Cours de perfectionnement du soir et du dimanche.

Complément indispensable de l'atelier-école et de demi-temps, en ce qui concerne les métiers du bois et du fer, ils ont également une autre raison d'être : ils permettent, en effet, d'envisager la formation de l'apprenti dans diverses professions dont l'importance ne justifierait pas la création d'une école spéciale, et qui, cependant, souffrent, au même titre que les autres, de la crise de l'apprentissage.

Les cours de perfectionnement de l'Ecole de Douai, qui s'adressent à la fois à l'industrie et au commerce, comportent actuellement les cours suivants :

Cours industriels.

1. *Travaux d'atelier* (5 heures par semaine).
   - Bois, menuiserie, charpente . . . . 16 élèves.
   - Fer, ajustage, tours, forge . . . . 43 élèves.
2. *Cours techniques pour ouvriers du bois et du fer.* — Professeur : M. Dupin, Directeur; maître-adjoint, M. Pauchet, chef d'atelier :
   - Croquis coté (4 heures par semaine) . . . . 73 élèves.
   - Mécanique, technologie (3 heures par semaine) . . . 51 élèves,
3. *Electricité industrielle.* — Professeur : M. Varoquaux, professeur à l'Ecole normale (1) (3 heures 1/2 par semaine) . . . . 25 élèves.
4. *Peinture de bâtiments, faux bois et marbres.* — Professeur : M. Denel, peintre décorateur (4 heures 1/2 par semaine). . . . . . . 18 élèves.

Cours commerciaux (jeunes gens, jeunes filles).

1. *Calligraphie* — Professeur : M. Flament, expert en écritures :
   - Jeunes gens (4 heures 1/2 par semaine). . . . . . . 41 élèves.
   - Jeunes filles (3 heures par semaine). . . . . 39 élèves.

(1) Par suite du départ de M. Varoquaux, ce cours vient d'être confié à M. Bardou, ingénieur-électricien.

2. *Comptabilité, arithmétique commerciale.* — Professeur : M. Leduc, chef de comptabilité des Galeries douaisiennes :

Jeunes gens (6 heures par semaine). . . . . 70 élèves.
Jeunes filles (3 heures par semaine) . . . . 53 élèves.

3. *Sténographie.* — Professeur, M. Lalisse, instituteur :

Jeunes gens (3 heures par semaine) . . . . 40 élèves.
Jeunes filles (3 heures par semaine) . . . . 38 élèves.

4. *Dactylographie.* — Professeur : M. Lalisse, instituteur :

Jeunes gens (2 heures par semaine) . . . . 18 élèves.
Jeunes filles (2 heures par semaine) . . . . 21 élèves.

Soit un total de 546 inscriptions au 1er octobre 1910.

En réalité 230 élèves différents seulement suivent les cours ci-dessus, car un certain nombre d'entre eux sont inscrits à plusieurs cours.

Ces 270 élèves se décomposent comme suit : industrie, 104; commerce, 176.

Ce qui, en comprenant les 98 élèves des cours du jour, porte l'effectif total des Ecoles municipales d'apprentissage et de perfectionnement à 378.

Travaux d'atelier (fer et bois). — Les élèves de ces cours utilisent le même outillage que ceux des cours du jour de l'Ecole d'apprentissage; mais les méthodes de travail diffèrent sensiblement.

Nous venons d'avancer qu'il était nécessaire de chercher à se rapprocher, dans une école d'apprentissage, de l'activité de l'industrie en lui demandant des travaux, en complément des exercices du programme.

Dans les cours du soir, il est préférable de proposer à l'élève, non pas des travaux en vue d'augmenter sa production immédiate (l'industrie s'en charge), mais principalement des exercices présentant des difficultés d'exécution qui, tout en devenant l'exception dans les ateliers, n'en subsistent pas moins et demandent une main-d'œuvre qui se fait de plus en plus rare.

Quand ces travaux se présentent, on les confie de préférence à des ouvriers adroits et non à des apprentis; le devoir de l'école est donc de les faire exécuter par ces derniers; exemple : ajustages divers, vis à un ou plusieurs filets, etc.

Cours de croquis coté. — En raison du recrutement spécial des cours du soir pour lesquels il n'est exigé aucun certificat d'études, cet enseignement, pour porter ses fruits, doit être des plus concrets.

A cet effet il a été établi une série de modèles qui, partant des figures géométriques matérialisées par de la tôle découpée, aboutissent à la pièce mécanique, en passant par tous les solides géométriques susceptibles de présenter une application utile dans l'atelier.

L'exécution correcte d'un croquis, la lecture facile d'un dessin, tels sont les résultats qu'on est en droit d'attendre de ces cours, et le professeur ne sera jamais déçu dans ses espérances s'il sait concentrer ses efforts vers la réalisation d'une vitrine de modèles gradués et complets.

Cours d'électricité industrielle. — Ce cours destiné essentiellement, uniquement aux ouvriers et apprentis de la maison Bréguet, aux monteurs des entrepreneurs locaux d'installation d'éclairage et de transport de force, doit être tout à fait pratique.

Un tel enseignement ne peut être fructueux que si le professeur dispose du matériel nécessaire pour réaliser les phénomènes à étudier. M. Varoquaux, professeur d'électricité, fut chargé d'établir la composition de ce matériel et d'utiliser, à cet effet, une somme de 4.000 francs. Il n'est pas sans intérêt de faire connaître le résumé des règles qu'il présenta pour justifier son choix en la circonstance.

1° N'acheter aucun appareil scolaire, mais du matériel industriel de catalogue. Ce matériel est alors relativement peu coûteux.

L'étude que l'on en fait est plus facilement pratique, utilisable à l'atelier, sans mise au point ultérieure par l'élève.

2° N'acheter aucun appareil de démonstration; les plus démonstratifs sont ceux exécutés dans l'école sur les croquis du professeur. Ils doivent d'ailleurs rester l'accessoire des leçons.

3° Choisir des machines de modèles très usuels, non très petites à cause des particularités, des irrégularités de fonctionnement de machines de modèle très réduit, non trop lourdes pour qu'elles soient maniables (50 à 60 kg.).

Les prévoir pour qu'elles puissent se commander les unes les autres.

De parti pris, les machines ne seront pas montées à demeure, mais installées par les élèves au fur et à mesure des besoins sur un établi approprié.

4° Acheter des appareils de mesure fort soignés, d'une précision de 1/100 environ et de type industriel, non de laboratoire.

5° Acheter du matériel chez différents constructeurs, pour avoir des échantillons de diverses fabrications.

Partant de ces principes, le matériel de l'école fut établi comme suit :

1° *Appareil de mesure* (1.232 francs).

Courant continu : tableau (ampèremètre, voltmètre); 1 boîte de contrôle Chauvin et Arnoux ; 1 compteur O. K. de 0,5 ampère.

Courant alternatif : tableau (ampèremètre, voltmètre); 1 wattmètre Siemens ; 1 boîte de contrôle Chauvin et Arnoux.

2° *Appareils de démonstration* (154 francs).

Construits dans les ateliers de l'école. Les 154 francs ci-dessus représentent la matière nécessaire ou les éléments à acheter dans l'industrie (aimants, lampes, etc.).

3° *Machines industrielles* (2.156 francs).

Courant continu : 1 convertisseur 1.500 watts, comprenant : 1 moteur triphasé, cage d'écureuil, 1 dynamo shunt et un rhéostat d'excitation (Compagnie générale électrique de Nancy); 2 dynamos shunts 1 kw. (construction de l'école); 1 dynamo compound 1 kw. (maison Japy à Beaucourt) ; 1 moteur série avec démarreur 1 HP (Compagnie générale de Nancy); 1 démarreur à minima 1,5 HP (Société industrielle des Téléphones).

Courant alternatif : Un transformateur monophasé, avec subdivisions sur la basse tension 1 K. V. A. (Compagnie générale de Nancy); 1 moteur monophasé 1,25 HP (éclairage électrique); 1 moteur triphasé 1 HP cage d'écureuil (construction de l'école); 1 moteur triphasé 1,5 HP, bobiné avec démarreur (constructions générales électriques Nancy).

Appareils divers. — 1 lampe à arc Bardon courant continu ; 1 lampe à arc courant alternatif; 40 lampes à incandescence types divers; 1 batterie de 4 accumulateurs Tudor 20 A. H.; 2 sonneries avec tableau à 2 guichets.

4° *Appareillage* (174 francs).

Tableau de distribution : 2 panneaux (courant continu et courant alternatif) avec interrupteurs, bornes, fusibles (construction de l'école); 2 rhéostats 20 ohms 20 ampères (construction de l'école); 2 rhéostats d'excitation (construction de l'école); 1 rhéostat 50 Ω 3 ampères (construction de l'école); Interrupteurs et commutateurs divers (Védovelli).

Soit, au total :

Appareils de mesure	1,232 fr.
Appareils de démonstration	154 »
Machines industrielles	2,156 »
Appareillage	174 »
Outillage, installation	400 »
Total	4,116 fr.

Cours de peinture professionnelle. — Il ne visa au début que les faux-bois et marbres, les lettres, le filage.

Mais, l'organisation même de l'école, qui assure un contact continuel avec l'industrie et l'entreprise, ne tarda pas à mettre en évidence la lacune que présentait le cours ainsi prévu.

Les entrepreneurs firent remarquer, avec raison, que s'il était intéressant de perfectionner les ouvriers peintres, par l'étude de faux-bois et marbres, il était non moins indispensable de prévoir la formation de nouveaux apprentis, en instituant un cours préparatoire de peinture de bâtiment.

Satisfaction leur fut donnée.

Des visites aux écoles similaires de Belgique (Bruxelles) permirent d'appliquer, dès le début, des méthodes d'enseignement ayant déjà fait leurs preuves.

Cours commerciaux. — Leur ensemble (comptabilité, arithmétique commerciale, sténographie, dactylographie et calligraphie) permet aux employés de trouver à l'école tous les éléments indispensables pour mettre leurs aptitudes en harmonie avec les besoins modernes du commerce.

L'âge des élèves de ce cours varie entre quinze et quarante ans; les plus jeunes viennent y chercher les premiers éléments (cours de 1re année). Les autres s'y perfectionnent par l'étude des comptabilités les plus variées : comptabilités industrielles, commerce de gros, de détail, etc. Elles sont successivement examinées et discutées avec le professeur qui rencontre chez ses élèves des professionnels déjà avertis dont l'expérience peut, dans certains cas, venir s'ajouter à la sienne déjà grande cependant.

C'est ainsi que, pour un problème donné, à la solution proposée par le professeur, viennent parfois se joindre deux, trois ou quatre solutions suggérées par les élèves; elles font ensuite l'objet d'une discussion approfondie, pour le plus grand bien des auditeurs.

Les cours de sténographie (méthode Prévost-Delaunay) et de dactylographie (méthode des dix doigts) ont déjà, malgré leur création récente, été fructueux, ainsi qu'en témoignent les résultats ci-dessous obtenus aux examens de la Société unitaire de Sténographie de Paris (session de novembre) :

Sténographie (1er degré) : 15 élèves reçus sur 23 présentés.
Dactylographie (1er degré) : 5 élèves reçus sur 7 présentés.

Conférences. — Il est incontestable que, lorsque la loi sur l'enseignement professionnel obligatoire, actuellement en préparation, sera définitivement adoptée, les commerçants, les industriels, les mécaniciens, les serruriers, les entrepreneurs de peinture, de menuiserie, de Douai, seront en bonne posture pour en assurer l'application immédiate. Là auraient pu se borner les efforts de la municipalité de cette ville.

Elle entendit cependant faire mieux encore en prévoyant des conférences de vulgarisation sur des sujets se rattachant, directement, aux différents enseignements de l'École.

Il est évident que ces conférences peuvent être suivies avec fruit par les élèves des cours de perfectionnement qui y trouvent un complément d'instruction ; mais elles s'adressent principalement à un auditoire tout différent : aux commerçants, à leurs employés, aux industriels, à leurs ingénieurs, leurs chefs d'atelier, leurs contremaîtres, leurs ouvriers.

Les uns et les autres pourront en tirer parti dans leurs occupations journalières ; en outre, leur présence dans l'École sera pour cette dernière une cause de prospérité.

On ne saurait, en effet, trop répéter que les écoles en général, les écoles d'apprentissage en particulier, ne doivent pas être des organismes vivant toujours à l'écart des faits de la vie réelle, et n'est-ce pas une garantie pour tous que de les savoir visitées et conseillées par les représentants les plus autorisés de l'Industrie et du Commerce?

Dans un récent entretien, M. Stevens, directeur de l'Enseignement technique au Ministère de l'Industrie et du Travail à Bruxelles, nous exprimait que « le succès « rapide de l'enseignement technique dépendait en partie des chefs d'équipe et « des contremaîtres, et qu'il était de toute nécessité de gagner à sa cause, non « seulement les industriels, mais encore leur personnel ».

Quel accueil réservera, en effet, le contremaître à l'apprenti qu'il formait autrefois et que des circonstances économiques lui ont enlevé, à son grand regret, s'il n'a pas été tenu au courant et en quelque sorte participé, même indirectement, à sa formation?

Les conférences peuvent, dans une certaine mesure, remplir ce but en plaçant ceux qui les fréquentent à même de visiter l'École, d'étudier son fonctionnement et même d'émettre les critiques que peuvent leur suggérer les méthodes adoptées.

Les vœux de ceux qui souhaitaient la réussite de l'institution de la place Carnot à Douai ne tardèrent pas à se réaliser : les auditeurs se firent de plus en plus nombreux ; aux ouvriers, trop rares à notre gré, vinrent se joindre des contremaîtres, des chefs d'ateliers, des ingénieurs, des industriels qui voulurent bien nous apporter le concours de leur autorité morale et démontrer que nous avions choisi des sujets de conférence susceptibles d'intéresser le plus grand nombre. C'est ainsi que furent successivement traités :

Cause de la dégénérescence de la profession de peintre en bâtiment, moyens d'y remédier ;

La machine à mouler ;

Généralités sur le chauffage à la vapeur, montage, réglage et entretien des appareils à basse pression (2 conférences) ;

Les moteurs à gaz, conduite et entretien (2 conférences);

Pratique de l'interchangeabilité dans les ateliers de construction où l'on ne travaille pas en série (en raison de son importance et de la nouveauté du sujet traité, cette conférence fut imprimée sur la demande des auditeurs);

Les accidents du travail, les accidents électriques, précautions à prendre en attendant le médecin;

Organisation de la correspondance moderne par la sténographie, la dactylographie et les reproducteurs.

Telle est succinctement exposée l'organisation des Écoles municipales d'apprentissage et de perfectionnement de la ville de Douai.

Si ces dernières ont pu jusqu'ici prouver leur vitalité et justifier les sacrifices consentis par la ville, l'État et les souscripteurs, leur création trop récente n'a pas encore, évidemment, permis de porter un jugement définitif sur leur fonctionnement.

Néanmoins tout laisse espérer qu'elles répondront aux désirs de ceux qui en sont les promoteurs.

J. Dupin,
Ingénieur des Arts et Métiers.
Directeur des Écoles municipales
d'apprentissage et de perfectionnement
de la Ville de Douai.

DOCUMENTS ET INFORMATIONS

L'Enseignement de la publicité. — *Conférence de M. Louis Vergne à l'Ecole du journalisme (Ecole des Hautes études sociales).* — Nous rappelions dans notre numéro de décembre que l'enseignement de la publicité avait été inscrit dans leurs programmes par plusieurs écoles d'enseignement commercial du degré supérieur et du degré moyen. Bientôt, sans doute, cet exemple sera suivi dans toutes les écoles de commerce; on ne conteste plus en effet l'utilité de cette force sociale qu'est la publicité et, sans prétendre à former des « bacheliers ès publicité », il n'en est pas moins indispensable que de futurs commerçants soient appelés à connaître le rôle important de la publicité dans le développement commercial du pays et les divers moyens qu'elle met en œuvre.

On ne saurait toutefois créer dans ce but une catégorie nouvelle de professeurs spéciaux; aussi, le seul obstacle à redouter dans l'organisation de ce cours réside dans les difficultés que pourraient éprouver, pour la recherche de leur documentation, les maîtres qui en seront chargés.

Pour faciliter leur tâche, nous croyons utile de signaler dans la *Revue* la conférence faite le 19 décembre dernier à l'Ecole du journalisme (Ecole des Hautes études sociales) par M. Louis Vergne, secrétaire général de la Chambre syndicale de la Publicité.

Cette étude, adaptée plus particulièrement aux besoins de l'auditoire spécial auquel elle était destinée, comprend deux parties : la première traite de la publicité française, de Th. Renaudot à Ch. Duveyrier (1612-1848); la deuxième est consacrée à la publicité étrangère, son importance et ses prix, comparés à ceux de la publicité française.

Après avoir montré le lien indissoluble qui réunit la publicité et la presse française, deux puissances, dont on peut dire que « chacune est le levier dont l'autre est le point d'appui », le conférencier a projeté une vive lumière sur les différentes étapes qu'a parcourues la publicité pendant la première moitié du dernier siècle.

Avec une égale précision, il a établi un parallèle entre les prix de la publicité française et ceux de la publicité en Angleterre et en Amérique; par des calculs rigoureux, il a pu fournir la preuve que la France est la première au point de vue du bon marché de l'annonce.

Cette trop courte analyse ne permet pas d'évoquer l'abondance des renseignements précieux que renferme le travail de M. Vergne; on conçoit cependant l'utilité que présente une semblable étude pour l'instruction des maîtres appelés à faire un cours de publicité. Cet intérêt suffirait à justifier la mention que nous en faisons ici; mais il nous est agréable de penser que nous remplissons en même temps un devoir de justice et de reconnaissance envers M. L. Vergne qui a été le protagoniste de l'enseignement de la publicité dans notre pays.

C'est à son initiative que l'on doit le mouvement qui s'est créé en faveur de cet enseignement; dès 1907, dans une remarquable conférence faite à l'Association des anciens élèves de l'Ecole des Hautes études commerciales, M. Vergne montrait que la publicité doit être considérée comme une branche de l'éducation commerciale et que la nécessité de son étude s'impose pour les futurs commerçants. Quelques mois plus tard, il avait la satisfaction de constater que sa voix avait été entendue et il assistait à la première leçon du cours de publicité donné à l'Ecole supérieure pratique de Commerce et d'Industrie.

Depuis cette époque, cet infatigable défenseur d'une bonne cause n'a pas cessé de continuer son utile propagande et le nombre de ses disciples augmente chaque jour.

Il voudra bien permettre à l'un de ceux qui ont bénéficié de ses conseils et de ses leçons de lui en exprimer sa vive gratitude. M. B.

Examens et concours. — *Ecoles nationales d'Arts et Métiers.* — Les épreuves écrites et manuelles du concours d'admission dans ces établissements auront lieu, en 1911, dans l'ordre et aux dates ci-après indiqués :

Mercredi 28 juin. — Matin : de 8 à 11 heures, géométrie. — Soir : de 2 à 4 heures, physique et chimie; de 4 h. 1/4 à 5 heures, dictée; de 5 à 5 h. 1/4, questions de grammaire.

Jeudi 29 juin. — Matin : de 8 à 11 heures, arithmétique et algèbre. — Soir : de 2 à 6 heures, dessin linéaire.

Vendredi 30 juin. — Matin : de 8 à 11 heures, composition française. — Soir : de 2 h. à 4 heures, dessin d'ornement; de 4 h. 1/4 à 4 h. 3/4, écriture.

Samedi 1er juillet. — Matin : de 8 h. à midi, travail manuel.

Écoles nationales professionnelles. — Le concours d'admission dans ces établissements aura lieu le 18 juillet.

Les candidats doivent se faire inscrire à la préfecture de leur département avant le 10 juillet.

Bourses dans les Écoles pratiques de commerce et d'industrie. — Le concours pour l'obtention des bourses dans ces établissements aura lieu les 3 et 4 juillet.

Les candidats doivent se faire inscrire avant le 1er juillet à la préfecture du département où est située l'école dans laquelle ils désirent entrer.

Commissions d'Enseignement technique. — *Commission de coordination des traitements du personnel.* — Après avoir, dans sa première réunion, décidé la nomination de trois sous-commissions (écoles pratiques, écoles nationales professionnelles et écoles d'arts et métiers) chargées d'entendre les revendications formulées par les délégués de chaque catégorie du personnel et de fournir un rapport sur les améliorations qu'il conviendrait d'apporter à la situation de chacune de ces catégories, la Commission a, dans une seconde réunion, entendu la lecture de ces rapports et décidé leur impression.

Les conclusions en seront discutées dans une nouvelle réunion.

Commission de l'École normale d'enseignement technique. — La Commission a terminé l'élaboration du projet d'organisation de l'École normale.

Congrès de la mission laïque française : l'enseignement professionnel aux colonies. — Nous avons annoncé dans notre précédent numéro qu'un congrès de la mission laïque française s'était tenu à Paris du 26 au 29 janvier et que la question de l'enseignement professionnel aux colonies y avait été examinée.

Le secrétaire général de cette société a bien voulu nous donner communication des vœux qui ont été émis par le Congrès sur cette question. Ces vœux sont les suivants :

1° Que les indigènes soient éduqués dans le sens de leurs aspirations et que la préparation à l'exercice d'une profession soit le but principal de notre action scolaire ;

2° Que les programmes soient mieux adaptés aux nécessités locales et qu'il soit fait dans nos établissements scolaires une large place à l'enseignement professionnel ;

3° Que, chaque fois qu'on se trouvera en présence d'une industrie locale intéressante ou artistique, celle-ci soit encouragée ou rénovée.

Congrès national des Chambres de commerce à l'occasion de l'Exposition de Roubaix. — Un Congrès national de délégués des Chambres de commerce, des Chambres consultatives des arts et manufactures et des groupements commerciaux et industriels de France et d'Algérie se tiendra à Roubaix, les 10, 11 et 12 juillet 1911, à l'occasion de l'Exposition internationale du Nord de la France.

Création de cours professionnels. — Le Syndicat des mécaniciens, chaudronniers et fondeurs, dont le président est M. Nielausse, a organisé, avec le concours de l'Association polytechnique, des cours d'enseignement professionnel technique et industriel.

Ces cours, qui fonctionnent actuellement à Paris, au nombre de 53, dans huit arrondissements, les XIe, XIIIe, XIVe, XVe, XVIIe, XVIIIe, XIXe, XXe et à Pantin, ont pour objet notamment l'enseignement de la géométrie, du dessin industriel, de l'électricité et de la physique industrielles, des machines-outils, des chaudières et machines à vapeur, des moteurs à gaz et à pétrole, de la chaudronnerie. Ils sont surtout professés par des ingénieurs, des industriels et des chefs d'atelier. Ils s'adressent aux apprentis, aux employés et aux ouvriers de la mécanique, de la chaudronnerie et de la fonderie.

Création d'une école d'apprentissage à Roubaix. — Une école d'apprentissage à l'usage des jeunes travailleurs du bâtiment est en voie de création à Roubaix. Les cours seront professés par les entrepreneurs eux-mêmes, assistés de leurs contremaîtres.

La municipalité, qui a prêté son concours à cette œuvre sous forme d'une subvention annuelle et du prêt gratuit d'un immeuble, se propose de raccorder plus tard cette école d'apprentissage à l'École pratique de commerce et d'industrie de garçons.

Projet de création d'une école pratique et ménagère de jeunes filles à Roubaix. — La ville de Roubaix va s'inspirer de l'exemple de Tourcoing et fonder une école pratique et ménagère de jeunes filles qui sera annexée à l'Institut Sévigné et permettra aux parents pauvres de donner à leurs enfants une instruction conforme aux exigences de notre époque.

Nous ne pouvons mieux faire que reproduire les déclarations faites sur ce projet à un journal de la région par M. Dewitte, adjoint au maire :

« Le 22 juillet 1910, sur la proposition de M. Labbé, inspecteur général de l'Enseignement technique, le conseil municipal de Roubaix décidait de fonder une école pratique et ménagère de jeunes filles. Il en adoptait immédiatement le principe, se réservant de demander à l'Etat son concours et d'étudier les moyens qui lui permettraient de réaliser son projet. Peu après, une délégation fut reçue à Paris par le Ministre du Commerce qui l'assura de toute sa sollicitude et lui promit que l'Etat participerait aux dépenses, dont il solderait le quart. Dès lors, nous n'avions plus qu'à agir. C'est ce que nous fîmes. La nouvelle école sera annexée à l'Institut Sévigné et dépendra du Ministère du Commerce, tandis que l'Institut continuera à dépendre du Ministère de l'Instruction publique. La direction générale sera confiée à Mme Galzandat, directrice de l'Institut. Une sous-directrice sera chargée de la partie commerciale et ménagère. Celle-ci se composera de trois sections. La première comprendra l'écriture, la comptabilité, la dactylographie, les langues vivantes, etc. La seconde, les services de coupe, modes, broderie, etc. La troisième section, purement ménagère, comprendra le repassage, le lessivage, tout ce qui touche à la maison, à l'hygiène domestique et à la vie familiale, à l'art d'orner et d'embellir un intérieur. Des professeurs spéciaux, ayant reçu une éducation pratique, seront affectés à l'établissement. Nous n'avons pas prévu de frais de scolarité et l'école sera ouverte à toutes les enfants qui justifieront d'une instruction suffisante.

A l'Institut Sévigné, sur cent élèves, quinze environ se destinent à l'enseignement et à diverses administrations. Les autres qui étaient ou allaient être désorientées, pourront désormais trouver des débouchés nouveaux. Elles recevront un enseignement qui sera en harmonie avec le rôle qu'elles doivent jouer dans la société.

La dépense d'installation de l'école sera de 277 000 francs, et la part de l'Etat de 68 000 francs. Dès que le Ministre du Commerce nous en aura officiellement donné l'autorisation, nous nous mettrons à l'œuvre. Notre intention est de faire bien et de faire vite. Nous commencerons par quelques cours pratiques, avec le concours de deux ou trois professeurs. Nous voulons que, dès le début de l'Exposition, le public puisse se rendre compte de notre effort. »

Cours gratuit de transports. — On nous signale que la Société industrielle de l'Est a récemment créé à Nancy un cours gratuit des questions de transports par chemins de fer en vue d'initier les industriels et les commerçants au maniement des tarifs.

Établissements d'Enseignement technique. — A titre de renseignement, nous mentionnons ci-dessous les cours spéciaux qui sont professés dans les Écoles pratiques et les sections spéciales qui sont annexées à ces établissements :

École de Béziers : Cours d'œnologie. — Section de stéréotomie. — D'industrie de Boulogne-sur-Mer : Section d'électricité. — D'Elbeuf : Sections de tissage et de filature. — D'Épinal : Sections de filature et de tissage. — De Fourmies : Sections d'électricité et de tissage. — De Grenoble : Sections d'électricité, de chimie et de ganterie. — Du Havre : Section coloniale. — Du Puy : Cours de dentelle. — De Lille : Section du Livre. — De Marseille : Section d'électricité. Cours spéciaux pour les zingueurs, les ferblantiers et les plombiers. — De Mazamet : Cours spéciaux de tannerie et mégisserie. — De Mende : Section de stéréotomie. — De Montbéliard : Section d'électricité. — De Morez : Section de lunetterie, optique et horlogerie. — De Narbonne : Cours d'œnologie. — De Nantes : Cours d'essais et analyses. — De Nîmes : Sections de lithographie et d'électricité. — De Reims : Sections de tissage, de chimie et d'électricité. — De Roanne : Section de tissage. — De Romans : Cours de patronage de chaussure. — De Saint-Chamond : Section de mécaniciens pour le lacet. — De Saint-Etienne : Sections d'électricité, d'armurerie, de tissage, de chimie. — De Thiers : Cours de coutellerie. — De Vienne : Section de tissage et de draperie.

Stage industriel et commercial pour les élèves des Ecoles supérieures de commerce. — Nous avons signalé dans notre numéro de décembre l'essai de « Stage commercial » qui a été expérimenté à l'Ecole supérieure de commerce de Nancy. M. Danis, directeur de l'Ecole, a adressé sur cette question au directeur de la Revue *Mon bureau* une lettre dont nous extrayons le passage suivant :

« Et pour finir, puisque l'occasion m'est offerte, permettez-moi d'ajouter qu'à Nancy on a pu, dès cette année, organiser le Stage commercial : il a donné les meilleurs résultats.

« Du 15 juillet au 15 octobre, les élèves de l'Ecole supérieure de commerce admis en deuxième année ont été placés comme stagiaires chez des industriels, des commerçants, des banquiers, des sociétés d'assurances. Pendant trois mois, ils ont pu s'initier aux menues besognes du bureau et surtout vivre dans une atmosphère d'activité commerciale réelle. Ils ont eu une part de responsabilité personnelle dans la marche des affaires et, au contact de ces réalités, ils ont essayé leurs connaissances acquises. Ils sont revenus à l'Ecole avec un bagage appréciable d'expérience personnelle, une conception plus exacte de leur rôle futur et, par voie de conséquence, un esprit mieux ouvert à l'enseignement de l'Ecole, dont ils apprécient dès à présent tout le prix. »

L'enseignement ménager pour les jeunes filles de la campagne. — Dans son rapport sur le budget du Ministère de l'Agriculture, M. Fernand David, député, expose qu'il existe trois écoles pratiques agricoles pour jeunes filles : à Kerliver (Finistère), à Coëtlogon (Ille-et-Vilaine) et au Monastier (Haute-Loire), et onze écoles ménagères agricoles ambulantes (dans le Nord, le Pas-de-Calais, l'Oise, la Seine-Inférieure, la Haute-Marne, le Puy-de-Dôme, l'Isère, les Deux-Sèvres, la Haute-Loire). Il propose : 1° de créer des écoles ménagères fixes du type des trois écoles citées plus haut avec un programme d'enseignement à la fois théorique et pratique comportant une durée d'études de une, deux, trois années ; 2° de créer des sections ménagères agricoles dans les écoles primaires supérieures, les collèges et les lycées de jeunes filles ; 3° de créer des écoles ménagères agricoles temporaires pour les jeunes filles peu fortunées qui ne peuvent s'éloigner longtemps de leurs familles. Ces écoles peuvent se diviser en deux groupes : *a*) écoles temporaires fixes (durée des études, trois ou quatre mois) annexées aux écoles permanentes ; *b*) écoles temporaires ambulantes, analogues aux précédentes, mais se transportant de région en région. Elles comprennent les écoles ménagères volantes donnant chacune neuf ou dix sessions par an d'une durée de trois semaines par session et les écoles ménagères proprement dites donnant en général trois sessions par an de chacune trois mois ; 4° de donner un caractère agricole à l'enseignement de l'école primaire ; 5° de créer l'enseignement ménager agricole post-scolaire obligatoire pour les jeunes filles au-dessus de treize ans.

L'industrie hôtelière à l'étranger. — Le *Bulletin de l'Enseignement technique* a récemment publié le rapport de M. Séguiniol qui avait été chargé par M. le Ministre du Commerce de la mission d'étudier en Allemagne, en Suisse et en Autriche l'organisation de l'industrie hôtelière.

M. Séguiniol passe successivement en revue d'abord les écoles hôtelières suisses au nombre de quatre, situées à Ouchy, à Lucerne, à Spiez et à Bâle, puis les écoles hôtelières allemandes, également au nombre de quatre, situées à Francfort, à Friedwald (Saxe), à Nuremberg et à Munich, enfin l'école d'Innsbrück, en Autriche. Il expose le régime, les programmes et la durée des études de chacun de ces établissements. Celui de Lucerne lui paraît être le mieux compris et le plus parfait. La théorie et la pratique y marchent parallèlement, s'y complétant et se fortifiant l'une l'autre, si bien que, lorsque les jeunes gens qui sortent de cette école auront fait un apprentissage de quelques mois dans les différentes fonctions de l'hôtellerie (comptable, maître d'hôtel, chef sommelier), ils seront aptes à devenir des directeurs et des gérants absolument hors de pair.

Les cours sont au nombre de quatre, absolument distincts les uns des autres et pouvant aussi bien être suivis isolément que simultanément. Le premier, qui dure six mois et dont le prix est fixé à 75 francs par mois, s'intitule : Cours complet d'hôtellerie. On y enseigne la comptabilité, la correspondance en français, en italien et en anglais, la calligraphie, le calcul, la dactylographie, des notions de droit et de jurisprudence, le service de table, la cuisine, des notions sur la tenue d'une cave et le traitement du vin.

Le deuxième cours a trait à la cave ; le troisième est le cours de service de table ; enfin le quatrième est le cours de cuisine.

M. Séguiniol expose, en terminant, que, pour ne plus être en France, dans cette matière comme dans beaucoup d'autres, les esclaves de la routine, il est nécessaire de créer des écoles professionnelles d'industrie hôtelière dont les programmes soient composés de telle sorte qu'elles puissent tout à la fois servir de préparation à ceux qui se destinent à la carrière hôtelière et de perfectionnement à ceux qui sont entrés dans cette carrière.

Les Chambres des Métiers en Allemagne. — Au moment où la ville de Limoges s'apprête à créer une Chambre des métiers, il nous a paru intéressant de donner un aperçu du fonctionnement, en Allemagne, de ces institutions qui ont été créées par la loi du 26 juillet 1897 et qui constituent un organe officiel destiné à représenter les artisans dans une circonscription. Une partie de leurs membres est nommée directement par les artisans, et l'autre partie est élue par les corporations. Pour être éligible, il faut avoir trente ans accomplis, exercer un métier pour son propre compte, depuis trois ans au moins, dans la circonscription, et avoir le droit de former des apprentis.

Les Chambres des métiers ont spécialement pour mission de réglementer en détail l'apprentissage, de veiller à l'exécution des dispositions prises à ce sujet, de prêter leur concours aux autorités de l'État et des communes en vue des progrès de l'industrie des métiers, à l'aide de renseignements et de rapports sur les questions relatives à la situation des métiers, de délibérer sur les vœux et projets concernant la situation des métiers, de créer des commissions d'examen pour l'épreuve de compagnon, d'établir des institutions pour le développement industriel, technique et moral des maîtres, compagnons et apprentis, de créer et de subsidier des écoles professionnelles. Elles ont le droit de punir d'amendes, dont le montant pourra s'élever jusqu'à 20 marks, les contraventions aux dispositions qu'elle ont prises dans les limites de leur compétence.

Les frais d'établissement et de fonctionnement des Chambres de métiers sont supportés par les communes de chaque circonscription qui sont d'ailleurs autorisées à répartir la quotité des frais qui leur sont imposés entre chacun des métiers. Les frais de gestion sont répartis entre les États, les communes et les intéressés.

Les cours professés dans les Chambres des métiers reposent sur des programmes dont toute prétention livresque est exclue. Ce sont véritablement des cours *professionnels*. Des musées industriels renfermant des collections, des échantillons, des salles de lecture, de dessin, des ateliers photographiques ont été créés dans un grand nombre de villes, et les apprentis et les ouvriers viennent s'y perfectionner. C'est là que se font les expositions d'élèves et que se réunissent plusieurs fois par an les apprentis de la région.

On peut dire que les Chambres des métiers administrent elles-mêmes et réglementent chaque profession. Tout ce qui a trait à la durée du travail, aux garanties des mineurs, des femmes, aux prix de séries, est réglé par leurs soins.

Les Ecoles complémentaires de Breslau. — Dans cette ville, l'enseignement complémentaire est obligatoire pour tous les garçons au-dessous de dix-sept ans, occupés dans les entreprises industrielles ou commerciales.

Les écoles complémentaires industrielles, qui réunissent 8.000 élèves dans environ 300 classes, donnent un enseignement véritablement technique puisqu'il y a des classes spéciales pour 41 métiers différents. Beaucoup de classes ne fonctionnent que durant la journée.

Les écoles complémentaires commerciales comprennent 2.200 élèves répartis en 77 classes dont l'enseignement est nettement spécialisé.

Cours de perfectionnement de la ville de Munich. — Dans un rapport paru récemment dans le *Bulletin de l'Enseignement technique*, M. Dumonvillier, boursier de séjour du Ministère du Commerce en Allemagne, a fait une étude très complète de ces cours de perfectionnement dont la fréquentation est obligatoire jusqu'à dix-huit ans pour les jeunes gens et pendant trois années pour les jeunes filles. L'originalité de l'institution réside dans l'organisation de cours professionnels spéciaux, avec un directeur, un personnel et un programme particuliers pour toutes les professions dont le nombre d'apprentis dépasse 20.

L'Enseignement technique en Belgique. — Les organes d'instruction technique *pour ouvriers* comportaient en 1910 :

90 écoles et cours industriels moyens et supérieurs, avec 26.480 élèves ;

48 cours de dessin industriel et de dessin du bâtiment, avec 4.755 élèves ;

68 écoles professionnelles, avec 5.749 élèves ;

16 cours professionnels de métiers réunissant 372 apprentis ;

26 ateliers d'apprentissage pour la taille des pierres, avec 974 apprentis ;

37 ateliers pour l'étude pratique du tissage avec 1.383 apprentis.

Au total, 285 institutions permanentes d'enseignement technique, avec 39.663 élèves.

La Société internationale pour le développement de l'enseignement commercial. — Cette société, qui fut fondée en 1901, à la suite du Congrès international de l'Enseignement technique, a pris un essor rapide dans la plupart des pays d'Europe, surtout en Allemagne, en Autriche, en Belgique, en Suisse et en France, ainsi qu'en Amérique et en Extrême-Orient. Son comité directeur, qui siégea successivement en Allemagne et en Belgique et qui se trouve actuellement en Suisse pour la période de 1909 à 1911, remplit de plus en plus le rôle d'office international de renseignements en matière d'enseignement commercial. Dans plusieurs pays, et notamment en France, des groupes nationaux de la Société ont été fondés.

La Société a pour but le développement de l'enseignement commercial par les moyens suivants :

1. Étude et discussion de questions d'intérêt général dans des réunions annuelles et dans les congrès internationaux périodiques. Nous avons annoncé que le prochain congrès aurait lieu à Londres, du 24 juillet au 12 août 1911.

2. Publication de la *Revue internationale pour l'enseignement commercial*, qui est envoyée gratuitement à tous les membres de la Société. Cette Revue publie des articles en langues française, italienne, anglaise et allemande.

3. Organisation d'un Bureau central de renseignements sur des questions d'enseignement commercial.

4. Entretien de relations suivies entre les institutions d'enseignement commercial des divers pays, par l'organisation d'un Bureau central pour l'échange de rapports scolaires annuels.

5. Publication périodique d'une bibliographie ayant trait à l'enseignement commercial.

6. Office central de renseignements concernant les adresses de pensions pour jeunes commerçants et étudiants se rendant à l'étranger.

7. Bureau central pour l'échange international de diapositifs pour projections et de produits commerçables.

8. Organisation de cours périodiques internationaux de langues étrangères et d'expansion commerciale.

Personnel d'Enseignement technique : Nominations et mutations depuis le 1er février 1911. — I. *Inspection de l'Enseignement technique.* — M. Beauvais, directeur de l'école pratique de commerce et d'industrie de Reims, est délégué dans les fonctions d'inspecteur général adjoint de l'Enseignement technique pour une nouvelle période d'une année à compter du 1er janvier 1911.

M. Dhommée, inspecteur général adjoint de l'Enseignement technique de 2e classe, est promu à la 1re classe.

II. *Écoles pratiques de commerce et d'industrie.* — Mlle Sabourain, professeur à l'école pratique de Reims, est affectée à l'école pratique de Rouen.

M. Pons, sous-chef d'atelier délégué à l'école nationale professionnelle de Voiron, est délégué dans les fonctions de chef des travaux de 5e classe à l'école pratique de Cluny, en remplacement de M. Lucas dont la démission est acceptée.

M. Chosson, maître adjoint à l'école pratique de Firminy, est affecté à l'école pratique de Romans.

M. Keim, professeur à l'école pratique de Vienne, est affecté à l'école pratique de Firminy.

M. Achard, professeur à l'école pratique de Romans, est affecté à l'école pratique de Vienne.

III. *Écoles nationales professionnelles.* — M. Lemmet Henri, titulaire du baccalauréat de l'enseignement secondaire sciences — langues vivantes — mathématiques, est délégué dans les fonctions de maître-interne de 5e classe à l'école de Voiron.

Sont titularisés dans leurs fonctions de maîtres-internes :

A l'école d'Armentières : MM. Cottarre, Le Chevalier, Godart ;

A l'école de Nantes : MM. Héry, Martin;

A l'école de Vierzon : MM. Bac, Bonnafous, Flouron, Laurençon, Renaud, Sachet, Sibillot ;

A l'école de Voiron : MM. Royer, Gabalda.

M. Primard est titularisé dans ses fonctions de sous-chef d'atelier à l'école de Voiron.

IV. *Écoles professionnelles de la Ville de Paris.* — Mme Charollais, stagiaire, est nommée professeur technique de 1re catégorie (modes) à l'école professionnelle de la rue d'Abbeville.

Mlle Combettes, stagiaire, est nommée professeur de dessin à l'école professionnelle de la rue Fondary.

V. *École supérieure de navigation maritime.* — M. Marcelin, agrégé de physique et chimie, est nommé professeur de physique.

M. Lecourbe, rédacteur au ministère de la Marine, est nommé examinateur du cours de droit maritime commercial et international.

VI. *Écoles d'hydrographie.* — M. Bertin, professeur de 2e classe à Lorient, est promu à la 1re classe.

M. Hardant, enseigne de vaisseau, est nommé professeur de 3e classe.

VII. *École Centrale des Arts et Manufactures.* — M. Bourdon Charles-Alexandre, professeur du cours de machines, démissionnaire, est nommé professeur honoraire.

VIII. *Conservatoire national des Arts et Métiers.* — M. Dupin, docteur en droit, rédacteur au Ministère du Commerce et de l'Industrie, est nommé chef stagiaire du secrétariat de la direction.

OPINIONS

Les Instituts universitaires dans les Facultés. — Sous ce titre : *Le Gâchis universitaire*, M. H. Bouasse, professeur à la Faculté des sciences de Toulouse, a publié dans le *Télégramme* une série d'articles traitant de la question des Instituts universitaires dans les Facultés. Après avoir exposé les mauvaises conditions dans lesquelles s'effectue le recrutement de leurs élèves, montré quels salaires de famine les étudiants, mal préparés, bien que munis du diplôme, trouvent dans l'industrie et prouvé que la conséquence de l'abus du diplôme conduit au stage industriel afin de permettre aux patrons d'établir une sélection entre les nombreux possesseurs de parchemins, M. Bouasse exprime l'avis que les Instituts ne devraient recevoir que des élèves ayant des connaissances théoriques générales, une éducation mathématique suffisante et une maturité qu'on ne rencontre guère chez les jeunes gens des classes supérieures des lycées. Ces connaissances, cette maturité devraient être acquises, non pas dans les années préparatoires des Instituts, mais dans les lycées même où devrait être donné l'enseignement réel[1] secondaire. Nous croyons intéressant de citer quelques passages de la conclusion des articles de M. Bouasse :

« M'adressant à vous, pères de famille, je me résume. Que voulez-vous faire de votre fils ?

Un wattman ? Il est bien inutile de perdre votre argent pour un si beau résultat, bien inutile de paraître lui enseigner des choses difficiles pour qu'en définitive il tourne des manettes à 100 francs par mois.

Un ingénieur ? Alors, mon cher monsieur, laissez votre fils au lycée ; mais liguez-vous avec moi pour qu'on lui apprenne des choses utiles *et simultanément éducatrices* ; ce qui n'est pas contradictoire !

Réclamez l'enseignement réel *secondaire*.

Alors, si votre fils n'est pas un crétin, il s'intéressera tout comme un autre à ce qu'on lui racontera.

Quant à vous, chers collègues des Facultés, reprenez conscience de vos devoirs. Regardez vers quels abîmes vous poussez l'enseignement supérieur par le désir immodéré d'un succès factice.

Ne confondez pas démocratie et ignorance. Actuellement vous dupez les enfants du peuple qui se fient à vous.

Des examens d'entrée sévères ne sont pas pour les effrayer. La partie y est égale pour eux et pour leurs concurrents plus favorisés de la fortune. Ils conservent l'espoir de l'emporter par l'intelligence, tandis que les protections iront naturellement aux bourgeois.

Donnez des bourses au lycée à tous ceux qui méritent de continuer leurs études. Poussez-les vers cet enseignement réel dont ils sont merveilleusement aptes à profiter et que vous pouvez rendre solidement éducatif.

Mais n'acceptez dans vos Instituts que des étudiants en âge de vous comprendre et dont l'esprit scientifique ait mûri au contact des mathématiques et de la mécanique *expérimentales*. Ne prétendez pas fabriquer des ingénieurs au moyen d'une culture forcée : vous n'obtiendrez que des primaires déclassés qui vous maudiront ».

L'orientation de l'enseignement primaire. — La discussion générale du budget de l'Instruction publique s'est ouverte à la Chambre des députés

[1] M. Bouasse entend par enseignement réel l'enseignement par les choses et non par la définition des choses. Habituer l'enfant à regarder autour de lui, à s'intéresser à ce qui l'entoure ; remplacer le formalisme par la vérification directe en cherchant à arriver ainsi aux idées générales, tel est son but.

par un discours de M. Daniel Vincent sur la nécessité de ramener l'enseignement primaire dans les voies de l'utilité pratique qui lui avaient été assignées par ses fondateurs.

En même temps qu'elle donnait la culture générale, l'école primaire devait préparer les enfants à leur tâche future. Or, aujourd'hui, neuf jeunes gens sur dix ne reçoivent plus aucune espèce d'instruction après l'âge de treize ans.

M. Daniel Vincent demande donc qu'on fasse appel pour la préparation des programmes aux personnes que leur compétence pratique désigne; qu'on rappelle les écoles normales à la formation professionnelle des instituteurs; qu'on ne prenne pas les inspecteurs d'académie exclusivement parmi les intellectuels; enfin, qu'on développe et réorganise les œuvres post-scolaires, dût-on, pour cela, établir l'obligation post-scolaire, de façon à former des caractères.

A travail égal, salaire égal. — La nouvelle échelle des traitements adoptée par le Parlement pour le personnel des écoles pratiques de commerce et d'industrie a établi une différence entre les professeurs hommes et les professeurs dames. Ces dernières ont d'ailleurs réclamé énergiquement à diverses reprises et notamment au sein de la Commission de coordination des traitements le retour à l'ancien état de choses. Il semble qu'elles peuvent se rassurer. Lors de la discussion du budget du Ministère de l'Instruction publique à la Chambre des députés, le rapporteur, M. Steeg, et le ministre lui-même ont été approuvés par la grande majorité de l'Assemblée lorsqu'ils ont défendu pour les institutrices la formule : « A travail égal, salaire égal », et, seule, la question budgétaire parait, à l'heure actuelle, empêcher la réalisation de la réforme.

Voici en quels termes s'est exprimé M. Maurice Faure :

« J'ai toujours été partisan de l'égalité de traitement des instituteurs et des institutrices, et ce n'est pas parce que je suis assis au banc du Gouvernement que j'ai changé d'opinion à cet égard. (*Très bien! très bien!*)

Sans méconnaître la portée des objections formulées par les adversaires de l'assimilation, je persiste à penser que la formule classique « à travail égal, salaire égal » doit être appliquée au corps enseignant primaire, sans distinction de sexe. (*Très bien! très bien!*)

Mais, quelque ferme et bien arrêtée que soit mon opinion sur ce point, je ne saurais oublier que l'application du principe de la proposition de M. Buisson aux seules institutrices entraînerait une dépense totale de 8 millions au moins. Or, il est incontestable que la logique la plus élémentaire et la stricte équité commanderaient, ce principe étant admis pour les institutrices, de l'appliquer graduellement, d'abord à tout le personnel féminin du Ministère de l'Instruction publique, ensuite aux femmes employées dans les autres administrations de l'État qui ne manqueront pas de l'invoquer.

Je suis favorable à la réforme et je désire la voir aboutir, mais il faut en envisager les conséquences pour ne pas s'exposer à des mécomptes.

En définitive, la question soulevée par mon éminent ami, M. Ferdinand Buisson, est présentement une question d'ordre financier, qui ne pourrait être favorablement résolue qu'au fur et à mesure que les circonstances budgétaires le permettraient.

Je n'en suis pas moins disposé à examiner avec bienveillance toutes les dispositions qui pourraient répondre à l'esprit de justice qui a dicté la proposition de résolution de M. Buisson, et j'étudierai avant tout, d'accord avec mon collègue M. le ministre des Finances, un premier projet qui consisterait à entrer dans la voie indiquée par la Chambre, en accordant des indemnités spéciales aux institutrices qui sont devenues chefs de famille par suite de veuvage. » (*Très bien! très bien!*)

L'Enseignement technique et le nouveau ministère. — Dans la séance du Sénat du 9 mars dernier, M. Astier, sénateur de l'Ardèche, a demandé à M. le Ministre du Commerce de vouloir bien préciser le sens qu'il faut attribuer aux deux derniers alinéas du paragraphe suivant de la déclaration ministérielle :

Une nation capable de donner de pareils moyens d'action aux travailleurs des champs et de l'industrie n'a plus, pour escompter le succès et la richesse de sa production, qu'à se préoccuper d'assurer le recrutement de l'usine et de l'atelier ; elle y parviendra en s'efforçant, dès l'école et après l'école, de munir l'enfant et l'adolescent de connaissances pratiques sérieuses et de nature à les mieux adapter, par une préparation bien comprise, aux devoirs qui les attendent à leur entrée dans la vie agricole, industrielle ou commerciale.

C'est ce que nous tenterons d'obtenir par une réforme de l'enseignement primaire ; il doit devenir un enseignement technique et professionnel.

Nous espérons, par ce moyen, conjurer notamment les effets de la crise de l'apprentissage qui nous feraient craindre que la nécessaire division du travail n'ait pour conséquence d'abaisser la valeur de nos artisans et de nos ouvriers.

M. Astier a exprimé en outre le désir de connaître les intentions du Gouvernement au sujet du projet de loi relatif à l'enseignement technique, industriel et commercial, qui est prêt à être discuté devant la Chambre des députés.

Voici, reproduite d'après le *Journal officiel*, la réponse qui a été faite par M. le Ministre du Commerce :

M. Alfred Massé, *ministre du Commerce et de l'Industrie.* — Messieurs, dans une phrase de la déclaration ministérielle qui est une marque de dévouement à l'enseignement professionnel tout entier, l'honorable M. Astier a cru voir une restriction à la sympathie portée par le Gouvernement à l'enseignement technique en particulier. Le Gouvernement a voulu laisser au Ministre du Commerce le soin de rassurer tous les amis de l'enseignement qui dépend de ce ministère.

Le Sénat voudra bien croire que, s'il y a eu au Ministère du Commerce des hommes plus expérimentés que celui qui est actuellement à cette tribune, il n'y en eut pas qui aient ressenti plus de zèle que lui pour la cause de l'enseignement technique.

L'honorable M. Astier s'est ému du rapprochement, dans une même phrase de la déclaration ministérielle, des mots « enseignement primaire » et « enseignement professionnel ». Qu'il me permette de le rassurer immédiatement. Il n'est nullement et il ne peut être question de donner au personnel primaire la direction de l'enseignement professionnel industriel et commercial, et cela, messieurs, pour de multiples raisons.

Tout d'abord, il ne faut pas que puisse renaître à ce sujet la funeste rivalité que j'ai moi-même autrefois dénoncée à plusieurs reprises...

M. Couyba. — Très bien !

M. le Ministre. — ... et qui aujourd'hui, fort heureusement pour tous, a complètement disparu.

M. Couyba. — Entre les deux ministères.

M. le Ministre. — Entre les deux ministères.

En second lieu, les écoles qui dépendent du Ministère du Commerce ont donné de trop bons résultats pour que l'on puisse songer à modifier leur statut.

Elles doivent, dans l'avenir, grâce au concours éclairé, intelligent et dévoué qu'elles ont, jusqu'à ce jour, toujours rencontré et qu'elles rencontreront encore près des municipalités et près des chambres syndicales, patronales et ouvrières, continuer à se fortifier et à se développer.

Mais tout en réservant l'autonomie et le libre développement de l'enseignement technique industriel et commercial, le Gouvernement s'est préoccupé de remédier aux conséquences d'un phénomène que vous connaissez tous, qui est à la fois un phénomène économique et un phénomène social : le dépeuplement de nos campagnes.

M. Couyba. — Très bien!

M. le Ministre. — Il a pensé que donner, dès l'école primaire, des notions d'agriculture aux fils de nos cultivateurs ce serait contribuer à retenir dans nos campagnes des jeunes gens qui ne sont que trop portés à s'en éloigner. (*Très bien! très bien!*)

Il lui a paru aussi qu'au moment où on dénonce de tous côtés, et avec tant de raison, la crise de l'apprentissage, il était nécessaire de développer, chez nos enfants de l'école primaire, le goût du travail manuel, en leur donnant des connaissances professionnelles rudimentaires.

M. Julien Goujon. — Vous ne voulez pas qu'ils quittent les champs : pourquoi leur donnez-vous un enseignement industriel? (*Mouvements divers.*)

M. le Ministre. — D'autres pays nous ont déjà devancés dans cette voie. Les Etats-Unis ont résolu la question; la Belgique est à la veille de la résoudre également.

Tel est le sens exact de la phrase de la déclaration ministérielle qui a motivé la question qu'a bien voulu me poser l'honorable M. Astier.

Les actes de notre vie quotidienne, d'ailleurs, vous éclaireront sur la rectitude de nos intentions. Je puis donner au Sénat l'assurance que non seulement les services qui me sont confiés seront maintenus dans l'intégrité de leurs fonctions, mais encore que nous avons l'intention de vous demander de fortifier l'enseignement professionnel et technique par un ensemble de dispositions législatives nouvelles.

Ces dispositions, vous les connaissez; depuis longtemps elles sont réclamées, et l'honorable M. Astier les connaît mieux que personne. Elles ont fait de sa part l'objet, à la Chambre des députés, alors qu'il y siégeait, d'un rapport des plus intéressants et des plus documentés relatif à un projet de loi déposé au nom du Gouvernement par mon prédécesseur et ami l'honorable M. Dubief. Ce rapport, au début de la législature actuelle, a été repris à la Chambre des députés, conformément au règlement de cette Assemblée. Le Gouvernement en accepte les grandes lignes et les dispositions essentielles, et je puis donner à l'honorable M. Astier l'assurance qu'aussitôt que l'état des travaux de la Chambre le permettra, nous en demanderons la mise à l'ordre du jour de cette Assemblée. (*Très bien! très bien! et applaudissements.*)

A NOS LECTEURS

Nous prions nos lecteurs de vouloir bien adresser au Secrétaire général de la *Revue*, 24, rue de la Chaussée-d'Antin, leurs réponses aux deux questions ci-dessous :

I. — Quelles seraient les questions que vous désireriez voir traitées dans la Revue de l'Enseignement technique?

II. — Quels sont les sujets sur lesquels vous pourriez fournir des documents ou indications susceptibles d'intéresser l'Enseignement technique *sous toutes ses formes et à tous ses degrés?*

Animés du vif désir de perfectionner sans cesse notre publication, nous serons heureux de puiser dans les avis qui nous seront transmis d'utiles conseils pour l'accomplissement de notre tâche.

N. d. l. R.

Le Gérant : G. Bourrey.

Paris. — L. Maretheux, imprimeur, 1, rue Cassette.

Première Année — N° 7 Avril 1911

REVUE
DE
l'Enseignement Technique

PUBLIÉE SOUS LE PATRONAGE DE
l'Association Française pour le Développement de l'Enseignement technique

L'Enseignement économique et social dans les écoles techniques allemandes

QUELQUES OPINIONS RÉCENTES

Les questions d'enseignement sont discutées et résolues en Allemagne avec trop de méthode et d'expérience pour qu'il ne soit pas du plus haut intérêt de suivre, non seulement les résultats obtenus, mais encore les opinions formulées dans ce pays sur la formation économique et sociale de l'ingénieur.

Les travaux de MM. Kraft (1), Riedler (2), Kammerer (3), Franz (4) et Beck (5) ont mis en évidence la nécessité de cette formation. Dès 1872, l'économiste Lorenz von Stein (5 *bis*) et, depuis lors, MM. Beck (6), Kähler (7) et Ritzmann (8) ont défini leurs conceptions respectives sur les modes de

(1) *Das System der technischen Arbeit*, Leipzig, 1902, p. VIII, IX, 193 à 195, 200, 662, 663, 923.

(2) *Unsere Hochschulen und die Anforderungen des 20 Jahrhunderts*, Berlin, 1898, p. 10 à 12; *Die technischen Hochschulen und ihre wissenschaftlichen Bestrebungen*, Berlin, 1899, p. 14.

(3) *Rektoratsreden vom 23 Januar* 1899 (p. 13) et *vom* 25 *Januar* 1908 (p. 14 et 15).

(4) *Der Verwaltungsingenieur*, Munich et Berlin, 1908; *Ingenieursbildung und Verwaltungsreform*, Berlin, 1909.

(5) *Soziale Aufgaben und Pflichten der Techniker*, Dresde, 1902, p. 29.

(5 *bis*) *Zur Eisenbaurechtsbildung*, Vienne, 1872.

(6) *Loc. cit.*, p. 40 à 42, et *Nationalökonomie und Technik* (*Deutsche Stimmen*, n° 11, Berlin, 1902, p. 456 et 457).

(7) *Nationalökonomie und Ingenieurausbildung*, p. 6 à 9, 16 et 17, Aix-la-Chapelle, 1906.

(8) *Zur Frage der Erziehung der Architekten und Ingenieure zu Verwaltungsbeamten*, Berlin, 1908, p. 30, 31, 35 à 37.

réalisation d'un enseignement économique et social dans les écoles techniques. Toutefois, aucun de ces travaux ne constituait une étude systématique de la question, et c'est à M. le professeur Carl Kœhne, maître de conférences à l'Ecole technique supérieure de Berlin, que revient l'honneur d'avoir présenté récemment un exposé complet et une discussion approfondie des divers éléments du problème.

Dans une brochure qui fait partie des publications de l'Union des ingénieurs diplômés allemands (1) et qui doit être jugée, non d'après son étendue, mais d'après la puissante synthèse dont elle présente au public le résultat fécond, M. Kœhne montre d'abord que l'enseignement de la science juridique et de la science économique est, non plus un supplément pour les étudiants de la technique, mais un élément essentiel de l'éducation de l'ingénieur; il concède, sans doute, qu'un tel enseignement doit être limité aux parties de ces sciences dont la connaissance est indispensable à la carrière professionnelle et à la situation sociale de l'ingénieur; il reconnaît, en effet, que le temps offert à cet enseignement est limité et, avec M. Riedler (2) il déclare que le professeur, sans abandonner « la base scientifique », ne doit donner aux étudiants que « ce dont ils ont besoin et sous la forme où ils en ont besoin » : ce serait compromettre l'avenir du technicien que de retarder son entrée dans la pratique par une prolongation de la période de quatre années consacrée à sa formation didactique (3).

Le souci de développer l'enseignement économique chez les techniciens a provoqué la naissance de deux systèmes. Dans l'un, cet enseignement est donné à *tous* les techniciens, à titre de complément de leur instruction professionnelle; dans l'autre, qui date de cinq ans à peine, il constitue une nouvelle branche de l'enseignement technique destinée à exercer une répercussion sur la constitution du personnel technique. Les partisans de la première méthode veulent, selon l'expression déjà ancienne de l'ingénieur Max Maria von Weber (4), élever la « position » de leurs collègues « dans la vie administrative et sociale », en remédiant à la subordination qui les place aujourd'hui au-dessous du juriste soit dans l'industrie privée, soit dans les fonctions publiques. Les partisans de la seconde désirent que l'élite de la nation se recrute dans les écoles techniques : « La considération, a écrit M. le professeur Franz, ne sera, en Allemagne, garantie d'une manière générale et durable à la technique (au technicien, à l'intelligence technique, à la science technique, etc.) que si les écoles techniques deviennent des écoles de la haute administration; car l'esprit de la technique ne peut être apprécié dans les milieux compétents que si

(1) *Der rechts-und staatswissenschaftliche Unterricht auf den technischen Hochschulen*, Berlin, 1910, 68 p.

(2) *Die technischen Hochschulen*, p. 16.

(3) Kœhne, *loc. cit.*, p. 8.

(4) *Populäre Erörterungen von Eisenbahn-Zeitfragen*, fascicule VI, Vienne, Pesth et Leipzig, 1877.

nos gouvernants ont reçu leur formation professionnelle sur les bases de la connaissance de la nature. Il s'agit, à mes yeux, non d'obtenir pour chaque ingénieur, pris individuellement, une plus haute considération, mais de permettre à la collectivité l'utilisation de la valeur intime des sciences appliquées. » Avec M. le professeur Franz, MM. Kollmann, Beck, Schlesinger et Alexander Lang demandent en premier lieu que les anciens élèves des écoles techniques supérieures soient admis au service préparatoire de l'administration de l'État et des villes. Mais ce desideratum ne peut être accueilli que si l'école technique fournit à ces futurs administrateurs une instruction différente de celle qui est réservée aux techniciens proprement dits : de là la formation d'une catégorie spéciale d'ingénieurs, dits ingénieurs administratifs (*Verwaltungsingenieure*), à qui l'Etat doit attribuer les mêmes fonctions qu'aux juristes administratifs (*Verwaltungsjuristen*).

Cette évolution est critiquée par certains ingénieurs : pour eux, il est impossible de déterminer dès l'école technique l'existence d'une compétence administrative spéciale que seule la pratique peut révéler; de plus, la reconnaissance du caractère d'école administrative à l'école technique ne saurait exercer qu'une influence indirecte sur l'appréciation de la valeur des services que peuvent rendre la science technique et la formation technique; car les efforts des techniciens perdraient en efficacité par la division consécutive à la création d'une nouvelle catégorie d'ingénieurs qui seraient moitié techniciens, moitié administrateurs. De là une divergence de vues entre l'Union des associations allemandes d'architectes et d'ingénieurs (*Verband deutscher Architekten-und Ingenieurvereine*), qui n'admet que le premier système, et l'Union des ingénieurs diplômés allemands (*Verband deutscher Diplom-Ingenieure*), qui préconise le second.

La formation des ingénieurs administratifs a été, du moins, admise dans certaines écoles prussiennes, et diverses fonctions de l'État prussien ont été réservées aux candidats pourvus du diplôme correspondant.

Sans prendre parti pour l'un ou l'autre système, M. Kœhne définit comme suit le but que doivent poursuivre les écoles techniques [1] : 1° donner à l'ingénieur les connaissances juridiques et économiques qui font partie intégrante de la culture générale; 2° le mettre en mesure, pour des questions simples de droit et d'économie politique, soit de trouver lui-même les renseignements utiles dans les encyclopédies et les ouvrages spéciaux, soit, en cas de recours à des spécialistes, de leur fournir les indications utiles, enfin de s'instruire lui-même des questions qui offrent une importance particulière.

L'auteur recommande [2], pour la réalisation de ce programme, l'institution de conférences qui précisent le cours, qui éclaircissent les points impar-

(1) *Loc. cit.*, p. 12 et 16.
(2) *Loc. cit.*, p. 17.

faitement compris par tel auditeur, qui permettent de traiter des sujets tirés de la pratique : il ne se déclare point partisan de la rédaction de travaux personnels d'élèves, lorsque ces études sont d'allure scientifique et de longueur considérable : il préfère la rédaction d'exposés brefs, présentés par les étudiants sur des sujets assez simples et assez familiers à l'auditoire pour être compris avec aisance et intérêt; il redoute les exercices de séminaire (1) à raison du temps qui doit être consacré à la discussion d'études spéciales et longues dont l'intelligence et par suite le profit sont reservés à l'auteur, au professeur et peut-être à un rapporteur qui a pris connaissance du manuscrit, tandis que les autres membres du séminaire ne peuvent comprendre les développements de l'exposé que s'ils ont eux-mêmes approfondi le sujet; or, le temps nécessaire à ces travaux fait absolument défaut aux élèves d'une école technique. M. Kœhne insiste, d'ailleurs, sur la nécessité de donner aux élèves, si l'enseignement est spécialisé par professions, les connaissances juridiques et économiques : aux ingénieurs mécaniciens, la législation d'installation des fabriques, de protection et d'assurance ouvrières ; aux ingénieurs de constructions navales, la législation maritime; aux ingénieurs électriciens, la réglementation spéciale; aux ingénieurs de chemins de fer, la réglementation des transports; à la plupart d'entre eux, la législation sur la propriété industrielle.

Une discussion approfondie (2) est consacrée par M. Kœhne à l'organisation de l'enseignement au point de vue du caractère public ou privé des fonctions ultérieures réservées à l'élève. M. Beck (3) a proposé de donner aux futurs ingénieurs de l'industrie privée un cours sur la science de l'administration de l'industrie (*Industrieverwaltungslehre*) qui traiterait de la création, du rôle et de la disparition des entreprises industrielles : loin de se réduire à un assemblage sélectionné de connaissances juridiques, économiques et sociales, cette science affecterait un caractère autonome au triple point de vue juridique, économique et moral; toujours en éveil pour le bien de la collectivité, elle se proposerait de montrer dans quelle mesure une entreprise est viable et peut ou doit être conduite sans atteinte à l'intérêt général, et elle déterminerait la limite assignée par la morale à l'égoïsme et au désir du lucre. Pour les futurs ingénieurs de l'État, cette science serait remplacée par la science technique de l'administration publique (*technische Staatsverwaltungslehre*).

La part faite par M. Beck aux considérations morales semble excessive à M. Kœhne (4) : il craint que le jeune ingénieur ne soit déconcerté lors de son entrée dans la vie industrielle par le contraste entre l'idéal moral de l'école et la réalité brutale de la pratique et qu'il ne soit exposé à un double péril : ou bien compromettre son avenir par des tendances altruistes qui indis-

(1) *Loc. cit.*, p. 18.
(2) *Loc. cit.*, p. 19 à 22.
(3) *Deutsche Stimmen*, n° 11, p. 456 et 457, et *Recht. Wirtschaft*, p. 40 à 42.
(4) *Loc. cit.*, p. 21.

poseraient ses chefs soucieux de résultats financiers; ou bien douter de la valeur de l'enseignement reçu et méconnaître l'intérêt de la collectivité avec plus de rigueur qu'en l'absence de leçons dont le caractère aurait manqué le but pour l'avoir franchi. Ce n'est pas que M. Kœhne bannisse toute considération morale de l'enseignement économique : il recommande la mention des avantages économiques des institutions patronales et celle du caractère répréhensible de faits qui, notamment en matière de concurrence déloyale, échappent aux sanctions de la loi écrite (1). Du reste, il admet la nécessité, que j'ai soutenue moi-même (2), de séparer dans des cours distincts l'enseignement économique de l'enseignement juridique : aux arguments que j'ai donnés, il ajoute (3) que l'étudiant perdrait de vue les principes du droit et les méthodes d'appréciation juridique des phénomènes sociaux, si les prescriptions législatives n'étaient mentionnées que dans le domaine de l'activité économique de l'industriel qui les applique ou qui les supporte.

M. Kœhne préconise, en outre, l'addition aux leçons générales de leçons spéciales (4); telles seraient :

1° Les leçons destinées à des sections particulières de l'école technique : les architectes, par exemple, doivent connaître le droit de propriété artistique, la réglementation du bâtiment, les considérations d'ordre économique et social relatives à l'habitation ; la législation et la valeur économique et sociale des moyens de transport intéressent les futurs ingénieurs de chemins de fer; les mêmes éléments relatifs à l'industrie minérale s'adressent aux ingénieurs des mines. Cette méthode permet d'alléger l'enseignement par la séparation entre les connaissances nécessaires à l'ensemble des ingénieurs et celles qui doivent être réservées à telle ou telle catégorie d'entre eux;

2° Les leçons spéciales aux futurs ingénieurs de l'industrie privée et à ceux de l'industrie d'État, en vue de leur exposer la technique de chacune de ces deux classes d'entreprises;

3° Les leçons spéciales aux ingénieurs qui doivent aborder une carrière déterminée : telle est la géographie commerciale pour les futurs exportateurs; telle est l'étude spéciale du droit pour les futurs directeurs d'une agence de brevets; tel est le programme d'études destiné à la formation des ingénieurs administratifs (5) : pour ceux-ci, M. Kœhne propose (6), outre les leçons du professeur :

---

(1) *Loc. cit.*, p. 22.

(2) *L'enseignement économique et social dans les écoles techniques*. Paris, 1908, p. 81 à 84.

(3) *Loc. cit.*, p. 20.

(4) *Loc. cit.*, p. 23 à 34.

(5) Voir dans la *Technique moderne* (avril 1910) mon article sur *L'ingénieur administratif allemand*.

(6) *Loc. cit.*, p. 27.

a) Dans le domaine économique, des conférences précédées d'un travail personnel, mais réduit à quelques heures, dont le sujet serait fourni par une enquête originale basée notamment sur l'observation d'entreprises industrielles ou d'institutions patronales; les études historiques ou théoriques seraient exclues faute de temps, et les recherches bibliographiques seraient limitées à quelques ouvrages fondamentaux d'histoire ou de théorie que le maître de conférences signalerait à l'élève : ce travail serait aussi différent des longues études, rédigées dans les universités à la suite de plusieurs mois de labeur, que de la simple reproduction des idées d'autrui : il développerait, d'ailleurs, chez l'étudiant la faculté d'expression écrite de sa pensée ; il devrait être suivi d'un exposé verbal et d'un débat qui accoutumerait l'élève à soutenir de vive voix les idées que la réflexion lui aurait suggérées ;

b) Dans le domaine juridique, des travaux nettement distincts de ceux des universités, consacrés notamment à l'histoire moderne du droit et à l'étude de la législation contemporaine abstraction faite du droit romain;

4° Des leçons destinées à développer les leçons générales sans préparer à une branche spéciale de la carrière d'ingénieur : tantôt elles approfondiraient une question ou compléteraient un exposé d'ensemble, relatif, par exemple, à la base juridique et à la portée économique de la législation ouvrière et de l'assurance sociale, à l'histoire de l'industrie et de la technique, tantôt elles contribueraient à la culture générale.

M. Kœhne cherche d'ailleurs à réfuter les objections formulées contre la pratique des leçons spéciales :

1° A ceux qui redoutent des lacunes dans l'enseignement faute d'une série obligatoire de leçons générales portant sur tous les sujets, il répond que les lacunes seraient plus à craindre dans ce dernier système; car l'étudiant que des motifs justifiés ont empêché d'assister à quelques leçons peut manquer de l'assiduité ultérieure, surtout lorsque les explications fournies en son absence par le professeur sont nécessaires à l'intelligence de la suite de l'enseignement. De plus, l'unité des leçons générales entraîne par voie de conséquence celle du maître et condamne ainsi l'élève à subir un professeur dont il cherche parfois à éviter les cours. Enfin le souci de prévenir les lacunes ou la nécessité d'interruptions forcées, ne fût-ce que pour cause de maladie, ne permet pas toujours à la série des leçons générales d'épuiser l'intégralité du programme. Les lacunes sont donc plus à redouter en l'absence de leçons spéciales qui offrent d'ailleurs un double avantage puisque l'élève peut choisir son maître et compléter par le travail personnel l'enseignement reçu à l'école ;

2° A ceux qui craignent la répétition, dans les leçons spéciales, d'explications présentées dans les leçons générales, il répond que cette répétition même est un élément de succès pour le résultat de l'enseignement et qu'elle permet de vivifier et de confirmer par des exemples l'énoncé des principes : c'est ainsi que l'analyse théorique des contrats de bonne foi peut être complétée par celle des dispositions pratiques qui les régissent au point de vue de la conclusion et de la résiliation ;

3° A ceux qui redoutent(1) l'exagération du temps consacré dans les leçons spéciales à des matières dénuées d'utilité pratique, il répond que l'abstention des élèves serait la sanction la plus efficace de l'inanité de l'enseignement; il ajoute que ce reproche s'inspire d'une défiance injustifiée à l'égard des maîtres chargés de ces leçons ;

4° Enfin à ceux qui prévoient l'absence d'élèves aux leçons spéciales dont les sujets sont étrangers au programme d'examen, il répond en invoquant son expérience de maître de conférences et celle de ses collègues à l'École technique supérieure de Berlin où, par exemple, un cours de philosophie est, en l'absence de sanction d'examen, suivi par de nombreux techniciens.

Le secret de la réussite de ces leçons est l'intérêt pratique qu'elles offrent pour le futur ingénieur.

M. Kœhne ne se borne point, d'ailleurs, à tracer le cadre de l'enseignement ; il indique également le rôle de l'État : ce n'est pas qu'il lui demande des subsides : trop avisé pour ignorer les multiples sollicitations qui assaillent un ministre des Finances, il se contente (2) de faire appel à l'État :

1° Pour sanctionner l'enseignement en subordonnant la concession du diplôme d'ingénieur à l'acquisition d'un minimum de notions juridiques, administratives et commerciales ;

2° Pour recommander, sans les imposer, les exercices et les leçons spéciales, en laissant aux élèves le soin de choisir les études qui répondent à leur carrière et les maîtres qui satisfont leurs goûts, mais en promettant des avantages, lors des examens, aux candidats qui font preuve de connaissances plus approfondies sur des points déterminés : ce dernier système a été appliqué à Berlin ;

3° Pour choisir des professeurs capables d'enseigner avec intérêt et profit les connaissances juridiques, économiques et sociales. M. Kœhne montre admirablement les difficultés de la tâche : il ne suffit point de s'assimiler, pour les répéter aux élèves, des manuels de droit et d'économie politique, si parfaits soient-ils; aussi ne peut-on confier l'enseignement qu'à des maîtres qui étudient depuis de longues années la science qu'ils professent, qui l'ont approfondie par leurs travaux personnels et qui en suivent chaque jour les progrès ultérieurs : le recours à des praticiens ne saurait garantir à cet égard les conditions du recrutement désiré : cette opinion est confirmée par l'expérience des écoles commerciales supérieures où les élèves apprécient moins les leçons données par des commerçants que celles des professeurs de carrière dont l'enseignement

(1) Beck, *Recht*, p. 41.
(2) *Loc. cit.*, p. 35 à 42.

repose sur les bases solides d'un savoir théorique : sans doute, l'organisation des usines, le calcul des prix de revient et la comptabilité peuvent être enseignées par des praticiens; mais la science économique ne saurait leur être confiée; de même les juges seraient portés à envisager plutôt les cas d'espèces, dont la jurisprudence doit fournir la solution, que les prescriptions législatives, qui s'imposent à l'industriel sans être soumises à la pratique journalière du tribunal : les avocats seraient plus aptes que les juges à l'accomplissement de cette tâche, limitée toutefois à des domaines spéciaux tels que la législation des brevets et celle du bâtiment, et cela en raison du caractère étroit des relations qui les unissent aux chefs d'industrie. M. Kœhne n'envisage qu'avec une prudente réserve la possibilité de faire pénétrer dans les écoles techniques les professeurs d'universités; il s'oppose, d'ailleurs, à l'envoi des futurs ingénieurs dans les universités pour y recueillir les notions économiques et sociales : il veut bien citer l'opinion que j'ai exprimée à cet égard (1) en raison de la diversité du but poursuivi par les établissements de ces deux ordres : les cours de l'université supposent des connaissances préalables, historiques et juridiques, que ne possède point le futur technicien, et, réciproquement, ce dernier a acquis, au contact de la vie industrielle, des notions pratiques dont l'exposé, nécessaire à l'étudiant d'université, constitue pour lui une répétition superflue : le futur technicien n'a nul besoin de la préparation à des travaux personnels d'ordre scientifique que donne l'université, et ce qu'il demande aux conférences et aux leçons spéciales, c'est la formation à la pratique ultérieure de sa profession. M. le professeur Franz expose d'ailleurs (2) que, comme la chimie, l'économie politique appartient à l'école technique aussi bien qu'à l'université, et que la différence de milieu doit exercer sur le mode d'enseignement une influence aussi salutaire dans le domaine de la seconde science que dans celui de la première. C'est, en résumé, parmi les maîtres de conférences des écoles techniques que M. Kœhne place (3) la pépinière des professeurs de ces écoles.

Nous ne saurions trop recommander la lecture de ces quelques pages à tous ceux qui ont le redoutable honneur d'instruire la jeunesse dans les écoles techniques. Selon l'expression de M. Kœhne (4), « leur mission est si difficile qu'un maître consciencieux se rend d'autant mieux compte du poids de ses obligations qu'il en a acquis depuis plus longtemps la pratique et la théorie ». Ces développements confirment et illustrent la formule lapidaire dans laquelle M. Kähler, le savant professeur de l'École supérieure d'Aix-la-Chapelle (5), subordonne la réussite de l'enseignement à « l'orientation permanente des maîtres vers les tâches que la vie leur impose »;

(1) *Loc. cit.*, p. 70 et 71.
(2) *Technik und Wirtschaft*. 1910, p. 687, col. 2, et 688, col. 1.
(3) *Loc. cit.*, p. 40.
(4) *Loc. cit.*, p. 37.
(5) *Nationalökonomie und Ingenieurausbildung*, p. 17.

4° Pour doter les écoles techniques de bibliothèques où les élèves trouvent les périodiques et les volumes dans des conditions que j'ai définies naguère[1] et auxquelles M. Kœhne veut bien donner son adhésion[2].

La question de l'enseignement économique et social dans les écoles techniques s'est également posée à une date récente dans la presse germanique et au Parlement prussien.

D'une part, la *Gazette de la Croix*, dans son numéro du 12 janvier 1911, a discuté l'opportunité d'enseigner l'économie politique et la science financière dans les écoles techniques supérieures et, sans méconnaître cette opportunité, elle a refusé d'admettre sur ce terrain l'équivalence entre les écoles techniques et les universités; bien plus, elle a exprimé la crainte d'une dispersion regrettable des efforts entre les divers établissements. M. le professeur Franz [3] s'est élevé non sans vivacité contre cette affirmation : il a critiqué le refus, qui en découlerait, de l'assimilation de l'élève de l'école technique et de l'étudiant d'université; la rivalité que la *Gazette de la Croix* signale entre l'université et l'école technique n'est que le résultat de la nécessité, pour celle-ci, de remplir sa mission par le développement de l'enseignement économique, et cette émulation ne peut que profiter à l'intérêt général. M. le professeur Franz a également critiqué l'opinion, exprimée dans le même journal, qui réserve cet enseignement aux universités; il a soutenu que les universités ne peuvent prétendre à un tel monopole pas plus qu'à celui de l'enseignement de la physique ou de la chimie qui doit satisfaire dans les écoles techniques un véritable besoin; aussi bien la science économique peut-elle être assimilée à une science naturelle appliquée qui doit faire appel à la technique, en particulier dans l'étude de la production; le concept du technicien, sa mission et son objectif ne sauraient être, d'ailleurs, condamnés à l'immutabilité, et l'élève de l'école technique est en droit de s'initier à la science économique au même titre que l'étudiant d'une université juridique est invité à suivre des cours étrangers à la science du droit.

D'autre part, à la Chambre des députés prussienne, le 15 mars 1911, M. Macco a exposé que les écoles techniques voyaient leur mission s'accroître avec le rôle du technicien dans la vie moderne, en particulier avec la tâche réservée à ce dernier dans les sphères administratives; il s'est associé aux vœux de l'Association des ingénieurs allemands qui tendent à admettre les élèves des écoles techniques, pourvus du diplôme d'ingénieur administratif [4], à l'accomplissement d'exercices pratiques dans le domaine

(1) *Loc. cit.*, p. 122 et 123.
(2) *Loc. cit.*, p. 42.
(3) *Technik und Wirtschaft*, avril 1911, p. 268 et 269.
(4) Voir dans *La Technique Moderne* (avril 1910), mon article sur *L'ingénieur administratif allemand*.

de l'administration; il a conclu à l'équivalence de l'enseignement des universités et de celui des écoles techniques, en rappelant les paroles de l'Empereur Guillaume II, qui, à l'ouverture de l'École technique supérieure de Dantzig, qualifiait l'école technique « d'université scientifique comparable à l'ancienne université ». Dans la même séance, M. le Dr Bell a insisté pour l'admission des élèves diplômés des écoles techniques aux postes administratifs supérieurs et, par suite, pour l'adaptation de l'enseignement de ces écoles à la formation administrative du futur ingénieur.

Les limites de cet article ne me permettent point de discuter les opinions dont j'ai tenu à présenter en toute impartialité l'exposé objectif. Mais il en est une sur laquelle la certitude d'un accord unanime me commande d'insister : c'est l'appréciation du rôle du professeur de l'enseignement économique et social. J'estime, en effet, que dans notre pays, il doit chercher non pas seulement à enseigner des notions déterminées, mais surtout à former l'esprit de ses élèves; qu'il doit mettre les futurs techniciens en mesure de répondre au cri d'alarme que le Comité des Forges, le Comité des Houillères et la Société des amis de l'École polytechnique ont récemment poussé; qu'il doit procurer à ses auditeurs un peu de cette culture générale que les industriels s'accordent à désirer chez les jeunes ingénieurs et que les études économiques et sociales, par les observations qu'elles comportent, par les réflexions qu'elles suggèrent et par les conclusions qu'elles dégagent, sont particulièrement aptes à entretenir et à développer.

Maurice Bellom,
Ingénieur en chef au corps des mines,
Professeur d'économie industrielle
à l'École nationale supérieure des Mines.

Le Congrès de l'Apprentissage de Roubaix (1)

Tous sont d'accord sur la gravité de la situation actuelle de l'apprentissage, et sur la nécessité d'y porter remède. Mais, en réalité, la crise de l'apprentissage n'est pas récente, et depuis longtemps les éducateurs de la jeunesse et les économistes se sont préoccupés de ce sujet, tels, pour ne citer que quelques noms, Villermé, dès 1840, puis Jules Simon, et, en 1872, Gréard.

La question de l'apprentissage s'est, en effet, posée dès les premières

(1) Voir la circulaire encartée dans la présente livraison de la *Revue* et indiquant la date du Congrès, les avantages réservés à ses adhérents et les points principaux relatifs à sa préparation.

manifestations de l'intensité industrielle moderne, c'est-à-dire avec l'agglomération des ouvriers dans quelques grandes usines et avec l'établissement du travail en série.

Or, chaque jour les usines augmentent leur personnel et le machinisme se généralise. Une série d'autres facteurs sont venus de leur côté apporter des perturbations dans l'apprentissage, surtout la diminution des natalités et le goût général des professions administratives qui raréfient le nombre des candidats apprentis, puis le renchérissement de la vie qui, dans les familles encore nombreuses, fait réclamer un salaire immédiat pour les enfants. De plus, dans le travail en série, l'ouvrier exécute toujours une même opération sans voir le produit achevé par lui; il a tendance à se préoccuper de la quantité et non de la qualité ; il est donc à ce point de vue dans des conditions tout à fait différentes de l'artisan d'autrefois.

Et cependant, pour celui-ci, amoureux de son métier et désireux d'établir un chef-d'œuvre, l'apprentissage ne se faisait ni sans difficulté, ni sans récrimination, ainsi que le montrent les écrits de l'époque.

Où le Congrès de Roubaix cherchera ses enseignements. — Il n'y a donc pas de leçons à tirer du passé. Mais on peut trouver des enseignements dans ce qu'ont organisé les pays voisins, et il y a là un champ d'études fertile, d'ailleurs familier aux lecteurs de la *Revue*.

Nous espérons que nos voisins de Belgique viendront exposer au Congrès tout ce qu'ils ont réalisé dans cet ordre d'idées.

Mais, malgré cette faculté de recevoir des adhérents étrangers à titre individuel, le Congrès de Roubaix est national; en effet, pour que les discussions et les vœux sur un sujet aussi complexe aient une portée pratique, il faut qu'ils soient limités à notre pays, en tenant compte de son génie, de ses habitudes, de ses tendances.

Ce Congrès national a un caractère que n'ont pas eu jusqu'ici les autres Congrès : c'est qu'il doit réunir à la fois des professeurs et des hommes de métier, patrons et ouvriers.

La collaboration de ces trois éléments différents est d'une grande importance à plusieurs points de vue.

D'abord à celui de l'enseignement professionnel proprement dit; en effet, les membres de l'enseignement ont tout à gagner à rester en contact permanent avec des praticiens et à se tenir au courant des procédés de travail qui règnent dans les ateliers; et si ces procédés se trouvent actuellement décrits dans les publications spéciales, les profits à tirer d'une lecture sont bien inférieurs à ceux que peut fournir une conversation ou une discussion.

D'autre part, les directeurs, les ingénieurs, les contremaîtres, les ouvriers qui s'occupent de former des apprentis ont le plus grand besoin de se procurer, auprès des membres de l'enseignement, des notions pédagogiques susceptibles d'économiser beaucoup de temps à eux-mêmes et à leurs apprentis et d'améliorer les méthodes d'instruction dont ils se servent.

Ce point a, malgré son importance, été trop longtemps perdu de vue; un homme qui en instruit d'autres ne doit pas seulement savoir; il doit connaître les moyens de communiquer le plus complètement et le plus rapidement possible une partie de son savoir à ses élèves; et nous disons une partie, car, là encore, est une des bases de la pédagogie, c'est qu'il faut mesurer au développement intellectuel et à l'habileté manuelle des jeunes gens la quantité de notions à leur fournir à telle ou telle période de leur éducation.

Rôle social du Congrès. — En dehors de cet échange de vues techniques, les relations entre les hommes de milieux différents ne peuvent être que très profitables à tous.

Si, en effet, les patrons et les ouvriers sont, en dehors de l'atelier où le temps leur manque pour causer les uns avec les autres, appelés actuellement à se rencontrer dans des réunions telles que celles du Conseil supérieur du travail, ils ne sont là qu'en nombre restreint, tandis que le Congrès est ouvert à tous les gens de bonne volonté.

De plus, les questions traitées, du moins pour leur très grande majorité, s'occuperont de points où les intérêts de l'employeur et de l'employé ne sont pas opposés. Il est, en effet, certain que l'organisation de l'apprentissage, en donnant les moyens de former des ouvriers habiles, ne pourra que contribuer à l'amélioration de la situation de ceux-ci, en même temps qu'au succès de l'industrie française. Les travailleurs se préoccupent, à juste titre, de cette plaie terrible pour eux qu'est le chômage; mais ce n'est pas l'apprentissage qui la développera. Au contraire, un apprentissage méthodique et fondé sur des principes rationnels peut permettre à un ouvrier d'être apte à conduire des machines diverses et à se mettre rapidement au courant d'une fabrication nouvelle similaire.

Il faut bien tenir compte, en effet, que toutes les industries sont sujettes à subir, dans des temps plus ou moins longs, des transformations considérables et que les inventions poursuivies constamment pour trouver des procédés nouveaux et abaisser les prix de revient bouleverseront successivement une partie des professions actuelles.

Aussi le principe d' « apprentissages-types » capables de développer l'habileté manuelle d'un jeune homme, d'ouvrir son esprit et d'exciter son initiative semble-t-il devoir être pris en considération.

Résultats immédiats du Congrès. — En dehors de solutions particulières comme la précédente, il en est d'autres à étudier; le problème de l'apprentissage ne semble pas, en effet, pouvoir être résolu d'une façon unique; il y a trop de métiers divers et même pour des métiers analogues il y a trop de conditions différentes pour que de nombreuses règles immuables puissent s'imposer.

C'est précisément ce que le Congrès aura à indiquer : quels sont les quelques principes généraux s'appliquant à l'apprentissage industriel tout entier et laissant cependant aux procédés pratiques de réalisation une souplesse suffisante pour utiliser les initiatives diverses et quels sont les meilleurs moyens de permettre à ces initiatives une action aussi efficace que possible.

Organisation du Congrès. — Pour arriver à une telle conclusion, il faut une consultation nationale s'étendant à tous les milieux, organisée par un groupement indépendant, comme est l'Association française pour le développement de l'enseignement technique, et préparée par des rapports demandés aux représentants les plus qualifiés des divers milieux constituant l'industrie française.

L'Association a atteint ce but, car elle a trouvé des concours très précieux dans les conseils supérieurs de l'enseignement technique et du travail, dans les groupements les plus considérables patronaux et ouvriers, et d'une façon générale dans le monde de l'enseignement technique et dans celui de l'industrie.

Ces compétences diverses connaissant les points importants pour leurs professions, pourront établir des exposés concis et indiquer des conclusions fondées sur les enquêtes nombreuses déjà faites par les pouvoirs publics et les études présentées dans les Chambres de commerce et les Syndicats.

Les sections préparant le Congrès comprennent près de 300 professions (1).

Chacune de ces sections apportera aux séances plénières du Congrès des opinions peut-être diverses, mais nettement définies et l'ensemble des sections verra quelles sont les conclusions et les tendances communes à toutes les industries; il sera alors possible de trouver une formule générale les englobant.

Le travail manuel. — Le Congrès montrera, d'autre part, quelle est l'importance que tous attachent aujourd'hui au travail manuel, les uns à cause de ses résultats immédiats, les autres par une complète compréhension de ce qu'est une démocratie laborieuse.

En mettant ainsi en honneur le travail manuel, en s'occupant par des cours techniques de lui donner pour l'ouvrier l'intérêt que le travail en série et que le machinisme lui ont fait perdre, en rapprochant les individus les plus directement intéressés à l'amélioration de ce travail, c'est-à-dire le patron et l'ouvrier qui vivent d'une même industrie, le Congrès

(1) Voir pour la liste des sections la circulaire encartée dans la présente livraison.

verra son champ d'action s'étendre du côté de l'horizon lumineux de la paix sociale.

PAUL JANNETTAZ,
Secrétaire général de la Commission d'organisation du Congrès.

QUESTIONS SCOLAIRES

Cultures démonstratives au Jardin scolaire (1).

Les cultures démonstratives précédemment décrites sont simples, peu coûteuses et, par conséquent, réalisables partout ; chacune d'elles représente un fait nettement déterminé, exempt de complication, et l'ensemble, qui constitue la base des pratiques agricoles modernes, permet d'ouvrir l'esprit des débutants aux choses scientifiques : l'éducation générale, comme l'éducation professionnelle, y trouve donc son compte.

Les expériences de culture en pots présentent quelques inconvénients : exécutées par un temps trop sec ou trop chaud, elles exigent des soins minutieux et soutenus, à défaut desquels les plantes en observation se flétrissent et même périssent en quelques jours. Par une humidité de trop longue durée, les pots, la terre qu'ils renferment, et les plantes elles-mêmes, sont envahis de végétations cryptogamiques compromettant le succès des expériences. La réalisation de celles-ci, en pleine terre, présente beaucoup moins d'aléas qu'en pots ; le mieux est donc de réserver seulement, pour le dernier cas, les démonstrations destinées à illustrer certaines leçons faites en classe, par exemple, et d'organiser les autres au jardin même.

A l'Exposition de 1900, on avait réalisé, en bordure de l'avenue de Suffren, sur une surface de 60 m², toutes les démonstrations recommandées par l'Instruction officielle du 4 janvier 1897. La figure ci-après en rappelle la disposition : d'un côté, les carrés de démonstration et les cultures en pots ; de l'autre, une corbeille botanique et quelques plates-bandes pour la conduite des arbustes greffés.

CARRÉS DE DÉMONSTRATION. — On peut se borner à quatre bandes de terrain ayant chacune 1 mètre de large et 4 de long, séparées l'une de l'autre par une petite allée destinée surtout à empêcher les plantes croissant dans l'une des bandes de pousser leurs racines dans l'autre. Chaque bande est partagée en quatre carrés, ce qui fait, en tout, seize carrés de 1 mètre superficiel chacun.

La première bande de quatre carrés ne reçoit aucun engrais ; elle constitue les témoins pour chaque sorte de culture. La dernière bande reçoit une fumure complète composée des engrais chimiques précédemment indiqués pour les cultures en pots, c'est-à-dire un mélange fait dans les proportions suivantes : sel de potasse 1, nitrate 2, phosphate 3. Le phosphate est donné sous forme de scories de déphosphoration si le sol est argileux ; sous celle de superphos-

(1) Voir *Revue de l'Enseignement Technique*, n° 6, p. 255.

phate, s'il est calcaire. Pour chaque mètre carré, il suffit de 100 grammes du mélange, ce qui représente une fumure de 1.000 kg. à l'hectare.

Les bandes intermédiaires reçoivent l'engrais précédent dépourvu de nitrate pour l'un, de phosphate pour l'autre. On ne saurait établir une bande dépourvue de chaux attendu que, d'une part, le sol en renferme toujours et que, d'autre part, les engrais phosphatés en apportent.

On pourrait multiplier les essais en augmentant le nombre des bandes; la cinquième, sans potasse, par exemple; la sixième, avec un engrais mixte (demi-fumure en fumier, soit 2 kg. par mètre carré et 50 grammes d'engrais chimiques complémentaires); mais il faut savoir se borner si l'on veut éviter la confusion.

Pour le choix des cultures, il convient de tenir compte des causes locales

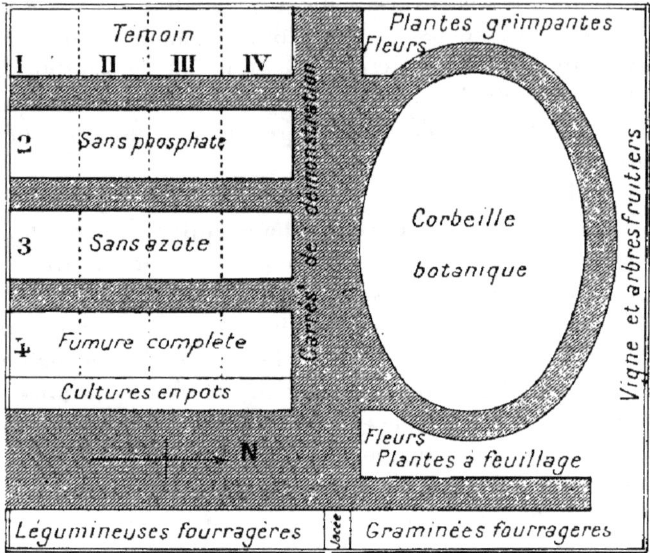

Fig. 1. — Plan d'un jardin scolaire moderne.

d'insuccès, par exemple des gelées printanières, des déprédations des moineaux, etc.; en conséquence, le chanvre, le millet et la plupart des céréales seront écartés.

Voici un choix à recommander : premier carré de chaque bande, maïs (I); deuxième carré, pommes de terre (II) ; troisième carré, choux (III); quatrième carré partagé en trois parties égales, haricots nains, épinards, poireaux (IV). (*Voir la figure.*)

La différence des récoltes obtenues est frappante, si le sol a été choisi de bonne constitution physique et très appauvri en matières fertilisantes.

Un petit compartiment en forme de fossé limité par des planches retenant les éboulements est réservé pour les expériences en pots.

Cultures diverses. — Une corbeille ornementale, abondamment fumée, reçoit des spécimens des principales familles botaniques choisis de préférence parmi les plantes utiles et nuisibles de la région. Comme complément utilitaire de cette corbeille, une bande étroite de bonne terre bien fumée, divisée en vingt-cinq petits rectangles est affectée aux principales plantes fourragères dont voici les noms :

Graminées	*Légumineuses*
Paturin des prés.	Trèfle des prés violet.
Fléole.	— — rouge.
Vulpin.	— — commun.
Fétuque.	— hybride ou bâtard.
Brome.	— blanc ou rampant.
Crételle.	— jaune ou anthyllide.
Ray-grass anglais.	Luzerne rustique.
— d'Italie.	Minette lupuline.
Fromental ou avoine élevée.	Sainfoin commun.
Dactyle pelotonné.	Vesce velue.
Houlque laineuse.	Pois gris ou bisaille.
Flouve odorante.	Lupin jaune.

Dans les plates-bandes voisines, des rosiers greffés, nains ou à haute tige, des plantes ornementales herbacées ou ligneuses, dont quelques-unes grimpantes, donnent, à l'ensemble, l'aspect d'un jardin d'agrément.

Enfin, contre un mur en bonne exposition, on palisse de la vigne et des arbres fruitiers greffés sur place.

Un jardin scolaire semblable devrait être installé dans toutes les écoles rurales ; on en trouvait de fort bien organisés, il y a quelques années, dans la plupart des villages de la circonscription d'inspection primaire de Nantes. Des organisations plus complètes, faites dans le même esprit, paraissent indispensables pour tous les établissements scolaires qui ont la prétention de donner un enseignement agricole pratique.

R. Leblanc,
Inspecteur général honoraire de l'Instruction publique.

Avis. — La Ligue française de l'Enseignement, 3, rue Récamier, Paris-7e, adresse *gratis et franco* à qui lui en fait la demande, l'*Instruction officielle sur l'Enseignement agricole* (brochure in-8° de 32 pages et 20 figures).

Contre reçu de 1 fr. 40 c., en mandat ou timbres-poste, et d'une feuille de colis-postal de 3 kilos dûment remplie à l'adresse du demandeur, elle fait expédier, en outre, les engrais minéraux nécessaires aux expériences, soit 1 kg. de nitrate de soude et 1/2 kg. de chacun des trois produits suivants : sel potassique, superphosphate et scories de déphosphoration.

R. L.

QUESTIONNAIRE DE COMPTABILITÉ (1)

II. — Enregistrement chronologique des faits.

70. *Comment inscrit-on les faits au fur et à mesure qu'ils se produisent?*

En théorie, on prend un registre quelconque sur lequel mention est successi-

(1) Voir *Revue de l'Enseignement Technique*, n° 5, p. 206.

vement faite de toutes les opérations effectuées. En regard de chaque opération, on inscrit son montant dans une colonne qui est additionnée.

71. *Donnez des exemples?*

1909. Septembre 14.	Reçu de Pierre espèces.	300
»	Livré à Paul suivant facture n° 164	86 45
»	Remis à Jean chèque n° 39617 sur Crédit lyonnais	350
»	Tiré sur Paul traite n° 415 au 31 décembre.	86 45

et ainsi de suite.

72. *Qu'y a-t-il à dire sur ce procédé?*

Ce procédé est applicable à l'école comme moyen d'enseignement; mais, en pratique, il offre de graves inconvénients.

73. *Lesquels?*

Une maison tant soit peu importante effectue chaque jour beaucoup d'opérations de même espèce. S'il fallait les reporter une par une dans les comptes d'actif, de passif ou de résultats, le travail matériel serait beaucoup trop considérable. On tourne la difficulté en affectant des registres spéciaux aux catégories d'opérations qui se présentent souvent; il suffit alors de reporter périodiquement le total dans les comptes, qui sont ainsi constitués par des sommes globales dont les livres chronologiques donnent, au besoin, le détail complet.

La division des écritures chronologiques en plusieurs catégories procure donc une économie sensible de travail. En outre, on peut ainsi obtenir au jour le jour certains renseignements, alors même que le report dans les comptes du grand livre n'est pas encore fait.

74. *Précisez ce dernier point?*

Si je tiens à part mes entrées et mes sorties d'espèces, je pourrai vérifier l'existant sans recourir au compte du grand livre. De même pour les effets à recevoir, pour le disponible en banque, pour les achats, les ventes, etc.

75. *Comment appelle-t-on les livres ainsi créés?*

On les appelle *livres auxiliaires*, ou encore *journaux partiels*. Cette dernière qualification est plus exacte.

76. *Combien faut-il créer de journaux partiels?*

Un par catégorie d'importantes opérations, et un autre pour les opérations diverses dont le nombre est trop faible pour justifier la création d'un livre distinct.

77. *Donnez un exemple?*

Dans une maison de commerce ordinaire, on installera les journaux partiels suivants :

Journal d'achats à terme;
— de ventes à terme;
— de caisse (recettes et dépenses);
— de banque (un par banque);
— d'entrée d'effets à recevoir;
— de sortie d'effets à recevoir;
— d'opérations diverses.

Si leur importance justifie cette mesure, on pourra extraire des opérations diverses les catégories ci-après qui donneront lieu à autant de journaux partiels distincts :

Journal des avoirs fournisseurs ;
— des avoirs clients ;
— des effets à payer, etc.

En un mot, il n'y a pas de règle absolue en dehors des principes généraux déjà formulés.

78. *Les journaux partiels demeurent-ils indépendants les uns des autres, ou au contraire sont-ils l'objet d'une récapitulation ?*

Ils doivent être périodiquement récapitulés sous une forme quelconque. Le plus souvent, on emploie à cet effet un livre de résumés qui s'appelle le journal central ou général.

79. *N'y a-t-il pas d'autres modes opératoires ?*

On peut supprimer le journal partiel des opérations diverses et inscrire au jour le jour lesdites opérations dans le journal central ou général. En fin de période, on y résume les autres journaux partiels.

80. *Ce procédé est-il recommandable ?*

Ce procédé se justifie quand les opérations diverses sont peu nombreuses.

81. *Comment procède-t-on pour effectuer la récapitulation périodique ?*

On pourrait se borner à reprendre sur le journal central les totaux des journaux partiels. Mais il est préférable de décomposer ce total en indiquant les comptes auxquels ses différentes parties sont imputables. Cette décomposition préalable facilite l'établissement des comptes du grand livre.

82. *Indiquez la méthode à suivre pour le dépouillement des journaux partiels ?*

Le dépouillement a lieu à époques fixes ; en général chaque mois. Considérons, par exemple, les sorties d'espèces ; elles sont additionnées pour le mois dont il s'agit. En regard de chaque somme figure l'indication du compte à débiter (dont le titre peut être remplacé par un indice numérique).

Ceci fait, on prend une feuille munie d'autant de colonnes verticales que sa surface lui permet d'en recevoir. Chaque colonne comprend l'espace nécessaire pour inscrire une somme de francs et centimes, plus une petite marge dans laquelle on note le folio du livre où la somme a été puisée. Toutes les sommes étant distribuées dans les colonnes, on additionne ces dernières ; puis, en récapitulant les totaux ainsi obtenus, on s'assure que le total général reproduit bien la somme à dépouiller.

83. *Ne pourrait-on pas dépouiller sur le journal partiel lui-même ?*

Oui, à condition d'y installer des colonnes en nombre suffisant. Mais ce dernier point n'est guère réalisable, à moins de donner au registre une largeur excessive ; encore doit-on le plus souvent bloquer dans une même colonne les sommes concernant divers chapitres, ce qui rend nécessaire un second dépouillement. En outre, les reports sont ainsi multipliés à l'excès, ce qui augmente le travail matériel sans aucun profit.

84. *Quelle est donc votre conclusion sur ce point ?*

Qu'il vaut mieux dépouiller sur un registre distinct.

85. *Doit-on conserver les dépouillements?*

On doit les conserver avec le plus grand soin, car ils font partie intégrante de l'organisation comptable. Le fait de les établir en brouillon, puis de les jeter au panier une fois le total vérifié, constitue donc une faute professionnelle grave : car, si l'on a plus tard besoin d'un renseignement, tout le travail est à refaire. Ce travail peut même devenir presque impossible, si les imputations ne sont pas clairement indiquées.

86. *Y a-t-il d'autres façons de procéder?*

Certains comptables recopient *in extenso* les journaux partiels dans le journal central en classant les sommes par imputations. Il faut s'abstenir de les imiter, car on s'imposerait ainsi une besogne matérielle énorme sans la moindre utilité.

Tout au plus cette pratique est-elle admissible dans les très petites entreprises où le nombre des mouvements est excessivement restreint; mais c'est l'exception.

87. *Les livres chronologiques ainsi tenus sont-ils réguliers au point de vue légal?*

On peut les considérer comme réguliers s'ils sont visés, cotés et paraphés.

88. *A qui faut-il s'adresser pour remplir cette formalité?*

Au greffe du tribunal de commerce ; et, dans les localités qui en sont dépourvues, à la mairie.

89. *En quoi consiste le visa?*

Le visa consiste en une formule inscrite par le magistrat sur la première page et qui indique : 1° le nombre de feuillets; 2° le nom et l'adresse du propriétaire du registre; 3° la date à laquelle il est visé. Cette formule est signée par le magistrat.

90. *En quoi consistent la cote et le paraphe?*

La cote est un numéro d'ordre donné à chaque feuillet ; le paraphe est une signature abrégée par le magistrat près de chaque cote.

91. *Peut-on établir les journaux partiels sur feuillets mobiles?*

On le peut, et c'est même ainsi que procèdent les grandes entreprises pour faciliter la division du travail. Mais, dans les entreprises moyennes et restreintes, l'usage des journaux cousus donne de très bons résultats.

92. *Les journaux partiels à feuilles mobiles peuvent-ils être soumis au visa, à la cote et au paraphe?*

Ils ne le peuvent pas, ces formalités ne s'appliquant qu'aux livres cousus.

93. *Comment assure-t-on leur authenticité?*

En faisant arrêter et signer les écritures de chaque journée par l'agent qui les a établies et en prescrivant leur remise à un chef de service chargé de les centraliser et de les contrôler sous sa responsabilité.

94. *Quel nom donne-t-on aux formules qui représentent dans le journal central, soit une opération isolée, soit le résumé d'un journal partiel?*

On les nomme des *articles*.

95. *Qu'est-ce qu'un article de journal?*

C'est une formule dans laquelle on énonce le ou les comptes débités, le ou les comptes crédités ainsi que les sommes correspondantes.

S'il s'agit d'une opération isolée ne figurant pas dans l'un des journaux partiels, on ajoute un libellé ou phrase explicative aussi claire que possible.

96. *Quels soins doit-on apporter dans la confection des libellés?*

Comme toutes les écritures, ils doivent être rédigés de façon à pouvoir être compris par toute personne.

97. *Comment dispose-t-on les articles de journal? Donnez un exemple?*

Soient les sorties de caisse d'une période : achats, 150; paiements aux fournisseurs, 5.000; versements au banquier, 2.000; paiement d'effets échus, 1.800; frais généraux, 750; total : 9.700.

On écrira :

(1) Les suivants à Caisse			9.700 »
Achats	150 »		
Fournisseurs	5.000 »		
Banquier	2.000 »		
Effets à payer	1.800 »		
Frais généraux	750 »		

ou encore :

(2) Les suivants.		à Caisse .	9.700 »
Achats	150 »		
Fournisseurs	5.000 »		
Banquier	2.000 »		
Effets à payer	1.800 »		
Frais généraux	750 »		

ou encore :

(3)	Les suivants à Caisse	9.700 »
150 »	Achats.	
5.000 »	Fournisseurs.	
2.000 »	Banquier.	
1.800 »	Effets à payer.	
750 »	Frais généraux.	

ou enfin :

(4) Les suivants à Caisse :		
Achats	150 »	
Fournisseurs	5.000 »	
Banquier	2.000 »	
Effets à payer	1.800 »	
Frais généraux	750 »	
		9.700 »

98. *Quels sont les avantages et inconvénients respectifs de ces dispositifs?*

Les nos 1 et 3 sont très recommandables par leur netteté.

Le no 2 peut être incommode pour loger les libellés.

Le no 4, dans lequel on n'additionne que la colonne extérieure, rend le contrôle arithmétique plus difficile. Il est d'ailleurs peu rationnel et doit être rejeté.

99. *Il faut donc additionner les deux colonnes de débits et de crédits?*

Assurément, si l'on veut être sûr de son travail.

100. *Pourquoi dites-vous : « les suivants à Caisse » ?*

Cette formule est une abréviation de langage passée dans les habitudes, et qui veut dire : « les comptes ci-après doivent au compte Caisse ». Il y a là une expression conventionnelle dont le sens exact est celui-ci : Débitez les comptes que voici et créditez par contre le compte Caisse.

101. *Si vous n'avez qu'un compte à débiter et qu'un compte à créditer, qu'écrirez-vous ? Donnez un exemple.*

Mon banquier me retourne impayé pour 122 fr. 50 l'effet sur Laurent que je lui avais remis antérieurement. J'écrirai :

Laurent	112 50	
à Banquier		112 50

ou :

112 50 Laurent.

à Banquier 112 50

102. *Que signifie cette formule ?*

Elle signifie que le compte Laurent doit être débité de 112 fr. 50 et le compte du banquier crédité de pareille somme.

103. *Comment formulez-vous les articles comportant soit un compte débité et plusieurs crédités, soit plusieurs débités et plusieurs crédités ?*

J'écrirai dans le premier cas :

Tel compte aux suivants :
A tel compte,
A tel compte,
Etc.

Et dans le second cas :

Les suivants aux suivants :
Tel compte,
Tel compte,
Etc.
à tel compte,
à tel compte,
Etc.

104. *Quelle est l'utilité de ces formules ?*

Elle est double : 1° Dans la pratique, un journal central ainsi rédigé constitue la meilleure préparation du travail de report dans les comptes du grand livre. 2° A l'école, la traduction en articles du journal des questions posées est une gymnastique intellectuelle profitable. En usant de ce langage abrégé, l'élève et le professeur gagnent du temps.

105. *Vous payez votre loyer 800 francs. Quel article passerez-vous ?*

Frais généraux	800 »	
à Caisse		800 »

En effet le compte *Caisse* doit être crédité des espèces qui sortent. Par contre, la dépense de 800 francs incombe au propriétaire de l'entreprise, qui subit les charges de l'exploitation comme il profite des bénéfices ; nous devons donc l'en débiter. Ce débit sera imputé au chapitre *Frais généraux* puisque le loyer est, dans notre hypothèse, une dépense d'ordre général et non imputable à un chapitre déterminé.

106. *Dans la pratique, l'écriture précédente serait-elle ainsi en évidence dans le journal central?*

Non, elle se trouverait probablement noyée dans la formule « les suivants à Caisse » qui représenterait, selon toute vraisemblance, le dépouillement des sorties d'espèces.

107. *Vous vendez au comptant des marchandises pour 12 francs. Passez l'article?*

Caisse	12 »	
à Ventes		12 »

108. *Cette formule ne passe-t-elle pas sous silence un élément de l'opération?*

Elle passe sous silence la personnalité de l'acheteur. On aurait pu écrire :

Acheteurs au comptant	12 »	
à Ventes		12 »

puis :

Caisse	12 »	
à Acheteurs au comptant		12 »

mais le compte *Acheteurs au comptant* étant visiblement soldé, on peut, à la rigueur, se dispenser de l'ouvrir.

109. *Les comptes immédiatement soldés n'offrent-ils donc aucun intérêt?*

Ils n'offrent qu'un intérêt de statistique. Pour ce dernier motif, certaines personnes ouvrent des comptes, tels que *Acheteurs au comptant*, dont le total leur indique à combien se sont élevées les transactions de cette sorte.

110. *Est-ce bien exact?*

Oui, pourvu qu'aucun virement ou redressement ne soit venu altérer la signification des totaux.

111. *Y a-t-il encore quelque utilité à ouvrir ce compte « Acheteurs au comptant »?*

Dans les maisons qui considèrent comme du comptant les factures payables à très court délai, le chapitre dont il s'agit indique, par son solde débiteur, ce qui reste à encaisser.

112. *Indiquez une autre utilité du même compte?*

Si la livraison des marchandises et la perception du prix sont faites par deux personnes différentes, le débit d'*Acheteurs au comptant* provient du livre des ventes et son crédit du *livre de caisse*. On s'assure ainsi que le prix de toutes les marchandises livrées a bien été encaissé ; d'où un contrôle, qui cesserait si le compte en question était omis sous prétexte qu'il est toujours soldé.

113. *Inscrit-on au livre de caisse les ventes au comptant une par une?*

Oui, si elles sont en petit nombre. Dans le cas contraire, on les note sur un carnet dont le total quotidien est reporté en bloc au livre de caisse.

Quand la vente au comptant prend beaucoup d'extension, on peut remplacer ce carnet par des fiches insérées dans une boîte, au fur et à mesure des recettes, et additionnées en fin de journée; ou encore, on emploie un appareil totalisateur.

114. *Vous avez remis à Pierre un chèque de 200 francs sur la Société Générale. Passez l'écriture?*

Pierre	200 »	
à Société Générale		200 »
Ma remise chèque n° 3781.		

En effet Pierre reçoit 200 francs sur présentation du chèque; il est débité. La Société Générale fournit cette somme; elle est créditée.

115. *Pourquoi indiquez-vous le numéro du chèque dans le libellé?*

Parce que ce renseignement est presque indispensable pour pointer avec mes propres écritures l'extrait de compte que la Société Générale me remettra.

116. *A quel moment passez-vous l'écriture que vous venez de formuler?*

Au moment où je tire le chèque. En effet la Société Générale ne m'avise pas de la date du paiement; il est donc plus sûr, pour ne pas l'oublier, d'écriturer le chèque au moment même de sa création. Je suppose ainsi que le paiement a lieu immédiatement. Cette manière de procéder offre encore l'avantage de me montrer ce qui reste disponible à la Société Générale, déduction faite du chèque.

117. *Ne pourriez-vous passer l'écriture autrement?*

Certains comptables font intervenir le compte *Caisse* et écrivent :

Caisse	200 »	
à Société Générale		200 »
Chèque 3781 ;		

puis :

Pierre	200 »	200 »
à Caisse		200 »
Ma remise chèque 3781 sur la Société Générale		

Ce procédé défectueux est à rejeter. Il complique les écritures sans aucun profit, et n'exprime pas la vérité.

118. *Passe-t-on isolément écriture d'un chèque comme vous venez de le faire?*

Non. Le chèque tiré est aussitôt inscrit au livre de banque, et se trouve compris dans le dépouillement périodique de l'Avoir du banquier qui se résumerait ainsi :

Les suivants à Société Générale
Etc.

119. *Vous avez domicilié au Crédit Lyonnais la facture (ou la traite) de votre fournisseur Paul : 156 fr. 70. Que passez-vous?*

Paul	156 70	
à Crédit Lyonnais		156 70

En effet, Paul reçoit cette somme, il est débité; le Crédit Lyonnais la fournit, il est crédité.

120. *A quel moment passez-vous l'écriture précédente?*

Au moment où le Crédit Lyonnais me rend l'effet acquitté par lui.

121. *Pourquoi?*

Parce que l'effet pourrait n'être pas présenté pour un motif quelconque, ce qui m'obligerait à annuler l'écriture si je la passais d'office au moment de la domiciliation. Et, comme il est d'usage que le banquier retourne à son client les domiciliations acquittées par lui le lendemain ou le surlendemain du paiement, il n'y a aucun inconvénient à atteindre un jour ou deux; je ne puis oublier l'écriture.

122. *En pratique, passez-vous directement cet article au journal central?*

Non. La domiciliation est inscrite au livre de banque lors de la réception de la pièce; et son montant se trouve compris dans le dépouillement périodique de l'Avoir : les suivants à Crédit Lyonnais...

123. *Vous tirez une traite sur Jean 400 francs. Quelle écriture passez-vous?*

Effets à recevoir		400 »	
	à Jean		400 »

Jean cesse d'être mon débiteur en compte de ces 400 francs; sa créance diminue d'autant, ce qui m'oblige à créditer son compte de pareille somme. Par contre, le montant des sommes qui me sont dues sous forme d'effets a augmenté : je débite le compte Effets à recevoir.

124. *En pratique, comment opère-t-on?*

On inscrit l'effet au livre d'entrée de portefeuille et, périodiquement, on passe au journal central, le résumé des entrées dans la forme ci-après :

Effets à recevoir aux suivants :

125. *Vous remettez cet effet au Crédit Lyonnais qui prélève 1 fr. 10 d'agio. Passez l'écriture?*

Les suivants	à Effets à recevoir		400 »
Crédit Lyonnais		398 90	
Frais de négociation		1 10	

L'effet étant sorti du portefeuille, je crédite mon compte Effets à recevoir. Par contre, je débite le Crédit Lyonnais qui l'a reçu, mais pour 398 fr. 90 seulement; la différence 1 fr. 10 est à la charge du propriétaire de l'entreprise que j'en débite sous la rubrique Frais de négociation.

126. *Est-ce ainsi que les choses se passent dans la réalité?*

Non, car je serais obligé d'attendre le décompte du Crédit Lyonnais; et comme cette pièce met parfois plusieurs jours à me parvenir, comme elle peut s'égarer, je serais exposé à oublier l'opération.

127. *Comment procédez-vous?*

J'inscris au débit du livre de banque ma remise pour son montant brut. Le dépouillement périodique donnera :

Crédit Lyonnais	aux suivants :	
	à Effets à recevoir	400 »
	etc.	

a somme de 400 francs étant comprise dans le total de mes remises.

Quand je reçois le décompte et que je l'ai vérifié, j'inscris l'agio à l'avoir du livre de banque. Le dépouillement périodique donne :

Les suivants à Crédit Lyonnais :
Frais de négociation 1 10
etc.

la somme de 1 fr. 10 étant comprise dans le total des agios.

128. *Cette méthode n'offre-t-elle pas un inconvénient?*

Si, car le compte du Crédit Lyonnais chez moi présente d'un côté 400 francs, de l'autre 1 fr. 10, tandis que mon compte au Crédit Lyonnais donne 398 fr. 90 seulement. Le pointage est donc parfois laborieux. Mais la méthode que j'ai décrite offre plus de sécurité ; elle doit donc être préférée.

129. *Comment peut-on concilier les deux exigences?*

En ayant un livre distinct pour les remises non décomptées. Il serait tenu de la façon que voici :

Ma remise du. . . . 400 » { Agio 1 10
{ Net produit . . 398 90

et on transporterait le net au livre de banque :

Net produit de ma remise du. 398 90

D'où au journal central ce qui suit :

Crédit Lyonnais (remises à décompter)	400 »	
à Effets à recevoir.		400 »
Les suivants à Crédit Lyonnais (remises à décompter) . .		400 »
Crédit Lyonnais.	398 90	
Frais de négociation.	1 10	

le tout, par voie de dépouillement périodique.

Seulement, pour connaître la position approximative, il faudrait additionner le solde du livre de banque avec celui du livre des remises à décompter.

130. *Peut-on donner une règle absolue permettant de passer correctement au journal une opération quelconque?*

Oui. Cette règle consiste à analyser soigneusement l'opération pour discerner quels comptes doivent être débités et crédités des différentes sommes composant l'opération; puis on énonce le résultat de cette analyse sous la forme conventionnelle que nous connaissons.

131. *Donnez un exemple?*

Martin me livre pour 653 fr. de marchandises. Je lui remets en échange 100 fr. espèces, 234 fr. 70 d'effets tirés de mon portefeuille, un effet accepté par moi pour 150 fr. et un chèque sur la Banque de France de 168 fr. 30.

On a visiblement :

MARTIN		CAISSE		EFFETS A PAYER	
100 »	653 »		100 »		150 »
234 70					
150 »					
168 30					
653 »					

ACHATS		EFFETS		BANQUE DE FRANCE	
653 »			234 70		168 30

Le compte Martin étant soldé, on peut en faire abstraction et dire :

Achats aux suivants.	653 »	
Pour la facture Martin du... réglée comme suit :		
à Caisse		100 »
Mon versement :		
à Effets à recevoir.		234 70
Ma remise effet n°...		
à Effets à payer		150 »
Mon acceptation au...		
à Banque de France		168 30
Ma remise chèque n°...		

132. *Cette écriture est-elle vraisemblable?*

Non, elle n'a qu'un intérêt purement théorique et, dans l'application, les choses ne se passeraient sans doute pas ainsi. Je l'ai donc choisie pour montrer toute la souplesse du principe des parties doubles.

Dans la réalité, en admettant le mode compliqué du règlement que j'ai imaginé, on aurait ce qui suit :

La facture serait inscrite au livre des achats, d'où :

Achats aux suivants :

à Martin,

etc.

Le paiement figurerait au livre de caisse, d'où :

Les suivants à Caisse.

Martin,

etc.

De même pour les trois autres articles du règlement qui seraient repris, par dépouillement périodique, dans les livres de sortie d'effets à recevoir, d'émission d'effets à payer, et dans le livre de banque.

Le compte de Martin se trouverait ainsi maintenu, ce qui est logique et préférable.

133. *Quelle réglure faut-il adopter pour les journaux partiels?*

En général, ils comportent au moins cinq colonnes :

1° Date de l'opération;

2° Folios des comptes individuels auxquels des reports doivent être faits;

3° Libellé explicatif;

4° Imputations;

5° Sommes.

D'autres colonnes sont parfois nécessaires.

Ainsi au livre d'entrée et au livre de sortie des effets à recevoir il faut des colonnes pour le numéro d'ordre, le lieu de paiement, et l'échéance de chaque effet.

On peut mettre deux colonnes de sommes, la seconde permettant de ressortir le total de chaque effet.

134. *Pourquoi établissez-vous deux registres séparés pour l'entrée et la sortie des effets à recevoir?*

Parce que les sorties ne se succèdent généralement pas dans l'ordre des entrées; de sorte que si l'on veut pointer les premières avec les secondes, deux livres distincts sont plus commodes qu'un seul.

135. *Doit-on avoir également deux registres pour les effets à payer?*

Non, un livre d'émission suffit pour les billets souscrits et les traites acceptées. La rentrée de ces effets figure dans les livres de caisse et de banque qu'ils sont payés au guichet de la maison ou domiciliés.

136. *N'y a-t-il pas, alors, une précaution à prendre?*

On peut ajouter au livre des effets à payer une colonne d'émargement dans laquelle on mentionne successivement le paiement des effets venus à échéance; éventuellement leur annulation.

137. *Où se trouvent les écritures d'annulation?*

Dans le journal partiel des opérations diverses.

138. *Vous ne m'avez pas parlé du « brouillard ». Qu'est-ce que cela?*

Le brouillard est un registre cité par différents auteurs qui se sont surtout occupés d'enseignement. D'après eux, cette expression désigne un livre destiné à recevoir, au jour le jour, mention de toute les opérations faites; c'est une espèce de memorandum ou d'agenda. On s'en sert comme thème d'opérations pour raisonner ensuite les articles à passer au journal.

Une semblable méthode, admissible jusqu'à un certain point comme procédé pédagogique élémentaire, n'est pas un instant défendable sur le terrain de la pratique. Elle entraîne l'inconvénient suivant : les élèves ayant quitté l'école sont obligés de contracter d'autres habitudes, ou, ce qui est plus regrettable encore, ils tentent d'appliquer aux faits réels les procédés qu'on leur a enseignés. Bientôt débordés par la mulplicité des opérations, ils se trouvent au-dessous de leur tâche.

139. *Quelle est la conclusion?*

Que l'usage du brouillard étant impraticable dans la réalité, on doit s'en servir le moins possible à l'école, et expliquer aux élèves que c'est là un simple exercice de théorie.

(*A suivre.*) G. FAURE.

HISTOIRE (PREMIÈRE ANNÉE).

Une guerre économique : le Blocus continental.

1. CE QU'EST LE BLOCUS CONTINENTAL. — Une sorte de machine de guerre destinée à abattre l'Angleterre en lui fermant les marchés européens.

L'Angleterre tirait la plus grande partie de sa richesse de la vente de ses produits coloniaux et manufacturés; si Napoléon parvenait à l'empêcher d'écouler ses marchandises sur le continent, celles-ci s'accumuleraient dans les magasins et il en résulterait une *crise économique* (manque d'argent) et une *crise sociale* (fermeture des usines, chômage, misère, émeutes). Le gouvernement anglais serait ainsi réduit à demander grâce et à subir les conditions du vainqueur.

II. Comment Napoléon fut amené au Blocus. — 1° Par son impossibilité d'atteindre l'Angleterre soit dans son île (échec du camp de Boulogne), soit sur mer (destruction de notre flotte à Trafalgar);

2° Par la nécessité de riposter à la guerre économique que, depuis longtemps, nous faisait l'Angleterre (arrestation de nos commerçants, saisie de nos marchandises, même à bord des vaisseaux neutres, etc.).

III. Mesures préparatoires. — Napoléon répondit à la politique anglaise par une série de mesures de prohibition : en 1803, prohibition des denrées coloniales anglaises et, d'une façon générale, de toute marchandise provenant directement ou immédiatement d'Angleterre. Et, comme des produits anglais pouvaient être introduits sans qu'on pût en déterminer l'origine, établissement de taxes lourdes sur les articles vendus habituellement par les Anglais : droits sur cacao et café fixés à 120 francs par 100 kg. (1805), — taxe de 60 francs par quintal de coton en laine et de 7 francs par kilogramme de coton filé (22 février 1806), — taxe nouvelle de 200 francs par quintal sur cacao, de 150 francs sur café et poivre, de 100 francs sur sucre, etc. (4 mars 1806). A ces mesures, l'Angleterre riposta le 1er novembre 1806 en déclarant bloquées les côtes de l'Empire français.

IV. Etablissement du Blocus. — Napoléon répondit par le décret de Berlin (21 novembre 1806), et, comme l'Angleterre voulait obliger les neutres à subir sa domination maritime et commerciale (ordre du Conseil de l'Amirauté 1808), Napoléon prit contre les neutres le décret de Milan (17 décembre 1807) [voir les manuels].

V. Un tel système économique était-il réalisable? — Non, parce que ; 1° *Politiquement*, il fallait, pour obtenir le succès, que l'Europe entière fût réellement fermée aux Anglais, ce qu'il était chimérique d'espérer;

2° *Economiquement*, le Blocus allait entraîner une gêne énorme dans la vie économique de l'Europe et imposer des souffrances à des peuples désintéressés à ce duel.

VI. Résultats du Blocus. — 1° *Politiques*. — L'application du Blocus amena Napoléon à pratiquer une politique violente et néfaste d'*annexions* ou de *guerres* contre les pays rebelles à son système. Deux de ces guerres (guerres d'Espagne et de Russie) furent la cause profonde de la chute de l'Empire.

2° *Economiques*. — a) *Grande perturbation dans la vie économique de l'Europe*, privée de certains produits de première nécessité, dont l'Angleterre avait le monopole : sucre, coton, café, chocolat, etc. Cherté de ces produits (sucre, 6 francs la livre), misère. De là, la *fraude* et la *contrebande*, contre lesquelles Napoléon dut prendre de nouvelles mesures de rigueur : saisies dans les dépôts placés à quatre jours de marche des frontières, — destruction par le feu des marchandises illicites, — institution de tribunaux extraordinaires (cours prévôtales) pour juger les *crimes* de contrebande.

b) *Transformation du commerce* qui, devant l'impossibilité du transport par mer, devint *continental* (roulage, navigation fluviale, foires intérieures). Par suite, le commerce maritime fut anéanti et les grands ports de Nantes, Bordeaux, Marseille, Amsterdam, Hambourg souffrirent cruellement. Il n'y eut plus qu'une forme de commerce maritime : la *course* aux navires anglais.

c) *Grande activité de l'industrie française* qui, stimulée par les prix élevés de certains produits et le manque de certains autres, s'ingénia à les fabriquer. Napoléon, d'ailleurs, fit tous ses efforts pour encourager l'industrie : visites fréquentes dans les usines, récompenses aux inventeurs, commandes, appui financier, etc. De là le développement de l'industrie française à cette époque, et non seulement des vieilles industries du drap et de la soie, mais des industries nouvelles (coton, sucre de betterave, châles, toiles peintes, quincaillerie, etc.). Malheureusement, cette prospérité ne dura pas, elle fut arrêtée dès 1812 par les revers militaires, la levée du Blocus et l'invasion du continent par les produits anglais.

VII. Effet du Blocus sur l'Angleterre. — Sans doute, l'Angleterre fut fortement troublée et gênée par le Blocus; de nombreuses maisons firent banqueroute malgré le secours de 6 millions de livres sterling voté par le Parlement; l'or manqua et les billets subirent une dépréciation. Néanmoins, elle ne fut pas ruinée; elle put, en effet, commercer avec ses colonies et les colonies espagnoles parce qu'elle était maîtresse de la mer; en outre, les violences de Napoléon à l'égard des peuples lui ouvrirent certains marchés : Portugal, Espagne, Russie. Il est même curieux de constater que le commerce extérieur de l'Angleterre s'accrut pendant cette période : en 1807, il est de 47 millions de livres et en 1810 de 56 millions. Enfin la levée du Blocus et la décadence de l'industrie française donnèrent à l'industrie anglaise une nouvelle vitalité.

Conclusion. — La politique du Blocus fut donc mauvaise : loin de produire les résultats que Napoléon en attendait, elle fut la cause de nos désastres et affaiblit momentanément la France.

Ouvrages à consulter. — Levasseur : Histoire des classes ouvrières en France de 1789 à nos jours (tome I). — Exposés de la situation de l'Empire. — Lavisse et Rambaud : Histoire générale (tome IX).

Lectures. — Le texte complet des décrets de Berlin et de Milan. — Enthousiasme des industriels français à la suite du Blocus (Levasseur). — Efforts faits pour avoir du sucre (*Id.*).

GÉOGRAPHIE (Deuxième année commerciale).

L'industrie en Hollande.

Voici un petit pays de 33.000 km² et peuplé de 5 millions et demi d'habitants, qui, malgré des conditions naturelles défavorables (peu de houille et de bois, absence de minerais), est parvenu cependant à créer une industrie active. A l'heure actuelle, non seulement la production industrielle suffit aux besoins de la population, mais elle entre pour une part considérable dans le commerce d'exportation.

Causes du développement industriel.

1. *La vie maritime* qui a amené les Hollandais à devenir un peuple colonisateur. Leur empire colonial (60 fois aussi grand et 7 fois aussi peuplé que la métropole) permet à l'industrie de se ravitailler en certaines matières premières et assure un débouché aux produits manufacturés.

2. *L'esprit entreprenant* des Hollandais les a poussés à devenir industriels pour se délivrer des marchandises étrangères dont ils furent tributaires jusqu'en ces dernières années.

I. — Industries extractives.

Peu développées, faute de matières premières et bornées à :

1. *Houille* extraite actuellement du Limbourg (6 concessions). Production [1] : 1.120.852 tonnes. Depuis la loi de 1904, l'Etat a pris à sa charge l'exploration méthodique du sous-sol en vue d'accroître la production de la houille.

2. *Tourbe*, vrai combustible national. Sert encore à d'autres usages : litière, nourriture pour bétail (après mélange avec mélasse), emballage de fruits. Production : 200.000 tonnes.

3. *Carrières* limitées à partie sud du Limbourg (3.000 m³ seulement).

II. — Industrie métallurgique.

Beaucoup plus active.

1. *Construction navale*, a joui d'une grande prospérité au XVIIe siècle. Alors 2.000 navires sortaient annuellement de ses chantiers, dont les plus célèbres furent ceux de Zaandam, visités par Pierre le Grand. Aujourd'hui, les chantiers navals sont au nombre de 425 et occupent 18.000 ouvriers. On y construit des navires de haute mer et des navires fluviaux. Centres : Amsterdam et bords de Meuse (de Dordrecht à Rotterdam).

2. *Constructions mécaniques*. — En cette matière, la Hollande fut longtemps tributaire de l'étranger qui fournissait la plupart des machines nécessaires aux usines. Seules, les réparations étaient faites sur place par des artisans hollandais. Or, ce sont ces artisans qui eurent l'initiative de s'exercer peu à peu à construire des machines; ils transformèrent ainsi leurs ateliers de réparation en de grandes usines de construction. Leur succès fut d'ailleurs facilité par la grande activité économique qui régna en Hollande dans la deuxième moitié du XIXe siècle par suite de l'amélioration des voies navigables, de la construction de ports, de l'exécution de grands travaux hydrauliques, du dessèchement des marais, de l'établissement des chemins de fer et tramways, etc. Actuellement 132 ateliers occupant 23.000 ouvriers. Centre : Hollande méridionale (10.000 ouvriers). On y produit entre autres : machines pour navires, moteurs divers pour l'industrie, appareils pour sucreries, pour transport et levage, pour ponts, écluses, pour déplacement de terres (dragues, excavateurs), pour laiteries, huileries, tissages, etc. Ces divers travaux ont nécessité la création de fonderies de fer, cuivre, bronze, plomb, etc., et de laminoirs.

A cette industrie se rattachent un grand nombre d'ateliers donnant les produits les plus divers : automobiles (400 ouvriers), bicyclettes, armes, pointes, clous,

(1) Tous les chiffres donnés dans cet article sont ceux de 1909.

fil étiré, câbles d'acier, patins, outils pour agriculture et jardinage, feuilles d'étain pour emballer le chocolat, coffres-forts (Dordrecht), émaillure, articles d'emballage en fer-blanc, ferronnerie d'art, objets d'art en cuivre, etc.

III. — Industrie textile.

Une des plus anciennes de Hollande parce que l'agriculture et l'élevage fournissaient la matière première (laine, lin, chanvre, garance pour teinture). Elle a profité au XVIe siècle de l'immigration d'ouvriers flamands fuyant la tyrannie de l'Espagne et au XVIIe siècle de l'arrivée de milliers de réfugiés français chassés de leur patrie par la révocation de l'édit de Nantes.

Coton. — Filatures. — Centre : la Twenthe (Over-Yssel), 467.000 broches, 6.000 ouvriers. Mais la filature est insuffisante pour alimenter le tissage. Importation de 25 millions de kilogrammes de fil (Angleterre). — *Tissage* occupe 21.500 ouvriers, concentrés surtout dans la Twenthe et la Gueldre. Exportation de coton manufacturé : 100 millions de francs.

Laine occupe 5.700 ouvriers. Centre principal : Tilbourg (4.500 ouvriers) qui a supplanté Leyde. Production évaluée à 8 millions de kilogrammes valant 50 millions de francs. Exportation : 1 million et demi de kilogrammes.

Toile concentrée dans le Brabant nord, aux alentours d'Eindhoven et fabriquée soit dans de grandes fabriques, soit dans des tissages à la main groupés tantôt dans de petits ateliers, tantôt disséminés à domicile à la campagne.

Jute : Ryssen (Twenthe).

Spécialités : couvertures de lit, flanelle, tricot (1.200 ouvriers), tapis, parmi lesquels nattes et tapis de chanvre de cocotier (importé de Java), — corderie et filetterie pour pêche, — toile à voile, — capoc ou duvet de Java pour matelas et oreillers.

(*A suivre.*)

L. Barbe,
Professeur à l'École Nationale Professionnelle d'Armentières

SOLUTIONS DE QUELQUES EXERCICES PROPOSÉS

ALGÈBRE

Exercice I (*Revue de l'Enseignement Technique*, n° 1, p. 29).

A. Solution arithmétique. — 1° *Méthode des multiples* : *a*) Soient n le nombre de boulons à 22 centimes et n' le nombre de boulons à 18 centimes, on aura :

(1) $$22n = 18n'.$$

Les multiples communs à 22 et 18 sont :

$$22 \times 9 \text{ et } 18 \times 11; \quad 22 \times 18 \text{ et } 18 \times 22; \quad 22 \times 27 \text{ et } 18 \times 33, \text{ etc.}$$

Les nombres n et n' doivent différer de 10 unités; comme 9 et 11 diffèrent de 2 unités, il faudra prendre les multiples 5 fois plus grands; soient :

$$22 \times 45 \quad \text{et} \quad 18 \times 55.$$

Les nombres demandés sont 45 et 55.

b) Cette même méthode peut être présentée d'une autre façon en utilisant les principes sur les fractions équivalentes.

On a : $\frac{n}{n'} = \frac{18}{22}$ en divisant les deux membres de l'égalité (1) par 22 n'.

En réduisant la fraction $\frac{18}{22}$ à la plus simple expression, elle devient $\frac{9}{11}$, et n et n' sont des équimultiples de 9 et 11. Le raisonnement se poursuit comme précédemment.

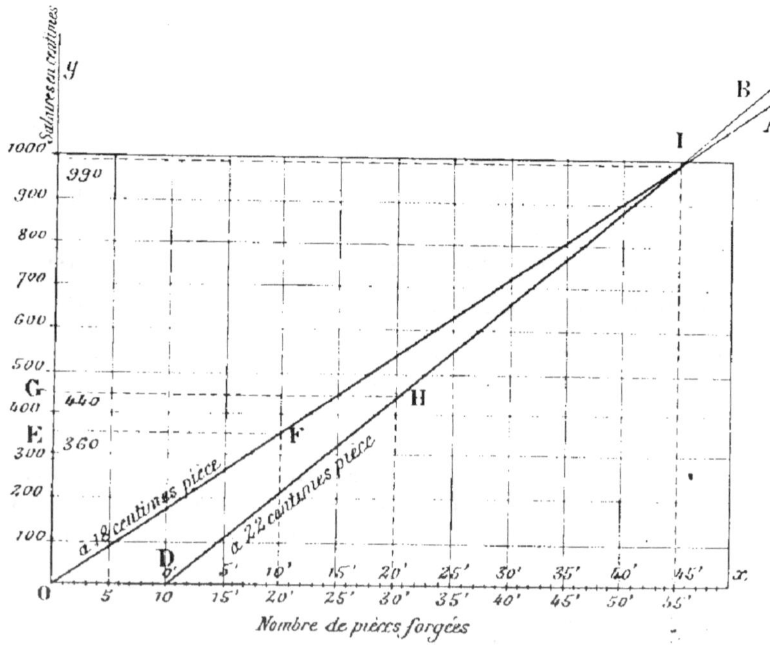

2° *Méthode des proportions.* — Les gains étant les mêmes, les nombres de boulons façonnés sont inversement proportionnels aux salaires par pièce.

On a :

$$\frac{n}{18} = \frac{n'}{22} = \frac{n' - n}{22 - 18} = \frac{10}{4}$$

d'où :

$$n = \frac{18 \times 10}{4} = 45 \quad \text{et} \quad n' = \frac{22 \times 10}{4} = 55.$$

B. Solution algébrique. — Soit x le nombre de boulons payés à 22 centimes, $x + 10$ sera le nombre de boulons payés à 18 centimes, et on aura :

$$x \times 22 = (x + 10) \times 18$$

ou :

$$22x = 18x + 180$$

ou :

$$22x - 18x = 180 \quad \text{(définition de la soustraction)}$$

$$4x = 180$$

$$x = \frac{180}{4} = 45.$$

C. Formules. — Soient a et b les prix du forgeage des boulons et d la différence des nombres de boulons forgés, on a :

$$ax = b(x + d) \quad (x \text{ est le nombre de boulons payés } a \text{ centimes pièce.})$$
$$ax = bx + bd)$$
$$x(a - b) = bd.$$

Et, en supposant $a \lesseqgtr b$:

$$x = \frac{bd}{a - b}.$$

Le nombre des boulons payés b centimes pièce sera :

$$\frac{bd}{a-b} + d = \frac{bd + ad - bd}{a - b} = \frac{ad}{a - b}.$$

D. Remarques. — 1. Ces formules permettraient de résoudre le même problème avec des données différentes.

2. On a remarqué que la division de bd par $(a - b)$ n'était possible que si l'on avait $a \lesseqgtr b$; le problème serait encore impossible si l'on avait $a < b$, car $(a - b)$ étant négatif, x serait négatif, ce qui n'est pas admissible dans le cas présent; il est évident d'ailleurs que si les salaires sont les mêmes, le prix a du forgeage des pièces qui sont le moins nombreuses doit être supérieur au prix b du forgeage des autres pièces.

3. Le problème posé est du type général dit problème des courriers, cas particulier où les mobiles partant d'un même point à des instants différents, ou, au même instant, de points différents, se déplacent dans le même sens.

E. Solution graphique. — Sur l'axe ox, on a porté les nombres de boulons forgés, sur l'axe oy les salaires.

La ligne OA représente la variation des salaires du second forgeron pendant une journée et la ligne DB représente la variation des salaires du premier. OD = 10 boulons. Ces deux lignes se rencontrent en I qui donne des salaires égaux et indique la solution du problème : OH = 55 boulons à 18 centimes pièce et DH = 45 boulons à 22 centimes pièce.

Le graphique montre encore que si le premier forgeron faisant 10 pièces de moins n'était pas payé davantage que le deuxième à la pièce, les droites ne se rencontreraient pas dans l'angle yox et que le problème serait impossible.

Nota. — Les droites OA et DB ont été obtenues en calculant les salaires de chacun des deux forgerons pour 20 pièces forgées.

$$OE = 18 \times 20 = 360 \text{ centimes}; \qquad OG = 22 \times 20 = 440 \text{ centimes}.$$

F. Dauchy,

Professeur à l'École pratique de Commerce et d'Industrie de Maubeuge.

ENSEIGNEMENT TECHNIQUE A L'ÉTRANGER

LES COURS DE PERFECTIONNEMENT DE CHEMNITZ (SAXE).

Les cours de perfectionnement professionnel allemands étaient représentés à l'Exposition de Bruxelles par les cours d'adultes de Leipzig et de Chemnitz. Deux petites brochures publiées, l'une par M. Gopfert, sur les cours de perfectionnement de Chemnitz dont il est le directeur, l'autre par M. Friedrich Schilling, sont d'une lecture intéressante au plus haut point, non pas seulement par les détails qu'elles fournissent sur l'organisation, le fonctionnement et les programmes de ces cours, mais aussi par les digressions qu'elles renferment et qui sont, pour les auteurs, une occasion d'examiner les desiderata des cours de perfectionnement allemands en général. On y voit ainsi les aspirations et les tendances actuelles de la pédagogie technique d'outre-Rhin, et, pour nous, Français, qui sommes à la veille d'établir un enseignement technique rationnel à l'usage des adultes, il y a certainement là une ample moisson de faits et d'idées à recueillir.

I. Organisation. — Les cours de perfectionnement de Chemnitz sont des cours municipaux qui ont été fondés et sont entretenus presque en totalité par la Ville, car les élèves qui les fréquentent ne paient que 2 marks par an et l'Etat n'accorde aucun subside. C'est ainsi qu'en 1909, sur une dépense totale de 120.000 marks, la Ville a dû en assumer 110.200, Bien plus, comme Chemnitz n'a pas encore, à l'heure présente, de locaux spécialement affectés à ces cours et que les élèves doivent se répartir à travers la ville dans trois Ecoles très primitivement installées, le Conseil municipal a décidé de consacrer à l'édification d'un bâtiment spécial une somme de 650.000 marks. Ce sont là des chiffres relativement considérables et nous tenons à les citer pour montrer que les villes allemandes n'hésitent pas à s'imposer de lourds sacrifices pécuniaires quand il s'agit d'assurer aux ouvriers et employés les connaissances pratiques nécessaires actuellement à qui entend exercer un métier autrement que par routine.

Pour compenser de tels sacrifices et permettre à toute la jeunesse ouvrière de la cité d'en recueillir les bénéfices, la municipalité de Chemnitz a rendu obligatoire la fréquentation de ces cours. L'ordonnance municipale qui règle le fonctionnement de ces Écoles de perfectionnement porte en effet, que « les élèves ayant terminé leurs études à l'école primaire sont astreints à fréquenter les cours pendant trois ans, à moins que leur instruction primaire ne soit complétée d'une autre façon. En outre, les élèves sortis des établissements d'enseignement secondaire seront astreints à la même fréquentation, si, avant leur quinze ans révolus et une scolarité de neuf années, ils sortent d'une classe inférieure à celle qu'ils auraient pu atteindre normalement en étant normalement doués ». Nous n'insisterons pas sur ce point, pourtant capital, car dans une étude antérieure, nous avons exposé longuement comment et pourquoi le principe d'obligation a été imposé, quelle difficulté et quelle hostilité sa réalisation a rencontrées au début et comment enfin il a pu triompher. Nous nous contenterons de renvoyer le lecteur au n° 9 de *La Technique Moderne* où cette étude a paru.

Étant obligatoires, les cours de Chemnitz devaient s'adresser à toutes les catégories de travailleurs et, de fait, ils embrassent toutes les professions de la ville, — non seulement les professions bien déterminées et qui sont réparties, dans les cours, de la façon suivante : employés de commerce, commis expéditionnaires aux écritures, boulangers, confiseurs, pâtissiers, ouvriers du bâtiment, échantillonneurs en tissage, ajusteurs, ébénistes, lithographes, photographes, — mais même les professions non déterminées habituellement, comme manœuvres, garçons de courses, cochers, saute-ruisseaux, chasseurs d'hôtel et de restaurant, professions exercées le plus souvent par des jeunes gens d'instruction plus que modeste et qui, comme nous le montrerons plus loin, ont été l'objet de programmes particuliers, très heureusement composés.

Les cours de Chemnitz ainsi établis sont assurés par des professeurs qui appartiennent à deux origines différentes : *les uns sont des instituteurs préparés spécialement par la fréquentation de cours spéciaux et par un stage dans les usines, les ateliers, les fabriques*; les autres sont de véritables praticiens, artisans ou ingénieurs. Grâce à cette heureuse disposition, la ville de Chemnitz s'est entourée de toutes les garanties et a doté ses écoles d'un personnel aussi compétent que possible, parce que nettement orienté, soit par des études pédagogiques spéciales, soit par la pratique journalière des affaires, vers les réalités de la vie économique. C'est là certainement une cause profonde de succès.

Le fonctionnement des cours de Chemnitz n'a lieu qu'en semaine et de 7 h. 1/2 du matin à 7 heures du soir. C'est là encore une particularité intéressante de ces institutions et, par là, elles marquent un progrès réel sur l'ensemble des autres cours allemands, car si le principe d'obligation a rallié l'accord unanime en Allemagne, il n'en est pas encore de même du « moment » où doit s'effectuer l'enseignement.

A l'origine, en effet, lorsque les divers États de l'Allemagne décrétèrent l'organisation d'un enseignement technique pour adultes, ils laissèrent les communes libres de fixer elles-mêmes les jours et heures où cet enseignement devait être donné, et beaucoup de communes, pour ne pas effrayer les industriels, pour leur rendre, selon le mot-image de F. Schilling, « la pilule moins amère », fixèrent le fonctionnement des cours soit le dimanche, soit en semaine, aux heures du soir. Or, on s'aperçut vite des inconvénients d'un tel système? Une campagne active commença donc pour le réformer, et le ministre de l'État prussien lança sa fameuse circulaire du 20 août 1904 dans laquelle il dénonçait, en termes vraiment éloquents, les abus et préconisait les remèdes : « Dans les écoles de perfectionnement de la plupart des petites villes et d'un certain nombre de grandes villes, dit-il, la pratique existe de donner l'enseignement aux heures tardives du soir, souvent même de 8 à 10 heures. Mon prédécesseur a déjà essayé de remédier à cet état de choses par l'arrêté du 3 février 1900 et décidé que l'enseignement aurait lieu, autant que possible, pendant les heures du jour, mais qu'en aucun cas il ne devait se prolonger après 9 heures du soir.

« Abstraction faite de ce que cet arrêté n'a pas obtenu partout le résultat désirable, l'expérience que j'ai acquise depuis m'a déterminé, dans de plus récents arrêtés, à aller plus loin encore et à établir le principe que l'enseignement dans les écoles obligatoires de perfectionnement doit avoir lieu pendant la semaine, aux heures du jour, et ne pas se terminer après 8 heures du soir.

« Des objections émanant de différentes parts me fournissent l'occasion d'expliquer d'une façon générale mon attitude de principe à l'égard de la question présente. L'école de perfectionnement a pour but de compléter l'apprentissage pratique en donnant aux jeunes gens employés dans l'industrie les connaissances et aptitudes nécessaires à l'exercice de leur profession et en outre de faire de ces jeunes gens des hommes et des citoyens capables. L'école doit, pour pouvoir remplir sa mission, exiger des élèves pendant les classes une fraîcheur d'esprit et une application au travail d'autant plus grandes que le temps dont elle dispose pour l'enseignement est très limité et qu'il est impossible de demander aux élèves dans la plupart des cas un travail à domicile.

« Des jeunes gens se trouvant dans la période de développement et soumis pour la plupart, dès le matin de bonne heure, à un travail fatigant, ne peuvent satisfaire le soir à cette exigence. La fixation des cours à une heure tardive rend douteux le résultat de l'enseignement à l'école de perfectionnement et en même temps l'utilité des dépenses faites pour cet enseignement.

« J'attache en outre de l'importance à ce que le dimanche reste affranchi de l'enseignement obligatoire. Le dimanche appartient à l'édification, à la vie de famille, au repos et au travail libre, mais non à l'obligation scolaire.

« J'ai rencontré cette opinion isolée que l'enseignement obligatoire à l'école de perfectionnement le dimanche et le soir, se recommande pour cette raison que les jeunes gens ainsi retenus à l'école, ne peuvent faire un mauvais emploi de leurs loisirs.

« Je ne puis admettre cette conception du but de l'enseignement à l'école de perfectionnement et je n'attends aucun résultat du simple éloignement de la rue et du cabaret, éloignement qui d'ailleurs ne peut être réalisé que pendant quelques heures.

« Un ennoblissement de la façon de vivre chez les jeunes ouvriers de l'industrie, instamment désirable dans l'intérêt même de l'industrie et de l'État, ne peut être obtenu que par le relèvement de leur éducation intellectuelle et morale. Dans ce but, il est recommandable, par l'installation de cercles destinés aux apprentis et pourvus de salles de lecture, par l'organisation de conférences, d'excursions et de jeux en commun, de permettre aux jeunes gens auxquels les relations de famille font souvent défaut, de se trouver pendant leurs heures de loisir en contact d'amitié avec des personnes bien élevées, de leur apprendre à employer leurs temps de liberté de façon raisonnée et de leur donner l'occasion de prendre part à des divertissements convenables et sains.

« Dans beaucoup de cas, de telles organisations seront utilement rattachées à l'école de perfectionnement, étant entendu toutefois que les élèves ne seront soumis de ce chef à aucune contrainte. Ma conviction que la translation de l'enseignement dans les écoles de perfectionnement obligatoires aux heures du jour pendant la semaine, ainsi qu'elle a déjà été réalisée dans le grand duché de Bade, n'apporterait pas davantage pour la Prusse un préjudice à l'industrie, mais un relèvement de celle-ci, a été affermie par les expériences faites jusqu'ici, de même que par les résolutions d'une série de corporations notables comme, par exemple, celles prises par le congrès allemand des

Chambres de Berlin, l'Union allemande des associations commerciales, l'Union nationale allemande des employés de commerce et l'Union catholique des associations commerciales de l'Allemagne. »

Pour appuyer l'action des gouvernements favorables à la suppression de l'enseignement du dimanche et du soir, et aussi pour amener les gouvernements hostiles ou indifférents à prendre la même mesure, les pédagogues allemands s'agitèrent et, au récent congrès des villes allemandes, ils ne manquèrent pas d'attirer l'attention des délégués sur cette question. Ils proposèrent donc que l'enseignement aux cours de perfectionnement fût donné pendant le jour seulement, jusqu'à 7 heures du soir au maximum. Alors on vit un mouvement de réformes se dessiner, et, déjà à l'heure actuelle, des résultats appréciables ont été obtenus : le royaume de Saxe a fixé le fonctionnement des cours de 7 1/2 du matin à 7 heures du soir, le duché de Saxe-Meiningen a décidé qu'aucun cours ne dépasserait six heures, et, ce qui est mieux encore, le grand duché de Bade limite la durée des cours à la matinée.

Mais ces résultats sont jugés insuffisants; les pédagogues ne s'estimeront satisfaits qu'autant qu'une mesure générale et uniforme sera prise; et, comme ils veulent que les cours donnent le maximum de rendement, ils continueront leur campagne jusqu'à ce qu'ils aient obtenu l'heure la plus propice, c'est-à-dire la matinée. C'est ce que M. Gopfert en particulier souhaite pour ses cours de Chemnitz.

Les cours de la ville de Chemnitz se recommandent encore à notre attention par un autre caractère, leur continuité. L'enseignement y est réparti sur l'année tout entière, au lieu d'être limité, comme cela a lieu encore dans maints endroits, à un seul semestre, le semestre d'hiver.

Sur cette question, en effet, comme sur celle de la fixation du « moment » des cours, les États ont laissé aux communes intéressées toute latitude, et beaucoup d'entre elles, poussées par la crainte de bouleverser les habitudes locales et par le désir d'amener néanmoins l'enseignement nouveau à s'implanter dans les mœurs, ont décidé que les cours fonctionneraient pendant six mois seulement à condition d'assurer un nombre double d'heure de classes. Mais, malgré cette précaution, une telle disposition entraîne de graves inconvénients, et les pédagogues sont unanimes à demander « qu'à aucune condition l'enseignement ne soit limité au semestre d'hiver, mais qu'il soit étendu à l'année scolaire tout entière ». Nous voyons donc que, sur ce point encore, Chemnitz est à la tête du progrès.

Il en est de même encore en ce qui concerne la durée de la scolarité et la répartition de l'horaire hebdomadaire. Cette question qui pourtant a son importance (car c'est de sa solution que dépend en grande partie l'étendue à donner à l'enseignement et, par suite, la portée et la valeur des cours), cette question n'a pas été réglée jusqu'ici de façon uniforme. Ainsi, tandis que la durée des études est fixée à deux ans dans le duché de Saxe-Meiningen, elle atteint deux à trois ans dans la principauté de Schwarsbourg-Rudelstein et trois à quatre ans en Prusse. De même, la répartition de l'horaire hebdomadaire varie selon les États, elle est de deux à quatre heures dans les principautés de Reuss, de deux à six heures dans le Schwarzbourg-Rudolstein, de quatre heures en Saxe-Meiningen et de quatre à six heures en Prusse.

Cette divergence de vues a été l'objet de vives critiques de la part des pédagogues, et, au dernier congrès des villes allemandes, ils ont formulé une proposition d'unification, fixant comme minimum de scolarité, trois années d'études avec un minimum de six heures par semaine, non compris les heures consacrées à l'enseignement du dessin.

Or, Chemnitz a déjà réalisé en grande partie ce programme, puisque la scolarité y est fixée à trois ans et que la répartition hebdomadaire varie suivant la profession, de quatre à sept heures.

Telle est, à l'heure actuelle, l'organisation des cours de perfectionnement de Chemnitz. Il résulte de ces considérations que, par certains côtés, ces cours sont en avance sur les institutions similaires de l'Allemagne et que, dans leur ensemble, ils constituent en quelque sorte une école modèle. Nous allons retrouver le même caractère dans l'examen des programmes, et nous allons même y constater qu'à ce point de vue les cours de Chemnitz sont l'expression la plus parfaite — à notre connaissance, du moins — des aspirations de la pédagogie technique allemande pour adultes.

(*A suivre.*)

E. Labbé,
Inspecteur général de l'Enseignement technique.

DOCUMENTS ET INFORMATIONS

Examens et concours. — *École centrale des Arts et Manufactures.* — Les épreuves du concours d'admission à cette école qui avaient été primitivement fixées au 7 juin 1911 sont reportées au 14 juin 1911. La clôture du registre d'inscription est reportée au 27 mai.

Professorats commercial et industriel. — Les épreuves écrites du concours pour la délivrance du certificat d'aptitude au professorat *commercial* auront lieu, en 1911, dans les centres d'examen qui seront ultérieurement désignés par le ministre, aux jours et heures et dans l'ordre ci-après indiqués, savoir :

Lundi 12 juin. — De 8 heures à midi : Composition de comptabilité; de 3 à 6 heures : Composition française.

Mardi 13 juin. — De 8 à 10 heures : Composition de correspondance commerciale; de 10 heures à midi : Composition de langues étrangères; de 2 à 6 heures : Composition d'arithmétique et d'algèbre.

Le nombre des certificats à délivrer est fixé à douze pour les aspirants et à quatre pour les aspirantes. Trois bourses de séjour à l'étranger pourront être attribuées.

Les épreuves écrites du concours pour la délivrance du certificat d'aptitude au professorat *industriel* auront lieu, en 1911, dans les centres d'examen qui seront ultérieurement désignés par le ministre, aux jours et heures et dans l'ordre ci-après indiqués, savoir :

Lundi 12 juin. — De 8 heures à midi : Composition de mathématiques (aspirants et aspirantes). De 3 à 6 heures : Composition française (aspirants et aspirantes).

Mardi 13 juin. — De 8 heures à midi : Épure de géométrie descriptive (aspirants). Dessin d'ornement (aspirantes). De 3 à 6 heures : Composition de physique et chimie (aspirants). Composition d'économie domestique (aspirantes),

Le nombre des certificats qui pourront être délivrés est fixé à douze pour les aspirants et à quatre pour les aspirantes.

Les épreuves orales de ces deux examens auront lieu à Paris, au mois de juillet.

Bourse Justin Worms. — La Chambre de commerce de Paris se propose d'attribuer, en 1911, la bourse de voyage à l'étranger fondée par M. Justin Worms en faveur des jeunes gens se destinant au commerce et qui se sont signalés dans l'étude et la pratique des langues étrangères. Les inscriptions pour cette bourse, dont la valeur est de 2.400 francs, seront reçues, *jusqu'au 8 mai*, au secrétariat de la Chambre de commerce, 2, place de la Bourse, où les candidats pourront prendre connaissance du règlement. L'examen aura lieu le *lundi 15 mai*, à 4 heures, à l'École commerciale, 39, avenue Trudaine.

Extrait du règlement. — Le revenu des 80.000 francs légués à la Chambre de commerce par M. Justin Worms sera constitué en une seule bourse d'un an de séjour à l'étranger.

Pour être candidat à cette bourse, il faut être Français, âgé de dix-sept ans au minimum et avoir déjà certaines notions d'une langue vivante étrangère.

La Chambre de commerce choisira, après enquête, le candidat le plus apte à profiter du séjour à l'étranger.

Le candidat choisi devra se placer dans une maison de commerce ou dans un établissement scolaire de la ville où il devra séjourner; il avisera immédiatement le Président de la Chambre de commerce de son choix et demandera son approbation. A la fin de l'année, il aura aussi l'obligation d'adresser au Président de la Chambre de commerce un rapport très succinct sur les observations qui auront pu lui être suggérées par son séjour à l'étranger.

La bourse pourra être accordée pour une seconde année au même candidat.

Commissions et Comités. — *Commission de coordination des traitements du personnel d'Enseignement technique.* — La réunion de cette Commission qui devait avoir lieu au commencement du mois d'avril a dû être ajournée en raison de l'état de santé de son président, M. Lourties.

Comités d'avancement. — Les Comités d'avancement des personnels des écoles pratiques de commerce et d'industrie, des écoles nationales professionnelles et d'horlogerie de Cluses et des écoles nationales d'arts et métiers se sont réunis les 10 et 11 mars dernier, au ministère du Commerce et d'Industrie, afin de dresser les tableaux d'avancement pour 1911.

Congrès de la Confédération des groupes commerciaux et industriels. — Le IXe Congrès national organisé par la Confédération des groupements commerciaux et industriels de France s'est tenu à Paris les 6 et 7 mars dernier. Parmi les questions inscrites à l'ordre du jour figurait celle de la réorganisation de l'apprentissage sur laquelle M. Quentin avait été chargé de présenter un rapport. Le Congrès en a renvoyé l'étude au bureau confédéral après avoir manifesté son désir, conformément aux conclusions du rapporteur, de voir réorganiser l'apprentissage par les Chambres syndicales de métiers, sous la direction morale des Chambres de commerce et sans intervention de l'État.

Nous donnerons, dans notre prochain numéro, une analyse du rapport de M. Quentin.

Projet de loi sur l'apprentissage. — M. G. Dron, député, a déposé, le 27 février dernier, une proposition de loi sur l'organisation de l'apprentissage par les cours de perfectionnement. La proposition a été renvoyée à la Commission du commerce et de l'industrie.

Nouveaux cours professionnels à Marseille. — En vue de remédier à la crise de l'apprentissage, la Section de Marseille du Comité républicain du commerce, de l'industrie et de l'agriculture vient de prendre une initiative qui mérite d'être signalée. Elle a décidé l'organisation, à sa charge, de cours professionnels d'apprentis de toutes catégories. Les cours ont été confiés à des professeurs de la ville.

L'apprentissage dans l'industrie de la fourrure. — Dans une lettre que M. Albert Revillon, membre du Comité de la Chambre syndicale des Fourreurs et Pelletiers, a adressée au directeur de l'*Opinion*, nous trouvons les renseignements suivants sur la formation d'apprentis français :

Autrefois la grosse majorité des ouvriers fourreurs étaient étrangers et le nombre des apprentis français était insignifiant. Aujourd'hui, au contraire, il y a des apprentis nombreux et peu à peu l'élément français se substitue à l'élément étranger dans nos ateliers. Bien entendu, il a fallu — pour atteindre ce but, de former des ouvriers français — des efforts nombreux et de toute nature. Ces efforts ont été tentés, ils ont réussi, et — point important à signaler à ceux qui, toujours et partout, proposent comme remède universel l'intervention de l'Etat — *ils sont dus uniquement à l'initiative privée* : initiative des patrons fourreurs à titre individuel d'abord, initiative de la Chambre syndicale des Fourreurs et Pelletiers ensuite qui, par l'organisation de cours techniques et professionnels, par des prix qu'elle décerne annuellement aux apprentis, par les encouragements divers qu'elle donne à ses membres, a fourni pour cette branche importante de nos industries de luxe une solution très satisfaisante à la question de la crise de l'apprentissage.

Institut électrotechnique de Grenoble. — M. Barbillion, directeur de l'Institut électrotechnique de Grenoble, a bien voulu nous communiquer le programme des cours, conférences et travaux pratiques de cet Institut pour l'année scolaire 1911-1912.

L'enseignement dans la Section supérieure normale (élèves ingénieurs) comprend l'électricité industrielle, la technique électrique, les mesures électriques, la mécanique industrielle, des éléments de machines et de construction mécanique, la mécanique, le calcul différentiel et intégral, les analyses chimiques et industrielles, l'électrochimie et l'électrométallurgie, la physique industrielle et la topométrie, la législation industrielle, des travaux pratiques, le dessin industriel et enfin des cours libres sur les questions à l'ordre du jour et des conférences de construction industrielle, de science financière, de comptabilité d'usines et de mesures préventives contre les accidents du travail.

La durée des études de la Section supérieure normale est de deux années. Le programme d'admission est, en principe, celui imposé aux candidats à l'école centrale des Arts et Manufactures.

L'Institut comprend, en outre, une Section élémentaire (élèves conducteurs).

La durée des études y est d'une année. Le programme d'admission à cette dernière Section est celui correspondant aux plans d'études des écoles pratiques d'industrie, des écoles primaires supérieures et des classes du premier cycle des lycées.

Les élèves diplômés des grandes écoles de France et de l'étranger peuvent, en une année d'études dans une division créée dans ce but et dite Section supérieure spéciale, obtenir le diplôme d'ingénieur électricien de l'Université de Grenoble.

L'organisation de l'apprentissage à Mulhouse. — La ville de Mulhouse compte parmi celles où la question de l'apprentissage apparaît des mieux résolue, où les cours complémentaires de l'école primaire se révèlent le plus heureusement organisés.

Les caractéristiques de succès sont : en tête, l'obligation de la fréquentation pour tous les jeunes gens âgés de moins de dix-huit ans ne justifiant pas de certains titres ou de l'instruction reçue à la maison. A la base, la bonne volonté de tous, et en particulier des industriels et des commerçants, qui consentent de lourds sacrifices de temps et d'argent, n'attendant de récupération que par un travail plus intelligent et partant plus productif.

D'une façon générale, l'enseignement complémentaire est donné dans des écoles privées ou écoles de corporations (maréchalerie, cuisine) et dans des écoles publiques, parmi lesquelles il faut citer :

1° L'*Allgemeine fortbildungschule*, véritable école primaire supérieure dont le cycle d'enseignement est de trois ans;

2° *L'Ecole municipale d'Artisans*, où les cours se font le soir, après la journée de travail;

3° *La Technischen Lehrlingschule*, ou École d'apprentis, qui fait l'objet de la présente communication et peut être considérée comme un modèle de genre.

L'École d'apprentis, construite par la ville de Mulhouse avec le concours de l'État, fut ouverte en 1906; elle remplaçait un cours plus spécialement destiné à l'instruction des jeunes ouvriers mécaniciens.

La Société industrielle de Mulhouse souscrivit 100.000 marks pour la fondation de l'École et lui accorda une subvention annuelle de 1.000 marks; l'État et la ville firent le complément.

Le personnel est payé moitié par l'État, moitié par la ville; cette dernière conservant en outre la charge de l'entretien et les frais généraux.

Le personnel est nommé par l'État; l'École est administrée par un directeur, sous le contrôle d'un Comité de patronage comprenant quatre conseillers municipaux, dont le maire président, et trois industriels.

Les jeunes gens sont groupés par professions, chaque groupe ayant ses cours spéciaux. Les groupes formés sont les suivants : mécaniciens, serruriers, charpentiers, plombiers, maçons, peintres, tapissiers.

L'enseignement porte sur le dessin et les éléments de technologie appropriés à la profession intéressée, le calcul, la langue allemande, la correspondance. A signaler une heureuse initiative au sujet de ce dernier cours : on suppose l'ouvrier détaché pour un travail *extra-muros*; il écrit à l'usine pour signaler les conditions de son organisation, demander un supplément de matériel, en indiquer de défectueux, etc. On lui apprend à remplir une feuille d'expédition.

à rédiger un télégramme, un mandat-carte, ce que représente un chèque, comment on le convertit en numéraire, etc. Le tout est soigneusement relevé dans un cahier cartonné qui restera la propriété de l'apprenti.

La durée des cours est de trois années, à raison de deux demi-journées par semaine; soit, une matinée de 8 heures à midi et une après-midi, de 2 à 6 heures.

Le nombre des auditeurs a été de 950 pour l'année scolaire 1909-1910.

(Extrait d'un rapport de M. Danis, directeur de l'École professionnelle de l'Est.)

Une école complémentaire pour jeunes filles à Iéna. — Une école complémentaire *obligatoire* pour toutes les jeunes filles ayant fréquenté l'école primaire a été récemment ouverte à Iéna.

Le cours se répartit sur deux années. La première comprend quatre heures par semaine pendant lesquelles sont donnés l'enseignement ménager proprement dit, le calcul, l'allemand, et deux heures de travaux manuels féminins. La deuxième année comprend un cours pratique de cuisine au sujet duquel des indications sur la valeur nutritive des aliments sont fournies aux élèves.

A l'occasion de l'enseignement ménager, autant que le temps et l'intelligence des élèves le permettent, on expose les règles générales de l'hygiène, des soins à donner aux enfants, de l'habitation, du vêtement. On parle aussi aux élèves du rôle de la femme dans la vie de la famille, de l'influence salutaire qu'elle peut avoir sur chacun. On les entretient de diverses carrières professionnelles qui peuvent s'offrir à elles.

Cette école complémentaire obligatoire a été demandée de toutes parts, et c'est grâce à des souscriptions venues de tous les milieux sociaux qu'elle a pu être organisée.

Les élèves payent annuellement 3 marks de contribution scolaire et doivent acheter à leurs frais les accessoires de l'enseignement (aiguilles, fil, cahiers, etc.). Tout le reste est fourni par la ville.

Placement des anciens élèves. — *L'Union des associations des anciens élèves des Écoles supérieures de commerce de France* (Établissement reconnu d'utilité publique) (1), nous communique les résultats obtenus par son service de placement gratuit.

Nous sommes heureux d'en donner ici un résumé :

120 candidats ont été placés, au cours de l'année dernière, par les soins de l'Union et se répartissent comme suit :

99 en France;

21 à l'étranger et aux colonies.

Au 31 Mars 1911, 1321 candidats ont été placés; 1078 en France; 243 à l'étranger et aux colonies.

École des Hautes Etudes Commerciales. — On nous communique un état des situations obtenues, en 1910, par les anciens élèves de l'École.

70 candidats ont été placés par les soins de l'Association. Ils se répartissent comme suit :

(1) Secrétariat ouvert de 9 heures à midi et de 2 à 6 h. 15, 17, rue Auber, Paris (Téléphone : 291,85).

Banques et établissements de crédit : 13 en France (traitements de 1.800 à 4.000 francs); 3 à l'étranger et aux colonies (traitements de 2.400 à 6.000 francs).

Industries chimiques : 12 (traitements de 2.100 à 6.000 francs).

Commission et représentation : 6 en France et à l'étranger (traitements de 1.800 à 2.400 francs); 3 aux colonies (traitements de 6.000 francs).

Industries mécaniques : 8 (traitements de 1.200 à 4.200 francs).

Publicité et journalisme : 5 (traitements de 2.100 à 3.600 francs).

Bâtiment, ameublement et construction : 5 (traitements de 2.100 à 4.800 francs).

Grands magasins et nouveautés : 3 (traitements de 1.800 à 3.000 francs).

Divers : 7 (alimentation, bijouterie, verrerie, phonographes, industries textiles) (traitements de 1.800 à 4.200 francs); 1 (enseignement commercial à l'étranger) (traitement de 6.000 francs); 4 sont entrés comme associés ou chefs de maison dans des établissements industriels.

Personnel d'enseignement technique. — *Nominations et mutations depuis le 1er mars 1911.*

I. *Écoles pratiques de commerce et d'industrie.* — M. Savey-Cazard, principal du collège de Thiers, est délégué dans les fonctions de directeur de l'École pratique de commerce et d'industrie de cette ville.

M. Eugène, professeur à l'École pratique de commerce et d'industrie de Cette, est délégué dans les fonctions de maître-auxiliaire de sténo-dactylographie à cet établissement, en remplacement de M. Halbwacks, démissionnaire.

M. Trémeau, titulaire du baccalauréat lettres-mathématiques, admissible à l'École normale supérieure et à l'École polytechnique, maître-interne à l'École nationale professionnelle de Vierzon, est délégué dans les fonctions de maître-adjoint de 5e classe à l'école pratique du Puy.

MM. Reltien, délégué dans les fonctions de maître-adjoint de 5e classe chargé de surveillance à l'École pratique de commerce et d'industrie de Charleville, et Renaud, maître-interne de 5e classe à l'École nationale professionnelle de Vierzon, sont mis à la disposition de la Fondation Durzy à Montargis, pour remplir des fonctions d'enseignement à cet établissement.

II. *Écoles nationales professionnelles.* — M. Chevillon, professeur de 5e classe à l'École pratique du Puy, est nommé professeur de 5e classe à l'École nationale professionnelle de Vierzon.

M. Dubois (Edgard), titulaire du brevet supérieur, instituteur adjoint à Vouzeron (Cher), est délégué dans les fonctions de maître-interne de 5e classe à l'École nationale professionnelle de Vierzon.

M. Blanchard (Maurice), titulaire du brevet supérieur, instituteur à Oradour-sur-Vayres (Haute-Loire), est délégué dans les fonctions de maître-interne de 5e classe à l'École nationale professionnelle de Vierzon.

III. *Écoles d'hydrographie.* — M. Duchesne, capitaine au long cours, est nommé professeur du cours de manœuvre pratique à l'École d'hydrographie de Saint-Brieuc, en remplacement de M. Leroy, démissionnaire.

IV. *École supérieure de navigation maritime.* — M. Thybaut, professeur de technologie, chargé des visites industrielles à l'École supérieure pratique de commerce et d'industrie, est nommé professeur de chimie à l'École supérieure de navigation maritime.

V. *Écoles nationales d'Arts et Métiers.* — M. Berthelot, architecte à Angers, est nommé architecte à l'École d'Arts et Métiers de cette ville, en remplacement de M. Goblot, dont la démission est acceptée.

VI. *École centrale des Arts et Manufactures*. — M. Leroux, ingénieur des Arts et Manufactures, est nommé maître de conférences sur les moteurs à grande vitesse angulaire, les automobiles et l'aviation, et chef de manipulations d'automobiles et d'essais de rendement des machines thermiques.

M. Lacoin, ingénieur des Arts et Manufactures, est nommé répétiteur du cours de machines thermiques en 2e année, en remplacement de M. Leroux, démissionnaire.

VII. *Conservatoire national des Arts et Métiers*. — M. Biquard, chef stagiaire de la Section de physique du Laboratoire d'essais du Conservatoire national des Arts et Métiers, est titularisé dans ses fonctions.

OPINIONS

Les Instituts universitaires dans les Facultés. — Dans notre dernier numéro, nous avons donné, à cette place, une courte analyse et un extrait des articles parus dans le *Télégramme* sous la signature de M. H. Bouasse, professeur à la Faculté des Sciences de Toulouse, et traitant de la question des Instituts universitaires dans les Facultés.

A la suite de cette publication, M. Barbillion, directeur de l'Institut électrotechnique de Grenoble et membre du Comité de rédaction de notre Revue, nous adresse une lettre où il exprime ses idées sur le même sujet et que nous publierons dans le numéro de mai. N. D. L. R.

Les projets de M. Massé, ministre du Commerce et de l'Industrie. — Interviewé récemment par le journal *Le Matin* sur les moyens qu'il entend employer pour conjurer la crise de l'apprentissage, M. Massé, ministre du Commerce et de l'Industrie, a fait les déclarations suivantes :

« Je cherche en ce moment à apporter au projet de loi sur l'enseignement technique qui compte soixante-neuf articles, de petites simplifications, afin d'obtenir qu'il soit voté rapidement ; mais je ne toucherai pas à l'ossature.

« Le texte vise deux enseignements bien distincts : l'enseignement technique, c'est-à-dire celui qui est donné dans les écoles relevant de mon ministère, et l'enseignement professionnel, qui sera créé de toutes pièces à l'usage des apprentis des deux sexes.

« Le premier sera fortifié et pourra être étendu à l'infini par la faculté que nous laisserons aux communes de créer des écoles nationales publiques, à charge de contribuer pour un quart et d'allouer un certain nombre de bourses. Les communes et les départements pourront aussi fonder des écoles communales et départementales sous certaines conditions. Des Comités départementaux donneront leur avis sur toutes ces propositions. Il y aura trois degrés : dans les écoles élémentaires, l'enseignement sera gratuit ; dans les écoles moyennes et supérieures, on percevra des frais d'études.

« Pour les jeunes gens qui ne pourront entrer dans ces écoles, nous aurons les cours professionnels, réservés aux apprentis de moins de dix-huit ans et obligatoires pendant trois ans. Ces cours, que l'État prendra pour moitié à sa charge, seront organisés dans les communes par des Commissions locales professionnelles. Ils seront faits dans la journée, à raison de huit heures par semaine ou deux cents heures par an, qui seront prises sur le temps de travail. Les patrons, comme les parents, auront, chacun de leur côté, des responsabilités morales et pénales. Un certificat d'apprentissage sera la sanction des trois années de fréquentation assidue. »

Puis, parlant de l'initiative prise par certaines Chambres de commerce et notamment par celle de Limoges de créer des Chambres de métiers, M. Massé ajoute :

« Ces initiatives sont excellentes parce qu'elles vont au-devant de la législation. Elles montrent que les industriels et les commerçants sentent enfin qu'il est de leur intérêt d'agir. Je sais qu'ils préfèrent agir dans la liberté que dans la contrainte. Malheureusement le mal était trop grand pour que l'État différât de prendre des mesures et de réaliser ce qui existe dans tous les pays voisins. Nous saurons appliquer ces mesures avec souplesse et en respectant la diversité des besoins et des usages.

« Je veux être en plein accord avec les Chambres de commerce; et pour répondre au vœu de celle de Paris, j'étudierai s'il n'est pas possible de les faire participer davantage à l'organisation des cours professionnels. La fusion des institutions existantes et de celles qui vont naître en serait d'autant facilitée. »

D'autre part, à l'issue du banquet annuel de la Chambre de commerce de Paris qui a eu lieu le 30 mars dernier, M. Massé a, dans un discours très applaudi, affirmé sa volonté de suivre l'exemple que lui ont donné ses prédécesseurs au ministère du Commerce, MM. Cruppi et Jean Dupuy, et de se consacrer tout entier au grand problème de l'apprentissage, problème vital pour l'avenir de notre industrie et qu'il voudrait voir solutionner prochainement par le Parlement. Il a montré que la prospérité du pays était liée intimement à la prospérité du commerce et de l'industrie et a porté un toast à la Chambre de commerce de Paris.

L'apprentissage. — Au déjeuner mensuel de la Fédération des Industriels et des Commerçants français qui a eu lieu le 18 février dernier, M. J. Thierry, député, a fait une conférence sur l'apprentissage. Nous en extrayons les passages suivants :

« La vitalité industrielle de la nation n'est pas seule engagée par l'apprentissage ; la criminalité infantile, le contingent croissant des « apaches », pour les appeler par leur nom, trouvent une de leurs principales causes dans la négligence de notre législation, abandonnant l'adolescence ouvrière dans la période critique qui sépare l'enfant de l'adulte.

« M. Henri Michel et M. Dron, en demandant ou en proposant l'un et l'autre que l'apprentissage soit isolé, pour le moment tout au moins, de l'enseignement technique dans les travaux législatifs, ont une conception plus simple et plus positive de la solution à trouver.

« Dans son rapport si documenté, si intéressant, au nom de la Commission permanente du Conseil supérieur du travail, M. Briat propose également non pas de tout mettre en chantier à la même heure, mais de retoucher la loi du 22 février 1851 dont il augmenterait même la simplicité en en retranchant les dispositions prévues depuis par les lois de 1890 et 1893 sur les heures de travail et l'hygiène des enfants dans les manufactures et ateliers. »

Après avoir fait un historique de la question, M. Thierry ajoute :

« On ne saurait se dispenser, en une semblable matière, de citer l'œuvre admirable à laquelle a abouti, le 15 mars 1900, l'initiative de la Fédération française des travailleurs du Livre, sous la signature de M. Keufer, d'accord avec l'Union syndicale des maîtres-imprimeurs de France. Ils sont arrivés à fonder un règlement d'apprentissage et une formule de contrat qui font autorité dans les rapports entre l'Union syndicale des maîtres-imprimeurs et les travailleurs du Livre.

En dehors d'eux, les Chambres de commerce, le Conseil supérieur du travail, les Syndicats ouvriers, tout le monde a fait entendre sa voix, mais pour formuler des desiderata plutôt que pour produire des accords ou des résultats tangibles.

Le tout a abouti — dans la dernière législature — à un rapport fait au nom de la Commission du commerce et de l'industrie par M. Astier, député de l'Ardèche, aujourd'hui sénateur, repris le 9 juin 1910 par application de l'article 16 du règlement de la Chambre des députés. »

Le conférencier passe ensuite en revue le projet de M. Astier auquel il reproche de porter tout à la fois sur l'enseignement technique et sur l'apprentissage, et il termine ainsi :

« Mais ce n'est pas en augmentant les difficultés de l'apprentissage qu'on arrivera à en propager la pratique. A douze ans, nos enfants sortent de l'école et beaucoup que les ateliers n'absorbent pas sont jetés à la rue. En 1904, nous avons créé dans l'enseignement secondaire le régime du cycle, à seule fin de le moderniser. Si, pendant sa troisième année, l'enfant était astreint à des cours professionnels élémentaires dans lesquels il pourrait s'initier aux travaux manuels et éclairer le choix de sa profession, il arriverait à l'atelier dans des conditions d'aptitude qui permettraient de rendre plus libérale l'application des lois futures sur l'apprentissage, et le législateur n'aurait plus dès lors à veiller que sur la loyale application des conditions du contrat, verbal ou écrit, qui préside à son labeur. L'instruction technique deviendrait pour lui une école de perfectionnement très abordable. »

L'apprentissage et l'enseignement professionnel. — Sous ce titre, M. Gauthier, sénateur, ancien ministre, a publié dans le journal des *Chambres de Commerce* un article dont nous donnons ci-dessous l'analyse :

D'après M. Gauthier, il n'est pas exact de dire que nous manquons d'apprentis. Ce qui nous fait surtout défaut et nous met en état d'infériorité vis-à-vis de l'étranger, ce sont les méthodes et les moyens d'éducation professionnelle seuls capables de transformer ces apprentis en ouvriers d'élite ; il est donc indispensable de réagir à un moment où plus que jamais la nécessité se fait sentir de doter nos industriels et nos commerçants de collaborateurs instruits et expérimentés. Les écoles du 1er, du 2e et du 3e degré d'enseignement agricole, commercial et industriel, destinées à former des contremaîtres, des ingénieurs et des patrons sont fortement constituées et satisfont aux besoins, mais elles ne s'adressent qu'à une clientèle aisée.

Pour les enfants pauvres, tout est à créer, à organiser. Il est nécessaire, quand, vers l'âge de douze ans, ils entrent à l'atelier, de parfaire leur éducation, d'étendre leurs connaissances, et c'est de cette conception qu'est née l'idée maîtresse de l'enseignement technique et professionnel. Cet enseignement a, en effet, pour objet exclusif l'étude théorique et pratique des sciences et des arts et métiers dans leur application au commerce et à l'industrie. Il comporte trois stades que devront successivement parcourir les apprentis-ouvriers : les cours post-scolaires, les cours complémentaires, les cours professionnels.

Les premiers constituent une sorte de prolongement de l'école primaire. Ils sont destinés à accroître les connaissances déjà acquises et à éduquer moralement l'enfant. La place réservée aux leçons professionnelles est très restreinte.

Les cours complémentaires ne diffèrent des précédents que par la part plus large faite à l'enseignement technique. On s'applique à développer les qualités natives, à exciter les tendances professionnelles de l'élève.

Enfin, l'enseignement professionnel est spécialement aiguillé vers les besoins de la profession industrielle ou commerciale à laquelle l'enfant est destiné. Il constitue, à lui tout seul, une excellente école d'apprentissage et couronne l'effort professionnel nécessairement limité qui a été fait aux cours précédents.

Malheureusement, ces diverses catégories de cours n'existent pas ou presque pas. Il convient donc de les créer et d'en proportionner le nombre et l'importance aux besoins du pays. A qui confier le soin de cette création? Qui en aura l'administration? Où recrutera-t-on le personnel nécessaire? M. Gauthier estime que nous devons profiter de l'expérience de l'étranger. En règle générale, ce sont l'État, les Corporations, les Chambres de commerce, les Syndicats ouvriers ou patronaux qui ont pris, au dehors, l'initiative de la création et de l'administration des cours, et presque partout, d'ailleurs, l'État en remet l'administration aux collectivités désignées ci-dessus. Il n'y a pas de raison sérieuse pour ne pas imiter nos précurseurs. Les Chambres de commerce, Syndicats et Corporations sont d'ores et déjà disposés à prendre à leur charge l'organisation et l'administration de l'enseignement technique professionnel, à la condition d'y être autorisés et d'être aidés pécuniairement. Cette aide est nécessaire, car les cours, pour être fréquentés, doivent être gratuits en même temps qu'obligatoires. Dans la pratique, l'obligation de fréquenter les cours professionnels ne saurait d'ailleurs excéder l'âge de seize ans. L'obligation ne doit, en effet, d'après l'auteur de l'article, porter que sur les années où l'enfant encore jeune, débile et inexpérimenté, ne peut être de grand profit pour l'employeur.

L'outillage dans les écoles pratiques d'industrie. — Un de nos abonnés nous écrit :

« Au nombre des questions que je désirerais voir traiter dans la *Revue de l'Enseignement technique* se trouve celle de l'outillage dans les Écoles pratiques d'industrie, et particulièrement celle du petit outillage.

« Comment doit-on rationnellement procéder dans une école de ce genre pour effectuer la confection ou les réparations du petit outillage nécessaire aux divers ateliers, et notamment à la section de l'ajustage?

« Comment faut-il organiser cet important service dans les meilleures conditions. »

Nous remercions d'avance ceux de nos lecteurs qui voudront bien nous adresser une réponse documentée aux questions posées par notre correspondant.

Une définition de l'enseignement professionnel. — Dans son livre, l'*École de perfectionnement*, un auteur allemand, M. Mehner, précise, en ces termes, le rôle de cet enseignement :

L'enseignement professionnel a pour but :

a) D'enseigner à l'élève la technologie de sa profession ;

b) De permettre à l'élève d'acquérir une idée d'ensemble de l'économie de sa profession par un commentaire des détails et procédés de cette dernière ;

c) D'exposer le développement historique de la profession en question ainsi que sa situation sociale à l'époque présente ;

d) D'apprendre à l'élève, de façon intuitive, les dispositions de la loi qu'il a besoin de connaître comme citoyen et pour l'exercice de sa profession.

ENQUÊTE SUR LE « PRÉAPPRENTISSAGE ».

Parmi les questions que soulève l'organisation de l'enseignement technique et professionnel, l'une des plus difficiles à résoudre est celle du *préapprentissage.*

Le Gouvernement, dans la déclaration ministérielle, a manifesté son intention d'orienter l'enseignement primaire vers « un enseignement technique et professionnel ».

D'autre part, au cours de la réponse qu'il a faite à M. Astier, sénateur de l'Ardèche, à la tribune du Sénat, le ministre du Commerce et de l'Industrie a déclaré « qu'il était nécessaire de développer, chez nos enfants de l'école primaire, le goût du travail manuel, en leur donnant des connaissances professionnelles rudimentaires ».

C'est également dans le même esprit que M. Villemin, président de la Fédération nationale du bâtiment et des travaux publics, a conçu un projet d'organisation de l'apprentissage. Il suffit, pour le montrer, de citer les lignes suivantes tirées de la lettre qu'il adressait à ce sujet, le 8 août dernier, aux présidents des Fédérations régionales :

« L'apprentissage comporterait trois degrés :

« 1° Le préapprentissage qui ferait partie de l'enseignement primaire et qui pourrait être complété par des cours techniques préparatoires à l'apprentissage.

« L'organisation et la charge du préapprentissage incomberaient à l'État. »

Le titre premier du projet de M. Villemin est d'ailleurs consacré à l'organisation du préapprentissage à l'École primaire (1).

On voit que non seulement les pouvoirs publics, mais aussi les groupements industriels se préoccupent à l'heure actuelle du problème du préapprentissage ; aussi nous a-t-il semblé intéressant de solliciter pour nos lecteurs des avis autorisés sur cette question dont l'importance n'échappe à personne.

Pour mener à bien cette consultation, il nous paraît utile d'appeler surtout l'attention sur les points suivants :

1) *Que pensez-vous du préapprentissage ; c'est-à-dire, croyez-vous qu'il soit possible, dès l'école primaire, de donner à l'enfant le goût des professions manuelles ;*

2) *Dans l'affirmative, comment comprendriez-vous cette préparation ?*

3) *Si vous estimez que l'organisation de l'atelier scolaire présente de trop grandes difficultés ou ne constitue pas une solution complète, ne pensez-vous pas, néanmoins, qu'il y ait des mesures à prendre ? Lesquelles ?*

---

(1) Voir *Bulletin de l'Association française pour le développement de l'enseignement technique*, n° 32, p. 649.

Le Gérant : G. Bourrey.

Paris. — L. Maretheux, imprimeur, 1, rue Cassette.

Première année. — N° 8 Mai 1911

REVUE

DE

l'Enseignement Technique

PUBLIÉE SOUS LE PATRONAGE DE

l'Association Française pour le Développement de l'Enseignement technique

Au sujet du préapprentissage

Grave question que celle de l'apprentissage, et mon intention n'est pas de faire l'historique de la crise ni de prétendre donner des moyens nouveaux de la résoudre. Je veux seulement, par un exposé rapide, montrer comment cette question s'est compliquée et comment elle a donné naissance au problème du *préapprentissage*.

La crise de l'apprentissage a préoccupé les esprits dès que le machinisme a commencé à se développer en France, c'est-à-dire depuis le milieu du dernier siècle. Le problème s'est ainsi posé : les conditions nouvelles de l'industrie et du commerce font disparaître *l'apprenti*, c'est-à-dire le *futur ouvrier* capable d'exercer son métier. Restaurer l'ancien état de choses est impossible. Où donc, et comment donner à ce futur ouvrier l'éducation professionnelle ?

Si le mal est déjà ancien, il n'est arrivé à l'état aigu que récemment. Le cri d'alarme : « On ne forme plus d'apprentis » n'a guère été poussé partout que depuis une dizaine d'années.

Or, comme c'est précisément depuis cette époque que fonctionne la loi de 1900, on n'a pas manqué de lui attribuer la cause du mal. Les patrons, gênés par la limitation à une durée de dix heures de la journée de travail, dans les ateliers où se trouve un personnel d'enfants, de filles mineures et de femmes, n'emploient plus d'adolescents. Sans doute, cette loi n'est pas parfaite et il est possible que son application ait précipité la crise de l'apprentissage ; mais elle ne l'a pas créée ; la décadence lui était antérieure. La cause initiale en est évidemment le machinisme; dans beaucoup d'industries, l'apprentissage n'est plus utile; on a besoin de petites mains, non d'ouvriers. C'est là un phénomène inéluctable. Il faut donc créer des organismes nouveaux correspondant à une situation nouvelle. Puisque l'apprentissage est de moins en moins possible à l'atelier, il doit se faire autre part, à l'école ou dans les cours professionnels.

Ainsi se trouve posée la question de l'organisation de l'apprentissage. Elle préoccupe l'opinion, et, de divers côtés, des solutions ont été proposées, ou, tout au moins, des directions ont été données. Un projet du gouvernement a provoqué un rapport très approfondi de M. Astier et un contre-projet de M. Dron. Tout récemment, MM. Jules Siegfried, Modeste Leroy, Ferdinand Buisson et plusieurs de leurs collègues ont déposé une proposition de loi sur l'organisation de l'enseignement professionnel. Sous les auspices de l'Association française pour le développement de l'Enseignement technique, et sous la présidence de M. Millerand, M. Dubief a fait en 1907 un remarquable exposé historique de la question. Sous l'infatigable impulsion de son Président, M. Modeste Leroy, cette même Association organise un congrès de l'apprentissage qui se tiendra à Roubaix en 1911 ; ce congrès développera l'œuvre déjà entreprise dans divers congrès spéciaux.

Enfin, depuis le dépôt du projet du gouvernement sur l'Enseignement technique et professionnel, les ministres du Commerce, M. Cruppi, M. Jean Dupuy, n'ont cessé de rechercher la solution du problème, et le ministre actuel, M. Massé, est arrivé au pouvoir avec une déclaration gouvernementale où la question de l'apprentissage est placée en première ligne.

Tous les efforts convergent donc vers le même but, et cette collaboration est essentielle pour l'accomplissement d'une tâche qui soulève de graves problèmes. Tout d'abord, l'enseignement professionnel sera-t-il obligatoire ? La réponse fut d'emblée affirmative de la part du gouvernement et négative du côté patronal ; peu à peu, l'accord semble s'être fait en faveur de l'obligation. S'il est vrai, en effet, que certaines industries n'ont pas besoin de véritables ouvriers, il n'est pas douteux que, même dans ces industries, les manœuvres auraient avantage à apprendre un métier réel, se rapportant à l'industrie où ils sont employés. Ils seraient ainsi mieux garantis contre le chômage et leur valeur de rendement serait augmentée.

Un nouveau différend s'est élevé sur la façon dont l'enseignement professionnel serait donné. Il faut établir deux catégories d'institutions, l'une qui formera une élite ouvrière, et cela dans les écoles; l'autre, qui comprend les cours professionnels, destinés à l'ensemble des ouvriers, avec fréquentation obligatoire.

L'école sera-t-elle partie intégrante de l'atelier patronal, ou en sera-t-elle détachée ?

Le système de *l'atelier-école* maintient un contact plus direct entre l'apprenti et la vie industrielle ; mais les qualités pédagogiques nécessaires aux ouvriers-professeurs pourront-elles être partout assurées ? *L'école-atelier* est évidemment moins proche de la vie quotidienne ; c'est toutefois un défaut auquel on peut remédier, et elle a l'avantage d'être désintéressée et d'avoir des maîtres dont le recrutement offre plus de garanties. L'excellent accueil accordé par le patronat aux élèves des Ecoles pratiques de Commerce et d'Industrie ne prouve-t-il pas d'ailleurs la qualité de la formation professionnelle obtenue à l'école-atelier ?

Pour les cours d'apprentissage obligatoires, on a songé à étendre et à perfectionner, les cours du soir. Mais ces cours, s'adressant à des jeunes gens déjà harrassés par la journée de travail, n'ont pas donné jusqu'ici et ne sauraient sans doute donner, les résultats qu'on en attend.

Après beaucoup de discussions, on semble s'être mis d'accord sur le double système de *l'école-atelier* et des *cours professionnels de demi-temps.* Cette expression « demi-temps » s'entend de plusieurs manières ; elle est généralement impropre. En Angleterre, elle signifie que la journée de travail des apprentis est partagée en deux parties égales, l'une consacrée au travail d'atelier, l'autre aux cours professionnels. Au contraire, en France,le système de demi-temps consiste souvent à accorder aux cours professionnels, sur deux heures par jour, par exemple, une heure prise sur le temps de l'atelier, et une heure sur la liberté de l'apprenti ; si les cours doivent avoir lieu à la fin de la journée et si l'atelier ferme à six heures, les apprentis quitteront le travail à cinq heures et suivront les cours jusqu'à sept heures. Enfin, parfois, les heures de cours sont prises entièrement sur les heures de travail, et on applique encore à ce système l'appellation de « demi-temps ».

Il ne faut pas se dissimuler qu'une semblable organisation entraînera des frais considérables ; de vastes locaux seront nécessaires ; sans édifier des monuments, il faudra y assurer toutes les conditions de sécurité et d'hygiène que demande l'industrie moderne. Ces locaux devront être pourvus d'un matériel scolaire et d'un outillage coûteux, qu'il sera indispensable de renouveler fréquemment ; l'apprentissage serait illusoire s'il se faisait sur des machines tombées en désuétude. Il conviendra de former un personnel enseignant et de le bien rétribuer, sous peine de voir les meilleurs ouvriers et contre-maîtres rechercher de préférence les avantages pécuniaires que leur offre l'industrie privée.

Enfin, sans vouloir épuiser la liste des créations nécessaires, il importe de prévoir de nombreuses bourses pour les sujets très méritants ; ces bourses seraient de deux sortes : bourses d'entretien, accordées aux familles qui consentiront à placer leurs enfants dans les écoles ; bourses d'apprentissage, accordées aux parents dont les enfants seront en apprentissage dans le commerce ou dans l'industrie. L'enseignement doit être accessible à tous les ouvriers capables d'augmenter la valeur du travail national.

Mais, quand ce grand effort sera accompli, aura-t-on des apprentis à former? Beaucoup de corporations n'en trouvent plus : nos cours professionnels leur en donneront-ils? Ces corporations, peut-on répondre, sont surtout celles où le travail se fait à la machine ; il y a cependant des industries, la confection, l'alimentation, où le rôle des machines reste forcément secondaire, où il est nécessaire de connaître son métier et où il faut un apprentissage.

Le malheur est que les parents ne poussent plus leurs fils vers ces métiers : l'enfant doit gagner tout de suite, apporter, dès sa sortie de l'école, sa contribution au budget de la famille. On le détourne donc de l'apprentissage, et on lui impose un travail de petite main, ou une de ces carrières libérales de la classe ouvrière, un emploi sans avenir dans l'étude du notaire ou dans quelque administration. Invoquer le principe de l'obligation est peut-être une illusion, si l'on pense aux difficultés d'ordre économique que rencontre la simple obligation scolaire.

On constate également que les ouvriers ne veulent plus former d'apprentis; ils voient en eux des concurrents futurs, et de temps à autre, certains syndicats ouvriers fortement organisés dissuadent les familles de faire entrer les enfants dans leur corporation qu'ils jugent encombrée. Cet égoïsme irréfléchi prépare tout simplement la ruine du travail national. Déjà l'on peut voir, dans certaines branches de l'industrie, tous les emplois occupés par des ouvriers étrangers; il n'y a presque plus d'ouvriers français sachant le métier de tailleurs, de pâtissiers, de cuisiniers.

Donc une situation périlleuse se dessine : les cours d'apprentissage seront organisés, mais ils n'auront peut-être pas d'apprentis à former. Afin de remédier à cette éventualité, on a été amené à penser qu'il fallait, dès l'école primaire, donner aux enfants le goût du travail manuel; avec l'apprentissage, il faut organiser le *préapprentissage*. D'après ceux mêmes qui ont les premiers conçu cette idée, le but poursuivi ne serait pas, dès l'école, la spécialisation des métiers; le seul apprentissage que puissse donner l'école primaire est celui de la main et de l'œil. « La dextérité des doigts, l'habileté et surtout le développement du goût et de l'amour du travail manuel sont le véritable but à poursuivre. »

Cette idée de l'organisation du préapprentissage a eu une fortune rapide. Dans son rapport au Congrès de la Ligue de l'Enseignement en 1910, M. Dron indique la nécessité de cette réforme comme une préface à toute organisation de l'apprentissage. M. Villemin, président de la Fédération nationale du bâtiment et des travaux publics, a présenté à l'approbation des Chambres régionales un projet où il a préconisé « le préapprentissage obligatoire dans les écoles primaires pour les enfants des deux sexes, à partir de 10 ans jusqu'à 14 ans révolus. Cet enseignement devra être donné par des professionnels ». Enfin, dans la déclaration ministérielle, le Gouvernement a indiqué son intention d'orienter l'enseignement primaire vers un enseignement technique et professionnel.

En réalité, le préapprentissage ne serait que l'extension et l'obligation du travail manuel à l'école primaire.

Ce travail manuel a été organisé dans plusieurs grandes villes, notamment à Paris et à Bordeaux. Tantôt il est compris dans l'horaire ordinaire des cours, tantôt il a lieu facultativement après 4 heures. On pourrait donc penser que ce qui existe nous donnera des indications sur les résultats à espérer : il faut bien reconnaître que ceux obtenus jusqu'à ce jour sont peu concluants. Dans les campagnes, dans la plupart des villes, l'outillage a été relégué au grenier, faute d'emploi. Il n'y a là rien d'étonnant, car on a voulu presque partout faire donner cet enseignement manuel par l'instituteur, dont ce ne peut être le rôle. Dans les villes où l'on a confié les cours à des professionnels, ces cours ont été peu fréquentés; chez les enfants mêmes qui les ont suivis, on n'a pas constaté un accroissement sensible du nombre de vocations vers les métiers manuels. De l'avis d'instituteurs expérimentés, en retraite ou en exercice, cette organisation ne donne pas les résultats cherchés.

Cet échec partiel ne doit pourtant être qu'un aiguillon vers la recherche d'une solution meilleure, car la solution est nécessaire. Sans prétendre l'indiquer dans toute sa complexité et sans vouloir résoudre toutes les questions posées dans l'enquête sur le préapprentissage ouverte par la *Revue de l'Enseignement technique*, il me semble qu'il faudrait porter notre attention vers les points suivants :

1° Modification des programmes de l'Enseignement primaire dans le sens d'une orientation plus scientifique, tout en laissant une place prépondérante à l'étude fondamentale de notre langue; extension de l'enseignement du dessin.

2° Conférences et publications appropriées sur les avantages offerts par les diverses professions en vue de préparer une génération nouvelle de parents et d'enfants, de patrons et d'ouvriers, capable d'apprécier les bienfaits qu'elle peut attendre des réformes projetées.

3° Visites aux écoles et aux cours professionnels prévus dans l'organisation de l'apprentissage. Par ce moyen, sans qu'aucune contrainte soit exercée sur leur esprit, les enfants s'adapteront insensiblement au milieu dans lequel ils recevront, à leur sortie de l'école primaire, l'instruction préparatoire à l'exercice de la profession qu'ils auront choisie.

Il ne faut pas non plus perdre de vue que la question du préapprentissage est intimement liée à celle de l'apprentissage et qu'il ne devrait pas y avoir de solution de continuité entre les deux. L'apprentissage à l'atelier peut être commencé immédiatement après la sortie de l'école, lorsque l'enfant est pourvu du certificat d'études. C'est pour cette raison que la limite d'âge inférieure du certificat a été relevée à 12 ans. C'est une excellente mesure et il faudrait s'en tenir là. Si l'enfant devait rester sur les bancs de l'école primaire jusqu'à 14 ans, il serait certainement incité encore davantage à rechercher les emplois de bureau ou à préparer les concours donnant accès aux administrations. Enfin, il est peut-être légitime de penser que l'application de réformes sociales comme les retraites ouvrières, en apportant aux travailleurs manuels plus de sécurité, les détournera de diriger leurs enfants vers ces fonctions dont le principal attrait, à leurs yeux, consiste dans l'assurance d'une modeste rente pour leurs vieux jours.

Ces observations rapides n'ont pas, dans ma pensée, d'autre but que d'élargir les données du problème. Il ne faut pas espérer que la solution sera simple, et il serait dangereux qu'elle fut hâtive. Il ne faut pas gaspiller les efforts et les ressources du pays dans une expérience mal venue, dont l'échec frapperait pour longtemps de stérilité toutes les tentatives ultérieures. Les leçons du passé doivent nous éclairer : on a déjà, à un autre point de vue, cherché par l'Ecole une solution pour une question qui nous est chère, et on a inutilement *joué au soldat*. Il ne faudrait pas, en vue de la bataille économique pour laquelle nous devons armer nos enfants, essayer de *jouer à l'ouvrier*.

EMILE PARIS.

La Crise de l'Apprentissage

Principaux projets d'organisation de l'Enseignement professionnel

Il y a onze années déjà que le Conseil supérieur du Travail, à la suite d'une enquête approfondie, faite auprès de tous les groupements industriels et commerciaux, a signalé la diminution de la valeur professionnelle de nos ouvriers et de nos employés.

Cette diminution résultant, d'après la presque unanimité des renseignements obtenus, du manque de préparation professionnelle, c'est-à-dire de la disparition de l'apprentissage, présentait des conséquences trop graves, au point de vue de la situation économique de notre pays, pour laisser indifférents tous ceux qui s'intéressent à son avenir.

De tous côtés, on a recherché le remède au mal et, depuis cette époque, comme l'a dit M. Modeste Leroy, l'un des premiers champions de la cause de l'enseignement technique à la Chambre des députés, « cet enseignement est devenu à la mode ».

Ce sont les principaux projets d'organisation de l'enseignement professionnel, résultats de ces études, que nous voulons résumer rapidement ici pour les lecteurs de la *Revue de l'Enseignement technique*.

Examinons donc les moyens préconisés pour remédier à la « crise de l'apprentissage ».

Nous ne ferons que signaler en passant le développement des écoles techniques dans lesquelles la préparation pratique et théorique est assurée d'une manière complète.

L'enseignement professionnel à l'école a soulevé des controverses sérieuses; sans entrer dans leur détail, nous nous bornerons à constater que ces établissements scolaires sont appelés à rendre de nombreux services, mais qu'il est impossible évidemment de ne compter que sur eux, et nous arriverons de suite à l'étude des projets qui ont pour but, précisément, de compléter l'organisation actuelle.

Avant d'aller plus loin, nous croyons nécessaire, pour faciliter le classement de ces projets, de rappeler la distinction bien nette qu'il convient d'établir entre l'apprentissage pratique et l'apprentissage théorique.

L'ouvrier et l'employé ne peuvent plus acquérir aujourd'hui, comme autrefois, à l'atelier ou au magasin seuls, la valeur professionnelle qui leur est nécessaire.

Par suite des progrès apportés dans les méthodes de fabrication et de vente, il leur est indispensable de posséder, en dehors des connaissances pratiques, des connaissances théoriques se rapportant à leur métier ou à leur profession, et la préparation professionnelle doit, à l'heure actuelle, comprendre pour être complète :

1° Des connaissances pratiques qui, d'après les personnes compétentes, ne peuvent être données, d'une manière générale, qu'à l'atelier ou au magasin (apprentissage proprement dit);

2° Des connaissances théoriques acquises dans des cours de perfectionnement ou complémentaires (enseignement ou instruction professionnels).

Le problème ainsi posé a été envisagé de différentes manières.

Certains projets essaient de le résoudre partiellement en organisant, soit l'apprentissage pratique, soit l'apprentissage théorique. D'autres, au contraire, présentent une solution complète de la question, en établissant les moyens d'assurer aux jeunes apprentis et employés une préparation professionnelle intégrale.

C'est dans cet ordre que nous allons successivement les passer en revue.

I

Projet relatif à la préparation professionnelle pratique.

(APPRENTISSAGE PROPREMENT DIT).

C'est M. Briat, rapporteur du Conseil supérieur du Travail, qui, l'un des premiers, a recherché le remède à la crise de la préparation professionnelle.

Suivant la distinction juridique qui existe entre le contrat d'apprentissage et le contrat de louage, le distingué rapporteur divise les jeunes gens de 13 à 14 ans, employés dans l'industrie et le commerce, en deux catégories :

1° Ceux qui ont passé avec leur patron un contrat d'apprentissage;

2° Ceux qui ne sont liés à leurs employeurs que par un contrat de louage.

Les jeunes gens de la première catégorie doivent, aux termes de leur contrat, apprendre leur métier à l'atelier; quant à ceux de la seconde catégorie, le patron n'étant pas obligé de leur inculquer les connaissances nécessaires à l'exercice de leur profession, il faut organiser pour eux une instruction technique.

M. Briat a sérié les deux questions et s'est occupé d'abord de l'apprentissage à l'atelier.

Cet apprentissage n'existe plus, ou presque plus; il faut, pour le rénover, assurer l'observation des contrats d'apprentissage, et le meilleur moyen d'obliger le patron et l'apprenti à cette observation, c'est de modifier la loi du 22 février 1851 sur l'apprentissage, qui, faite à une époque où les ateliers de famille étaient encore très répandus, ne répond plus aux nécessités de l'industrie moderne.

Pour M. Briat, les modifications à apporter à cette loi peuvent se résumer de la manière suivante :

1° Les intéressés demeureraient libres de faire ou de ne pas faire de contrat, mais lorsqu'ils se décideraient à en passer un, ils devraient le faire par écrit, ce qui aurait pour avantage de bien préciser les conditions dans lesquelles l'enfant est mis en apprentissage et d'éviter ainsi les discussions souvent difficiles à trancher;

2° La surveillance de l'apprentissage serait confiée aux Conseils de Prud'hommes ou, à leur défaut, à une commission mixte, composée de patrons et d'ouvriers;

3° Des dispositions seraient prises pour s'assurer que, pendant la durée de son contrat, l'enfant a bien reçu l'enseignement théorique et pratique nécessaire pour faire de lui un bon ouvrier. Dans ce but serait institué un examen théorique et pratique, sanctionné par un certificat d'instruction professionnelle;

4° Enfin, pour mettre un terme à l'exploitation des apprentis, par certains patrons, le Conseil de Prud'hommes aurait le droit d'interdire à ceux-ci de former des apprentis pendant un certain temps.

PROPOSITION DE LOI RELATIVE A L'APPRENTISSAGE.

Les mesures préconisées par M. Briat dans son rapport ont été traduites par M. Henri Michel, député, dans une proposition de loi relative à l'apprentissage, qui a été déposée à la Chambre le 3 mai 1907 (1).

Quant à la catégorie de jeunes gens qui sont employés sous le régime du contrat de louage, le Conseil supérieur du Travail, suivant son rappor-

(1) Cette proposition n'ayant pas été reprise est aujourd'hui caduque.

teur, a émis le vœu que l'organisation d'une instruction professionnelle soit étudiée pour eux. C'est ce vœu qui a donné pour ainsi dire naissance aux différents projets que nous allons examiner et qui concernent l'organisation de l'enseignement théorique professionnel.

II

Projet relatif à la préparation théorique professionnelle.

(COURS COMPLÉMENTAIRES, COURS DE PERFECTIONNEMENT, INSTRUCTION PROFESSIONNELLE).

Le Conseil supérieur de l'enseignement technique fut saisi, le premier, du vœu du Conseil supérieur du Travail. Sur ses instances, M. Bouquet, directeur de l'enseignement technique au ministère du Commerce et de l'Industrie, élabora un avant-projet de loi, dont le rapport fut confié à M. Cohendy, professeur à la Faculté de droit de Lyon.

Adopté par le Conseil supérieur de l'enseignement technique, cet avant-projet fut transformé en projet de loi devant le Parlement par M. Dubief, ministre du Commerce en 1905.

Il a fait l'objet de trois rapports fort intéressants de M. Astier, député, rapporteur de la Commission du commerce et de l'industrie.

Laissons de côté les quatre premiers titres, qui codifient les textes régissant actuellement les écoles d'enseignement technique, et arrivons de suite au titre V, qui concerne l'organisation de l'instruction professionnelle réclamée par le Conseil supérieur du Travail.

Rappelons brièvement le fonctionnement prévu pour les cours professionnels.

Après avis du Comité départemental et du Conseil supérieur de l'enseignement technique, le Ministre du Commerce arrêterait la liste des communes dans lesquelles l'organisation des cours professionnels gratuits et obligatoires serait reconnue nécessaire. Une commission locale, nommée par le Préfet, serait chargée alors de déterminer et d'organiser dans ces communes les cours plus spécialement nécessaires au développement des industries et des établissements commerciaux du pays.

Cette commission, présidée par le maire, serait composée de représentants d'industriels, de commerçants, d'ouvriers, d'employés, de conseillers prudhommes, d'inspecteurs de l'enseignement technique.

Deux hypothèses pourraient se présenter :

Première hypothèse : où il existerait déjà des cours dans la commune intéressée. — La commission, dans ce cas, se bornerait à examiner s'ils fonctionnent conformément aux textes législatifs.

Deuxième hypothèse : où il n'y aurait pas de cours organisés ou les cours existants seraient reconnus insuffisants. — La commission déciderait alors quels seraient ceux à créer et les communes seraient tenues de pourvoir aux dépenses de leur fonctionnement.

En principe, tous les jeunes gens de la localité, âgés de moins de 18 ans et employés dans l'industrie ou le commerce seraient obligés de suivre ces cours et comme ceux-ci doivent avoir lieu pendant la journée légale de travail, l'obligation imposée aux enfants entraînerait pour les patrons l'obligation de laisser les jeunes employés quitter le magasin ou l'atelier pendant le temps nécessaire à leur instruction. C'est ce qu'on a appelé, improprement d'ailleurs, les cours de demi-temps.

Mais, pour tenir compte des nécessités de certaines industries et de certains commerces, le projet prévoit que le Ministre pourrait apporter des dérogations aux obligations imposées aux patrons.

De plus, il serait admis également que, dans les établissements, ateliers, bureaux et magasins dans lesquels le temps normal du travail du personnel n'excède pas 8 heures par jour et 48 heures par semaine, les chefs d'entreprise ne seraient pas obligés de laisser les jeunes gens suivre les cours pendant la journée de travail.

Enfin, ces cours ne pourraient excéder 8 heures par semaine et 200 heures par an.

Des tempéraments sont également apportés au principe de l'obligation, en ce qui concerne les élèves. En effet, ne seraient point obligés d'assister aux cours les jeunes apprentis justifiant du diplôme ou du certificat délivré par une école publique, ou par une école privée d'enseignement technique reconnue par l'Etat, ou qui seraient déjà titulaires d'un certificat de capacité professionnelle.

Enfin, les élèves qui, au bout d'au moins un an de présence aux cours seraient reconnus par le professeur comme n'ayant pas les aptitudes nécessaires pour en profiter pourraient obtenir la dispense pour les deux années suivantes.

Le projet prévoit une série de sanctions, dont la plupart sont empruntées à la législation scolaire et à la législation ouvrière : inscription à la porte de la mairie des noms des délinquants, et, en cas de récidive, amende de 5 à 15 francs, portée à 100 francs en cas de nouvelle récidive.

Les frais des cours sont mis à la charge des communes comme dépenses obligatoires, mais il est prévu que l'Etat pourrait accorder aux municipalités, le cas échéant, une subvention qui ne pourrait jamais excéder la moitié des dépenses de fonctionnement des cours.

Ce projet, soumis au Conseil supérieur du Travail, avait été quelque peu modifié dans un rapport confié aux soins de M. Briat.

PROPOSITION DE LOI MICHEL SUR L'INSTRUCTION PROFESSIONNELLE (1).

Le 10 février 1908, M. Henri Michel, député, a déposé une proposition de loi relative au « relèvement de l'instruction professionnelle ».

Inspirée du projet de loi préparé par le Conseil supérieur de l'ensei-

(1) Cette proposition n'ayant pas été reprise est aujourdhui caduque.

gnement technique et amendé par M. Briat cette proposition venait compléter celle dont nous avons parlé plus haut concernant l'apprentissage.

Il convient d'ailleurs de remarquer que la Commission du Commerce et de l'Industrie de la Chambre des députés, saisie du projet de loi Dubief, a donné satisfaction, d'une manière générale, aux desiderata formulés par le rapporteur du Conseil supérieur du Travail. Elle a apporté, en effet, au texte législatif les modifications votées par cette haute assemblée.

D'autre part, si nous nous en tenons à l'intéressant rapport sur le projet relatif à l'enseignement technique industriel et commercial, présenté l'année dernière, au nom de la Chambre de commerce de Paris, par M. de Ribes-Christofle nous sommes amenés à penser que, sauf quelques réserves, l'organisation de l'enseignement professionnel, telle que la prévoit le projet, a reçu l'assentiment des représentants les plus autorisés du commerce et de l'industrie français.

De ce résumé rapide, et surtout des travaux préparatoires du projet de loi, il résulterait bien que, d'après les auteurs de ce projet, l'enseignement professionnel distribué dans les cours complémentaires serait destiné à compléter et à perfectionner l'apprentissage pratique donné à l'atelier.

D'autres auteurs ont cherché le remède à la crise de l'apprentissage dans l'organisation de cours où, d'une manière générale, seraient distribués, à la fois, l'enseignement théorique et l'enseignement pratique.

C'est le principe sur lequel paraît reposer la proposition de loi présentée par M. Dron, Vice-Président de la Chambre des Députés, le 26 juin 1909.

PROPOSITION DE LOI DRON SUR L'APPRENTISSAGE.

Les patrons seraient tenus de veiller à ce que leurs jeunes apprentis reçoivent les notions indispensables à l'exercice de leur profession et ils ne pourraient employer que ceux qui suivent régulièrement les cours professionnels collectifs obligatoires et gratuits.

Ces cours seraient administrés par un comité d'apprentissage composé de fonctionnaires et de délégués des patrons et ouvriers. Leurs programmes types seraient dressés par le Conseil supérieur de l'enseignement technique et adaptés, par le comité d'apprentissage, aux besoins industriels et commerciaux de la commune. Le personnel enseignant serait nommé par le maire, d'accord avec le comité d'apprentissage. Les dépenses de création, d'aménagement (immeubles) seraient réparties entre la commune et l'Etat. Les dépenses du fonctionnement (traitements, achat des matières premières) seraient réparties comme suit :

1/4 à la charge de la commune ;

1/4 à la charge de l'Etat ;

1/2 à la charge des chefs d'entreprise.

Le comité d'apprentissage, après consultation des intéressés, réglerait la durée des cours et leur fréquence, déterminerait les heures auxquelles ils auraient lieu, soit pendant, soit après la journée de travail.

Comme sanction des études un jury d'examen délivrerait un certificat d'études professionnelles, dont seraient dispensés les jeunes gens jutifiant de certains diplômes.

Enfin, la proposition prévoit des sanctions, comprenant l'avertissement, l'affichage du nom du délinquant et une amende de 5 à 15 francs.

Avec la proposition suivante de M. Buisson, nous revenons au système des écoles, mais il s'agit ici d'une catégorie spéciale d'écoles, dont l'auteur n'a pas, — nous le regrettons, — précisé d'une manière assez complète l'organisation.

PROPOSITION DE LOI DE M. FERDINAND BUISSON, SUR L'ORGANISATION DE L'ENSEIGNEMENT PRIMAIRE OBLIGATOIRE.

M. Ferdinand Buisson, député, a déposé, le 16 mars 1911, sur le bureau de la Chambre, une proposition qui tend à compléter la loi du 28 mars 1882 sur l'organisation de l'instruction primaire obligatoire.

Un titre entier de cette proposition est consacré à l'enseignement post scolaire professionnel, que M. Buisson définit de la manière suivante :

« L'enseignement complémentaire obligatoire destiné aux jeunes gens employés dans l'agriculture, le commerce et l'industrie a pour objet la révision et le développement des matières énumérées à l'article 1er de la loi du 28 mars 1882 dans un sens essentiellement pratique et avec préparation spéciale aux besoins professionnels des divers métiers ».

Cet enseignement serait donné dans des écoles complémentaires dont l'enseignement comporterait deux sortes de programmes : des programmes généraux, préparés par le Ministère de l'Instruction publique, et des programmes spéciaux, élaborés par le Conseil de l'école, institué auprès de chaque établissement, après avis des corps professionnels intéressés.

L'école serait, suivant la nature et les degrés d'enseignement qu'elle distribuerait, placée soit sous l'autorité du Ministère de l'Instruction publique, soit sous celle des Ministères représentant l'enseignement technique.

Ce classement des établissements serait fait par une commission interministérielle permanente, sous réserve de l'approbation des ministres intéressés.

En principe, l'enseignement complémentaire obligatoire aurait lieu pendant la journée de travail. L'horaire serait fixé par le Conseil de l'école. Les parents et les chefs d'exploitation seraient tenus d'assurer la régularité et la fréquentation des cours. Enfin, les dépenses feraient partie des dépenses obligatoires de l'enseignement primaire et seraient soumises au même régime, en ce qui concerne la répartition des charges entre l'Etat et les communes.

Une loi déterminerait le taux des traitements et des allocations que recevrait le personnel enseignant, ainsi que les conditions de nomination, d'exercice et d'avancement.

PROPOSITION DE LOI SUR L'ORGANISATION DE L'ENSEIGNEMENT PROFESSIONNEL, PAR M. JULES SIEGFRIED

Pour M. Jules Siegfried, l'enseignement professionnel doit se donner, soit dans les écoles, soit dans des cours professionnels.

Organisation dans les écoles professionnelles. — Une école professionnelle de garçons et une de jeunes filles seraient créées par les municipalités, les chambres de commerce et autres groupements industriels, dans toute commune d'une population de plus de 20.000 habitants.

Elle comprendrait une section commerciale, une section pratique industrielle, et une section agricole.

Les frais de personnel seraient à la charge de l'Etat et les frais de locaux, d'outillage, de mobilier et d'entretien à la charge des communes et des groupements industriels et commerciaux.

Des subventions pourraient être accordées par l'Etat et le département, et l'enseignement serait entièrement gratuit.

Les programmes seraient préparés par les municipalités et les groupements administrateurs et approuvés par le Ministre du Commerce ou le Ministre compétent.

Les études seraient sanctionnées par la délivrance d'un brevet d'études professionnelles.

Cours professionnels. — Les cours professionnels seraient organisés par les municipalités et groupements industriels et commerciaux, dans toutes les communes d'une population de plus de 10.000 habitants, pour les apprentis des deux sexes du commerce, de l'industrie ou de l'agriculture, âgés de 13 à 18 ans.

La nature de ces cours varierait suivant que la région serait commerciale, industrielle ou agricole.

Ils pourraient être organisés par les chefs d'établissements à l'intérieur même des usines ou ateliers, ou être annexés à l'école professionnelle, ou bien encore être organisés dans les mêmes conditions que ces écoles.

Les frais de personnel seraient à la charge de l'Etat, et les communes et groupements intéressés supporteraient les dépenses de matériel, de locaux et d'outillage.

La fréquentation des cours professionnels serait obligatoire, là où ils seraient organisés, pour tous les jeunes gens de moins de 18 ans, sauf le cas où des dérogations seraient accordées par arrêté ministériel.

Les chefs d'établissements seraient obligés de laisser à leurs apprentis le temps nécessaire pour suivre ces cours, qui auraient lieu de préférence vers la fin de la journée, et, si possible, dans l'après-midi.

Un certificat d'études professionnelles serait délivré à ceux des apprentis qui passeraient avec succès un examen sur les matières des cours qu'ils auraient suivis pendant trois ans au moins.

Ces différents projets qui, en résumé, ne solutionnent que l'une des parties du problème, et, supposant parfait l'apprentissage pratique, n'organisent que l'instruction professionnelle, ont paru insuffisants à certains auteurs pour lesquels le problème de la préparation professionnelle intégrale ne peut faire l'objet d'une division.

III

Projet relatif à l'organisation professionnelle intégrale (pratique et théorique).

PROJET DE M. VILLEMIN.

C'est à M. Villemin, le distingué Président des Chambres syndicales du bâtiment, qui s'est fait un nom dans l'étude de toutes les questions ouvrières, que revient l'honneur d'avoir conçu un plan complet de l'organisation de l'apprentissage.

La préparation professionnelle comporterait, selon lui, trois phases :

1° le préapprentissage;

2° l'apprentissage proprement dit;

3° l'instruction professionnelle.

I. — *Préapprentissage.* — Le préapprentissage serait obligatoire pour les enfants des deux sexes de 10 ans à 14 ans révolus.

Il se ferait :

1° dans chaque école primaire où les notions des travaux manuels prescrites par l'article 1er de la loi du 28 mars 1882 devraient être l'objet d'un enseignement spécial donné par des professionnels. Dans chaque commune, les notions spéciales à enseigner seraient déterminées par le préfet, après avis des chambres de commerce.

2° pour les enfants ayant satisfait aux obligations de la loi de 1882, dans des cours spéciaux, jusqu'à 14 ans.

Les frais d'organisation du préapprentissage et des cours d'enseignement complémentaire seraient compris dans les dépenses obligatoires de l'enseignement primaire.

II. — *Apprentissage.* — L'apprentissage comprendrait :

1° l'apprentissage pratique;

2° l'apprentissage théorique.

L'apprentissage serait obligatoire pour les enfants des deux sexes de 14 à 16 ans révolus, dans les professions où l'obligation aurait été déclarée par un règlement d'administration publique rendu sur la proposition du Ministre du Commerce, après avis des chambres de commerce.

Un arrêté du Ministre du Commerce, sur la proposition des chambres de commerce, fixerait le nombre des apprentis à former pour chaque chef d'entreprise. Ce nombre serait proportionnel au nombre des ouvriers employés ou occupés dans chaque établissement.

Le chef d'atelier qui ne formerait pas le nombre d'apprentis qui lui est indiqué, paierait une taxe d'apprentissage. Celui qui en formerait un plus grand nombre recevrait une allocation.

L'apprentissage pratiqué à l'atelier fonctionnerait sous le contrôle des sociétés corporatives.

Le patron serait tenu d'employer l'enfant au travail de sa profession et il devrait lui donner les connaissances nécessaires à cette dernière.

Le père de l'apprenti passerait avec l'employeur un contrat d'apprentissage précisant les obligations de chacun des contractants. Un salaire minimum fixé par la société sera alloué à l'apprenti.

b) Pour l'enseignement complémentaire théorique, les chambres de commerce institueraient dans les professions où elles le jugeraient nécessaire, des cours obligatoires pour les apprentis.

Les sociétés corporatives organiseraient ces cours, fixeraient leur programmes, leur fréquence, leur durée. Les patrons seraient obligés de laisser leurs apprentis les suivre.

En cas de défaut d'assiduité, le jeune ouvrier perdrait son salaire.

Les cours seraient consacrés par un certificat d'apprentissage.

III. — *Instruction professionnelle.* — Dans le projet de M. Villemin, l'instruction professionnelle donnée dans les écoles serait réservée à une minorité. Ne pourraient entrer dans ces établissements pour devenir des ingénieurs et des chefs de service que les apprentis ayant obtenu un certificat d'apprentissage et satisfait à un concours.

Comme on le voit, le fonctionnement de cette organisation repose sur les chambres de commerce et les sociétés corporatives.

Chaque Chambre de commerce serait chargée, dans sa circonscription, de tout ce qui concerne l'apprentissage (établissement du budget de l'apprentissage, taxes d'apprentissage, création d'écoles spéciales, programme des écoles, création de sociétés corporatives).

Les sociétés corporatives comprendraient des chefs d'entreprise d'une même profession ou de professions similaires. Elles se composeraient : pour deux tiers de membres patrons, et pour un tiers de membres ouvriers, élus suivant la procédure d'élection des conseils de prud'hommes.

Elles auraient pour objet de déterminer le nombre des apprentis à instruire chaque année, le nombre des apprentis à former par chaque patron, le montant de la taxe d'apprentissage basée sur le coût moyen de chaque apprenti, d'étudier les types de contrat d'apprentissage dans la corporation.

Le projet prévoit, comme sanctions, des pénalités édictées par la loi du 28 mars 1882 sur l'enseignement primaire, c'est-à-dire des amendes de 5 à 25 francs.

Les délégués des sociétés corporatives auraient le droit de se rendre compte si les dispositions prises par les chefs d'entreprise sont conformes aux programmes arrêtés par la société, tant en ce qui concerne l'apprentissage à l'atelier et sur le chantier, que la fréquentation des cours.

En cas de non observation, le chef d'entreprise serait convoqué devant le bureau de la société dans un delai de huitaine, sous peine d'une réprimande qui serait affichée à la porte de l'atelier ou du chantier.

Tels sont, rapidement analysés, les principaux projets qui, depuis 1900, ont été proposés pour remédier à la crise de l'apprentissage.

Notre intention n'étant que de présenter un résumé succint de leurs principales dispositions, nous ne les examinerons pas au point de vue critique et nous n'essaierons pas de rechercher quel est celui d'entre eux qui semble présenter le plus d'avantages.

Mais ce qui apparaîtra clairement aux yeux de tous ceux qui s'intéressent à la question, c'est que l'étude théorique du problème semble maintenant épuisée, que toutes les solutions possibles paraissent avoir été envisagées, et qu'il est temps enfin de faire son choix et de passer à l'application.

Nous nous empressons d'ajouter, d'ailleurs, que la déclaration faite par M. le Ministre du Commerce au Sénat, le jeudi 9 mars 1911, nous rassure pleinement à ce sujet. Nous sommes convaincus qu'avec la compétence dont il a toujours fait preuve en matière d'enseignement, M. Massé saura tirer, pour la meilleure organisation de notre enseignement professionnel, le plus grand profit de ces travaux préparatoires.

Enfin, nous espérons que le Congrès de l'apprentissage organisé par l'Association française pour le développement de l'enseignement technique, avec le concours de la municipalité de Roubaix, à l'exposition qui aura lieu dans cette ville au mois de septembre prochain, sera l'occasion, pour les représentants du commerce et de l'industrie français, de se prononcer définitivement sur une question dont il serait dangereux pour les intérêts économiques du pays de retarder plus longtemps la solution.

E. Bertin,
Docteur en droit.

L'Enseignement de la Publicité

L'idée de l'enseignement de la publicité a fait de si rapides progrès qu'il ne se passe guère de jours sans que nous parviennent de la part de membres du personnel enseignant, des demandes de renseignements destinés à servir de base à la préparation de cours sur cette nouvelle matière. Cela nous a conduit à former le projet, à la fois présomptueux et raisonnable, d'établir, d'accord avec la Direction de l'Enseignement technique, le programme officiel d'un cours de publicité à l'usage des Ecoles de Commerce. Nous connaissons trop l'esprit moderniste, rationnel et pratique qui préside aux destinées de notre enseignement commercial pour douter de l'accueil réservé à notre proposition; aussi, sommes-nous heureux de répondre à l'invitation du Comité de Direction de la *Revue de l'Enseignement technique*, qui nous a demandé de faire connaître à ses lecteurs l'économie de notre projet.

L'établissement d'un programme s'impose; n'eût-il d'autre avantage que celui de canaliser l'enseignement nouveau dans le sens pratique où il importe de le voir orienter, cela suffirait à le justifier. On risquerait de manquer le but en laissant trop de champ aux libres initiatives, susceptibles de tomber dans le travers de l'exagération.

Dans la libre Amérique, dont nous invoquons toujours et très justement l'exemple lorsque nous envisageons les progrès réalisés en publicité, deux opinions se manifestent à propos de ce procédé économique puissant.

L'une, purement théorique, relève de la psychologie expérimentale; l'autre, de la pratique.

Un psychologue américain, M. Walter Dill Scott, professeur à l'Université de North-Western, s'inspirant de certains travaux de William James, a esquissé une théorie scientifique de la publicité, qui relève de la psychologie de l'attention, des phénomènes de la vision involontaire ou volontaire, de perception ou d'aperception, de l'association des idées; il évoque ainsi, après un intervalle de plus de deux mille ans, la philosophie d'Aristote, qui repose sur la distinction de la réceptivité des sens et de la spontanéité de l'intelligence, et, plus près de nous, les travaux de Malebranche montrant, bien avant l'école anglaise, le rôle des associations ou liaisons d'idées dans la vie mentale.

Si le maître pénétrant qu'est William James, discute avec la plus grande liberté d'esprit et le plus vif souci de l'exactitude scientifique, il ne paraît pas que le disciple se soit suffisamment dégagé de toute influence extérieure; de ce fait, la portée scientifique de ses analyses fragmentaires, cependant intéressantes, se trouve amoindrie.

Le champ effleuré reste donc ouvert aux explorations de ceux que hante le désir de pénétrer des lois insuffisamment connues.

Après l'opinion du théoricien, voici celle du praticien Manley W. Gilliam. M. Gilliam dirigea pendant dix-huit ans la publicité de l'importante Maison Wanamaker, avant d'exercer au New-York Herald la fonction de conseiller de publicité.

M. Gilliam base son opinion non pas sur des expériences, mais sur l'expérience et il la formule ainsi :

« Il y a une tendance chez ceux qui s'appellent experts en publicité à jeter un voile de mystère sur l'art et la pratique de la publicité, et à prétendre que seul un génie transcendant est capable de présenter au public les côtés attrayants d'une affaire. A mon avis, c'est sottise pure ».

« Le cœur et l'âme d'une bonne annonce, c'est de faire ressortir la partie de la proposition qui est la plus apte à éveiller la curiosité ou la cupidité du lecteur ».

Faut-il déduire de cette dualité d'opinions que la publicité (art ou science) à l'égard de la philosophie moderne, de Pascal à Kant, oscille sur l'opposition de la raison théorique et de la raison pratique?

Nous ne discuterons aucun des deux systèmes pour la bonne raison que nous les admettons tous deux; mais puisqu'on veut bien nous accorder que notre éclectisme nous qualifie pour indiquer en toute sincérité celui des deux qui paraît convenir le mieux comme base du programme que nous souhaitons voir établir, nous donnons ici les raisons de notre choix. Elles sont très simples; elles s'inspirent des données de la question posée que nous ramènerons à ce points essentiels :

1° Le milieu de recrutement des élèves;

2° La durée et le caractère de l'enseignement donné;

3° Le but.

En dehors des écoles de haut enseignement commercial qui comptent parmi leurs élèves de nombreux bacheliers, ne perdons pas de vue que le recrutement de la population scolaire des établissements d'enseignement technique, s'effectue, à quelques rares exceptions près, dans le milieu primaire.

La durée limitée du temps consacré aux études détermine le caractère de l'enseignement donné. Cet enseignement, essentiellement pratique, exclut par définition les longs développements théoriques qui le distrairaient de son but véritable. Il n'a pas mission de faire des théoriciens ou des experts en publicité, mais des commerçants.

Il faut donc donner à ces élèves des notions pratiques aussi développées que les matières générales du programme permettent de le faire. Il faut leur donner surtout des leçons de choses; il faut, comme l'a dit M. Gaston Doumergue, leur montrer ce qui se fait à l'étranger, en Angleterre, en Allemagne et surtout aux Etats-Unis. Il faut leur montrer le rôle important de la publicité dans le développement industriel et commercial d'un pays.

Fidèles à ce programme si heureusement tracé, nous avons poursuivi par nos campagnes de conférences notre tâche d'éducateurs basée sur la multiplication des exemples.

La dernière en date de nos manifestations eut pour siège le grand amphithéâtre de l'Ecole des Hautes Etudes Sociales. Nous avons dans ce milieu spécial sacrifié successivement à la critique historique et à l'investigation mathématique, et, nous avons eu la bonne fortune de dégager de notre étude une vérité trop longtemps ignorée, à savoir que la publicité française est de 20,93 0/0 moins chère que la publicité anglaise et de 40,72 0/0 moins chère que la publicité américaine.

Après avoir défini les causes de la trop longue stagnation de la publicité en France, nous avons détruit l'argument vicié qu'opposaient aux multiples invites dont ils étaient l'objet, certains commerçants alléguant de bonne foi le prix trop élevé de la publicité pour expliquer leur abstention.

Quand on apprendra aux élèves qui nous occupent, en se basant sur ces constatations mathématiques, que, par son prix moins élevé, la publicité est plus accessible en France aux commerçants français qu'elle ne l'est en Amérique aux commerçants américains et en Angleterre, aux commerçants anglais; quand on leur aura démontré que le développement formidable de la publicité a pour conséquence d'accélérer la consommation qui absorbe aux Etats-Unis 96 0/0, en Angleterre 80 0/0 de la production nationale (1); quand on leur aura exposé après tous nos économistes que la publicité est un moteur essentiel de l'activité commerciale; qu'elle engendre le profit et crée la richesse; qu'elle n'est ruineuse que si elle est mensongère ou si elle est mise au service d'un mauvais produit; quand on aura défini devant eux son rôle, ses modalités, et les moyens de la mettre en œuvre, on leur aura fait comprendre l'économie de la publicité, et on aura ainsi pratiquement augmenté le bagage de connaissances utiles avec lesquelles tout homme qui se destine aux affaires doit s'engager dans la vie.

Et maintenant, si par surcroît une vocation irrésistible se manifeste chez quelques-uns des jeunes gens formés par cette méthode; s'il en est qui désirent se spécialiser dans l'étude de la publicité pour y devenir tout à fait experts et en faire leur carrière, nous y applaudirons. Ils trouveront dans les cycles d'enseignement supérieur et dans les savants travaux des philosophes de l'école française, les Taine, les Ribot, les Binet, les Richet, les Bergson, pour ne parler que des modernes parmi nos maîtres, de sérieux éléments d'étude qui leur permettront de se perfectionner dans la science psychologique et d'en dégager tout ce qui peut raisonnablement servir de base aux essais de systématisation scientifique de la publicité.

(1) Ces chiffres sont de Carnegie. Nous les relevons dans son discours aux élèves du Collège Commercial de Liverpool.

Mais de grâce, n'établissons pas de confusion entre deux tendances qui peuvent, qui doivent même se superposer plus tard. Commençons seulement par le commencement. L'enfant marche sans s'inquiéter de la théorie du mouvement. Inspirons-nous de cet exemple en donnant le pas à la pratique sur la théorie.

Voici, à notre avis, à quels points essentiels doit se résumer le programme initial d'enseignement de la publicité : (1).

1° Utilité de la publicité. Son rôle social et économique. Son influence sur le prix des marchandises et le développement du commerce et de l'industrie.

2° Sa fonction au service du manufacturier, de l'intermédiaire, du détaillant, du grand magasin et du consommateur.

3° Le Besoin. Besoin existant. Besoin latent. Besoin à créer.

4° Analyse des particularités et étude des qualités marchandes du produit à écouler. Les possibilités de vente. Sa présentation. Son identification par la marque de fabrique.

5° Les moyens de publicité. Sollicitations générales : les journaux, les affiches. Sollicitations personnelles : la correspondance, le catalogue, le rappel d'offres méthodique.

6° La publicité complémentaire : cadeaux, calendriers, échantillons, etc., etc...

7° Les modes de publicité : *Sollicitations générales* : A) les journaux. Publicité clichée. Publicité rédactionnelle. L'annonce. Comment on la fait. Relation du prix de la publicité par rapport à l'espace occupé et à la circulation du journal.

B) L'affiche. Affiche de lettres. Affiche illustrée. Affiches peintes. L'affichage en pose simple, en conservation, palissades et pignons. Les prix de l'affiche, de la pose, du timbre.

Sollicitations personnelles : A) la correspondance. Correspondance écrite. Correspondance imprimée. Rappel d'offres méthodiques. B) Catalogues. Brochures. Prospectus. Distribution à domicile. Distribution par la poste.

Publicité complémentaire : Primes, cadeaux, calendriers, cartes postales.

8° Adaptation des modes et moyens de publicité aux besoins du manufacturier, de l'intermédiaire, du détaillant. Plan de campagne. Durée de la propagande.

9° Régime commercial de la publicité : A) Les contrats. B) Le rendement de la publicité. C) Moyens de contrôle. Annonces à clef. D) Etablissement du prix de revient de la demande pour chaque industrie.

---

(1) Ce programme a été élaboré par MM. Arnaud (de Masquard), Professeur de Publicité à l'Ecole des Hautes Etudes Commerciales; Marc Barbut, Professeur à l'Ecole supérieure pratique de Commerce et d'Industrie; Hemet, Professeur de Publicité à l'Institut Economique de Paris; et, le signataire de cet article, chargé du Cours de Publicité à l'Ecole des Hautes Etudes Sociales.

E) Etablissement du prix de la publicité par vente réalisée. Pourcentage des dépenses de publicité par rapport au chiffre des recettes.

10° Etude de quelques campagnes de publicité.

Limité à ces dix articles, ce programme suffit aux nécessités de l'enseignement de la publicité, en se pliant aux exigences que nous avons notées plus haut. Chacun de ces articles est susceptible de développements et d'interprétation.

Nous savons à n'en pas douter ce qu'il faut attendre de la collaboration du personnel enseignant; il renferme nombre de professeurs à l'esprit curieux et pratique qui ne manqueront pas d'exercer leurs qualités d'observation et d'initiative au service de l'enseignement nouveau. Cet enseignement devra à leur interprétation personnelle des directions essentielles du programme, une agréable diversité et un attrait réel et puissant.

Louis Vergne.

QUESTIONS SCOLAIRES

QUESTIONNAIRE DE COMPTABILITÉ (1)

III. — Classement méthodique.

140. *En quoi consiste le classement méthodique des écritures ?*

Dans leur répartition, suivant la nature des opérations faites, en un certain nombre de chapitres ou comptes.

141. *Quelle est la marche à suivre ?*

On commence par dresser le plan général du classement; puis on se procure un registre ou grand livre, dont chaque feuillet est affecté à un chapitre déterminé.

142. *Quels sont les principes généraux qui président à l'établissement du plan de classement ?*

On dresse tout d'abord la liste des renseignements nécessaires ou simplement utiles à la gestion de l'entreprise dont il s'agit. Ceci fait, on examine successivement s'il est *possible* de les obtenir, étant donné le mode de fonctionnement de l'entreprise; ayant éliminé ceux dont l'obtention offrirait des difficultés insurmontables, on reste en présence d'une énumération précise.

Cette énumération comprend des éléments plus ou moins nombreux, qui sont alors groupés en un petit nombre de divisions. Voici un exemple de groupement :

Comptes du capital initial et de ses modifications (résultats antérieurs, bénéfices différés, réduction ou augmentation du capital primitif, etc.

Comptes des dépenses extraordinaires à répartir sur plusieurs exercices.

Comptes des valeurs confiées au gérant : valeurs indisponibles, disponibilités, stocks.

Comptes des personnes débitrices ou créancières de l'entreprise (avec sous-groupes distinguant les créances et dettes à long et à court terme, celles qui sont privilégiées et celles qui ne le sont pas, etc.).

(1) Voir *Revue de l'Enseignement technique*, n° 7, p. 304.

Comptes transitoires ouverts momentanément pour enregistrer certaines dépenses ou recettes en attendant leur affectation définitive.

Comptes des résultats de l'exercice courant.

143. *Le plan que vous venez de dresser convient-il à toutes les entreprises sans exception ?*

Il est applicable dans la majorité des cas; mais on est parfois obligé de lui faire subir des modifications pour répondre à certaines exigences spéciales.

144. *Y a-t-il lieu d'attribuer des indices numériques aux divers éléments compris dans la classification qu'on a établie ?*

Oui, cette précaution est fort utile car elle permet d'éviter toute confusion entre des chapitres dénommés d'une manière analogue; elle facilite d'ailleurs le classement régulier des comptes dans le grand livre.

145. *Le numérotage est-il fait de 1 à suivre ?*

Non. Il est préférable d'employer le numérotage décimal qui permet d'intercaler au besoin de nouveaux rouages sans déplacer ceux qui existent déjà.

146. *Décrivez le principe du numérotage décimal ?*

L'ensemble des comptes est groupé en un nombre maximum de dix divisions numérotées de 0 à 9.

Chaque division est partagée en un nombre maximum de dix chapitres numérotés : 00, 01, ..., 09; 10, 11, 12, ..., 19; 20, 21, ..., 29, etc.

Chaque chapitre peut être divisé au maximum en dix articles numérotés : 000, 001, 002, ..., 009; 010, 011, ..., 019, etc.

On peut pousser la division aussi loin qu'il est nécessaire. Si, par exemple, il y avait lieu de subdiviser l'article 514, on aurait les paragraphes 514.0, 514.1, 514.2, 514.3, ..., 514.9. Comme le nombre de dix compartiments est rarement atteint dans chaque subdivision, il reste généralement des cases vides où prennent place les nouveaux organes dont la création peut être jugée nécessaire.

147. *Comment procédez-vous pour les comptes individuels de tiers ?*

Ils sont représentés dans le plan général par un certain nombre de groupes collectifs. Le détail de chaque groupe est fourni par un ou plusieurs grands livres distincts affectés à la tenue des comptes individuels.

148. *Donnez un exemple ?*

Je suppose que le plan général comporte un chapitre 50, intitulé Clients.

J'ouvrirai un grand livre annexe, en un ou plusieurs volumes, dans lequel chaque client aura son compte individuel tenu de la façon la plus détaillée.

149. *Quel sera le numérotage de ces comptes individuels de clients ?*

Ils seront numérotés de 5000 à suivre, suivant l'ordre dans lequel ils auront été ouverts. Un cahier d'enregistrement permettra d'attribuer les numéros matricules. Connaissant le numéro d'un compte, le cahier permet de savoir : 1° Quel en est le titre ; 2° à quelle époque il a été ouvert.

150. *Comment classez-vous les comptes individuels ?*

S'ils sont peu nombreux, je les classe dans l'ordre alphabétique de leurs titres; cette disposition supprime toute espèce de répertoire et permet de trouver facilement un compte quelconque. Je sépare les groupes ayant même initiale par des onglets saillants, ce qui facilite les recherches. Avec un semblable classement, les numéros matricules ne se suivent pas; ils servent seulement au contrôle des feuillets.

Si le nombre des comptes est très élevé (plusieurs milliers), je les range par ordre de numéros matricules. Des onglets numériques établis de vingt en vingt numéros (ou de dix en dix si chaque compte s'étend sur plusieurs feuillets) facilitent les recherches. Un répertoire alphabétique sur fiches devient alors l'auxiliaire indispensable du registre.

151. *N'y a-t-il pas des précautions à prendre pour le classement alphabétique?*

On doit édicter des règles précises et veiller à leur observation ponctuelle. Les noms des personnes sont classés d'après leur initiale, abstraction faite du prénom; les raisons sociales prennent place sous l'initiale du premier nom; pour les entreprises anonymes, on néglige dans le classement les mots syndicat, société, compagnie, et les adjectifs qui les accompagnent. Le classement se fait alors d'après l'initiale du mot qui forme la dénomination de l'entreprise ou la désignation de son objet.

S'il y a doute, on peut insérer des fiches de renvoi sous les différentes rubriques possibles.

152. *Quand le plan de classement est arrêté, que faites-vous?*

Je me procure un ou plusieurs registres à feuillets mobiles d'une capacité maxima de 500 feuillets environ (au-dessus, le maniement de ces volumes deviendrait incommode). La surface destinée à recevoir l'écriture doit avoir, indépendamment des marges, 28 cm. de large sur 25 cm. de haut environ.

Ayant démonté la reliure, j'écris au crayon, dans un coin de chaque feuillet, le titre du compte auquel ce feuillet est affecté. Puis, je procède au classement et je remonte mon registre.

153. *Que faites-vous des feuillets blancs non utilisés?*

Je les mets dans la reliure à la suite des autres, ce qui constitue une sorte de magasin dans lequel je puiserai au fur et à mesure des besoins.

154. *Pourquoi la largeur de vos feuillets est-elle supérieure à la hauteur?*

Pour éviter de perdre du papier dans le cas où un compte se composerait de quelques lignes seulement.

155. *Ce format n'a-t-il pas l'inconvénient de multiplier les additions de bas de page?*

Elles sont, en effet, un peu plus nombreuses dans les comptes très chargés; mais, comme elles sont plus courtes, on les fait plus facilement sans erreurs, ce qui, somme toute, est une économie de temps.

156. *La place réservée aux libellés avec un semblable format n'est-elle pas très réduite?*

Elle est peut-être un peu restreinte; pour les comptes collectifs, cela n'offre aucun inconvénient, et les comptes individuels eux-mêmes s'en accommodent généralement. On peut, d'ailleurs, si les libellés doivent être très étendus, gagner de la place en rejetant à droite les deux colonnes de sommes du débit et du crédit qui se trouvent juxtaposées. Cette dernière réglure est même, en théorie, la plus logique de toutes; son adoption pratique n'offre aucun inconvénient.

157. *Comment constituez-vous les comptes individuels?*

Je prends successivement tous les journaux partiels, et je transcris au débit ou au crédit de chaque compte individuel les opérations qui s'y trouvent mentionnées. Cette opération, exécutée au jour le jour, s'exprime par le mort *reporter.*

158. *Quelles précautions faut-il prendre en reportant?*

Il faut écrire: 1° au compte du grand livre le numéro de la page du journal partiel où la somme reportée a été puisée; 2° au journal partiel le numéro du compte où la somme a été reportée.

159. *Pourquoi fait-on cela?*

Pour faciliter la référence d'un registre à l'autre et accélérer les recherches.

160. *Comment vérifiez-vous l'exactitude des reports?*

En additionnant les comptes individuels à la fin de chaque mois, et en comparant le total ainsi obtenu avec le total du compte collectif correspondant.

161. *Supposons qu'il n'y ait pas concordance; que faites-vous?*

Je procède au pointage de tous mes reports jusqu'à ce que l'erreur soit découverte et réparée.

162. *Cela peut-être très long s'il y a beaucoup de comptes ?*

Sans doute. Aussi divise-t-on alors la masse totale des comptes en plusieurs groupes représentés chacun par un compte collectif. L'erreur est ainsi localisée plus facilement.

163. *En pratique, le contrôle se fait-il toujours par les totaux?*

Non. On se contente souvent de comparer le solde du compte collectif avec la réunion des soldes des comptes individuels, ce qui est plus expéditif. Mais alors, s'il se produit une erreur, elle est beaucoup plus longue à rechercher, sauf dans le cas où la vérification a lieu fréquemment; les recherches sont alors localisées à une courte période.

164. *Ne peut-on employer des artifices permettant d'opérer avec sécurité?*

On peut procéder comme suit. Soit un groupe de comptes, par exemple les clients de A à J. Toutes les sommes reportées aux comptes individuels pendant une certaine période sont immédiatement notées, pour leur montant seul, sur une feuille de papier. On additionne cette feuille; on additionne par ailleurs le montant des sommes globales destinées à prendre place dans le compte collectif correspondant. S'il y a une erreur, elle apparaît immédiatement et sa recherche, se trouvant contenue dans des limites peu considérables, n'est jamais très longue.

C'est une variante du système dénommé *chiffrier* (contrôle partiel des collections de comptes individuels).

165. *Comment constituez-vous les comptes du grand livre central?*

Par le report, suivant la technique déjà indiquée, des sommes figurant au journal central.

IV. — Erreurs matérielles et rectifications.

166. *Si vous avez commis une erreur matérielle que faites-vous?*

Il faut distinguer deux cas : 1° l'erreur est commise et découverte entre deux arrêts périodiques d'écritures; 2° le moment où l'erreur est commise et celui où elle est découverte sont séparés par un arrêté d'écritures.

Dans le premier cas, on biffe à la règle le chiffre ou le mot erroné et l'on écrit au-dessus la rectification, approuvée par un paraphe.

Dans le second cas, il est impossible d'opérer ainsi, car on serait obligé de rectifier une foule de dépouillements, de totaux, de reports, etc., et cela produirait de la confusion. On rectifie donc au moyen d'une écriture spéciale.

167. *Comment cela?*

Imaginons que Pierre nous ait livré pour 186 fr. 10 de marchandises. On a passé :

Achats	168 10	
à Pierre		168 10

c'est-à-dire 18 francs de moins. Il faudra compléter au moyen d'un second article ainsi conçu :

Achats . . . . 18 »

à Pierre . . . . 18 »

en expliquant l'origine de l'erreur et en rappelant la page où elle a été commise.

On procéderait en sens inverse, si *Pierre* avait été crédité et *Achats* débité en trop. Ainsi de suite.

168. *Ces articles rectificatifs n'ont-ils aucun inconvénient?*

Ils compliquent les écritures et les rendent moins claires. Mais, dans certaines circonstances, il est impossible de les éviter; en effet, le point principal c'est d'arriver à des soldes justes.

169. *Lorsque vous comparez le total d'un dépouillement avec le même montant obtenu d'une autre manière pour le contrôle, comment vous y prenez-vous pour rechercher les erreurs?*

Si la différence est un nombre rond, je conclus à une erreur probable dans les additions et je commence par revoir celles-ci avant d'aller plus loin.

Dans le cas où la différence formerait un multiple de 9, je serais fondé à croire qu'il y a eu interversion de chiffres dans la copie d'un nombre. En effet, si au lieu d'écrire 10 j'écris 01, ou inversement, la différence est 9. Si j'ai 02 au lieu de 20, la différence est 18; 03 pour 30 la différence est 27, etc.

170. *Comment conduisez-vous vos recherches?*

Je vérifie d'abord mes additions; puis je note sur une feuille de papier la différence constatée: après quoi je passe en revue la ou les colonnes de sommes composant le total. En parcourant les sommes à revoir, je cherche s'il ne s'agirait pas d'un seul nombre. Lorsqu'une erreur a été retrouvée, je l'ajoute à la différence primitive ou je l'en retranche, suivant le sens dans lequel elle agit. Cette méthode met progressivement en évidence la somme restant à trouver et peut en faciliter la découverte.

171. *Quelle précaution essentielle faut-il prendre en tout ceci?*

On doit écrire tous les chiffres très lisiblement, sans se presser, et placer exactement les nombres à additionner les uns sous les autres.

La collaboration de deux personnes au pointage rend le travail plus sûr et plus rapide lorsqu'elles opèrent méthodiquement et attentivement.

(A suivre) GABRIEL FAURE.

Erratum. — Nos lecteurs ont certainement rectifié l'erreur qui s'est glissée dans le « Questionnaire de Comptabilité » paru dans le numéro d'avril. P. 315, ligne 5, au lieu de: le total de chaque *effet*, lire: le total de chaque *remise*.

HISTOIRE (DEUXIÈME ANNÉE COMMERCIALE)

Evolution économique de l'Angleterre au XIXe siècle.

Jusqu'au XIXe siècle, l'Angleterre était riche surtout par son agriculture et son commerce maritime. Mais au XIXe siècle elle connut une nouvelle source de richesse : l'industrie.

I. — Causes du développement de l'Industrie anglaise

1. *Application de la vapeur et des machines à l'industrie.* — Vapeur et machines tiraient leur force motrice de la houille; or l'Angleterre est « un bloc de houille »; elle eut donc à bon compte le combustible, ce qui fit le succès de son industrie.

2. *Richesse du sous-sol anglais en fer et autres métaux.*

3. *Possession d'un riche empire colonial*, que l'Angleterre ne cessa d'accroître pendant tout le siècle et qui lui permit d'alimenter son industrie en matières premières variées et fournit en même temps des débouchés aux produits manufacturés:

II. — Conséquences du développement de l'Industrie.

1. *Déplacement des centres de l'activité économique.* — La vie afflua des campagnes vers les régions jusqu'alors déshéritées, mais riches en mines et en torrents (Pays de Galles, Chaîne Pennine, Basse-Ecosse) et où de grandes villes se formèrent (Birmingham, Manchester, Leeds, Bradford, Sheffield, Glascow, etc...). Bientôt la population y fut plus dense et plus considérable que dans les campagnes et elle ne tarda pas à jouer dans le pays un rôle prépondérant. L'Angleterre verte, agricole et foncière fut supplantée par l'Angleterre noire, industrielle et ouvrière. Ainsi s'explique la transformation politique et le mouvement démocratique qui éclata alors et se développa pendant tout le siècle.

2. *Transformation du régime économique.* — Jusqu'en 1823 le régime économique fut le *protectionnisme*, marqué par le maintient de l'*Acte de Navigation* (1651) et l'établissement de droits élevés sur l'entrée des matières premières et alimentaires. Or l'Acte de Navigation avait amené des représailles qui gênaient le commerce extérieur et les droits de douane, favorables aux propriétaires fonciers, portaient atteinte aux intérêts des ouvriers (cherté de la vie) et des industriels (cherté des matières premières). De là, la fondation de l'*Ecole de Manchester* qui, avec *Cobden* et *Bright* demanda la liberté des transactions. Il en résulta une lutte longue et parfois violente entre propriétaires fonciers et industriels, c'est-à-dire entre protectionnistes et libre-échangistes. Enfin, étapes par étapes, la victoire fut obtenue par les partisans du libre-échange:

Première étape (1823): *Huskisson* fait abaisser les droits sur un grand nombre de matières premières et porte un premier coup à l'Acte de Navigation en permettant aux navires des puissances amies d'apporter en Angleterre des produits autres que ceux des colonies anglaises et en admettant le principe de la réciprocité des droits de navigation.

Deuxième étape (1827): l'*Echelle mobile*, instituée pour régler le prix du blé.

Troisième étape (1846): Après la terrible famine de 1845, conversion de *Robert Pel*: abolition de tout droit sur le blé.

Quatrième étape (1849): Abolition de l'Acte de Navigation.

Cinquième étape (1860): Le libre-échange et les traités de commerce.

Alors l'industrie anglaise se développa puissamment; elle connut une ère de prospérité inouïe, et fut pendant de longues années maîtresse incontestable du marché mondial. A développer par quelques chiffres. Ex. production de la houille en 1855, 67 millions de tonnes; en 1870, 112; en 1900, 225; en 1908, 265, etc., etc.

II. — État actuel.

Cependant la fin du XIXe siècle a été marquée par un ralentissement dans le développement de l'industrie anglaise, surtout de la métallurgie.

Causes : 1. *Concurrence sur le marché mondial de deux états nouveaux* : Allemagne et Etats-Unis.

2. *Retour des principaux pays du monde au système protecteur* : (Allemagne 1878 et 1902 ; France, 1892 ; Etats-Unis, 1892, etc...)

3. *Empirisme de l'industrie anglaise* : Au moment où éclata la crise dûe à la concurrence de l'Allemagne et des Etats-Unis, l'industrie anglaise s'endormait sur ses faciles succès. Maîtresse du marché, elle ne s'inquiétait pas de perfectionner ses procédés, aussi se laissa-t-elle enlever le monopole de l'acier par l'Allemagne et les Etats-Unis (en 1908, production anglaise, 5 millions de tonnes ; américaine, 14 ; allemande, 10). En outre, elle ne se préoccupait pas de mettre ses produits en rapport avec le goût des clients, ce qui permit à l'Allemagne de lui enlever une clientèle dont elle sut flatter les goûts. De là une sorte de crise qui sévit surtout en métallurgie et inquiéta le monde des affaires au point de susciter en 1904 une vaste enquête officielle et d'amener le parti unioniste, alors au pouvoir, à rechercher un remède dans une nouvelle politique économique : *projet Chamberlain* basé sur une *union douanière* avec les colonies et le retour au protectionnisme à l'égard de l'étranger. Mais ce projet n'a pas été bien accueilli : en Angleterre on craint qu'il n'amène un renchérissement du prix de la vie ; — aux Colonies, qu'il ne diminue les revenus des douanes, qu'il ne ferme les marchés étrangers aux produits que la métropole sera dans l'impossibilité de consommer et qu'enfin il ne resserre les liens entre colonies et Métropole, au moment où les colonies aspirent à une autonomie de plus en plus grande. Ce grave problème n'est donc pas résolu : il reste la question de l'heure présente.

GÉOGRAPHIE (Deuxième année commerciale)

Industrie de la Hollande (suite).

IV. — Industries Alimentaires.

1. *Meunerie.* — Jadis exercée dans un grand nombre de moulins à vent qui donnaient un caractère si pittoresque au paysage. Actuellement se pratique dans un petit nombre de grands moulins cylindriques et mus par la vapeur. Production de la farine insuffisante pour les besoins du pays. Pas d'exportation. Seuls, les sous-produits sont exportés, notamment le son, en Allemagne. — A la meunerie se rattachent les usines de décortication du *riz*, importé de Java et produisant : riz de table, riz brisé pour usages techniques (amidon, brasseries, etc.), et la farine de riz ou déchets (pour bestiaux).

2. *Brasseries.* — 3.000 ouvriers. Consommation nationale : 1.508.000 hect. Exportation : 75.000 hect.

3. *Spiritueux et liqueurs.* — Alcools de grains, genièvre de Schiedam (122 établissements) ; liqueurs (400 fabriques), dont quelques-unes ne se servent que de plantes aromatiques indigènes cultivées autour de Noordwijk (Hollande S.)

4. *Conserves.* — Cette industrie tire son importance du développement de l'agriculture, de l'horticulture et de l'élevage. 3 branches principales.

a) *Viandes conservées* (salées, ou fumées, ou extraits de viande, ou pâtés.)

b) *Lait* condensé, pasteurisé, stérilisé, sucre de lait. 2.000 ouvriers.

c) *Conserves de légumes.*

5. *Sucre.* — Vieille industrie hollandaise, longtemps bornée au raffinage du sucre de canne importé de Java ou de Guyane. Mais, actuellement, elle ne traite guère que la betterave. 27 sucreries, occupant 7.500 ouvriers et produisant 209 millions de kilogrammes de sucre. Ce sucre est raffiné dans 11 raffineries, dont deux très grandes à Amsterdam. Exportation : 107 millions de kilogrammes. Sous-produit des sucreries (mélasse) employé pour bétail ou distillerie; sous-produits des raffineries donnant le sirop de Candi.

6. *Cacao.* — *Importé principalement de Guyane et Indes néerlandaises*, occupe 3.500 ouvriers, et produit soit la poudre de cacao, soit le beurre de cacao, ou entre dans la fabrication du chocolat. Production totale : 20 millions de kilog. Centres : Amsterdam et Rotterdam.

7. *Café* importé surtout du Brésil est torréfié surtout à Rotterdam (7 millions ½ kilog.) et à Amsterdam (2 millions ½ kilog.).

8. *Huiles.* — Extraites soit de produits indigènes (lin, colza), soit de produits exotiques (arachides, amandes de palmier, coprah, fèves de soya, sésame). Les sous-produits alimentent les industries des bougies stéariques (Gouda et Schiedam), du savon de glycérine, de l'acide oléique (pour l'apprêt de la laine), de la poix stéarique (isolateurs), de la margarine (exportation 46 millions de kilog.).

9. *Raffinage du sel.* — Importé d'Angleterre et d'Allemagne et servant pour la pêche.

V. — Industries chimiques

A ces industries se rattachent :

1. *Acide sulfurique* (Amsterdam).

2. *Engrais chimiques* (140 millions de kilog. de superphosphate).

3. Les usines à *gaz* donnant comme sous-produits : goudron, benzine, toluène, xylène, naphtaline, sulfate d'ammoniaque (exporté aux Indes orientales pour les plantations de cannes), etc.

4. *Le sulfate de quinine.* — Extrait du *quinquina*, importé de Java.

5. La transformation de *Caoutchouc, Gutta-percha et Balata*, importés des forêts ou plantations des Indes orientales (3 millions de kilog. de caoutchouc, 1 million de kilog. de gutta, 430.000 kilog. de balata). Centres de l'industrie : Amsterdam, Haarlem.

6. *Allumettes* (Eindhoven).

7. *Couleurs* (1.200 ouvriers).

8. *Raffinage du pétrole.* — Importé des Indes Orientales. Centre : Amsterdam. — Sous-produits : térébenthine, parafine.

9. *Teintureries d'étoffes.*

10. *Industrie de la fécule.* — Produits : amidon, gluten, dextrine, glucose, etc.

11. *Tabac.* — 10.000 ouvriers. Exportation de tabac coupé (2 millions de kilog.), de cigares et cigarettes (1 million ½ de kilog.).

12. *Tanneries.* — Alimentées par les peaux indigènes et coloniales (bœufs et buffles de Java). Une spécialité : le parchemin.

13. *Papeteries*, etc., etc.

VI. — Industries des matériaux de construction

Industries très développées par la nécessité de remédier au manque de matériaux naturels.

1. *Tuileries et briqueteries.* — Plus de 600 fabriques occupant 21.000 ouvriers.

2. *Fabrique de pierres* en chaux et sable, en ciment.

3. *Fabrique de carreaux de toutes sortes.*

4. *Fabrique de béton armé* pour jetees (Ymuiden), viaducs, constructions, etc.

5. *Chaux* extraite soit de pierres (Limbourg), soit de *coquillages marins* (côte de mer du Nord).

6. *Industries du bois* très importante dans ce pays qui en consomme tant pour lutter contre l'eau. Importation : 2.577.000 tonnes. Principales industries :

a) *Conservation du bois* par l'acide sulfurique ou la créosote.

b) *Scieries*, 5.000 ouvriers.

c) *Ateliers pour façonner le bois;* travail dit en série pour la fabrication de châssis de portes et fenêtres, lambris, meubles, etc.

d) *Ebénisterie.*

e) *Carrosserie* (Haarlem et La Haye), etc.

VII. — Industries d'art

1. *Taille des diamants* concentrée à Amsterdam. 70 tailleries, 8.000 meules, 10.000 ouvriers. Mais comme toutes les industries de grand luxe, cette industrie comporte beaucoup d'aléas et subit l'influence des fluctuations de la prospérité générale des peuples.

2. *Céramique.* — Vieille industrie hollandaise et produisant les articles les plus variés : poterie simple pour usages courants (Gouda), faïence blanche ou décorée (Maëstricht, 2.900 ouvriers), faïence artistique (Delft).

3. *Verreries.* — Produisant les verres blancs et de cristal fin, les bouteilles, les vitraux d'art.

4. *Imprimerie.* — Industrie traditionnelle dans ce pays qui se glorifie d'avoir possédé les Elzévirs (14.000 ouvriers).

L. Barbe,
Professeur à l'Ecole Nationale professionnelle d'Armentières.

ENSEIGNEMENT TECHNIQUE A L'ÉTRANGER

L'ENSEIGNEMENT COMMERCIAL AUTRICHIEN

L'Autriche passe, non sans raison, pour une des nations qui ont pris l'avance la plus considérable, en fait d'instruction professionnelle. Aussi nous a-t-il paru opportun, au lendemain du Congrès de Vienne, d'étudier, d'après les documents officiels les plus récents [1], le développement pris par l'enseignement commercial, dans ce pays, depuis la fin du siècle dernier.

(1) La plupart des renseignements qui suivent sont extraits d'un ouvrage dû à la collaboration de deux hauts fonctionnaires du ministère autrichien de l'instruction publique : M. Eugène Gelcich, inspecteur général de l'enseignement commercial (en retraite depuis quelques semaines) et M. Frédéric Dlabac, conseiller aulique. Leur inté-

La présente étude ne concerne que les dix-sept provinces de l'Autriche proprement dite, à l'exclusion de la Transleithanie, dont les écoles relèvent du gouvernement hongrois. Comme on peut avoir le désir de comparer les résultats qui vont être mis en lumière, avec l'état actuel de notre enseignement commercial français, il n'est pas sans intérêt de rappeler que les pays cisleithans représentent un peu moins des 6/10 de la superficie de la France, leur population atteignant presque les 7/10 de la nôtre. Il n'est pas non plus sans utilité, avant d'aborder l'objet de notre examen, d'esquisser à grands traits l'organisation de l'enseignement général autrichien qui offre, d'ailleurs, de nombreuses analogies avec le système français.

L'Enseignement primaire est obligatoire et gratuit, en Autriche. Au sortir des écoles maternelles (*Kindergarten*), les enfants sont tenus de fréquenter les écoles primaires (*Volksschulen*), de 6 à 14 ans. Des cours spéciaux pour les élèves de plus de 14 ans, ayant une certaine ressemblance avec nos cours complémentaires, peuvent être annexés à certaines écoles : dans beaucoup de communes, ils ont un caractère agricole, commercial ou industriel.

Au-dessus des Volksschulen, les écoles primaires supérieures (*Bürgerschulen*) dispensent une culture plus élevée; elles ont trois années d'études faisant suite aux cinq années de l'école élémentaire; les deux écoles sont quelquefois réunies en un établissement unique, ayant huit années d'études.

L'enseignement des *Bürgerschulen* comprend les matières suivantes : la religion ; la langue d'enseignement (1); l'histoire et la géographie; l'histoire naturelle; les sciences physiques; le calcul appliqué à la comptabilité en partie simple; la géométrie et le dessin géométrique; le dessin à main levée; la calligraphie; le chant et la gymnastique. La répartition horaire des matières d'enseignement varie avec les provinces.

A l'origine, les écoles primaires supérieures ne préparaient pas spécialement aux écoles n'exigeant pas des études secondaires. Le développement de l'enseignement technique leur a donné, à ce point de vue, une importance spéciale. Depuis 1903, une enquête ayant fait constater que les connaissances acquises dans les *Bürgerschulen* et la maturité d'esprit de leurs élèves n'étaient pas au niveau de l'admissibilité aux grandes écoles, le ministère de l'instruction publique a décidé la création d'un cours complémentaire d'une année, pour les jeunes gens possédant le diplôme de fin d'études des écoles primaires supérieures. On y approfondit les études primaires (arithmétique et comptabilité, langue étrangère ou deuxième langue nationale (2), sténographie, dactylographie); mais l'enseignement con-

---

ressant ouvrage *Das kommerzielle Bildungswesen in Österreich* (Vienne, 1910, Alfred Holder, éditeur) reproduit les réglementations en vigueur à l'automne 1910, ainsi que les statistiques de la dernière année scolaire.

Un article de M. Karl Hassack, directeur de l'Académie de commerce de Graz, paru dans la Revue internationale pour l'enseignement commercial de décembre 1909, *Der Stand des österreichischen Handelsschulwesens* nous a également fourni de très précieuses indications.

(1) On entend par langue d'enseignement la langue dans laquelle l'enseignement est donné à l'école. C'est, suivant les provinces, l'allemand, l'italien ou une langue slave (tchèque, polonais, etc.).

(2) La monarchie austro-hongroise constitue une véritable mosaïque de peuples qui sont mélangés mais nullement fondus les uns dans les autres : chaque nationalité ou fraction de nationalité a sa langue à laquelle elle tient et qu'elle veut employer, même dans les actes de la vie publique.

serve un caractère plutôt théorique : on a moins en vue de faciliter aux élèves l'acquisition d'un métier, que de les préparer aux écoles normales et aux écoles spéciales commerciales ou industrielles, auxquelles sont admis de préférence les élèves munis du certificat d'études du premier cycle de l'enseignement secondaire [1]. Neuf écoles primaires supérieures ont cette année complémentaire. Dans toutes on enseigne le français. Deux seulement comprennent la comptabilité dans leurs programmes. Cette quasi-abstention des études commerciales est à noter dans les écoles primaires supérieures autrichiennes. Elle ne surprendra pas, si l'on songe que tout l'enseignement ressortit, en Autriche, ainsi que nous le verrons plus loin, au ministère de l'instruction publique. Les écoles d'enseignement général se cantonnent donc strictement dans leur rôle, à l'inverse de ce qu'il est trop souvent permis de constater dans notre organisation française.

L'Enseignement secondaire est donné dans trois types d'établissements ; le gymnase (*Gymnasium*), l'école réale (*Realschule*) et le realgymnase (*Realgymnasium*).

Les études purement classiques du gymnase préparent à l'Université. Régi par des lois d'empire, le gymnase est divisé en deux cycles (*Untergymnasium* et *Obergymnasium*), comportant chacun quatre années d'études.

Avec son enseignement pratique, concret, *réel*, l'école réale prépare surtout aux écoles techniques. Organisée par les lois provinciales, elle se prête mieux que le gymnase aux nécessités des diverses régions. De même que le gymnase, elle est divisée en deux cycles, dont le plus élevé (l'*Oberrealschule*) ne comporte que trois années d'études.

Comme son nom l'indique, le réalgymnase, type d'ailleurs récent et assez peu répandu, participe à la fois du gymnase et de la realschule. L'enseignement du français y est substitué à celui du grec. Depuis la réforme de 1908, le premier cycle du realgymnase ajoute l'étude du latin et de la philosophie aux programmes de la realschule.

La caractéristique des deux cycles de l'enseignement secondaire est que chacun d'eux forme un tout, le plus élevé, qui dispense un enseignement classique ou scientifique, s'enchaînant naturellement au précédent, qui est d'allure élémentaire et se rapproche beaucoup plus que le premier cycle de nos lycées de l'organisation de l'école primaire supérieure.

Après le premier cycle des études secondaires, on peut entrer dans quelques écoles techniques moyennes ou obtenir certaines fonctions publiques. A la fin du second cycle, tous les établissements secondaires ont un examen de maturité (*Maturitats-Prüfung*), sorte de baccalauréat, dont les épreuves sont subies dans le lycée même, devant les professeurs des intéressés. Ce diplôme est exigé pour la plupart des fonctions publiques, l'entrée aux Universités ou l'admission dans les écoles techniques supérieures ; il confère le privilège du volontariat militaire.

L'Enseignement supérieur est donné dans les Universités, qui sont des établissements autonomes, avec leur recteur éligible tous les ans. On y forme, comme chez nous, des professeurs, des avocats, des médecins, et aussi, — dans les *Technische Hochschulen*, — des ingénieurs, des agronomes, des vétérinaires, etc.

L'Enseignement commercial autrichien comprend quatre groupes d'écoles nettement distinctes : les écoles de perfectionnement (*kaufmännische Fortbildungsschulen*); les écoles moyennes, dites écoles à deux classes (*zweiklassige Handels-*

(1) V. ci-après.

schulen); les écoles supérieures (*höhere Handelsschulen*) plus couramment appelées aujourd'hui académies de commerce (*Handelsakademien*); les écoles ayant le caractère d'Universités (*Handelsschulen mit Hochschulcharakter*).

Ces quatre types d'établissements vont être sucessivement passés en revue ; il nous restera, ensuite, à étudier l'administration générale des écoles et la formation du personnel enseignant.

I

LES ECOLES COMMERCIALES DE PERFECTIONNEMENT

Les écoles commerciales de perfectionnement (*kaufmännische Fortbildungsschulen*) ont pour objet de « donner aux jeunes commis accomplissant leur apprentissage et aux employés débutants une certaine instruction professionnelle théorique et, en même temps, de compléter, autant que possible, leurs connaissances de la langue maternelle et de la géographie (1). »

Elles diffèrent essentiellement de nos cours d'adultes ou cours du soir, en ce qu'elles ont un caractère officiel, qu'elles sont obligatoires et que leurs programmes, — s'ils sont arrêtés par les autorités provinciales, — sont calqués sur des programmes-types imposés par le pouvoir central.

Déja, en 1859, une ordonnance sur l'industrie faisait une obligation aux patrons de laisser à leurs apprentis d'âge scolaire le temps de perfectionner leur instruction en fréquentant une école de perfectionnement ou en suivant des cours professionnels. Cette ordonnance, et, plus tard, une loi de 1883, obligeait, en même temps, les industriels à faire partie des corporations, dont l'un des buts principaux est le développement de l'apprentissage.

Comme les patrons perdaient une partie du travail de leurs apprentis et que, d'autre part, les écoles grevaient les corporations d'assez fortes dépenses, il y eut une assez longue période de lutte entre les intérêts des chefs d'établissements et ceux de leurs employés. Une loi de 1897 y mit fin : elle rendit strictement obligatoires les cours de perfectionnement et les fit placer dans la journée.

La sanction de l'obligation réside, du côté de l'apprenti, dans une prolongation de la durée de l'apprentissage, prolongation qui peut atteindre six mois, en cas d'absences fréquentes ou prolongées. Quant au patron, s'il ne laisse pas à l'apprenti le temps de suivre les cours, s'il néglige de le faire inscrire ou de surveiller sa fréquentation, il est passible d'une amende qui peut atteindre vingt couronnes (2).

Dans les pays cisleithans autres que la Basse-Autriche, les écoles de perfectionnement sont ou indépendantes, ou réunies à des écoles de commerce ou à des écoles industrielles (dans une soixantaine de villes qui ont un nombre trop restreint d'apprentis commerciaux).

(1) M. Karl Hassak, p. 21.

(2) La couronne vaut, environ, 1 fr. 05.

Dans la Basse-Autriche, qui a Vienne pour capitale, elles sont régies par des lois de 1868 et de 1873, refondues en 1907 et en 1909. On distingue les écoles générales et les écoles spéciales à une industrie, les écoles commerciales étant rattachées à ce dernier groupe. Des classes préparatoires peuvent leur être annexées, pour les enfants insuffisamment préparés par l'enseignement primaire.

En principe, il y a une école par commune, mais une commune peut être ou divisée ou réunie à une commune voisine. Si une ville ou, dans un rayon de 3 kilomètres, plusieurs localités ont, au moins, 30 enfants assujettis à la fréquentation, il doit être créé une école de perfectionnement générale. S'il y a trente assujettis dans une même industrie, on doit créer une école spéciale, indépendamment de l'école générale qui peut exister déjà, On peut, d'ailleurs, obtenir une dérogation, un sursis ou, au contraire, ouvrir une école, avec moins de trente assujettis.

Les créations sont décidées par le conseil provincial de l'instruction, après avis des corporations et des chambres de commerce. Il peut y avoir, en outre, des écoles de perfectionnement libres organisées par les corporations, avec caractère obligatoire pour les apprentis.

L'enseignement des écoles commerciales de perfectionnement est donné à raison de 8 ou de 6 heures par semaine, le programme se répartissant sur une durée de trois années.

L'année scolaire, qui est de dix mois pour les écoles industrielles, a une durée variable pour les écoles commerciales. Les cours ont lieu les jours ouvrables, entre 7 heures du matin et 7 heures du soir (quelquefois 8 heures). Sous réserve de respecter les exigences confessionnelles des auditeurs, ils peuvent également avoir lieu le dimanche matin.

Des locaux spéciaux leur sont réservés dans quelques villes, mais, le plus souvent, l'école est installée dans des bâtiments scolaires ou dans tous autres locaux publics appropriés.

Bien que la gratuité des cours soit absolue, il est demandé, dans certaines écoles, jusqu'à deux couronnes pour les fournitures.

L'emploi du temps hebdomadaire, les programmes-types et la liste des ouvrages scolaires sont fixés, pour chaque catégorie d'écoles, par le ministère, après consultation des corporations ou des délégations scolaires.

Une ordonnance du 14 novembre 1906 règle, dans le plus petit détail, la discipline des cours (*Schul-und Disziplinarordnung*); les sanctions disciplinaires prévues sont : l'avertissement, le blâme, la retenue, la prolongation de l'apprentissage et l'exclusion temporaire.

Le programme des écoles commerciales de perfectionnement comprend des matières obligatoires et des matières facultatives.

Sont obligatoires : la langue d'enseignement, le calcul (s'étendant pendant la dernière année d'études, jusqu'aux principes des comptes-courants et aux notions de change); les opérations et effets de commerce; la comptabilité; la correspondance et le bureau commercial; la géographie et l'instruction civique; la calligraphie.

Sont facultatives: une deuxième langue nationale, la sténographie, la dactylographie et les marchandises. Les marchandises, qui figuraient autrefois parmi les matières obligatoires, ont été rendues facultatives, le temps d'étude étant trop restreint pour un programme trop vaste; d'autre part, beaucoup de branches n'intéressaient pas tels apprentis et celles qui les concernaient plus particulièrement étaient vues trop rapidement, c'est-à-dire sans profit.

Une ordonnance du 24 février 1910, règle ainsi qu'il suit, les horaires pour les écoles commerciales de perfectionnement (1).

ÉCOLES A HUIT HEURES PAR SEMAINE

	I	II 1er sem.	II 2e sem.	III
(Matières obligatoires)				
Langue d'enseignement	3	—		—
Calcul	2	2		2
Opérations et effets de commerce	—	3	1	—
Comptabilité	—	—	2	2
Correspondance et travaux pratiques	—	1		2
Géographie et instruction civique	1	1		2
Calligraphie	2	1		—
	8	8		8
(Matières facultatives)				
Deuxième langue nationale ou langue étrangère	—	2		2
Sténographie	—	2		2
Dactylographie	—	—		2
Marchandises	—	—		2

ÉCOLES A SIX HEURES PAR SEMAINE *(régime provisoire)*.

	I	II 1er sem.	II 2e sem.	III
Langue d'enseignement	2	—		—
Calcul	2	2		2
Opérations et effets de commerce	—	2	—	—
Comptabilité	—	—	2	2
Correspondance et travaux pratiques	—	1		1
Géographie et instruction civique	1	1		1
Calligraphie	1	—		—
	6	6		6

Les écoles commerciales de perfectionnement indépendantes étaient, en juillet 1910, au nombre de 124, dont 30 pour la seule ville de Vienne et 94 pour les autres pays cisleithans (2). La plupart sont en Bohême (42) et en Moravie (20).

La plus importante est celle de Vienne qui est connue sous le nom d'École corporative commerciale de l'Association des commerçants viennois (*Gremial Handelsfachschule des Wiener Handelstandes*). L'extension territoriale de la ville de Vienne, par annexion des communes suburbaines, a laissé subsister les écoles de ces communes, qui sont devenues des sections de l'établissement central. Elles ont toutes mêmes programmes et mêmes manuels d'instruction; l'enseignement y est

(1) Dlabac et Gelcich, p. 132.

(2) Dlabac et Gelcich : *Das kommerzielle Bildungswesen in Österreich*, p. 380 à 383.

donné dans 30 sections réparties dans 26 bâtiments différents (1). Indépendamment de ces 30 sections de 3 classes chacune, l'Ecole corporative de Vienne a organisé, depuis quelques années, des cours spéciaux à l'intention des jeunes gens qui sont en apprentissage dans divers grands établissements. C'est ainsi qu'on permet aux auditeurs d'étudier la chimie, l'acier, les transports, la bourse, la banque, le commerce de musique, de librairie, etc., etc.

L'Ecole de Vienne comptait, en 1910, 5.660 élèves, dont 4.412 garçons, 172 filles (2), et 1.706 auditeurs des cours spéciaux. Les 94 écoles des autres villes totalisaient à la même époque 6.039 élèves, dont 5.397 garçons et 642 filles (3).

Le plus grand nombre des écoles commerciales de perfectionnement sont rattachées à d'autres établissements; aux Académies de commerce, aux écoles moyennes, aux écoles d'industrie ou aux cours industriels de perfectionnement (4) dans les grandes villes; aux établissements d'instruction générale, d'ordre secondaire ou primaire, dans les petites villes.

On comptait, en 1910, 3461 élèves des écoles de perfectionnement annexées à d'autres établissements commerciaux, dont 1888, dans 16 Académies de commerce, et 1.575 dans 21 écoles moyennes (5).

En totalisant les élèves des écoles indépendantes et ceux des écoles annexées à d'autres établissements, on obtient 15.160 auditeurs, pour l'année scolaire 1909-1910 (6).

L'administration financière des écoles commerciales de perfectionnement est autonome (7). Le budget des recettes est alimenté par les taxes scolaires (fournitures), les amendes, les subventions de l'Etat, des Chambres de commerce, les fondations, les legs, etc. Si les frais ne sont pas couverts, on met à contribution les commerçants de la circonscription, sous forme d'impôts analogues à nos centimes additionnels aux patentes.

En 1909, les subventions aux écoles commerciales de perfectionnement ont atteint 217.648,40 couronnes dont 95.015 provenant de l'Etat, 32.450 des provinces, 19.800 des Chambres de commerce, 22.366,97 des conseils municipaux et de cercles (*Bezirke*), et 48.016,43 de diverses autres sources (8).

II

LES ÉCOLES COMMERCIALES MOYENNES

Les écoles commerciales moyennes ou écoles à deux classes (*zweiklassige Handelsschulen*) ont pour but la culture professionnelle rapide des jeunes gens qui seront une force immédiatement utilisable pour leur patron, tout en ayant des exigences moins grandes que les élèves des Académies. Mais on y forme plus

(1) Dlabac et Gelcich, p. 142.

(2-3) Dlabac et Gelcich, p. 380 à 383.

(4) Il y a 59 écoles commerciales de perfectionnement annexées à des écoles industrielles (Dlabac et Gelcich, p. 397 et 398).

(5) Dlabac et Gelcich, p. 370 à 376.

(6) Nous n'avons pu nous procurer les statistiques des écoles annexées aux établissements d'enseignement général ou aux écoles industrielles.

(7) Elles ont un conseil d'administration où sont représentés les municipalités, les autorités scolaires et les commerçants.

(8) Dlabac et Gelcich, p. 393 à 396.

d'employés pour le travail de bureau, les banques et les petits emplois publics, que pour le commerce proprement dit. Il semble que leurs élèves ont une aversion du magasin et que la minorité seule se résigne au contact de la clientèle (1).

Les écoles moyennes se développent rapidement, bien que leur diplôme ne confère aucun privilège militaire. On compte qu'elles prendront un essor plus grand encore, lorsque la loi de deux ans, actuellement en préparation, qui fait table rase des dispenses, cessera de pousser les jeunes gens vers les écoles supérieures.

Installées dans de superbes immeubles, elles ont toutes de belles bibliothèques et des musées de marchandises complets et bien aménagés.

Les écoles moyennes ont une certaine analogie avec nos écoles pratiques. Il est à remarquer, toutefois, qu'elles ne sont pas gratuites, les rétributions scolaires étant mêmes, parfois, assez élevées. D'autre part, l'enseignement des langues y est moins poussé que chez nous, les langues indigènes (2) nuisant au développement des langues étrangères, qui sont facultatives. Il est vrai que dans les écoles où elles sont enseignées (à raison de six heures par semaine), les résultats ne laissent pas d'être satisfaisants. A l'inverse du système français, enfin, la réunion, dans un même établissement et sous une même direction, d'une école commerciale et d'une école industrielle constitue une infime exception (3).

Il existe des écoles moyennes pour garçons et des écoles pour filles.

La plus ancienne de ces dernières remonte à 1866. Prague imita l'exemple de Vienne en 1869.

Les deux fondations eurent du succès : les élèves se placèrent très bien dans les bureaux. Moins exigeantes que les hommes, elles ne tardèrent pas à faire aux anciens élèves des écoles supérieures une sérieuse concurrence (4).

D'autre part, les femmes ayant obtenu le droit d'être admises dans plusieurs services de l'Etat et dans les administrations de chemins de fer, les écoles se multiplièrent rapidement.

L'organisation des écoles de garçons diffère assez sensiblement de celle des écoles de filles.

Si toutes deux se recrutent parmi les élèves ayant suivi les cours des *Bürgerschulen* (5), ou ceux des classes inférieures d'un établissement secondaire, quelques écoles de garçons ont une classe préparatoire (*Vorbereitungsklasse*) où les élèves reçoivent, pendant une année, l'enseignement nécessaire préparatoire à l'école commerciale : religion, langue d'enseignement, arithmétique, géométrie, géographie, histoire naturelle, sciences physiques, calligraphie.

Les écoles de jeunes filles ont moins d'heures d'enseignement par semaine que les écoles de garçons, ces derniers établissements accordant plus d'importance aux branches commerciales proprement dites.

---

(1) D'après MM. Dlabac et Gelcich.

(2) Qui figurent le plus souvent au nombre de deux dans les programmes.

(3) MM. Dlabac et Gelcich ne citent qu'une seule école mixte : celle de Czernowitz.

(4) M. Grondhal, de Vienne, a pris la parole, au dernier congrès de Vienne, « au nom de ceux qui ont perdu leur place à cause du travail des femmes ». Selon lui, les femmes n'ont pas d'aptitude physique pour le commerce, leur place est à la maison, dans leur ménage et au milieu de leurs enfants. On ferait donc mieux d'instituer à leur intention des écoles ménagères dans lesquelles on introduirait quelques bribes d'enseignement commercial.

(5) C'est donc à quatorze ans seulement que les élèves de la Bürgerschule peuvent être reçus à l'école moyenne.

Le tableau suivant qui indique la répartition des heures d'enseignement par semaine, d'après l'arrêté ministériel du 17 mai 1910, montre les différences qui existent entre les deux catégories d'écoles.

	GARÇONS (1)				FILLES (2)			
	I		II		I		II	
	1er sem.	2e sem.	1er sem.	2e sem.	1er sem.	2e sem.	1er sem.	2e sem.
a) Matières obligatoires.								
Langue d'enseignement	4		3		2		3	
Arithmétique commerciale (3)	5	3	4		5	3	3	
Commerce et change	4	2	3		3	1	2	
Correspondance et travaux pratiques	2	4	3	—	2	4	3	—
Comptabilité	2	4	4	—	2	4	4	—
Bureau commercial	—	—	—	7	—	—	—	7
Marchandises	3		3		—		—	
Géographie	3		3		2		2	
Instruction civique (4)	—		1					
Sténographie	2		2		2		2	
Calligraphie	2		1		2		1	
	27		27		20		20	
b) Matières obligatoires sur décision spéciale du Schulkuratorium.								
2e Langue nationale	5	6	4	5	4	6	4	5
Correspondance dans cette langue	—	3	2	3	—	2	1	3
Langue étrangère et correspondance dans cette langue	5	6	5	6	3	5	3	5
c) Matières facultatives.								
2e Langue nationale	5	6	4	5	4	6	4	5
Correspondance dans cette langue	—	3	2	3	—	3	1	3
Langue étrangère et correspondance dans cette langue	4	6	4	6	3	5	3	5
Marchandises	—		—		3		3	
Dactylographie	—		2		—		2	
Economie ménagère et hygiène	—		—		2		2	
Gymnastique et jeux	2		2		2		2	
Chant	1		1		1		1	

Le principal avantage des diplômes des écoles commerciales moyennes consiste dans les facilités qu'ils donnent pour l'ouverture de certains commerces. Tous les commerces ne sont pas libres, en effet, en Autriche : pour être autorisé à les ouvrir, il faut produire un certificat d'apprentissage et un certificat de deux ans de pra-

(1) Dlabac et Gelcich, p. 172.

(2) Dlabac et Gelcich, p. 246.

(3) Le programme d'arithmétique est du niveau de nos écoles pratiques françaises. Il équivaut à peu près à celui de la 2e année de l'École commerciale de Paris : pas de logarithmes, pas d'algèbre, pas de géométrie (sauf dans le cours préparatoire), quelques opérations financières à terme, les intérêts composés et les éléments de change.

(4) L'instruction civique comprend des éléments très sommaires de droit civil, commercial et industriel.

tique, les deux certificats englobant, au total, une période de 5 ans de préparation.

Le certificat de fréquentation d'une école supplée, en tout ou en partie, à l'apprentissage, mais pas à la pratique. Les trois ans d'apprentissage sont réduits d'une année par la fréquentation d'un cours commercial d'un an (1); ils sont complètement remplacés par la fréquentation de l'école à deux classes.

Les écoles moyennes sont assez nombreuses. Les statistiques officielles en accusent 75 pour les garçons dont :

32 publiques autonomes, appartenant à l'Etat ou subventionnées par l'Etat (2) avec........ 2.862 élèves (3)
4 publiques annexées à des Académies de commerce avec...... 398 — (4)
39 privées non subventionnées par l'Etat avec............ 4.752 — (5)

Il existe 85 écoles pour les jeunes filles dont :

11 publiques annexées à des Académies avec................ 979 — (4)
34 publiques autonomes avec.............................. 2.496 — (7)
40 privées non subventionnées avec....................... 4.430 — (5)

Il existe, en outre, des cours commerciaux pour adultes qui ont pour but de donner, en une année, les connaissances nécessaires à l'exécution des travaux simples d'un bureau commercial, des opérations de calcul commercial et d'habituer leurs élèves à la pratique de la sténographie et de la dactylographie. Leur organisation est assez variée; la plupart d'entre eux comportent, par semaine, de 10 à 12 heures d'enseignement. En 1909-1910, les statistiques officielles en accusaient 17 dont :

5 rattachés à des Académies de commerce avec................ 214 élèves (6)
12 autonomes avec....................................... 669 — (7)

Il existe, enfin, dans 11 écoles moyennes des cours spéciaux portant sur des matières non prévues dans les programmes-types. Ces cours réunissaient 653 élèves en 1910.

C'est donc un total de 17.453 élèves qui suivaient, l'an dernier, les cours des écoles moyennes autrichiennes (8) dont :

8.012 dans 75 écoles de garçons,
7.905 dans 85 écoles de filles,
883 dans 17 cours spéciaux d'une année,
653 dans 11 cours spéciaux.

---

(1) Voir, ci-après, ce qui concerne les cours commerciaux d'adultes d'une année.

(2) Dlabac et Gelcich, p. 372. Sur les 32 écoles publiques, 3 seulement appartiennent à l'Etat; les autres sont provinciales, communales ou corporatives, mais de droit public.

(3) En 1900, il n'y avait que 14 écoles avec 1029 élèves.

(4) Dlabac et Gelcich, p. 370-371.

(5) Dlabac et Gelcich, p. 378-380.

(6) Dlabac et Gelcich, p. 370-371.

(7) Dlabac et Gelcich, p. 372-377.

(8) En France, à la même époque, nous comptions 3.293 élèves dans les écoles pratiques de commerce ou dans les sections commerciales des écoles pratiques de commerce et d'industrie, dont 2.325 garçons et 968 filles. Le total des écoles de garçons était de 38 et celui des écoles de filles de 12.

Il convient, en outre, d'ajouter à ces chiffres, les trois écoles de la Chambre de commerce de Paris qui fournissaient, en 1909-1910 un contingent total de 1361 élèves dont 375 pour le 1er cycle de l'Ecole supérieure pratique, 794 pour l'Ecole de l'avenue Trudaine et 192 pour celle de la rive gauche.

Les écoles moyennes sont sous la surveillance d'un conseil de perfectionnement (*Schulkuratorium*) qui se réunit ordinairement une fois par mois.

Financièrement, elles sont autonomes. Elles tirent leurs ressources de legs, de subventions et des mensualités des élèves [1] qui varient de 20 couronnes (à Czernowitz et à Krems) à 240 couronnes par an à l'école annexée à la Nouvelle Académie de Vienne.

En 1909-1910, les écoles subventionnées ont reçu 1.177.423 couronnes dont 593.000 de l'Etat, 242.292 des provinces, 87.900 des chambres de commerce, 141.656 des conseils communaux ou de cercles (*Bezirke*), 61.700 des caisses d'épargne, 22.290 des corporations de commerçants et 28.585 de diverses autres provenances.

(*A suivre*) PAUL ANGLÈS.

DOCUMENTS ET INFORMATIONS

Examens et concours. — *Bourses commerciales de séjour à l'étranger.* — Le concours ouvert en 1911 pour l'obtention de ces bourses aura lieu les 9 et 10 octobre dans les préfectures. Les candidats devront se faire inscrire du 1er au 31 juillet à la Préfecture de leur département.

Bourses industrielles de voyage. — Le concours ouvert en 1911 pour l'obtention de ces bourses aura lieu les 16 et 17 octobre dans les préfectures. Les candidats devront se faire inscrire avant le 1er septembre à la Préfecture de leur département.

Institut industriel du Nord de la France. — Concours pour l'obtention de bourses de l'Etat. — Un concours sera ouvert, le 27 juillet, à l'Institut industriel du Nord, à Lille, pour l'attribution sur les fonds de l'Etat de 2 bourses et 3/4 de bourse d'internat à cet établissement.

Les demandes, accompagnées des pièces justificatives nécessaires, devront parvenir, avant le 15 juin, à la Préfecture du Nord.

Comité normand pour la formation de représentants français à l'étranger. — Un « Comité normand d'encouragement pour la formation de représentants français à l'étranger » vient de se constituer à Rouen, sous le patronage de la Chambre de Commerce et de la Municipalité de Rouen, ainsi que du Conseil général de la Seine-Inférieure. Pour atteindre son but, le Comité procure « aux jeunes gens d'initiative, ayant le désir d'aller à l'étranger pour s'y établir plus tard comme représentants de produits français, son appui moral, un patronage commercial, des subsides pécuniaires... sous forme de bourses ou fractions de bourses, qui doivent être considérées comme des prêts d'honneur ». Les bourses sont attribuées après examen.

Le secrétaire du Comité est M. Capon, directeur de l'école supérieure de Commerce de Rouen .

(1) DLÀBAC et GELCICH, p. 385-387.

Commissions. — *Commission d'organisation de l'enseignement technique en Algérie.* — Une commission vient d'être instituée par le Président du Conseil, ministre de l'Intérieur et des Cultes, en vue d'étudier l'organisation de l'enseignement technique et professionnel en Algérie. Cette commission est ainsi constituée :

Président :

M. Paul Painlevé, député, membre de l'Institut.

Membres :

MM. le recteur de l'Université d'Alger;
Gabriel Bertrand, professeur à la Faculté des sciences de Paris;
Chaumat, sous-directeur de l'école supérieure d'électricité de Paris;
Monteil, chargé de cours à l'école centrale des arts et manufactures;
Vogt, professeur à la Faculté des sciences de Nancy;
Weiss, ingénieur en chef des mines;
Le Moignic, docteur en médecine, secrétaire.

Le gouverneur général de l'Algérie nommera ultérieurement une seconde commission composée de personnalités algériennes appartenant à l'université, au commerce, à l'industrie et à l'agriculture qui sera chargée de collaborer avec la première commission à l'étude dont il s'agit.

Commission chargée du choix et de l'acquisition de l'outillage nécessaire à l'école nationale d'arts et métiers de Paris. — Par décision de M. le Ministre du Commerce en date du 17 mars dernier, M. Wittmann, ingénieur-constructeur, a été nommé membre de cette commission en remplacement de M. Gaillet, non acceptant. Par suite, la commission se trouve composée ainsi qu'il suit :

Président :

M. Lebois, inspecteur général hors cadres.

Membres :

MM. Laurent Cely et Guibert, membres du Conseil général de la Seine;
Barbier, président de la Société des anciens élèves des écoles nationales d'arts et métiers;
Chomienne, inspecteur des ateliers des établissements Arbel;
Cordier, ingénieur (Section technique de l'artillerie. — Saint-Thomas d'Aquin);
Guillet, professeur au Conservatoire national des arts et métiers;
Wauthy, fondeur à Douai;
Wittmann, ingénieur constructeur;
Corre, directeur de l'école nationale d'arts et métiers de Lille;
Bonis, ingénieur à l'école nationale d'arts et métiers de Châlons;
Foucard, chef de l'atelier des forges à l'école nationale d'arts et métiers de Châlons.

Congrès. — *Congrès international du Bâtiment et des Travaux publics.* — Ce Congrès se tiendra à Rome du 10 au 20 octobre prochain. Parmi les principales questions qui figurent à l'ordre du jour ,nous relevons celle de l'apprentissage et de l'enseignement professionnel.

Congrès de la Fédération Nationale des Sociétés d'anciens et d'anciennes élèves des écoles pratiques de commerce et d'industrie. — Ce congrès aura lieu à Saint-Etienne, dans le courant du mois de septembre prochain. Parmi les questions qui y seront traitées figure, en première ligne, celle de l'apprentissage. Voici le questionnaire établi par la Société des anciens élèves de l'enseignement professionnel de l'arrondissement de Saint-Etienne et qui servira vraisemblablement de base à la discussion du congrès :

Questions relatives à l'apprentissage devant donner lieu à l'établissement d'un rapport.

Avec chacun de ces rapports établir un rapport d'ensemble très documenté.

§ 1. — Principales professions dont on peut faire l'apprentissage à l'Ecole pratique. Organisation actuelle de cet apprentissage. Critiques. Améliorations à y apporter.

Résultats de l'apprentissage à l'Ecole pratique. Exemples et statistiques. Citer quelques usines ou ateliers de la région occupant des ouvriers sortant des Ecoles. Situation de ceux-ci par rapport aux ouvriers formés dans l'industrie. Influence des Ecoles pratiques sur l'Industrie régionale.

§ 2. — Apprécier et discuter les critiques suivantes qu'on entend quelquefois formuler par les patrons et membres de syndicats ouvriers :

1°. — L'outillage à l'Ecole n'est pas tenu à jour.

2°. — Les contremaîtres perdant le contact avec le travail et le monde de l'industrie, ne sont bientôt plus au courant des procédés modernes de travail qui évoluent sans cesse.

3°. — Pour qu'un apprenti se forme, il faut qu'il soit à côté d'un ouvrier afin qu'il le voie travailler.

4°. — Les tours de main ne s'apprennent qu'à l'atelier de production. Ce qu'il faut entendre par tour de main. Exemples.

5°. — Les anciens élèves ne restent généralement pas ouvriers.

§ 3. — Apprentissage actuel dans l'industrie. Comment il se fait. Critiques et résultats. Relations entre l'ouvrier et l'apprenti.

Principales raisons de la crise de l'apprentissage.

Rôle des cours professionnels. Assiduité des apprentis à ces cours.

§ 4. — Quelques remarques sur le projet d'organisation de l'Enseignement technique qui doit être soumis au Parlement.

§ 5. — Ce que doivent être les ouvriers dans le travail de grande production en série. Ouvriers mécaniciens. Conducteurs de machines.

Rôle et importance de chacune de ces catégories d'ouvriers. Apprentissage qui leur convient. De laquelle dépend surtout le succès de l'entreprise ?

§ 6. — Monographies locales.

Apprentissage de l'armurerie à Saint-Etienne, soit à l'Ecole, soit dans les ateliers du dehors.

Les associations sont priées de se livrer à une enquête analogue sur les industries de leur région.

Exposition de Roubaix. — L'exposition de Roubaix a été inaugurée le 30 avril dernier par M. Massé, ministre du commerce et de l'industrie.

A l'issue du banquet offert par la municipalité, M. Massé a prononcé un discours dans lequel il a notamment rappelé la préoccupation du gouvernement de modifier l'apprentissage en tenant compte des formes nouvelles de l'industrie et de résoudre le plus tôt possible la question de la formation professionnelle .

Un remède à la crise de l'apprentissage. — M. Alfred Massé, ministre du commerce et de l'industrie, vient d'être saisi par la chambre de commerce de Limoges d'un projet qui lui a paru du plus haut intérêt et dont nous avons déjà entretenu nos lecteurs.

Ce sera une excellente préparation à des prochaines dispositions législatives de nature à porter un remède efficace à la crise de l'apprentissage.

Il s'agit de la création de cours d'apprentissage qui auront un caractère essentiellement professionnel. Par conséquent, les élèves seront répartis dans différentes classes d'après leur profession.

Les cours auront une durée de deux ans. Dans quelques professions, une troisième année est envisagée.

Ces cours sont répartis en deux groupes : cours généraux et cours spéciaux. Dans ces derniers, il y a l'étude de la théorie et de la pratique.

Ils seront pris sur les heures de travail. Les patrons de Limoges ont, en effet, accepté ce sacrifice de temps en faveur d'une entreprise dont ils reconnaissent la haute portée.

La municipalité de Limoges acceptera de prendre à sa charge une grosse partie des frais. Le reste sera couvert par des souscriptions de particuliers, d'administrations et de syndicats professionnels, et par une subvention de la chambre de commerce de Limoges.

La ligue pour l'instruction post-scolaire obligatoire. — Fondée par M. Soulet, professeur au lycée Lakanal, cette ligue comprend actuellement près de 3.000 adhérents et compte notamment parmi les membres de son Comité de patronage MM. Léon Bourgeois, Maurice Faure, Berteaux, Couyba, Ferdinand Buisson, Liard, Lavisse, Steeg, ministre de l'Instruction publique et Massé, ministre du Commerce et de l'Industrie.

L'objet de la ligue est d'assurer l'instruction des adolescents au moyen de cours obligatoires et inclinés vers la culture professionnelle. Son but a d'ailleurs été ainsi défini et résumé :

« 1° Assurer la fréquentation de l'école primaire, en la rendant effectivement gratuite ;

2° Réagir contre l'envoi en classe de trop jeunes enfants qui y restent — sans grand profit — chaque jour six heures durant. Le temps de présence dans la division enfantine pourrait être réduit à deux heures au maximum ;

3° Charger l'instituteur de l'enseignement des adolescents pendant la journée : orienter cet enseignement vers le côté pratique et professionnel ;

4° Rendre l'instituteur uniquement à son école et relever le traitement du personnel, auquel on va demander un nouvel effort et un supplément de connaissances ;

5° Sauvegarder les adolescents en les obligeant à continuer à s'instruire après leur sortie de l'école primaire ;

6° Charger les Conseils départementaux d'adapter les écoles d'adolescents aux exigences du milieu où elles fonctionnent ;

En résumé, faire une œuvre de patriotisme éclairé, en relevant le niveau moral et intellectuel de notre jeunesse laïque et républicaine. »

Ajoutons que le secrétaire général de la ligue est M. Schleicher, 8, rue Monsieur-le-Prince, à Paris et que les membres actifs de la ligue ne paient aucune cotisation.

L'apprentissage à Nevers. — Le syndicat des marchands tailleurs a organisé des concours entre appiéceurs, giletières et culottières, ainsi que des concours entre apprentis. Ils ont lieu en morte saison, permettant ainsi de donner du travail aux ouvriers Ces concours, dont les lauréats sont récompensés par des prix en espèces et en marchandises, contribuent à accroître les connaissances professionnelles des ouvriers qui deviennent tout désignés pour faire des apprentis.

A côté de cette institution fonctionne un comité de patronage des apprentis dont le rôle est : de surveiller l'apprentissage des jeunes gens pendant les trois années qu'il dure et les trois années suivantes; de placer l'ouvrier chez un patron; de le mettre à même de devenir patron en lui donnant toutes les connaissances techniques nécessaires; enfin d'encourager les apprentis par des gratifications mensuelles et des récompenses dans les concours semestriels.

L'enseignement post-scolaire en Angleterre. — Ce n'est pas en France seulement que l'on se préoccupe de l'enseignemenct post-scolaire et d'autres nations s'efforcent de conserver l'enfant à l'école plus longtemps que les lois actuelles ne le permettent. A la dernière Assemblée générale des professeurs d'Angleterre, un membre du Comité a proposé la motion suivante :

L'Association émet le vœu :

1°) Qu'aucune autorisation (totale ou partielle) de ne pas fréquenter l'école ne soit accordée jusqu'à l'âge de 14 ans.

2°) Que tout le travail salarié soit interdit par la loi aux enfants jusqu'à l'âge de 14 ans.

3°) Ces conditions ayant été assurées, un système de fréquentation obligatoire aux écoles de continuation (*continuation schools*) ou à d'autres institutions convenables, depuis l'âge de 14 ans jusqu'à l'âge de 18 ans, des précautions étant prises contre le surmenage intellectuel ou physique, devra faire partie du système national d'éducation; mais l'Association est fortement opposée à ce que la fréquentation obligatoire des cours du soir jusqu'à l'âge de 14 ans, se substitue à l'assistance à l'école du jour...

6°) Il devrait être interdit à tout patron ou chef d'industrie d'employer ou de continuer à employer des enfants de moins de 18 ans qui ne pourraient produire une carte attestant qu'ils fréquentent les classes de continuation et qu'ils y ont une bonne conduite.

L'Office central pour échanges d'échantillons destinés aux cours de marchandises de Graz (Autriche). — Dans un article paru récemment dans le *Bulletin de l'Enseignement technique*, M. Roux, directeur de l'Ecole nationale professionnelle de Vierzon, fournit des renseignements intéressants sur l'office central pour échanges d'échantillons destinés aux cours de marchandises qui existe en Autriche et qui a fait l'objet, au Congrès international de Vienne, d'une communication de M. le docteur Hassack, directeur de l'Académie de Commerce de Graz. Nous croyons devoir reproduire les dispositions les plus importantes des statuts de cette institution :

Art. 1er. — Le but de l'Office central est de favoriser dans les Ecoles de commerce autrichiennes l'enseignement des marchandises.

Art. 2. — Pour atteindre ce but, l'Office central emploie les moyens suivants :

a) Il se procure et envoie aux écoles adhérentes des échantillons de marchandises (matières premières, produits fabriqués, produits aux phases successives de la fabrication) ainsi que tous autres objets utiles dans l'enseignement des marchandises et qu'il est difficile à une seule école de se procurer; il adresse également des échantillons de produits utiles dans l'enseignement de la géographie commerciale. Toutefois, l'Office ne se charge pas de constituer une collection complète d'échantillons embrassant tous les produits étudiés au cours de marchandises.

b) Lorsque des écoles ont en double, dans leurs collections, des échantillons ou tous autres objets qui font défaut dans un autre établissement, l'Office central facilite les échanges.

c) Il répond à toutes les questions spéciales à l'enseignement des marchandises; il reçoit et donne tous renseignements utiles et signale autant qu'il le peut toutes les innovations importantes concernant les marchandises et la technologie.

Art. 3. — Toute école de commerce autrichienne peut adhérer à l'Office central moyennant le paiement d'une cotisation annuelle de 20 couronnes.

. . . .

Art. 6. — Le Comité de l'Association des professeurs des écoles de Commerce d'Autriche choisit comme directeur un professeur compétent; ces fonctions sont tout honorifiques et aucun traitement n'y est attaché. Pour la correspondance et le travail de bureau, pour la répartition et l'emballage des échantillons à expédier, il est adjoint au directeur un auxiliaire payé sur le produit des cotisations des adhérents ou des subventions accordées à l'Office. Cet auxiliaire doit exécuter son travail sous le contrôle permanent du directeur.

Art. 7. — Le Directeur de l'Office central s'efforce de se procurer les échantillons nécessaires par des dons d'industriels ou de commerçants. Dans certains cas, il se charge de l'achat d'objets propres à l'enseignement. Ces échantillons sont transmis aux adhérents qui doivent acquitter les frais de port, et dans certains cas déterminés, les frais d'emballage. Pour des échantillons ou appareils d'enseignement particulièrement coûteux, que l'on ne peut se procurer gratuitement, le prix d'achat est à la charge des adhérents. L'Office central prend à sa charge toute communication, qu'il s'agisse d'acquisition, d'échange ou de publications spéciales concernant l'enseignement des marchandises.

Art. 8. — Les professeurs des cours de marchandises de toutes les écoles de commerce, surtout ceux qui n'exercent pas à Vienne, sont priés de participer aux travaux de l'Office central en faisant part de leurs idées au directeur et aussi en se procurant, pour l'Office, dans leur région, notamment dans les centres industriels importants, des échantillons de produits bruts ou travaillés et de produits aux divers degrés de fabrication.

Art. 9. — Les cotisations des adhérents, de même que les subventions accordées à l'Office central servent à payer les honoraires du personnel auxiliaire ainsi que les dépenses courantes, tels que frais de port, de correspondance et d'impression, etc. Le directeur de l'Office perçoit cotisations et subventions. Il adresse chaque année au comité de l'Association des professeurs des Ecoles de commerce autrichiennes un rapport détaillé sur les travaux, les recettes et les dépenses de l'Office central. Ce rapport est envoyé, sur leur demande, aux adhérents par les soins du Comité.

En terminant son article, M. Roux expose que la création en France d'un office analogue lui paraît facilement réalisable. Outre que l'institution n'entraîne pas à des dépenses bien considérables, on obtiendrait sans difficultés l'adhésion de la plupart des écoles supérieures et pratiques de commerce. D'aure part, l'Etat et les Chambres de Commerce ne se refuseraient pas à subventionner l'œuvre. Enfin, les commerçants et les industriels donneraient facilement des collections d'échantillons de leurs produits.

Personnel d'enseignement technique. — *Nominations et mutations depuis le 15 mars 1911.*

I. — *Ecoles pratiques de Commerce et d'Industrie.*

Mlle Sabourain, professeur à l'Ecole pratique de Reims, est affectée à l'Ecole pratique de Rouen.

M. Pons, sous-chef d'atelier délégué de 3e classe à l'Ecole nationale professionnelle de Voiron, est délégué dans les fonctions de chef des travaux de 5e classe à l'Ecole pratique de Cluny.

Mlle Thomas (Jeanne), maîtresse-adjointe déléguée de 5e classe à l'Ecole pratique de Commerce et d'Industrie de jeunes filles de Brest, est affectée, en la même qualité, à l'Ecole pratique de Commerce et d'Industrie de jeunes filles de Nantes, en remplacement de Mlle Jeannin, mise en congé, pour convenances personnelles.

Mlle Gaspard (Madeleine), titulaire du brevet supérieur et du diplôme de fin d'études secondaires, est déléguée dans les fonctions de maîtresse-adjointe de 5e classe à l'Ecole pratique de jeunes filles de Brest.

Mlle Lepage, professeur de 5e classe à l'Ecole pratique de jeunes filles de Pont-de-Beauvoisin, est affectée, en la même qualité, à l'Ecole pratique de jeunes filles de Reims.

Mlle Volluet (Adrienne), titulaire du brevet supérieur et du certificat d'aptitude à l'enseignement de l'italien dans les lycées et collèges et dans les écoles normales et primaires supérieures, maîtresse auxiliaire à l'Ecole pratique de jeunes filles de Pont-de-Beauvoisin, est déléguée dans les fonctions de professeur de 5e classe à cet établissement.

Il est mis fin à la délégation de Mlle Féron dans les fonctions de chef des travaux à l'Ecole pratique de Commerce et d'Industrie de jeunes filles de Brest.

M. Lab (Francisque), titulaire du baccalauréat latin-sciences-mathématiques, est délégué dans les fonctions de maître-adjoint de 5e classe à l'Ecole pratique de Pont-de-Beauvoisin, en remplacement de M. Labory, à qui il est accordé un congé pour convenances personnelles.

II. — *Ecoles d'hydrographie.*

M. Mesny, professeur d'hydrographie de 2e classe au Havre, est promu professeur d'hydrographie de 1re classe (3e tour ancienneté), en remplacement de M. Souillagouet, admis à la retraite pour ancienneté de services

M. Doat, enseigne de vaisseau, admissible aux fonctions de professeur d'hydrographie de 2e classe est nommé professeur d'hydrographie de 2e classe, en remplacement de M. Mesny.

Sont nommés :

Directeur de l'Ecole d'hydrographie de Bordeaux : M. Bertin, actuellement professeur de 1re classe à Lorient;

Directeur de l'Ecole d'hydrographie de Lorient : M. Pitaud, actuellement professeur d'hydrographie d'Agde;

Directeur de l'Ecole d'hydrographie d'Agde : M. Cornet, professeur de 2e classe, actuellement adjoint au directeur de l'Ecole d'hydrographie de Bordeaux;

Professeur adjoint à l'Ecole d'hydrographie de Bordeaux : M. Doat, professeur d'hydrographie de 2e classe.

OPINIONS

Les Instituts universitaires dans les Facultés. — Ainsi que nous l'avons annoncé dans notre dernier numéro, nous publions ci-après la lettre que nous a adressée sur ce sujet M. Barbillion, professeur à l'Université de Grenoble, directeur de l'Institut électrotechnique :

« Permettez à l'un des premiers amis de la *Revue de l'Enseignement technique* et, en même temps, à l'un des membres du comité de Rédaction, d'apporter une contribution personnelle à la question de l'Enseignement Technique Supérieur dans les Universités.

La *Revue* a publié, dans son numéro de mars, quelques extraits d'articles dus à l'un de nos collègues, et parus dans le *Télégramme de Toulouse*, dans les premiers jours de l'année 1911.

Ainsi présentée, comme elle l'a été par l'auteur de ces articles, la question est très incomplète. Il est certain que si les Instituts Techniques d'Universités avaient simplement pour rôle de munir de diplômes de valeur discutable de médiocres bacheliers et même des sujets souvent inférieurs à ce niveau, l'entreprise serait nettement condamnable; or, ce n'est pas d'aujourd'hui que, à Grenoble, nous avons signalé, par tous les moyens et au risque de nous attirer de solides inimitiés, le crime véritable qui consiste à recouvrir d'un léger badigeon professionnel un sujet médiocre issu de l'Enseignement secondaire, et à le laisser aborder une carrière aussi dangereuse que celle de l'Industrie...

Depuis 12 ans déjà, mon éminent collègue et prédécesseur, M. Pionchon, et moi-même, après lui, n'avons cessé de demander aux candidats à notre Institut la justification, sinon de capacités exceptionnelles, du moins des aptitudes sans lesquelles tout enseignement technique intensif, conféré nous le répétons, *à des élèves issus de l'Enseignement Secondaire*, ne saurait être qu'une dérision...

Nous avons donc fait une sélection des plus sérieuses *par la barrière de concours d'entrée d'une valeur pratique indiscutable et d'un sérieux comparable à celui des grandes écoles*, et, grâce à ces mesures de rigueur, seul mode d'action possible, en attendant des réformes convenables dans l'Enseignement Secondaire, nous avons pu acquérir la conviction qu'aucun des élèves, très nombreux, possesseurs du Diplôme d'Ingénieur-Electricien de notre Institut, n'avait eu ultérieurement à regretter le choix d'une carrière sur les difficultés de laquelle nous avions attiré, en temps utile, toute son attention.

Il ne m'appartient pas de parler ici au nom de Collègues Professeurs ou Directeurs d'établissements analogues au nôtre, et qui peuvent naturellement avoir, de cette question si importante de l'enseignement technique supérieur une conception toute différente.

Notre organisation universitaire nous laisse en effet une très grande latitude, dans chaque centre administratif, pour organiser ces Instituts, et l'on peut dire sans exagérer que chacun d'eux possède un Statut organique spécial.

Le premier numéro de la *Revue de l'Enseignement Technique* a consacré son article de tête à l'étude, faite par le signataire de ces lignes, de ce que peut être l'Enseignement Technique d'une Université.

J'ai pris comme exemple celle de Grenoble, comme la connaissant mieux, et j'y ai signalé que nos élèves ingénieurs sont tous, s'ils proviennent de l'Enseignement secondaire, d'un niveau intellectuel correspondant au programme d'admission à l'Ecole Centrale ou aux Ecoles des Mines de Paris et de Saint-Etienne.

Si intéressante que soit la formation *ab-ovo* de l'ingénieur électricien, il serait enfantin d'assigner comme seule clientèle aux Instituts Universitaires, celle de l'Enseignement secondaire, celle dont parle notre collègue.

Nos Instituts, si on veut bien les y aider en haut lieu, peuvent jouer aussi, et c'est leur plus beau rôle, celui d'Ecoles de Perfectionnement et de Spécialisation, destinées à conférer à des Ingénieurs de type général, déjà formés par ailleurs, une spécialité plus affirmée dans une branche industrielle déterminée.

Rappellerai-je que ces élèves à spécialiser sont plus nombreux à notre Institut que ceux formés intégralement par nous-mêmes, puisque notre section spéciale, qui leur est réservée, comporte 66 unités, alors que notre dernière année normale n'en comprend que 40. Sur les 66 élèves de notre section spéciale, 43 sont des sujets de choix des Ecoles d'Arts et Métiers, et ils constituent l'une des sources de recrutement les plus appréciées jusqu'ici par l'Industrie Electromécanique.

En ce qui concerne enfin le placement, permettez-moi de vous affirmer, et j'en tiens les éléments justificatifs à votre disposition, que les élèves diplômés Ingénieurs de notre établissement qui, bien souvent, ont pu faire la comparaison des situations acquises par leurs camarades, soit dans les voies ouvertes par l'Ecole des Mines, soit dans celles ressortant plus spécialement de l'Ecole Centrale des Arts et Manufactures, ne se sont pas plaints, loin de là, d'avoir choisi une autre spécialité.

En cette matière, comme en toute autre, il faut éviter la surenchère et n'ouvrir la carrière industrielle, comme je me suis efforcé de le répéter dans maints écrits et publications, qu'à des cerveaux réellement aptes à en comprendre tout le sérieux et toute la grandeur. »

La question de l'apprentissage. — *La Fédération Nationale du bâtiment et des Travaux publics* a étudié spécialement, dans son récent congrès, la question de l'apprentissage. Elle a divisé son travail en trois parties :

1° Préapprentissage et recrutement des apprentis;

2° Apprentissage proprement dit et cours complémentaires;

3° Enseignement technique et professionnel.

Voici les considérations émises par l'assemblée avant l'adoption des vœux dont nous donnons le texte ci-après :

Sur le préapprentissage :

« Considérant la nécessité de réagir contre l'idée fausse que les travaux manuels sont, pour ceux qui les exercent, le signe d'une condition inférieure et d'inculquer aux enfants le goût et le respect des professions manuelles.

« Considérant qu'il est nécessaire de ne pas abandonner l'enfant à l'oisiveté forcée et au vagabondage dans la période qui sépare sa sortie de l'école du moment où ses forces physiques permettent de l'employer dans le commerce ou l'industrie.

« Considérant que pour obtenir ce résultat il est nécessaire d'assurer d'une manière sérieuse l'application de la loi de 1882 sur l'enseignement primaire et de confier le soin de donner aux enfants des notions de travail manuel à des techniciens et cela suivant un programme rationnel étudié par les groupements compétents.

« Considérant que cet enseignement donné à l'enfant avant son entrée dans le commerce ou l'industrie doit rester à la charge de la Collectivité. »

Sur l'apprentissage proprement dit et cours complémentaires :

« Considérant qu'il appartient aux diverses professions d'organiser l'apprentissage suivant leurs besoins et qu'elles doivent en assumer la charge, que c'est pour elles une obligation à laquelle elles ne sauraient se soustraire.

« Considérant qu'il est nécessaire de prendre des dispositions pour empêcher des administrations, des commerçants ou industriels de se soustraire à cette obligation et de profiter sans aucun sacrifice des apprentis formés par d'autres plus prévoyants et plus scrupuleux.

« Considérant qu'à côté de l'enseignement manuel doit se placer un enseignement technique complémentaire destiné à donner à l'apprenti une connaissance plus complète de sa profession surtout lorsque celle-ci est soumise à la spécialisation.

« Considérant que cet enseignement complémentaire est partie inséparable de l'apprentissage et doit, comme lui, rester à la charge de la profession.

« Considérant que la nécessité de donner à l'enfant les moyens d'assurer son existence par la connaissance d'un métier, qu'il soit manuel ou intellectuel, est aussi impérieuse que celle de lui inculquer les éléments primaires de l'instruction, que dès lors, et au même titre que l'obligation de l'enseignement primaire, le père de famille doit être dans l'obligation de faire apprendre un métier à ses enfants. »

Sur l'enseignement technique supérieur :

« Considérant que l'enseignement technique donné à des jeunes gens qui ne se sont pas encore spécialisés dans une profession entraîne une dépense hors de proportion avec les résultats obtenus parce que beaucoup de jeunes gens, qui recueillent cet enseignement, ne continuent pas à suivre la voie dans laquelle on les a engagés sans se préoccuper suffisamment de leurs goûts ou de leurs aptitudes.

« Considérant que les résultats seraient infiniment plus satisfaisants si cet enseignement supérieur était réservé aux jeunes ouvriers qui, ayant commencé leur enseignement professionnel par un apprentissage, se seraient familiarisés avec le métier qu'ils entendent adopter et auraient donné des preuves d'intelligence, de travail et de conduite, les désignant comme pouvant recevoir avec fruit l'enseignement supérieur que l'Etat, les départements ou les communes mettraient à leur disposition.

« Considérant que pour assurer l'organisation de ce programme l'avis des intéressés est indispensable, que cette organisation ne peut être satisfaisante que si l'étude et l'application en sont confiées à des commissions corporatives normalement constituées et fonctionnant sous l'égide des chambres de Commerce ou des chambres consultatives de l'industrie ou de l'agriculture.

« Considérant que les commissions corporatives auraient l'autorité et la compétence requises pour fixer le nombre des apprentis et le coût de l'apprentissage, fixer les programmes et établir la charte qui deviendrait le contrat d'apprentissage donnant aux parents, à l'enfant et aux patrons toutes garanties.

Voici, d'autre part, le texte des vœux émis par l'assemblée :

1° Loi de 1900. — Que la loi soit modifiée pour que la présence des apprentis ne soit pas un obstacle à la prolongation de la durée du travail pendant la saison d'activité à la condition que les abus soient sévèrement réprimés, et qu'il soit tenu compte des nécessités industrielles ou commerciales.

2° Préapprentissage. — Que la loi de 1882 soit appliquée dans son esprit et que les éléments d'enseignement manuel soient donnés aux enfants par des techniciens et conformément à des programmes élaborés par les organisations corporatives compétentes ;

3° Que cet enseignement reste à la charge de l'Etat comme l'enseignement primaire ;

4° Que la période scolaire soit prolongée jusqu'à 14 ans pour tous les enfants qui ne justifieront pas être en apprentissage dans une profession quelconque ;

5° Que l'apprentissage soit considéré comme une obligation dont les diverses professions doivent supporter les charges et assurer l'organisation;

6° Que l'organisation de l'apprentissage et de l'enseignement professionnel soit donnée à des commissions corporatives qui auront en même temps pour mission d'établir la charte servant de base au contrat d'apprentissage;

7° Que ces commissions corporatives soient appelées à fonctionner sous l'égide des Chambres de commerce qui assureront la perception et la répartition des taxes nécessaires ;

8° Que l'enseignement technique professionnel supérieur à la charge de l'Etat soit réservé aux jeunes gens ayant satisfait aux obligations du contrat d'apprentissage ;

9° Que les parents soient mis dans l'obligation de donner à leurs enfants les moyens d'apprendre une profession qui pourra leur permettre d'assurer leur existence.

Le Gérant : G. Bourrey.

Auxerre, imp. Auxerroise (J. Pigelet, directeur).

PREMIÈRE ANNÉE. — N° 9 JUIN 1911

REVUE

DE

l'Enseignement Technique

PUBLIÉE SOUS LE PATRONAGE DE

l'Association Française pour le Développement de l'Enseignement technique

L'Enseignement de l'Economie Politique
dans les Ecoles Techniques

I

Il n'est pas besoin d'insister longuement sur les avantages de l'enseignement économique dans les écoles techniques de tous ordres, pour en montrer l'utilité certaine. L'Allemagne, l'Autriche, l'Angleterre, les Etats-Unis, donnent, dans les programmes de leurs instituts ou de leurs cours industriels et commerciaux, une part de plus en plus importante à cet enseignement. Mon distingué confrère, M. M. Bellom, résumait ici, récemment, avec une précision bien utile en cette circonstance, l'œuvre touffue, à caractère à la fois didactique et administratif, entreprise à cet égard par l'Allemagne. En France, les professeurs de sciences proprement dites, les ingénieurs et les techniciens, après avoir méconnu, un temps, la nécessité d'une sérieuse instruction économique pour les personnes appelées à faire partie du haut personnel des entreprises industrielles et commerciales, comprennent, aujourd'hui, qu'elle est un facteur indispensable des progrès de la production et de l'extension des échanges. Et, en effet, les plus belles inventions du monde deviennent inutiles s'il ne se trouve des chefs d'entreprises instruits des conditions dans lesquelles peuvent être exploitées ces inventions, pour réunir des capitaux, organiser l'usine ou la manufacture, l'administrer de façon profitable, et trouver des débouchés. Le chef d'entreprise joue le véritable rôle d'un chef d'orchestre. Sa fonction est déterminante. Elle consiste à associer étroitement, pour des opérations d'ensemble, des hommes parmi lesquels il s'en trouve d'une valeur spéciale, mais dont le grand talent n'aurait aucune action utile, s'il n'était discipliné et adapté aux fins que l'on se propose: produire des bénéfices. On ne trouve pas tous les jours, réunis comme pour Watt ou Stephenson, le génie de l'invention et le sens profond des affaires, chez un même homme. Aussi l'éminent professeur de l'Ecole des Ponts et Chaussées, M. A. Blondel, frappé de cette lacune dans l'instruction générale des ingénieurs, recommandait-il, dans un rapport au Congrès international d'Electricité de Marseille sur la formation des ingénieurs, de s'attacher, surtout, à préparer des hommes d'exploitation; les techniciens de laboratoire ou de construction ne manquant pas. Un ingénieur civil, M. Edmond Dayras, dont l'expérience s'est faite dans la pratique de la vie industrielle, a démontré de même, avec d'excellentes raisons (1), l'utilité de l'instruction économique pour les ingénieurs et pour tous ceux qui suivent des cours d'enseignement supérieur technique.

Cet état d'esprit que l'on trouve chez les hommes habitués à observer avec attention le monde des affaires, s'explique par le spectacle singulièrement propre à faire réfléchir, qu'offre l'activité de nos rivaux sur le marché international. La France est, parmi les grandes nations, l'une des premières pour la production scientifique; l'ingéniosité de ses inventeurs ne le cède point à celle des inventeurs américains, anglais ou allemands; nulle part, l'épargne n'agit avec une pareille puissance pour accumuler autant de capitaux. Cependant, il semble que nous nous trouvions, jusqu'à un certain point, dans la situation de cet homme qui, ayant reçu de merveilleux dons des fées bienfaisantes, avait perdu comme le pouvoir de s'en servir avec une entière liberté, par les maléfices d'une mauvaise fée. Mais comme aucune fatalité ne s'attache à l'inertie relative dont nous souffrons, il n'est nullement impossible d'y remédier. L'un des moyens de parvenir à ce but est de travailler à former des chefs d'entreprises, c'est-à-dire des metteurs en œuvre de nos éléments de puissance productive. Il n'y a jamais trop d'hommes de cette espèce dans un pays, car les qualités nombreuses et diverses qu'exige leur fonction économique sont assez rarement réunies.

II

Nous avons ni l'illusion ni la prétention de croire que c'est dans une école ou dans un cours que l'on arrive à créer des hommes de cette espèce. Le caractère, l'acuité et la rapidité d'observation, l'esprit de décision, le sens de la responsabilité, qualités premières et indispensables du chef d'entreprise, ne sauraient être données par l'enseignement. Tout au moins cet enseignement, en ce qui regarde l'économie politique, doit-il être dirigé de telle sorte qu'il n'entrave pas le développement de ces qualités, mais contribue, au contraire, à le faciliter. C'est pourquoi les programmes d'économie politique ou d'économie industrielle, quelle que soit la dénomination adoptée, présentent, dans leur composition et dans la méthode qui doit en inspirer la conception, une réelle importance. Disons, dès maintenant, qu'à notre avis, l'on doit s'attacher, avant tout, à

(1) *Le Génie civil*, 21 août 1909.

décrire et à faire jouer, en des combinaisons simples d'abord, ensuite graduellement plus compliquées, le mécanisme de la production et des échanges, sans encombrer ces démonstrations de discussions sur l'histoire des idées et des théories auxquelles a donné lieu l'édification de l'Economique. Il importe, en effet, d'enseigner à des jeunes gens appelés à se mêler à la vie industrielle, à y jouer un rôle actif, toutes les observations et toutes les données réellement acquises sur cette vie. A côté, assurément, se trouvent d'intéressantes questions d'économie sociale, de filiation dans les idées, ou des hypothèses émises sur des problèmes encore mal posés et peut-être insolubles de l'Economique; toutefois, ce sont là, ou des études spéciales, secondaires eu égard au mécanisme fondamental de la production et des échanges, ou des travaux de recherche qu'il faut laisser aux savants et aux historiens de la science.

Il nous souvient que, naguère, le programme des examens de sortie d'une Ecole supérieure de commerce demandait aux candidats de se prononcer sur les erreurs des Physiocrates, sur la théorie de la rente de Ricardo et sur celle de Malthus, relative à la population. On faisait même, parfois, dans les cours, des incursions à travers les fantaisies imaginatives d'un Thomas Morus ou d'un Campanella, au sujet de la répartition des richesses. Ce système, qui consiste à embrasser toutes les questions relevant de l'Economique ou, du moins, à amalgamer, sans méthode, des questions appartenant à des genres d'études différents, ne permet pas de fixer fortement l'atention des élèves sur la connaissance de ce qu'ils doivent savoir, avant tout, pour prendre une part directe, professionnelle, au mouvement économique. Certes, il n'est pas dans notre esprit d'interdire aux industriels et commerçants l'étude des divers ordres de questions dont nous venons de parler : c'est même un complément indispensable de leur éducation technique; mais la première et solide instruction économique qu'ils doivent recevoir est celle de la physiologie économique, si l'on veut bien nous permettre d'appeler ainsi l'exposé du jeu normal des éléments et des organes de la vie économique. Apprendre pourquoi l'homme produit, analyser les éléments de la production en montrant leur caractère, leur rôle, leurs combinaisons, en vue d'une coopération positive, telles sont les premières notions fondamentales à enseigner pour faire connaître les pièces maîtresses du mécanisme de la production. Il importe ensuite de montrer comment joue cet organisme, et le moyen le plus logique d'y parvenir est de décrire l'entreprise industrielle, les conditions de sa création, de sa bonne marche, sa nature particulariste dans son œuvre et dans son but final, lequel est de produire avec bénéfices. Mais comme cette entreprise — si elle n'est point en possession d'un monopole de droit ou de fait — est soumise à un régime plus ou moins étendu de concurrence, on ne saurait en faire mouvoir les rouages sans tenir compte, nécessairement, de l'action continue, régulatrice de la concurrence qui s'exerce sur elle : et dans chacun de ses éléments premiers, et dans le produit définitif qu'elle offre sur le marché. Or, la concurrence n'est elle-même qu'une manifestation du phénomène des échanges dont il est indispensable d'indiquer l'origine, origine naturelle, puisqu'il est dans la nature physiologique et psychologique de l'homme d'obéir invinciblement à la loi de l'économie des forces, c'est-à-dire de chercher à obtenir ce qu'il croit être plus avantageux pour lui, au prix de ce qu'il estime être la moindre peine.

III

Les échanges et le commerce sont nés et se sont développés sans l'aide des législateurs, le plus souvent même en dépit de leur opposition, et malgré des obstacles nombreux. Cette persistance du commerce et des échanges, que des faits continus révèlent à toutes les époques et dans tous les pays, est une des preuves que cette organisation économique de la circulation des richesses, est dans la nature des choses. Mais s'il est nécessaire d'indiquer, dans le cours d'économie politique, qu'il en est ainsi, c'est au cours d'histoire du commerce, dont l'utilité n'est pas discutable qu'il convient, pour maintenir l'esprit des élèves fortement fixé sur l'étude de l'entreprise, de réserver cet enseignemnt.

C'est, en effet, à l'étude de l'entreprise industrielle qu'il faut, à notre avis, s'attacher, comme à la méthode la plus propre à intéresser l'esprit de jeunes gens destinés à tenir une fonction dans cet organisme de la production. Et parmi ces fonctions, il en est une sur laquelle on devrait toujours insister : c'est celle du chef d'entreprise, de l'homme qui, par une direction à la fois hardie et sage, assure la bonne marche de l'entreprise, sous sa responsabilité. Cette responsabilité est d'ailleurs, la pierre angulaire de tout le mouvement économique. C'est elle qui donne au chef d'entreprise, lorsqu'elle est consciemment acceptée et exercée, sa véritable supériorité. Et si, après avoir, pour plus de clarté, étudié, en décomposant ses parties, le mécanisme compliqué des échanges et de la concurrence, on réunit, dans un même ensemble, le mouvement combiné des phénomènes de la production et des échanges, liés indissolublement par le puissant engrenage d'une solidarité naturelle, on peut, avec grande chance d'être compris et suivi, faire mouvoir devant des esprits éveillés par la curiosité, l'ensemble d'un mécanisme dont la complexité et la puissance forcent alors, au plus haut point, l'attention. Mais ce mécanisme a des heurts; il ne marche pas toujours normalement. Là, se place l'étude des crises; état « pathologique » des organismes économiques et que l'on ne peut guère comprendre dans ses diverses manifestations, si l'on ne connaît pas la « physiologie » de ces organismes.

Ces démonstrations doivent nécessairement exclure toute métaphysique obscure et reposer sur la constatation de faits pris dans le temps et dans l'espace, sans négliger les faits actuels bien observés et qui donnent plus de vie aux raisonnements du professeur. Ajoutons ici qu'un enseignement intelligent de la comptabilité apporte une aide très précieuse à l'enseignement économique. M. Gabriel Faure écrivait, dans le numéro de décembre dernier de cette Revue, un excellent article où il s'attachait à montrer toute l'utilité qu'il y a, pour les ingénieurs, à savoir la comptabilité. Elle contribue à appprendre ou à rappeler, à ceux qui l'ignorent ou la méconnaissent, qu'une entreprise doit être fructueuse et que toutes les inventions, les installations, tous les procédés nouveaux ne valent, économiquement, que s'ils fournissent des bénéfices. C'est là le rôle fondamental de la comptabilité. Je lui en vois un autre, au point de vue de la méthode à suivre dans l'enseignement économique institué dans les écoles techniques et professionnelles. La comptabilité devrait être un cours connexe du cours d'économie politique. La notion du capital, son caractère, son rôle, sont pratiquement enseignés par la comptabilité. Toutes les questions d'amortissement deviennent claires avec elle. Le mécanisme de la partie double traduit la solidarité des éléments de la production. Avec elle, on suit les capitaux à travers leurs diverses transformations, dans l'entreprise, et l'on ne s'étonne pas le leurs métamorphoses. Si la comptabilité a des procédés subtils et se meut parfois dans les abstractions, elle est un auxiliaire réel pour le professeur chargé de décrire et d'expliquer les phénomènes économiques, lorsque le professeur de comptabilité sait développer, chez ses élèves, l'esprit critique. Au cours d'une carrière déjà longue, où j'ai donné l'enseignement économique dans les milieux différents, à des jeunes gens dont la préparation était très dissemblable, j'ai toujours constaté que ceux des élèves qui avaient des notions de comptabilité ou, mieux, étaient des comptables intelligents, avaient une compréhension plus rapide et plus claire des complexités du mécanisme économique. Assurément, c'est sur une pure abstraction de la comptabilité que Ricardo a imaginé son fonds immuable de salaires. Il a ouvert, dans son esprit, un compte au « fonds de salaires » et n'a pas eu l'idée que cette dotation ne pouvait pas être fixe à tout jamais. De même, Proudhon a construit sa « Banque du Peuple », sans encaisse métallique, sur cette hypothèse que les effets de commerce, en représentation desquels seraient émis des billets de banque, devaient toujours et quand même, malgré les crises économiques et les bouleversements politiques, être payés exactement à l'échéance. Ces deux écrivains connaissaient en effet, tous les deux, les ressources de la comptabilité ; mais ce n'est pas tant à celle-ci qu'il faut s'en prendre de leurs erreurs, qu'à leur esprit de logiciens irréductibles.

IV

Il est donc nécessaire de diriger l'instruction des hommes destinés à tenir une fonction dans les affaires industrielles, commerciales et financières vers la connaissance positive des phénomènes qui président à la vie économique. Cette connaissance leur est aussi indispensable que le sont pour le marin celles qui lui permettent de se diriger sur l'océan.

Loin de diminuer la puissance de la volonté et l'esprit de décision, le savoir certain les développe, permet de prévoir. C'est un tort de croire que la hardiesse n'a qu'un propulseur : la témérité. A l'origine de la création des grandes entreprises, on trouve presque toujours une initiatrice première : l'imagination, dont il serait vain de méconnaître le rôle en affaires. Toutefois son action n'est féconde que si elle est éclairée. Les businessmen américains qui, au début de leur carrière, font des essais désordonnés, successifs et parfois nombreux de création d'entreprises, s'éviteraient beaucoup d'expériences coûteuses et peu propres, en certains cas, à développer le sens de la moralité, c'est-à-dire de la vraie responsabilité en affaires, s'ils étaient pourvus d'un enseignement économique sérieux, positif. Du reste, on s'efforce, aux Etats-Unis, depuis déjà bien des années, d'étendre à cet égard l'enseignement technique et professionnel.

Si tous les élèves des écoles techniques ne sont pas appelés à devenir des chefs d'entreprise, il faut leur donner l'instruction nécessaire pour les aider à remplir ces fonctions. Du reste, à quelque poste que les circonstances, leur valeur personnelle où le hasard les place, ces connaissances leur éviteront bien des fautes; elles en feront des collaborateurs d'autant plus utiles pour ceux qui les emploieront, qu'ils auront conscience du mécanisme économique et de l'œuvre d'ensemble qu'il accomplit.

André Liesse.

Observations sur l'Enseignement des mathématiques à l'Ecole pratique d'Industrie

Dans un récent article de l'*Ecole Technique*, un professeur de mathématiques d'une section préparatoire aux Ecoles d'arts et métiers affirme que *l'Enseignement technique est engagé dans une mauvaise voie*, parce que, grief inattendu, les professeurs de mathématiques ont une tendance à s'y trop préoccuper de la technique. A l'appui de sa thèse, il cite quelques textes de problèmes d'arithmétique que nous avons proposés dans le n° 1 de la *Revue de l'Enseignement technique*.

Ainsi mis en cause, nous avons pensé qu'il pouvait être utile, pour remettre les choses au point, de dire d'une manière précise comment entendent l'enseignement des mathématiques dans nos écoles pratiques d'industrie ceux que notre honorable censeur appelle les *néo-pédagogues de l'enseignement technique*.

Et d'abord, pour limiter le débat, faisons, nous aussi, une déclaration de principe : La vertu sociale de l'enseignement réside moins dans les programmes et les méthodes que dans l'éducation; le premier devoir du professeur de mathématiques n'est pas d'enseigner à ses élèves quelques théorèmes ou quelques formules, mais de développer leur jugement, de les habituer au raisonnement, de les rendre aptes à s'assimiler des idées générales, bref de cultiver en eux toutes les qualités intellectuelles qui font les esprits justes et stimulent l'initiative individuelle.

Nous le savons si bien que si nous jugeons la démonstration d'une proposition trop longue ou trop difficile, il nous arrive de la supprimer, de faire une simple vérification sur des cas particuliers, mais alors nous avons soin d'en faire explicitement l'observation, pour que nos élèves conservent de l'ensemble de la leçon une idée exacte et comprennent quand même, comment, partant d'une définition ou d'un résultat précédemment acquis, nous sommes conduits à des conclusions nouvelles d'où peuvent découler, comme corollaires, telles ou telles applications pratiques. Ne pouvant nous consacrer exclusivement aux considérations théoriques, du moins nous efforçons-nous de donner à nos élèves une idée nette et précise de leur programme et nous sommes convaincus qu'ils emportent en nous quittant « des notions modestes mais solides sur la science mathématique ».

Mais ces notions, comment convient-il de les leur présenter? La question des programmes mise à part, a-t-on dit, « l'enseignement des mathématiques ne dépend pas de l'établissement où il est donné »; c'est une opinion, mais ce n'est certes pas la nôtre. A cause de leur généralité même, ces notions sont justement celles que reçoivent au collège les élèves du même âge que les nôtres. Il n'y a pas de différence essentielle entre nos programmes et ceux du 1er Cycle B de l'enseignement secondaire. Alors, si nous devons enseigner les mêmes choses qu'à l'école primaire supérieure ou au collège et dans le même esprit, pourquoi exiger de nous des titres spéciaux. N'avons-nous pas une fonction spéciale que n'ont pas su remplir les professeurs d'écoles normales et les licenciés dédaigneux d'un enseignement franchement orienté vers la pratique? Et si nous réussissons mieux que les universitaires primaires ou secondaires à former des ouvriers instruits et habiles, ce n'est pas pour avoir su établir de meilleurs programmes, mais bien pour savoir développer les mêmes programmes qu'eux dans un tout autre esprit. Nos prédécesseurs consentaient à abandonner une petite place à la préparation du métier; nous en faisons, nous, l'objet de nos constantes préoccupations : c'est là ce qui fait l'originalité de notre enseignement et assure son succès.

On nous dit encore : « Vous voulez orienter l'enseignement des mathématiques vers la profession; mais laquelle? » L'objection n'est pas sérieuse. Nos écoles sont très souvent spécialisées et préparent des ouvriers à l'industrie locale; le professeur n'a pas alors l'embarras du choix; en fût-il autrement que l'argument n'en vaudrait pas davantage, parce que le professeur de mathématiques n'est pas un contremaître. Aujourd'hui, un chapitre d'arithmétique lui fournit l'occasion de développer telle application intéressant plus particulièrement le tourneur, mais dont l'ajusteur ou le forgeron peuvent profiter; demain il trouvera dans un théorème de géométrie la justification ou la critique d'une « routine » de menuisier qui ne laissera pas le modeleur indifférent. Sans doute nos élèves ne seront utilisables à l'atelier dès leur sortie de l'école que s'ils sont depuis longtemps déjà spécialisés dans leur métier; mais c'est affaire aux techniciens et non à nous d'achever cette spécialisation.

Nous arrivons au point qui nous occupe plus particulièrement.

Le professeur de mathématiques, avons-nous dit, peut accorder dans son cours une place importante à la pratique et à la profession en indiquant, lorsqu'elles se présentent, les applications de chaque chapitre aux travaux de dessin et d'atelier et aussi en traitant dans des chapitres distincts certaines questions spéciales qui n'auraient pas leur place dans un enseignement exclusivement théorique (filetage, appareils diviseurs, etc...), mais nous estimons qu'il doit faire mieux. Dans une leçon, toute définition doit être appuyée, illustrée par des exemples concrets; toute règle énoncée doit être immédiatement appliquée à quelques exercices numériques; la leçon faite, pour s'assurer qu'elle a été comprise, comme pour habituer les élèves au travail personnel et à la réflexion, il faut leur proposer quelques problèmes à résoudre sur tableau ou sur copie; nous ne voyons réellement que des avantages pour le maître et pour les élèves à suivre les instructions officielles qui nous recommandent de choisir nos exemples, les données de nos exercices et de nos problèmes dans la vie courante ou dans l'industrie.

Notre contradicteur affecte de croire que l'insuffisance de l'instruction professionnelle de nos élèves de première année nous empêchera de leur expliquer une règle ou un principe d'arithmétique sur un exemple technique, et il nous raille de faire intervenir une machine à vapeur de 400 chevaux dans la démonstration d'un théorème sur la soustraction (n° 1 de la *Revue de l'Enseignement technique*). Il oublie que le principe dont il s'agit étant général, notre démonstration reste absolument indépendante de l'exemple particulier qui nous sert à la concréter, si bien qu'elle ne suppose pas la connaissance la plus rudimentaire d'une machine à vapeur, et que le croquis sur lequel nous raisonnons constitue purement et simplement une représentation graphique de notre proposition; procédé que nous ne saurions trop recommander aux professeurs de l'École pratique d'industrie, tant pour les avantages qu'il offre comme moyen d'enseignement que pour l'importance que prennent les graphiques dans les études purement techniques. Alors, pourquoi notre mise en scène? — Elle est moins froide, plus vivante que la représentation graphique par des segments de droite; elle excite la curiosité et soutient l'attention de nos auditeurs qui, croyant écouter des explications sur des choses qui concernent leur futur métier, avalent la démonstration d'un principe théorique peut-être moins intéressant pour eux; enfin, elle a d'autres avantages sur lesquels nous reviendrons; mais, disons de suite que l'indication de la puissance de la machine est faite pour rester vraisemblable, pour que, si nos élèves se prennent à s'intéresser au côté technique de l'exemple donné, ils n'acquièrent pas d'idées fausses sur les rapports de la puissance mécanique du moteur et des dimensions de ses organes.

Quant aux questions résolues en classe ou proposées au devoir, elles pourront être de deux sortes :

En premier lieu, des exercices réellement pratiques, semblables de tous points à ceux qu'un ouvrier peut être appelé à résoudre tant à l'atelier que dans la vie courante. Fort simples, en général, ces exercices auront une utilité immédiate, professionnelle ou pratique. Nous rangeons naturellement dans ce groupe la vérification d'une feuille d'impositions, d'un livret de caisse d'épargne, d'une police d'assurance, etc. Sans doute, ces questions n'intéressent pas que les ouvriers, mais puisqu'un ouvrier peut faire des économies et doit payer des impôts, pourquoi se priverait-on de proposer à l'apprenti ces exemples tout indiqués de calculs d'intérêts et de tant pour cent?

En second lieu, des exercices plus difficiles, composés pour avoir une plus grande portée éducative, et de manière que leur recherche constitue une gymnastique intellectuelle plus efficace. Tels sont le problème du « vieux plomb » et du « vieux zinc » et des centaines d'autres proposés dans cette revue ou ailleurs.. Nous déclarons que nous n'en voulons faire « accroire » à personne et nous sommes les premiers à reconnaître que ces problèmes « n'ont de pratique que le nom », si l'on comprend par là qu'on n'a jamais l'occasion d'en résoudre d'identiques à l'atelier; mais nous ne cesserons cependant de publier que ce sont des exercices qui conviennent parfaitement aux enfants de nos écoles pratiques et qui sont absolument appropriés à l'esprit de notre enseignement. Si, en cette occurence, nous jetons de la poudre aux yeux des gens, du moins est-ce en bonne compagnie, car la Direction de l'enseignement technique et nos inspecteurs généraux ont toujours préconisé la composition de recueils de semblables problèmes, recueils dont les Belges, nos précurseurs en matière d'enseignement technique primaire, sont pourvus depuis longtemps.

Que reproche-t-on aux problèmes de ce genre? D'être calqués sur ceux qui traînent dans tous les vieux manuels? D'abord, ils ne le sont pas tous; beaucoup sont originaux et rien n'empêche d'en imaginer d'autres; mais lors même que ce reproche serait fondé, où serait le mal? Un problème ainsi habillé de neuf conserve exactement sa vertu éducatrice, mais en outre, son nouvel énoncé fournit la matière d'une utile leçon de choses : indications de prix, de poids, de détails de fabrication, de dimensions courantes, de formules pratiques, etc. Lorsqu'on lui aura vingt fois, dans vingt problèmes différents, répété quelque renseignement concernant sa profession, le futur ouvrier aura, sans effort, sans presque s'en apercevoir, augmenté ses connaissances techniques, et ce sera tout profit pour lui.

Notre problème du « vieux plomb » et du « vieux zinc » est tout aussi éducatif que celui du « sucre » et du « café »; mais il nous fournit de plus l'occasion d'apprendre à nos élèves que les vieux métaux ont encore une valeur appréciable, qu'ils peuvent être transformés et qu'ils sont l'objet d'un commerce important. Quant au problème du « sucre » et du « café », nous le proposerons de préférence à des élèves d'une école ménagère.

Nous goûtons, comme notre contradicteur, toutes les beautés et toutes les vertus du vieux problème « du lévrier qui s'évertue à la poursuite d'un renard; » mais nous dira-t-on à quelles raisons obéirait un professeur d'école pratique d'industrie qui ne préférerait pas le présenter sous cette nouvelle forme :

Deux forgerons ont entrepris une série de pièces à travailler au marteau-pilon. Le premier a 60 pièces d'avance et il en fait 3 quand le second en fait 2; mais 7 pièces du premier ne sont payées qu'autant que 3 pièces du second. Combien le second forgeron doit-il façonner de pièces pour que son salaire atteigne celui du premier?

En résumé :

Nous reconnaissons que le meilleur de notre tâche est de donner à nos élèves une culture mathématique solide quoique élémentaire, mais nous prétendons qu'il est possible de donner à nos démonstrations et à nos exercices d'application une forme technique qui, sans nuire à la rigueur de la spéculation, la rende plus attrayante pour de futurs ouvriers et leur fasse voir quels rapports constants unissent la théorie et la pratique.

Nous terminerons ces quelques observations par la citation suivante, tirée de « la Mathématique » de C.-A. Laisant :

« Mesurer une science à son utilité est presque un crime intellectuel. Mais, quand la science est faite, que des chercheurs y trouvent ce qui est utilisable au point de vue des applications, ceci est une autre affaire. Que le mathématicien lui-même abandonne momentanément ses recherches purement abstraites pour mettre à la disposition de ses contemporains un ensemble de vérités dont on peut dès à présent tirer des applications concrètes, en le faisant, il complète sa tâche et montre une fois de plus que la science, si elle constitue primitivement une satisfaction de l'esprit, n'a pas oublié son origine première et conserve son utilité ».

F. Dauchy,

Professeur à l'École pratique de Commerce et d'Industrie de Maubeuge.

ENSEIGNEMENT TECHNIQUE A L'ÉTRANGER

LES COURS DE PERFECTIONNEMENT DE CHEMNITZ (SAXE) (1)

(Suite)

II

PROGRAMMES

Les programmes de Chemnitz répondent à l'idée suivante : mettre les cours de perfectionnement en harmonie avec la nouvelle organisation et avec le développement économique de l'Empire allemand.

M. Schilling nous expose, en quelques pages de véritable synthèse historique, ce qu'il entend par les nécessités politiques qu'a fait naître l'unification de l'Allemagne.

« Le XIXe siècle, dit-il, est le siècle de la régénération intérieure et extérieure de notre patrie. Le but principal, que se proposèrent les restaurateurs de la puissance de l'Etat, fut la rénovation de toute la vie du peuple. L'abaissement de l'Etat à l'extérieur leur apparut comme la conséquence de son incapacité, à l'intérieur. Ils reconnurent la véritable cause de cet effacement dans l'absence d'initiative chez le peuple, due à l'ancienne constitution. D'après la théorie de l'absolutisme, l'Etat n'est pas la chose du peuple, mais celle de la dynastie et de ses fonctionnaires. La destinée des sujets consiste uniquement à obéir, payer des impôts et fournir les contingents nécessaires à l'armée. Une telle constitution politique ne peut déterminer qu'un esprit de pure passivité; le sujet ne fait rien à quoi il ne soit obligé, le sentiment national disparaît, par contre la paresse et l'égoïsme sont encouragés.

« Si la force directrice placée à la tête de l'Etat vient à faiblir, tout l'organisme reste sans vie comme un mécanisme brisé et il suffit que du dehors il reçoive un choc pour qu'il se réduise en morceaux.

« Une restauration de l'Etat abattu n'est possible que par le développement interne des forces latentes existant dans le peuple où elles sommeillent encore. Le nouvel Etat doit être édifié sur l'initiative de tous les citoyens et alors il deviendra un organisme vivant possédant la force de résistance et de réorganisation particulière à tous ses membres. A cet effet, il est tout d'abord nécessaire de donner à chaque individu, dans sa sphère, la liberté de ses mouvements par la suppression des entraves qui, dans l'ancien régime, restreignaient la liberté personnelle, la liberté du travail et le droit de propriété. La participation des citoyens à la vie collective, l'administration directe des affaires publiques dans la

(1) Voir *Revue de l'Enseignement technique*, n° 7, p. 322.

commune, le district et l'État, voilà le grand moyen d'éducation propre à faire naître en chacun de nous, avec force et intelligence, l'intérêt pour la chose publique. Enfin, il faut y ajouter la nouvelle armée fondée sur le service militaire obligatoire pour tous.

« Je disais plus haut que le dix-neuvième siècle a été le siècle de la rénovation intérieure de notre patrie : il nous a apporté en effet l'unité politique, condition et moyen de cette rénovation. Mais il nous manque encore l'unité nationale.

« Ce sera le devoir du vingtième siècle de fonder cette unité nationale sur des bases solides et durables.....

« ..... Celui qui sait combien il a été dépensé d'énergie et de travail par des générations entières pour fonder seulement notre unité politique, peut mesurer de combien ces efforts d'énergie devront être dépassés pour créer et conserver un *esprit national*. Car cet esprit ne pourra se maintenir que si chaque individu, prenant une part plus intime à toutes les manifestations de la vie nationale, le renouvelle en lui par un travail de tous les jours et de toutes les heures tout en le faisant rayonner autour de lui. Et ceci ne peut être réalisé que par la formation d'une personnalité individuelle accomplie, fondée sur une éducation nationale de l'esprit et du cœur.

« Je n'ai pas besoin de montrer combien nous sommes encore éloignés de ce but et combien est profond le fossé qui, aujourd'hui plus que jamais, sépare les différentes couches sociales de notre peuple... c'est auprès de la jeunesse qu'il nous faut faire sans tarder les premiers efforts si nous ne voulons pas exposer de gaîté de cœur au danger de la destruction le fier édifice à la construction duquel des générations ont donné leur sang.

« Par ce qui précède, le but de l'instruction et de l'éducation pour l'ensemble de nos écoles professionnelles et de perfectionnement est indiqué de façon non équivoque : au but pratique de l'enseignement devra s'ajouter le but éducatif; l'enseignement scientifique, spéculatif et esthétique sera complété par l'enseignement moral et social.

« C'est pourquoi je ne puis comprendre comment, dans les délibérations du 2e Congrès des Villes, à Munich, l'éducation du sens social a pu être qualifiée de question flottante. Ce n'est pas la détermination du but, mais seulement du chemin pour l'atteindre qui constitue relativement à l'école de perfectionnement un des problèmes dont la solution appartient encore à l'avenir. « Développer chez la jeunesse sortant de l'école primaire l'habileté professionnelle et l'amour du travail, ainsi que les vertus qui en sont la conséquence immédiate : la sincérité, l'activité, la persévérance, l'empire sur ses passions... voilà, écrit Kerschensteiner, le premier but de l'éducation. Faire connaître la solidarité qui lie les intérêts de chacun à ceux de la collectivité, ainsi que les règles de la santé du corps, faire l'application de ces connaisances à l'exercice de la santé du corps, faire l'application de ces connaissances à l'exercice de la volonté, du dévouement, de la justice et à la conduite d'une vie raisonnée, voilà le second but, très étroitement lié au premier, que l'éducation doit également poursuivre. »

Voilà qui est très net: l'École de perfectionnement doit être un véritable foyer de civisme et de patriotisme; elle doit avoir l'ambition de former des ouvriers-citoyens éclairés sur leurs droits et leurs devoirs, et suffisamment instruits non tration de la chose publique elle-même. Quel plus noble idéal, dans une démotration de la chose publique elle-même. Quel plus noble idéal dans une démocratie, peut-on proposer à l'enseignement ?

Mais, à côte du but patriotique, l'École de Chemnitz n'oublie pas le but intéressé, utilitaire, « égoïste », comme le dit Schilling, et qui est de préparer, pour l'industrie et le commerce allemands, une véritable armée de travailleurs instruits, pouvant, par leur instruction même, assurer le maximum de rendement, en qualité comme en quantité, de façon à maintenir à travers le monde la supériorité de la production nationale.

De ce double principe, sur lequel repose l'organisation de ses cours de perfectionnement, l'Ecole de Chemnitz tire comme conséquence logique :

1° La nature des matières qui devront être enseignées ;

2° La méthode à employer pour permettre à l'enseignement d'arriver à ses fins.

Les matières des programmes sont réparties en deux groupes essentiels :

1° Matières destinées à assurer la connaissance complète de la profession, et qui varient avec les divers métiers exercés dans la ville: étude des marchandises, des outils, des machines, sciences commerciales, dessin, modelage, allemand, lecture, composition commerciale, correspondance, arithmétique, géométrie, etc., etc.

2° Matières d'enseignement moral et social : instruction civique, règles pratiques de conduite dans la vie sociale, etc. A ce groupe, M. Schilling projette de joindre des exercices de gymnastique pour développer méthodiquement le corps et la volonté des adolescents.

Quant aux méthodes d'enseignement, elles sont pour nous du plus haut intérêt parce qu'elles présentent cette grande originalité de mettre, comme nous le verrons plus loin, l'enseignement professionnel au service de l'enseignement civique. Mais, comme malgré cela l'enseignement profesionnel n'en conserve pas moins ses méthodes propres, nous allons examiner d'abord comment sont enseignées les matières qui se rapportent à la profession; nous montrerons ensuite, pour mieux le mettre en relief, comment est donné l'enseignement civique.

METHODES ET PROGRAMMES D'ENSEIGNEMENT PROFESSIONNEL

Pour assurer l'enseignement professionnel dans les meilleures conditions possibles, l'Ecole de Chemnitz fait de la profession le pivot de tout son enseignement. Les programmes sont nettement et uniquement orientés vers la profession et visent à donner à l'ouvrier ou à l'employé l'explication rationnelle de ce qui se passe à l'atelier ou au magasin. Pour bien le montrer, nous donnons le texte de quelques-uns de ces programmes et des instructions qui les accompagnent. On verra ainsi qu'ils sont réellement vécus et qu'il est difficile d'aller plus avant et avec plus de précision dans les détails.

PROGRAMME DES COURS POUR JEUNES APPRENTIS DU COMMERCE

(6 heures par semaine)

Matières obligatoires: Allemand, Comptabilité, Arithmétique, Economie commerciale et Instruction civique, Sténographie.

Matières facultatives: Anglais, Français. Chaque langue: 2 heures par semaine.

Les cours se développent sur trois années d'études. On n'accepte que les apprentis du commerce, les expéditionnaires qui sont dans les bureaux. La formation de classes parallèles permet de faire une séparation assez nette suivant les connaissances des élèves. Pour arrêter le programme définitif, *il faut tenir compte de la profession de l'élève*, de la valeur éducative des matières d'enseignement, des nécessités de la vie pratique.

	1re ANNÉE	2e ANNÉE	3e ANNÉE	TOTAUX
Allemand	80	60	100	240
Calcul	40	60	80	180
Comptabilité	»	80	»	80
Sténographie	80	»	»	80
Economie commerciale	40		60	140
Instruction civique		40		
	240	240	240	720

PREMIÈRE ANNÉE

Allemand.

Cet enseignement doit mettre l'élève à même d'établir convenablement les rédactions privées ou d'affaires, tout en complétant par des lectures appropriées, sa culture intellectuelle et morale.

Correspondances se rapportant aux situations dans lesquelles peut se trouver l'homme en société : Lettres de famille, de convenances ou d'affaires.

Rédactions se rattachant à des lectures comptes-rendus et résumés, à l'instruction civique et à l'économie commerciale.
ciale.

Dictées tirées de la profession intéressant l'élève.

Nombre de devoirs: 14.

Calcul.

(Les élèves tiennent un cahier journalier).

Révision avec un peu plus de développement des notions étudiées à l'école primaire. Les 4 opérations (nombres entiers, décimaux, fractions). Règle de trois simple et composée. Règle de société, de mélanges. Calcul approfondi du tant %.

PROGRAMME POUR LES CLASSES D'EXPEDITIONNAIRES

(*6 heures par semaine*)

Les classes d'expéditionnaires sont fréquentées exclusivement par des employés de mairie ou par les expéditionnaires des études d'avocats ou d'avoués. *Il faut avant tout, attacher de l'importance à la connaissance de la langue allemande afin que les élèves puissent s'exprimer oralement ou par écrit aussi bien que possible.* Pour cela il est nécessaire de faire apprécier fréquemment les beautés des œuvres de la littérature allemande. On doit veiller à ce que les élèves rédigent simplement et s'expriment en bon allemand. Il est à peine besoin de mentionner qu'il *faut les familiariser avec les documents qu'ils auront à établir dans les études d'avoués ou de notaires et, pour chaque matière d'enseignement, tenir compte, avec le plus grand soin, de leur profession et de leur éducation civique.*

	1re ANNÉE	2e ANNÉE	3e ANNÉE	TOTAUX
Allemand....................	80	80	120	280
Calcul........................	40	40	80	160
Enseignement spécial...........	40	40	40	120
Sténographie.................	80	»»	»»	80
Comptabilité..................	»»	80	»»	80
	240	240	240	720

Matières facultatives; Anglais et français (2 heures par semaine).

DEUXIÈME ANNÉE

Allemand.

Lectures : Livre de lectures des Ecoles de Leipzig. Morceaux choisis.

Devoirs écrits se rattachant aux sujets lus. Ex. : Nos 88 : Prescriptions tirées du code de Commerce. — 83: Argent et expérience. — 92: Les Voyages. — 98: La poste universelle. — 99: La télégraphie. — 97: Le Lloyd de l'Allemagne du Nord. — 150: Productions des colonies allemandes. Leur acquisition.

Analyses littéraires; actes et scènes, caractères des personnages.

Documents à confectionner dans l'étude d'un avoué, d'un notaire. 14 devoirs écrits.

Calcul.

Calcul du tant %.

Calcul des intérêts simples et composés. Questions relatives à la lettre de change, au chèque.

Règle d'escompte. Echéance moyenne et échéance commune. Calcul des prix de revient, d'achat, de vente; du bénéfice, etc...

PROGRAMME POUR LES CLASSES SPECIALES AUX BOULANGERS

	1re ANNÉE	2e ANNÉE	3e ANNÉE	TOTAUX
Allemand et comptabilité.........	80	80	80	240
Calcul.........................	40	40	40	120
Economie industrielle, enseignement spécial à la profession.........	40	40	40	120
	160	160	160	480

PREMIÈRE ANNÉE

Allemand.

Lettres de famille, de convenances, ou d'affaires (celles-ci spéciales). Quelques détails sur le trafic postal.

Rédactions et dictées se rapportant à l'enseignement civique et à la profession : 10 devoirs.

Lectures en rapport avec l'enseignement.

Calcul.

Remarque. — Pour toutes les années, mais surtout dans les classes faibles, il sera nécessaire de procéder avec soin à des révisions et à des exercices sur les opérations fondamentales simples, auxquels il y aura lieu de rattacher *des problèmes relatifs à la profession*. Les opérations fondamentales sur nombres entiers et fractions simples.

Monnaies, mesures et poids (nombres décimaux).

Calcul des surfaces et des volumes (*l'atelier, le four, l'agencement de la boulangerie*).

Calcul du prix d'achat et de revient de matières premières.

Mélanges de farines.

Problèmes se rapportant aux assurances contre la maladie.

TROISIÈME ANNÉE

Allemand.

Correspondance à entretenir avec les autorités : Conseil municipal, services municipaux. — Rapports avec les autorités. — Recouvrements postaux. Mandats. Inscription pour l'examen d'ouvrier et de patron. Certificats. Réclamations et plaintes au sujet des impôts.

Publications officielles et légales : ouverture et cession d'une maison.

Rédactions et dictées (question d'instruction civique et de technologie).

Lectures: Voir 1re année; — 10 devoirs écrits.

PROGRAMME POUR LES CLASSES SPECIALES AUX PATISSIERS

	1re ANNÉE	2e ANNÉE	3e ANNÉE	TOTAUX
Allemand	40	30	30	100
Comptabilité	»»	»»	30	30
Calcul	40	30	30	100
Enseignement spécial	40	20	30	90
Dessin	80	40	»»	120
Travaux pratiques	»»	80	80	160
	200	200	200	600

PREMIÈRE ANNÉE

Allemand.

Travaux sur des sujets intéressant l'élève: « On demande un apprenti pâtissier » (annonce) offre par lettre.

Contrat d'apprentissage. — Lettres diverses ayant en vue l'éducation professionnelle.

Rédactions et dictées se rapportant à la profession: 10 devoirs.

Dessin.

N.-B. — Le dessin est enseigné en vue de servir à la profession.

Eléments décoratifs : lignes courbes, en zigzag, en colimaçon, en spirale. Cravates, rubans, boutons, fleurs, feuilles. Rangées de motifs. Différentes sortes d'écritures et monogrammes.

DEUXIÈME ANNÉE

Allemand.

Sujets empruntés à la vie des affaires, en considérant tout spécialement le trafic postal.

Exemples : Catalogue sous bande (avec adresse). Echantillons (adresse). Lettre de commande (par exprès, télégramme). Lettre de voiture (déclaration d'expédition par fer, petite vitesse et grande vitesse).

Mandat-poste. Lettre chargée (adresse). Reçu. Quittance. Commande par carte postale. Bon de livraison et récépissé. Facture acquittée. Colis contre remboursement (adresse). Demande de renseignements. Réponse à une demande. Rappel à l'ordre.

Rédactions et dictées tirées de sujets intéressant la profession. 19 devoirs.

Dessin.

Ornement des surfaces. Garnitures de tartes, etc...

Enseignement pratique.

Confection de garnitures. Exercices d'écriture sur les gâteaux.

TROISIÈME ANNÉE

Allemand.

On sollicite une place d'apprenti. Curriculum-vitæ. Certificats. Ouverture d'une maison. Cession. Reprise d'une affaire. Demandes adressées au fisc en matière d'impôts (réclamations). Demandes adressées aux autorités militaires pour incorporation ou ajournement. Rédactions et dictées sur des sujets intéressant la profession. 10 devoirs écrits.

Comptabilité.

Comptabilité industrielle : tenue des livres d'une maison de commerce pour une période trois mois.

(*A suivre.*)

E. Labbé,
Inspecteur général de l'Enseignement technique.

L'ENSEIGNEMENT COMMERCIAL AUTRICHIEN (1)

(Suite)

III

LES ÉCOLES SUPÉRIEURES DE COMMERCE

Les écoles supérieures de commerce (*höhere Handelsschulen*) sont plus communément appelées Académies de commerce (*Handelsakademien*). Elles sont au nombre de 23. L'Académie commerciale et maritime de Trieste, qui est la plus ancienne, remonte à 1817.

Elles se recrutent, soit parmi les élèves ayant subi avec succès les examens de fin d'études du premier cycle des établissements secondaires (*Untergymnasium, Unterrealschule* et *Unterrealgymnasium*), soit parmi les anciens élèves des *Bürgerschulen* ou des cours complémentaires de ces écoles dont les certificats portent, au moins, la mention « satisfaisant » pour les matières principales. Les candidats de ces deux dernières catégories sont soumis à un examen d'admission, dont les conditions ont été rendues très rigoureuses par un récent arrêté ministériel.

Jusqu'en 1899, les Académies de commerce avaient une organisation uniforme répartissant l'enseignement sur trois années. Depuis cette époque, la plupart d'entre elles ont adopté une organisation nouvelle à quatre années d'études. La durée de la scolarité avait été, en effet, jugée insuffisante (2), en raison, à la fois, de la faiblesse des élèves issus des *Bürgerschulen* et de la surcharge des programmes. M. le Dr Karl Zehden (3) écrivait, en 1898, que trois années ne permettent pas de donner aux facultés techniques la place qui leur convient dans les écoles supérieures de commerce. Pour que leur diplôme confère le droit au volontariat, elles doivent ouvrir leurs programmes à certaines matières de pure culture générale (mathématiques, histoire, littérature) qui leur sont imposées par l'autorité militaire, si bien que les élèves sont surchargés outre mesure, sans profit pour leur culture technique.

L'École d'Aussig fut la première à adopter une quatrième année d'études. Seize autres établissements ne tardèrent pas à suivre le mouvement, l'État donnant l'exemple dans ses écoles de Lemberg et de Trieste.

Six écoles, par contre, et non des moindres, — Vienne, Prague (école allemande et école tchèque), Linz, Trente et Chrudim, — ripostèrent que les études deviennent de plus en plus dispendieuses, que les jeunes gens ont intérêt à ne pas entrer trop tard dans les affaires et qu'il faut compter, enfin, avec les difficultés du recrutement déjà bien gêné par le relèvement du niveau de l'examen d'entrée. Aussi, ces écoles conservèrent-elles trois années d'études, mais avec cette restriction que pourraient seuls entrer directement en première année les élèves provenant du premier cycle des établissements secondaires, si leur certificat porte la mention « bien » pour les facultés principales : langue d'enseignement,

(1) Voir *Revue de l'Enseignement technique*, n° 8, p. 365.

(2) A la suite d'une enquête ouverte auprès des conseils d'administration et du personnel des écoles.

(3) M. le Dr Karl Zehden qui a précédé M. E. Gelcich à l'inspection générale de l'enseignement commercial autrichien, a écrit en 1898 un intéressant ouvrage qui fait encore autorité en matière d'enseignement technique : *Zur Geschichte des kommerziellen Bildungswesen in Österreich*, 1848-1898. (Vienne, 1888, A. Holder, éditeur).

géographie, histoire, sciences physiques; latin et grec dans les gymnases; français dans les *Realschulen*. Les candidats dont les certificats sont moins bons et tous ceux qui sortent des écoles primaires supérieures doivent entrer obligatoirement dans un cours préparatoire. Il est même question de leur imposer un examen d'admission, à partir de la rentrée de 1911.

Ces écoles, appelées écoles à compromis (*Kompromisschulen*) ont, pour leur année préparatoire, un programme d'enseignement s'écartant très peu de celui de la première année des écoles à quatre années. Aussi, est-il à prévoir que, dans un avenir assez rapproché, elles adopteront sans réserve l'organisation de ces dernières. Ainsi se trouvera réalisée l'unité d'organisation pédagogique de toutes les écoles supérieures de commerce autrichiennes.

Le programme normal d'enseignement des Académies commerciales à quatre années a été fixé en 1903, par un arrêté du ministère de l'instruction publique, conformément à l'horaire ci-après (1) :

	NOMBRE D'HEURES PAR SEMAINE			
Matières obligatoires.	I	II	III	IV
Langue allemande	4	3	3	2
Langue et correspondance française (2)	4	4	4	4
Langue et correspondance anglaise (2)	—	4	5	5
Géographie économique	2	2	2	2
Histoire générale et commerciale	2	2	2	2
Algèbre et arithmétique financière	2	2	2	2
Géométrie	2	—	—	—
Arithmétique commerciale	3	3	3	3
Histoire naturelle	3	—	—	—
Physique	4	—	—	—
Chimie et technologie chimique	—	2	2	—
Marchandises et technologie industrielle	—	—	2	2
Théorie du commerce	2	2	—	—
Correspondance commerciale	—	2	3	2 (1er sem.)
Comptabilité	—	2	3	4 (1er sem.)
Bureau commercial	—	—	—	6 (2e sem.)
Législation des effets de commerce	—	—	1	—
Droit commercial et industriel	—	—	—	2
Economie politique	—	—	—	2
Calligraphie	2	2	—	—
Sténographie	2	2	—	—
	32	32	32	32
Matières facultatives				
Tchèque, italien ou espagnol et, suivant le cas, le français ou l'anglais (2)	—	3	3	3
Manipulations de chimie analytique	—	—	2	2
Essais et analyses de marchandises	—	—	2	2
Gymnastique	2	2	2	2
Dactylographie	—	—	—	2

(1) Dlabac et Gelcich, *Das kommerzielle Bildungswesen in Osterreich*, p. 187.

(2) L'anglais ou le français est obligatoire, celle des deux langues qui n'est pas choisie étant facultative.

Ce plan d'études n'est pas absolument invariable pour toutes les écoles. C'est ainsi qu'à la section commerciale de l'Académie commerciale et maritime de Trieste (1), une importance considérable est donnée à l'enseignement des langues. On y apprend obligatoirement l'italien, l'allemand et l'anglais et, facultativement, le français et le grec moderne. Le tchèque constitue la langue d'enseignement à Prague (2), Chrudim, Königgratz, Pilsen (2), Brünn et Prossnitz; l'italien à Trente; le polonais à Cracovie et à Lemberg (3).

Dans les écoles à compromis, enfin, seules les matières suivantes diffèrent de celles des écoles à quatre années, par le nombre des heures qui leur sont consacrées (4):

	I	II	III	IV
Allemand	5	3	3	2
Anglais	—	4	5	4
Arithmétique commerciale	2	3	3	2
Théorie du commerce	—	2	2	2
Correspondance commerciale	—	2	2	(1er sem. 2)
Législation du change	Ne figure pas au programme (5).			
Dactylographie	—	—	—	1

Toutes les autres matières d'enseignement comportent le même horaire que dans les écoles à quatre années.

Le tableau suivant permet d'avoir une vue d'ensemble sur les Académies commerciales autrichiennes, classées d'après leur ancienneté de fondation et leur régime (6) :

FONDATION	ECOLES			POPULATION EN 1899-1900	POPULATION EN 1909-1910
	a) Ecoles à quatre années.				
1817	Académie commerciale et maritime de Trieste.			134	159
1863	Académie impériale et royale de Graz			310	290
1879	—	commerciale	d'Innsbrück	105	114
1882	—	—	de Cracovie	61	176
1886	—	—	d'Aussig	207	333
1891	—	—	de Gablonz	24	127
1892	—	—	de Reichenberg	129	169
1894	—	—	d'Olmütz	184	191
1894	—	—	de Prossnitz	134	225
1895	—	—	de Königgratz	158	278

(1) Dlabac et Gelcich, p. 210.
(2) Prague et Pilsen ont une académie allemande et une académie tchèque.
(3) Dlabac et Gelcich, p. 214.
(4) Dlabac et Gelcich, p. 216.
(5) Mais elle se trouve comprise dans le droit commercial. La dénomination de *législation du change* va sans doute disparaître assez prochainement.
(6) Dlabac et Gelcich, p. 367, 370 et 371.

FONDATION	ECOLES	POPULATION EN 1899-1900	POPULATION EN 1909-1910
1895	— Kaiser Franz Josef I de Brünn.....	113	159
1895	— commerciale de Brünn (tchèque)..	167	289
1896	— — de Pilsen (allemande).	—	180
1896	— — de Pilsen (tchèque)...	105	237
1899	— — de Lemberg	12	120
1905	Nouvelle Académie commerciale de Vienne....	—	590
	b) *Ecoles à compromis.*		
1856	Académie commerciale de Prague (allemande).	442	526
1857	— — de Vienne (1).	676	816
1872	— — de Prague (tchèque)..	573	974
1882	— — de Linz (2)..........	138	124
1882	— — de Chrudim	277	241
1903	— — de Trente	92	85
	c) *Ecole privée.*		
1906	Ecole supérieure de commerce de Vienne.....	—	143
		4.071	6.456

Si les écoles supérieures de commerce autrichiennes ont pris un développement qui les place, — au point de vue de leurs effectifs, — bien au-dessus de nos écoles supérieures de commerce françaises (3), il faut en voir la première cause dans la faveur dont l'enseignement commercial est l'objet en Autriche. Mais il ne faut pas perdre de vue, non plus, les privilèges concédés par leurs diplômes.

Les élèves des académies qui ont subi avec succès l'examen de fin d'études avant le 1er mars de l'année de leur incorporation sont autorisés à faire le volontariat d'un an. De plus, pour la collation des emplois civils (administrations, chemins de fer, postes, etc.), les diplômes commerciaux supérieurs sont traités à égalité avec les diplômes secondaires. Enfin, pour l'ouverture des commerces soumis à l'autorisation, l'apprentissage et un an de pratique sont compensés par les études complètes d'une école supérieure.

Les écoles supérieures de commerce autrichiennes sont naturellement payantes, comme nos écoles françaises. Les frais de scolarité varient de 40 couronnes (Cracovie, Lemberg, Trieste), à 300 couronnes (Linz, Graz, Prague) et même 320 couronnes (ancienne et nouvelle Académie de Vienne).

(1) Chiffres de 1908-1909. Dlabac et Gelcich, p. 367.

(2) Réunie à une école professionnelle pour les chemins de fer.

(3) En 1910, nos 15 écoles supérieures comptaient 1.264 élèves, au lieu de 1.438 en 1900. (Rapport de M. O. Lauraine sur le budget du Ministère du commerce pour 1911. Annexe XII, p. 230).

L'enseignement commercial supérieur autrichien a pour trait caractéristique qu'il n'est pas seulement organisé pour les garçons. Encouragés par le rapide développement de leurs écoles à deux classes, les amis de l'enseignement commercial féminin ont réclamé des établissements où les jeunes filles puissent acquérir une instruction supérieure leur permettant d'accéder, tout comme les hommes, aux bons emplois commerciaux ou de se préparer à devenir plus tard professeurs dans les écoles de filles. Ils ont obtenu la création de deux écoles supérieures, à Prague et à Vienne.

L'école de Prague est une annexe de l'Académie commerciale tchèque. Son enseignement diffère de celui de l'école de garçons sur les points suivants (1) : l'anglais, la géométrie et la législation du change n'y sont pas enseignés, tandis que le tchèque et l'allemand sont obligatoires, concurremment avec le russe ou le français, et la morale. Une seule matière facultative figure au programme : la sténographie allemande.

L'école de Vienne est un établissement privé fondé en 1907 par l'Association pour le développement de l'enseignement commercial féminin (*Verein zur Forderung der höheren kommerziellen Frauenbildung*).

Les deux écoles comptaient, en 1909, 225 élèves dont 122 pour l'école de Prague (2) et 103 pour celle de Vienne (3).

Indépendamment des établissements spéciaux qu'ils ont obtenus, les amis de l'enseignement commercial féminin ont demandé l'autorisation d'instruire, à la fois, garçons et filles dans le même établissement. La coéducation commerciale dans les écoles moyennes et les écoles supérieures, théoriquement reconnue, n'a été qu'exceptionnellement réalisée. Dans les écoles industrielles qui relèvent du ministère des travaux publics, elle a été formellement accordée et réglementée par un arrêté du 18 novembre 1909 (4).

A l'inverse de notre organisation française qui ne pratique guère le groupement dans les mêmes locaux et sous la même direction d'établissements de degrés différents (5), les Autrichiens ont une tendance à réunir dans les mêmes bâtiments des écoles de tous degrés. C'est ainsi, pour ne prendre qu'un exemple, que l'Académie de Graz réunit une école supérieure de commerce, une école moyenne de garçons, une école moyenne de filles, une école de perfectionnement, des cours commerciaux pour les bacheliers (*Abiturientenkurse*) et des cours spéciaux.

Nous verrons plus loin, à propos des écoles à caractère d'Universités, ce qu'il faut entendre par *Abiturientenkurse*. Les cours spéciaux (*Spezialkurse*) ont une grande analogie avec nos cours du soir en ce sens qu'ils ne comportent pas l'obligation de l'assiduité, que leur enseignement n'est pas donné d'après un programme-type et qu'ils n'ont pas de sanction officielle. Ils sont institués à l'intention des adultes qui sont déjà dans la pratique : employés des maisons de

(1) Dlabac et Gelcich, p. 255.

(2) Dlabac et Gelcich, p. 370.

(3) Hassak, p. 16.

(4) Dlabac et Gelcich, p. 256.

(5) L'École supérieure pratique de commerce et d'industrie de Paris groupe cependant les établissements suivants : une école supérieure (2e cycle), une école moyenne (1er cycle), des cours d'adultes pour hommes, des cours d'adultes pour femmes et une école supérieure de navigation. L'École commerciale de Paris a une école moyenne, des cours d'adultes pour hommes, des cours d'adultes pour femmes et des cours spéciaux organisés pour les apprentis fourreurs.

banque, de commission, de transport, d'assurances, etc., etc. A Trieste et à Graz, des cours spéciaux de comptabilité sont organisés à l'usage des étudiants en droit.

465 jeunes gens suivaient, en 1910 ,les cours spéciaux annexés aux écoles supérieures de commerce (1).

Suivant qu'elles appartiennent à l'Etat ou qu'elles sont communales, les écoles supérieures de commerce ont un conseil d'administration différent. Dans le premier cas, il est choisi dans le monde des affaires. Dans le second cas, il se compose, sous la présidence du maire, des représentants de tous les groupements qui subventionnent l'école.

En 1909, les subventions se sont élevées à 607.921 couronnes, dont 295.000 provenant de l'Etat, 135.076 des provinces, 45.400 des Chambres de commerce, 70.098 des conseils communaux ou de cercles, 36.900 des caisses d'épargne, 10.400 des corporations commerciales et 15.050 de diverses autres sources.

IV

ÉCOLES AYANT LE CARACTÈRE D'UNIVERSITÉS

Si l'on entend, par Universités, des etablissements autonomes ne recevant que des élèves pourvus du diplôme de fin d'études secondaires, établissements qui élaborent librement les programmes de leur enseignement et s'administrent euxmêmes par le conseil des professeurs élisant leur doyen ou recteur, il est certain que l'Autriche n'a pas d'Universités commerciales.

Des efforts ont été récemment tentés pour en fonder une à Vienne. Mais les avis sont très partagés sur l'utilité de cette création.

Les partisans du projet déclarent qu'un tel établissement est indispensable pour la formation du personnel enseignant et que le titre de « docteur », qui serait celui des élèves de l'Université à leur sortie, ne pourrait que relever le prestige de la profession de commerçant. « A moins que le prestige du titre de docteur ne soit abaissé », répliquent les adversaires, qui font valoir que, pour le futur négociant, la pratique vaut mieux que la théorie et qu'il est désavantageux de prendre trop tard contact avec les réalités économiques. Ils ajoutent, d'ailleurs, que le besoin d'Universités commerciales ne se fait nullement sentir, en Autriche, les écoles supérieures suffisant amplement aux nécessités du monde des affaires (2).

Peut-être cette dernière appréciation procède-t-elle d'un optimisme exagéré, puisque, aussi bien, le sort des écoles supérieures ne paraît pas suffisamment indépendant des dispositions d'une loi militaire facilement modifiable et que, d'autre part, s'il n'existe pas d'Unniversités commerciales en Autriche, on y trouve des cours et des écoles dont le niveau d'enseignement est sensiblement supérieur à celui des Académies, cours et écoles qui ne laissent pas d'être en sérieuse faveur. Ce sont : les cours spéciaux organisés pour les bacheliers (*Abiturientenkurse*), l'Académie d'exportation du musée commercial autrichien de Vienne (*Exportakademie des k. k. österreichischen Handelsmuseum*) et la Fondation Revoltella (*Revoltella Stiftung*) autrement dite Ecole supérieure de commerce de Trieste. On pourrait peut-être ajouter à ces établissements l'Académie consu-

(1) Dlabac et Gelcich, p. 370-371.

(2) Dlabac et Gelcich, p. 256 et suivantes.

laire de Vienne (*Konsularakademie*) qui donne un enseignement économique assez étendu, à côté d'un programme juridique, historique et politique particulièrement développé.

Les cours commerciaux spéciaux institués dans les Académies sous le nom d'*Abiturientenkurse* sont réservés aux diplômés de l'enseignement secondaire. Ils sont obligatoires pour les candidats au professorat commercial issus des écoles secondaires.

Sur justification de leur fréquentation, leurs auditeurs sont dispensés de l'apprentissage et d'un an de pratique commerciale en vue de l'autorisation d'ouverture de certains commerces spéciaux (1).

Ces cours sont organisés d'après un règlement et un plan d'études uniformes. Leur enseignement, qui a une durée d'une année seulement, se répartit en matières obligatoires et en matières facultatives, conformément au tableau ci-après : (2)

<table>
<tr><th>*Matières obligatoires*</th><th>1er sem.</th><th>2e sem.</th></tr>
<tr><td>Arithmétique commerciale</td><td colspan="2">5</td></tr>
<tr><td>Commerce et change</td><td>3</td><td>1</td></tr>
<tr><td>Correspondance et travaux pratiques</td><td colspan="2">2</td></tr>
<tr><td>Comptabilité et bureau commercial</td><td>3</td><td>5</td></tr>
<tr><td>Droit commercial et industriel</td><td colspan="2">2</td></tr>
<tr><td>Economie politique</td><td colspan="2">2</td></tr>
<tr><td>Marchandises</td><td colspan="2">2</td></tr>
<tr><td>Géographie commerciale et statistique</td><td colspan="2">3</td></tr>
<tr><td>Arithmétique financière</td><td colspan="2">2</td></tr>
<tr><td></td><td colspan="2">24</td></tr>
<tr><td>*Matières facultatives*</td><td colspan="2"></td></tr>
<tr><td>Droit constitutionnel et administratif</td><td colspan="2">1</td></tr>
<tr><td>Travaux pratiques au laboratoire de marchandises</td><td colspan="2">2</td></tr>
<tr><td>Sténographie</td><td colspan="2">2</td></tr>
<tr><td>Calligraphie</td><td colspan="2">1</td></tr>
<tr><td>Langue d'enseignement (pour les auditeurs dont la langue maternelle n'est pas cette langue d'enseignement)</td><td colspan="2">3</td></tr>
<tr><td>2e langue nationale ou langue étrangère et correspondance dans cette langue</td><td colspan="2">4</td></tr>
</table>

La fréquentation des cours pour bacheliers a beaucoup progressé dans ces dernières années, sans que le privilège du volontariat soit pour rien dans l'engouement des auditeurs, qui tiennent déjà ce privilège de leur diplôme de maturité. Les cours sont suivis par de nombreux étudiants des facultés de droit, désireux d'acquérir des connaissances commerciales, en vue de leur future carrière. D'autre part, au lieu de passer par une Académie, beaucoup de jeunes gens préfèrent terminer leurs études secondaires, pour acquérir ensuite, plus rapidement, la théorie commerciale, dans un cours normal d'une année.

(1) Voir plus haut.

(2) Dlabac et Gelcich, p. 265.

Les cours spéciaux étaient suivis en 1910 dans les écoles de Vienne et de Prague par 137 bacheliers. Ce nombre s'est élevé, en dix ans, à 877 (1) pour les neuf écoles ouvertes à la rentrée de 1909-1910. L'Académie commerciale pour jeunes filles de Vienne entre dans ce dernier total pour 30 élèves et l'ancienne Académie de Vienne pour 432.

L'Académie d'Exportation, fondée à Vienne, en 1898, est le seul établissement d'enseignement commercial qui soit régi par le ministère du commerce, mais il est placé sous la surveillance et soumis à l'inspection du ministère de l'instruction publique.

L'*Exportakademie* comprend : a) une section générale d'une année; b) une Académie, et c) des cours spéciaux.

a) La *Section Générale* (*Allgemeine Abteilung*), qui correspond aux *Abiturientenkurse*, sert de cours préparatoire pour l'Académie proprement dite. Elle reçoit les bacheliers et les élèves des écoles supérieures d'industrie. On y enseigne : le français et l'anglais (de 4 à 6 heures par semaine); la géographie commerciale (2 heures); les marchandises (3 heures); l'économie politique (3 heures); le droit commercial (3 heures); l'arithmétique commerciale (4 heures); les travaux pratiques et la correspondance (4 heures pendant le premier semestre et 3 heures pendant le deuxième); la comptabilité (3 heures pendant le premier semestre et 4 heures pendant le deuxième); la sténographie (2 heures).

Un certificat peut être délivré aux élèves à la suite d'un examen de fin d'année.

b) *L'Académie proprement dite* (*Exportakademie*) se recrute, après examen, parmi les auditeurs de la section générale, les anciens élèves des écoles supérieures et les bacheliers de l'enseignement secondaire; sans examen, parmi les candidats ayant suivi les *Abiturientenkurse*, ou munis d'un diplôme de sortie d'une académie de commerce.

Son programme, qui comporte des cours spéciaux (*Seminarien*) pour les candidats au professorat, se répartit sur deux années d'études ou, plus exactement, sur quatre semestres, l'unité de temps dans les écoles allemandes et autrichiennes étant le semestre et non l'année (2).

Matières obligatoires	I		II	
	1er sem.	2e sem.	1er sem.	2e sem.
I. — Langues.				
a) Français (3)	4 à 6 (4)	4 à 6 (4)	4	4
b) Anglais (3)	4 à 7 (4)	4 à 6 (4)	4	4
c) Italien, espagnol ou portugais, alternativement	»	»	6	6

(1) Dlabac et Gelcich, p. 369 et tableau des deux pages suivantes.

(2) Dlabac et Gelcich, p. 300.

(3) Comportant la correspondance commerciale.

(4) 6 ou 7 heures pour les auditeurs qui ont des connaissances insuffisantes en français ou en anglais; 4 pour les autres.

	II		I	
	1er sem.	2e sem.	1er sem.	2e sem.
II. — Cours spéciaux pour le professorat (*Seminarien*).				
a) Séminaire administratif	5	5	2	4
b) Séminaire commercial :				
Commerce international et géographie commerciale	5	6	6	6
Marchandises	4	4	4	4
c) Séminaire juridique :				
Droit civil et droit commercial	2	3	2	1
Législation des effets de commerce	2	»	»	»
III. — Bureau commercial (*Musterkontor*)	3	3	3	3
IV. — Cours.				
Droit constitutionnel et administratif. Statistique	2	2	»	»
Marine et droit maritime	2	2	3	»
Procédure en Autriche et à l'étranger	»	»	1	»
Transports et tarifs	»	»	2	2
Assurances	»	1	»	»

Cours facultatifs : Histoire économique, langue russe, hygiène, sténographie, calligraphie, dactylographie.

A la sortie, a lieu un examen d'état à la suite duquel peuvent être délivrés des diplômes portant une des mentions suivantes : suffisant, bien ou excellent.

c) Depuis quelques années, il a été créé à l'Académie d'exportation, une série de cours spéciaux (*Spezialkurse*), parmi lesquels on peut citer un cours de commerce pour étudiants en droit, des cours de banque, de procédure, des conférences sur l'histoire économique, la marine, le droit maritime, les transports, les tarifs, les branches spéciales de la technologie, la sténographie anglaise et française, les langues étrangères (italien, russe), l'hygiène, la calligraphie, la dactylographie, etc., etc.

Les rétributions de l'Académie d'exportation sont fixées de la façon suivante: pour la section générale, droit d'inscription de 20 couronnes et 5 couronnes par semestre, par cours hebdomadaire; pour l'Académie proprement dite, 150 couronnes par semestre; pour les cours spéciaux, 6 couronnes par semestre, par cours hebdomadaire.

L'Académie d'exportation a été fréquentée, en 1910, par 358 élèves (1), dont 236 à la section générale, 65 en première année, 36 en 2e année et 21 candidats au professorat (2).

Il n'y a pas de limite d'âge pour suivre les cours; sur les 358 élèves de 1910, 246 avaient moins de 21 ans, 95 avaient de 21 à 25 ans, 10 de 25 à 30 ans et 7 au-dessus de 30 ans.

Au point de vue de leur origine scolaire, 150 sortaient des gymnases, 114 des realschulen, 56 des académies ou des *Abiturientenkurse* et 10 d'autres écoles; 28 étaient étrangers.

(1) Dlabac et Gelcich, p. 280 à 282.
(2) Voir plus loin, à la formation du personnel enseignant.

En 1909, les cours spéciaux de l'Académie d'exportation comptaient 738 auditeurs (1).

Fondée à Trieste en 1875, l'*Ecole Revoltella* a longtemps végété, en raison de l'insuffisance de ses ressources et aussi parce que la langue italienne y est obligatoire, ce qui restreint sensiblement le recrutement. Mais l'Etat s'y intéressa en 1906, à la suite d'une inspection et il lui accorda une subvention de 15.000 couronnes, les locaux étant concédés gratuitement par la municipalité.

L'Ecole Revoltella a les mêmes conditions d'admission que l'*Exportakademie* de Vienne. Son enseignement est reparti sur deux années d'études (2).

	I	II
Economie politique	3	3
Statistique théorique	1	»
Contrats commerciaux	»	1
Science financière	»	1
Droit civil, commercial, industriel, maritime. Législation de la faillite ; institutions commerciales	4	»
Droit public	»	2
Géographie et statistique	2	2
Histoire du commerce	»	2
Marchandises et technologie	3	3
Commerce	2	2
Arithmétique commerciale et financière	2	3
Comptabilité et correspondance commerciale	2	3
Langue et littérature italienne	3	2
— — allemande	3	3
— — anglaise	4	3
— — française	4	3
Sténographie	2	2

Un diplôme de licence (*diploma di licenza* ou *Lizenzprüfung*) est délivré aux élèves qui satisfont aux examens de sortie.

Depuis quelques années, les effectifs de l'Ecole vont en constante progression : Ils sont passés de 9 élèves en 1900 à 46 en 1909 (3).

(*A suivre*) Paul Anglès.

QUESTIONS SCOLAIRES

QUESTIONNAIRE DE COMPTABILITÉ (4)

V. — Inventaire et bilan.

172. *Qu'est-ce que l'inventaire?*

L'inventaire est un état contenant le dénombrement et l'évaluation des divers éléments qui composent l'actif et le passif d'une entreprise.

(1) Dlabac et Gelcich, p. 369.
(2) Dlabac et Gelcich, p. 307.
(3) Dlabac et Gelcich, p. 369.
(4) Voir *Revue de l'Enseignement technique*, n° 8, p. 357.

173. *Qu'appelez-vous actif et passif?*

L'actif, c'est tout ce que l'entreprise possède en valeurs et en créances; le passif, tout ce qu'elle doit.

174. *N'y a-t-il pas plusieurs espèces de passif?*

On distingue : *a*) le passif proprement dit composé des sommes dues aux tiers étrangers à l'entreprise; *b*) le passif dû au propriétaire de l'entreprise (capital initial, bénéfices différés, bénéfices de l'exercice).

175. *Pourquoi cette distinction?*

Parce que, en cas de liquidation, les tiers seraient d'abord désintéressés au moyen de l'actif existant; le surplus seulement, s'il y en avait, reviendrait au propriétaire de l'entreprise.

176. *Le passif dû aux tiers ne comporte-t-il pas lui-même diverses catégories?*

On distingue : *a*) le passif privilégie qui doit être payé, par préférence aux autres dettes, soit sur l'ensemble de l'actif, soit sur le prix de vente de cer-les immeubles ; *c*) le passif gagé sur certains meubles ; *d*) le passif chirographaire, auquel ne s'attache pas de garantie particulière.
particulière.

A un autre point de vue, on peut distinguer : *a*) le passif à long terme; *b*) le passif à court terme comportant échéance; *c*) le passif sans échéance; *d*) le passif immédiatement exigible.

177. *La comptabilité fait-elle apparaître toutes ces distinctions?*

En principe, non, car ce serait trop compliqué. Mais la division des écritures doit être faite de manière à permettre la création facile de ces divers groupes si on veut les constituer hors livres.

178. *Y a-t-il plusieurs espèces d'actif?*

Il y a les valeurs indisponibles, les valeurs immédiatement disponibles et les valeurs susceptibles d'être réalisées au cours de l'entreprise : notamment les stocks de matière, de marchandises finies ou en cours de travail, et les créances.

On peut diviser les créances de la façon indiquée à propos des dettes.

179. *Outre les éléments qui précèdent, l'actif ne renferme-t-il point parfois d'autres sommes?*

On y voit souvent figurer, à titre provisoire, les pertes ou frais exceptionnels qui devront être répartis sur plusieurs exercices; ou encore des dépenses imputables à l'exercice suivant.

180. *Qu'est-ce que le bilan?*

C'est un résumé synoptique de l'inventaire qui présente, en regard l'un de l'autre, l'actif et le passif à la date considérée.

181. *N'est-ce point là l'état de situation auquel une allusion a déjà été faite?*

En effet, le bilan n'est autre chose que la réunion des colonnes de soldes de la balance. La colonne des soldes débiteurs constitue l'actif et celle des soldes créditeurs, le passif.

182. *Mais alors, l'inventaire est donc inutile quand on tient par ailleurs une comptabilité aboutissant à des balances périodiques?*

Nullement. L'inventaire par dénombrement direct des existants est indispensable parce que c'est le seul moyen de contrôler la véracité des renseignements fournis par les écritures.

183. *Ne pourrait-on pas se contenter de l'inventaire et supprimer la comptabilité ?*

C'est impossible pour les raisons suivantes :

a) L'inventaire ne peut être fait chaque jour;

b) Il indique les résultats, mais ne les explique pas;

c) Les erreurs matérielles commises dans l'inventaire passeraient le plus souvent inaperçues sans le concours de la comptabilité.

184. *Que concluez-vous de ce qui précède?*

Que la comptabilité d'une part et l'inventaire périodique de l'autre, se complètent et se contrôlent réciproquement; ils doivent donc coexister.

185. *L'inventaire doit-il être périodique?*

On doit le faire au moins une fois par an (Code Commerce, article 9). Ceci n'empêche pas d'opérer de temps à autre des recolements partiels pour vérifier tel ou tel point déterminé.

186. *A quelle époque fait-on l'inventaire?*

On choisit habituellement l'époque de l'année où les transactions se ralentissent; cette époque diffère suivant la nature des entreprises.

187. *Comment fait-on l'inventaire des immeubles?*

On en dresse la liste à l'aide des titres de propriété : on s'assure au besoin sur place qu'ils n'ont été l'objet d'aucune emprise de la part des voisins. Si l'on a fait faire des travaux, édifier des constructions, on en reconstitue le coût avec les mémoires d'entrepreneurs, après avoir soigneusement extrait de ces mémoires les dépenses d'entretien qu'ils pourraient contenir.

188. *A quoi reconnaît-on les dépenses d'entretien?*

A ce qu'elles ont pour objet de remplacer une chose existant déjà ou de maintenir cette chose en bon état de service.

189. *Comment fait-on l'inventaire du matériel?*

En s'assurant, *de visu*, que tous les objets dont il se compose existent et sont en bon état de service.

190. *Quelle est, à cet égard, la méthode à suivre ?*

Il faut tenir deux registres l'un pour l'entrée, l'autre pour la sortie. Chaque objet acquis ou fabriqué reçoit un numéro d'ordre qui est apposé sur cet objet lui-même d'une manière bien apparente. Le registre mentionne le numéro, la date d'acquisition, la description de l'objet, le nom du fournisseur, le prix payé, la référence aux écritures comptables. Les sorties d'objets vendus, détruits, réformés, sont enregistrées sur l'autre livre.

En outre, on établit un jeu de fiches à raison d'une fiche par numéro; les fiches contiennent tous les renseignements qui précèdent et sont rangées par ordre topographique, alphabétique, numérique, ou méthodique, selon ce qui paraît le plus commode.

Pour faire l'inventaire, on relève le contenu des fiches et l'on va ensuite s'assurer sur place que l'état ainsi constitué répond à la réalité. Les observations et rectifications, inscrites dans une colonne *ad hoc*, permettent de rectifier les erreurs qui auraient pu être commises.

191. *Est-il d'usage courant que l'inventaire des immeubles et du matériel soient ainsi faits?*

Actuellement, les entreprises dans lesquelles on procède ainsi constituent l'exception. C'est d'ailleurs un tort; dans la grande industrie, notamment, où ces éléments d'actif figurent un bilan pour plusieurs centaines de mille francs, on ne saurait sans danger prendre comme bons, sans les vérifier, les chiffres résultant des écritures.

192. *Quelle précaution faut-il prendre en faisant l'inventaire du matériel?*

On doit éviter d'y comprendre les objets immeubles par destination, fixés à perpétuelle demeure, tels que transmissions, canalisations, voies ferrées; ou du moins, ces objets doivent être énoncés dans un chapitre distinct. Ceci présente en effet un intérêt au point de vue des amortissements. Une brouette peut servir partout; des tuyaux de vapeur ne sont guère utilisables que comme vieux métaux en dehors de l'endroit où on les a installés.

Il va sans dire que les écritures tiennent compte de cette distinction si elles sont bien organisées.

193. *Comment fait-on l'inventaire des marchandises?*

S'il existe une comptabilité de magasin, on compare les existants réels avec ceux qui résultent des écritures et l'on prend note des différences.

S'il n'en existe pas, on se borne à relever sur place les quantités de chaque espèce.

194. *Quelles précautions spéciales faut-il prendre?*

Le relevé a lieu, d'ordinaire, par ordre topographique; mais dans chaque feuille il faut établir des subdivisions permettant la reconstitution du classement général par catégorie de marchandises (matières premières, approvisionnements, produits finis, etc.).

Deux personnes coopèrent habituellement à ce travail; l'une appelle les quantités; l'autre écrit. La présence d'un contrôleur circulant dans les locaux pour surveiller le travail est une garantie supplémentaire utile.

On fait arrêter et signer la minute par ceux qui l'ont établie. Toutes les minutes, écrites sur du papier de même format, sont réunies en un dossier.

Viennent ensuite l'application des prix et les tirages, pour lesquels l'emploi d'une machine à calculer est particulièrement recommandable; enfin le groupement final des chiffres qui doit être en harmonie avec les divisions de la comptabilité.

Comme l'inventaire dure habituellement plusieurs jours, on aura soin d'omettre les livraisons reçues des fournisseurs pour factures postérieures à sa date, les expéditions préparées et déjà débitées aux clients; par contre, on y comprendra les marchandises créditées aux fournisseurs avant inventaire et qui, pour un motif quelconque, ne seraient entrées en magasin que plus tard. Ce dernier cas, dans une maison bien tenue, est d'ailleurs des plus rares, aucun fournisseur n'étant en principe crédité avant reconnaissance de la marchandise.

On tiendra également compte des marchandises déposées chez les tiers, et on omettra celles que l'entreprise ne détiendrait qu'à titre de simple dépôt.

195. *Comment fait-on l'inventaire de la caisse?*

Cet inventaire, qui doit avoir lieu très fréquemment à raison de sa facilité, consiste dans l'énumération et la totalisation des diverses espèces de monnaie existantes; c'est ce qu'on appelle le *bordereau de caisse*. Ce bordereau ne doit comprendre, contrairement à ce qui a lieu quelquefois, aucune fiche représentant des recettes ou dépenses en suspens; tout doit être écrituré pour ramener le solde au montant réel de l'existant en numéraire.

196. *Comment fait-on l'inventaire du portefeuille?*

En dressant un état, par échéance, des effets qu'il contient. Le total doit être égal au solde débiteur du compte Effets à recevoir ; les erreurs, s'il en existe, sont recherchées au moyen du pointage des deux livres d'entrée et de sortie.

197. *Comment fait-on l'inventaire des créances autres que les effets à recevoir, et des dettes?*

En effectuant le relevé des soldes des comptes individuels. Ceux-ci sont rapprochés des extraits de comptes ou relevés fournis par les tiers.

Les créances d'un recouvrement douteux ou impossible sont relevées à part.

On relève également les sommes non émargées du journal partiel d'Effets à payer; le total doit cadrer avec le solde créditeur du compte Effets à payer.

Enfin, tout ce qui aurait été payé d'avance et tout ce qui serait encore dû sur les dépenses de l'exercice doit également faire l'objet d'un relevé.

198. *Quand les relevés d'inventaire sont achevés, que fait-on ?*

On met les écritures en concordance avec leur conteau; à cet effet on passe les débits et crédits nécessaires.

Ceci suppose, bien entendu, qu'une balance préalable est venue attester l'exactitude arithmétique des écritures.

(*A suivre*) GABRIEL FAURE.

TRAVAUX D'ATELIER

Exercices de filetage

Faire précéder ces exercices de la série de leçons suivantes :

1° Du tour à fileter { Description sommaire; Montage des roues;
2° Outils et porte-outils à fileter;
3° Calibres de filetage;
4° Profil des vis à filets triangulaires.

Exemple d'une leçon.

Outils à fileter

ANGLE DE COUPE. — Les outils à fileter sont construits sans angle de dégagement. Leur angle de coupe est généralement de 80° (fig. 1).

PROFIL. — Leur profil varie avec la forme du filet à exécuter. Celui des outils, pour vis à filet triangulaire, est vérifié à l'aide de calibres spéciaux (fig. 2 et 3).

DÉPOUILLE. — La figure 4 montre clairement que, pour ne pas talonner, les outils doivent être dépouillés latéralement. Cette dépouille varie avec le pas de la vis. Si l'outil était dépouillé, comme l'indique la figure 5, la puissance de l'outil serait considérablement diminuée.

Pour remédier à cet inconvénient, on donne aux faces latérales une inclinaison approchant de celle de la vis à exécuter (fig. 6).

REMARQUE. — En creusant avec l'outil incliné, comme l'indique la figure 6, une vis à filet carré d'un pas allongé, on obtient un fond de filet courbe (fig. 7). On obtiendra un fond de filet droit, en conservant à l'arête de coupe de l'outil une direction parallèle à l'axe de la vis (fig. 8).

On utilisera un outil de cette forme *pour terminer les travaux.*

Forgeage. — On emploie, pour forger les outils, des aciers carrés, ronds ou plats.

L'acier rond est préférable : il facilite l'inclinaison de l'outil. On le monte sur le tour à l'aide de cales en V (fig. 9).

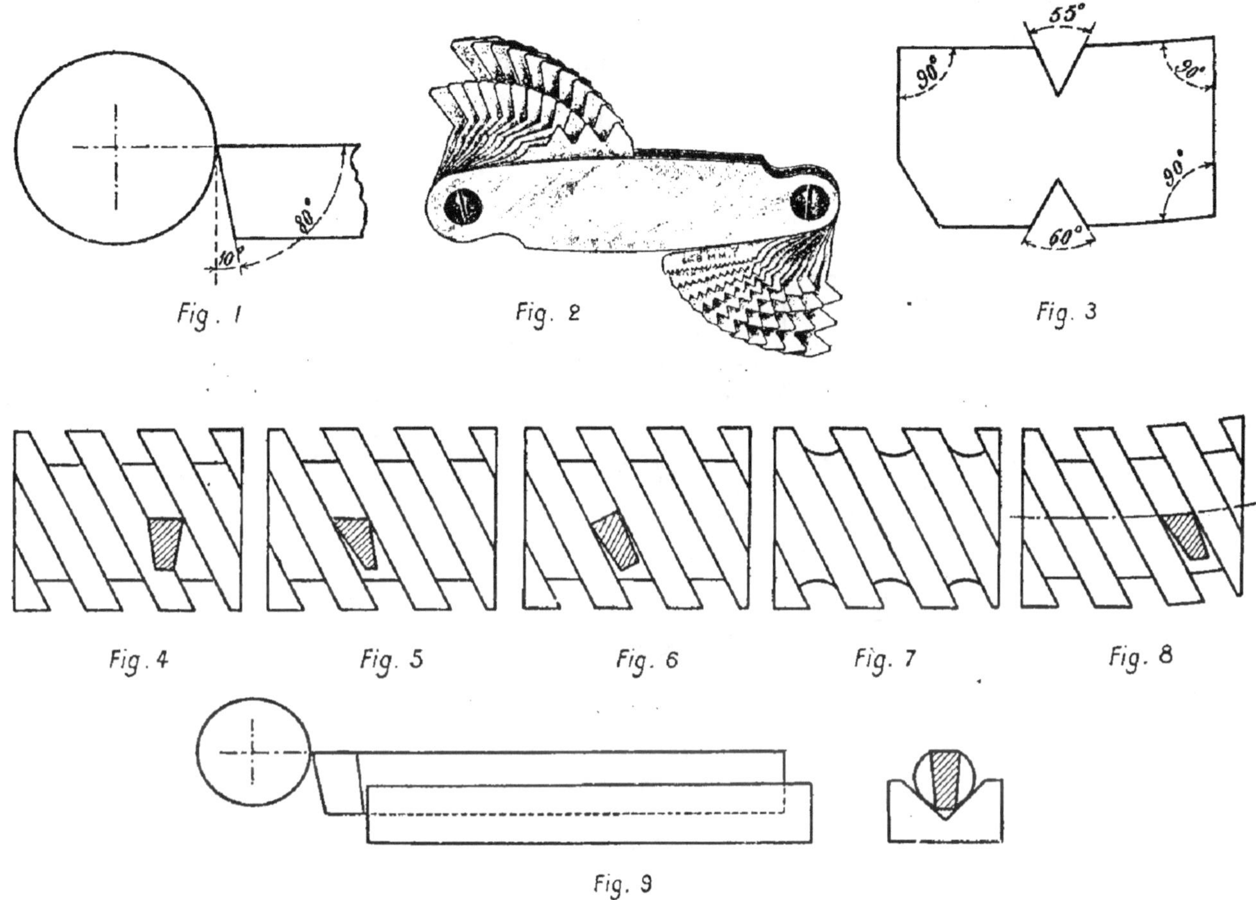

Fig. 1 Fig. 2 Fig. 3

Fig. 4 Fig. 5 Fig. 6 Fig. 7 Fig. 8

Fig. 9

PREMIER EXERCICE

Forme du filet : système français ; *Matière à employer :* acier rond de 32 m/m ; *Poids de la pièce brute:* 1 kgr. 250; *temps accordé:* 2 heures; *valeur du travail:* 0 franc 60.

BUT

Apprendre à faire une vis dont le pas est un sous-multiple ou un nombre égal au pas de la vis-mère.

EXÉCUTION

1° Faire un cylindre de 30mm de diamètre et de 200mm de longueur ;

2° Déterminer la cote *n*, qui doit être égale au noyau de la vis et tourner les portées (fig. 10);

3° Monter les roues nécessaires pour exécuter un pas de 3, 4 ou 5mm, suivant que la vis-mère sera au pas de 6, 8 ou 10mm ;

4° Placer l'outil de façon que son axe *soit bien perpendiculaire à la génératrice du cylindre ;* pour cela, employer un calibre, comme l'indique la figure 11;

5° Creuser le filet, par passes successives de faible profondeur, en débrayant l'écrou de la vis-mère après chaque passe et en ramenant le traînard à l'arrière, sans arrêter la marche du tour.

Condition nécessaire et suffisante pour débrayer l'écrou après chaque passe : Il faut que le pas à faire soit un sous-multiple ou un nombre égal au pas de la vis-mère.

Nota. — Vérifier le travail à l'aide d'un écrou-calibre.

LEÇON

Des écrous-calibres.

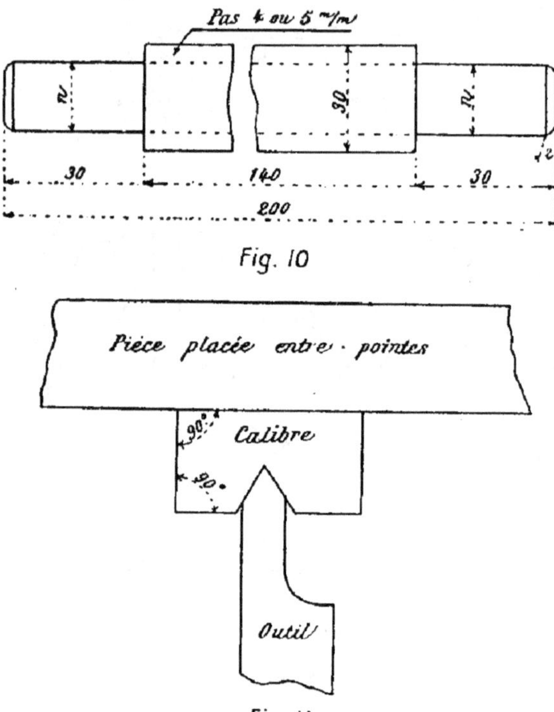

Fig. 10

Fig. 11

DEUXIÈME EXERCICE

Filet-carré (fig. 12).

Matière à employer : fer rond de 32 m/m et de 202 m/m de longueur ; *poids de la pièce brute :* 0 kg. 600 ; *temps accordé :* 2 heures ; *valeur du travail:* 0 franc 60.

BUT ET EXÉCUTION

Les mêmes que précédemment.

Remarques. — I. Prendre comme pas un sous-multiple du pas de la vis-mère (4 ou 5mm).

II. Le diamètre *n* du noyau est égal au diamètre de la vis, moins le pas (fig. 13).

III. Pour remettre un outil en place, procéder comme il suit :

1° Embrayer la vis-mère ;

2° Faire avancer l'outil, en manœuvrant le chariot supérieur, jusqu'au moment où il correspond exactement avec le filet déjà creusé.

LEÇONS

1° *Porte-outils à fileter.*

2° *Avantages qu'ils présentent sur les outils à fileter :* Réglage facile et rapide, — Le profil n'est pas déformé à l'affûtage. — Affûtage facile.

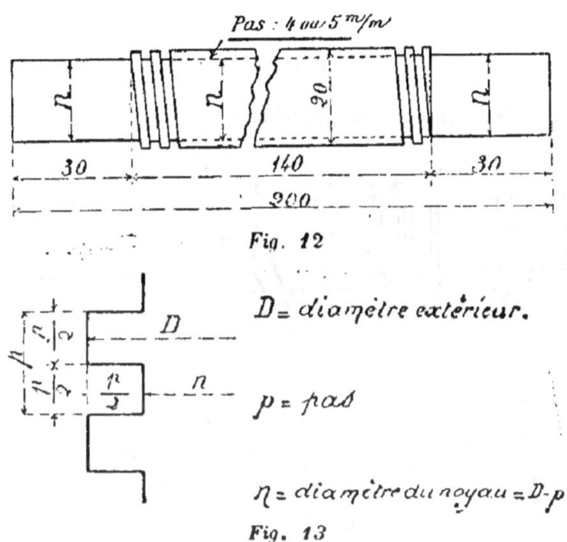

Fig. 12

Fig. 13

TROISIÈME EXERCICE

Filet trapézoïdal (fig. 14).

Poids de la pièce brute (
Matière à employer (à déterminer par calcul.

Temps accordé : 2 heures; *valeur du travail* : 0 fr. 60.

BUT

Apprendre à déterminer les éléments d'une vis, connaissant l'effort qu'elle doit supporter.

EXÉCUTION

1° Déterminer le diamètre de la vis, son noyau et son pas, connaissant l'effort qu'elle doit supporter. Pour cela, appliquer les formules :

$$n = 0,5\sqrt{P},$$

$$h = \frac{n}{8},$$

$$D = n + 2h,$$

$$p = \frac{3}{4}h,$$

dans lesquelles :

n représente le noyau de la vis (fig. 15);

D le diamètre de la vis;

h la hauteur du filet;

P l'effort que la vis doit supporter;

p le pas à faire.

Ces différents éléments seront déterminés pour des efforts de 2304 et de 3.600 kg.

2° Exécuter, comme il a été indiqué pour le 1er filetage, la vis dont le pas sera un sous-multiple du pas de la vis-mère. La forme de l'outil est indiquée par la figure 16.

LEÇONS

Principaux usages des vis à filets trapézoïdaux.

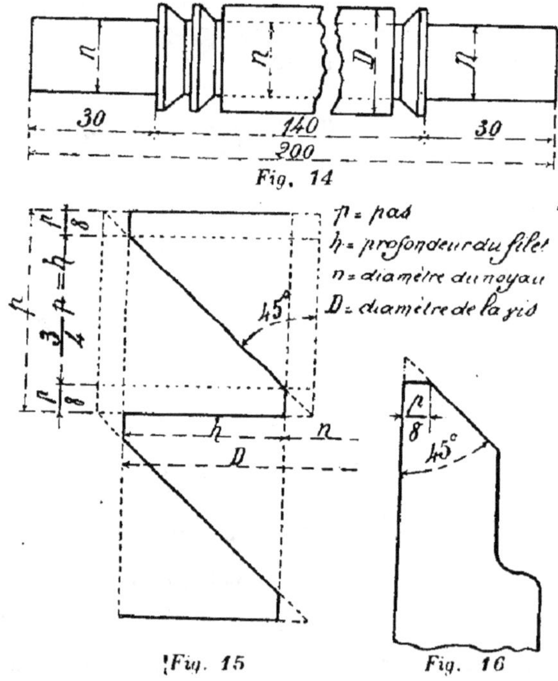

Fig. 14

Fig. 15

Fig. 16

QUATRIÈME EXERCICE

Filet rond

Matière à employer : Fer rond de 32 m/m et de 202 cm de longueur; *poids de la pièce brute :* 1 kg. 250; *temps accordé :* 3 heures; *valeur du travail :* 0 fr. 90.

BUT ET EXÉCUTION

Les mêmes que pour les filetages 1 et 2.

Nota. — Le profil des vis à filets ronds est composé par une série de demi-cercles ayant leur centre sur deux parallèles, distantes entres de 1/10e du pas (fig. 18).

LEÇONS

1° *Usages des vis à filets ronds.*
2° *Porte-outils à fileter à disque.*

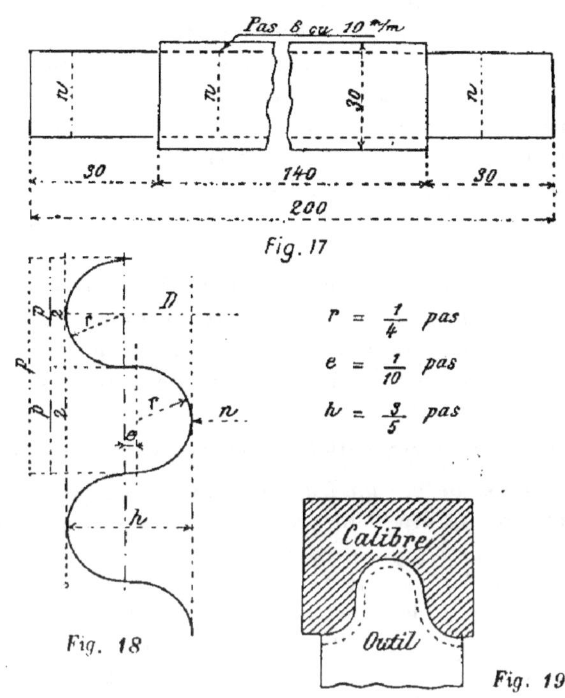

Fig. 17

Fig. 18

Fig. 19

A. Romain,
Chef des travaux à l'Ecole pratique de Commerce et d'Industrie de Roubaix.

DOCUMENTS ET INFORMATIONS

Examens et concours. — *Bourses commerciales de séjour à l'étranger.* — Nous avons annoncé dans un précédent numéro que le Ministère du Commerce et de l'Industrie avait fixé au 9 et 10 octobre la date des épreuves écrites du concours pour l'attribution de ces bourses dont le nombre a été fixé à trois.

Ces bourses sont attribuées, *pour une année*, et peuvent être renouvelées pour une deuxième année par décision ministérielle. Leur valeur est fixée à 3.000 francs pour la première année et à 2400 francs pour la seconde ; les frais de voyage restent à la charge des intéressés ; toutefois, des allocations spéciales destinées à couvrir une partie de ces frais à l'aller peuvent être accordées aux titulaires de bourses qui se rendent à une résidence éloignée. La quotité en est fixée sur la proposition de la Commission d'examen par la décision allouant la bourse.

Ces bourses sont réservées aux jeunes gens *libérés de tout service militaire actif, âgés de 21 ans au moins et de 30 ans au plus au 1er juillet de l'année du concours*, qui désirent aller s'établir *hors d'Europe*, dans une *colonie française sauf l'Algérie*, ou en *Russie*.

Toutefois, les jeunes gens âgés de 20 ans au moins au 1er octobre de l'année du concours pourront prendre part aux épreuves prévues par l'article 4 ; mais il ne pourra leur être attribué de bourses que lorsqu'ils rempliront les conditions spécifiées à l'alinéa précédent.

Peuvent être admis à prendre part au concours :

1° les jeunes gens titulaires du diplôme de fin d'études d'une école supérieure de commerce reconnue par l'État ;

2° les titulaires du certificat d'études pratiques commerciales, du diplôme de fin d'études de l'école commerciale de Paris ou du diplôme ou certificat d'études de la division préparatoire de l'Institut commercial, s'ils justifient s'être initiés à la pratique des affaires pendant 2 ans au moins, dans le commerce ou l'industrie ;

3° les titulaires du diplôme de bachelier, du certificat d'études supérieures ou d'un certificat établissant qu'ils ont suivi pendant 2 ans au moins les cours commerciaux d'une association recevant des encouragements ou des récompenses du Ministère du Commerce, s'ils justifient de 5 années de pratique au moins dans le commerce ou l'industrie.

Le concours comprend des épreuves écrites et des épreuves orales.

Bourses industrielles de voyage à l'Etranger. — Ces bourses pour l'attribution desquelles un concours aura lieu, ainsi que nous l'avons annoncé, le 16 octobre 1911, sont accordées pour un an et peuvent être renouvelées. Leur valeur varie de 1500 à 3000 francs, suivant l'importance et la durée du voyage.

Pour être admis à prendre part au concours, les candidats doivent justifier qu'ils auront 21 ans au moins et 30 ans au plus au moment des épreuves, qu'ils sont en règle avec l'autorité militaire et qu'ils sont munis du diplôme de fin d'études d'une école publique relevant du Ministère du Commerce ou d'une école libre subventionnée ou reconnue par lui.

Bourses de séjour à l'Etranger en faveur des élèves diplômés des écoles dépendant des chambres de Commerce et de l'Institut Commercial. — La Société d'encouragement pour le commerce français d'exportation, a créé, à titre d'essai, des bourses de séjour à l'Etranger d'une valeur de 2.000 francs et d'une durée de un an en faveur des jeunes gens dont il s'agit. Pour 1911, les bourses seront au nombre de six (2 en Angleterre, 2 en Allemagne, 2 en Espagne) et les examens auront lieu à la fin de juillet.

Peuvent seuls être admis à se présenter les jeunes gens diplômés de nationalité française qui appartiennent aux cinq dernières promotions des Ecoles (1907, 1908, 1909, 1910 et 1911). Les élèves qui terminent leurs études en 1911 peuvent s'inscrire provisoirement, sauf à justifier, au moment de l'examen, qu'ils possèdent le diplôme exigé.

L'examen comprend :

1° Une épreuve écrite et orale d'anglais, d'allemand ou d'espagnol ;

2° Une interrogation sur la géographie économique du pays correspondant (rappel de la géographie physique et politique, ressources agricoles et industrielles, moyens de communication, importations et exportations, particulièrement au point de vue français, notions sur les monnaies, le change, le crédit, sur le droit international concernant les rapports de la France avec ce pays).

Pour l'attribution des bourses, la Société d'Encouragement se réserve de tenir compte non seulement des notes obtenues à l'examen par chaque candidat,

nir compte non seulement des notes obtenues à l'examen pour chaque candidat,

son séjour à l'étranger et, en particulier, de la situation de fortune de sa famille.

Le candidat choisi devra prendre l'engagement de se soumettre aux règles établies par la Société pour recevoir régulièrement ses mensualités, et justifier de son séjour continu à l'étranger; de fixer sa résidence dans la ville qui lui sera désignée ou qu'il aura fait agréer ; de partir à l'époque qui lui sera indiquée ; de se placer comme employé appointé ou non dans une maison de commerce ; enfin, d'adresser à la Société d'encouragement des communications fréquentes, et, dans le dernier mois de son séjour, un rapport général rédigé dans la langue du pays où il aura résidé.

Prix offerts aux élèves des écoles de commerce pour leur faire visiter les grandes villes commerciales et industrielles. — La Société d'Encouragement pour le commerce français d'exportation a créé, à titre d'essai, des prix qui seront offerts à des élèves des Ecoles de commerce pour leur faire visiter les ports et grandes villes commerciales ou industrielles de la France et des pays voisins.

Les bénéficiaires de ces prix voyageront ensemble sous la direction d'une personne désignée par la Société d'Encouragement; celle-ci prend à sa charge tous leurs frais de voyage (transport, nourriture et logement), depuis leur départ de Paris jusqu'à leur retour à Paris, mais le trajet, aller et retour, de leur résidence à Paris, reste à la charge des intéresés.

En 1911, le voyage aura pour but la visite d'Anvers, Rotterdam, La Haye, Amsterdam, Hambourg, Brême, Cologne et Liège. Il durera douze jours et aura lieu au commencement du mois d'août à une date qui sera ultérieurement fixée.

Le nombre des prix offerts par la Société d'Encouragement est de 13, savoir : un à chacune des Ecoles de commerce de Bordeaux, Dijon, Le Havre, Lille, Lyon, Marseille, Montpellier, Nancy, Nantes, Rouen, Toulouse, et deux à l'Ecole supérieure pratique de commerce et d'industrie de Paris.

La Société d'Encouragment laisse à chaque Ecole la faculté de déterminer les conditions dans lesquelles seront attribués ces prix. Toutefois, les bénéficiaires devront être Français, âgés de plus de seize ans et, autant que possible, avoir au moins des notions d'allemand. Ils seront choisis parmi les élèves qui terminent l'avant-dernière année de leurs études.

Les directeurs des Ecoles intéressées feront connaître à la Société d'Encouragement, avant le 14 juillet, le nom et l'adresse du bénéficiaire du prix. Ils auront à lui faire parvenir en même temps une autorisation du chef de sa famille et une déclaration par laquelle celui-ci dégagera la Société d'Encouragement de toute responsabilité résultant des accidents d'une nature quelconque qui pourraient lui survenir au cours du voyage. Cette pièce, établie d'après une formule qui sera indiquée par la Société d'Encouragement, devra être visée par le directeur de l'Ecole.

Les bénéficiaires de prix seront avisés individuellement de la date du départ. Pendant toute la durée du voyage, ils devront se conformer aux instructions que leur donnera le chef de l'excursion et rester constamment sous sa direction. En outre, ils auront à adresser à la Société d'Encouragement, avant le 1er octobre, un rapport succinct faisant ressortir ce qui, au point de vue de la géographie économique, les aura particulièrement frappés pendant leur voyage.

Commissions. — *La Commission permanente du Conseil supérieur de l'Enseignement technique* s'est réunie les 23 et 24 mai dernier au Ministère du Commerce et de l'Industrie.

Elle s'est occupée de la répartition des subventions aux œuvres d'enseignement professionnel, des projets d'agrandissement d'un certain nombre d'écoles pratiques, de création d'une école pratique de garçons dans le département de la Savoie, de la nomination de professeurs d'écoles pratiques par application de l'article 8 du décret du 22 février 1893, enfin de la titularisation de maîtres de ces établissements comptant au moins une année de stage.

Organisation de l'enseignement professionnel en Algérie. — Nous avons annoncé qu'une Commission avait été désignée pour étudier cette organisation. Le programme de M. Painlevé, qui en est le président, a été récemment publié. Il propose d'organiser quatre sections dans l'enseignement professionnel : 1° viticulture; 2° agriculture et élevage; 3° mines; 4° mécanique appliquée.

« Ce que l'Algérie réclame avant tout, dit M. Painlevé, ce sont de nombreux contremaîtres, ingénieurs, sous-ingénieurs, chimistes, capables de faire face aux difficultés d'une exploitation agricole ou minière. Je crois donc que l'œuvre la plus urgente consiste à organiser sous une forme modeste, mais très pratique, ce double enseignement agricole et minier complété par un enseignement sommaire de mécanique appliquée. »

Ecole centrale des arts et manufactures. — Par décision du 23 mai 1911, la chaire de technologie industrielle à l'Ecole centrale des arts et manufactures est supprimée.

Comme conséquence de cette suppression, l'étude du blanchiment, de la teinture et de l'impression est rattachée au cours d'applications industrielles de la chimie organique.

L'étude de la verrerie et de la céramique est rattachée au cours d'applications industrielles de la chimie minérale.

Il est créé, en outre, une chaire spéciale se rattachant à l'étude de la métallurgie des métaux autres que le fer et à l'examen du travail de ces métaux et des alliages.

Cette chaire prend le nom de « chaire de métallurgie des métaux autres que le fer ».

D'autre part, la chaire de compléments de métallurgie est déclarée vacante ; cette chaire s'intitulera désormais « chaire de métallurgie générale » et se rapportera à l'étude des procédés généraux et des appareils des industries métallurgiques et des industries du feu.

Il est créé un emploi de répétiteur du cours de métallurgie des métaux autres que le fer et un emploi de répétiteur du cours de métallurgie générale.

Les candidats aux deux chaires susvisées, ainsi qu'aux emplois de répétiteur qui y sont adjoints, devront adresser leur demande, accompagnée de leurs titres, à la direction de l'Ecole centrale, 1, rue Montgolfier.

Conseil de l'école. — Sont nommés membres du Conseil de l'école centrale des arts et manufactures, pour une période qui expirera le 1er décembre 1916, en remplacement de MM. Noël, Appert, Griolet, Liébaut et Wogué :

MM. Claveille, ingénieur en chef des Ponts et Chaussées, directeur des Chemins de fer de l'Etat;

Bouchayer (Hippolyte), ingénieur des arts et manufectures, administrateur de la Société des forces motrices et usines de l'Arve ;

Manaut, ingénieur des arts et manunfactures, député;

Casevitz (Henri), ingénieur des arts et manufactures;

Roger (Paul), ingénieur des arts et manufactures.

Est nommé membre du même Conseil, en remplacement de M. Bernheim, décédé, M. Anthoine, ingénieur des arts et manufactures, directeur honoraire au Ministère de l'Intérieur.

La Chambre de Métiers de la Haute-Vienne. — Nous avons déjà entretenu nos lecteurs de l'intelligente initiative prise par la Chambre de Commerce de Limoges. Nous croyons devoir leur donner un extrait des statuts et du règlement intérieur de la Chambre de Métiers qu'elle a récemment créée :

CONSTITUTION

Article 1er. — Il est constitué, à Limoges, sous le patronage de la Chambre de Commerce, une association sous le nom de *Chambre de Métiers de la Haute-Vienne.*

Article 2. — Son siège est à la Chambre de Commerce de Limoges.

Article 3. — Sont membres de cette association, les industriels et les professionnels de tout métier, domiciliés dans la Haute-Vienne, qui ne manifestent pas une intention contraire. Il est demandé, pour cette adhésion tacite, ni cotisation, ni formalités.

Article 4. — Sont membres actifs, toutes les personnes ci-dessus désignées qui versent une subvention ou qui sont membres du bureau d'un syndicat ou d'une association subventionnant les cours, et, sur leur demande, toutes les personnes qui s'intéressent à l'œuvre de l'apprentissage sous une forme quelconque.

BUT

Article 5. — L'association a pour but :

1° De créer, dans les villes du département où la chose paraît utile et possible, des sections avec conseil de perfectionnement, en vue d'organiser des cours industriels *gratuits*, dits *cours complémentaires d'apprentissage* en faveur des apprentis et, s'il y a lieu, des adultes ;

2° D'organiser des conférences et des causeries pour cultiver chez les apprentis et les adultes le goût de leur métier en même temps que pour développer leurs facultés intellectuelles et morales ;

3° D'organiser, annuellement, des concours et une exposition, avec distribution de récompenses, afin de stimuler l'émulation des apprentis; de créer des examens de fin d'apprentissage avec délivrance de diplômes;

4° De rechercher dans les écoles primaires les enfants qui montrent des aptitudes spéciales pour certains métiers, de les placer, à la sortie de l'école, dans des conditions déterminées, chez des patrons aptes à leur apprendre ces métiers et de leur faciliter la fréquentation des cours complémentaires d'apprentissage ;

5° De favoriser le placement des jeunes gens fréquentant lesdits cours, notamment de ceux qui obtiennent le diplôme de fin d'apprentissage;

6° Sont admis aux concours, expositions et examens :

a) Les jeunes gens fréquentant les cours complémentaires d'apprentissage.

b) Les apprentis travaillant dans une localité où il n'existe pas de ces cours.

c) Les apprentis dont la corporation n'a pas de cours organisés par la Chambre de Métiers de la Haute-Vienne.

ADMINISTRATION

Article 7. — La Chambre de Métiers de la Haute-Vienne est administrée directement par la Chambre de Commerce de Limoges, qui nomme elle-même le directeur des cours complémentaires d'apprentissage.

Elle nomme également les professeurs et désigne les conférenciers, sur la présentation faite par les représentants de chaque corps de métiers.

Suivent ensuite les dispositions relatives au budget et aux assemblées générales.

Voici, d'autre part, les dispositions du règlement intérieur relativement aux expositions, concours et examens de fin d'apprentissage :

Article 11. — Pour encourager et stimuler les apprentis à progresser rapidement, il est organisé dans chaque corporation représentée à la Chambre de Métiers de la Haute-Vienne, des expositions et des concours dont les époques sont déterminées par la Chambre de Commerce, après avis du conseil de perfectionnement et du directeur des cours complémentaires d'apprentissage.

Il peut, en outre, être organisé des concours, expositions, examens de fin d'apprentissage où seront appelés à prendre part les apprentis appartenant à un corps de métiers pour lequel il n'existe pas de cours complémentaires d'apprentissage.

Article 12. — En fin d'apprentissage, il est délivré, à la suite d'un examen, un diplôme attestant que son possesseur a terminé son apprentissage dans de bonnes conditions.

Voici, enfin, le programme des cours complémentaires :

Les cours complémentaires d'apprentissage ont pour objet de faire acquérir aux jeunes apprentis qui les fréquentent les connaissances théoriques et les aptitudes qui leur sont nécessaires dans l'exercice de leur métier, de parfaire et de compléter leur instruction pratique, en même temps que de favoriser leur développement moral et leur éducation civique.

Ces cours ont un caractère essentiellement professionnel : par conséquent, les élèves sont répartis dans différentes classes d'après leur profession. Cependant, certains cours d'enseignement général, tels que ceux de français, de calcul, etc., peuvent être communs à plusieurs catégories d'apprentis.

Ces cours gratuits ont une durée de deux ans. Dans quelques professions, une troisième année est envisagée.

En principe, ils se font le matin ou l'après-midi. Leur temps est pris en totalité ou en grande partie sur la journée de travail. Pour raisons spéciales, ils peuvent avoir lieu le soir.

Les cours complémentaires d'apprentissage sont repartis en deux groupes :

1° **Cours généraux**, c'est-à-dire ceux qui s'appliquent à tous les apprentis, quel que soit leur métier. Ils constituent l'instruction générale de l'apprenti.

2° **Cours spéciaux**, c'est-à-dire ceux qui s'appliquent à un même métier et qui varient suivant les corporations. Ces cours spéciaux se subdivisent eux-mêmes en :

1° Cours théoriques qui constituent la base rationnelle des connaissances professionnelles que doit posséder l'apprenti;

2° Cours technologiques qui comprennent l'étude : 1° des matières premières et de leur emploi; 2° de l'outillage; 3° des machines-outils, de leurs dangers et de leurs appareils de protection; 4° des procédés de travail.

3° Cours pratiques qui consistent à faire travailler manuellement les apprentis d'après de bons principes. Généralement, ils constituent l'œuvre du patron. Dans quelques cas particuliers, ils sont complétés par les cours complémentaires d'apprentissage de la Chambre de Métiers, parce que l'atelier spécialise trop l'apprenti et ne lui donne pas toutes les connaissances pratiques de son métier.

Enseignement professionnel à l'étranger. — *Propositions de loi.* — D'après le *Bulletin analytique des principaux documents parlementaires étrangers*, nous reproduisons ci-après les texte des propositions de loi relatives à l'enseignement professionnel qui ont été déposées récemment à la Chambre des Communes d'Angleterre et à la Chambre des députés d'Italie.

Proposition de loi déposée à la Chambre des Communes d'Angleterre, par M. Chiozza Money, et relative à l'organisation de l'instruction complémentaire obligatoire (15 février 1911) (1).

L'article 2 de cette proposition tend à modifier les lois sur l'instruction publique de 1870 à 1892 : aucun enfant ne pourra plus être dispensé de l'instruction obligatoire avant d'avoir atteint l'âge de 14 ans.

(1) *Continuation Schools Bill* [38]. Deux autres propositions, déposées à la Chambre des Communes par M. Walter Rea, le 2 mars 1911, et par M. le colonel Bathurst, le 14 mars, tendent à rendre la fréquentation scolaire obligatoire pour les enfants qui n'ont pas encore atteint l'âge de 13 ans et de 14 ans.

Tout enfant âgé de plus de 14 ans et de moins de 17 ans sera tenu de suivre des cours complémentaires (*to be a continuation scholar*) (art. 3).

Art. 4. — « Les autorités scolaires devront instituer des cours gratuits (ci-après désignés sous le nom de cours complémentaires) pour l'instruction complémentaire et l'enseignement professionnel de tous les écoliers [âgés de plus de quatorze ans] de leur district qui ne fréquentent pas les externats secondaires ou professionnels. »

Les cours complémentaires auront lieu de manière à être terminés à 7 heures du soir au plus tard; ils seront obligatoires pendant huit heures au moins par semaine, et pendant 44 semaines au moins par an (art. 5).

Les dispositions nécessaires seront prises, sous réserve de l'approbation du Ministre de l'Instruction publique, afin d'enseigner aux jeunes gens soit l'industrie, soit l'agriculture, soit l'économie domestique, la langue et la littérature anglaises, les principes de l'hygiène, les droits et les devoirs des citoyens (art.6).

Art. 7. — « Pour l'exécution de cette loi, les autorités scolaires pourront s'adjoindre par coopération six employeurs locaux au maximum. »

Les employeurs devront accorder à tous les jeunes gens visés par l'art. 3, qu'ils occupent, le temps nécessaire pour fréquenter ces cours, sous peine d'une amende de 2 £ (50 francs) au maximum par jour où l'infraction se sera poursuivie (art. 8).

Art. 9. — « Il sera du devoir de l'autorité scolaire de poursuivre l'employeur de tout écolier (*continuation scholar*) qui manque l'école complémentaire ou tout autre école approuvée en raison d'une contravention à l'art. 8 de cette loi. »

Les jeunes gens ne seront pas tenus de fréquenter les cours complémentaires qui seront faits dans une école située à plus de deux milles de leur résidence.

L'article 11 met les dépenses de cet enseignement à la charge de l'Etat.

Projet de loi relatif à l'enseignement professionnel, déposé à la Chambre des Députés d'Italie (1) (14 février 1911).

Article premier. — « En vue de pourvoir à l'organisation (*sistemazione*) économique, technique et didactique des écoles industrielles et commerciales régulièrement instituées, ainsi qu'à la création de nouvelles écoles industrielles et commerciales dont le Gouvernement, d'accord avec les administrations locales, aura reconnu la nécessité, en tenant compte des intérêts économiques des lieux où leur siège devra être fixé, le crédit du chapitre 134 du budget du Ministère de l'Agriculture, de l'Industrie et du Commerce pour l'exercice 1911-1912 et des chapitres correspondants des exercices suivants, sera augmenté de 300.000 lires (2).

« A l'expiration d'un délai de deux ans, après la promulgation de la présente loi, les subventions fixes attribuées par le Gouvernement à l'entretien de nouvelles écoles industrielles et commerciales qui, aux termes de l'art. 2 de la loi

(1) *Provvedimenti a favore dell' insegnamento professionale*. L'enseignement professionnel s'est développé, en Italie, grâce à la générosité des provinces, des communes, des chambres de commerce, des associations et des citoyens eux-mêmes. L'Etat n'est intervenu que plus tard, pour coordonner et soutenir leurs efforts. C'est fidèle à cette méthode que le législateur a limité l'application d'un programme modeste qui tend à respecter toutes les initiatives. (*Exp. des motifs.*)

(2) Le crédit actuel de ce chapitre intitulé : « Contributions et concours à l'entretien d'écoles industrielles et commerciales » est de 1.540.100 lires.

du 30 juin 1907, n° 414, auraient dû être instituées par décret royal, ne pourront être autorisées que par une loi (1).

« Il pourra être accordé des subsides proportionnels aux écoles industrielles et commerciales qui sont uniquement entretenues par les contributions des associations locales et des particuliers, lorsque des inspections spéciales auront établi le fonctionnement régulier et profitable de ces établissements. »

Art. 2. — « A dater de l'exercice 1911-1912, le crédit du chapitre 135 et des chapitres correspondants des exercices suivants sera augmenté de 150.000 lires (2), afin de contribuer aux dépenses d'établissement des nouvelles écoles prévues par l'article précédent; d'organiser (*sistemare*) les ateliers, les laboratoires, les cabinets des écoles existantes; d'encourager les associations (*enti*) qui, dans les écoles professionnelles, pourvoient à l'entretien (*refezione*) des élèves, et encouragent la mutualité (3), de créer à Rome des cours destinés à former des professeurs techniques et des chefs d'ateliers; d'instituer, là où il y aura lieu, des cours temporaires comportant des conférences et des expériences technologiques en faveur des artisans et ouvriers employés aux diverses industries. »

Art. 3. — « Afin de faciliter aux communes et aux autres personnes morales (*enti*) la construction des locaux appropriés qu'elles doivent concéder aux établissements d'instruction professionnelle en vertu de l'art. 2 de la loi du 30 juin 1907, n° 414 et de l'art. 5 du décret royal du 22 mars 1908, n° 187, les dispositions de la loi du 30 juin 1907, n° 432, relatives à la concession de prêts, par la Caisse des dépôts et des prêts, en faveur des écoles pratiques et spéciales d'agriculture, seront étendues à ces personnes morales (4).

« En conséquence, à dater de l'exercice 1911-12, le crédit fixé dans le chapitre 135 du projet de budget du Ministère de l'Agriculture, de l'Industrie et du Commerce pour l'exercice 1911-12, sera augmenté, en outre, de 75.000 lires. »

Art. 4. — « La limite maximum de la charge assumée par le Gouvernement, en vertu de la loi du 30 juin 1907, n° 432, pour le concours de l'Etat au paiement

(1) Cette disposition tend, tout à la fois, à limiter la création d'écoles nouvelles, et à renforcer celles qui existent. Le Gouvernement s'est cependant réservé un délai de deux ans afin de ne pas retarder plus longtemps la fondation d'écoles nécessaires dans certains centres. Aux termes de la loi de 1907, la contribution de l'Etat ne peut excéder les deux tiers de la dépense relative à la création et à l'entretien de ces écoles.

(2) Le crédit est actuellement de 144.700 lires. Il est intitulé : « Subsides et encouragements aux écoles industrielles et commerciales et aux institutions analogues destinées à favoriser les études et les exercices pour le perfectionnement de la production et l'augmentation des échanges; concours et subsides pour la fondation d'écoles industrielles et commerciales; pour la création et le développement d'ateliers et de laboratoires; pour l'acquisition de matériel, etc.; collections modèles, matériel didactique et publications; prix, médailles, études, traductions, voyages d'études; expositions didactiques et dépenses relatives à des réunions éventuelles de professeurs; indemnités au personnel des écoles non gouvernementales; subsides à ces mêmes personnes et à leur famille; encouragements à l'éducation physique; concours et encouragements pour des livres d'étude. »

(3) Les établissements d'instruction professionnelle n'ont pas uniquement pour but de préparer des techniciens; leur enseignement doit s'étendre à toutes les facultés de l'homme. (*Exp. des motifs.*)

(4) Aux termes de cette dernière loi, les provinces et les communes peuvent obtenir de l'Etat qu'il concoure au paiement des intérêts des prêts qui leur auront été concédés dans un délai de dix ans par la Caisse des dépôts, sur la proposition du Ministre de l'Agriculture (art. 1). Le concours de l'Etat ne pourra être accordé pour plus de 35 ans, ni excéder la différence entre le taux normal de l'intérêt et celui de 2 0/0 pour les prêts qui ne dépassent pas 50.000 lires; de 2,50 0/0 pour ceux qui ne dépassent pas 100.000 lires; et de 3 0/0 pour ceux qui dépassent cette dernière somme (art. 2).

des intérêts relatifs aux prêts de faveur consentis aux écoles pratiques et spéciales d'agriculture, sera portée, pour la période spécifiée dans l'art. 1er de ladite loi, à 100.000 lires (1).

« Ce supplément de 50.000 lires sera inscrit [en conséquence] au budget du Ministère de l'Agriculture, de l'Industrie et du Commerce, à dater de l'exercice financier 1911-12, en addition à celui qui y a été inscrit.

« Cette somme sera également affectée aux édifices et aux terrains destinés aux écoles royales supérieures d'agriculture et aux Instituts royaux d'expérimentations agricoles.

« Les crédits prévus par cet article et par l'article précédent, qui n'auront pas été attribués en qualité de contribution du Ministère au paiement des intérêts relatifs aux prêts de faveur seront convertis chaque année en subsides concédés respectivement aux écoles agricoles, industrielles et commerciales. »

Art. 5. — « La disposition contenue dans l'art. 1er de la loi du 14 juillet 1907, n° 513, relative à l'enseignement agricole ambulant, est étendue aux écoles professionnelles (2).

« Les caisses d'épargne et les monts-de-piété peuvent attribuer, dans les limites des revenus nets fixés pour chaque exercice, et qui ne sont pas dévolus au fonds patrimonial, des contributions régulières (*continuativi*) pour l'entretien des écoles agricoles, industrielles et commerciales. Le paiement de ces contributions est subordonné à la disponibilité de ces revenus, mais il a la priorité sur tout autre emploi. »

Art. 6. — « La disposition de l'art. 30 de la loi du 11 juillet 1907, n° 502, relative aux prescriptions en faveur de la ville de Rome, est étendue à toutes les écoles instituées sur les bases de la loi du 30 juin 1907, n° 414 et du décret royal du 2 mars 1908, n° 187 (3).

« Les professeurs ordinaires ou extraordinaires des écoles dépendant du Ministère de l'Agriculture, de l'Industrie et du Commerce ne pourront occuper d'autres postes dans l'enseignement d'autres écoles, de quelque administration qu'ils dépendent, si ce n'est avec le grade de chargés de cours, quand bien même ils auraient obtenu, pour un de ces postes, une dispense temporaire de service. »

L'article 7 est relatif aux diplômes qui seront accordés par ces écoles.

L'article 8 prévoit la division du Conseil supérieur de l'enseignement agricole, industriel et commercial, institué par le décret du 22 mars 1908, en sections relatives à l'enseignement du degré supérieur, à celui des deux premiers degrés, ainsi qu'aux chaires ambulantes d'agriculture, et à l'enseignement de l'art industriel. »

« Le Conseil sera convoqué en session plénière dans les cas prévus par le règlement, et afin de rédiger, sur le fonctionnement des institutions, un rapport qui sera présenté au Parlement. »

---

(1) Au lieu de 50.000 (art. 5 de la loi du 30 juin 1907).

(2) Cet article est ainsi conçu : « Les crédits des budgets des provinces et des communes, qui ont pour objet la conservation ou la création de chaires ambulantes d'agriculture, peuvent être autorisés dans les formes prescrites par l'art. 287 du *texte unique* de la loi communale et provinciale approuvé par le décret royal du 4 mai 1898, n° 164 ».

(3) Grâce à cette extension, les professeurs qui entreront dans les écoles industrielles et commerciales ne perdront pas, en ce qui concerne leur pension, le bénéfice des années passées au service des autres administrations de l'Etat. (*Exp. des motifs.*)

L'enseignement agricole et les écoles ménagères en Belgique. — On compte, en Belgique, une vingtaine d'écoles ambulantes, autant d'écoles fixes et un grand nombre de sections ménagères agricoles annexées aux pensionnats religieux qui se multiplient très rapidement depuis la loi française sur les associations.

Les professeurs initient les futures fermières à la fabrication rationnelle du beurre, aux soins du ménage en général : cuisine, coupe et couture. Le programme comprend, en outre, des éléments d'histoire naturelle, d'arboriculture, de culture potagère, de floriculture, de pédagogie et d'hygiène.

Les écoles ambulantes s'en vont de village en village, transportant leur matériel, tenant des sessions de trois mois dans chaque localité.

Ecoles et cours professionnels du Hainaut. — La seule province belge du Hainaut compte 249 institutions professionnelles, dont 98 pour jeunes gens et 151 pour jeunes filles.

Parmi les institutions professionnelles de jeunes gens, nous relevons : une école des mines, un musée de l'enseignement industriel, un cours normal pour professeurs et aspirants professeurs industriels, 2 cours de dessin et de travaux manuels, 56 écoles industrielles supérieures, moyennes et primaires, une école professionnelle d'arts et métiers, 10 ateliers d'apprentissage, une école professionnelle pour ouvriers mécaniciens, une pour ouvriers électriciens, une pour ouvriers menuisiers, une école d'industries chimiques, un cours professionnel de filature et de tissage, un d'hygiène et de bactériologie, une école d'apprentissage pour estropiés et accidentés du travail, une école de mécanique agricole, 8 écoles ou cours d'agriculture, d'horticulture, d'arboriculture et d'élevage, 8 cours professionnels du soir et du dimanche matin.

Parmi les institutions professionnelles de jeunes filles, il existe : 7 écoles professionnelles, 54 écoles et classes ménagères, 72 cours de couture et de coupe, 6 cours de modes, 6 de lingerie, 6 de confections.

L'apprentissage d'été à l'école commerciale de Boston. — Nous trouvons sur cette question dans le numéro de mars de la *Revue pédagogique* les renseignements suivants qu'il nous paraît intéressant de faire connaître à nos lecteurs :

Une série d'expériences antérieures a permis à l'administration de l'école l'élaboration du plan suivant :

1) Préparer et envoyer aux commerçants de Boston une lettre-circulaire leur exposant le système d'apprentissage et demandant leur coopération.

2) Faire suivre cette lettre d'une série d'entrevues personnelles entre un représentant de l'école et les chefs des maisons de commerce.

3) S'assurer des promesses définitives pour trois cents places d'apprentis ou commis pendant l'été aux conditions suivantes :

a. Chaque élève-apprenti ou commis-stagiaire recevra dix francs par semaine (davantage si son travail vaut réellement plus) pour lui permettre de payer ses déjeuners et ses frais de transport.

b. Autant que possible, le travail assigné devra être assez varié pour donner à l'élève-apprenti l'occasion d'observer les différentes phases de la marche des affaires.

c. Les élèves-apprentis seront prévenus du bénéfice qu'ils doivent tirer de leur situation passagère, et instruits de la meilleure méthode à suivre.

d. Les lettres-circulaires seront expédiées de janvier à mars.

Dès 1910, le plan ci-dessus fut suivi. 63 % des élèves bénéficièrent de places d'apprentis. Chacun d'eux emporta à son patron une fiche remise par la direction de l'école et notant la conduite, le degré d'instruction, la ponctualité, la force physique, l'esprit d'initiative, la popularité, l'aptitude à la coopération, l'aspect extérieur, la santé, la politesse, l'honnêteté et la probité. Chacun d'eux revint avec la même fiche comportant des notes données par le patron sur toutes les catégories énumérées ci-dessus.

On se rend facilement compte du stimulant causé parmi les élèves apprentis par ces fiches, tant à l'école qu'à la maison de commerce. Aussi les résultats furent-ils extrêmement satisfaisants.

Personnel d'enseignement technique. — *Nominations et mutations depuis le 20 avril 1911.*

1. — *Ecoles pratiques de Commerce et d'Industrie.*

M. Bès, titulaire du brevet supérieur, instituteur à Millas (Pyrénées-Orientales), est délégué dans les fonctions de maître adjoint de 5e classe; il sera affecté, jusqu'à la fin de l'année scolaire en cours, à l'école pratique d'industrie de Montbéliard, en remplacement de M. Bouvet, en congé pour raisons de santé.

M. Pech, titulaire du diplôme supérieur des écoles supérieures de commerce, est délégué dans les fonctions de maître-adjoint de 5e classe; il sera affecté provisoirement à l'école pratique de commerce et d'industrie de Fourmies, en remplacement de M. Leprette, en congé pour raisons de santé.

Tableau d'avancement du personnel. — Sont inscrits en 1911 :

Directeurs et Directrices. — Après 3 ans dans la classe : MM. Belly (Agen), Monneret (Morez), Beaufils (Saint-Etienne), Gardeur (Fourmies), Mme Lorin (Boulogne-sur-Mer).

Professeurs. — Après 5 ans dans la classe : MM. Amalric (Agen), Berquez (Rouen), Boulan (Thiers), Spetebroot (Elbeuf), Mme Déjardin (Marseille), M. Roberjot (Reims), MM. Mounier (Tourcoing), Mathieu (détaché), Mlle Combes (Saint-Etienne), Mme Pagès (Nantes), MM. Gombault (Charleville), De Felice (Brive), Mmes Canaby (Nantes), Paulmier (Boulogne-sur-Mer), MM. Arnaud (Vienne), Piolle (Marseille).

Après 4 ans dans la classe . MM. Gay (Béziers), Marcon (Saint-Etienne), Lecouffe (Roubaix), Hugueny (Epinal), Cassez (Boulogne Industrie), Lecerf (détaché), Mme Doceul (Nantes), MM. Besnard (Clermont-Ferrand), Faber J.-J. (Béziers), Romanet (Epinal), Texier P. (Limoges), Dodu (Brest), Chambonnaud (détaché), Gourdet (Limoges), Ousset (Tarbes), Benoît (Marseille), Laplace (Clermont-Ferrand), Charlot (détaché), Robert (Marseille), Soulas (Cette), Richard (Cette), Vial (Roanne), Moriceau (détaché), Méresse (Roubaix), Layes (Le Puy), Janois (Nantes), Roitelet (Reims), Lanoux (Rouen), Mlles Boissier (Marseille), Birochon (Le Havre), Tuckiewicz (Dijon), M. Barbé (Agen), Mlles Perrin (Le Havre), Taracole (Nantes), MM. Brottet (Grenoble), Rouanet (Mazamet), Mme Piolle (Marseille), Mlles Claparède (Dijon), Sabourain (Rouen), MM. Maussant (détaché), Guillaume (Aire-sur-l'Adour), Hodin (Denain), Pouy (Tarbes), Sautreuil (Tourcoing), Montel (Marseille), Brisebois (Roubaix), Horiot (Nîmes), Mercier (Dijon), Mlle Léonetout (Tourcoing), Mme Bouchacourt (Dijon), M. Gauvain (détaché).

Après 3 ans dans la classe : Mme Collin (Marseille), MM. Noizet (Marmande), Fourquet (Bordeaux), Rousseaux (Reims), Mmes Pons (Marseille), Thouvenin (Marseille), M. Gachet (suppléant), Mlle Hollande (Marseille), Mme Fournel (Reims), MM. Chenevier (Vienne), Joulin (Pont-de-Beauvoisin), Larivière (suppléant), Harang (Saint-Etienne), Dauchy (Maubeuge), Mlle M. Thomas (Reims), MM. Coudray (détaché), Darlet (Rennes), Pagès (Nantes), Geoffroy (Cette).

Chefs des travaux et d'atelier. — Après 6 ans dans la classe : MM. Esnault (Elbeuf), Floris (Mazamet), Bonhomme (Narbonne), Mme Gautier (Rouen), M. Forest (Le Havre).

Après 5 ans dans la classe : M. Multin (Mende), Mlle Floret (Pont-de-Beauvoisin).

Après 4 ans dans la classe : MM. Colombet (Saint-Etienne), Colomban (Saint-Etienne), Coudereau (Roanne), Bianchi (Boulogne Industrie).

Après 3 ans dans la classe : M. Lagarrigue (Agen), Mme Roman (Marseille), MM. Dupin (détaché), Chauvet (Pont-de-Beauvoisin), Liégeart (Reims), Mme Docher (Reims), MM. Avit (Le Puy), Isnard (Marseille).

Maîtres-adjoints et maîtresses-adjointes. — Après 6 ans dans la classe : M. Jonot (Roanne).

Après 5 ans dans la classe : Mlle Jullian (Dijon), MM. Jouvenel (Maubeuge), Pallier (Saint-Nazaire), Pellequer (Agen), Varoquaux (Charleville), Nesme (Grenoble), Grosjean (Clermont-Ferrand).

Après 4 ans dans la classe : MM. Dechavanne (Roanne), Texier M. (Vienne), Loyer (Marmande), Allanic (Cherbourg), Valette (Nîmes), Villepreux (Saint-Nazaire), Delaporte (Narbonne), Bodelle (Fourmies), Astruc (Brive), Lainé (Denain), Leleu (Fourmies).

Après 3 ans dans la classe : MM. Bié (Mazamet), Minot (Dijon), Guichard Reims), Moithy (Boulogne Industrie), Lebard (Thiers).

II. — *Ecoles Nationales professionnelles.*

MM. Bernard (Marcel) et Boscher (François), contremaîtres à l'école nationale professionnelle de Nantes, sont rangés dans la 4e classe des contremaîtres.

M. Rousseau (Joseph), contremaître à l'école nationale professionnelle de Vierzon, est rangé dans la 4e classe des contremaîtres.

Tableau d'avancement du personnel. — Sont inscrits en 1911 :

Personnel administratif. — Après 4 ans de services dans la classe : MM. Rétif (Armentières), Becque (Armentières), Vétois (Vierzon). — Après 3 ans dans la classe : MM. Terpend (Voiron), Cauvin (Armentières), Petit (Vierzon).

Personnel enseignant. — Après 5 ans dans la classe : MM. Millar (Armentières), Lesouhaitier (Nantes), Balbure (Vierzon).

Après 4 ans dans la classe : MM. Noble (Vierzon), Foury (Voiron), Matray (Nantes), Escande (Nantes), Desplats (Nantes), Mortier (Vierzon), Van Moorleghem (Voiron), Delay-Termoz (Voiron).

Après 3 ans dans la classe : MM. Barbe (Armentières), Paringaux (Nantes), Thomas-Cadilhat (détaché), Rouveure (Voiron), Gardet (Vierzon).

Personnel de surveillance. — Après 5 ans de service dans la classe : M. Laurençon (Vierzon).

Après 4 ans dans la classe : MM. Félix (Vierzon), Delebecq (Armentières), Planque (Armentières), Garnier (détaché), Legland (Nantes).

Après 3 ans dans la classe : MM. Soitoux (Armentières), Gratias (Nantes), Chevannes (Armentières).

Contremaîtres des ateliers : MM. Tissier, Favereau, Mulon, Hannecart, Roux, Villain, Marguet.

III. — *Ecole Nationale d'horlogerie de Cluses.*

Tableau d'avancement du personnel. Sont inscrits en 1911 : Personnel enseignant : MM. Jovard et Sulzer.

Personnel de surveillance : M. Charvin.

OPINIONS

L'Enseignement professionnel. — Dans un article paru récemment dans la revue *le Parlement et l'Opinion*, M. Gaston Doumergue, ancien Ministre du Commerce et de l'Instruction publique entreprend l'étude de la proposition de loi déposée récemment par M. Jules Siegfried et ses amis.

Il approuve tout d'abord les auteurs du projet d'avoir limité leur initiative à l'enseignement élémentaire, en laissant de côté l'enseignement supérieur et l'enseignement moyen professionnels, non pas que la question de ces deux derniers enseignements ne soit pas très intéressante et qu'il n'y ait rien à faire en ce sens, mais ce n'est pas celle-là qui préoccupe le plus l'opinion et qu'envisagent ceux qui se plaignent de notre infériorité en matière d'enseignement technique.

Pour aboutir, M. Doumergue préconise une coopération étroite des Ministères du Commerce et de l'Instruction publique et il attribue à la rivalité qui a existé jusqu'ici entre ces deux administrations l'échec des propositions déposées. Il reproche au projet Siegfried de ne pas faire abstraction de cette rivalité, de partir de cette idée qu'il faut réorganiser l'enseignement professionnel tout à fait en dehors du Ministère de l'Instruction publique, de ne faire aucune part à l'instruction générale, de prendre les enfants au sortir de l'école élémentaire et de les vouer uniquement jusqu'à l'âge de 18 ans, au pur enseignement technique et professionnel.

Cette réserve faite, M. Doumergue estime en terminant son article que le projet réalise un progrès sur les propositions qui l'ont précédé. « Il serre le problème de plus près : il le limite et le précise et le présente, ce qui est vrai, surtout comme un problème d'enseignement élémentaire. »

Un article de M. L. Tripard. — Dans un article publié récemment dans la Revue pédagogique, sous le titre *L'erreur de l'Enseignement technique élémentaire*, M. L. Tripard a voulu montrer que l'enseignement général des écoles pratiques de Commerce et d'Industrie ne possède pas toute la vertu éducative que la circulaire du 20 juin 1893 pouvait laisser espérer.

Il souligne l'opposition frappante qui existe entre le texte de cette circulaire et celui des instructions pédagogiques des programmes de 1909. D'après l'auteur, « la circulaire s'inspirant d'une judicieuse conception de l'enseignement général, parle de celui-ci comme d'une chose tout à fait distincte de l'apprentissage. Elle lui reconnaît une fonction propre, la formation de l'homme ». « Les instructions pédagogiques, au contraire, dissolvent systématiquement dans l'enseignement professionnel, l'enseignement général » que l'on veut, comme l'autre, « adapter à la profession ». Or, cette adaptation ne lui paraît pas possible. « L'enseignement général est un ». Il doit rester indépendant des cours techniques et M. Tripard étaye sa théorie sur des exemples empruntés à la pratique.

L'auteur en conclut que l'enseignement technique « fait fausse route » et « qu'il importe d'affranchir au plus tôt l'enseignement général des écoles pratiques de sa servitude inintelligente à l'égard de l'enseignement professionnel et de lui accorder une indépendance qui garantisse vraiment sa valeur au double point de vue de l'éducation et de l'apprentissage ».

Le Gérant : G. Bourrey.

Auxerre, imp. Auxerroise (J. Pigelet, directeur).

Première année. — N° 10 Juillet 1911

REVUE

DE

l'Enseignement Technique

PUBLIÉE SOUS LE PATRONAGE DE

l'Association Française pour le Développement de l'Enseignement technique

La question de l'apprentissage
et les Chambres syndicales
du Bâtiment et des Industries diverses

Il nous a paru intéressant de demander aux Chambres Syndicales du Bâtiment et des Industries diverses, qui constituent l'un des groupements professionnels les plus importants, leur avis sur l'organisation de l'apprentissage.

Le but de cette enquête était de rechercher pour chacune de ces industries :

1° Ce que doit savoir un bon ouvrier au point de vue technique et pratique;

2° Quelles sont les connaissances qu'il doit acquérir à l'atelier ou au chantier et celles pour lesquelles des cours professionnels sont nécessaires;

3° Quel doit être l'enseignement complémentaire de l'apprentissage fait à l'atelier ou au chantier;

4° Comment les Chambres syndicales de Paris se sont efforcées de résoudre le problème;

5° Ce qu'elles ont tenté, les résultats qu'elles ont obtenus et ce qui reste à faire.

M. le Président Villemin, membre du Comité de rédaction de notre Revue, nous a donné son précieux concours pour la réalisation de notre projet; avec un empressement pour lequel nous avons le devoir de leur adresser nos plus vifs remerciements, les Chambres syndicales, qu'il préside avec tant d'autorité, nous ont adressé les réponses que nous sommes heureux de reproduire ci-après.

Nous faisons précéder les résultats de cette enquête de l'exposé que M. Villemin, dont la haute compétence en matière d'enseignement professionnel est unanimement reconnue, a bien voulu écrire pour notre Revue.

*
* *

La question de l'apprentissage est, certainement, une de celles qui sont au premier plan de l'actualité.

Elle a, comme beaucoup d'autres questions, l'inconvénient d'être souvent placée sur un terrain qui n'est pas le sien.

A ce sujet, il m'a toujours semblé que l'on confondait, trop fréquemment, l'éducation manuelle de l'ouvrier avec l'Enseignement professionnel.

J'estime que ces deux phases doivent être nettement séparées et envisagées, chacune, selon la fonction qu'elles ont à remplir.

Les travailleurs industriels peuvent être considérés comme une armée, ayant ses effectifs et ses cadres; autrement dit : les ouvriers d'une part, les contre-maîtres et les patrons d'autre part.

Parler de l'apprentissage, c'est parler de la constitution des effectifs ouvriers; parler d'enseignement professionnel, c'est se préoccuper de la formation des cadres.

C'est à la première tâche que je me suis attaché, en essayant de mettre chacune des choses à leur place, et en répétant souvent que pour arriver à des résultats pratiques il ne faut pas confondre l'éducation manuelle avec l'instruction professionnelle.

D'autre part, il est une observation qui ressort de l'examen de l'état actuel de la question; c'est que beaucoup de ceux qui s'en sont occupé ont, peut-être, trop souvent regardé à l'extérieur pour copier ce qui s'y faisait, sans tenir compte suffisamment des différences pouvant exister entre les peuples.

Ainsi, j'ai souvent remarqué que l'on attribuait au grand nombre et à la gratuité des écoles professionnelles allemandes la supériorité de cette nation sur beaucoup d'autres, au point de vue commercial et industriel.

Je ne le nierai, ni ne l'approuverai; je constaterai seulement un fait, c'est que la natalité allemande permet de créer des cadres considérables tout en conservant des effectifs suffisamment nombreux pour répondre aux besoins de l'industrie allemande.

En est-il de même chez nous? Je ne le crois pas; c'est donc une faute de créer des cadres avant d'avoir constitué l'armée du travail.

La mentalité des peuples n'est-elle pas aussi à considérer lorsqu'il s'agit de prendre les résolutions dans le sens de celles qui nous préoccupent?

Est-ce que cela ne frappe pas les moins prévenus qu'avec une natalité aussi faible, nous devons chercher, dans l'intérêt de tous, à utiliser effectivement et rationnellement toutes les énergies, alors qu'au contraire nous tendons de plus en plus à diriger nos enfants vers le fonctionnarisme et les carrières libérales déjà si encombrées.

D'où il résulte que pour la collectivité, une masse de forces productives sont ainsi perdues, diminuant d'autant la richesse nationale et trop souvent même, de par leur inutilité, la gênant dans son épanouissement. Ma conviction est donc que l'idéal des penseurs et des Gouvernements doit être de changer cette mentalité, pour faire en sorte que le plus d'individualités possible, restant à la place que leur assignent leur intelligence et leurs capacités physiques, concourent à la productivité des choses nécessaires à la vie, pour le plus grand bien de tous.

C'est ce qui m'a fait poser en principe, que chaque père de famille doit être tenu de justifier de l'apprentissage d'une profession à chacun de ses enfants, parce qu'il m'a semblé que c'était le meilleur moyen d'arriver à constituer les effectifs nécessaires à chacune des professions industrielles, commerciales ou libérales.

Enfin, au point de vue de l'organisation générale du Travail en France, j'ai été amené, pour les raisons ci-dessus, à présenter la question de l'apprentissage sous trois phases différentes.

D'abord, le préapprentissage, c'est-à-dire la préparation de l'enfant, par des leçons de choses s'adaptant à son milieu et par le maniement des outils usuels, l'emploi des matières d'œuvre les plus répandues, au choix définitif de la profession qui convient le mieux à ses aptitudes intellectuelles et à ses capacités physiques.

Il faudrait que ses professeurs soient aptes à le guider dans son choix d'accord en cela avec les parents.

Puis au préapprentissage doit succéder, lorsque l'enfant aura choisi sa profession, si celle-ci est une profession industrielle, commerciale ou agricole, une éducation professionnelle pratique, donnée autant que possible, dans le milieu où il exercera dans l'avenir sa profession, éducation qui, selon moi, doit être donnée à l'atelier, au comptoir ou à la ferme. A cette éducation professionnelle devrait se superposer, sous forme de cours complémentaires, l'enseignement des éléments théoriques adéquats à la profession qu'aura choisie l'apprenti.

Enfin, le jeune homme qui, sorti de l'apprentissage, y aura fait preuve de capacités de travail et d'intelligence, pourrait ensuite être dirigé vers les écoles professionnelles où il apprendrait à devenir une unité des cadres de l'armée du Travail.

C'est à cela qu'ont pensé nos Chambres syndicales lorsqu'elles ont constitué leurs cours professionnels; elles ont cherché, par tous les moyens possibles, à compléter l'éducation manuelle de l'enfant par une éducation théorique adéquate à la profession.

Ce qu'elles ont fait dans le passé, nous estimons qu'elles devront le continuer dans l'avenir, sous l'empire de lois nouvelles, dans des conditions beaucoup plus larges, puisque ces cours s'adresseront à la totalité des apprentis de chacune de nos professions.

A. VILLEMIN.

Couverture, plomberie, eau et gaz, assainissement et hygiène

1° *Que doit savoir un bon ouvrier :*
a) *au point de vue technique?*
b) *au point de vue pratique?*

Notre corporation comporte trois catégories bien distinctes d'ouvriers : les couvreurs, les zingueurs, les plombiers.

Les couvreurs appelés à mettre en œuvre les tuiles et les ardoises des différents modèles, doivent être habiles dans l'emploi du plâtre et du ciment, connaître l'usage et le débit des bois destinés aux voligeages, lattis, réparations de charpentes, etc.; ils doivent être capables de construire des échafaudages en tous genres. Ils apprennent en général leur métier à la campagne où, dès leur jeune âge, ils sont employés comme garçons ou aides des compagnons; ils procèdent alors au montage et à l'approche des matériaux, ils gâchent le plâtre et le mortier, se familiarisent avec l'emploi des divers matériaux, et acquièrent surtout l'habitude de travailler sur les toits.

Les connaissances techniques nécessaires à la pratique de ce métier comprennent notamment des éléments de dessin géométrique, utiles pour le tracé des lattis, et la distribution. Ces connaissances sont le résultat de l'habitude et de la routine plutôt que celui d'études théoriques.

Les régions ardoisières fournissent des ouvriers habiles au travail de l'ardoise, qui consiste au triage, à la taille, à la coupe et au clouage de l'ardoise; la tuile, plus commode à employer, ne nécessite pas une façon aussi soignée, ni aussi délicate.

L'habileté de certains ouvriers en fait de véritables artistes; les travaux de couverture des dômes et tourelles sont exécutés par des spécialistes dont le nombre diminue tous les jours.

Le métier de zingueur est certainement plus compliqué. Il nécessite une connaissance approfondie du dessin géométrique, du développement des solides. Le façonnage et le découpage des métaux, zinc, cuivre, tôle, plomb, la soudure, la distribution et l'établissement des travaux préparatoires, tels que le voligeage, la pose de tasseaux, l'établissement des pentes et glacis en plâtre, enfin de nombreux travaux accessoires exigent un apprentissage sérieux.

Le métier de plombier comprend un nombre considérable de spécialités; un bon ouvrier doit être capable de les pratiquer toutes.

1° Le plombier-ferblantier ou poseur de fonte d'eau forcée met en place les tuyaux et robinets de gros diamètre; il façonne les joints en plomb coulé, en caoutchouc ou ceux de tout autre système. Ces divers travaux s'exécutent au grand air, dans des tranchées ou dans les égoûts, et demandent une grande dépense de forces.

2° Le plombier en bâtiment établit la canalisation intérieure des maisons; il monte, pose, cintre, fixe et soude les tuyaux de plomb; il fait les percements de murs, de planchers; il scelle les fourreaux, pose les colliers ou attaches de tous genres, les tuyaux en fonte ou en grès pour la descente des eaux pluviales ou ménagères, et les chutes d'aisances, les tuyaux en fer étiré, en cuivre, les appareils de toilette, de bains, de cabinets d'aisances.

3° Le plombier-gazier met en place des tuyaux de faible épaisseur; cette spécialité exige beaucoup de soin et de délicatesse.

4° Le plombier ornemaniste procède à la fabrication des ornements destinés à la décoration des toitures; c'est un travail absolument spécial, que quelques ouvriers seulement sont aptes à exécuter.

2° *Quelles sont les connaissances qu'il doit acquérir :*
a) *à l'atelier?*
b) *au chantier?*

Les seules notions élémentaires que le plombier acquière actuellement à l'atelier, sont le dressage et le cintrage des tuyaux, les soudures aux fers ou à la lampe; tous les autres procédés techniques, si nombreux, s'apprennent au chantier; les garçons ne deviennent compagnons qu'après avoir servi plusieurs années comme aides, et sans avoir jamais été apprentis, au vrai sens du mot.

3° *Quelles sont les connaissances pour lesquelles les cours professionnels sont nécessaires?*

4° *Quel doit être l'enseignement complémentaire de l'apprentissage fait à l'atelier ou au chantier?*

L'utilité des cours professionnels est donc surabondamment démontrée; en effet, les jeunes gens qui se destinent à nos professions, en travaillant journellement comme garçons ou aides sur les chantiers, s'habituent à la longue à la pratique des travaux si divers de nos métiers, se familiarisent avec l'outillage et le matériel, apprennent la manipulation des divers matériaux; ils pourraient, dans des cours spéciaux acquérir, d'une part, les notions de géométrie, de tracés à la main qui leur sont indispensables; d'autre part, les procédés de découpage et de façonnage des métaux, de cintrage et de coudage des tuyaux, la soudure des métaux; les professeurs s'efforceraient en outre de développer en eux le goût du beau et l'amour d'une profession des plus intéressantes.

5° *Comment votre Chambre syndicale s'est-elle efforcée de résoudre le problème?*

Depuis 25 ans, une Ecole professionnelle existe au sein de notre Chambre, et, grâce au dévouement des directeurs, professeurs, moniteurs, conférenciers qui se sont succédé, de nombreux élèves y ont été formés et y ont acquis les connaissances professionnelles qui leur étaient nécessaires.

6° *Qu'a-t-elle tenté? — Quels sont les résultats obtenus?*

Malheureusement, nous sommes obligés de reconnaître que les résultats ne correspondent pas aux lourds sacrifices que nous nous sommes imposés, et qu'ils sont en tout cas insuffisants, en raison de l'importance de notre profession.

Nos cours sont actuellement fréquentés par 120 élèves, répartis comme suit : 70 sont assidus aux cours théoriques pour les employés et métreurs; 30 à peine suivent les cours pratiques d'une façon régulière. Qu'est-ce que 30 élèves, alors qu'il nous faut recruter annuellement plus de 500 ouvriers au minimum, et que leur nombre devient de plus en plus insuffisant par suite de l'accroissement rapide des besoins résultant de la mise en pratique des lois d'hygiène et de salubrité.

7° *Que reste-t-il à faire?*

Notre Chambre a mis à l'étude un projet de réorganisation et d'amélioration des Cours professionnels.

L'Ecole, actuellement organisée rue Elzévir, présente, par sa situation dans un quartier d'accès difficile, des obstacles à une fréquentation régulière et plus importante; les cours pratiques sont trop rares; leur durée, en effet, est de six mois, à raison de une heure et demie par semaine, soit trente-six heures par année; c'est vraiment insuffisant. Il convient de dire qu'à ces séances s'ajoutent des conférences ou cours parlés d'une durée égale à celle des cours d'ateliers.

Nous concluons que le but suivant doit être poursuivi :

Il faudrait créer plusieurs ateliers dans les quartiers habités par nos ouvriers, augmenter le nombre et la durée des cours, maintenir les conférences qui sont très intéressantes et suivies régulièrement, organiser des visites de chantiers, d'ateliers, d'usines, véritables leçons de choses, sous la conduite de professeurs ou de confrères dévoués. Ces promenades-conférences auraient lieu le dimanche matin, les essais que nous en avons faits ayant pleinement réussi.

Entrepreneurs de menuiserie et parquets de la ville de Paris et du département de la Seine

1° *Que doit savoir un bon ouvrier :*
a) *au point de vue technique?*
b) *au point de vue pratique?*

(*a*) Au point de vue technique, l'ouvrier menuisier doit connaître tous les modes de rabotage, de corroyage, de bouvetage, de collage, d'assemblage et de ponçage des bois, les différents genres de portes, croisées, persiennes, etc., le nom de chaque pièce qui les compose.

(b) Au point de vue pratique, l'ouvrier menuisier doit connaître les principales essences de bois employés dans le métier, leurs propriétés, la manière de les travailler suivant leur nature; il doit aussi connaître les différents signes employés pour distinguer à première vue les divers morceaux qui doivent composer une porte, une croisée, etc.; il doit savoir bien faire les embrèvements, les assemblages, les collages, les découpages et les ajustements de toutes sortes.

2° *Quelles sont les connaissances qu'il doit acquérir :*
a) *à l'atelier?*
b) *au chantier?*

(*a*) A l'atelier comme sur le chantier, l'ouvrier menuisier doit apprendre à lire un plan, à se rendre compte de l'établissement d'un travail, à tracer lui-même les assemblages, embrèvements, coupes, etc... indiqués sur ce plan; en un mot à utiliser la manière brut et à la transformer conformément aux indications d'un plan.

(*b*) Sur le chantier, l'ouvrier menuisier doit en outre s'initier d'une façon générale aux travaux des autres corps d'état qui le précèdent ou le suivent dans l'exécution d'un bâtiment, d'un agencement de boutique, d'hôtel, d'appartement, etc.

3° *Quelles sont les connaissances pour lesquelles les cours professionnels sont nécessaires?*

Le dessin en général et particulièrement le dessin géométrique.

4° *Quel doit être l'enseignement complémentaire de l'apprentissage fait à l'atelier ou au chantier?*

L'enseignement doit être celui du dessin en général et particulièrement du dessin géométrique pour le tracé des travaux de toutes formes, des cintres, des parties en arêtiers, droits ou courbes, des escaliers, des niches, etc.

5° *Comment votre Chambre syndicale s'est-elle efforcée de résoudre le problème?*

La Chambre Syndicale des Entrepreneurs de Menuiserie a créé des Ecoles Professionnelles, aujourd'hui au nombre de six, où sont enseignés : La géométrie plane, la géométrie dans l'espace, des notions de géométrie descriptive, le tracé des assemblages, embrèvements, réductions de profils, le débit des bois, le modelage, l'histoire de la menuiserie, la technique, la décoration, les styles, le métré des travaux, etc.

6° *Qu'a-t-elle tenté? — Quels sont les résultats obtenus?*

Notre Chambre a, depuis trois ans, créé des concours d'apprentissage entre ses différentes écoles; elle décerne, à titre d'encouragement, des récompenses sous forme de médailles, d'ouvrages traitant du métier, de livrets de Caisse d'Epargne, de bourses de voyage, de diplômes d'ouvrier.

Les résultats obtenus ont été de donner à beaucoup de nos élèves le désir de se perfectionner dans leur métier, au point de devenir des ouvriers d'art, des conducteurs, des contre-maîtres, des commis, des patrons.

Nombreux sont aujourd'hui les patrons, commis, contre-maîtres, anciens élèves de nos écoles; certains y sont actuellement professeurs.

7° *Que reste-t-il à faire?*

Il resterait à augmenter le nombre de nos Ecoles, et à pourvoir leurs classes d'un matériel approprié au but poursuivi. La création d'écoles de préapprentissage serait également indispensable.

Peinture

1° *Que doit savoir un bon ouvrier :*
   a) *au point de vue technique?*
   b) *au point de vue pratique?*

Au point de vue technique, un bon ouvrier doit connaître la nature des matières qu'il emploie, les avantages que présentent les produits de première qualité, comparés aux autres, les résultats défectueux qu'on obtient avec des matières improprement employées, les conditions que doivent remplir les supports destinés à être peints, les procédés les meilleurs pour préparer ces supports, la théorie des couleurs, leur fixité dans les mélanges.

Au point de vue pratique, il doit savoir mélanger les différentes matières et les liquides spéciaux pour atteindre le résultat cherché; il ne doit pas ignorer les divers modes d'emploi des produits suivant le fini exigé pour les travaux, pas plus que les différents procédés propres à la préparation et à la terminaison de l'ouvrage, tant au point de vue de la solidité qu'à celui de l'aspect.

2° *Quelles sont les connaissances qu'il doit acquérir :*
a) *à l'atelier?*
b) *au chantier?*

Dans notre profession, le travail à l'atelier n'existe pas. Nous avons un magasin de manutention, et les quelques travaux qui s'y font sont les mêmes qu'au chantier. Il n'y a pas d'équipe à l'atelier; le peintre fait donc son apprentissage sur le lieu même de son travail.

3° *Quelles sont les connaissances pour lesquelles les cours professionnels sont nécessaires?*.

Les cours professionnels ne forment pas d'ouvriers peintres en bâtiment. Ils s'adressent aux ouvriers qui veulent devenir des employés de bureaux ou des commis de ville, appelés à entrer en rapport direct avec les clients, ou à établir les mémoires et devis d'entreprises.

Par le dessin, les cours professionnels forment le goût; les cours de métré enseignent à dresser les mémoires et devis; ils fournissent aussi des ouvriers qui se spécialisent dans la décoration, les imitations de bois et de marbres, les fausses moulures.

4° *Quel doit être l'enseignement complémentaire de l'apprentissage fait à l'atelier ou au chantier?*

L'enseignement complémentaire peut jouer un rôle très important. L'apprenti, pendant un certain temps, n'est d'aucune utilité; il n'aide en rien l'ouvrier, et ne peut que le retarder.

Dans notre profession, il n'est pas employé de petites mains pour des ouvrages courants ni spéciaux. C'est en regardant faire que l'apprenti prend connaissance des différentes opérations du métier, et c'est le hasard des travaux qui le mettra peu à peu en présence des différents ouvrages que doit exécuter un bon ouvrier. Le plus souvent, des années se passeront sans qu'il ait eu l'occasion de voir travailler un ouvrier de talent.

De plus, la spécialisation de certains ouvrages fait qu'il ne pourra jamais les exécuter.

Les cours complémentaires s'imposent pour que l'apprenti soit mis en présence de ces spécialités dès le début de son apprentissage.

Un programme bien établi doit l'intéresser à son métier. Ce programme comprendra la technique et la pratique de tous les ouvrages de peinture, de vitrerie, de collage; il éveillera l'intelligence de l'apprenti et le mettra en état de faire de rapides progrès.

5° *Comment votre Chambre syndicale s'est-elle efforcée de résoudre le problème?*

6° *Qu'a-t-elle tenté? — Quels sont les résultats obtenus?*

Notre Chambre Syndicale s'est efforcée de résoudre le problème, en créant, en 1910, un cours complémentaire, avec le programme ci-dessus.

Les cours sont donnés dans la journée, de 4 heures à 6 heures, du mois d'octobre au mois de mars, par des professeurs ouvriers payés; ils sont surveillés à tour de rôle par des membres de la Chambre Syndicale; ils ont aussi un surveillant payé. Un examen d'entrée permet de constater les connaissances de l'apprenti, et un examen de sortie celles qu'il a acquises. Un livret contre-signé par le patron, indique les présences.

7° *Que reste-t-il à faire?*

Pour obtenir des résultats plus importants encore, nous aurons à multiplier le nombre des cours, à établir des programmes gradués pour trois années, et à créer un cours supérieur pour les apprentis ayant plus de trois ans d'études. Ce cours supérieur devra s'étendre surtout sur les connaissances technique indispensables à un chef de chantier. Enfin, nous devrons obtenir des patrons l'engagement d'envoyer tous les apprentis à ces cours, et des pouvoirs publics les subventions qui nous permettront d'étendre notre œuvre d'éducation professionnelle.

Fabricants d'appareils pour l'éclairage et le chauffage par le gaz et l'électricité l'hydrothérapie et l'assainissement.

1° *Que doit savoir un bon ouvrier :*
a) *au point de vue technique?*
b) *au point de vue pratique?*

(*a*) Les ouvriers de notre corporation se divisent en trois catégories principales :

Les tourneurs en cuivre,

Les monteurs et remonteurs en bronze,

Les tôliers-ferblantiers.

Au point de vue de l'apprentissage, nous devons considérer les deux premières catégories, les tourneurs et les monteurs.

Les tôliers-ferblantiers sont dressés dans leurs ateliers spéciaux auxquels nous les empruntons selon nos besoins.

L'instruction théorique de nos apprentis est d'ordre primaire, leur acceptation dans nos ateliers est subordonnée à la possession du certificat d'études.

Nous estimons ces connaissances théoriques suffisantes, sauf à les compléter par l'étude du dessin linéaire et du dessin ornemental strictement appliqués à notre fabrication.

La lecture du dessin pourrait presque suffire, car un ouvrier doit exécuter des pièces suivant dessin, et il a rarement à faire le dessin lui-même.

(*b*) Au point de vue pratique.

Un tourneur doit savoir exécuter les pièces de cuivre formant les éléments divers d'un appareil d'éclairage, ou plus spécialement de la robinetterie de gaz et d'eau, assembler les diverses pièces, les ajuster, les roder, suivant les données verbales du chef d'atelier, d'après un dessin commenté par lui, ou encore selon un modèle en nature.

Un tourneur pour être complet doit savoir braser au cuivre, souder à l'étain.

Le monteur en bronze doit acquérir l'habileté de l'ajustage; il doit braser et souder, cintrer les tubes, redresser et réunir les ornements en bronze autour des armatures principales. La goût et l'œil doivent être très exercés.

Tous deux doivent savoir lire un dessin et l'interpréter fidèlement.

L'outillage étant l'auxiliaire puissant, indispensable à l'ouvrier, celui-ci doit savoir forger, limer, tremper les outils dont il a besoin; il doit prendre l'initiative de confectionner les outils les plus propres au façonnage d'un travail déterminé, soit pour en augmenter le degré de fini, soit pour en accélérer l'exécution. Le contre-maître a pour devoir de guider et d'encourager l'ouvrier dans cette initiative.

2° *Quelles sont les connaissances qu'il doit acquérir :*
a) *à l'atelier?*
b) *au chantier?*

Toutes les connaissances pratiques du métier peuvent être acquises à l'atelier; mais, par une meilleure organisation de l'apprentissage, on pourrait améliorer sensiblement les résultats obtenus jusqu'à ce jour.

3° *Quelles sont les connaissances pour lesquelles les cours professionnels sont nécessaires?*.

L'enseignement du dessin industriel pourrait être donné en dehors de l'atelier, au moyen de cours pratiqués le jour et non le soir.

On pourrait utiliser les institutions déjà existantes (associations d'instruction populaire) et le concours des Chambres Syndicales patronales. Trois séances par semaine, d'octobre à mai suffiraient à donner aux jeunes gens les connaissances spéciales à leur profession. La fin de la 3e année se terminerait par une série de conférences sur le rôle de l'ouvrier dans l'activité économique des peuples, sur la nécessité pour lui de s'adapter aux nouveaux moyens de production qui seuls peuvent lui permettre de conserver un rang honorable dans la lutte mondiale, enfin sur l'hygiène et sur l'épargne.

4° *Quel doit être l'enseignement complémentaire de l'apprentissage fait à l'atelier ou au chantier?*

L'enseignement du dessin.

5° *Comment votre Chambre syndicale s'est-elle efforcée de résoudre le problème?*

6° *Qu'a-t-elle tenté? — Quels sont les résultats obtenus?*

Notre Chambre n'a rien fait.

7° *Que reste-t-il à faire?*

Au point de vue général, il faut donner le plus grand développement possible à l'enseignement du travail manuel, du dessin linéaire et du dessin artistique à l'école primaire, et d'après des méthodes pédagogiques rationnelles.

Au point de vue de l'apprentissage, il y a lieu de compléter celui de l'atelier par des cours de dessin, donnés le jour plutôt que le soir; de rendre les cours obligatoires, de les surveiller et de les contrôler (ce contrôle pourrait être fait par l'inspection du travail et le patronat); d'utiliser dans la plus large mesure, pour l'apprentissage, la collaboration des industriels et des chambres syndicales patronales, de réorganiser l'apprentissage en atelier.

L'apprenti pourrait être surveillé par l'inspecteur du travail, et les notes de son carnet individuel communiquées aux parents. Il nous semble, d'une manière générale, que les familles se désintéressent trop de leurs enfants pendant la période d'apprentissage et ne les exhortent pas assez à l'application au travail.

En outre, l'apprentissage à l'atelier devrait être subventionné, cet enseignement pratique étant en quelque sorte le prolongement de l'école. Ce système serait certainement moins onéreux que celui des écoles pratiques que l'on se propose de créer.

Il serait à souhaiter aussi qu'un accord s'établît entre diverses chambres syndicales pour que l'instruction professionnelle d'un apprenti pût être complétée dans l'atelier spécial se rattachant à certaines parties de son métier. Il y a des connaissances qui doivent être acquises dans un atelier spécial. L'instruction pratique de l'ouvrier s'en trouverait accrue.

Les Chambres Syndicales devraient stimuler le zèle des apprentis par des concours annuels entre les jeunes gens d'une même catégorie et par l'attribution de récompenses aux plus méritants. Ce système permettrait en outre aux familles de se rapprocher des patrons au jour solennel de la distribution de ces récompenses.

Telles sont les idées d'ensemble qui nous paraissent de nature à améliorer le ouvriers, à permettre à l'industrie l'amélioration des moyens de production, et
ouvriers, à permettre à l'industrie l'amélioration des moyens de production, et
par suite la réalisation prochaine de la réduction des heures de travail.

La science du dessin appliquée aux industries d'art

Le dessin n'est pas seulement un « art d'agrément », comme on l'a considéré longtemps dans l'éducation de la jeunesse; c'est aussi et surtout une science indispensable à la pratique des industries d'art.

Il y a deux sortes de dessin : le dessin d'*Imitation* et le dessin d'*Invention*.

Le premier est la *lecture* et *l'écriture* des formes et des colorations, et sa science permet de reproduire plus facilement et fidèlement, en la matière déterminée, un modèle mieux compris.

Le second est *l'écriture* des idées d'art que les nécessités professionnelles suggèrent, et que sa science permet de noter avec précision, afin d'en garder un souvenir durable, ou de pouvoir les communiquer, sous une forme immédiatement compréhensible pour tous, par le moyen le plus rapidement et exactement descriptif qui soit.

En pédagogie, l'enseignement du dessin d'imitation précède celui du dessin d'invention qu'on appelle « Composition décorative ». Peut-être ces deux enseignements, distincts, devraient-ils être simultanés, et parallèles en leur progression. Quoiqu'il en soit, l'imitation doit être *prépara-*

toire à l'invention; c'est-à-dire que les principes doivent en être conçus et appliqués dans ce caractère et dans ce but pour l'éducation de tous ceux qui se destinent à la pratique des industries d'art.

L'Imitation.

L'action de dessiner comporte trois phases successives : la vision, le souvenir et la réalisation de l'image.

Regarder un objet et reporter tout de suite les yeux sur une feuille de papier pour y reproduire son image, constitue, quelque court qu'il soit, un acte de mémoire. Des trois efforts successifs qu'exige un dessin d'imitation — effort de l'œil pour voir, de la mémoire pour retenir et de la main pour tracer — celui de la mémoire est le plus grand, parce qu'il est plus cérébral. On peut même considérer la mémoire comme la base du dessin. C'est elle qui relie l'œil à la main, c'est-à-dire la faculté de vision à celle d'expression qui ne pourrait exister sans un souvenir précis de l'image.

Certains sujets possèdent l'une ou l'autre de ces trois facultés à l'état d'aptitude naturelle. Quelques-uns voient juste, mais exécutent maladroitement; d'autres ont une habileté de main quelquefois surprenante pour le peu d'expérience acquise, mais la mémoire leur manque, et leurs dessins ressemblent à des calligraphies sans intérêt; d'autres, enfin, ont un don de mémoire trop facile qui les fait regarder trop vite, voir incomplètement et se contenter d'une copie sommaire. Ceux-là sont les plus rares et passent pour être plus particulièrement doués.

L'enseignement du dessin d'imitation a pour but de développer ces trois aptitudes, en les amenant, par une série d'états relativement progressifs, à l'unité parfaite qui caractérise l'art du dessin.

Il y pour cela deux moyens; d'abord l'exercice *physique* — pour ainsi dire — des trois facultés mises en action. Quand on regarde fixement, avec une volontaire attention, un objet quelconque, et que l'on ferme subitement les yeux, après un instant d'observation, on voit, pendant quelque temps encore, l'apparence de cet objet comme si elle avait été subitement enfermée entre l'œil et la paupière. L'image ainsi créée est très fugitive et s'évanouit généralement aussitôt que l'on rouvre les yeux; mais pas assez rapidement, cependant, pour que l'on n'ait, avec un peu d'habitude, le temps de la dessiner. Il n'y a là qu'un phénomène physique provoqué par la volonté de voir, mais sans qu'il en résulte un effort intellectuel appréciable. Le cerveau se comporte en cette circonstance comme une plaque photographique impressionnée par les rayons lumineux. Cependant la répétition fréquente de ce phénomène sensibilise progressivement et presqu'inconsciemment le sens de la vue.

Or, le même phénomène physique se produit quand l'élève porte, alternativement et rapidement les yeux sur son modèle et sur son papier pour essayer de fixer l'image de ce qu'il voit; car il n'accomplit, dans ce cas, qu'un acte de mémoire passive, ou plutôt une série d'actes très nombreux, mais isolés, quoique très fréquemment répétés dans un laps de temps très court. Il s'en suit qu'il regarde très peu chaque fois, et ne se souvient que d'une faible partie de ce qu'il voit, et, encore, sommairement. Pour arriver, dans ces conditions, à un résultat d'imitation appréciable, il lui faut recommencer sans cesse cette série de petits efforts d'attention visuelle, de mémoire incertaine et de tâtonnements graphiques. Il en résulte, au bout de peu de temps, une fatigue dont il ne se rend pas compte, précisément parce qu'elle entraîne un amoindrissement des trois facultés. Et comme le travail de la main est celui qui exige le minimum de l'effort cérébral total, il éprouve du plaisir à s'y abandonner tout naturellement; créant ainsi, sans le savoir, un déséquilibre entre l'énergie visuelle de l'œil et du cerveau et l'habitude de la main. L'emploi unique de ce premier moyen est donc insuffisant, et il faut le compléter par un autre.

Le second moyen de développer les trois aptitudes en un accord permanent consiste à indiquer à l'élève une méthode de vérification constante de ses facultés instinctives, et à lui apprendre à séparer les trois actes de vision, de mémoire et d'imitation, de façon qu'il puisse, avec moins d'effort, concentrer sur chacun un maximum d'attention.

Cette méthode est basée sur l'analyse de l'objet que l'on se propose d'imiter. Cette analyse a pour but la découverte des particularités fondamentales de la chose vue et de leur rapport avec l'optique dont la connaissance acquise, par une observation attentive et raisonnée permettra d'en prolonger le *souvenir conscient* au delà de la limite de sensibilité visuelle et d'impression physique : car le cerveau gardera l'empreinte d'autant plus précise de l'image que l'analyse logique en aura assuré, pour l'esprit, la vérité scientifique. L'élève continuera ainsi à voir *cérébralement* l'objet bien après qu'il aura cessé de le regarder physiquement, parce que l'analyse de sa complexité d'aspect et la connaissance des lois d'optique auxquelles son apparence est soumise, lui auront prouvé que l'objet ne peut être vu que de telle ou telle façon en telle ou telle condition.

Le dessin d'imitation doit être plus un acte d'intelligence que de sensibilité, et la qualité de la méthode d'enseignement réside dans ce que l'on fait *penser* à l'élève à propos de ce qu'il voit ou de ce que l'on lui fait voir. En d'autres termes, cette méthode consiste à lui expliquer les raisons de l'impression qu'il éprouve et à lui faire comprendre pourquoi il ne peut l'éprouver qu'ainsi et non autrement; car, quand on commence à dessiner on regarde sans savoir si on voit *juste* ou *faux*.

Il est bien entendu, qu'en matière d'éducation d'art, il faut respecter l'idiosyncrasie, le charme de la naïveté étant la fleur du sentiment individuel; mais nous devons considérer les règles élémentaires du dessin comme une science, je ne dis pas exacte, mais d'exactitude, dont le professeur doit savoir imposer à l'élève les principes dont la connaissance lui est indispensable, mais sans atrophier ses qualités naturelles. C'est là, de sa part, une question de tact, et tant vaut le professeur, tant vaut la méthode; mais cette question de tact ne se pose qu'après une période d'enseignement élémentaire uniquement basé, d'abord, sur la raison.

L'enseignement du dessin d'imitation peut se résumer en trois mots : lecture, souvenir, écriture. La méthode à suivre, en commençant, consiste donc à séparer les trois actes de vision de mémoire et d'imitation.

L'œil doit regarder attentivement et longtemps. La première action intellectuelle exercée sur la vision est la comparaison de l'ensemble de la chose vue avec ses parties dominantes, tendant à la découverte et à la précision de leurs analogies et de leurs contrastes. La lecture d'une forme est donc un acte de vision objective et analytique. Le cerveau doit, ensuite, s'imprégner lentement de l'image que l'esprit a analysée, appréciée, et précisée jusqu'à ce que la main puisse la dessiner pendant que les yeux la revoient — pour ainsi dire — intérieurement.

Une mnémonique, basée sur une théorie de la prolongation du souvenir visuel par l'observation analytique devrait occuper une place très importante dans la pédagogie du dessin; car le souvenir précis et durable peut, seul, permettre d'exprimer le mouvement des formes naturelles en action, ainsi que les effets fugitifs de la lumière et de la couleur. La nature ne pose pas, et l'étude de tout se qui se meut et se modifie constitue la partie la plus intéressante de l'observation d'art.

Et si l'utilité d'une mnémonique ne paraît pas discutable quant au dessin d'imitation, elle apparaît indispensable s'il s'agit d'une méthode préparatoire au dessin d'invention. Car, pour composer, en vue d'une réalisation matérielle, on doit faire subir aux éléments naturels choisis des modifications plus ou moins profondes pour les amener jusqu'à l'état harmonieux qui caractérise la qualité de leur fonction décorative adéquate au but proposé.

Or, on ne peut, en ce cas, se contenter de simples imitations directes — comme ferait un peintre — il faut acquérir la *mémoire prolongée* des formes et des couleurs *vues* pour ne pas être gêné dans les transpositions successives qu'on doit faire subir aux éléments de composition jusqu'à leur appropriation définitive.

L'enseignement du dessin *préparatoire* à la composition décorative doit donc compléter l'observation directe et pour ainsi dire photographique, par l'étude des moyens mnémotechniques propres à habituer l'esprit à « voir cérébralement » les formes et les couleurs, et à les « penser » dans toutes les modifications passagères qu'elles peuvent subir, soit — pour les formes — dans leurs mouvements propres et leurs aspects perspectifs; soit — pour les couleurs — dans leurs modulations et leurs éclairements.

Et, en terminant sur ce sujet, allons tout de suite au devant d'une objection possible, sinon certaine. Un préjugé courant condamne tout dessin, prétendant à l'imitation, qui n'est pas *directement* exécuté *d'après nature*. On traite même avec un certain mépris ce genre de travail en se servant — en argot d'école — de l'expression « dessiner de chic ». Or, il ne faut pas du tout confondre mémoire et *chic*, car c'est justement, ou à peu près, tout le contraire. Le chic consiste à exécuter l'image d'une chose imparfaitement observée avec des prétentions d'exactitude et des habiletés de métier bien supérieures à la précision et à la sincérité du souvenir. Tandis que « dessiner de mémoire » n'est que développer logiquement et normalement une faculté déjà utilisée, qui est nécessaire, indispensable, et la plus importante de toutes dans la pratique du dessin.

Si la lecture de la vision a été précisée par le raisonnement et l'analyse, si le souvenir a été prolongé par l'exercice et la science acquise, l'imitation graphique ne sera plus qu'une habitude matérielle contractée et dirigée par le goût de l'ordre et de la clarté. Le tracé de l'image ne sera plus qu'un acte subordonné d'écriture que l'on accomplira avec d'autant plus de souplesse et de précision que le travail cérébral préparatoire aura été plus complet.

Edme Couty,
Chef des ateliers de décoration
à la Manufacture nationale de Sèvres

(à suivre).

L'Examen de physique et chimie
au Concours d'admission
aux Ecoles nationales d'arts et métiers

Les décrets récents relatifs à l'organisation des études dans les Ecoles d'arts et métiers apportent, dans la réglementation du concours d'admission, quelques modifications dont la plus frappante est l'introduction d'une épreuve écrite de langue vivante, et aussi d'un examen oral sur cette matière. Nous pensions, *a priori*, y trouver l'introduction d'une épreuve orale de physique et chimie; il n'en est rien, et nous le regrettons pour nos élèves, et pour nous, professeurs.

Nous ne voulons pas discuter la nécessité d'une épreuve double de langue vivante; ceci ne rentre nullement dans notre compétence, bien que nous sentions, personnellement, l'importance de la connaissance d'une langue vivante dans une école industrielle, nos élèves étant appelés : les uns, à lire les revues industrielles étrangères qui les mettront au courant des progrès des sciences appliquées (mécanique, électricité); les autres, à voyager ou à résider à l'étranger pour étendre leurs connaissances scientifiques ou pour y exercer une fonction industrielle en rapport avec leurs aptitudes spéciales. Mais nous estimons que l'importance attribuée aux langues vivantes, dans la préparation à nos Ecoles, — où les matières littéraires occupent déjà une place presque *prépondérante*, — est *exagérée*, puisqu'elle aura pour effet de ramener au deuxième plan des matières qui, bien qu'introduites depuis dix ans dans les programmes, continueront à n'y être représentées que par une épreuve écrite.

Il n'est pas besoin, en effet, de discuter longuement sur la mentalité spéciale développée, chez les candidats, par la lecture d'un programme de concours : on considère toujours comme seulement importantes, les facultés auxquelles est fait l'honneur d'une double épreuve; — ceci, indépendamment de l'esprit des auteurs des programmes, et même malgré eux. Il y a là une disposition d'esprit très connue, et contre laquelle il est on ne peut plus difficile de réagir. Donc, pour les candidats aux Arts et Métiers, il est, d'ores et déjà, bien entendu que les matières littéraires, les langues vivantes, et les mathématiques, constituent la partie résistante du concours; et que la préparation dudit concours sera dirigée par les candidats, avec cette idée préconçue. Or, est-il besoin d'insister autant que cela sur l'importance de l'enseignement des sciences physiques dans nos Ecoles? La place qu'occupent, dans l'industrie moderne, la physique industrielle et la chimie appliquée, est trop considérable, trop omnipotente, pour qu'il soit besoin de leur faire une réclame quelconque.

On peut dire que, pour un industriel digne de ce nom, — intelligent, documenté, donc averti, — la physique et la chimie appliquées constituent, avec la mécanique, les bases fondamentales du savoir utile, indispensable.

Et ce n'est pas seulement à leur sortie de l'Ecole, que nos futurs ingénieurs pratiques doivent être pénétrés de cette idée; il faut qu'ils la comprennent plus tôt, et qu'ils l'impriment dans leur cerveau, dès les débuts de leurs études.

Or, comment est-il possible de faire admettre, à nos candidats, l'importance des matières ne figurant au concours que par une simple épreuve écrite? Epreuve qui n'est, malheureusement, pour les 3/4 au moins d'entre eux, qu'une formalité dont ils se débarrassent au plus tôt, pour étudier avec soin les matières de l'oral: les *mathématiques* (qui ne constituent cependant, pour l'industriel, qu'un *moyen* et non un *but*), le *français*, l'*histoire* et la *géographie*, et bientôt une *langue vivante;* — matières destinées simplement à collaborer à l'éducation générale du candidat, et d'une utilité évidente, mais secondaire, au point de vue de la formation de l'*esprit technique*?

Une expérience déjà longue dans les écoles d'enseignement technique de divers ordres, nous a permis de vérifier le bien fondé de la manière de voir que nous venons d'exposer. Dans les écoles préparatoires à nos Écoles d'arts et métiers, l'enseignement de la physique et de la chimie n'a, malheureusement, pas atteint un niveau suffisant. Nous ne savons si, hypnotisés par le *rang accessoire* que les programmes assignent à ces matières, les élèves ne s'y intéressent que tout juste assez pour obtenir, à l'examen écrit, une note *non éliminatoire ?* Ou si, dans le même esprit, les professeurs n'y attachent qu'une importance secondaire, et, dès lors, n'y apportent pas une attention suffisante? Mais ce que nous savons bien, par l'expérience de tous les jours, c'est que les élèves qui entrent dans nos Écoles sont, en grande majorité, insuffisants en physique et chimie.

Les notes attribuées aux épreuves écrites sont, en général, à peine *passables;* les réponses que font les élèves admis à l'École, lorsque le professeur fait appel à leurs connaissances antérieurement acquises, sont souvent très défectueuses, pêchant par l'inexactitude plutôt que par l'ignorance (ce qui est plus grave), — et comme il arrive infailliblement pour une matière mal apprise, mal digérée.

Et lorsqu'on connaît le niveau et l'étendue des programmes des sciences physiques dans nos Écoles (physique pure ou appliquée, électricité, métallurgie), on a lieu d'être inquiet, *a priori*, en songeant combien il doit être pénible, pour des jeunes gens ainsi préparés, d'asseoir un édifice aussi lourd sur des bases aussi fragiles.

Ainsi donc, si l'on veut que nos élèves s'assimilent facilement des sciences aussi éminemment utiles, si l'on veut qu'ils emportent de nos Écoles un faisceau de connaissances solides et dont ils puissent tirer un parti convenable, il importe que, dès la préparation des Concours d'admission, ils aient la conscience nette de l'importance de la physique et de la chimie: et c'est par l'institution d'une épreuve orale seulement que l'on arrivera, nous en sommes persuadé, à relever le niveau de cet examen. Quelle que soit la valeur d'une composition écrite, elle ne saurait jamais prétendre à fixer un examinateur sur le niveau réel du candidat, au même titre qu'une épreuve orale, avec laquelle il est absolument impossible de donner le change au Jury.

Nous souhaitons donc vivement, — et nous y insistons dans l'intérêt de l'enseignement de nos Écoles, dans l'intérêt général de nos futurs ingénieurs, — qu'une épreuve orale de physique et chimie soit ajoutée à l'épreuve écrite, persuadé que cette mesure est indispensable au relèvement du niveau de l'examen de physique et chimie.

H. Pécheux,
Docteur ès-sciences,
Professeur d'électricité
à l'École nationale d'arts et métiers d'Aix.

ENSEIGNEMENT TECHNIQUE A L'ÉTRANGER

L'ENSEIGNEMENT COMMERCIAL AUTRICHIEN (1)

(*Suite et fin*)

V

L'ADMINISTRATION DES ÉCOLES

Presque toutes les écoles commerciales autrichiennes sont redevables de leur création à l'initiative privée : elles ont été fondées, soit par les municipalités des grandes villes ou les chambres de commerce, soit par les corporations de commerçants, des sociétés particulières ou des personnalités généreuses.

Au début, elles avaient, à peu près toutes, leurs programmes propres, ce qui donnait une grande variété à leur organisation. Mais, leur nombre se développant chaque année, l'Etat fut amené à leur prêter une attention particulière : c'est ainsi qu'une direction spéciale de l'enseignement commercial fut créée, en même temps qu'était organisé un service d'inspection (2). L'effet de cette surveillance ne tarda pas à se faire sentir. Peu à peu, des règlements-modèles et des programmes-types ayant été élaborés, les différences entre les écoles s'atténuèrent au point de s'effacer; si bien que l'enseignement commercial autrichien, assis sur des bases homogènes, forme aujourd'hui un ensemble méthodique qui peut supporter la comparaison avec les meilleures organisations étrangères.

Tout ce qui touche à l'enseignement et à l'éducation dépend, en Autriche, du ministère de l'instruction publique et des cultes (*Unterrichtsministerium*) à qui une loi du 25 mai 1868 a donné l'autorité suprême sur tous les établissements d'enseignement. Il n'y a d'exception que pour les écoles industrielles, les écoles agricoles et l'Académie d'exportation de Vienne qui ressortissent respectivement aux ministères des travaux publics, de l'agriculture et du commerce.

L'ingérence de ce dernier ministère est également prévue « pour tout ce qui touche à la fondation d'instituts industriels et polytechniques, de même que, dans les créations des autres ministères, pour tout ce qui a une influence sur le commerce, l'industrie et la navigation ».

En vertu de ces dispositions, les deux ministères de l'instruction publique et du commerce travaillent de concert pour tout ce qui a trait aux écoles commerciales. Mais c'est surtout au moment de l'ouverture de ces établissements que se manifeste cette collaboration : le ministère du commerce est juge de l'opportunité des fondations nouvelles et des mesures d'organisation, mais seulement en ce qui concerne les matières spéciales de l'enseignement.

Il y a dix ans, l'Etat ne possédait que deux écoles : la section commerciale de l'Académie de Trieste et l'école moyenne annexée à l'école industrielle de Czernowitz. Il en possède dix aujourd'hui (3) :

---

(1) Voir *Revue de l'enseignement technique*, n° 8 p. 365 et n° 9 p. 402.

(2) l'Etat a le droit d'inspection sur toutes les écoles, même sur celles qui sont privées et qui ne reçoivent pas de subvention.

(3) Les écoles de l'Etat sont désignées sous les deux initiales K. K., précédant le nom de l'Ecole (*kaiserliche-königliche*, impériale-royale).

L'Académie d'exportation de Vienne ;

Les Académies de Brünn (école Franz Joseph (1) et école tchèque (2), de Graz (3), de Lemberg (1), de Trente (4) et de Trieste (5) (section commerciale);

Les écoles moyennes de Czernowitz (6), de Spalato (6) et de Troppau.

Si les autres écoles ne sont pas des écoles d'Etat, presque toutes désirent le devenir : de nombreuses pétitions dans ce sens affluent au ministère de l'instruction publique.

Un certain nombre d'établissements qui offrent des garanties au point de vue de leur organisation ont pu obtenir une sorte de reconnaissance officielle (7) analogue à celle de nos écoles supérieures de commerce. Dans quelques-unes, en outre, (Olmütz, Cracovie, Innsbrück, Bozen, etc.), l'Etat affecte tout ou partie de sa subvention au traitement du directeur ou de professeurs, dont il se réserve la nomination.

Les écoles qui n'appartiennent pas à l'Etat sont administrées par les provinces (*Landeshandelsschulen*), les villes (*Kommunal* ou *Städtische Handelsschulen*), les corporations ou même les particuliers.

L'Etat met comme conditions à l'ouverture d'une école privée que le président soit responsable vis-à-vis des autorités, que le directeur et les professeurs soient autrichiens, qu'ils aient les grades des professeurs d'une école publique de la même catégorie et qu'ils soient « d'une moralité et d'opinions politiques irréprochables ».

Comme les conseils de perfectionnement de nos écoles pratiques, les conseils d'administration des écoles publiques sont composés de délégués du ministère et de commerçants, ceux-ci ayant pour mission de maintenir le contact entre l'école et la pratique. Les conseils des autres écoles se composent de représentants de tous les groupements qui subventionnent l'établissement.

Ainsi que nous avons eu l'occasion de le voir, à propos de chaque genre d'écoles, c'est l'Etat qui arrive sensiblement en tête pour l'octroi des subsides ; en règle générale il n'en accorde que si l'école est déjà subventionnée par la province, la ville ou la Chambre de commerce.

Depuis 15 ans, le budget de l'enseignement commercial s'est accru dans des proportions considérables. Il était de 148.000 couronnes en 1896, de 317.120 en 1900, de 657.700 en 1905 et de 1.408.991 en 1910 (8). Dans ce dernier total, 511.972 couronnes vont aux écoles de l'Etat, 603.137 aux Académies ou aux écoles moyennes ; 113.400 aux écoles de perfectionnement ; le complément est destiné aux commissions d'examen, aux frais d'inspection, aux bourses, etc., etc.

Des rétributions scolaires sont partout exigées, sauf dans les écoles de perfectionnement. Elles sont généralement assez élevées, mais les élèves peuvent obte-

(1) Cette académie a aussi une école de perfectionnement.

(2) Cette académie a aussi une école de perfectionnement et des cours de bacheliers.

(3) Cette académie a aussi des écoles moyennes de garçons et de filles, des cours de perfectionnement et des cours de bacheliers.

(4) Cette académie a aussi une école moyenne de filles et une école de perfectionnement.

(5) Cette académie a aussi une école moyenne de garçons.

(6) Cet établissement a aussi une école de perfectionnement.

(7) On les qualifie *staatliche*.

(8) Dlabac et Gelcich, p. 87 et 88.

nir des remises, si leur conduite et leur travail sont satisfaisants; chaque école a, d'ailleurs, une sorte de comité de patronage qui vient en aide, de diverses façons, aux élèves peu fortunés.

VI

LA FORMATION ET LA SITUATION DU PERSONNEL ENSEIGNANT

Depuis longtemps déjà, l'État autrichien s'est préoccupé de la formation du personnel enseignant de ses écoles de commerce : le premier programme d'examen remonte à 1870; celui qui concerne les maîtres des écoles moyennes est du 25 septembre 1892; la réglementation pour les professeurs des écoles supérieures date du 24 mai 1907.

Pour la formation du personnel des *Ecoles de perfectionnement* (1), il existe, dans presque toutes les Académies de commerce, des cours de vacances qui ont une durée d'un mois à un mois et demi. On y étudie, à raison de 30 à 36 heures de cours par semaine, les matières qui font partie du programme des Fortbildungsschulen. En 1909-1910, 379 auditeurs suivaient ces cours de vacances dans 9 académies, dont 99 pour la seule Académie tchèque de Prague et 60 pour l'ancienne Académie de Vienne.

A la différence du système français qui ne comporte, pour les écoles pratiques, qu'un seul professorat commercial conférant l'aptitude à enseigner indistinctement toutes les matières du programme de ces écoles, le professorat des *Ecoles moyennes* autrichiennes (*zweiklassige Handelsschulen*) est divisé en deux groupes de facultés absolument indépendants l'un de l'autre.

Les titulaires du certificat du premier groupe sont qualifiés pour l'enseignement du commerce, de la comptabilité, de l'arithmétique et de la législation commerciale. Les marchandises, les sciences physiques et naturelles et la géographie commerciale constituent les facultés du second groupe.

Pour être admis à l'examen du premier groupe, il faut avoir fréquenté, pendant quatre années au moins, un établissement d'enseignement secondaire, avoir fait des études complètes dans une académie commerciale et justifier, en outre, de trois ans de pratique. Pour le second groupe, il est nécessaire d'avoir suivi les cours de la section chimico-technique d'une école supérieure industrielle ou ceux de la section chimique du Musée technologique industriel; trois ans de pratique sont également exigés. Les élèves des écoles supérieures ayant des connaissances techniques ou géographiques suffisantes et les instituteurs primaires pourvus du certificat d'aptitude pédagogique sont également admis à passer l'examen du deuxième groupe. Les professeurs des *bürgerschulen* et des établissements secondaires ayant les diplômes nécessaires sont simplement astreints à l'obtention d'un certificat complémentaire portant sur les marchandises et la géographie commerciale (2).

L'examen pour le professorat des écoles moyennes comprend quatre séries d'épreuves :

a) une thèse (*Hausarbeit*, travail à la maison) sur deux sujets posés par la commission (3) et pour laquelle est accordé un délai de deux mois; cette épreuve

(1) Dlabac et Gelcich, p. 312 et suivantes.

(2) Cet examen comprend une composition (4 heures), un examen oral (1 heure), et, pour les marchandises, des manipulations au laboratoire.

(3) La commission est composée de professeurs et de praticiens.

a pour but d'apprécier le savoir du candidat, ses méthodes de travail et ses aptitudes pédagogiques ;

b) des compositions écrites, au nombre de deux pour le premier groupe : comptabilité et correspondance (5 heures), législation et commerce (4 heures); de trois pour le second : marchandises (4 heures), géographie (4 heures), sciences physiques ou naturelles (4 heures) ;

c) un examen oral, qui a une durée d'une demi-heure par matière et qui porte sur toutes les facultés du groupe ;

d) une leçon d'épreuve à faire dans une école de commerce de la ville où a lieu l'examen : vingt-quatre heures à l'avance, le candidat connaît la matière sur laquelle il devra faire sa leçon et le point du programme où en est le professeur. Il doit continuer le cours, interroger les élèves et résumer.

Avant la réorganisation de 1907, le professorat des *Académies* était régi par un arrêté de 1899 qui créait deux groupes de facultés : la comptabilité, la correspondance, l'arithmétique commerciale, le droit et l'économie politique faisaient partie du premier; le second comprenait la géographie, les marchandises et les sciences connexes.

Le premier groupe était trop vaste. Aussi personne ne passait-il l'examen complet; les candidats tournaient la difficulté en se présentant d'abord au professorat des écoles moyennes, après quoi ils passaient un examen complémentaire. On demandait donc une réduction de l'examen, en faveur de laquelle militait, d'ailleurs, une autre raison importante : l'inutilité de certaines matières. Les Académies ont, en effet, une tendance à recourir à des juristes pour l'enseignement du droit et à des mathématiciens pour l'enseignement de l'arithmétique financière. On pouvait donc restreindre l'examen aux facultés commerciales pures.

Les mêmes remarques s'appliquaient au deuxième groupe : avec un léger effort d'adaptation, les professeurs des gymnases et des *realschulen* devenaient facilement professeurs de géographie commerciale ou de marchandises.

Il y avait, d'autre part, une grave lacune dans la réglementation de 1899 : aucune place n'y était faite aux langues. Aussi était-on obligé d'avoir recours à des étrangers, à défaut de professeurs nationaux : il était, en effet, assez malaisé de trouver des maîtres ayant, en même temps que leurs diplômes pour les établissements secondaires, des notions commerciales suffisantes les qualifiant pour l'enseignement de la correspondance.

Les candidats, enfin, n'avaient pas de préparation méthodique : ils étaient abandonnés à eux-mêmes ou aux cours de fortune institués dans les Académies ou les Universités.

Pour toutes ces raisons, une réorganisation s'imposait : cette réforme a été l'œuvre de l'ordonnance de 1907 (1).

Comme l'ancienne réglementation, la nouvelle prévoit deux groupes de facultés comportant chacun son diplôme.

Le 1er groupe comprend, comme matières principales, le commerce, la comptabilité, la correspondance et l'arithmétique commerciale; comme matières facultatives, le droit commercial et industriel et l'économie politique.

Le 2e groupe comprend une langue étrangère (italien, français, anglais ou russe), avec la correspondance commerciale dans cette langue; comme matières facultatives : les éléments du commerce et de la comptabilité.

(1) Dlabac et Gelcich, p. 320 et suivantes.

Pour être admis à l'examen du premier groupe, il faut avoir fréquenté pendant quatre années, un gymnase, une *realschule* ou un realgymnase et avoir suivi complètement les cours d'une Académie commerciale, ou bien avoir fait des études secondaires complètes et fréquenté soit les cours préparatoires institués dans les Académies pour les bacheliers (*Abiturientenkurse*), soit la section générale (*Allgemeine Abteilung*) de l'Académie d'exportation de Vienne.

Quelles que soient leurs études antérieures, deux ans de pratique dans une banque ou un commerce de gros sont exigés des candidats qui doivent fournir également la preuve qu'ils ont suivi, dans une Université, des cours relatifs aux branches principales sur lesquelles ils sont appelés à passer l'examen et, en outre, des cours de philosophie, de pédagogie, d'histoire et de littérature.

Pour l'examen du deuxième groupe, les candidats doivent justifier de quatre ans d'études dans une Université où s'étudie la langue présentée, une année de séjour à l'étranger pouvant être déduite de ces quatre années. Ils peuvent aussi obtenir l'équivalence pour les études faites dans une Université étrangère.

Ainsi que pour les écoles moyennes, l'examen pour le professorat des Académies comprend quatre séries d'épreuves :

a) La thèse (*Hausarbeit*) porte sur trois sujets dans le premier groupe (commerce, comptabilité et correspondance, arithmétique), sur deux seulement dans le second (histoire et littérature, correspondance commerciale en langue étrangère). Trois mois sont accordés pour ce travail qui doit être personnel et dont on doit indiquer les sources. Les candidats ayant publié des ouvrages peuvent être dispensés de tout ou partie de la thèse.

b) Les compositions sont au nombre de trois pour le premier groupe (commerce, comptabilité et corespondance, arithmétique), de deux pour le second (thème général et corespondance). Huit heures sont accordées pour chaque composition.

c) L'oral porte sur toutes les matières. Il a une durée d'une heure par faculté principale, d'une demi-heure par faculté accessoire.

d) Une leçon d'épreuve, enfin, est imposée aux candidats qui ne sont pas encore dans l'enseignement. Comme pour les écoles moyennes, la leçon est faite à la suite, dans une classe qui est désignée seulement la veille.

Indépendamment de l'examen du professorat commercial, les professeurs de l'enseignement secondaire peuvent poursuivre l'obtention de certificats d'aptitude pour la géographie commerciale, l'arithmétique financière, les marchandises et la technologie et la correspondance en langue étrangère. Il y a également à l'intention des professeurs ayant leur diplôme pour les écoles supérieures de commerce des examens d'extension pour l'arithmétique financière, le droit commercial et industriel et l'économie politique.

Il n'existe pas, en Autriche, de sections normales pour la formation des professeurs d'enseignement commercial comme il en existe en France, à Paris et au Havre, pour celle des futurs maîtres de nos écoles pratiques. Mais, tous les ans, un avis ministériel donne la liste des cours qui peuvent être fréquentés avec fruit par les candidats et dont les diplômes ou certificats sont exigés pour l'admission à l'examen.

Ces cours sont faits dans les Universités de Vienne et de Prague (centres d'examens du professorat) dans les écoles techniques supérieures, à l'Académie d'exportation (1) et dans les Musées commerciaux.

En même temps que le ministère de l'instruction publique relevait le niveau de l'examen pour le professorat commercial, le développement des écoles nécessitait un recrutement de maîtres plus considérable. Aussi, par crainte de manquer de candidats (2), l'Etat a-t-il attribué un certain nombre de bourses d'études à quelques futurs professeurs (3).

Mais c'est particulièrement des bourses de voyage à l'étranger pendant les vacances qui ont été accordées dans ces dernières années. Ces bourses varient de 1.000 à 1.500 couronnes. Les bénéficiaires ont pour seule obligation de déposer, dans les quatre mois de leur retour, un rapport sur un sujet désigné par le ministère. Pour la seule année 1909, dix bourses ont été attribuées à des professeurs d'écoles commerciales de tous degrés, pour leur permettre de suivre les cours d'expansion commerciale organisés au Havre par la Société internationale d'enseignement commercial.

Au point de vue de leur situation matérielle, les professeurs des écoles commerciales sont assimilés à leurs collègues des établissements d'enseignement général, si bien que l'on peut passer d'une catégorie d'enseignement à une autre, — si l'on appartient à une école publique, bien entendu, — tout en conservant son traitement et ses droits à la retraite.

Qu'elles soient provinciales, communales ou qu'elles dépendent des corporations et des chambres de commerce, les écoles assurent à leurs professeurs les avantages des professeurs de l'Etat. Certains établissements, comme l'ancienne académie de Vienne et l'académie tchèque de Prague leur font même une situation supérieure.

Les traitements de début sont généralement de 2.800 couronnes; ils atteignent au maximum, 6.200 couronnes pour les écoles supérieures, 5.400 pour les écoles moyennes, ces divers chiffres ne comprenant pas les indemnités de résidence, ou plus exactement les indemnités attachées à chaque classe de fonctionnaires (4).

Après dix ans de service et en cas d'invalidité, les professeurs peuvent obtenir une pension de retraite s'élevant à 40 % de leur traitement; la pension s'accroît ensuite de 2,4 % par année pour atteindre, après 35 ans, le montant intégral du traitement. Les veuves touchent les 2/5 de la pension de leur mari, les enfants bénéficiant, jusqu'à 24 ans, d'un troisième cinquième. Les orphelins de père et de mère reçoivent, jusqu'au même âge, la moitié de la pension de leur mère.

VII

Nous écrivions, au début de cette étude forcément superficielle, que l'Autriche passe pour une des nations qui ont pris l'avance la plus considérable en matière

(1) Nous avons vu que les cours spéciaux de l'académie d'exportation de Vienne (*Seminarien*) étaient suivis, l'an dernier, par 21 auditeurs (Dlabac et Gelcich, p. 280).

(2) Hassak, p. 8.

(3) M. Hassak se plaint qu'elles ne soient pas accordées en nombre suffisant.

(4) Indépendamment du statut particulier du service auquel ils appartiennent, les fonctionnaires autrichiens sont rangés en plusieurs classes, donnant droit, chacune, à une allocation uniforme. Après un certain nombre d'années de services, on peut, tout en avançant dans sa classe, avancer également d'une classe de fonctionnaires.

d'instruction professionnelle. Nous croyons avoir fait la preuve que cete affirmation n'a rien d'exagéré, du moins en ce qui concerne l'enseignement commercial. La totalisation des effectifs des diverses catégories d'enseignement, tels que nous les avons successivement résumés au cours de notre examen, fournit à cet égard, une démonstration singulièrement probante.

D'après MM. Dlabac et Gelcich, qui ont puisé leurs renseignements aux sources les plus officielles, 375 écoles *classées* de tout ordre dispensaient l'instruction commerciale, en 1909-1910, à 38.956 jeunes Autrichiens. On comptait, en effet :

161 écoles de perfectionnement avec	14.084	élèves
177 écoles moyennes avec	16.810	—
25 académies avec	6.681	—
10 cours de bacheliers (1) avec	1.213	—
2 écoles de hautes études avec	168	—

Si l'on ajoute à ces nombres les 2.932 auditeurs réguliers qui suivaient, à la même époque, les cours spéciaux annexés aux écoles de perfectionnement (1076), aux écoles moyennes (653), aux Académies (465) et aux écoles de hautes études (738), on arrive à cette conclusion que près de quarante deux mille jeunes gens recevaient, il y a un an, en Autriche, une instruction commerciale dont nous croyons avoir souligné l'organisation particulièrement méthodique.

Envisagés en eux-mêmes, ces résultats pourront paraître encore insuffisants à ceux qui souhaiteraient, pour l'enseignement commercial, dans tous les pays, un développement en rapport avec l'importance croissante des échanges internationaux. Mais, mis en parallèle avec ceux des nations voisines, ils semblent n'avoir rien à redouter d'une comparaison.

Le désir nous est souvent venu, au cours de notre examen, de rapprocher les effectifs des divers ordres d'écoles de commerce autrichiennes de ceux des établissements du même type des pays étrangers. Les statistiques les plus récentes que nous ayons pu nous procurer remontent malheureusement à plusieurs années. Aussi ne pouvons-nous que formuler le vœu de voir se continuer ici-même l'étude de l'enseignement commercial dans les principales puissances.

La France ne sortira peut-être pas toujours à son avantage des comparaisons que suggérera cet examen. Qu'importe? Dût notre amour-propre national souffrir de certaines constatations, nous pensons que c'est faire œuvre éminemment utile pour la cause de l'enseignement technique que de signaler les lacunes de notre organisation et de montrer l'avance prise par certains de nos rivaux, dans une voie où il ne tient qu'à nous de ne pas nous laisser plus longtemps distancer.

PAUL ANGLÈS.

---

(1) Dont la section générale de l'Académie d'exportation de Vienne.

QUESTIONS SCOLAIRES

QUESTIONNAIRE DE COMPTABILITÉ (1)

VI. — Etablissement des situations.

199. *A eux seuls, les livres de comptabilité suffisent-ils à faire connaître la situation?*

Non. Ils ne fournissent que des renseignements partiels; ainsi, en les consultant, on peut savoir combien il reste en caisse, quelle somme est due à tel fournisseur, etc.

200. *Est-ce là le but de la comptabilité?*

La comptabilité a bien pour but de procurer des renseignements isolés; mais elle doit encore et surtout permettre d'embrasser la situation d'un coup d'œil.

201. *Comment y parvient-on?*

En groupant dans un tableau général, tous les renseignements fournis par les comptes.

202. *Quelle est la disposition de ce tableau?*

Il comporte quatre colonnes de sommes. Dans les deux dernières, on inscrit le total de chaque compte (débit et crédit); dans les deux premières on ressort ensuite les soldes.

203. *Pourquoi placez-vous les soldes dans les deux premières colonnes ?*

Parce qu'ils apparaissent ainsi directement en regard des titres des comptes, ce qui permet de lire la situation avec plus de facilité.

204. *Tous les comptes figurent-ils dans ce tableau?*

Oui, tous les comptes du grand livre central, sans exception. Quant aux comptes individuels, ils donnent lieu à la confection d'états annexes expliquant et justifiant les comptes collectifs qui peuvent se rencontrer dans l'état de situation.

205. *La balance générale est-elle toujours appuyée des relevés de comptes individuels?*

Il devrait toujours en être ainsi. Mais, dans la pratique, beaucoup de teneurs de livres reculent devant ce travail et ne l'exécutent qu'à des intervalles plus ou moins longs, se contentant d'établir le résumé du grand livre central. Quand la comptabilité est bien organisée et bien divisée, on peut cependant, on doit même dresser aussi les relevés de comptes individuels.

206. *Quel inconvénient y a-t-il à ne pas le faire?*

On supprime un contrôle et l'on s'expose à laisser passer des malversations inaperçues.

207. *Sous quelle forme faut-il établir ce tableau de situation?*

Sous forme d'un relevé soigné, mis au net, et inscrit, soit sur les pages d'un livre *ad hoc*, soit sur des feuilles détachées que l'on conserve dans une reliure démontable.

---

(1) Voir *Revue de l'Enseignement technique* n° 5, p. 206; n° 7, p. 304; n° 8, p. 357; n° 9, p. 411.

208. *Que pensez-vous des teneurs de livres qui se contentent de griffonner un brouillon de situation au crayon et le fourrent ensuite dans le premier tiroir venu, ou le jettent au panier?*

Je pense qu'ils commettent une faute professionnelle grave et que leur travail est incomplet. En effet, les écritures comptables, si bien tenues qu'elles soient, ne sont qu'un moyen; le but, c'est l'état de situation.

209. *Quel nom donne-t-on à l'état de situation?*

On lui donne le nom de *balance*.

210. *Pourquoi cette dénomination?*

Parce que, si les écritures sont justes, l'ensemble des débits doit égaler l'ensemble des crédits ; il y a donc équilibre, comme entre les plateaux également chargés d'une balance juste.

211. *Outre son utilité en tant qu'état de situation, la balance en a-t-elle une autre?*

Elle constitue également un moyen de contrôle arithmétique.

212. *Comment cela?*

1° Parce que les totaux des quatre colonnes doivent être égaux deux à deux;

213. *Expliquez-vous sur ce dernier point?*

Je suppose que le compte collectif *clients* donne ceci à la balance générale :

	SOLDES		TOTAUX	
	débiteurs	créditeurs	doit	avoir
Clients . . .	43.527 55	» » »	139.872 35	96.344 80

On doit avoir, par ailleurs, un relevé des comptes individuels de clients, se totalisant ainsi (par exemple) :

44 342 15	814 60	139.872 35	96.344 80

214. *Il peut donc y avoir des clients créditeurs?*

Oui, par suite de rendus ou de redressements quelconques. En général, du reste, une série un peu nombreuse de comptes comprend presque toujours à la fois des soldes débiteurs et créditeurs.

215. *Ce point est-il important?*

Il l'est au premier chef et l'on doit, pour avoir la situation exacte, remplacer dans la balance générale, le solde unique donné pour le compte collectif (solde qui n'est qu'une simple différence arithmétique) par les deux groupes de soldes fournis par les comptes individuels et qui, eux, expriment la vérité.

La balance générale donnera donc :

Clients . . .	44.342 12	814 60	139.872 35	96.344 80

216. *Les totaux (débits et crédits) du compte collectif et du relevé des comptes individuels sont-ils nécessairement égaux?*

Ceux du compte collectif peuvent être supérieurs, s'il y a eu des redressements n'affectant pas les comptes individuels.

217. *Donnez des exemples?*

Je suppose qu'en établissant le compte collectif *clients* ci-dessus, le teneur de livres l'ait débité par erreur de 120 francs qui auraient dû aller au débit d'un autre compte. On aura :

Doit.	139.992,35
Avoir.	96.344,80
Différence.	43.647,55
Alors que les soldes du relevé annexe donnent.	44.342,15
Moins.	814,60
Solde.	43.527,55

On constate cet écart; on le recherche. Tous les reports faits aux comptes individuels sont justes; on finit par constater que l'erreur se trouve dans le compte collectif.

Après contrepassement de cette erreur, il vient :

Compte collectif....	D. 139.992,35	C. 96.464,80	(diff. 43.527,55)
Relevé annexe	D. 139.872,35	C. 96.344,80	(diff. 43.527,55)

de sorte les totaux diffèrent, bien que les soldes, pris dans leur ensemble, concordent.

218. *Quelle est la marche à suivre pour établir la balance générale?*

On additionne, en interligne, tous les comptes du grand livre central. Ces additions sont faites avec soin, les chiffres bien lisibles; on évite d'employer un crayon par trop mou, car les chiffres s'effaceraient au cours des manipulations du registre.

On reporte les totaux ainsi obtenus dans les deux dernières colonnes de la balance; puis on additionne, toujours en interligne et au crayon. Si les deux colonnes donnent des totaux égaux entre eux et conformes à ceux du journal, on s'assure que les différents comptes collectifs sont exactement contrôlés par les relevés annexes; puis on tire les soldes et on arrête la balance.

219. *Si les différents contrôles dont vous avez parlé ne se produisent pas, que faut-il faire?*

Le pointage des comptes collectifs avec les comptes individuels correspondants a lieu de la manière déjà indiquée.

Reste la balance générale. Ici, plusieurs cas peuvent se présenter.

1° Les totaux de la balance concordent entre eux, mais ils sont : *a*) plus forts; *b*) plus faibles, que ceux du journal. Une erreur d'addition est peu probable, car elle aurait été identique des deux côtés. L'hypothèse (*a*) correspond sans doute à un report effectué en double ou pour une somme trop forte; l'hypothèse (*b*) correspond à l'omission d'un report ou à son inscription pour un montant trop faible.

2° Les totaux de la balance diffèrent entre eux et l'on constate : *a*) que l'écart est un multiple de 9; *b*) que l'écart, autre qu'un multiple de 9, est divisible par 2 et que sa moitié, retranchée du côté le plus fort, reproduit le total du journal; *c*) que l'écart est quelconque.

Dans l'hypothèse (*a*), on porte son attention sur les interversions de chiffres possibles.

Dans l'hypothèse (*b*), on présume que la demi-différence représente un article reporté deux fois du même côté.

Dans l'hypothèse (*c*), il n'y a qu'à effectuer le pointage somme par somme avec beaucoup de méthode et d'attention; mais aucun raisonnement ne facilite les recherches. Seuls, les souvenirs du teneur de livres peuvent le guider.

220. *Tout ceci suppose que les additions du journal concordent entre elles. S'il en est autrement comment procède-t-on?*

Avant même d'additionner la balance, on vérifie les totaux du journal. C'est facile puisqu'ils doivent concorder page par page, sauf dans le cas d'un article coupé; la concordance reparaît alors quelques lignes plus loin.

221. *La tenue du journal à deux colonnes est-elle avantageuse?*

Oui, car elle forme un contrôle permanent des additions et permet de localiser le pointage de la balance si l'un des deux totaux concorde déjà avec celle-ci.

222. *Qu'arrive-t-il lorsqu'on tient le journal à une seule colonne d'addition suivant la vieille méthode?*

Il arrive, qu'en cas de désaccord avec la balance, l'erreur peut se trouver dans une des additions partielles du journal, il faut donc les refaire toutes, ce qui est parfois très long.

223. *Quand votre balance générale est juste, comment la présentez-vous?*

J'additionne en rouge les groupes de soldes appartenant à chaque catégorie. Puis je m'assure que la réunion des totaux rouges reproduit bien le total général.

224. *Pourquoi opérez-vous de la sorte?*

Parce que le chef d'entreprise portera d'abord son attention sur les totaux rouges, ce qui lui donnera une première vue d'ensemble sur la situation si le plan de comptabilité est bien conçu. De là, son œil passera, en cas de besoin, aux chiffres noirs formant le détail des totaux rouges; enfin l'explication des chiffres noirs lui sera fournie, soit par les relevés annexes, soit par l'examen direct du compte.

225. *Mais les comptes du grand livre sont tenus par sommes globales?*

Il est très facile au besoin d'en reconstituer en peu de temps le détail complet, grâce aux références existant avec les journaux partiels par l'intermédiaire du livre des dépouillements.

226. *Comment vous y prenez-vous pour établir les différents comptes de frais?*

Je les considère comme des comptes collectifs et j'ouvre, pour chacun d'eux, une série de comptes individuels annexes. Ou encore, si le volume des écritures n'est pas trop grand, je me sers d'un cahier de dépouillement à colonnes. En fin de mois, les avoirs sont déduits des différentes colonnes, de sorte que le net doit se contrôler par le solde du compte correspondant ouvert au grand livre central.

227. *A quelle époque dressez-vous la balance?*

Au moins tous les mois.

228. *La balance générale accompagnée de ses annexes réalise-t-elle le but de la comptabilité?*

Oui, car elle indique à la fois la situation (capital initial, valeurs existantes, créances, dettes) et le résultat (charges et produits).

229. *Est-ce absolument vrai?*

En cours d'exercice, la situation n'est connue que d'une façon approximative, car il y a toujours des rectifications à faire aux postes représentant les valeurs, les créances et les dettes; et l'on ne peut songer à y procéder chaque mois, sauf dans les cas exceptionnels.

D'autre part, les écritures ne permettent pas toujours, durant l'année, de dégager mensuellement le bénéfice brut; on se borne donc à le présumer par des supputations faites hors livres.

230. *A quel moment tous ces chiffres revêient-ils un caractère d'exactitude aussi grand que possible?*

Au moment de l'inventaire annuel, après que les vérifications et apurements ont eu lieu.

GABRIEL FAURE.

DOCUMENTS ET INFORMATIONS

Examens et concours. — *Ecole supérieure de navigation maritime.* — *Admission.* — Le concours d'admission à l'école supérieure de navigation maritime, annexée à l'Ecole supérieure pratique de Commerce et d'Industrie de Paris, 79, avenue de la République, aura lieu le lundi 25 septembre, dans les centres indiqués sur le programme.

L'enseignement est gratuit.

Attribution de bourses de l'Etat aux élèves des écoles supérieures de commerce. — Le nombre des bourses qui pourront être attribuées lors de la prochaine rentrée scolaire est fixé ainsi qu'il suit :

DÉSIGNATION DES ÉCOLES	Nombre de Bourses	Valeur de la Bourse
Bordeaux	2	400 fr.
Dijon	3	800
Le Havre	2	800
Lille	3	400
Lyon	2	600
Marseille	3	600
Montpellier	2	700
Nancy	2	450
Nantes	2	450
Ecoles des Hautes Etudes commerciales	1	1.000
Ecole supérieure pratique de commerce et d'industrie de Paris	4 externat.	300
	3 demi-pens.	600
Institut commercial de Paris	2	800
Rouen	1	1.000
Toulouse	2	600

Professorat de langues étrangères. — Les épreuves de l'examen de langues vivantes à subir par les candidats, titulaires du professorat commercial, qui ont bénéficié d'une bourse de séjour à l'étranger, auront lieu le lundi 2 octobre prochain, au Conservatoire National des Arts et Métiers.

Professorats commercial et industriel. — *Programmes limitatifs.* — Les programmes limitatifs établis par l'arrêté du 31 mars 1908 sont prorogés d'une année et seront, par suite, valables jusqu'au 1er janvier 1913.

Résultats des épreuves écrites des concours de 1911. — 24 aspirants et 4 aspirantes ont pris part aux épreuves écrites du concours du certificat d'aptitude au professorat commercial. 14 aspirants et 3 aspirantes ont été admis à subir les épreuves orales.

18 aspirants et 10 aspirantes ont pris part aux épreuves écrites du concours du certificat d'aptitude au professorat industriel. 13 aspirants et 5 aspirantes ont été admis à subir les épreuves orales.

Les épreuves orales de ces concours ont lieu au Conservatoire National des Arts et Métiers pendant la seconde quinzaine de juillet.

Concours pour l'emploi de chef des travaux dans les écoles pratiques de commerce et d'industrie de jeunes filles. — Un concours a eu lieu le 12 juin dernier pour la désignation de chef des travaux dans les écoles pratiques de jeunes filles. Ce concours n'ayant pas donné de résultats, un nouveau concours sera ouvert le 5 octobre prochain. Il aura lieu à l'école professionnelle de la rue Ganneron, à Paris.

Les postulantes devront justifier qu'elles sont françaises et âgées de 21 ans au moins et de 35 ans au plus le jour de l'ouverture du concours.

Les demandes d'inscription devront être adressées, avant le 15 septembre, au Ministère du commerce et de l'industrie (Direction de l'enseignement technique), accompagnées des pièces suivantes :

I. — Une demande établie sur papier timbré, indiquant les études auxquelles s'est livrée la postulante, et ses diverses occupations antérieures;

II. — Un acte de naissance sur papier timbré;

III. — Un acte de mariage, si la postulante est mariée, ou un acte de décès du mari, ou un certificat de divorce ou de séparation de corps, selon les cas;

IV. — Un extrait du casier judiciaire;

V. — Des certificats délivrés par les maisons pour le compte desquelles la postulante a travaillé;

VI. — Un certificat médical, délivré par un médecin assermenté, et attestant que l'intéressée est exempte d'infirmités, qu'elle a été vaccinée ou revaccinée depuis moins de six ans et qu'elle possède les aptitudes physiques pour remplir les obligations d'un service d'enseignement.

Les épreuves comprennent :

I. — *Épreuves éliminatoires.* A. — Une rédaction d'un genre simple.
B. — Exécution d'un fond de corsage en toile de coton.
C. — Exécution d'une partie de costume en mousseline à patron.

II. — *Épreuves définitives.* A. — Exécution d'un costume ou d'une robe.
B. — Une leçon orale.

Le traitement des chefs de travaux dans les écoles pratiques de commerce et d'industie varie actuellement de 1,900 à 3,200 francs. Ces taux doivent être portés progressivement de 2,100 à 4,100 francs. Ces fonctionnaires ont droit, en outre, à une indemnité de résidence, variant suivant l'importance de la population de la ville, et au logement ou, à défaut, à une indemnité représentative.

Pour tous renseignements complémentaires, s'adresser au Ministère du commerce et de l'industrie (Direction de l'enseignement technique), rue de Grenelle, nº 101, Paris.

Concours pour l'emploi de préposé à l'apprentissage dans les écoles pratiques de garçons. — Un concours pour l'emploi de deux préposés à l'apprentissage (ajustage et menuiserie) à l'école pratique d'Oyonnax aura lieu à Oyonnax le lundi 4 septembre 1911. Pour tous renseignements, s'adresser au directeur de l'école.

Concours d'apprentissage. — Le quatrième concours annuel d'apprentissage, organisé par la Chambre syndicale des Entrepreneurs de Menuiserie de la ville de Paris, s'est terminé par le jugement des travaux des concurrents.

Le jury, présidé par M. Jully, directeur de l'Enseignement technique de la Ville, s'est réuni le 3 juin, en l'hôtel des Chambres syndicales, 3, rue de Lutèce.

Le programme comportait deux parties :

Pour les jeunes ouvriers :

I. — La composition d'une devanture de boutique pour une marchande de modes;

II. — L'exécution, en dix heures, sur un dessin donné, d'un coffret à bijoux.

Pour les apprentis :

I. — La composition d'une croisée à meneaux;

II. — L'exécution, en dix heures, sur un dessin donné, d'un cadre de glace.

Le jury s'est déclaré très satisfait du nombre et de la qualité des envois.

Commissions. — *Commission de coordination des traitements du personnel d'enseignement technique.* — Cette commission, dont la réunion avait dû être ajournée en raison de l'état de santé de son président, M. Lourties, a tenu sa dernière séance le 21 juin dernier. Elle a examiné dans cette séance les conclusions de son rapporteur, M. Corre, et a dressé un projet de coordination des traitements en établissant entre les traitements des fonctionnaires des écoles pratiques de commerce et d'industrie et des écoles nationales professionnelles d'une part et entre les traitements des fonctionnaires des écoles nationales professionnelles et des écoles nationales d'arts et métiers d'autre part la différence qui lui a semblé rationnelle.

Ecoles nationales d'arts et métiers. — L'article 4 du décret du 14 août 1909 relatif au règlement des écoles nationales d'arts et métiers est remplacé par les dispositions suivantes :

Les écoles d'arts et métiers ne reçoivent que des élèves internes.

Toutefois les élèves dont les parents habitent la ville même où est située l'école, ou sa banlieue, peuvent, à titre exceptionnel, être admis en qualité d'externes demi-pensionnaires.

Le nombre des élèves ne peut dépasser 300 par école.

Institut électrotechnique de Grenoble. — Du rapport présenté à la Société pour le développement de l'Enseignement technique, près l'Université de Grenoble, par M. Barbillion, directeur de l'Institut électrotechnique, nous extrayons la statistique suivante :

L'Institut comptait au 1er janvier 1911 l'effectif ci-après indiqué :

A. — *Section spéciale.* — Une année d'études, réservée aux anciens élèves diplômés des grandes Écoles françaises et étrangères, 66 unités, dont 4 anciens élèves de l'Ecole Polytechnique, 2 anciens élèves de l'Ecole Centrale des Arts et Manufactures, 39 anciens élèves diplômés et médaillés des Écoles d'Arts et Métiers et tout le reste d'origines diverses et en particulier étrangère, ci .... 66 élèves.

B. — *Section supérieure.* — Durée des Études : deux années.

1re année	58	—
2e année	40	—
C. — *Section préparatoire*	42	—
D. — *Section élémentaire*	32	—
soit en tout pour les Études électrotechniques	238	—

De plus, l'École de Papeterie compte 36 élèves, soit :

En 1re année	20	—
En 2e année	16	—
	36	—
Total	274	élèves.

Enfin, en dehors des élèves réguliers, l'Institut Électrotechnique prépare, en outre, à des Certificats d'Études supérieures de Physique industrielle, de Chimie industrielle et de Mécanique industrielle. Les élèves de cette catégorie sont simplement immatriculés à la Faculté des Sciences et n'effectuent à l'Institut qu'une partie des travaux d'ordre pratique correspondant du programme de nos élèves ingénieurs. Ils sont au nombre de 21.

Il convient de noter que la proportion de l'élément étranger par rapport à l'élément national est très faible.

Alors qu'on compte 429 étrangers à Paris pour 1426 français, — 381 à Nancy pour 420 français, — 197 à Toulouse pour 451 français, — cette proportion s'abaisse à 65 étrangers pour 351 français à Grenoble.

La faiblesse de ce rapport démontre deux faits essentiels :

1° Qu'il a été fait une sélection extrêmement soignée parmi les éléments étrangers qui désirent devenir les élèves de l'Institut de Grenoble.

2° Que cet Institut a toujours trouvé, dans l'élément national, un recrutement abondant qui a donné, du reste, complète satisfaction.

L'Enseignement agricole populaire. — M. Fernand David vient de prendre l'initiative d'une proposition qui a pour objet d'organiser l'enseignement agricole professionnel populaire.

Un enseignement post-scolaire agricole serait créé dans toutes les écoles primaires rurales pour les jeunes gens et les jeunes filles ayant terminé leurs études primaires.

Cet enseignement semi-agricole et semi-général serait destiné à compléter l'enseignement général donné à l'école primaire aux enfants de sept à treize ans, et à donner aux jeunes gens et aux jeunes filles de la campagne les connaissances agricoles indispensables à la pratique de leur profession.

L'enseignement serait donné gratuitement, à raison de dix heures par semaine, dans les locaux affectés à l'école primaire, par les instituteurs et les institutrices, pendant l'hiver, du 1er novembre au 1er mars. Il serait obligatoire à partir de l'âge de treize ans jusqu'à l'âge de dix-sept ans, c'est-à-dire pendant quatre ans.

Les jeunes gens et les jeunes filles qui auraient suivi pendant quatre ans au moins les cours d'enseignement post-scolaire agricole seraient admis à concourir pour le certificat d'études professionnelles agricoles.

Il serait institué un brevet agricole, délivré par le ministère de l'agriculture aux instituteurs et institutrices. Ce brevet serait obligatoire au même titre que le certificat d'aptitude pédagogique pour les maîtres et maîtresses non titularisés dans le délai de trois ans.

L'Enseignement professionnel au Laos. — Par un récent arrêté, M. Luce, gouverneur général intérimaire de l'Indo-Chine, a procédé à la réorganisation de l'enseignement au Laos et a notamment créé une école professionnelles à Vientiane.

Enseignement professionnel à l'étranger. — *Loi du 29 juin-12 juillet 1910 sur l'exercice et l'organisation des métiers en Serbie.* — Nous donnons ci-dessous d'après le *Bulletin belge de l'Office des métiers et négoces*, le résumé des dispositions de cette loi qui sont susceptibles d'intéresser nos lecteurs.

Conditions préalables à l'exercice d'un métier ou d'un commerce. — Celui qui désire exercer une industrie ou un métier doit établir sa capacité industrielle ou commerciale, faute de quoi il est tenu de se faire représenter dans la direction de l'entreprise par un gérant possédant les qualités requises. La capacité s'établit par la production du diplôme d'une école agréée. A défaut de diplôme, le requérant doit se soumettre à l'épreuve de maître. Ces dispositions sont applicables aux métiers corporatifs spécifiés par la loi, tels que les tailleurs, pelletiers, cordonniers, selliers, menuisiers, forgerons, serruriers, boulangers, pâtissiers, maçons, typographes, potiers, tapissiers, barbiers, etc. Dans les autres métiers, sera considéré comme capable celui qui aura six mois de pratique dans sa spécialité. Pour certains métiers spécifiés par la loi, tels que celui de maréchal-ferrant, d'armurier, de cirier, de barbier, de charcutier, de mécanicien ,etc., l'examen se passe devant une commission de trois membres nommés par le ministre du commerce. Un de ces membres doit être diplômé d'une université. Le ministre du commerce règle tout ce qui concerne ces examens.

L'examen prévu pour les autres métiers se passe devant les commissions constituées par les directions départementales des métiers au chef-lieu de chaque arrondissement judiciaire. Le ministre du commerce nomme deux membres, le comité départemental choisit aussi deux membres, le candidat choisit un cinquième membre.

Ne sont admis aux examens que les candidats qui fournissent la preuve qu'ils ont travaillé pendant au moins trois ans comme ouvrier dans leur spécialité ou dans une autre entreprise. Ces examens sont théoriques et pratiques. Au point de vue théorique, le candidat doit prouver qu'il connaît la nature des matériaux qu'il est appelé à mettre en œuvre, qu'il sait en apprécier la qualité, en discerner l'origine et en établir la valeur marchande; qu'il connaît les instruments en usage dans son métier et sait s'en servir; qu'il sait faire un devis et un gabarit ou un plan; qu'il sait tenir une comptabilité simple et qu'il connaît la valeur des poids, mesures et monnaies. Au point de vue pratique, le candidat est tenu de fabriquer lui-même un objet de son métier, désigné par le jury. Cette épreuve doit servir à montrer que le candidat peut effectivement entreprendre un travail sous sa seule responsabilité. S'il s'agit d'un métier où les travaux s'effectuent d'après les plans et devis, le candidat sera seulement tenu de dresser les plans et devis d'une entreprise entrant dans sa spécialité.

Le candidat qui estime qu'une injustice a été commise à son égard, pourra introduire une réclamation auprès de la Chambre des métiers; si cette dernière trouve la réclamation fondée, elle pourra faire procéder à un nouvel examen. Si elle la trouve non fondée, appel pourra être interjeté auprès du ministre. La décision de celui-ci est définitive.

Celui qui acquiert la qualité d'artisan conformément à la loi, l'est dans tout le pays et a le droit de fabriquer tous les articles qui entrent dans sa spécialité. Il ne peut exécuter des travaux de la compétence d'autres artisans que si ces travaux sont accessoires à ceux de sa profession. En cas de litige, le ministre du commerce décide.

Celui qui a acquis la qualité d'artisan dans un métier peut l'acquérir encore dans un autre en passant simplement l'examen prescrit.

De l'apprentissage. — En principe, on ne peut engager en qualité d'apprentis que des enfants ayant atteint l'âge de 14 ans. On peut engager ceux de 12 ans s'il est démontré par un examen médical qu'ils sont suffisamment robustes. Il doit être rédigé un contrat d'apprentissage que le père de l'apprenti ou son tuteur doit signer. Ce contrat indique la profession dans laquelle l'apprentissage doit avoir lieu, sa durée, les conditions relatives au logement, à la nourriture, à l'habillement de l'apprenti. Une indemnité peut être prévue dans le cas où l'une des parties ne remplirait pas ses engagements. En ce qui concerne l'apprentissage dans les métiers corporatifs spécifiés par la loi, il ne peut durer moins de deux ni plus de trois années. Le maître ne peut employer l'apprenti à des travaux domestiques que s'il lui fournit la nourriture et le logement et pour autant seulement que l'apprentissage n'ait pas à en souffrir. Le maître doit donner à l'apprenti les moyens de s'instruire dans sa profession; il doit lui accorder le temps nécessaire à la fréquentation d'une école, veiller à sa propreté et à sa moralité. Lorsque l'apprentissage sera terminé, le maître fera le nécessaire pour présenter l'apprenti à l'examen de compagnon. Si l'apprenti ne réussit pas l'examen et que le patron soit trouvé en faute d'avoir insuffisamment instruit l'apprenti dans son art, le patron sera tenu de payer des dommages-intérêts (de 50 à 250 fr.). En cas de manquement grave à ses obligations, le maître peut être déchu du droit de tenir des apprentis.

La commission d'examen chargée de délivrer le diplôme de compagnon aux apprentis sera composée pour chaque profession et pour un an seulement, de deux artisans et d'un professeur d'une école de métiers ou d'une autre école agréée par le ministre du commerce. Les apprentis qui ont suivi tous les cours d'une école de métiers ou de commerce en Serbie ou à l'Etranger sont dispensés de l'examen de compagnon.

Des corporations. — Les patrons et les ouvriers peuvent constituer des unions professionnelles pour la défense de leurs intérêts, séparément ou en commun suivant les professions. Toutefois, les patrons sont obligés de se constituer en corporations. Ces corporations comprennent tous les patrons en exercice dans un arrondissement ou une ville. Ils doivent être au moins au nombre de 20. Si ce chiffre ne peut être atteint, les patrons de deux arrondissements voisins peuvent être constitués en une seule corporation.

L'organisation de la corporation doit être décidée par dix patrons au moins. Aussi longtemps que pareille décision n'aura pas été prise, la corporation n'existera pas, mais dès qu'elle aura été prise, tous les autres patrons de l'arrondissement ou de la ville devront se faire inscrire comme membres de la corporation dans le délai de trois mois. Les corporations ont pour but de faire régner un esprit de concorde entre les patrons et entre ceux-ci et leur personnel, de veiller aux intérêts des diverses professions. Il leur est interdit de fixer des tarifs de prix pour la vente des produits ou la fourniture des matières premières.

Les corporations surveilleront la formation professionnelle de leurs membres et des apprentis; elles créeront des écoles, des musées, des expositions. Elles favoriseront la constitution de sociétés économiques d'achat en commun, de vente en commun, etc. Elles constitueront des tribunaux d'honneur pour régler les différends entre leurs membres. Elles s'occuperont du placement des compagnons et des apprentis.

Dans chaque département, il sera constitué une direction départementale des corporations pour représenter toutes les corporations du département. Les directions départementales ont, en sus des attributions spéciales que la loi leur confère, le devoir de contribuer à la constitution de nouvelles corporations et de surveiller le fonctionnement des corporations existantes. Elles reçoivent et jugent les plaintes contre les décisions des assemblées corporatives. Elles contrôlent l'exécution des contrats entre maîtres et apprentis, patrons et ouvriers. Elles prennent toutes les mesures nécessaires pour la défense des intérêts des artisans.

Des Chambres de commerce et de métiers. — Les associations d'industriels, d'artisans, de commerçants et d'ouvriers constitueront respectivement une chambre dont le siège sera à Belgrade. Chaque chambre aura ses statuts. Ils devront être approuvés par le ministre du commerce. Ces chambres ont pour mission 1° de préciser au moyen de règlements et d'instructions les rapports entre maîtres et apprentis, et d'approuver les règlements de l'espèce faits par les corporations ou par les directions départementales; 2° d'adresser des rapports au ministre du commerce lorsqu'elles constatent que les dispositions légales relatives aux métiers ne sont pas régulièrement appliquées; 3° de donner leur avis sur les mesures à prendre pour développer le commerce ou les métiers; 4° d'étudier les projets qui leur seraient présentés; 5° de dresser des rapports annuels sur l'état des métiers, de l'industrie, du commerce, sur la situation des ouvriers et sur l'activité des institutions fondées à leur profit; 6° de surveiller l'activité des organismes créés par la présente loi, qui leur sont subordonnés (directions départementales, corporations); 7° de tenir le registre des marques et firmes enregistrées; 8° de nommer des conseils de conciliation; 9° de donner leur approbation ou leur autorisation dans les cas prévus par la loi.

Ces chambres jouissent de la personnification civile. Chacune d'elles se compose de 12 membres. Il peut y avoir des membres honoraires.

Pour faire partie d'une Chambre de commerce, d'industrie ou de métiers, il faut être sujet serbe et avoir dirigé pendant trois ans au moins une entreprise comme propriétaire ou comme gérant. Pour faire partie d'une chambre d'ouvriers, il faut avoir 25 ans, être Serbe et avoir travaillé pendant trois ans au moins dans une entreprise nationale.

Les membres des chambres sont élus par les membres majeurs des corporations professionnelles créées en vertu de la présente loi. La durée du mandat est de quatre ans. Les membres sortants peuvent être réélus.

Les chambres tiennent une séance ordinaire par mois.

Des écoles professionnelles. — Dans les localités où il y a un grand nombre d'apprentis, de compagnons ou, en général, beaucoup d'ouvriers, il sera institué pour eux des écoles de perfectionnement. Ces écoles comprennent : 1° des écoles générales pour le commerce et les métiers; 2° des écoles spéciales pour certaines branches en particulier; 3° des écoles ménagères et de travaux féminins.

Le ministre du commerce pourra encore créer d'autres écoles ou instituer des cours spéciaux ou accorder des subsides aux corporations ou à des particuliers dans le même but. La loi règle en détail l'institution de ces écoles et leurs rapports avec les communes.

La fréquentation des écoles générales de commerce et de métiers est obligatoire.

Contrôle de l'Etat. — Le ministre du Commerce a l'administration des corporations et institutions prévues par la loi. Il formule les règlements nécessaires à cette administration. A cet effet, il est créé au ministère du commerce une « section pour l'industrie, les métiers et la politique sociale ».

*
* *

Proposition de loi. — D'après le *Bulletin analytique des principaux documents parlementaires étrangers*, nous reproduisons ci-après le texte du projet de loi relatif à la création et à la fréquentation obligatoire d'écoles de perfectionnement qui a été déposé le 6 mars 1911 à la Chambre des Députés de Prusse (1).

§ 1. — « Toute commune dont la population, d'après le dernier recensement périodique, atteint ou dépasse 10.000 habitants, les militaires de l'armée active non compris, est tenue de créer et d'entretenir une école de perfectionnement pour les personnes qui, dans le district communal, sont obligées, en vertu de la présente loi, de fréquenter l'école de perfectionnement (2).

« L'instruction civique et la culture physique font aussi [obligatoirement] partie du programme (*Aufgabe*) de l'école de perfectionnement. »

§ 2. — « Lorsqu'il a été dérogé ou qu'il y a lieu de prévoir une dérogation à l'obligation de fréquenter l'école de perfectionnement, en raison du fait que des personnes assujetties à la fréquentation scolaire ont leur travail dans une commune voisine, de moins de 10.000 habitants, une décision du Comité de district peut obliger cette commune à entretenir une école de perfectionnement.

« L'autorité communale et l'autorité de surveillance communale doivent être entendues, préalablement à cette décision.

« Un recours contre la décision du Comité de district est ouvert aux communes intéressées devant le Ministre du Commerce et de l'Industrie, pendant un délai de deux semaines » (3).

§ 3. — « Les communes et les districts domaniaux (*Gutsbezirke*) voisins les uns des autres, qui comptent ensemble 10.000 habitants ou plus, peuvent être réunis, conformément aux dispositions qui régissent les associations communales formées en vue d'objets déterminés (*Kommunale Zweckverbände*) (4), afin d'assurer en commun la défense des intérêts prévus par cette loi, lorsqu'il n'aura pas été institué d'écoles de perfectionnement obligatoires dans l'une ou dans plusieurs de ces circonscriptions.

---

(1) *Gesetzentwurf, betreffend die Errichtung und den Besuch von Pflichtfort bildungsschulen.* Aux termes de l'exposé des motifs, un certain nombre de décrets ont réglé, depuis 1845, dans les différentes provinces du Royaume de Prusse, la fréquentation des écoles de perfectionnement par les apprentis et par les commis. Ces textes manquent d'homogénéité, notamment dans leurs prescriptions relatives à la limite d'âge, et aux catégories de travailleurs soumises à cette obligation. L'expérience démontre que l'enseignement dont il s'agit doit, pour être efficace, s'étendre à toutes les catégories de travailleurs, et comporter une durée uniforme. Les communes tendent, d'ailleurs, de plus en plus, à transformer les écoles de perfectionnement facultatives en écoles obligatoires.

(2) Cf. § 17, 2e alinéa.

(3) Le § 2 a pour but d'éviter que les jeunes ouvriers ne soient tentés de fréquenter l'école de la commune de moins de 10.000 habitants, où l'enseignement est facultatif, de préférence à celle où l'enseignement est obligatoire. (*Exp. des motifs*, p. 14).

(4) Loi du 3 juillet 1891.

« Les §§ 128 et suivants de la loi du 3 juillet 1891 relative aux communes rurales s'appliqueront, dans ce cas, par analogie, dans toute l'étendue de la monarchie, jusqu'à ce qu'intervienne une modification légale du régime des associations formées en vue d'objets déterminés. »

§ 4. — « Toute personne du sexe masculin, âgée de moins de 18 ans, employée dans les services publics ou privés desdites communes (ou desdits districts domaniaux) est tenue de fréquenter, pendant trois ans, les écoles de perfectionnement créées en vertu des §§ 1, 2 et 3 ci-dessous. Toute personne assujettie [à cette obligation] qui n'aura pas atteint, au cours de cette période, le but de [l'enseignement de] l'école de perfectionnement, restera tenue de fréquenter l'école jusqu'à ce que ce but soit atteint, sans toutefois dépasser la fin du semestre de l'année scolaire dans laquelle elle aura accompli l'âge de 18 ans (1).

« Le chômage n'entraîne pas la dispense de la fréquentation de l'école pendant le semestre scolaire. »

§ 5. — « Sont dispensés de l'obligation de fréquenter l'école de perfectionnement les jeunes gens qui suivent ou ont suivi les cours d'une école de corporation (*Innungsschule*) ou de toute autre école technique (*Fachschule*) ou de perfectionnement, lorsque l'enseignement de cette école est reconnu par l'autorité chargée de la surveillance comme constituant un équivalent raisonnable (*ausreichend*) (2).

« Il en est de même pour ceux qui fournissent la preuve qu'ils possèdent les connaissances théoriques et pratiques qui sont l'objet de l'enseignement de l'école de perfectionnement (3).

« L'autorité chargée de la surveillance peut, en outre, accorder des dispenses de fréquentation scolaire, en raison du changement du lieu du travail ou pour tous autres motifs importants (4). »

§ 6. — « Peuvent être dispensés par prescription statutaire [des communes], de l'obligation de fréquenter l'école de perfectionnement, ceux qui, par suite d'une infirmité intellectuelle ou corporelle, ne sont pas en état de suivre l'enseignement. »

§ 7. — « L'enseignement de l'école de perfectionnement s'étend annuellement, pour chaque élève, à 240 heures qui doivent être réparties, en principe, sur 40 semaines.

« Le nombre d'heures peut être augmenté par disposition statutaire; il peut aussi être réduit à 160 heures pour l'année, avec l'assentiment de l'autorité chargée de la surveillance. »

---

(1) Aux termes de l'exposé des motifs (p. 15), sont, notamment, assujettis à la fréquentation obligatoire de l'école de perfectionnement, les travailleurs industriels visées par le titre VII de la loi du 1er juin 1891 sur l'industrie, à savoir les artisans, les ouvriers de fabrique, les commerçants, les travailleurs employés dans les exploitations de l'Empire allemand, de l'Etat prussien, des associations communales (tels que les employés de la voirie), les commis d'avoués, de notaires, d'huissiers, d'avocats-conseils, les employés des établissements d'assurance, les ouvriers agricoles et forestiers, qui ne fréquentent pas une école rurale de perfectionnement (V. §§ 5, 6 et 11).

(2) Il est donc loisible aux jeunes gens de suivre, pendant trois ans, les cours d'une école spéciale, avant de prendre un emploi; ils se libèrent ainsi de l'obligation postscolaire (*Exp.*, p. 16).

(3) Des exemptions partielles ou totales pourront être accordées aux jeunes gens qui ont les titres nécessaires pour acomplir le volontariat militaire d'un an, et à ceux qui ont pris des inscriptions dans une école intermédiaire (*Mittelschule*).

(4) Il s'agit, en l'espèce, des bateliers et des écuyers. (*Exp.*, p. 16).

§ 8. — « Les heures de cours de l'école de perfectionnement sont fixées et publiées par le conseil communal, et, dans le cas visé par le § 3, par le conseil de l'association communale. Les cours obligatoires doivent avoir lieu les jours non fériés et dans la journée, de sept heures du matin à huit heures du soir. Il ne peut être imposé aux élèves plus de 4 heures de cours dans un après-midi.

« Des exceptions peuvent être admises pour motifs spéciaux, avec l'assentiment de l'autorité chargée de la surveillance. »

§ 9. — « Les prescriptions nécessaires pour assurer l'ordre dans l'école de perfectionnement, l'efficacité de l'enseignement et une tenue convenable des élèves (règlement scolaire) seront édictées par voie de dispositions statutaires. On arrêtera par le même moyen les règles relatives aux peines disciplinaires qui peuvent être prononcées, notamment aux arrêts scolaires et à leur exécution.

« Un statut pourra fixer, en outre, les conditions auxquelles des personnes qui ne sont pas astreintes à la fréquentation scolaire, pourront être admises aux cours de l'école de perfectionnement (1). »

§ 10. — « Les communes et les associations communales plus étendues peuvent, par dispositions statutaires, obliger les jeunes gens âgés de moins de 18 ans, qui ne sont pas astreints à la fréquentation scolaire conformément au § 4, et qui n'ont pas reçu d'instruction scientifique ou artistique, à fréquenter l'école de perfectionnement du lieu de leur domicile ou de leur travail.

« Les §§ 5 et 9 s'appliquent, dans ce cas, par analogie. »

§ 11. — « Les dispositions contenues dans les §§ 4 et 10 ne s'appliquent pas aux fonctionnaires publics, aux ouvriers employés dans les exploitations minières, aux gens de maison, aux aides et élèves pharmaciens. Les dispositions du § 10 ne s'appliquent pas aux personnes employées dans les exploitations agricoles et forestières (2). »

§ 12. — « Des conseils scolaires, composés [à la fois] de membres nommés et élus, devront être institués en vue de l'administration des écoles de perfectionnement (3).

---

(1) Dans les communes où il n'existe pas d'école spéciale, il sera créé, dans l'école de perfectionnement, des classes spéciales pour les élèves volontaires (*Exp.*, p. 18).

(2) On peut, en effet, laisser à l'administration, le soin de veiller à l'instruction de ses jeunes employés. En ce qui concerne les travailleurs des mines, le § 87 de la loi minière permet actuellement de les obliger à fréquenter des écoles de perfectionnement. On ne saurait, d'autre part, les soumettre à l'application du projet ci-dessus; car ce projet pose en principe que les écoles seront instituées dans les circonscriptions communales. Il stipule, en même temps, que les communes de moins de 10.000 habitants ne seront pas tenues, sauf dans les cas prévus par les §§ 2 et 3, de construire des écoles de perfectionnement. Il en résulterait que, dans un même bassin, une partie du personnel serait assujettie à l'obligation postscolaire, tandis qu'une autre partie en serait affranchie. Il sera donc nécessaire de statuer, par une loi spéciale, sur la situation des jeunes ouvriers mineurs. Quant aux aides pharmaciens, ils sont affranchis, par le § 154 de la loi sur l'industrie, d'une obligation postscolaire que les nécessités de leur instruction professionnelle rendent superflue.

La disposition relative aux personnes employées dans les entreprises agricoles et forestières s'explique par le fait que, dans les communes de moins de 10.000 habitants, ils sont déjà tenus de fréquenter les écoles rurales de perfectionnement, par les dispositions mêmes qui sont relatives à cet enseignement. Dans les communes plus importantes où l'on créera rarement des écoles de cette nature, ces jeunes gens seront compris parmi ceux qui sont soumis aux prescriptions du § 4, à moins qu'il n'y existe une école rurale de perfectionnement; et, dans ce cas, on pourra leur en permettre la fréquentation, grâce aux dispositions du § 5 premier alinéa. (*Exp.*, p. 19 et 20).

(3) Cette organisation confère aux industriels la possibilité de participer à l'administration des écoles de perfectionnement (*Exp.*, p. 20).

« La désignation des membres élus doit être ratifiée par l'autorité chargée de la surveillance. »

§ 13. — « Les employeurs sont tenus :

« 1° De remettre au directeur de l'école une liste de leurs ouvriers astreints à la fréquentation de l'école de perfectionnement, au plus tard quatre jours après leur engagement, et de l'aviser de leur départ dans un délai de quatre jours au maximum;

« 2° D'accorder à ceux-ci la liberté nécessaire à la fréquentation régulière de l'école, et de les obliger à fréquenter l'école d'une manière ponctuelle et régulière.

« Les dispositions édictées par le n° 2 [ci-dessus] s'appliquent aux représentants des jeunes gens assujettis [à l'obligation postscolaire]; on leur applique également celle du n° 1, lorsque ces jeunes gens ne sont pas liés par un contrat de travail. »

§ 14. — « Seront punis d'une amende qui peut s'élever à 20 marks (25 fr.), et, en cas d'insolvabilité, d'une peine d'arrêts qui peut atteindre 3 jours, pour chaque infraction :

« 1° Les employeurs et les représentants légaux qui auront contrevenu aux dispositions du § 13, à moins que le § 148, chiffre 9 de la loi sur l'industrie, ne prévoie une peine supérieure;

« 2° Les élèves des écoles de perfectionnement qui auront violé les prescriptions du § 4 et les dispositions statutaires édictées en vertu du § 10, à moins qu'une mesure disciplinaire n'ait été prise (§ 9, 1er alinéa).

« Les amendes prononcées en vertu de ces dispositions sont versées dans la caisse de la commune qui entretient l'école de perfectionnement, et, dans le cas prévu par le § 3, dans la caisse de l'association communale. »

§ 15. — « Les dispositions relatives aux fonctionnaires communaux s'appliquent, par analogie, aux directeurs et aux instituteurs des écoles de perfectionnement, sauf les modifications suivantes :

« 1° Dans les cas prévus par les §§ 20 et 36 de la loi du 1er août 1883 sur la compétence (1), le Ministre de l'Intérieur est remplacé par le Ministre du Commerce et de l'Industrie.

« 2° La nomination et l'admission des directeurs et des instituteurs doivent être sanctionnées par l'autorité chargée de la surveillance.

« 3° Tout directeur ou instituteur qui est l'objet d'une demande de radiation devra être révoqué, lorsque l'autorité chargée de la surveillance l'exigera, en raison de motifs importants (2).

« Les prescriptions contenues dans le 1er alinéa ne sont pas applicables aux instituteurs employés à titre d'auxiliaires qui sont attachés à l'administration centrale en qualité d'instituteurs publics ou qui sont au service de l'Empire ou de l'État [prussien]; ils ne peuvent être relevés de leurs fonctions, par voie de révocation, qu'avec l'assentiment de l'autorité chargée de la surveillance.»

---

(1) Ces §§ attribuent au Ministre de l'Intérieur le droit d'ouvrir une information contre les fonctionnaires communaux coupables d'une faute disciplinaire, et le pouvoir de nommer le commissaire d'enquête ainsi que le représentant du ministère public auprès du tribunal administratif supérieur.

(2) « C'est-à-dire lorsque l'intérêt et la prospérité de l'école de perfectionnement l'exigeront » (*Exp.*, p. 21).

§ 16. — « Le comité de district est compétent en ce qui concerne l'approbation des dispositions statutaires, même dans les cas différents de ceux qui sont prévus par le § 122 de la loi du 1er août 1883, relative à la compétence des autorités administratives et des tribunaux administratifs (1). Dans les associations formées en vertu du § 3, les dispositions statutaires sont édictées par le conseil de l'association. Lorsque, dans le cas prévu par le 1er alinéa du § 9, un règlement n'est pas édicté par la commune (ou par l'association), ou lorsque l'approbation du règlement proposé est refusée à plusieurs reprises, l'autorité chargée de la surveillance a la faculté d'édicter les prescriptions nécessaires qui seront obligatoires.

« Demeurent en vigueur les dispositions différentes de cette loi qui sont contenues dans le § 87 de la loi générale sur les mines, conformément à la rédaction du 24 juin 1892, ainsi que dans la loi du 4 mai 1886, relative à la création et à l'entretien d'écoles de perfectionnement dans les provinces de la Prusse occidentale et de Posen, conformément à la rédaction du 24 février 1897. De même il n'est pas dérogé par la présente loi aux prescriptions des lois relatives à la fréquentation obligatoire des écoles rurales de perfectionnement (2).

« La loi du 1er août 1909, relative à la perception des contributions pour les écoles industrielles et commerciales de perfectionnement, s'applique également aux écoles de perfectionnement fondées en vertu de la présente loi (3). »

§ 17. — « La présente loi entrera en vigueur le 1er avril 1912.

« Les communes dans lesquelles la création et l'entretien d'une école de perfectionnement présenteront de grosses difficultés, pourront être déliées par le Ministre du Commerce et de l'Industrie, pour une durée de six années, de l'obligation qui leur incombe, conformément au § 1er, de créer une école de perfectionnement.

« Seront libérées de l'obligation scolaire édictée par le § 4, les personnes qui, au moment de l'application de cette loi, ne fréquentaient plus l'école primaire depuis plus d'un an, et qui n'étaient pas soumises à l'obligation scolaire en vertu des textes en vigueur. »

§ 18. — « La surveillance des écoles de perfectionnement créées en vertu de la présente loi, laquelle appartient à l'État, est exercée en première instance par le président de gouvernement, et, à Berlin, par le président supérieur. »

§ 19. — « Le Ministre du Commerce et de l'Industrie est chargé de l'exécution de la présente loi; il édictera notamment les prescriptions relatives aux programmes d'enseignement, ainsi qu'à la formation et à la composition des conseils scolaires. »

Cours ménagers organisés par l'Union familiale alsacienne. — L'Association familiale alsacienne a été fondée en 1909, à Mulhouse, sur le modèle de l'Union familiale de Strasbourg, dans le but de propager par des cours volants l'enseignement ménager dans les villes et les villages de la Haute-Alsace.

(1) Le § 122 de la loi sur la compétence des autorités administratives et des tribunaux administratifs est ainsi conçu : « Le comité de district statue sur l'approbation des règlements locaux qui ont pour objet des questions industrielles. »

(2) Ces lois sont celles du 8 août 1904, du 28 janvier 1909 et du 2 juillet 1910, relatives à la fréquentation des écoles de perfectionnement, respectivement, pour les provinces de Hesse-Nassau, de Hanovre et de Silésie (*Exp.*, p. 22).

(3) Cette loi vise la contribution des employeurs à l'entretien des écoles de perfectionnement (*Ibid.*, p. 22).

Lorsque, dans un endroit, il se trouve un nombre suffisant de participantes, au maximum 20, pour un cours d'une durée soit de six semaines, soit de trois mois, le comité de Mulhouse procure à ce village une institutrice, y envoie le foyer, ainsi que la batterie de cuisine en y ajoutant une prime de 50 M. pour la commune.

Celle-ci, de son côté, fournit la salle, l'éclairage, le combustible et paye l'entretien de l'institutrice, lorsque les frais de cette dernière ne sont pas couverts par les cotisations des élèves.

Les élèves sont admises à partir de 14 ans.

Pour une durée de six semaines et un nombre de 20 élèves, les frais d'un cours s'élèvent à environ 350 M. qui se répartissent comme suit :

Part du village	M.	156. —
» du comité	»	50. —
» des élèves (20 à 20 Pf. en 45 jours)	»	144. —
Total	M.	350. —

Les cours ont lieu le matin de 10 heures à 12 h. 1/2, et le soir de 6 h. 1/2 à 9 heures.

Le coût du repas ne doit pas dépasser en moyenne 20 Pf. par tête.

Le menu est composé trois à quatre fois par semaine d'une soupe, viande ou poisson et d'un légume, les autres jours, il comprend une soupe, farinage et légumes, ou dessert.

Il est permis aux élèves d'apporter à tour de rôle les ingrédients nécessaires à la fabrication d'un plat doux, qu'elles font pendant le cours et peuvent emporter chez elles.

L'enseignement de la couture et du repassage peut s'ajouter à celui de la cuisine, mais d'une façon tout élémentaire, car les institutrices de l'école de cuisine et d'enseignement ménager n'ont, en général, pas fait de stage à l'école de couture (Gewerbeschule) de Strasbourg.

Les institutrices sortent de l'Ecole normale d'enseignement ménager de Strasbourg, où elles ont fait un apprentissage de 1 an 1/4.

Ecoles suisses d'horlogerie. — Il existe en Suisse dix écoles de plein exercice consacrées à l'enseignement professionnel de l'horlogerie.

Ces écoles reçoivent du gouvernement fédéral, des gouvernements cantonaux et des communes de très importantes subventions qui se sont élevés, pour 1910, à la somme globale de 550.000 francs. Les subventions fédérales se sont élevées à elles seules à environ 180.000 francs.

La population scolaire qui fréquente ces écoles horlogères s'élèvent à 665 élèves se répartissant comme suit :

Ecole d'Horlogerie de Porrentruy	15	élèves.
Ecole d'Horlogerie et de Mécanique de Saint-Imier	75	—
Ecoles d'Horlogerie et de Mécanique du *Technicum* de Bienne	75	—
Ecole d'Horlogerie de Soleure	20	—
Ecole d'Horlogerie de la Vallée (Sentier)	55	—
Ecoles d'Horlogerie et de Mécanique de la Chaux-de-Fonds	100	—
Ecole d'Horlogerie et de Mécanique de Fleurier	40	—
Ecole d'Horlogerie et de Mécanique de Neufchâtel	90	—
Ecoles d'Horlogerie et de Mécanique du *Technicum* du Locle	125	—
Ecole d'Horlogerie et de Mécanique de Genève	70	—
Total	665	élèves.

En vente à la Librairie H. DUNOD et E. PINAT, Editeurs

Quai des Grands-Augustins, 47 et 49, Paris (VIe)

Electrotechnique appliquée. Machines électriques (*Théorie, essais et construction*), cours professé à l'Institut électrotechnique de Nancy, par A. Mauduit, ancien élève de l'Ecole polytechnique. Préface de A. Blondel, ingénieur en chef des ponts et chaussées. In-8° 16×25 de xx-930 pages, avec 566 figures (1910). Broché, 25 fr.; cartonné. 27 fr.

Essais de machines dynamos et moteurs à courant continu. Théorie des dynamos à courant continu. Enroulements. Réaction de l'induit. Commutation. Calcul des dynamos à courant continu. Courants alternatifs: généralités et appareils de mesure. Alternateurs. Transformateurs statiques. Moteurs d'induction. Machines synchrones. Commutatrices. Moteurs monophasés à collecteurs. Complément aux moteurs d'induction. Rotors. Régulation de la tension des générateurs électriques. Courants alternatifs non sinusoïdaux.

Génératrices de courants et moteurs électriques. *Introduction à l'étude de l'électrotechnique appliquée.* Cours professé à l'Institut électrotechnique de Nancy, par C. Gutton, professeur à la Faculté des sciences de Nancy. In-8° 16×25 de x-292 p., avec 213 fig. (1911). Broché, 9 fr.; cartonné. 10 fr. 50

Circuits magnétiques. Propriétés magnétiques du fer. Courant magnétique d'une machine à courant continu. Induit. Force électromotrice. Dynamos multipolaires. Réaction magnétique de l'induit. Commutateur. Chute de tension. Pertes de puissance. Rendement. Dynamo à excitation indépendante, Dynamo-série. Dynamo shunt ou dynamo-dérivation. Couplage de dynamos à courants continus. Moteurs à courants continus. Courants alternatifs sinusoïdaux. Représentation des fonctions sinusoïdales par les secteurs. Courants polyphasés. Transformateurs. Alternateurs. Champ tournant multipolaire. Réaction magnétique de l'induit. Méthodes d'essai des alternateurs. Moteurs synchrones. Couplage des alternateurs. Moteurs d'induction polyphasée. Moteurs à collecteurs. Commutatrices. Courants alternatifs non sinusoïdaux.

L'électrotechnique *exposée à l'aide des mathématiques élémentaires*, par N.-A. Paquet et A.-C. Docquier, ingénieurs des mines et J.-A. Montpellier.

Tome I. — *L'énergie et ses transformations. Phénomènes magnétiques, électriques et électromagnétiques. Mesures usuelles.* In-8° 16×25 de xiv-328 pages, avec 194 figures (1909). Broché, 7 fr. 50; cartonné. . . . . 9 fr.

L'énergie électrique. Quantités et unités physiques. Principes et lois de l'électrotechnique. Phénomènes magnétiques Phénomènes électrostatiques. Le courant électrique. Phénomènes électromagnétiques. Quantités et unités magnétiques, électromagnétiques et électrostatiques. Phénomènes de condensation. Phénomènes d'induction électromagnétique. Mesures électriques usuelles. Instruments et méthodes de mesures. Mesures des résistances. Mesures des intensités du courant. Mesure des forces électromotrices et des différences de potentiel.

Tome II. — *Production de l'énergie électrique.* In-8° 16×25 de xiv-584 pages, avec 546 fig. (1910). Broché, 15 fr.; cartonné. . . . . 16 fr. 50

Principe des machines dynamos-électriques. Dynamos à courant continu. Phénomènes périodiques. Etude du courant alternatif. Mesure de quantités électriques périodiques. Alternateurs. Machines électrostatiques. Piles hydro-électriques. Piles thermo-électriques.

En vente à la Librairie H. DUNOD et E. PINAT, Editeurs

Quai des Grands-Augustins, 47 et 49, Paris (VIe).

Cours de mécanique rationnelle, par Paul Haag, ingénieur en chef des Ponts et Chaussées, professeur à l'Ecole des Ponts et Chaussées, répétiteur à l'Ecole polytechnique. In-8° 15 × 25 de 552 pages, avec figures (1894), ... 12 fr.

Définitions. *Cinématique*. Mouvement absolu d'un point. Mouvement d'un système invariable. Déplacements simultanés et relatifs. *Statique et dynamique*. Principes fondamentaux. Théorie des moments. Forces appliquées à un point matériel. Théorèmes généraux et problème du mouvement d'un point matériel. Repos et mouvement relatifs. Forces appliquées à un système de points matériels. Systèmes matériels infinitésimaux. Solides théoriques. Equilibre et mouvement. Systèmes et solides articulés entre eux. Tensions, déformations et mouvements vibratoires à l'intérieur des solides. Solides naturels. *Solution de divers problèmes sur le glissement et le roulement des solides naturels.*

Le contremaître mécanicien, par Joanny Lombard, chef d'atelier à l'Ecole Nationale d'Arts et Métiers de Lille, et Julien Caen, inspecteur de l'Association des industriels de France contre les accidents du travail. In-8° 13 × 21 de 506 pages avec 317 figures (1906). Broché, 7 fr. 50; cartonné . . . . 8 fr. 75

Notions d'arithmétique, géométrie, trigonométrie, physique, chimie, mécanique, électricité. — Aménagement d'un atelier, ordre, hygiène, sécurité. — Législation ouvrière.

Le mécanicien de chemin de fer, *manuel pratique*, par L.-Pierre Guédon, ingénieur des Arts et Métiers, 2e édition. In-8° 13 × 21 de XII-506 pages, avec 224 figures (1907). Broché, 7 fr. 50; cartonné . . . . 8 fr. 75

Aperçu historique. Développement, puissance, classification des locomotives. Notions sur la chaleur, sur les gaz, les combustibles, etc. Chaudière. Mécanisme. Travail et utilisation de la vapeur. Effort de traction et puissance des locomotives. Véhicule ou châssis. Tender et freins. Construction, conduite, entretien des locomotives.

Aide-mémoire de l'ingénieur mécanicien. Recueil pratique de formules, tables et renseignements usuels, d'après la 3e édit. du *Hilfsbuch für Maschinenbau* de Freytag, traduite, adaptée et complétée par J. Izart, ingén.-mécan. In-8° 13 × 20 de XXVIII-854 pages, avec 670 figures et nombreux tableaux (1910). Cartonné . . . . 15 fr.

Mathématiques. Mécanique. Physique. Unités. Elasticité et résistance des matériaux. Eléments de machines. Machines usuelles. Hydraulique. Thermodynamique et cinétique des gaz et des vapeurs. Générateurs de vapeur. Moteurs à combustion interne. Constructions industrielles. Eclairage industriel.

Manuel de l'ouvrier tourneur et fileteur, par Joanny Lombard, chef d'atelier à l'Ecole nationale d'Arts et Métiers de Lille. In-8° 13 × 21 de 232 pages, avec 204 figures. 3e édit. (1911). Broché, 4 fr. 50; cartonné . . . . 5 fr. 75

Notions d'arithmétique, de géométrie et de mécanique. — Principes du tournage et du filetage sur le tour. Outils. Montage des pièces sur le tour. Différents types de tour. Installation d'un tour. Travaux qui peuvent être exécutés sur un tour. — Montage des roues pour le filetage. Tournage automatique d'un cône. Division d'une pièce sur le tour. Exemples de pièces exécutées sur un tour automatique. Filet S. I. Dimensions des cônes Morse. Comparaison des mesures anglaises et métriques. Tracé des engrenages d'après le système des pas diamétraux. Diviseur universel.

Préparation aux Concours d'admission
à la

BANQUE DE FRANCE

C. FOURCY (O A.) et **Ch. LEBEAU** (O I.)

62, rue Tiquetonne — PARIS

COURS DU SOIR OU ENSEIGNEMENT PAR CORRESPONDANCE

Sur 240 places mises au Concours depuis 1907, 79, soit le tiers, ont été obtenues par des candidats ayant suivi cette préparation : 11 en 1907, 15 en 1908, 13 en 1909, 19 en 1910, 21 en 1911.

Les candidats doivent être âgés de 19 à 26 ans. Aucun diplôme n'est exigé.

S'adresser, pour complément d'informations, à MM. FOURCY et LEBEAU, 62, rue Tiquetonne, les mardis et vendredis, de 5 h. 1/2 à 7 heures.

RENSEIGNEMENTS PAR CORRESPONDANCE

En vente à la Librairie H. DUNOD et E. PINAT, Editeurs

Quai des Grands-Augustins, 47 et 49, Paris (VIe).

Exploitation des mines, par Félix Colomer, ingénieur civil des Mines. 2e édition. In-16 12 × 18 de 344 p., avec 176 fig. (1906). Reliure souple. . . . . 9 fr.

Mise en exploitation : Exploitations faciles. Sondages. Aménagement du gîte. Méthode d'exploitation. Extraction du minerai. Abatage. Roulage. Extraction.

Services généraux d'une exploitation : Epuisement des eaux. Aérage et éclairage. Installations extérieures. Prix de revient. Avant-projet de puits de mine.

Fabrication de l'acier, par H. Noble, ingénieur des Arts et Manufactures. In-8° 16 × 25 de x-604 p., avec 94 fig. et 9 pl. (1905). Br., 25 fr.; cart. . . . . 26 fr. 50

Propriétés générales des aciers. Etude théorique de la conversion. Fontes de conversion. Cubilots. Mélangeurs. Chaux d'aciérie. Etude pratique de la conversion. Décarburation. Coulée en poche. Etablissement des convertisseurs. Garnissages basiques. Garnissages acides. Etude théorique de l'affinage sur sole. Matières premières employées dans l'affinage sur sole. Etude pratique de l'affinage sur sole. Chauffage des fours Martin. Construction des fours Martin. Entretien des fours Martin. Procédés mixtes. Lingots d'acier. Coulée en lingotières. Poches et appareils de la coulée. Aciers spéciaux. Personnel. Comptabilité.

Traité pratique de la fonderie de fer, par G. Van der Haeghen, ingénieur, et L. Ledent, ancien ouvrier mouleur, directeur de fonderies. In-12 13 × 20 de 384 p., avec 103 fig. (1906) . . . . 4 fr.

Le moulage au sable. Le noyautage. Le moulage en terre. Le ressoudage. L'ébarbage. Le mélange des fontes. Le modelage. Le cubage des pièces. Du dessin. Des bâtiments. Premiers soins en cas d'accidents. Notes complémentaires. Index alphabétique.

EUREKA !!

ENCRES EN GRAINS

Adoptée dans l'enseignement

NOIRE ou VIOLETTE

livrée en petits étuis donnant **instantanément** des encres parfaites. Le tube se vendant **0 fr. 40** donne deux litres de très bonne encre courante ou un litre d'encre **extra-supérieure.**
En vente chez tous les papetiers ou chez le fabricant **MIETTE**, *102, Rue Amelot, Paris,* qui envoie **5** étuis **Eureka !!** contre **2** francs, en mandats ou timbres-poste.

En vente à la Librairie H. DUNOD et E. PINAT, Editeurs

Quai des Grands-Augustins, 47 et 49, Paris (VIe).

Cours de calcul différentiel et intégral, par Paul Haag, ingénieur en chef des Ponts et Chaussées. In-8° 15 × 24 de 620 p. avec fig. (1893) . . . . 12 fr.

Généralités sur les infiniment petits. *Théorie générale du calcul différentiel.* Applications algébriques de ce calcul. Applications géométriques. *Calcul intégral.* Théorie générale des quadratures. Applications de la théorie des quadratures. Théorie générale des équations différentielles. *Application du calcul infinitésimal à quelques questions particulières et notions sur certaines théories spéciales.*

Tables : 1° *des carrés et des cubes* des nombres entiers successifs de 1 à 10.000 ; 2° *des longueurs, des circonférences et des surfaces des cercles* dont les diamètres sont exprimés par les nombres entiers de 1 à 1.000 ; 3° *des expressions trigonométriques* naturelles des angles successifs de minute en minute, avec un nouveau texte explicatif pour l'usage de ces tables, par Claudel. Nouveau tirage. In-8° 14 × 23 de 142 pages . . . . 5 fr.

L'éducation générale dans l'enseignement technique, par F. Lévy-Wogue, professeur agrégé de l'Université. In-8° 13 × 21 de 20 pages (1909) . . . . » 75

L'obligation de l'enseignement professionnel pour les apprentis, par E. Cohendy, professeur à la Faculté de droit de Lyon. In-8° 13 × 21 de 74 pages (1909). » 75

Les cours obligatoires de perfectionnement professionnel en Allemagne, par G. Dron, député, et E. Labbé, inspecteur général de l'enseignement technique. In-4° 24 × 32 de 20 pages avec tableaux (1910) . . . . 1 fr. 50

Méthodes américaines d'éducation générale et technique, par Omer Buyse, conservateur du Musée de l'enseignement technique du Hainaut, directeur de l'Ecole industrielle de Charleroi. 2e édition augmentée. In-8° 16 × 25 de 762 pages, avec 367 figures (1910) . . . . 15 fr.

PREMIÈRE ANNÉE — N° 2 NOVEMBRE 1910

REVUE DE l'Enseignement Technique

Paraissant tous les mois

PUBLIÉE SOUS LE PATRONAGE DE

l'Association Française pour le Développement de l'Enseignement technique

ABONNEMENT ANNUEL : France et Colonies, 12 francs ; Étranger, 15 francs.
Prix du Numéro : 1 fr. 50

Sommaire du Numéro de Novembre 1910

Toutes les communications concernant la Rédaction doivent être adressées à M. BARBUT, Secrétaire général de la *Revue*, 24, Rue de la Chaussée-d'Antin, PARIS-9e. Téléphone 205-64.

H. DUNOD & E. PINAT, ÉDITEURS

47 et 49, Quai des Grands-Augustins, PARIS. — Téléphone : 819-38.

PREMIÈRE ANNÉE — N° 3 DÉCEMBRE 1910

REVUE DE l'Enseignement Technique

Paraissant tous les mois

PUBLIÉE SOUS LE PATRONAGE DE

l'Association Française pour le Développement de l'Enseignement technique

ABONNEMENT ANNUEL : France et Colonies, **12** francs ; Étranger, **15** francs.
Prix du Numéro : 1 fr. 50

Sommaire du Numéro de Décembre 1910

Toutes les communications concernant la Rédaction doivent être adressées à M. BARBUT, Secrétaire général de la *Revue*, 24, RUE DE LA CHAUSSÉE-D'ANTIN, PARIS-9e. Téléphone 205-64.

H. DUNOD & E. PINAT, ÉDITEURS

47 ET 49, QUAI DES GRANDS-AUGUSTINS, PARIS. — TÉLÉPHONE : 819-38.

PREMIÈRE ANNÉE — N° 4 JANVIER 1911

REVUE DE l'Enseignement Technique

Paraissant tous les mois

PUBLIÉE SOUS LE PATRONAGE DE

l'Association Française pour le Développement de l'Enseignement technique

ABONNEMENT ANNUEL : France et Colonies, 12 francs; Étranger, 15 francs.
Prix du Numéro : 1 fr. 50

Sommaire du Numéro de Janvier 1911

Toutes les communications concernant la Rédaction doivent être adressées à M. BARBUT, Secrétaire général de la *Revue*, 24, RUE DE LA CHAUSSÉE-D'ANTIN, PARIS-9e. Téléphone 205-64.

H. DUNOD & E. PINAT, ÉDITEURS

47 ET 49, QUAI DES GRANDS-AUGUSTINS, PARIS. — TÉLÉPHONE : 819-38.

Comité de Direction :

Comité de Rédaction :

SECRÉTAIRE GÉNÉRAL DE LA REVUE :

PREMIÈRE ANNÉE — N° 5 FÉVRIER 1911

REVUE DE l'Enseignement Technique

Paraissant tous les mois

PUBLIÉE SOUS LE PATRONAGE DE

l'Association Française pour le Développement de l'Enseignement technique

ABONNEMENT ANNUEL : France et Colonies, **12** francs; Étranger, **15** francs.
Prix du Numéro : 1 fr. 50

Sommaire du Numéro de Février 1911

Toutes les communications concernant la Rédaction doivent être adressées à M. BARBUT, Secrétaire général de la *Revue*, 24, Rue de la Chaussée-d'Antin, PARIS-9e. Téléphone 205-64.

H. DUNOD & E. PINAT, ÉDITEURS

47 et 49, Quai des Grands-Augustins, PARIS. — Téléphone : 819-38.

PREMIÈRE ANNÉE — N° 6 MARS 1911

4

REVUE DE l'Enseignement Technique

Paraissant tous les mois

PUBLIÉE SOUS LE PATRONAGE DE

l'Association Française pour le Développement de l'Enseignement technique

ABONNEMENT ANNUEL : France et Colonies, **12** francs ; Étranger, **15** francs.
Prix du Numéro : 1 fr. 50

Sommaire du Numéro de Mars 1911

Toutes les communications concernant la Rédaction doivent être adressées à M. BARBUT, Secrétaire général de la *Revue*, 24, Rue de la Chaussée-d'Antin, PARIS-9e. Téléphone 205-64.

H. DUNOD & E. PINAT, ÉDITEURS

47 et 49, Quai des Grands-Augustins, PARIS. — Téléphone : 819-38.

PREMIÈRE ANNÉE — N° 7 AVRIL 1911

REVUE DE l'Enseignement Technique

Paraissant tous les mois

PUBLIÉE SOUS LE PATRONAGE DE

l'Association Française pour le Développement de l'Enseignement technique

ABONNEMENT ANNUEL : France et Colonies, 12 francs; Étranger, 15 francs.
Prix du Numéro . 1 fr. 50

Sommaire du Numéro d'Avril 1911

Toutes les communications concernant la Rédaction doivent être adressées à M. BARBUT, Secrétaire général de la *Revue*, 24, RUE DE LA CHAUSSÉE-D'ANTIN, PARIS-9e. Téléphone 205-64.

H. DUNOD & E. PINAT, ÉDITEURS

47 ET 49, QUAI DES GRANDS-AUGUSTINS, PARIS. — TÉLÉPHONE : 819-38.

327

PREMIÈRE ANNÉE. — N° 8 MAI 1911

REVUE DE l'Enseignement Technique

Paraissant tous les mois

PUBLIÉE SOUS LE PATRONAGE DE

l'Association Française pour le Développement de l'Enseignement technique

ABONNEMENT ANNUEL : France et Colonies, **12** francs ; Étranger, **15** francs.

Prix du Numéro : 1 fr. 50

Sommaire du Numéro de Mai 1911

Toutes les communications concernant la Rédaction doivent être adressées à **M. BARBUT**, Secrétaire général de la *Revue*, 24, RUE DE LA CHAUSSÉE-D'ANTIN, PARIS-9e. Téléphone 205-64.

H. DUNOD & E. PINAT, ÉDITEURS

47 ET 49, QUAI DES GRANDS-AUGUSTINS, PARIS. — TÉLÉPHONE : 819-38

COMITÉ DE DIRECTION :

COMITÉ DE RÉDACTION :

SECRÉTAIRE GÉNÉRAL DE LA REVUE :

PREMIÈRE ANNÉE. — N° 9 JUIN 1911

REVUE DE l'Enseignement Technique

Paraissant tous les mois
(*excepté en Août et Septembre*)

PUBLIÉE SOUS LE PATRONAGE DE
l'Association Française pour le Développement de l'Enseignement technique

ABONNEMENT ANNUEL : France et Colonies, **12** francs ; Étranger, **15** francs.
Prix du Numéro : 1 fr. 50

Sommaire du Numéro de Juin 1911

Toutes les communications concernant la Rédaction doivent être adressées à M. BARBUT, Secrétaire général de la *Revue*, 24, Rue de la Chaussée-d'Antin, PARIS-9e. Téléphone 205-64.

H. DUNOD & E. PINAT, ÉDITEURS

47 et 49, Quai des Grands-Augustins, PARIS. — Téléphone : 819-38

COMITÉ DE DIRECTION :

COMITÉ DE RÉDACTION :

SECRÉTAIRE GÉNÉRAL DE LA REVUE :

425

PREMIÈRE ANNÉE. — N° 10 JUILLET 1911

REVUE DE l'Enseignement Technique

Paraissant tous les mois
(*excepté en Août et Septembre*)

PUBLIÉE SOUS LE PATRONAGE DE

l'Association Française pour le Développement de l'Enseignement technique

ABONNEMENT ANNUEL : France et Colonies, **12** francs ; Étranger, **15** francs.

Prix du Numéro : 1 fr. 50

Sommaire du Numéro de Juillet 1911

Toutes les communications concernant la Rédaction doivent être adressées à M. BARBUT, Secrétaire général de la *Revue*, 24, RUE DE LA CHAUSSÉE-D'ANTIN, **PARIS-9e**. **Téléphone 205-64.**

H. DUNOD & E. PINAT, ÉDITEURS

47 ET 49, QUAI DES GRANDS-AUGUSTINS, PARIS. — TÉLÉPHONE : 819-38

Auxerre. - Imprimerie Auxerroise (J. PIGELET, Directeur). — Paris. - 17, rue des Petits-Champs.

www.ingramcontent.com/pod-product-compliance
Lightning Source LLC
LaVergne TN
LVHW080956230826
846092LV00006B/1046
9782329707556